# 城市道路绿化工程手册(第二版)

主　编　李世华
副主编　李　琼　李思洋
　　　　李子昂　李　昂

中国建筑工业出版社

**图书在版编目（CIP）数据**

城市道路绿化工程手册/李世华主编. —2 版. —北京：中国建筑工业出版社，2017.10

ISBN 978-7-112-20883-8

Ⅰ. ①城… Ⅱ. ①李… Ⅲ. ①城市道路-道路绿化-手册 Ⅳ. ①TU985.18-62

中国版本图书馆 CIP 数据核字（2017）第 144470 号

本书主要内容有：绪论、城市道路的交通网络、城市道路绿地的设计、城市交通岛与广场的绿地设计、城市外围道路的绿化设计、城市道路绿化树种及其综合评价、城市道路绿化工程施工、城市道路绿化养护工程、城市道路绿化工程的管理、道路绿化工程的概预算等内容。本书结构严谨、内容新颖、通俗易懂、论述透彻、图文并茂，集科学性、实用性和知识性于一体。

本书可供城市道路绿化工程设计、施工、维护、管理与预决算等技术人员使用，也可供相关专业的大专院校师生参考。

责任编辑：胡明安

责任校对：王宇枢 李欣慰

**城市道路绿化工程手册（第二版）**

主 编 李世华

副主编 李 琼 李思洋

李子昂 李 昂

*

中国建筑工业出版社出版、发行（北京海淀三里河路 9 号）

各地新华书店、建筑书店经销

北京佳捷真科技发展有限公司制版

北京君升印刷有限公司印刷

*

开本：787×1092 毫米 1/16 印张：34¾ 字数：864 千字

2017 年 9 月第二版 2017 年 9 月第二次印刷

定价：**95.00** 元

ISBN 978-7-112-20883-8

（30338）

# 本书编审委员会

# 前　言

城市道路绿化工程是城市“绿肺”的重要组成部分之一，也是城市绿化系统的最基本的骨架，其主要功能在于覆被路面、庇荫行人、调节气温、提高空气湿度、防止沙尘、净化有害气体、放出氧气、维持碳氧平衡、减弱噪声、防风固沙、监测环境污染、美化环境，体现森林文化、改善生态条件、创造优良人居环境等。

城市是经济发展最快、入口最为集中的地区，也是生态问题最为突出的地带，人们越来越认识到发展城市森林是改善生态环境的重要手段。自从进入21世纪后，我国提出了林业可持续发展战略，即“确定以生态建设为主的林业可持续发展道路，建立以森林植被为主体的国土生态安全体系，建设山川秀美的生态文明社会”。因此，在加快新时期城镇化进程时，要求城市道路绿化的树种更加丰富多彩、景观更加富有特色的，向建设绿色通道、绿化美化道路、创造生态园林化、花园式的现代化城市迈进。

我国具有“世界花园之母”的美誉，道路绿化的行道树在古代就称之为列树、行树、路树等，已有3500多年的历史。中华大地是世界物种的重要发源地和分布中心之一，丰富的气候、地形和土壤类型，形成了极其丰富的植物资源，有高等植物3万余种，其中木本植物有8000多种。这些木本植物是绿化和维持城市生态平衡最有力的生物措施。

本手册向广大读者较全面地、系统地阐述城市道路的交通网络、城市道路绿地的设计、城市交通岛与广场的绿地设计、城市外围道路的绿化设计、城市道路绿化树种及其综合评价、城市道路绿化工程施工、城市道路绿化养护工程、城市道路绿化工程管理、道路绿化工程的概预算等内容。

本手册结构严谨、内容新颖、通俗易懂、论述透彻、图文并茂，集科学性、实用性和知识性于一体。可供城市道路绿化工程设计、施工、维护、管理等技术人员使用，也可供相关专业的大学、职业技术学院的师生参考。

本手册由湖南杉杉能源科技股份有限公司李智华任编审委员会主任；广州大学市政学院李世华任主编，李琼、李思洋、李子昂、李昂任副主编。其中李琼承担第9章、第10章内容的编写；李思洋承担第7章的编写；李子昂承担第3章的编写；李昂承担第4章、第5章的编写。湖南有色金属职业技术学院罗昕熙承担第2章、3章、4章、5章的图纸的绘制，广州大学市政技术学院沈嘉桦承担第6章、第8章、第10章的图纸的绘制；广州学苑装饰工程有限公司罗国莉承担第1章、第7章、第9章图纸的绘制。其余部分由李世华完成编写。

在编写过程中，不仅得到了广州大学、广州大学市政学院、广州市市政园林管理局、广州市绿化股份有限公司、广东省工贸职业技术学院、广州市市政集团有限公司、湖南有色金属职业技术学院的陈思平、陈孔坤、罗凛、高敏、唐敏、刁海燕、叶宁、陈冬平、余意、郭荣平、韦玮、戴子平、陈玉均、郭赐吾、罗桂莲、王平、李爱华、邓俊志、袁愈柳、谭志雄、李新芳、罗国良、肖新沙、黄均贤、向凌云、杨理智、童建华、曾社华、李锡湘、邹玉学、黎格平、李次美、肖南爱、王作卫、李国珍、彭自力、王荣升等领导的大力支持和热情关怀，为本手册提供了大量的资料，而且参考了许多素不相识同行们的著作、成果、资料及说明书，在此一并致以衷心的感谢。由于时间仓促，作者水平有限，书中存在错误和疏漏之处，敬请广大读者批评指正。

编　者

# 目　录

## 1　绪论



## 2　城市道路的交通网络

## 3　城市道路绿地的设计

## 4　城市交通岛与广场的绿地设计



## 5　城市外围道路的绿化设计



## 6　城市道路绿化树种及其综合评价

## 8 城市道路绿化养护工程

## 9　城市道路绿化工程的管理

## 10 道路绿化工程的概预算

# 1 绪 论

## 1.1 城市道路绿化的概况

### 1.1.1 城市道路绿化的历史沿革

我国道路绿化的历史比较悠久，古代称行道树为列树、行树和路树等。据有关史料记载，我国公元前5世纪（东周）就在首都至洛阳的街道旁种植列树供来往行人在树荫下休息；公元前3世纪秦始皇为发展工商业，以都城咸阳为中心，东至燕、齐，南到吴、楚，修建驰道，“路宽五十步，两旁每隔三丈栽一青松”。汉代都城长安（现为西安）“道宽平列十二辙，路面全用土筑，且用铜锤夯实，两旁种树木”，城市有了林荫路。以后，城市建设有了很大发展，每个朝代都兴建或改建了不少规模宏大的城市。如西汉的长安、东汉的洛阳、南北朝的建康（现为南京）、北宋的东京（现为开封）、金的燕京（现为北京）等。这些城市的道路宽阔、平坦，道路两侧广植树木。树种有石榴、桃、李、松、榆、槐、柳、漆、梓和樱桃等。例如唐代长安城内及通往洛阳的路旁种植了大量的槐树。“夹道夭桃满，连沟柳色新。”是诗人曹松描写长安街道景观的。到唐玄宗开元二十八年（公元740年）订有路树制和植树的记载；北宋在河岸栽柳与榆，以固河堤；到清朝中叶以后，引进了国外的树种，例如刺槐首先引进山东青岛，法国梧桐树始植于上海的“法租界”。我国古代对道路绿化十分重视，不但树种丰富，形式多样，还有严格的养护管理制度，成就显著。

在欧洲种植行道树的历史也很悠久，远在公元前3世纪古罗马时代，有在罗马城内的主要道路上种植行道树的记载，1552年法国颁布法令号召国人在境内主要道路上栽植行道树。

文艺复兴时期以后欧洲一些国家街道绿化有了较大发展并颁布道路栽植行道树的法律。1625年英国设置了公用的散步道，种植4～6行法国梧桐形成了林荫大道，开创了都市性散步道栽植的新概念。1647年德国在柏林设计了菩提树林荫大道。

18世纪后半期，奥匈帝国颁布法令：在国道上种植苹果、樱桃、西洋梨、波斯胡桃等果树作为行道树，至今匈牙利、前南斯拉夫、德国和捷克等国仍延续这种特色。

19世纪后半叶欧洲各国将中世纪的古城墙拆除，壕沟填平，建成环状街道或将局部辟为园林大道，以景观为主要功能，有宽阔的游憩散步路，使城市面貌更加生动。法国巴黎1858年建造了香榭丽舍大道，成为近代园林大道之经典，对欧美各国都产生了极大的影响。图1.1-1所示为巴黎城市道路环境景观总体规划图。

“十月革命”后的苏联在道路绿化方面取得了较大的成就，将城市道路绿化建设放在非常重要的地位，许多城市修建了林荫大道、小游园。在小游园和林荫道的建设上，建筑师、雕塑家、绿化工程师等通力合作，在植物的配置、园林建筑小品、雕塑以及园灯、园路等公用设施方面都具有很高水平，成为一件件园林艺术作品。在城市绿地系统中对每个

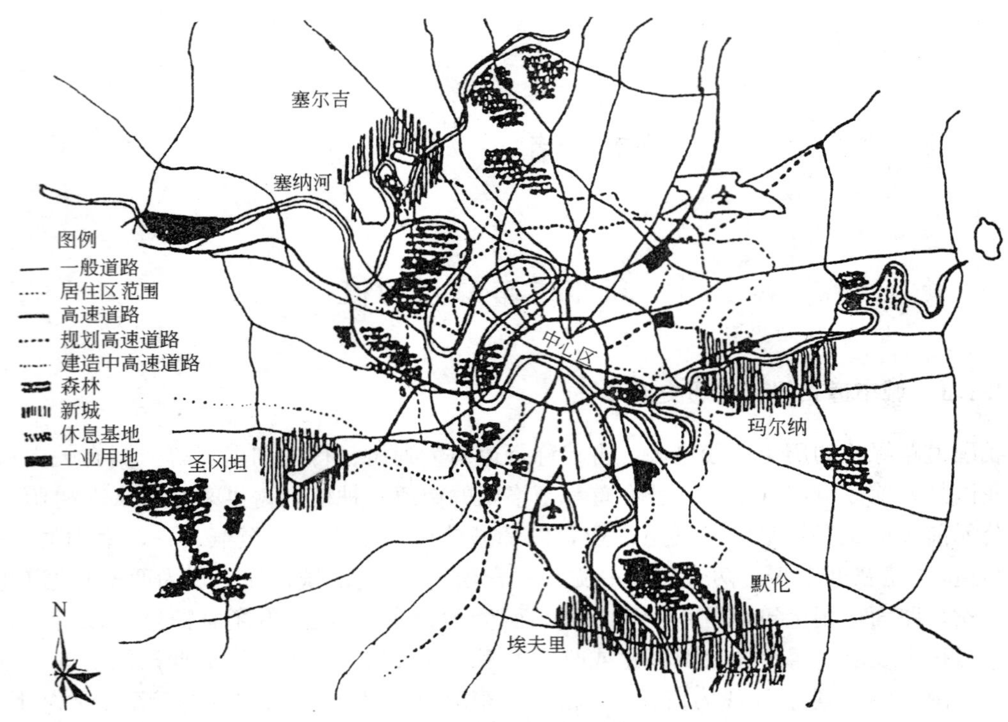


图 1.1-1　巴黎城市道路环境景观总体规划图

居民所占广场的面积、道路长度、各种宽度的道路上绿地比重等都有明确的规定，从而保证了道路绿化的功能。图 1.1-2 所示为莫斯科市道路绿化景观规划图。

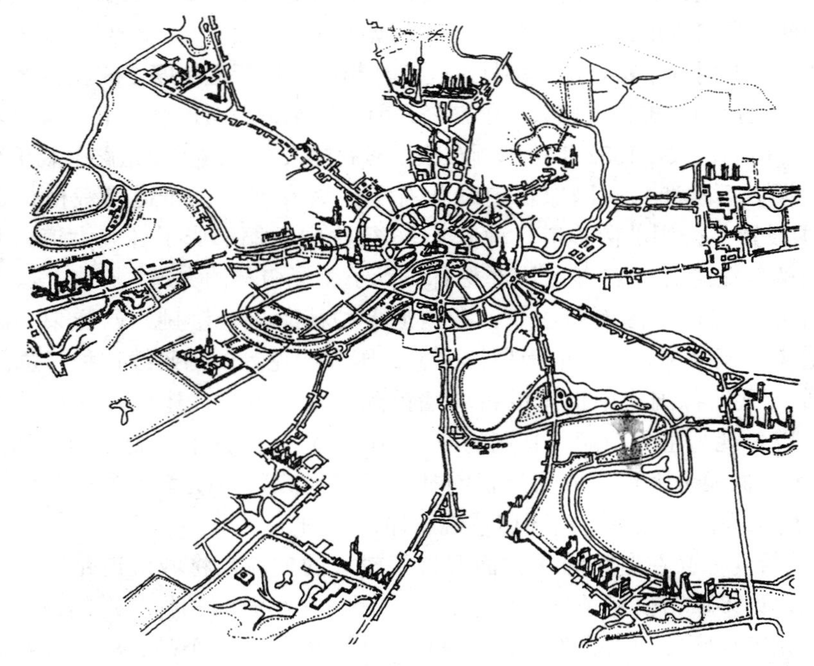

图 1.1-2　莫斯科城市道路绿化景观规划图

### 1.1.2 现代化城市道路的绿化

（1）20 世纪 80 年代以来，由于高科技的发展，促使现代工业的高速发展，都市化进程的加速，交通事业蓬勃发展，汽车的迅速增加，城市道路交通类型和网络越来越复杂，以及道路两旁建筑物功能的变化等，过去那种一条道路两行树的种植方法已不能适应现代化大都市的发展。所以过去的“行道树”的名称也早已被“道路绿化”所代替。

（2）城市道路绿化是指在城市的道路用地上采取栽树、铺草和种花措施，以改善市区的小气候，降低车辆和人流的噪声，净化空气，划分交通路线，防火和美化城市。道路绿化在用地、功能、形式等都有了很大变化。如澳大利亚的堪培拉市，道路的分车带有 10 余米宽；朝鲜的平壤市，在主要干道两侧布置有 10 余米的绿化带；俄罗斯的莫斯科市，强调将行道树、林荫路、防护林带联系起来形成“绿色走廊”。

（3）在我国城市绿化建设中，近十多年来，道路绿化发展很快，做到边修路边绿化。随着城市市政基础设施建设的发展，道路横断面、道路交叉形式的多样化，道路绿化除行道树绿化带外，还包括了分车绿化带、路侧绿化带、高架路绿化带、交通岛绿地、立交桥绿地、广场绿地、停车场绿地，以及道路用地范围内边角空地等处的绿化。从树种选择和布置手法上也愈加丰富多彩，配置上注意乔木、灌木、花卉、地被植物及攀缘植物等的复层绿化，形成多层次植物景观，不少重点干道实现了“三季有花（南方不少城市的道路两旁是四季有花）、四季常绿”，使有限的绿地发挥最大的生态效益。形式上由规则式向规则式与自然式结合、自然式等多种形式发展。北京市在道路侧绿带绿地上采用微地形的尝试，使绿化在平面和竖向两个坐标发生变化，取得可喜成效。沈阳、西安、天津、济南、合肥等许多城市结合旧城改造，建立“环城公园”、“滨河公园”等带状绿地，对改善老城区生态环境，平衡城市公共绿地分布起到了重要作用。图 1.1-3 所示为北京市城市绿化景观总体规划示意图。

（4）随着经济的快速发展和人民物质文化生活水平的不断提高，人们的环境意识日益强化，对城市绿化作用和意义的认识有了迅速提高。许多城市确定了市花、市树，每个城市编制了城市绿地系统规划，确定了城市的基调树种和街道绿化骨干树种。

（5）21 世纪人们需要游憩、审美、精神文化的多样统一，风景园林概念引入城市，城市道路绿化美化的设计内容有了国家技术规范，并提出了道路绿地的指标和景观道路的内容，在创建生态园林、花园城市的过程中促进了道路绿化美化的发展。

### 1.1.3 我国城市道路绿化的现状及特色

#### 1.1.3.1 我国某些城市道路绿化现状

我国地大物博，疆域辽阔，地形复杂多样，气象条件东南西北相差很大；我国的公路与铁路纵横交错、四通八达，全国城市的行道树种千姿百态，我国部分城市市花、市树与道路绿化现状及特色，见表 1.1-1 所示。

#### 1.1.3.2 我国城市道路绿化的特色

（1）我国幅员广大、气候迥异、景观多样：土地辽阔、地形多变，虽大部分国土位于北温带，但由于受海拔高度、山脉走向以及河谷纵横等各种自然条件的影响，加之部分领土和岛屿分布上的差异，几乎包括了热带、亚热带、温带、亚寒带等不同气候类型。在不同的气候条件下生长着不同的树种，呈现出异样而多彩的景观。适作行道树的树种首先就

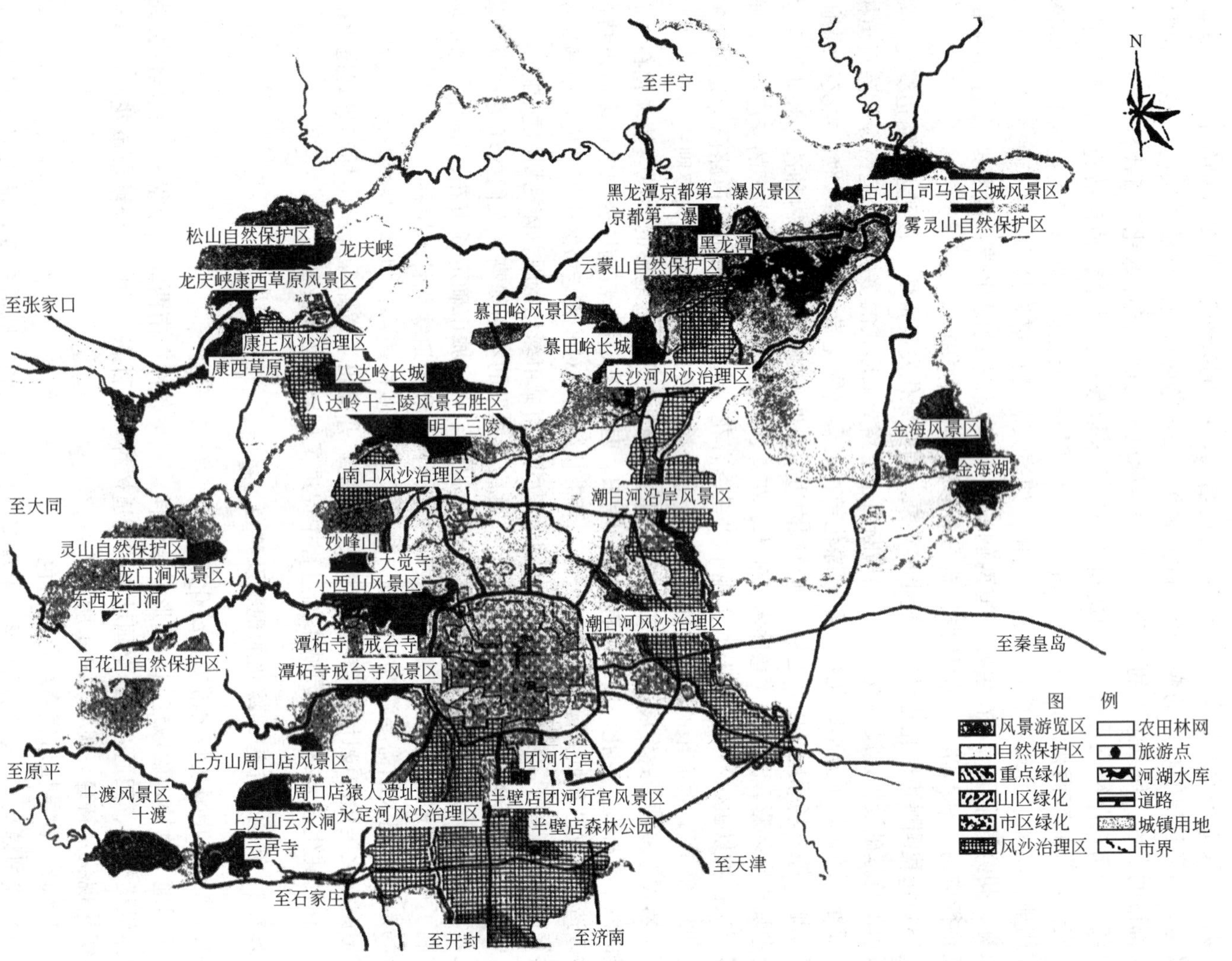


图 1.1-3　北京市城市绿化景观总体规划示意图

要适应当地的自然条件才能健壮生长、枝繁叶茂，既有庇荫之效，又有美观的树形或花、果及叶色可供观赏。全国各地作道路绿化树应用的主要树种约100多种。当北方的挺拔苍翠的油松、黑松等行道树还在风雪中屹立之时，南方的紫荆花、木棉等行道树却已花开烂漫。在同一国度、同一季节的不同都市中能欣赏不同季相景观的行道树，充分体现了我国树种资源的丰富多彩和城市景观的各种不同特色。

**我国部分城市市花、市树与道路绿化现状及特色　　表1.1-1**

| 城市名称 | 城市道路绿化情况 | 示意图 |
|---|---|---|
| 北京市 | 国槐是北京市市树，国槐绿寄寓着北京珍视自己的家园，与自然和谐发展，表达了"绿色奥运"理念。右上图北京市的国槐行道树<br>红色是北京市的颜色，也是中国的象征。红色的宫墙，红色的灯笼，红色的婚礼，红色的春联，从古至今，北京的生活中充满红色的装饰主题。红色，构成了人们认同北京的颜色。红色是激情和运动的颜色；红色是喜庆与祥和的颜色；红色是民俗与文化的颜色；红色也是北京奥运会会徽颜色的主色。<br>北京平原地区的行道树，其中杨、柳树占总数70%左右，其次为槐树以及松、柏类树种、栎类树种和银杏等。行道树的种类非常单调，办奥运会，北京市政府决在四环路两侧建百米绿化带，形成绕京城700hm² 景观绿地，面积相当于10个颐和园，全环路呈现点、线、面相结合的"景不断链、绿不断线、色调各异、垂直错落"的绿色景观带。四环路上的百米绿化带，东、西、南、北各路段的行道树树种和色调各不相同，以银杏、垂柳、毛白杨、白皮松、椿树、槐树等为主，配以雪松、迎春等树，利用护网成段种上攀缘月季，形如一串翡翠项链，尽染京郊大地。右下图为北京市日坛西路绿化带 | <br>北京市的国槐行道树<br><br>北京市日坛西路绿化带 |
| 上海市 | 上海市市树：白玉兰(木兰、玉兰花、玉树、迎春花、望春、应春花、玉堂春)。右上图为上海市的广玉兰。<br>上海市建筑密集、人口稠密，全市行道树于2015年统计超过80万株，现有行道树种类近70种以上，市区行道树覆盖面积1000hm²，占市区绿化覆盖面积的20%，其中市中心城区的静安、徐汇、黄浦、卢湾4个区的行道树覆盖面积分别占市区绿化覆盖面积的40%～46%，主要的树种为悬铃木约占60%～70%，其次是香樟、广玉兰、水杉、女贞、银杏，所占比例均不高，历史上曾经种植较多的枫杨、青桐、臭椿、垂柳、泡桐、国槐、乌桕等由于种种原因而明显减少，近年来增加了白玉兰、盘槐、无患子、鹅掌楸、欧美杨、杜英、木兰科树种等。但行道树的种类不算多，季相变化较少。<br>现还不断引进新优行道树树种，右下图为上海市的水杉行道树 | <br>上海市的市花广玉兰<br><br>上海市的水杉行道树 |

续表

| 城市名称 | 城市道路绿化情况 | 示意图 |
| --- | --- | --- |
| 广州市 | 早在1931年，木棉花曾被定为广州市花。1982年6月，广州市人民政府再次将木棉花定为市花，更加深了广州市民对木棉的青睐和尊敬。<br>每年元宵节刚过，广州的木棉树就开始开花。木棉树产于热带亚热带诸地，分布在我国南部广东、云南、台湾中南部，以及印度、缅甸、爪哇、苏门答腊等地。木棉，棉，又作绵。古代又叫斑枝花、古贝，或有称攀枝花、吉贝者，李时珍在《本草纲目》中说乃斑枝花、古贝之讹。右上图为广州市花。<br>广州地处珠江三角洲北部，原生植被为南亚热带季风常绿阔叶林。凭借优越的自热地理条件，加之多年有意识、有计划地绿化，城市区现有公共绿地78.3hm$^2$，绿化覆盖率达54.52%，人均绿地54.78m$^2$，市区主干道、次干道、交通干道绿化面积6.8hm$^2$，有行道树65万余株。据广州市区荔湾、越秀、海珠、天河四大城区的251条主干道行道树调查，有行道树近10万株，近90种，隶属于28科51属。优势材种为木棉树、木麻黄、紫荆、红花紫荆、大叶榕、细叶榕、石栗、芒果、台湾相思、白千层、麻栎等。右下图为广州市的大叶榕行道树 | <br>广州市的木棉花<br><br>广州市的大叶榕行道树 |
| 南京市 | 1982年4月19日南京市第八届人大常委会第八次会议讨论决定，命名梅花为南京市市花、雪松为南京市市树。如右图。<br>近年来，南京在新建道路上的行道树越来越多元化，调查发现，南京主城区内的行道树已达到五十多种。悬铃木、香樟、国槐、女贞、水杉、雪松和枫杨等，是行道树的优势种，约占南京行道树乔木层总株数的90%。<br>南京市为六朝古都，目前拥有行道树20万株，干道绿化达45%，建成区的绿化覆盖率为68%。行道树中，常绿树种与落叶树种之比为1∶10～1∶6，主要树种有落叶类的悬铃木、水杉、槐树、薄壳山核桃、泡桐、捧树、枫杨、杨树、落羽杉、垂柳、银杏，常绿类的大叶女贞、香樟、广玉兰、雪松等30多种。主干道绿化覆盖率较高，2013年覆盖面积达428.24hm$^2$，次干道较低，为98.16hm$^2$。行道材的配置不太合理，大多数主干道上是以单一行道树为主，缺少观赏树的配置，现正向“绿、珍、香、洁、净”的目标迈进。右下图为南京市的雪松行道树。 | <br>南京市的梅花<br><br>南京市的雪松行道树 |

续表

| 城市名称 | 城市道路绿化情况 | 示 意 图 |
| --- | --- | --- |
| 昆明市 | 昆明是云南省省会，是云南省政治、经济、文化、科技交通的中心，全省唯一的特大城市。另外，夏无酷暑，冬无严寒，百花盛开，气候宜人素以“春城”而享誉中外。昆明市市花是茶花，见右上图；昆明市市树是玉兰树，见右下图。<br>昆明市处于滇中高原东北部，群山连绵起伏，环抱着广泛的滇池盆地，海拔 1802～1920m，纬度低，海拔高，直接影响气候的垂直变化。目前街道上银桦、桉树类、悬铃木(法桐)等外来树种占绝对优势，本省和本地区树种只占极少数。据 2008 年统计：银桦占 33.6%，法桐占 12.5%，桉树类占 28.5%，加上其他外来树种合计占总行道树的 74.6%。国产和本省的树种梧桐、宁波三角枫、滇杨、二滇朴、牛尾木等只占 25.4%。近几年来增加滇朴、云南樱花、藏柏等乡土树种，但又大量栽植广玉兰、悬铃木等，外来树种仍占绝对优势。近期规划为行道树骨干树种的有银桦、广玉兰、悬铃木(法桐)、云南樱花、复羽叶架树、银杏、黄樟、滇朴、梧桐、宁波三角枫、牛尾木、云南紫荆、滇揪等。小街道可规划选择棕榈、紫薇、藏柏、石榴、龙柏、山玉兰、香叶果、玉兰等 | <br>昆明市的茶花<br><br>昆明市的玉兰行道树 |
| 长沙市 | 樟树和杜鹃花是两种著名的观赏植物，它们在长沙不仅历史悠久，数量丰富，而且以优良的品格及美好的寓意为长沙人所钟爱。<br>1985 年 11 月 30 日市八届人大常委会第十四次会议通过决议，确定杜鹃花为长沙市市花(右上图)，香樟为长沙市市树(右下图)。香樟为一种常绿乔木；原产于我国东南沿海，隋唐时即传入长沙地区。据园林、文化部门普查，现全市 200 多株古树名木中，古樟占了 1/3，有 86 株，高居首位。圆通寺的古樟，树龄近千年，胸径达 2.28m。<br>长沙市行道树的树种，随着时间的推移，使得香樟、英桐成为长沙市行道树的基调树种. 20 世纪 80 年代后期，城市不断发展进步，新的树种被引进和推广，形成以香樟和悬铃木为基调树种的格局. 目前，长沙市行道树的种类主要有香樟、悬铃木、广玉兰、樟树、银杏。在种植方式上一般以单一树种早列式种植。行道树品种较少，结构单调，需要更新及开发本地资源，培育和引进新的行道树种 | <br>长沙市的杜鹃花<br><br>长沙市的香樟行道树 |

续表

| 城市名称 | 城市道路绿化情况 | 示意图 |
| --- | --- | --- |
| 杭州市 | 杭州市市花：桂花：又名木樨、岩桂，系木樨科常绿灌木或小乔木，桂花在杭州已经有近千年的栽培历史，尤其是杭州满觉陇的桂花，更是闻名遐迩。早在南宋时期，满觉陇已经大片种植桂花，并形成一定规模。在《咸淳临安志》有这样的记载："桂，满觉陇独盛"，如右上图。<br>1983年7月20日至23日，杭州市六届人大常委会第九次会议决定，香樟为杭州市市树；桂花确定为杭州的市花。<br>杭州地处中亚热带，至2013年上半年，市区共有行道树8万多株。据调查，杭州市区所种植行道树的主、次干道与过境道路及能通行机动车辆的小街小巷共计400多条、其总的长度590余公里。树种近28种，隶属于20科。以二球悬铃木为主，其次是枫杨、无患子、香樟和枫香，其他种类有泡桐、青桐、银杏、女贞、漫地松、水杉、七叶树、喜树、垂柳、桂花、臭椿、榆树、乌桕、珊瑚朴、山玉兰、重阳木、三角枫、杜英和乐昌含笑等。近年来，杭州市行道树有了较大的发展，不断引进新树种，逐渐形成规模和特色的园林城市。右下图为香樟行道树 | <br>杭州市的市花桂花<br><br>杭州市的香樟行道树 |
| 郑州市 | 1983年3月21日，在郑州市第七届人民代表大会第三次会议上，月季花被确定为郑州市的市花，如右上图。<br>2007年12月14日，经市十二届人大常委会32次会议审议，通过了悬铃木（法桐）作为郑州市市树的决定。<br>郑州市地处中原，属南温带南缘。近30多年来，市区行道树建设发展较快，由过去的30余种发展到目前的约70种，包括4变种，隶属28科42属。其中栽植最多的行道树有二球悬铃木、毛白杨、兰考泡桐、槐树、刺槐、白玉兰、垂柳、女贞、白蜡树、雪松、红叶李、银杏、榆树、合欢、梧桐、核桃、黄山栾树等。在调查的62条主次干道上，二球悬铃木分布于44条干道上，约占70%，槐树和毛白杨分布于14条干道上，占55%，兰考泡桐分布的干道占13%。2012年市区绿化林盖率为52.76%。<br>右下图为悬铃木行道树 | <br>郑州市的市花月季<br><br>郑州市的悬铃木行道树 |

续表

| 城市名称 | 城市道路绿化情况 | 示意图 |
| --- | --- | --- |
| 海口市 | 海口市的市花为三角梅，如右上图。叶大且厚，深绿无光泽，呈卵圆形，芽心和幼叶呈深红色，枝条硬、直立，茎刺小，花苞片为大红色，花色亮丽，花期为每年3～5月、9～11月。<br>椰子树是海口市的市树，海口市又称“椰城”（如右下图）。椰树原产马来西亚，相传我国的椰树是海水漂来的。<br>汉朝的汉成帝立能在手掌上跳舞的赵飞燕为皇后，她的妹妹用椰叶编织成席子赠送，祝贺皇后像椰子那样多生贵子。在热带海岸，绿色的椰林，闪烁的沙滩，碧蓝的海水，层层的浪花，构成一幅美丽如画的热带风光。<br>在海口市政府及园林部门的努力下，目前海口市基本实现了市区街道的普遍绿化，形成了以子椰子树和三大榕树为主的街道绿化特色。全市现已绿化的道路120条，共有行道材10万株。主要树种是：椰子树、黄葛榕、细叶榕、高山榕、红花羊蹄甲、樟树、印度紫檀、盆架树、洋蒲桃、非洲楝、秋枫、木麻黄、白千层等。行道树种比较多，基本形成了“一街一景”的绿化景观规划 | <br>海口市的市花三角梅<br><br>海口市树椰子树行道树 |
| 台湾省 | 深圳市的市花三角花（如右上图）。<br>深圳市在制定绿地系统规划时，坚持高起点规划的原则，形成具有深圳特点的道路绿化系统。在主干道路两侧建立30～50m宽绿化带，在次干道如华强路、红荔路等道路两侧建立10～30m宽的绿化带。在营建绿化带时，根据深圳市道路特点和功能要求，利用丰富多彩的植物进行配置，形成不同风格的道路绿化景观。在快速干道营造自然森林景观，在滨海大道营造亚热带海滨风光。<br>行道树要求树冠浓密、遮荫良好，树干通直，干形美观。深圳市行道树品种丰富，主要采用小叶榕、芒果、扁桃、马占相思、荔枝、火焰木、雨树、大王椰子、蒲葵、南洋杉、假槟榔、美叶桉、黄槐、木棉等40多个品种，既有充满乡土气息的小叶榕，也有开花的凤凰木、木棉，红桑、红苋、红花紫荆、大叶紫薇等，品种比较丰富。在行道树树池中种植蟛蜞菊、雪茄花、黄金叶等地被植物，既避免树池泥土流失，又大大改善了城市景观。<br>右下图为大王椰子行道树 | <br>深圳市的市花三角花<br><br>深圳市的大王椰子行道树 |

续表

| 城市名称 | 城市道路绿化情况 | 示意图 |
| --- | --- | --- |
| 佛山市 | 市花，一个城市的代表花卉。市花是城市形象的重要标志，也是现代城市的一张名片。国内外已有相当多的大中城市拥有了自己的市花。市花不仅能代表一个城市独具特色的人文景观、文化底蕴、精神风貌，体现人与自然的和谐统一。佛山市花白玉兰(如右上图)。<br>佛山市位于广东省中部，珠江三角洲的腹地西侧，气候类型为南亚热带海洋性季风气候，2009 年底统计，市区园林绿地总面积为 2151.63hm$^2$，人均公共绿地面积 8.99m$^2$，市绿地率 46.48%，绿化覆盖率为 51.48%，道路绿化覆盖面积 95.1hm$^2$，道路绿化率达 99.1%。栽植株数由大到小的排列顺序是：黄葛榕、大叶紫薇、香樟、芒果、细叶榕、阴香、垂榕、红花羊蹄甲、海南蒲桃、羊蹄甲、非洲桃花心木、白兰、秋枫、石栗、大叶山楝、黄掩、人面子、木棉花树、白千层、阿珍榄仁、大王椰、黄槐、假苹婆、垂柳、木麻黄、腊肠树、洋紫荆、高山榕、水蒲挑、木翁、气达榕、凤凰木。<br>较多的行道树是木棉花树。如下图 | <br>佛山市的市花<br><br>佛山市的木棉花树行道树 |
| 舟山市 | 舟山是我国重要的海岛城市，是一个具有渔业、港口、景观优势的千岛新城。2011 年 6 月 30 日，国务院批准舟山市新区，其新区的市花是普陀水仙(右上图)、而市树则是新木姜子(右下图)。<br>道路绿化既是沿海防护林生态工程的组成部分，又是对外开放、改善投资环境的基础工程之一，它的好坏既关系到舟山市的经济发展，又与文明建设密切相关，搞好城市绿化工作意义深远。根据对舟山定海城关、普陀沈家门两城镇 55 条主要街道的调查，共有行道树 9557 株，分属 19 科 24 种，其中常绿树种 13 种 5099 株、占 53.4%，落叶树种 11 种 4455 株、占 46.6%。香樟、悬铃木为该市行道的主要树种，水杉、垂柳、柏类、广玉兰、白杨、白榆为基本树种。舟山市道路绿化虽已采用树种多达 24 个，但真正被普遍应用的较少，以香(39.9%)、悬铃木(18.8%)两树种占优，成为舟山市行道树的骨架。舟山市行道树多属单行单种等距栽植，色相树、美化树所占比例极少(8.0%)，造成了色彩单调、景观效果差的现状 | <br>舟山市的市花普陀水仙<br><br>舟山市的新木姜子行道树 |

续表

| 城市名称 | 城市道路绿化情况 | 示意图 |
| --- | --- | --- |
| 成都市 | 1983年5月26日，成都市第九届人民代表大会常务委员会决定，正式命名芙蓉花为成都市市花（右上图）。芙蓉亦名木莲，为葵科木槿，属落叶小乔木。成都栽培芙蓉历史悠久，据古籍记载，五代时期，蜀后主孟昶于成都城墙上遍植芙蓉，“每至秋，四十里为锦绣”，故成都别名为“蓉城”。<br>在中国5千年文化中，经常可以看到“芙蓉”，它代指美人、在古诗中常常可以见到它来表达对女性的赞美和欣赏。所以，它的花语是高洁之士、美人、漂亮、纯洁。<br>木芙蓉晚秋开花，因而有诗说其是“千林扫作一番黄，只有芙蓉独自芳”。由于花大而色丽，我国自古以来多在庭园栽植，可孤植、丛植于墙边、路旁、厅前等处。特别宜于配植水滨，开花时波光花影，相映益妍，分外妖娆，所以《长物志》云：“芙蓉宜植池岸，临水为佳”。木芙蓉作为花中的高洁之士，屡屡出现在文学作品之中。屈原《楚辞》有：“采薜荔含水中，擘芙蓉兮木末”。白居易有“花房腻似红莲朵，艳色鲜如紫牡丹”。极言木芙蓉的芳艳清丽。成都市树为银杏树（右下图） | <br>成都市花木芙蓉<br><br>成都市树银杏行道树 |
| 台湾省 | 台湾省是我国东南沿海的一个大岛，全岛高温多雨，北部22℃，南部24℃。原生植被以热带季雨林为主。台湾行道树已有320多年的历史，据2012年统计，行道树种类已达200种，以常绿树种为主，共有132种，占总数的67%，落叶树种65种，550%。台北市市花为杜鹃花（右上图），有行道树15万多株，高雄市行道树也多达20万多株。行道树从本岛丰富的植物资源中发掘引种，同时大量地从祖国沿海各地区引进，从外地引进的种类达130种，占69.8%，本地原生乡土树种60种，占30.2%。一般公路行道树以台北市为例有榕树（占30.2%），其次为菩提树、白千层、软叶刺葵、木棉、枫香、糖胶树、大王椰子、蒲葵、宽叶胶榕、台湾架树、木麻黄、水黄皮、杠果树以及榔榆、荷花玉兰、湿地松、银桦、皮孙木、红鸡蛋花、印度紫檀、华盛顿椰子、丝棉木、面包树、锡兰橄榄、大果榕等，种类相当丰富。<br>右下图为蒲葵行道树 | <br>台北市的市花杜鹃花<br><br>台湾省的市树为蒲葵行道树 |

续表

| 城市名称 | 城市道路绿化情况 | 示意图 |
| --- | --- | --- |
| 武汉市 | 武汉市的银杏行道树如右下图所示。<br>梅花是以五福"快乐、幸运、长寿、顺利、平安"引誉古今中外。东湖梅园是武汉市唯一的一座观赏市花—梅花的专类园，面积800余亩，现有梅花品种达320余种，种植梅花20000多株，是中国梅花研究中心所在地，是我国在传统节日春节之际最著名的赏梅胜地之一。每逢春节，正值梅花盛开之际，中外游客络绎不绝，纷至沓来，相约到东湖梅园踏青赏花，一年一度的梅花节已经成为广大游客和武汉市民春节期间不可或缺的文化活动盛宴 | <br>武汉市的市花梅花<br><br>武汉市的银杏行道树 |
| 济南市 | 1986年，济南市人大常委会第九届第二十次会议决定荷花为济南的市花。如上图。之所以把荷花作为济南市花，是因为"荷花"展开的双臂做出欢迎的姿态，表现出山东人热情好客、纯朴善良的豪爽性格，展现了济南将以开放的胸怀欢迎四方来客的信息，体现出"诚信、创新、和谐"的城市精神。<br>除了热带亚热带的树木，在济南见得最多的树是杨树、柳树、松树、梧桐树、银杏、槐树、榆树。<br>柳树在我国南北都有，生命力极强素有有心栽花花不开，无心插柳柳成荫之说。它的用途如下：美化环境，河岸边、池塘岸，春意盎然；可夏季乘凉；柳树树木可以用来做菜板，北方不少人用柳木直接做菜板，因为木质钝刀，所以一块菜板可以用一辈子；<br>柳树在古代：用折柳表惜别。柳树因通"留"，谐音，故生此意。柳树为阳性树种，民间多用于避邪及招风水；柳树有对女子阴柔赞美之说。右下图济南市的柳树行道树 | <br>济南市的市花<br><br>济南市的柳树行道树 |

(2) 街道宽阔、等距栽植、雄伟壮观：我国城市里宽阔的行车道可以称举世无双，北京长安街以其宽阔闻名于世。随着经济的发展，我国很多大中城市的道路也在拓宽。特别是行道树的种植方式多为同龄、等高和等距，显得十分整齐、严谨和壮观。但国外有些国家不一样，例如美国的行道树栽植既不等距、也非同龄，三五成组，一般比较随意。

(3) 城市树种功能各有侧重，以实用为主：行道树除有前述的生物功能外，还有美化街景的作用。我国属大陆性气候，长江以北的四季气温变化明显。夏季烈日当头，气温可达30℃以上；深秋以后又落叶纷飞，冬季来临寒风萧瑟，树木和绿色就更加可贵。为此在各种功能之中，多数城市仍以庇荫等实用功能为主，兼顾季相等美化街景的功能来选择树种。因而不少城市以悬铃木、国槐和杨树作行道树则多取其冠大荫浓；北方以油松、黑松及柏树作行道树则为寒冷的冬天增添了绿色和生气。当然，南国的凤凰木、蓝花楹除有庇荫作用之外，盛花时热烈或淡雅的南国风情也是令人陶醉的。

(4) 对于我国气候差异、树种有别，各城市常挑选适于当地自然条件，而又受人们喜爱的树木定为市树，并作为城市道路绿化的应用。因而选作市树的行道树往往成为该市的绿色标志与美好的象征。如北京的市树槐树和侧柏、长沙的市树香樟、广州的市树木棉、深圳的市树大王椰子和市花簕杜鹃等。从实用功能出发确与中国气候相关，这与欧洲诸国对行道树的选择也有差别。欧洲冬季虽也漫长，但夏日气温并不甚高，栋树、椴树等树形高大、枝叶密生的庭园树也是作行道树的首选树种。

### 1.1.4 城市道路绿化的发展趋势

(1) 21世纪人类要实现城市人居环境的巨大改善，确保人与自然和谐共存，持续发展。美国推行的绿道规划源于19世纪形成大批城市公园和保护区，发展到20世纪掀起户外敞开空间规划和绿道规划。绿道网络规划将成为21世纪户外开敞空间规划的主题。美国的绿道和游步道始于将全国废弃铁路转化而成，后发展到对沿河流、小溪、湿地、自然和文化资源统一规划，绿道和游步道路作为徒步旅行和其他相关娱乐活动场地，今后发展趋势是将绿色通道在全国范围内连通形成综合性的绿道网络，一个充满生机的绿道网络对环境保护、经济效益、美学观赏起到积极的作用，大环境绿化是今后国内外道路绿化发展的总趋势。

(2) 绿道的概念是自然走廊，具有双重功能，一是为人类进入游憩活动提供了空间；二是对自然和文化遗产的保护起到促进作用。绿道是指用来连接各种线型开敞空间使绿道系统内部互相贯通的总称，兼有生态功能、游憩功能和文化功能，是一个多层次的系统，有宏观的区域层次，可实施的地方层次及宜人的场所层次。户外空间规划的发展趋势必然是形成整个国土范围内的绿道网络，这是一项战略性部署，这种框架的绿色建设对我国河流、山脉及城市道路的环境建设具有指导意义。

(3) 我国建设园林城市的标准是：

1) 既有园林绿化具有数量指标的要求，又有完整统一的绿地系统要求；既有城乡一体化大园林的要求，又有保护和利用城市山川、地貌，保护郊区、林地、农业用地的要求。

2) 既有突出城市文化、民族传统的要求，又有保护文物古迹、古树名木的要求；既有公园布局合理、分布均匀、设备齐全、维护良好，满足人民休息、观赏及文化活动的要求，又有对城市江河湖海等水体沿岸绿化，形成城市风光带的要求。

（4）绿色是生命的色彩，良好的绿色生态环境是人类健康生存的重要条件。植物是生态园林的主体，丰富的树种多样性和结构合理的植物群落是城市园林建设发展的新方向，是城市建设可持续发展的重要措施。人居环境包括建筑、道路、绿化。21世纪是人类社会快速发展的时代，人们对物质文化生活的需求和对绿化美化的环境要求，已不再是简单几块绿地，栽几排树，植几片草皮，而必须是“适当”和“可持续”的，达到“人与自然的和谐”，“时间延续性的和谐”的目的。改善人们居住环境是世界各国共同关注的主题，而创造优美的绿化环境是改善人们居住环境的关键，是实现城市可持续发展的保证。在这方面我国许多园林城市道路绿化都已有很好的创新，并取得很好的效果。

1）例如深圳市先后获得“国家园林城市”、“国家环境模范城市”、“中国优秀旅游城市”等称号，2000年参加“国际花园城市”竞赛，以其优美的城市生态环境受到国内外的高度评价，成为中国第一个“国际花园城市”。深圳城市在花园里，花园又在城市中，对道路绿化进行了整治和改造，栽种市花——簕杜鹃2000余万株，宿根大花美人蕉1500多万株，形成一个四季鲜花盛开的城市景观。对道路绿化规定了城市主、次干道两边要留出10～50m宽的绿化带，以南方乡土树种（大王椰子、金山葵、鱼尾芬、美丽针葵）为主调；配置乔、灌、草形成多姿多彩层次，体现出亚热带风光特色的道路景观。

2）除深圳市外，我国还有北京、天津、重庆、青岛、大连、昆明、广州、成都、西安、长沙等城市多次被评为“国家园林城市”、“国家环境模范城市”、“中国优秀旅游城市”。2001年度绿色奥斯卡奖——“国际花园城市”，有中国、俄罗斯、美国等18个国家的34个参赛城市（指100万人以上），经过入围到决赛的激烈竞争，最后，广州市荣膺“国际花园城市”的称号，并且是高票捧回“绿色奥斯卡奖”，成为世界上获此殊荣人口最多的城市。中国的城市连续两年荣获“国际花园城市”称号，证明我国在美化城市道路、创造出更加丰富多彩的山水生态环境景观的花园式城市方面迈出了可喜的一步。

3）2016年1月29日，住房和城乡建设部对外公布2015年国家园林城市名单。在46个“国家园林城市”、78个“国家园林县城”、11个“国家园林城镇”外，7个城市成为首批“国家生态园林城市”。

① 河北沧州市等46个城市被命名为“国家园林城市”、河北高邑县等78个县城为“国家园林县城”、山西巴公镇等11个镇为“国家园林城镇”，徐州、苏州、昆山、寿光、珠海、南宁、宝鸡等7个城市为“国家生态园林城市”，这也是国家生态园林城市是首次命名；

② 据介绍，从1992年开始，全国就组织开展园林城市创建工作。截至目前，全国约有半数城市（310个）、1/10的县城（212个）成功创建国家园林城市（县城）。园林城市创建发挥示范带动作用，有力地推动了城市生态建设和市政基础设施建设，提升了城市宜居品质；

③ 数据显示，与创建之初相比，全国城市园林绿地总量大幅度增长，城市绿地总量增加了4.7倍，人均公园绿地面积提升了6.3倍，城市公园面积增长了8倍。各地有效落实出门“300m见绿，500m见园”指标要求，多数城市公园绿地服务半径覆盖率接近或超过80%，城市公园更加亲民、便民、惠民，公园绿地成为健身、休闲和娱乐重要场所，广大市民就近游园数量快速增加。

# 1.2 城市道路绿化的效益

### 1.2.1 绿化环境、美化城市

(1) 我国改革开放以来，国民经济建设得到了史无前例的发展，城镇人口成倍增长，城市中的高楼大厦林立，道路纵横交错，服务社区不断创新，到处是车水马龙，川流不息，使城市形成一片嘈杂而又繁荣、拥挤而又兴隆的景象。

(2) 但是，每一个城市的实际环境却严重地受到工业噪声、建筑施工噪声、交通噪声和生活噪声的污染的影响。

(3) 所以，城市的道路绿化工作，能有力地改善城市的环境、美化城市市容，是治理城市生态环境的主要任务。同时，也提高城市绿化环境、美化市容的水平与风格，是反映当今城市文明程度、社会风尚的准则。

### 1.2.2 减低噪声、优雅环境

(1) 多年来，城市各种噪声的危害已成为公认的环境污染，是人类产生各种疾病的慢性毒药。据有关资料表明：噪声在 80dB 以上时人的血管将会产生收缩、血压增高、胎儿畸形等现象；当 90dB 的噪声，便使人不能继续工作。噪声使人紧张、疲劳，影响睡眠，危害听觉器官，对人体健康十分有害。

(2) 而城市的行道树可减低噪声，青葱的行道树和绿茵茵的草地有吸收声能和减轻噪声的功效。当人们漫步在绿树成荫的大路或公园时，会感到舒适、宁静。这是因为，声音是以声波形式传播的，而树木的枝叶能够阻碍声波前进；密集的树叶和草地，能够削弱波的传递能量。

(3) 当噪声的声波射到树木这堵“绿墙”上时，一部分被反射，一部分由于射向树叶的角度不同而产生散射，使声音减弱并趋向吸收，其声能一般可吸收约四分之一左右。同时，在声波通过时，枝叶摆动，使声波减弱，并迅速消失；而且树叶表面的气孔和绒毛，像多孔的纤维吸声板一样，能把声音吸收掉。

(4) 所以，城市道路绿化能大大减低噪声、优雅环境，提高城市人们的健康水平。

### 1.2.3 欣赏自然、陶冶情操

(1) 许多花园式城市的道路风景环境景观非常美，具有较高美学、科学与历史文化价值，以自然景观为主，融人文景观为一体，有典型性、代表性的特殊地域，供人游览、观赏、休息和进行科学文化活动的地域。

(2) 风景资源可分为自然资源与人文资源两大类，自然资源是指：山川、河流、湖泊、海滨、岛屿、森林、动植物、特殊地质、地貌、溶洞、化石、天文气象等自然景观。人文资源包括文物古迹、历史遗址、革命纪念地、园林、古建筑、工程设施、宗教寺庙等人文景物和它们所处环境以及风土人情。

(3) 城市道路绿化建设完美，可呈现春季花鸟迎人，夏季树冠青葱，秋间叶色黄红，结果累累的景色。当人们在繁茂的行道树或公园绿地的花草环境中活动时，会感到心旷神怡，精神振奋。其真正的价值在于能进行人与自然的交流，是欣赏自然和陶冶情操的好场所。

### 1.2.4 增加庇荫、调节气温

（1）常言道："大树底下好乘凉"，说明行道树有庇荫的作用。在树冠的庇荫下会产生非常幽静的小环境，并且无直射阳光，降低温度。树木的浓厚树冠，有吸收和反射太阳光的良好作用。

（2）据有关资料表明：当阳光辐射时，有20%～25%的热量反射回天空，25%被树冠吸收。同时树冠的蒸腾作用需要吸收大量的热，使周围的空气冷却，而蒸腾作用又提高周围的相对湿度，也会产生冷却作用使空气湿润凉爽，因此改变了微气候。

（3）在行道树繁茂的地方，人们常常感到空气凉爽、湿润、清新。据实测报道，城市露天之下的气温高达35℃的时候，树荫下的阴影部分的气温只有22℃左右。

（4）在盛夏季节，许多人都喜欢聚集在树荫下乘凉，消除疲劳，使人们有憩息舒服的感觉。树冠又像一个保温罩，防止热量迅速地散失；而且风速小，气流交换就弱，使温度变化缓慢，所以，冬季刮风时在常绿行道树下，有保温作用，可提高气温2℃左右。

### 1.2.5 吸毒防尘、保护环境

（1）由于每一个城市内川流不息的车辆所产生的粉尘，建筑施工中产生的粉尘，大风所刮起的粉尘，以及人们行走和散步产生的粉尘，导致整个城市空气污染。空气中这些粉尘危及人体健康。而减少粉尘最简单有效的方法是搞好植树绿化工作，树木对粉尘、飘尘有很强的阻挡和过滤、吸附的作用。

（2）树木枝冠茂密，具有强大的降低风速的作用。随着风速的降低，空气中的飘浮的大粒灰尘便下降到地面。经过树木枝叶的滞留、吸附，空气中的含尘量可大为减少。

（3）树木的叶面有的有许多绒毛，有的叶面很粗糙，有的多褶皱，凹凸不平；有些树木叶片还能分泌油脂、黏液或汁浆，能够滞留和吸附空气中的大量漂浮物和尘埃，使大气得到一定的净化。刺槐、刺楸、白桦、木槿、广玉兰、女贞、杨树、朴树、榆树、云杉、水青冈等，都是防尘的理想树种。

（4）行道树能够吸收多种有毒气体，能净化大气，保护环境，多列行道树优于单列行道树。许多树木能通过叶子张开的气孔吸收有毒气体，净化大气。

1）树木的叶子吸收二氧化硫（$SO_2$）的能力比较好。夏季吸收能力最大，秋季次之，冬季最差，而白天又优于晚上。树木的叶子吸收氯（$Cl_2$）的能力也比较好，有些树木吸收氯气还相当多。

2）氟化氢（HF）这种有毒气体对人的危害比二氧化硫要大20倍，而石榴、臭椿、女贞、泡桐、梧桐、大叶黄杨、夹竹桃、海桐等树木抗氟、吸收氟的能力都比较强，其中女贞树吸收氟的能力比一般树木要高150倍以上。

3）绝大多数树木都能吸收臭氧（$O_3$）和氨气（$NH_3$）。一般树种都能吸收铅（Pb），枇杷等树种能排除城市里的光化学烟雾。例如：喜树、梓树、接骨木等树种有吸收苯（$C_6H_6$）的能力。

4）树木还能吸收放射性物质。常绿阔叶树的净化能力比常绿针叶树大。

# 1.3　城市道路绿化的基本原则

## 1.3.1　道路绿化应符合行车视线和行车净空要求

（1）行车视线的要求：

1）司机的安全视距：驾驶员在一定距离内，随时看到前面的道路及在道路上出现的障碍物，以及迎面驶来的其他车辆，以便能够在最短的时间内，果断地采取有效的减速、停车等措施，或者绕越障碍物而前进，这一距离称为安全距离。

2）平面交叉口的视距：为了保证司机行车的安全，车辆在进入交叉口前的一段距离内，必须看清楚相交道路上车辆的行驶情况，以便使自己的车辆能顺畅地驶过交叉口，或者及时采取有效措施进行减速、停车等，以避免相撞。这一段距离必须大于或者等于停车视距。

3）停车视距：停车视距主要指的是车辆在同一车道上，突然遇到前进方向上有障碍物，而必须及时采取刹车措施时，所需要的安全停车视距。安全停车视距的实际距离可参考表 1.3-1 所列。

**安全停车视距表**　　**表 1.3-1**

| 序　　号 | 城市道路类别 | 停车视距（m） |
|---|---|---|
| 1 | 主要的交通干道 | 75～100 |
| 2 | 次要的交通干道 | 50～75 |
| 3 | 一般的道路（居住区道路） | 25～50 |
| 4 | 小区、街坊道路（小路） | 25～30 |

4）视距三角形：由两相交道路的停车视距作为直角边长，在交叉口处所组成的三角形，称为视距三角形。视距三角形应以最靠右的第一条直行车道与相交道路最靠中的一条车道所构成的三角形来确定。

为了保证道路行车安全，在道路交叉口视距三角形范围内和内侧的规定范围内不得种植高于最外侧机动车车道中线处路面标高 1m 的树木，使树木不影响驾驶员的视线通透。如图 1.3-1 所示。

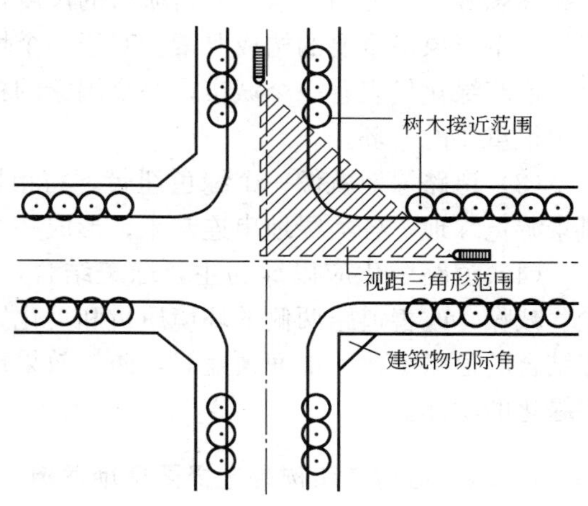

图 1.3-1　道路交叉口视距三角形示意图

（2）车辆行车的净空要求：

道路设计规定在各种道路的一定宽度和高度范围内为车辆运行的空间，树木不得进入该空间。具体范围根据道路交通设计部门提供的数据确定。道路最小净高应符合表 1.3-2 的规定。

道路最小净高　　表 1.3-2

| 道路种类 | 行驶车辆类型 | 最小净高（m） |
|---|---|---|
| 机动车道 | 各种机动车 | 4.5 |
| | 小客车 | 3.5 |
| 非机动车道 | 自行车、三轮车 | 2.5 |
| 人行道 | 行人 | 2.5 |

### 1.3.2 保证树木所需要的立地条件与生长空间

城市道路树木生长需要一定的地上和地下生存空间，如得不到这种满足，树木就不能正常生长和发育，甚至会发生树木死亡现象，最终不能起到城市道路绿化应起的作用。因此，市政公用设施与绿化树木的相互位置应统筹安排，保证树木所需要的立地生存条件与生长空间。但城市道路的用地范围有限，除了安排交通用地外，还需要安排必要的市政设施，如交通管理设施、道路照明设施、地下管道设施、地上杆线设施等。所以绿化树木与市政公用设施的相互位置必须统一规划、统一设计、合理安排，使其各得其所，减少矛盾。

### 1.3.3 道路绿化应最大限度地发挥其主要功能

（1）城市道路绿化在有限的空间内几乎包括了园林绿地所能承担的一切功能，在改善道路本身和道路两侧地段的气候、卫生状况，使行人和道路两侧建筑房间内免受阳光过分的暴晒、灰尘、大风、噪声的污染等，提高城市道路环境质量方面尤为显著。

（2）美国的凯文·林奇提出构成人们对城市印象的心理因素有：路、边界、区域、中心和标志等 5 个方面。这是分析城市的尺度，而给人第一印象的是道路。所以可以认为道路是城市形象最重要的构成要素。对于一个城市绿化来说，给人们的第一印象也是道路绿化，道路绿化代表着一个城市，一个国家的精神面貌和绿化质量，道路绿地是城市绿地系统中很重要的一环。

（3）道路绿地就像一个绿色纽带，将市区内外的公共绿地、居住区绿地、专用绿地、风景游览绿地等各类绿地串连起来，形成一个完整的绿地系统网络。

（4）道路绿化应以绿为主，绿美结合，绿中造景。道路绿化的主要功能是遮阴、滞尘、减噪，改善道路两侧的环境质量和美化城市等。以乔木为主，乔木、灌木、地被植物相结合的道路绿化，地面覆盖好，防护效果也最佳，而且景观层次丰富，能更好地发挥道路绿化的功能。

### 1.3.4 城市道路树种选择要适地适树

（1）城市道路树种选择和植物配置要适地适树，并符合植物间伴生的生态习性。在树种选择方面，要符合本地自然状态，并根据本地区气候、栽植地的小气候和地下环境条件，选择适应于在该地生长的树种，以利于树木的正常生长发育，抗御自然灾害，最大限度地发挥对城市道路环境的改善能力。

(2) 道路绿化为了使有限的绿地发挥最大的生态效益及多层次植物景观，采用人工植物群落的配置形式时，植物生长分布的相互位置应与各自的生态习性相适应：

1) 地上部分：植物树冠、茎叶分布的空间与光照、空气温度、湿度要求相一致，尽可能做到各得其所。

2) 地下部分：植物根系分布对土壤中营养物质的吸收互不影响，只要符合植物间伴生的生态习性就可以了。

(3) 保护好城市道路绿地内的各种古树名木。在道路平面、纵断面与横断面设计时，对古树名木应予以很好的保护，对现有的具有保留价值的树木也应注意保存与保护。

### 1.3.5 因地制宜设计好道路绿化

(1) 由于城市的布局以及地形、气候、地质和交通方式等诸多因素的影响，形成不同的路网。绿化设计时要根据道路的性质、功能、宽度、方向、自然条件、城市环境，乃至两侧建筑物的性质和特点综合考虑，合理地进行绿化设计。

(2) 道路绿化很难在栽植时就充分体现其设计意图，要达到完善的境界，往往需要几年、十几年的时间。所以设计要具备发展观点和长远眼光，对各种植物的形态、大小、色彩等的现状和可能发生的变化，要有充分的了解，待各种植物长到鼎盛时期时，达到最佳效果。同时，道路绿化的近期效果也应重视。

(3) 尤其是行道树苗木规格不可过小，快长树胸径不宜小于 5cm，慢长树胸径不宜小于 8cm。使其尽快达到防护功能。

(4) 设计道路绿化要符合美学的要求，处理好区域景观与整体景观的关系。道路绿化的布局、配置、节奏、色彩变化等都要与道路的空间尺度相协调。

(5) 城市道路绿地的立地条件极为复杂，既有地上架空线和地下管线的限制，又因人流车流频繁，人踩车压及沿街摊群侵占毁坏等人为破坏和环境污染，再加上行人和摊棚在绿地旁和林荫下，给浇水、施肥、撒药、修剪等日常养护管理工作带来困难。

(6) 因此，设计人员要充分认识到道路绿化的制约因素，在对树种选择、地形处理、防护设施等各方面进行认真考虑，力求绿地自身有较强的抵抗性和防护能力。

## 1.4 城市道路绿化的内容与功能

城市道路绿化的内容是由不同绿化结构组成的系统，在干道两旁不仅实施绿化，而且还要提高绿化的品位和档次。道路绿化系统成为沟通市区的绿色通道。城市道路绿化系统见图 1.4-1。

(1) 行道树绿化带：一般布设在人行道上以直行道树为主的绿化带（也称步行道绿化带），指车行道和人行道之间的绿化带，遍及城市主、干、支、居住区小路等多方面。行道树绿化带的主要功能是：为行人遮阴，调节温度、湿度，防尘、减噪，对改善道路环境起着不可替代的作用，并且成为连接点、线、面、楔、环形地的纽带，是构成城市绿色面貌的重要组成部分。

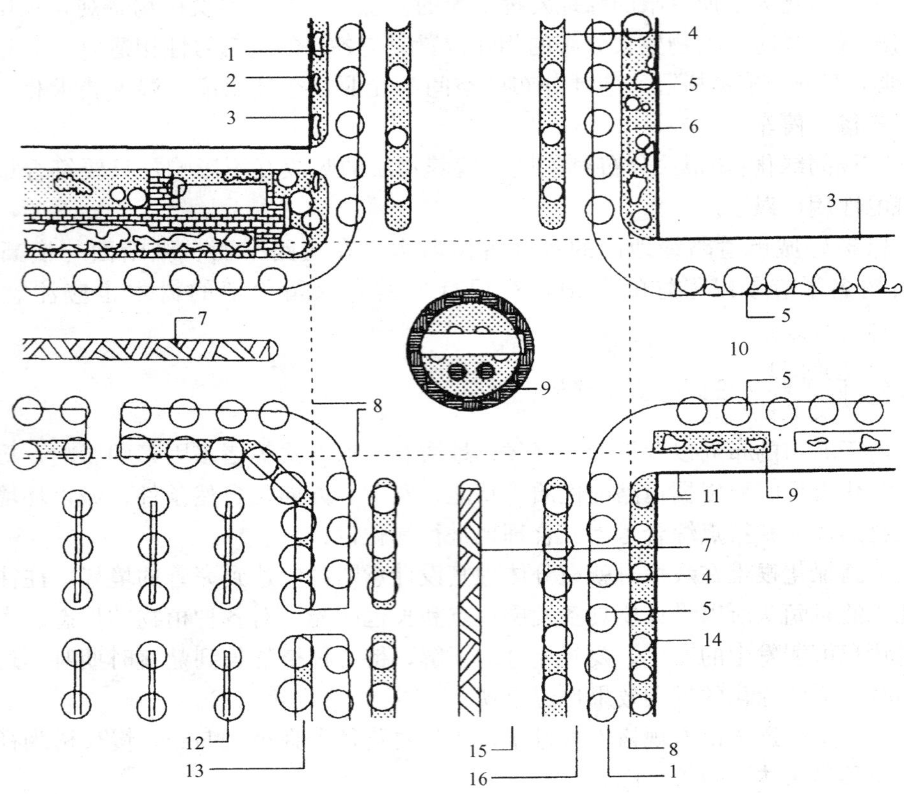


图 1.4-1　城市道路绿化系统

1—人行道；2—路侧绿化带；3—道路红线与建筑线重合；4—两侧分车绿化带；5—行道树绿化带；6—路侧绿化带与道路红线外侧绿地结合；7—中间分车绿化带；8—道路红线；9—中心岛绿地；10—车行道；11—建筑线；12—停车间隔带绿化；13—停车场间周边绿地；14—道路红线外侧绿地；15—机动车道；16—非机动车道

(2) 分车绿化带：在车行道之间划分车辆运行路线的分隔带上进行绿化，称为分车绿带，同时也称为隔离绿化带。其形式有中间分车绿化带又称中央分车绿化带，指上下行机动车间的分车绿化带；两侧分车绿化带，指机动车道与非机动车间或同方向机动车道之间的分车绿化带。分车绿化带的功能：用绿化带将快慢车道分开，保证快慢车行驶的速度与安全。合理地处理好交通和绿化的关系。低矮的绿篱或灌木可以遮挡汽车眩光，应用不同树种和栽植层次达到美化街景作用。

(3) 路侧绿化带：在道路侧方，布设在人行道边缘至道路红线之间的绿化带可以减少人流、车辆的噪声干扰，靠近建筑物或构筑物（围墙、栏杆）的绿化带又称基础绿化带。路侧绿化的功能：保持路段内连续与完整的景观效果，基础绿化带可以保护建筑内部环境及人的活动不受外界干扰。

(4) 交通岛绿化：主要在交叉路口为组织交通设置的安全岛，而在“岛”上进行绿化、美化的工程称为交通岛绿化。交通岛绿化的功能：主要是保证交通安全，引导交通作为标志，美化市容。

(5) 公共建筑前绿化：一般是根据城市中公共建筑（展览馆、博物馆、俱乐部、影剧院、商场、超市等）不同特点和人流集散情况进行绿化美化，称公共建筑前绿化。公共建筑是表现城市建筑艺术的重要元素。利用绿化手段作为建筑艺术的补充和加强，绿化布局形式、树种选择、小品的应用都要求较高。

（6）广场、停车场的绿化：主要是指在广场、停车场范围之内的绿化。其主要功能是：对于广场的绿化，根据广场功能、性质、规模不同，绿化可起到衬托、呼应、补充、加强景观的作用。对于停车场绿化，停车场绿地包括停车场周边绿地和停车间隔带绿化，其目的是可以提供车辆遮阴和司机休息以及标志出入口等。

（7）街头休息绿地：在城市干道旁供居民短时间休息用的小块绿地称为街头休息绿地。街头休息绿地近似居住区内的小游园，只是处在街道边侧，便于行人休息、散步、锻炼身体，是道路绿地系统中的节点，起到美化市容的作用。

（8）立体交叉的绿化：通常指互通式立体交叉干道与匝道围合地的绿化，绿化面积较大。

（9）滨河路的绿化：滨河路是城市中的临河、湖、海等水体的道路，这种道路一面临水，空间开阔，它的绿化是属城市绿化景观道路的一种。滨河路绿化的功能是：除了观赏、休憩、遮阴等功能外，有的还有防浪、固堤、护坡的作用，斜坡上种植草皮或攀缘植物以避免水土的流失，同时也起到美化作用。

（10）林荫道路的绿化：一般是指与道路平行而且有一定宽度的带状绿地。利用绿化将人行道与车行道隔开，林荫道的宽度一般不少于8m。林荫道能改善小气候，在为行人创造卫生、安全的条件方面，比一般道路绿化所起的作用更为显著。特别在城市建筑密集又缺少绿地的情况下，林荫道可起到小游园的作用，以弥补城市绿地分布不均匀的缺陷。

（11）城市快速路和城市环路的绿化：

1）城市快速路：绿化以修剪整形的低矮灌木为主，阻挡眩光。道路两旁不配置乔木，只在中央隔离带上进行绿化。

2）城市环城路：是指城市按同心圆向外发展时布置的一种道路形式，外环多设计成风景林带，内环结合景观路设计。

## 1.5　城市道路绿化对城市环境景观的作用

### 1.5.1　道路绿化的种植工艺技术作用

#### 1.5.1.1　概述

道路绿化在增添城市景观方面起着举足轻重的作用，许多风景如画的城市，像北京、上海、广州、天津、重庆、南京、杭州、南宁、深圳、珠海、青岛、大连、天津、昆明、成都等地都有几条主要的景观大道或风景林带与两侧的建筑群体互为衬托，色彩、层次的变化与环境协调，走在其中享受着植物的艺术美感。种植工艺艺术就是为植物设计造景。图1.5-1～图1.5-20所示为北京、上海、杭州、南京、广州、成都、武汉、沈阳等市的道路绿化示意图。

图 1.5-1　北京市五环道路绿化实景

图 1.5-2　北京西二环道路绿化实景

图 1.5-3 北京六环道路绿化实景

图 1.5-4 北京十里长街东延道路绿化实景

图 1.5-5 上海市道路绿化实景（一）

图 1.5-6 上海市道路绿化实景（二）

图 1.5-7 上海市道路绿化实景（三）

图 1.5-8 广州市道路绿化实景（一）

图 1.5-9　广州市道路绿化实景（二）

图 1.5-10　广州市道路绿化实景（三）

图 1.5-11　广州市白云大道道路绿化实景

图 1.5-12 广州市机场路道路绿化实景

图 1.5-13 杭州市机场道路绿化实景

图 1.5-14 南京市道路绿化实景

图 1.5-15 成都市道路绿化实景（一）

图 1.5-16 成都市道路绿化实景（二）

图 1.5-17 成都市道路绿化实景（三）

图 1.5-18　武汉市道路绿化实景（一）

图 1.5-19　武汉市道路绿化实景（二）

图 1.5-20　沈阳市滨河北路绿化实景

1.5.1.2　城市道路的景观作用

（1）在城市道路轴线中，由于道路宽度、路面材料与绿化布置的不同，其艺术景观效果上可形成主次或阶梯性之分。

（2）城市道路轴线两端或轴线交叉的节点上或中间经过的景点，最通常的设计方法是以广场、喷泉、雕像、花坛、草地或通透的风景林作为主景。如图 1.5-21～图 1.5-39 所示。因此，城市园林景观的轴线一般具有外延性、统一性、向心性和对称性。

图 1.5-21　城市道路绿化的特色（一）

图 1.5-22　城市道路绿化的特色（二）

图 1.5-23　城市道路绿化的特色（三）

图 1.5-24　城市道路绿化的特色（四）

图 1.5-25　城市道路绿化的特色（五）

图 1.5-26 济南喷泉广场

图 1.5-27 某喷泉广场

图 1.5-28 天安门广场雕塑

图 1.5-29　长沙桔子洲毛泽东广场雕塑

图 1.5-30　湘潭彭德怀雕塑广场

图 1.5-31　花明楼刘少奇雕塑广场

图 1.5-32 朱德雕塑广场

图 1.5-33 毛泽东、周恩来、刘少奇、朱德、邓小平雕塑广场

图 1.5-34　胜利的起点（毛泽东和平朱德大会师）雕塑

图 1.5-35　南昌起义领袖雕塑群

图 1.5-36　得民心者得天下雕塑群

图 1.5-37 江苏淮安周恩来雕塑广场

图 1.5-38 小提琴希望之星雕塑广场

图 1.5-39 某城市绿化雕塑广场

(3) 采用植物表现出道路像园林一样的美，必然依据道路所标志出来的形式进行统一安排，每一条道路都因性质功能要求不同而异，研究其性质，确定街道景观的基调，用植物造景。

(4) 许多城市都以观赏价值高的乔木或灌木为主；“夹景”用道路两边的树木密植形成；“框景”用两丛树木作景框；“背景”用常绿植物衬托前面的景物；“衬景”用植物色彩强调或加重其他建筑的效果；“隔景”用绿篱分隔人行便道与路侧绿地；“障景”用乔、灌木阻拦对街面上不美观的地段的视觉。

(5) 道路景观造型的一切艺术手法都由不同空间、不同目的和不同的植物材料来提高道路绿化环境中景观的效果。主干道路一般把以体现本城市景观风貌的特点放在首位。

1.5.1.3　城市道路的立体空间美学作用

(1) 世界上所有的高尚艺术表现都是在一定的时空中进行，园林艺术十分讲究静态景观和动态序列景观，在道路绿化中常形成春夏秋冬的四季景观。

(2) 园林植物作为空间的统一者，在线形或带状的空间中可将街景两侧建筑用绿色的植物统一起来，将建筑形体的生硬线条通过植物柔和的质地协调，使街道的景观环境生机勃勃和五颜六色。不同的树种和分隔空间的不同艺术更能体现街道特色和地方特色。

(3) 由于园林艺术是时间和空间统一的艺术形式，街景绿化种植布局，可采用开敞与封闭相结合的不同手法来处理，根据树木的种植间距、高度、群体组合尺度、厚度以及植物图案造型体现韵律和节奏，给过路行人一种整齐有序、心旷神怡的美感。

(4) 在道路两旁的空间中突出园林植物季相、层次、色彩的变化，使种植艺术得以在街景中完美地体现，既能吸收道路空间的有害气体，又能显示道路空间的美观大方。

(5) 道路绿化常用配植形式有规则式（布置方式用对植、列植、丛植、带植、绿篱、绿块等）和自然式（布置方式用孤植、丛植）。植物配植方式，可提高道路绿化美化的艺术布局。

### 1.5.2　城市环境景观的总体艺术布局

(1) 从每一个城市环境景观的总体艺术布局角度，去认识道路绿化美化的重要性，所以城市不仅要有良好的生产、生活景观环境，而且要有自身优美、独特的面貌，也就是城市要有美学的要求。

(2) 对于城市的“美”来说，有自然美与人工美之分。起伏的地势山丘，多变的江河湖海，富有生机的花草树木为自然美；建筑、道路、桥梁、雕塑为人工艺术的美。城市之美是自然美与人工美的综合户如建箱；道路、桥梁等的布置能很好地与山势，水面、林木相结合，能获得相得益彰的美的效果。

(3) 作为每一个城市中的广场、道路、建筑、绿化，均需有一定的空间地域去组织发展，没有适当的空间地域组织，它们的美便无法得到体现。所以，人们对城市道路绿化美的观赏，有静态观赏和动态观赏；人们固定在某一个地方，对城市的某一组成部分，停步观赏称为静态观赏；人们在乘车或步行中对城市的观赏称为动态观赏，有步移景异的感觉。

(4) 实际上城市道路绿化的艺术面貌，常是自然与人工、空间与时间、静态与动态的相互结合，交替变化而成。城市道路绿化艺术布局也是通过“点”、“线”、“面”相结合形成绿色系统，互相衬托，才能获得完整的艺术效果。

(5) 不同性质、不同规模的城市具有不同的艺术特色。城市总体艺术亦能反映出城市的特性。如著名的张家界风景区，是由奇特的石灰岩峰林与清澈碧透的猛洞河共同组成的，奇山、异水、石美与独特的洞穴而构成了美丽的张家界景色。

(6) 风景游览道路的布局与走向是结合自然地形与风景特征为人们创造良好的空间构图和最佳景观效果。每个城市都有自己独特亮丽的几条绿色道路景观，供人们欣赏。

(7) 总的来说，一个城市的艺术面貌的形成，要因各个城市的具体条件而定。有山因山，有水因水，将山水地势规律组织到艺术布局空间中去。在道路的走向上和市中心的布局上要多考虑对景、借景、风景视线的要求，并加强绿化美化设施。

# 2 城市道路的交通网络

## 2.1 我国城市道路的特点

### 2.1.1 概述

(1) 城市道路是城市的脉络，是城市社会经济活动所产生的人流、物流的运输载体，是城市赖以生存和发展的基础，是现代化城市的一个重要构成部分。

(2) 我国每个大、中型城市的各种交通设施，因城市的职能、规模、自然地理及气候等条件的不同而有较大差异。

(3) 城市道路系统是连接城市各部分的所有道路组成的交通网络（包括干道、支路、交叉口以及同道路相连接的广场等)，在一些现代化城市中还包括城市铁路、地下铁道、地下街道和其他的轨道交通线路、市内航道以及相应的附属设施。

(4) 在此基础上制定主要道路断面和交叉口的规划方案，而道路绿地设计的依据主要是道路系统的不同功能，因此首先应了解城市道路的特点、分类、形式，才能有的放矢地做好道路绿地规划。

### 2.1.2 城市道路网络基本形态

(1) 城市道路网络的基本形态指空间布局特征，包括道路的走向、连接方式和各类道路的组合方式。

(2) 基本的路网形式有方格网式、环形放射式、自由式以及混合式等。道路网的基本形态既与城市特性有关，也与路网的发育程度有关。

(3) 方格网式也称棋盘式，主要道路由两组大致互相垂直的平行道路组成，如图 2.1-1 (*a*) 所示；环形放射式道路网由自城市中心向各主要方向延伸的辐射状道路及若干环绕市中心不等距的环形道路组成，如图 2.1-1 (*b*) 所示；自由式路网一般为滨江（海）或山坡上的城市顺应地形而形成的道路系统如图 2.1-1 (*c*) 所示；混合式路网指的是前述三种不同形态路网混合而成的道路系统，如图 2.1-1 (*d*) 所示。

(4) 不同的土地利用和开发模式要求不同的路网结构。原则上是快速路与主、次干道衔接；主干道与次干道衔接；次干道与支路衔接。

### 2.1.3 城市道路的特点

(1) 城市道路上的机动车流、非机动车流与人流统称为交通流。如无特殊说明，一般情况下交通流主要指机动车流。通常用流量、密度、速度三个最重要的参数来描述其特征。

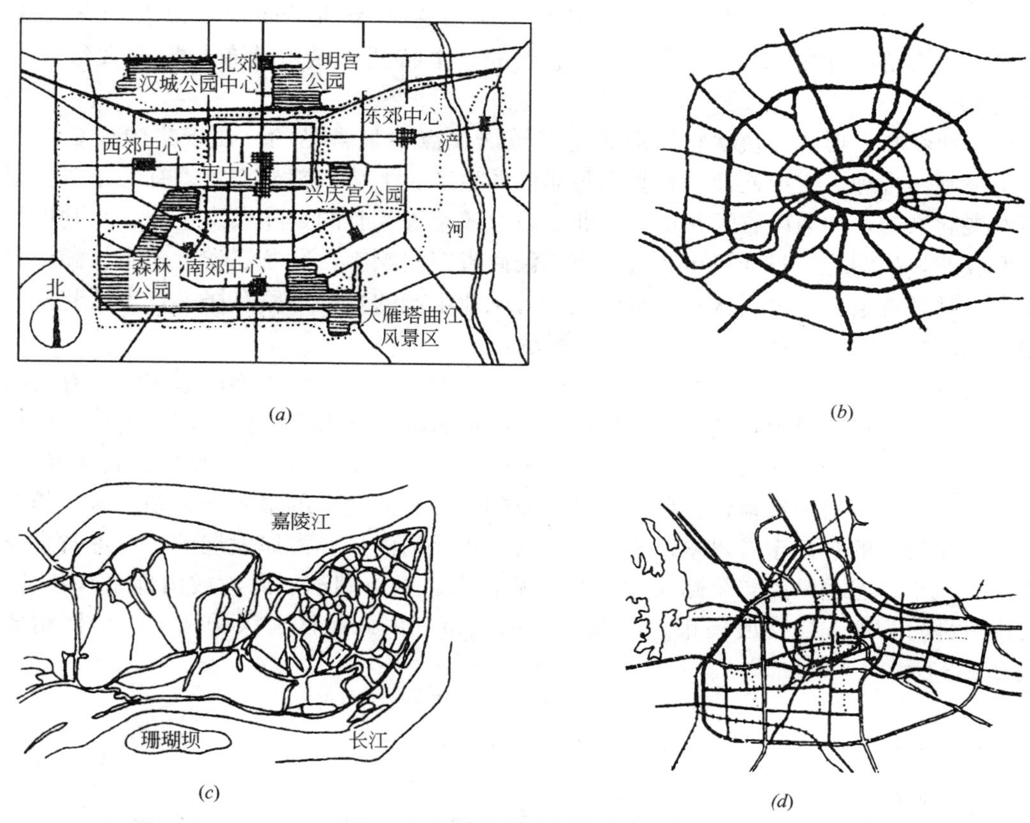


(a)　(b)

(c)　(d)

图 2.1-1　城市道路网络基本形态

(2) 城市道路交叉点多、交通流量大而流速较低，这是因为区间段距离较短，使通行的能力变得比较小。所以许多城市在上、下班时，其交通的拥挤显得特别突出。

(3) 城市的交通组织比较复杂，在满足客、货车流和人流的安全与畅通时，对道路上行人和公共交通车辆、机动车和非机动车等出现各种交通相互交织在一起，容易形成不安全或突出的单向交通。

(4) 城市道路除满足城市的交通、排水、埋设工程管线、通风、日照、防火的要求以外，还要反映城市的风貌、城市历史和文化传统，因此其功能较多。

(5) 现代化城市的道路必须满足交通方便安全和快速的要求，故交通安全和交通管理要求较高。而城市道路的绿化建设与管理是我国城市建设中的一项重要工作，直接关系到城市的生存环境和生活质量。

## 2.2　城市道路系统布局的形式

### 2.2.1　城市布局形式

所有的城市都受本国的政治、经济社会发展水平，历史文化价值，自然环境条件，以及用地和人口规模等因素影响，呈现出多种多样的布局形式，在一定程度上可以说是反映了内在规律。城市布局形式是指城市建成区的平面形状以及内部功能结构，道路系统的结构和形态。根据平面形状的基本特征，城市的布局形式大致有以下几种类型：

（1）块状布局形式：块状布局形式是城镇居民点中最常见的，便于集中设置市政设施，土地利用合理，交通便捷，容易满足居民的生产、生活和游憩需要。有的是依托原有城镇发展起来的，如河南省郑州市、河北省石家庄市等；有的是随大型企业、水利枢纽建设而形成的，如湖北省丹江口市和宜昌市，河南省三门峡市，黑龙江省大庆市，湖南省冷水江市，甘肃省金昌市金川区；也有的是随着工业生产的发展将原有居民点连接起来而形成的，如内蒙古呼和浩特市，如图 2.2-1 所示。

（2）带状布局形式：这种布局形式是受自然条件或交通干线影响而形成的，有的沿江河或海岸发展，有的沿狭长的山谷发展，还有的沿着陆上交通干线延伸，这类城市向长的方向发展，平面结构和交通流向的方向性较强，如图 2.2-2 所示。中国的带形城市很多，如甘肃省兰州市是沿山谷地带发展的，湖北省的沙市、河南省的洛阳市、湖南省的长沙市等是沿河流发展的；辽宁省丹东市和山东省青岛市是沿河岸、海岸发展的，江苏省常州市呈梭形。城市形态受铁路、公路交通线的影响很大。城市湖泊、海湾或山地呈环状分布，它的中心部分为如福建省厦门市、湖北省的武汉市（由武昌区、汉阳区、汉口区组成），如图 2.2-3 所示。

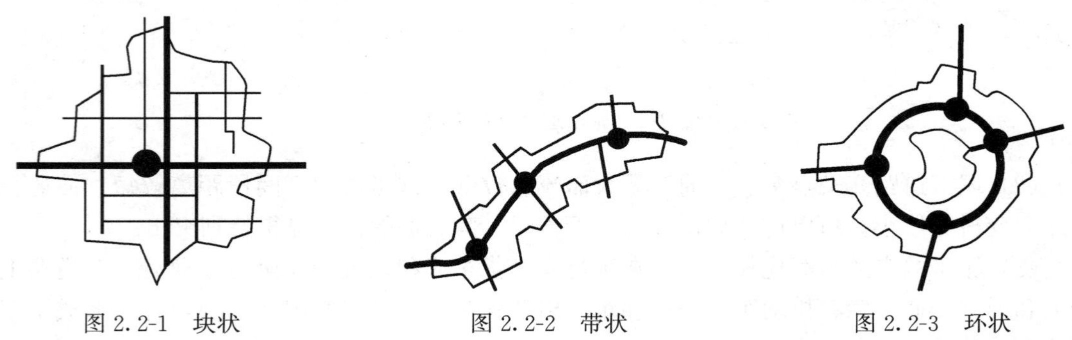

图 2.2-1 块状　　图 2.2-2 带状　　图 2.2-3 环状

（3）串联状布局形式：将若干个小城镇，以一个中心城市为核心，断续相隔一定的地域，沿交通线或河岸线、海岸线分布。如河北省秦皇岛市（由北戴河区、海港区、山海关区组成），如图 2.2-4 所示。

（4）组团状布局形式：受自然条件等因素的影响，城市用地被分隔为几块，每块称一个组团，组团之间保持一定的距离，并有便捷的联系。如安徽省合肥市由 3 个组团构成，绿带楔入城市中心；湖北省宜昌市由 5 个组团组成。这种布局形式如组团之间的间隔适当，城市可保持良好的生态环境，如图 2.2-5 所示。

（5）星座状布局形式：一定地区内的若干个城镇，围绕着一个中心城市呈星座状分布，既是一个整体，又有分工协作。如上海市以特大城市为中心，若干大中小城市在周围地区散点分布而组成，如图 2.2-6 所示。

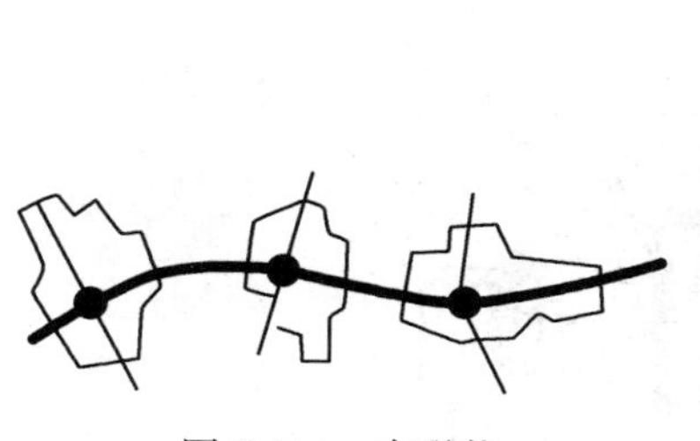

图 2.2-4 串联状

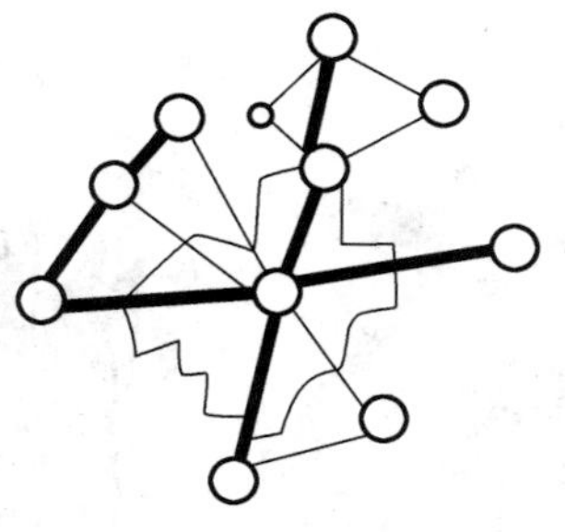

图 2.2-5 组团状

图 2.2-6 星座状

### 2.2.2 道路系统的平面布局形式

(1) 方格形：在城市中定主轴与次轴，确定十字街方位，主、次轴成平行或垂直关系形成整齐的方格形道路。方格形道路系统是中国古代都城、地方城市道路系统的模式。其历史沿革推到汉代称城市干道为街，居住区内道路为巷。隋唐时里坊面积增大，坊内开辟十字干道，称十字街，坊内支路称曲。宋代以后改为街巷制，沿用方格网街道，元、明两代沿用这种方格网街，加东西巷道路系统，是中国宋代以后，城市街道布局的主要方式。方格网的绿化模式是目前我国多数城市的形式，如图 2.2-7 所示的北京市道路总体布局示意图。

(2) 放射形：以广场为布局中心，街道形成放射状的道路网。放射形道路系统的特点是：在一条轴线上连续布置几个广场以强调轴线的作用，用道路沟通广场之间的联系，构成完整的几何形图案，在构图上有强烈的向心作用，但交通比较复杂，被道路分割的不规则形状的用地，不利于建筑的布置，但有利于整个城市道路绿化的布置，如图 2.2-8 所示为美国华盛顿城市道路总体布局示意图。

(3) 放射—环形组合形：干道由城市中心向外辐射，并且沿着城市的周边建设同心圆式环路，两者结合形成道路网，如图 2.2-9 所示为莫斯科城市道路总体布局示意图。市区面积不断扩大，城市边缘地区迅速城市化，交通流量加大，以同心圆式的城市平面结构可使穿越市中心区的过境车辆改由外环路绕行。辐射形干线是联系市中心区和外围地区的走廊；环路主要担负横向交通联系，并把外来的交通量均衡地分配到各放射线路上。当前大、中城市利用外环分车绿带和道路两侧进行景观种植设计，对城市环境景观起到很好的美化作用。

### 2.2.3 城市道路功能与要求

2.2.3.1 概述

(1) 城市道路是多功能的，以交通功能占重要地位，为确保交通安全，对不同性质、不同速度的交通实行分流。

(2) 大城市将城市道路分为四级（快速路、主干路、次干路、支路），中等城市分为三级（主干路、次干路、支路），小城市分二级即干路和支路。城市道路的宽度标准见表 2.1-1 所列。

图 2.2-7 北京市道路总体布局示意图

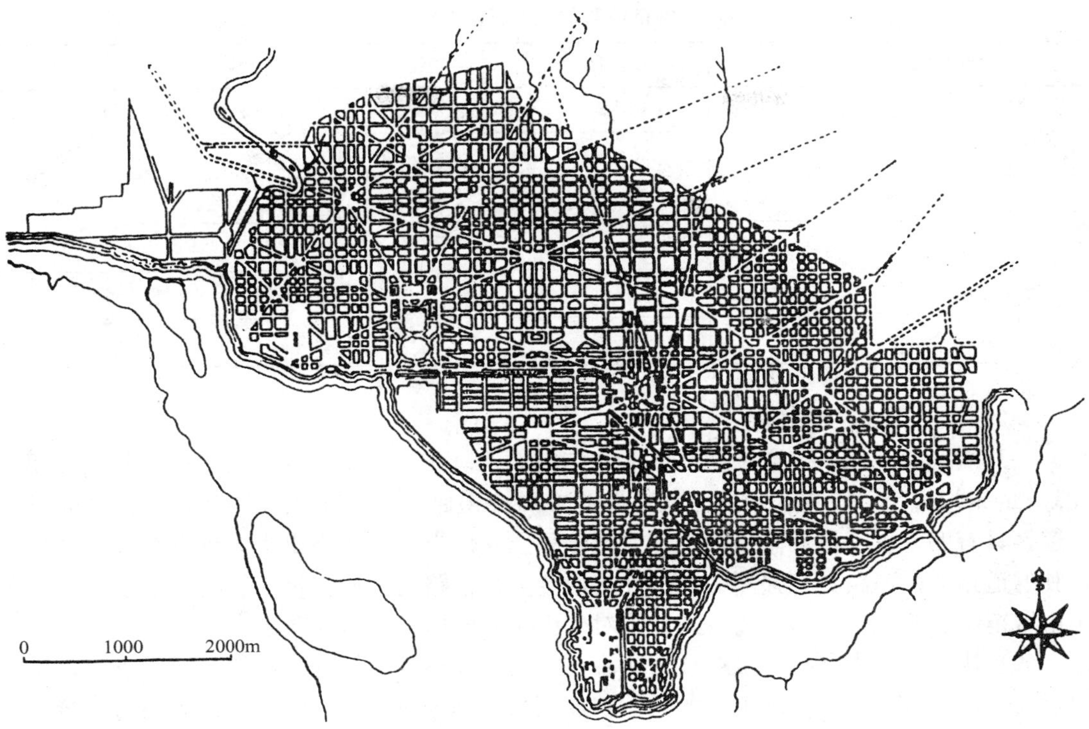


图 2.2-8 华盛顿城市道路总体布局示意图

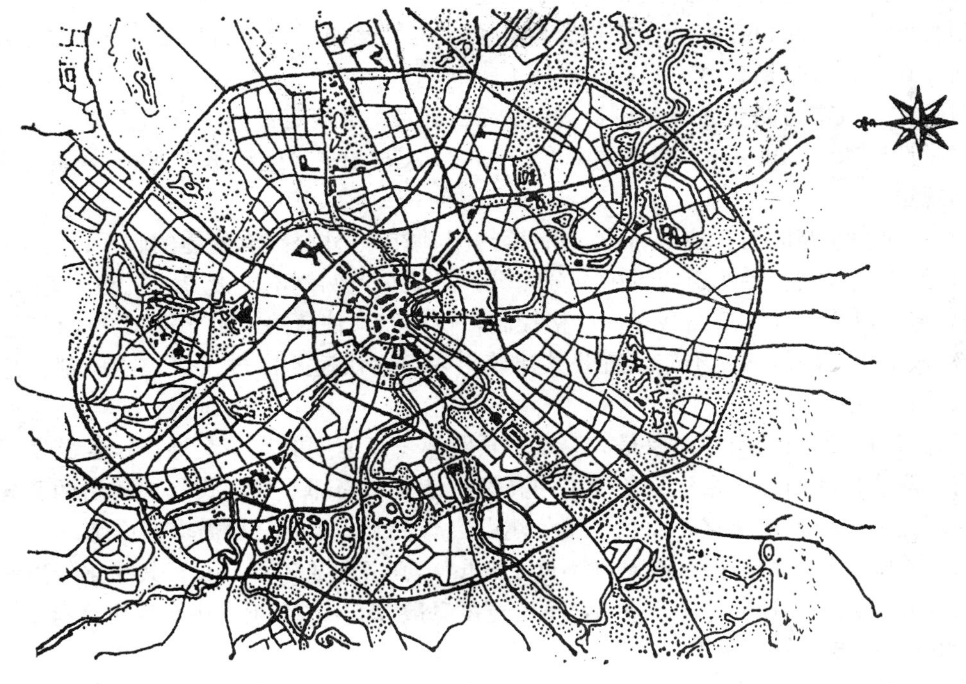

图 2.2-9 莫斯科城市道路总体布局示意图

**城市道路的宽度标准（m）** **表 2.2-1**

| 城市人口数量（万人） | | 快速路 | 主干线 | 次干线 | 支 路 |
|---|---|---|---|---|---|
| 大型城市 | ＞200 | 40～50 | 45～55 | 40～50 | 15～30 |
| | ≤200 | 35～40 | 40～50 | 30～45 | 15～20 |
| 中型城市 | | — | 35～45 | 30～40 | 15～20 |
| 小型城市 | ＞5 | — | — | 25～35 | 12～15 |
| | 1～5 | — | — | 25～35 | 12～15 |
| | 1＜ | — | — | 25～30 | 12～15 |

2.2.3.2 城市的快速路

（1）快速路在城市交通中起“通”的作用。人口在 200 万人以上的大城市和长度超过 30km 的带形城市可设置快速路。快速路是在城市道路中设有中央分隔带，不设置非机动车道，具有四条以上机动车道，全部或部分采用立体交叉并控制出入，供汽车以较高速度行驶的道路。快速路具有强烈的通过性交通特点，道路的交通容量大、行车速度快，服务于市域范围长距离的快速交通及与城市对外公路有便捷、快速的联系。

（2）快速路的主要特点是连续交通流，主线一般不设信号灯，只设交通标志图，车道通行能力达到 1500pcu/h 以上，车辆行驶速度可以保持在 70～80km/h。两侧的建筑物不可以直接开口，也不允许路旁停车。快速路形成城市主要的交通走廊，承担大部分的中长距离出行。由于快速路的容量 3 倍于普通干道，建设快速路网，是适合中国国情的一种使用有限的道路空间迅速提高路网交通容量的途径。

（3）但是快速路也存在破坏常规路网均衡、诱导交通量集中、增加车公里数的弊病，对公交停靠、行人过街、城市景观影响较大等问题。

（4）在《城市道路交通规划设计规范》GB 50220 中规定：当 200 万人以上的大城市快速路设计车速为 80km/h，道路网密度 0.4～0.5km/km$^2$，机动车道为 6～8 条。并有下列具体规定：

1）城市快速路应与其他干路构成系统，并与城市对外公路有便捷的联系；

2）城市快速路机动车道应设中央分隔带，机动车道两侧不应设置非机动车道；

3）与快速路交会的道路数量应严格控制，快速路与快速路或主干道相交应设置立交；

4）城市快速路的两侧不应设置公共建筑出入口，快速路穿过人流集中的地区应设置人行天桥和地道。

（5）城市快速路的服务对象是大容量、长距离、高速度的汽车交通。快速路实行机动车专用，两块板断面，根据建设条件采用高架、地面与局部下穿形式；快速路两侧建筑物不但要避免直接出入快速路，而且应避免建设会产生大量跨路交通需求的设施。

（6）原则上要求快速路红线宽度不低于 50m，道路宽度 35～45m，其绿化隔离带宽度为 20～50m。设计车速 60～80km/h，车道宽度一般 3.5m，客车专用车道可降至 3.25m。

2.2.3.3 城市的主干道

（1）城市主干道与快速路共同构成城市主要交通走廊，贯通城区大部、连接中心城内各部分或郊区重要公路，在城市交通中起“通”的作用，联系城市中主要公共活动中心，并联系主要居住区、主要功能分区、主要客货运输线等。主干道为市域范围内较长距离出行提供服务，主干道是城市道路网络的骨架。

（2）《城市道路交通规划设计规范》GB 50220 规定：大城市主干道设计车速 60km/h，道路网密度 0.8～1.2km/km$^2$，道路中机动车道数为 6～8 条，道路的宽度为 35～55m。

（3）《城市道路交通规划设计规范》GB 50220 对主干道还提出了如下的要求：

1）城市主干道机动车与非机动车应分道行驶；

2）交叉口间机、非分隔带应连续；

3）城市主干道两侧不宜设置公共建筑物出入口。

（4）主干道提供行驶车速、通行条件介于快速路和其他道路之间的服务，必须强调主干道的交通干线作用，通过控制出入口保持与地方性道路的有限联系。

（5）主干道一般为双向 6～8 车道，通过增加进口车道数量等措施保证车道通行能力达到 800～1000pcu/h。色灯控制交叉口间距不小于 800m，在城市建成区不小于 500m，路段可设公交专用道和港湾停靠站。

（6）车道宽度一般 3.5m，客车专用车道局部路段可降至 3～3.25m，但至少有一条车道宽度达到 3.5m，供公共汽车和大型客车使用。

（7）城市中心区与外部联系的射线是一类比较特殊的干道。总体上呈现由外至内射线路及车道数量增加、道路技术等级降低的趋势。

2.2.3.4 城市的次干道

（1）城市次干道是城市内部区域间联络干道，兼有集散干线交通和服务地区交通功能。次干道服务对象的多样性决定了其功能的多样性。

（2）城市次干道既要汇集支路的交通，又要疏导来自主干道和部分快速路的出入交通；由于次干道两侧对公共建筑及交通集散的设置没有特殊限制，地块出入口对次干道的影响也比较大；公交线路大量布置在次干道上，加上汇集到次干道上的自行车和行人交通量也比较多，城市次干道兼有“通”和“达”的功能。

（3）城市次干道是服务范围最广的城市干道，也是最能体现城市活力的空间走廊之一。虽然次干道服务对象众多，但在不同区域，其主要功能应有所侧重。

（4）根据规范要求，城市次干道之间的间距为 600～900m，次干道与主干道之比以 1.5：1 为宜。次干道以机动车使用为主，重点考虑公共汽电车，兼顾非机动车。车道通行能力应达到 700～800pcu/h。规范规定次干道宽度为 32～45m，一般次干道宽度不小于 35m，次干道车道宽度 3～3.5m，根据道路的具体条件来确定。

2.2.3.5 城市的支路

（1）城市的支路是次干道与街坊内部道路的连接线，支路主要为沿路地块服务。除了出入功能，支路还起到干道网“满溢”的作用。

（2）支路还包括非机动车道路和步行道路。自行车专用路、滨河步行路、商业步行街等均属城市支路。

（3）规范规定：大城市支路设计车速 30km/h，道路网密度 3～4km/km$^2$，机动车道路数 3～4 条，道路宽度 15～30m。

（4）城市的支路应满足下列要求：

1）支路应与次干道和居住区、工业区、市中心区、市政公用设施用地、交通设施用地等内部道路相连接；

2）支路可与平行快速路的道路相接，但不得与快速路直接相接。快速路两侧的支路需要连接时，应采用分离式立体交叉跨过和穿过快速路；

3）支路应满足公共交通线路行驶的要求；

4）在市区建筑容积率大于 4 的地区，支路网密度应为全市平均值的 2 倍。

（5）城市道路系统的通达性功能主要由支路满足通过增加支路长度来达到路网密度要求。一般区域路网密度应达到 6～8km/km²，在城市中心地区、商业繁华区的路网密度可达到 10～12km/km²，以利于人流的交通聚散。在交通量允许的情况下，考虑路内停车。

（6）支路网络必须依据土地利用规划确定。在控制性详细规划中，支路网络作为规定性指标控制。规定路网密度、面积率、道路宽度、道路接口、自行车通道及对外接口位置、专用步行道接口位置等指导性意见，作为道路网络形态调整的重要依据。

### 2.2.4 城市道路平、立交叉口形式

2.2.4.1 概述

（1）交叉口通行能力指各进口道单位时间内可以通过车辆数之和。交叉口入口处的通行能力，由于受到路口各种条件的限制而小于路段通行能力。信号灯管制的路口通行能力，与各入口处车流所得到的绿灯时间有关。

（2）在主次干道相交的路口，为提高主干道通行能力，可以增加主干道的绿灯信号比例，以牺牲次路（或支路）绿信比为代价。提高整个交叉口通行能力的方法是增加次路入口车道数，使车辆队列缩短，以减少次路绿灯需求。

（3）目前不少交叉口存在的问题是直行、左转、右转车辆合用一个车道，以致不同流向的车辆相互干扰，严重影响入口处的通行能力。例如，对于左转与直行合用的车道，如果队列中的左转车受对向连续直行车阻拦被迫等到黄灯通行，就会使后续直行车在绿灯期间原地等待，绿灯利用率降低，通行量随之锐减；对于右转与直行合用的车道，也有因前车减速右转，而影响后续直行车畅通的干扰，在快速干道上，还会引起追尾撞车事故。

（4）针对上述情况，可以增辟左转车道，使不能穿越对向直行车流空档的左转车辆在左转专用车道上等待。增辟右转车道也有利于提高直行车道的通行能力。

（5）在同一平面上相交处，称平面交叉口，在不同平面上相交处称立体交叉口，根据交叉的不同形式，对绿化种植布局形式和树种选择也各不相同。

2.2.4.2 平面交叉口的形式

（1）十字形交叉用信号灯管制的交叉口，如图 2.2-10（*a*）：平面十字形交叉的相交道路是夹角在 90°或 90°±15°范围内的四路交叉。交通信号灯管制使右行制时左转车辆和直行车辆、车辆和行人在通行时间上错开，一般用于交通繁忙的城市支路和干道的相交处或干道和干道的相交处。信号灯管制的交叉口打宽其入口部分，将进口的车道按左转、直行、右转三个方向分开，增加车道数，提高车辆通行能力。交叉口的绿化以摆置盆花为主。

（2）T 形的简单交叉口，如图 2.2-10（*b*）：T 形交叉的相交道路是夹角在 90°或 90°±15°范围内的三路交叉。这种形式的交叉口视线良好，行车安全。其交叉口入口的车道数和道路区间段的道数相同，不设交通管制。主要用于城市支路之间的相交处或交通量小的

支路和干道的相交处。同时，道路绿化的布局也比较简单。

（3）多路交叉，如图 2.2-10（*c*）：多路交叉是由五条以上道路相交成的道路路口，又称复合型交叉。道路网规划中，应避免形成多路交叉，以免交通组织的复杂化。已形成的多路交叉，可以设置中心岛改为环形交叉，或封路改道，或调整交通，将某些道路的双向交通改为单向交通。

（4）Y 形交叉，如图 2.2-10（*d*）：Y 形交叉是相交道路交角小于 75°或大于 105°的三路交叉。处于钝角的车行道缘石转弯半径应大于锐角对应的缘石转弯半径，以使线形协调，行车通畅。Y 形与 X 形交叉均为斜交路口，其交叉口夹角不宜过小，角度＜45°时，视线受到限制，行车不安全，交叉口需要的面积增大。所以，一般斜交角度宜＞60°，至少应＞45°。

（5）X 形交叉，如图 2.2-10（*f*）：X 形交叉是相交道路交角小于 75°或大于 105°的四路交叉。当相交的锐角较小时，将形成狭长的交叉口，对交通不利（特别对左转弯车辆），锐角街口的建筑也难处理。所以，当两条道路相交，如不能采用十字形交叉口时，应尽量使相交的锐角大些。这种交叉口的绿化也是以摆置盆花为主。

（6）错位交叉，如图 2.2-10（*e*）：当两条道路从相反方向终止于一条贯通道路，而形成两个距离很近的 T 形交叉所组成的交叉，即称为错位交叉。规划阶段应避免为追求街景而形成的近距离错位交叉（长距离错位视为两组 T 形交叉）。由于其距离短，交织长度不足，而使进出错位交叉口的车辆不能顺利行驶，从而阻碍贯通道路上的直行交通。由两个 Y 形连续组成得的斜交错位交叉的交通组织将比 T 形的错位交叉更为复杂。因此规划与设计时，应尽量避免双 Y 形错位交叉。我国不少旧城由于历史原因造成了斜错位，宜在交叉口设计时逐步予以改建。

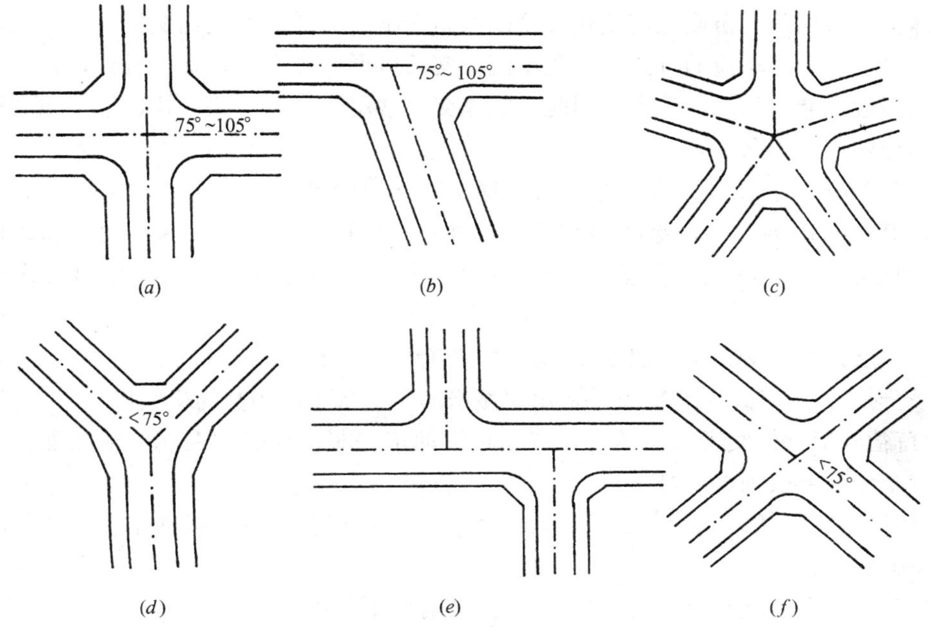


图 2.2-10 平面交叉口的形式

（*a*）十字形；（*b*）T 形；（*c*）多路交叉；（*d*）Y 形；（*e*）错位交叉；（*f*）X 形

(7) 平面环形交叉口：这种交叉口具有不用交通管制而采用绕中心岛同向连续通行的特点，如图 2.2-11 所示。是在交叉口中央设置中心岛，从不同方向进入交叉口的车辆都绕中心岛同向行驶，经过汇流行驶一段距离后，行驶至所要去的路口，驶离交叉口。环形交叉口没有冲突点，但占地面积大，通行能力有一定限制。环形交叉口适用于各条相交道路车流比较均匀的多条道路相交处，不适用于车流密度大的道路相交处。交通岛的绿化应设计不开放形式，以绿化和标志物组织交通并作为美化街景的节点。

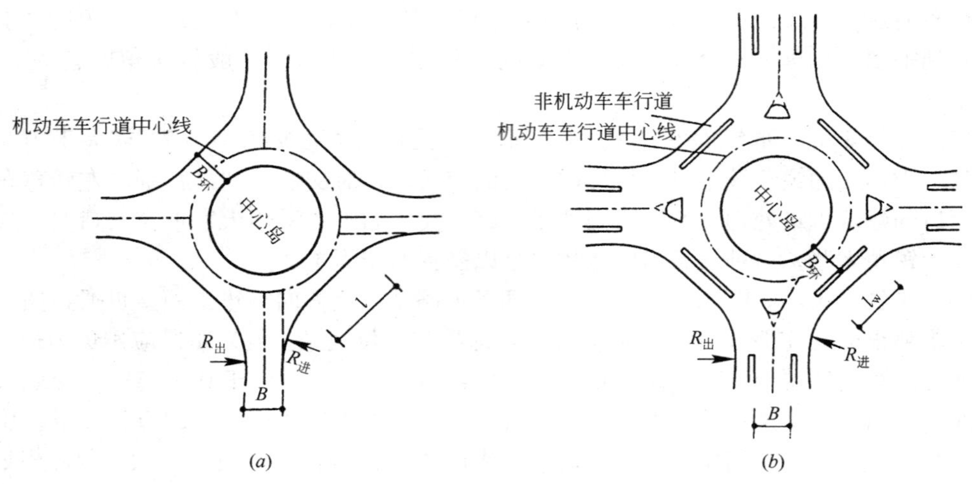


图 2.2-11 平面环行交叉口示意图

2.2.4.3 立体交叉口的形式

立体交叉是用跨线桥或地道使相交路线在高程不同的平面上互相交叉的交通设施。立体交叉，以空间分隔车流的方式，避免车流在交叉口形成冲突点，减少延误，保证交通安全，并提高通行能力和运输效率。因此，立体交叉常用于高速公路、快速路、重要的一级公路和部分城市主干路。

城市各种立体交叉口形式，主要由处理左转交通的方式所决定。除了全定向立体交叉口外，其形式由菱形、苜蓿叶形和环形三种及其变种所组成。根据机动车和非机动车交通混行或分行有无冲突点的要求进行各种组合，可分为双层、三层和四层式立体交叉口。

(1) 双层式立体交叉口（图 2.2-12）。主要有以下几种：

1) 菱形立体交叉口：其特点是常用于城市的主、次干道相交的交叉口上。

2) 苜蓿叶形立体交叉口：其主要特点是机动车与非机动车均在同一横断面上分道行驶，直行车分上下层垂直通过。

3) 环形立体交叉口：其主要特点是由两层交叉口相叠而成，机动车在上层行驶，非机动车在下层行驶。

(2) 三层式立体交叉口（图 2.2-13）。主要有以下几种：

1) 十字形立体交叉口：其主要特点是直行的机动车在上下两层垂直穿过，左、右转的机动车在中间一层十字交叉口上混行通过。

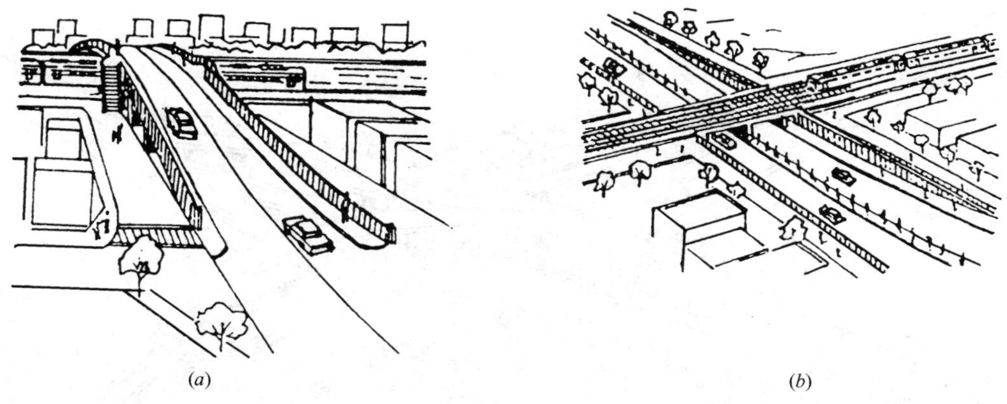

(a) (b)

图 2.2-12 上跨下穿式二层立体交叉口示意图

(a) 上跨式；(b) 下穿式

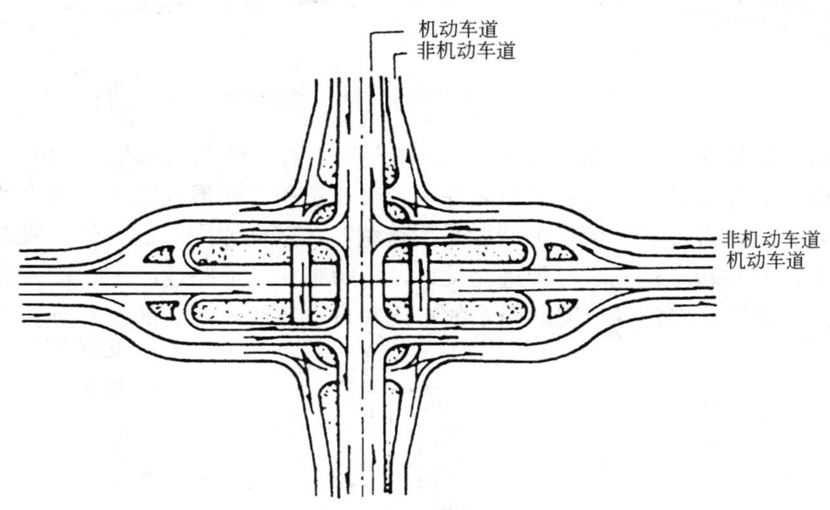


图 2.2-13 北京市建国门三层立体交叉口示意图

2）环形立体交叉口：其主要特点是机动车和非机动车分别在上下两层环形交叉口上行驶，机动车在苜蓿叶形立体交叉口上行驶，非机动车在另一层环形交叉口上行驶。

3）苜蓿叶形与环形立体交叉口：其主要特点是机动车在苜蓿叶形立体交叉口上行驶，非机动车在另一层环形交叉口上行驶，完成分流。

4）环形与苜蓿叶形立体交叉口：其主要特点是由一个两层式非机动车苜蓿叶形立体交叉口套在一个三层式机动车环形立体交叉口内组合而成。

(3) 四层式环形立体交叉口（图 2.2-14)：四层式环形立体交叉是指双层环道加上跨与下穿直行道的立体交叉。我国亦用于机动车和自行车分行的立交中。为保证相交道路的直行方向的车辆畅通无阻，机动车转弯车辆与自行车分别置于两个环道转盘上运行。因此适用于相交道路的直行交通量和机非转弯交通量均较大的城市交叉口，整个主体交叉的建筑高度大，工程复杂，投资较多，但占地面积不大，约 3.5～4.5$hm^2$。

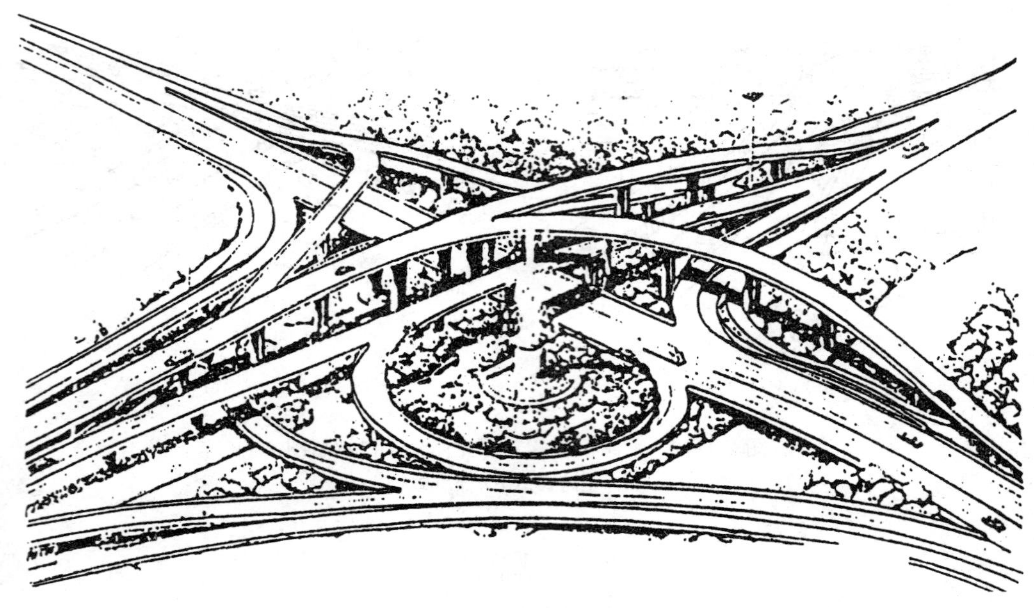

图 2.2-14 上海市浦东金桥立交鸟瞰图

(4) 组合式立体交叉口（图 2.2-15）：立体交叉中对左转车流采取不同的转向原则的立交称为组合式立体交叉，组合式立交允许左转交通选用不同形式匝道。如天津中山门立交（图 2.2-15）的四股左转车流中的两股采用苜蓿叶式转向原则，而另外两股车流则采用迂回转向原则，即左转车辆先右转驶进交叉口，再跨越相交道路迂回 180°汇入右侧相交道路的直行车流。如图中自津塘公路北向东的车流和自中环线西向北的左转车流均沿蝶式匝

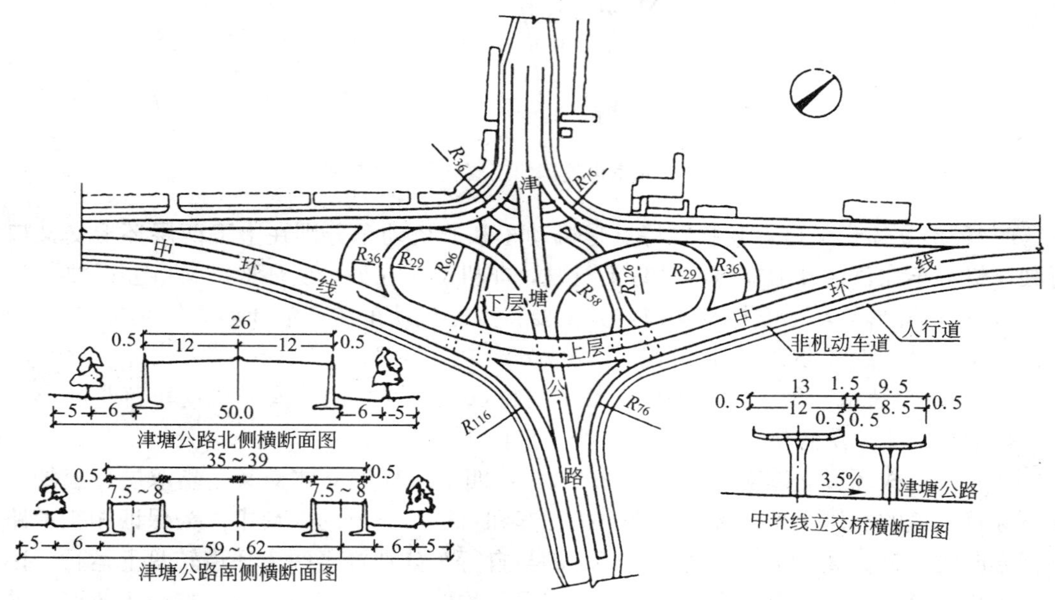


图 2.2-15 天津市中山门组合式立体交叉口示意图

道行驶。该立交的特点在于避开中环路西侧建筑物和安排足够的用地设置叶式和蝶式左转匝道而将中环线上、下行车道在高程上错开，用地紧凑（占地 6.8$hm^2$），造型别致，其不足之处为工程构筑物较多，由三座主桥、八条匝道组成，造价也较高。

### 2.2.5 城市广场

2.2.5.1 概述

广场是根据城市功能要求设置的，城市中由建筑物、道路或绿化地带围绕而成的开敞空间，是城市公众社会生活的中心。广场又是集中反映城市历史文化和艺术面貌的建筑空间，是由自然的和人工的环境所围成的空间。根据空间比例、围合程度可分为封闭、半封闭、开敞、下沉式的广场。广场的艺术布局随时代的前进、技术的进步和观念形态的改变而不断有所发展。

2.2.5.2 城市广场的分类

根据城市广场的性质、用途以及在道路网中的地位，可分为公共活动广场与交通集散广场两大类。

（1）公共活动广场又称中心广场或集会广场，如北京天安门广场，一般布置在城市中心区，作为城市政治、文化活动中心及群众集会场所。此外大多数时间也可全部或部分地为城市交通或其他用途服务。

（2）交通集散广场布置在车站、港口、机场、运动场、大型公共建筑物等的前面，如上海火车站广场（见文后彩图），供上述场所大量车辆和行人集散停留之用。

上述两大类城市广场包含公共活动广场、集散广场、交通广场、纪念性广场、商业广场等五种。城市中有些广场由于所处位置等历史原因，往往具有多种功能。为了充分发挥广场的作用，节约城市用地，应注意结合实际需要，规划设计多功能综合性广场，特别是在中小城市中。

2.2.5.3 城市广场的功能与要求

（1）公共活动广场多布置在城市中心地区，作为城市政治、文化活动中心及群众集会场所。应根据群众集会，游行检阅，节日联欢的规模，按容纳人数来估算需用场地，并适当布置绿化及通道用地，广场用地可按规划城市人口每人 0.13～0.40$m^2$，广场不宜太大，市级广场每处宜为 4～10 万 $m^2$，区级广场每处 1～3 万 $m^2$。图 2.2-16 所示为上海人民广场。

（2）广场的形状大多是规则的几何图形，从建筑规划要求看，建筑高度与广场的长度与宽度应有良好的比例，一般认为正方形广场的效果不好，根据国内外已建广场资料分析，长宽比在 4∶3、3∶2、2∶1 之间时，艺术效果较好。广场的宽度与四周建筑物的高度之比，一般以 3～6 倍为宜。

（3）交通集散广场布置在火车站、港口码头、飞机场、体育场馆以及展览馆等大型公共建筑物前面，是人流、车辆集散停留较多的广场。集散广场作为城市交通枢纽，不仅具有交通组织和管理的功能，又往往是城市公共交通的起终点和换乘地。全市车站、码头的交通集散广场用地，可按城市人口每人 0.07～0.10$m^2$，人流密度宜为 1.0～1.4 人/$m^2$。交通广场的尺寸和面积大小，需要根据具体条件，因地制宜而定。

（4）一般城市的交通广场设置在交通频繁的多条道路交叉口，通过其将各向到达的车流

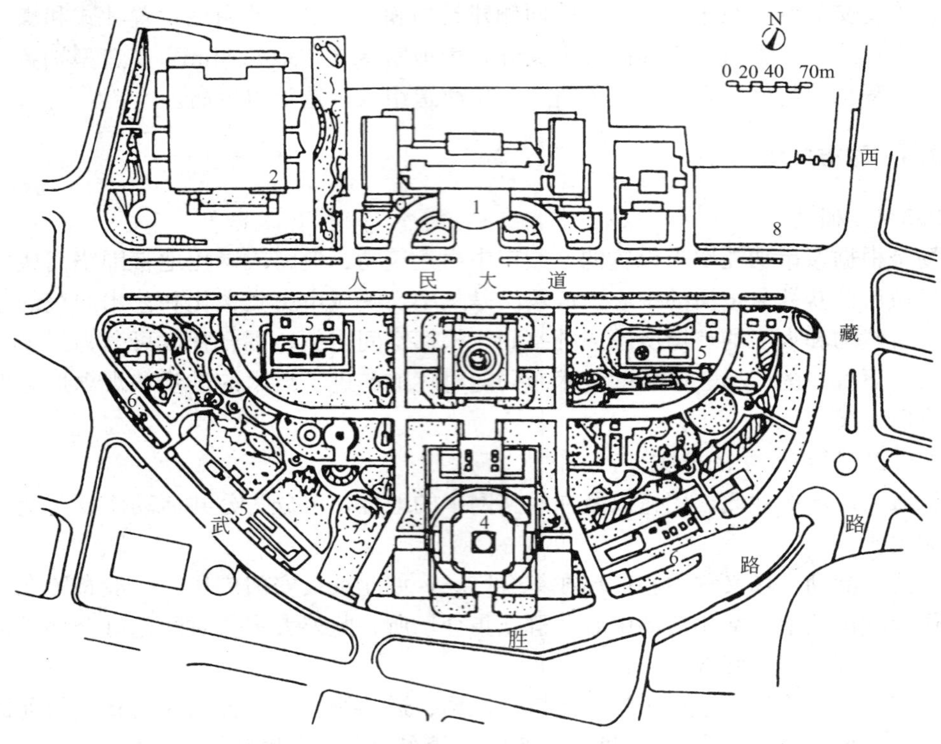


图 2.2-16 上海人民广场总平面示意图

经广场上的分流岛、渠化设施等组成有秩序的交通，其布置及技术要求与环形交叉口相似。

(5) 纪念性广场应以纪念性建筑物为主体，如广场上设置的纪念碑、纪念塔、人物雕像等。在设计广场时应使纪念性建筑物表现突出，以供人们瞻仰，并应结合地形充分布置绿化与供瞻仰游览的铺装场地及建筑小品，使整个广场配合协调，形成庄严、肃穆的环境。如图 2.2-17 天安门广场绿化景观实例、图 2.2-18 天安门绿化景观实例。应禁止交通车辆在广场内穿越，并另辟停车场。

图 2.2-17 天安门广场绿化景观实例

图 2.2-18 天安门绿化景观实例

(6) 商业广场应以人行活动为主，合理布置商业贸易建筑，人流活动区。广场的人流进出口应与周围公共交通站协调，合理解决人流与车流的相互干扰。

## 2.3 城市道路断面的基本形式

城市道路断面是城市道路纵断面和横断面的合称，沿着道路中心线的竖向剖面称纵断面，反映道路的竖向线形；垂直道路中心线的剖面称为横断面，反映路型和宽度特征。

### 2.3.1 城市道路纵断面的基本形式

(1) 城市道路纵断面是城市道路竖向线形设计，道路纵坡受道路交叉点，道路与铁路交叉点，桥梁、隧洞等高程制约。同两侧街区的地面排水、建筑布置、出入路口的交叉、沿路干管的埋设连接有密切关系，一般情况下，沥青路面、水泥混凝土路面道路纵坡设计为 0.3%；石料、砂土路面为 0.5%。

(2) 城市道路最大纵坡行驶机动车的，一般不大于 8%；行驶非机动车的，不大于 3%。城市道路的路面标高应该等于或略低于两侧街区的地面标高，以利街区内的排水。

(3) 路线纵断面图应示出高程、地面线、设计线、竖曲线及其要素、桥涵、隧道、路线交叉的位置、水准点（位置、编号、高程）及断链等。

(4) 水平比例尺应与平面图一致，垂直比例尺相应用 1：100 或 1：5000。图的下部各栏示出地质概况、地面高程、设计高程、坡长及坡度、直线及平曲线（包括缓和曲线）、超高桩号、填挖高度、边沟设计及街沟设计等。

(5) 城市道路纵断面设计方法见图 2.3-1 所示。

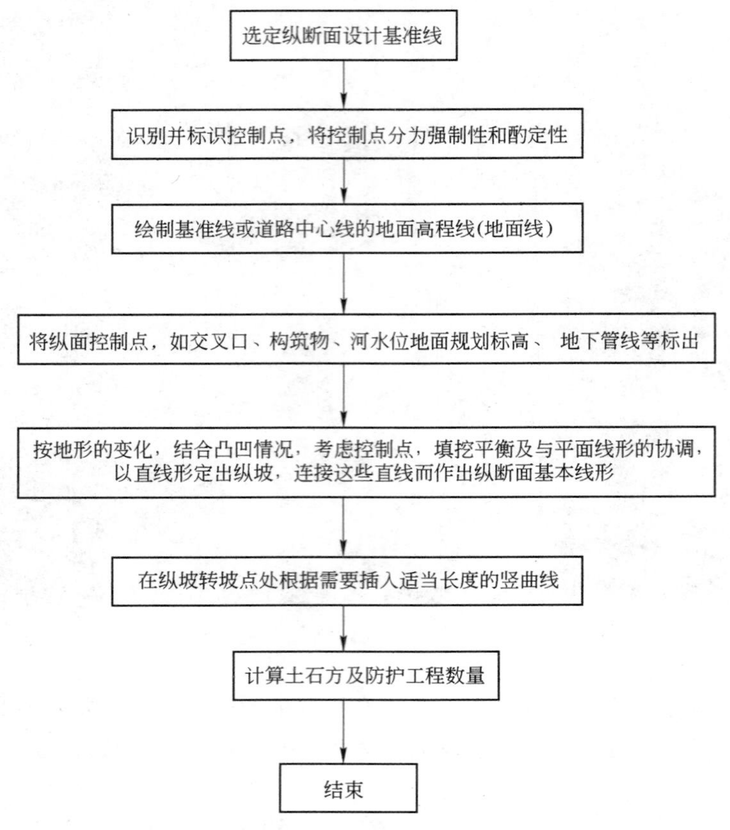


图 2.3-1 城市道路纵断面设计方法

### 2.3.2 城市道路横断面的基本形式

2.3.2.1 横断面的设计原则

(1) 道路横断面设计应在城市规划的红线宽度范围内进行。横断面形式和各组成部分尺寸应按道路类别、计算行车速度、设计年限的机动车与非机动车交通量和人流量、交通特性、交通组织、交通设施、地上杆线、地下管线、绿化、地形等因素统一安排，以保障车辆和人行交通的安全通畅。

(2) 城市快速路路段横断面分为单层式（地面快速路）和双层式（高架道路或地道）两类。单层式断面包括快速路机动车道及变速车道、集散车道、连续停车道、中央分隔带、两侧分隔带、辅路等部分组成；双层式断面包括供快速机动车行驶的（高架道路或地道）道路及地面道路组成、其中高架道路（或地道）由车行道、中央分隔带、两侧防撞墙（或墙边安全侧石分隔带）以及紧急停车带、变速车道、散车道等组成，地面道路由机动车道、中央分隔带（高架道路桥墩或地道）、两侧分隔带、非机动车道及人行道、绿化带等组成。

(3) 城市主干路、次干路和支路的路段横断面分为单幅路支路；双幅路主干路、次干路；三幅路（次干路）和四幅路（主干路）四类。单幅路断面包括机动车道、人行道和绿化带等组成；双幅路断面包括机动车道、中央分隔带（墩）、人行道和绿带等组成；三幅路断面包括机动车道、两侧分隔带、非机动车道、人行道和绿带等组成；四幅路断面包括机动车道、中央分隔带、两侧分隔带、非机动车道、人行道和绿带等组成。

(4) 城市道路红线宽度

1) 城市道路红线宽度应根据城市路网规划、交通性质及交通发展要求的通行能力与地形条件适宜的断面形式，并考虑地上、地下管线敷设、沿街绿化布置等要求，以及对市内的通风、日照、城市用地条件、城市远期发展的需要等综合因素确定。

2) 地面快速路红线宽度为50～70m；高架道路红线宽度为40～60m；城市主干路红线宽度为40～50m；城市次干路红线宽度为30～40m；支路红线宽度为15～25m。

3) 道路两侧建筑物与红线之间应保留5～10m的距离。

4) 高架道路桥梁边缘与建筑物距离（最小侧向净宽）应考虑两侧建筑物消防、维修以及高架道路本身养护维修的需要，因此不得小于规范的规定值。

2.3.2.2 横断面形式

(1) 城市道路横断面根据交通组织方案和道路等级差别而不同。城市快速路段横断面分为整体式和分离式两类，主干路、次干路和支路可分为一、二、三、四幅路等不同形式。

(2) 城市快速路整体式断面包括主干路快速机动车道及变速车道、集散车道、连续停车道、中间带、两侧带、辅路（即慢速机动车、非机动车道、人行道或路肩）等部分组成；分离式（高架路或地道）断面包括供快速机动车行驶的（高架桥或地道桥）道路及地面辅路组成，其中高架路由行车道、中间带、两侧防撞墙以及紧急停车带、变速车道、集散车道等组成，而地面辅路由机动车道、中间带（桥墩）、两侧带、非机动车道及人行道、绿化带等组成，两者依靠上、下匝道联系。下穿地道包括墙边安全护缘带（高侧石）、车行道、中间带组成，地面辅路同高架路的地面辅路，主、辅路间有栏杆（挡土墙）分隔。

(3) 城市主干路、次干路和支路的横断面主要有单幅、二幅、三幅和四幅路等不同形式。利用三条分隔带分隔对向行驶车流和分隔同向的机动车与非机动车流，而使交通分向分流的，称为四幅路；利用两条分隔带仅使机动车与非机动车实行分流的，称为三幅路；仅设一条分隔带在车行道中心线上以分隔对向车流的，称为二幅路；对车行道上不设任何分隔带的，则称为单幅路。它们有各自的优缺点和适用性。

1) 单幅路：道路上的机动车与非机动车混合双向行驶。由于仅设划线分流，尚可相互调剂车道行驶，它能有效地利用路面，占地较少，造价较低。但由于车流的混合行驶，干扰较大，机动车的速度受到影响，且易引起交通事故，行车噪声对两侧建筑物的影响较大。当车行道过宽时，行人穿越街道不太安全和照明效果较差。因此，它适用于路幅宽度较窄、车流量不大的次干路、支路和居住区街道。各大、中城市建筑密集难以拓宽街道和繁华的商业大街多数属于单幅路形式。

2) 二幅路：利用中间分隔带分隔对向车流，使两条车行道成为单向行驶道，以保证汽车高速行驶的安全。它对绿化布置、照明效果较为有利，能保证夜间行车的安全。当双向交通量很不均匀时，车道利用率不高；而宽度不足时，常因超车造成事故。如若非机动车流量不大时，可将非机动车道并至人行道同一平面，或禁止非机动车通行，则该二幅路可作为城市主干路。如果无法禁止非机动车辆通行时，并且路幅宽度不够，需要机动车辆、非机动车辆混合走行，则该二幅路适用于城市次干路。在山城，当横向高差大或为迁就现状、埋设高压电线时，宜采用二幅路形式。

3）三幅路：用两条分隔带使机动车与非机动车分道行驶，解决了相互干扰的矛盾，分隔带又起到行人过街安全岛的作用，减少了交通事故，机动车速可以提高。此外，非机动车道路面结构可以减薄，绿树成荫、减少噪声和使照明均匀等方面的效果较好。适用于非机动车交通量较大的城市次干路，以及车流量大和车速要求较高的主要道路，人流较大的商业、文化中心大道。

4）四幅路：它具有三幅路分道行驶的优点，也兼有二幅路分隔对向车流的功能，对车辆行驶、行人过街更为安全。因此，机动车辆的速度可以再提高，通行能力更大。它适用于机动车及非机动车流量很大、机动车车速要求高，而用地和投资均有可能的城市主干路。

2.3.2.3 典型的横断面布置

（1）城市快速路：城市快速路分为地面快速路（如图 2.3-2、图 2.3-3 所示）、高架道路（如图 2.3-4～图 2.3-7 所示）、有地道的道路（如图 2.3-8 所示）。

1）二幅路：利用中间分隔带分隔对向车流，使二条车行道成为单向行驶道，以保证汽车高速行驶的安全。它对绿化布置、照明效果较为有利，能保证夜间行车的安全。当双向交通量很不均匀时，车道利用率不高；而宽度不足时，常因超车造成事故。如若非机动车流量不大时，可将非机动车道并至人行道同一平面，或禁止非机动车通行，则该二幅路可作为城市主干路。如果无法禁止非机动车辆通行时，并且路幅宽度不够，需要机动车辆、非机动车辆混合走行，则该二幅路适用于城市次干路。在山城，当横向高差大或为迁就现状、埋设高压电线时，宜采用二幅路形式。

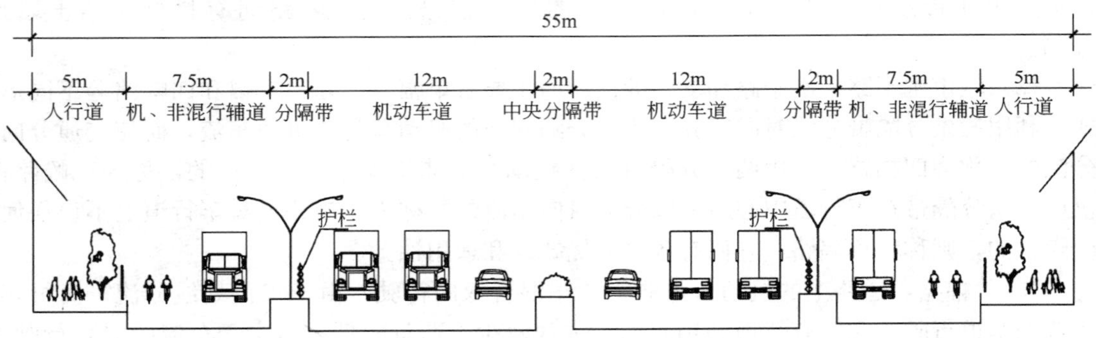


图 2.3-2 地面快速路无出入口路段的横断面示意图

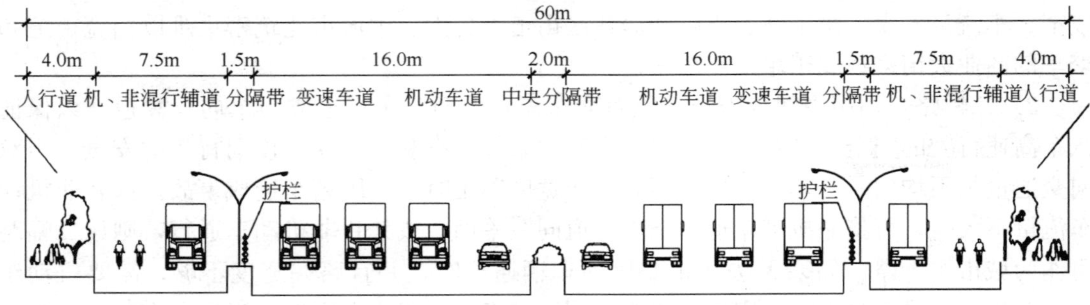


图 2.3-3 地面快速路有出入口路段的横断面示意图

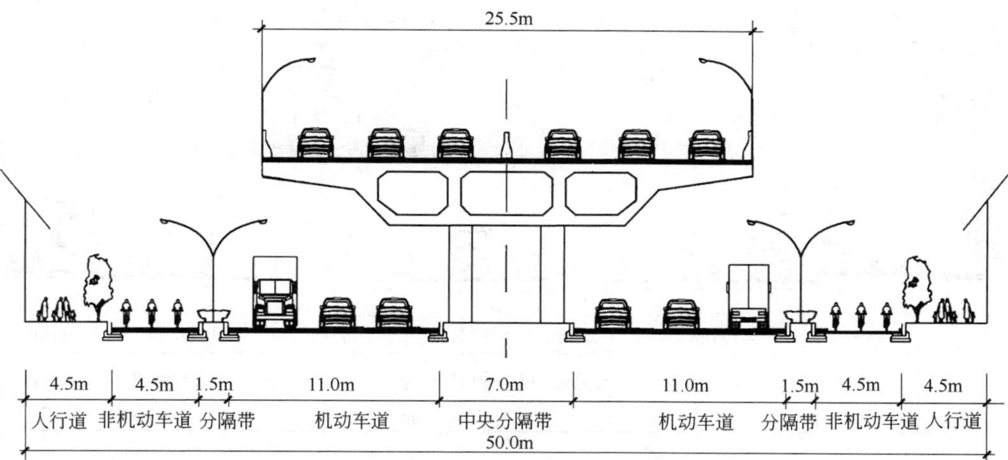


图 2.3-4　无匝道高架道路横断面示意图

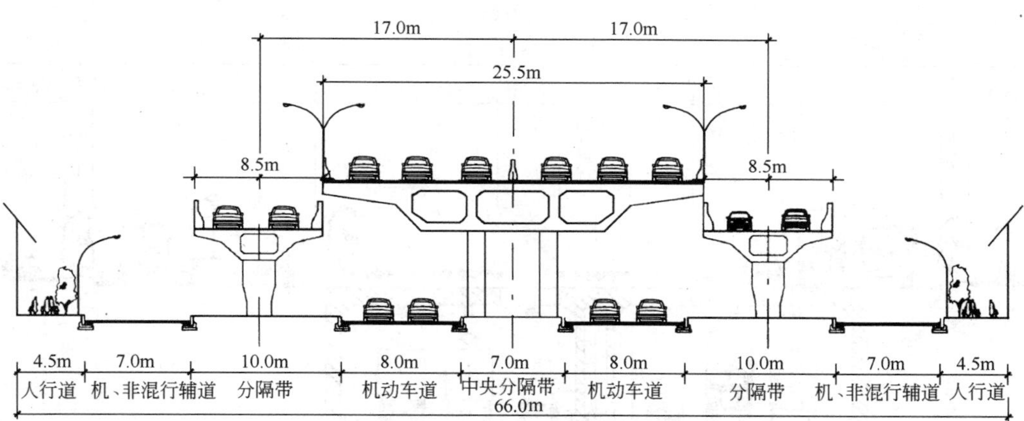


图 2.3-5　有匝道高架道路横断面示意图

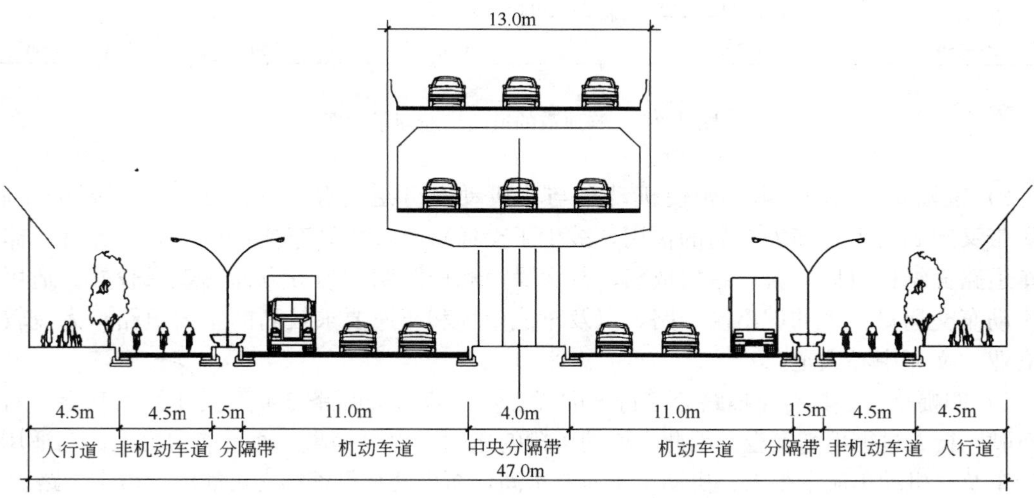


图 2.3-6　双层式高架道路横断面示意图

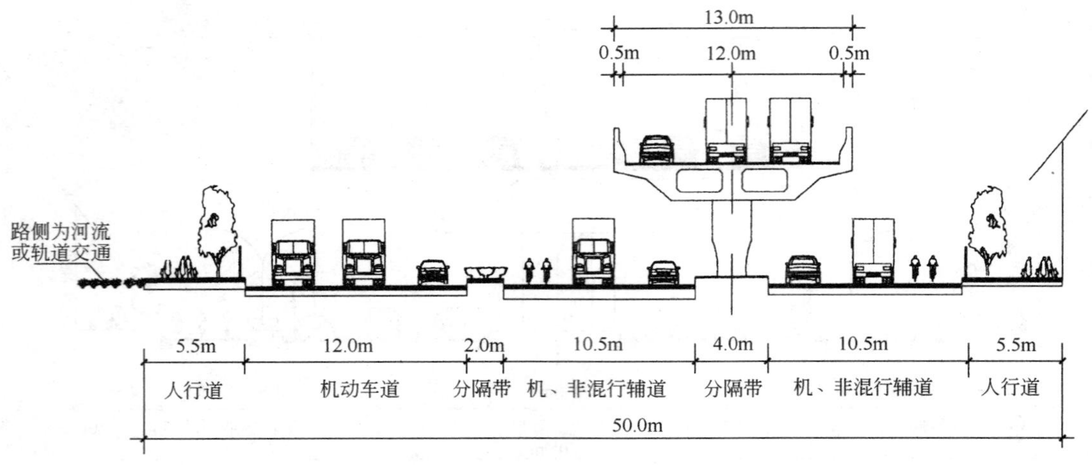


图 2.3-7 单向高架道路+地面道路的横断面示意图

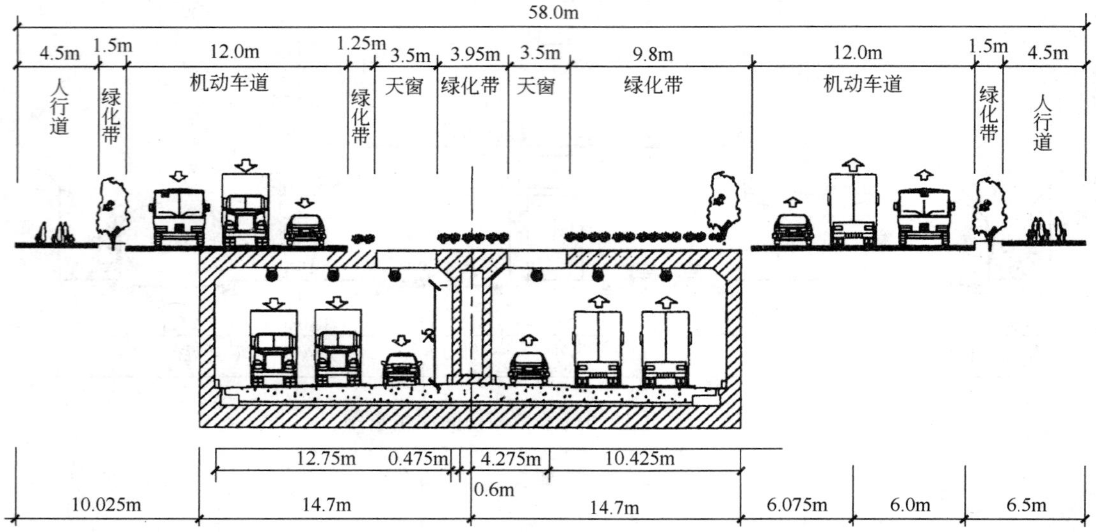


图 2.3-8 有地道的道路横断面示意图

2）三幅路：用两条分隔带使机动车与非机动车分道行驶，解决了相互干扰的矛盾，分隔带又起到行人过街安全岛的作用，减少了交通事故，机动车速可以提高。此外，非机动车道路面结构可以减薄，绿树成荫、减少噪声和使照明均匀等方面的效果较好。适用于非机动车交通量较大的城市次干路，以及车流量大和车速要求较高的主要道路，人流较大的商业、文化中心大道。

3）四幅路：它具有三幅路分道行驶的优点，也兼有二幅路分隔对向车流的功能，对车辆行驶、行人过街更为安全。因此，机动车辆的速度可以再提高，通行能力更大。它适用于机动车及非机动车流量很大、机动车车速要求高，而用地和投资均有可能的城市主干路。

（2）城市主干路、次干路、支路（图 2.3-9～图 2.3-12）

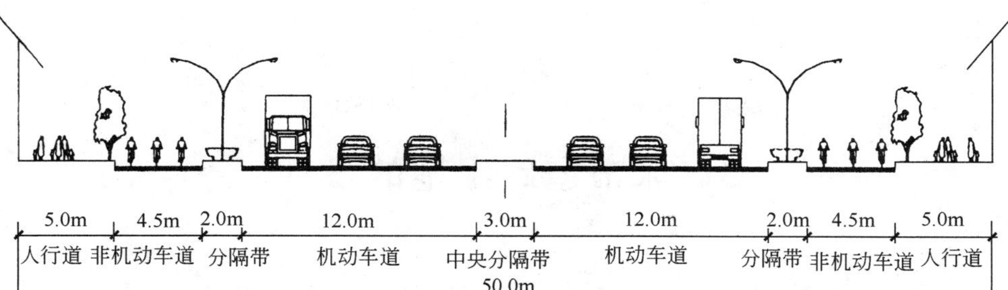


图 2.3-9 城市四幅路断面示意图（城市主干路）

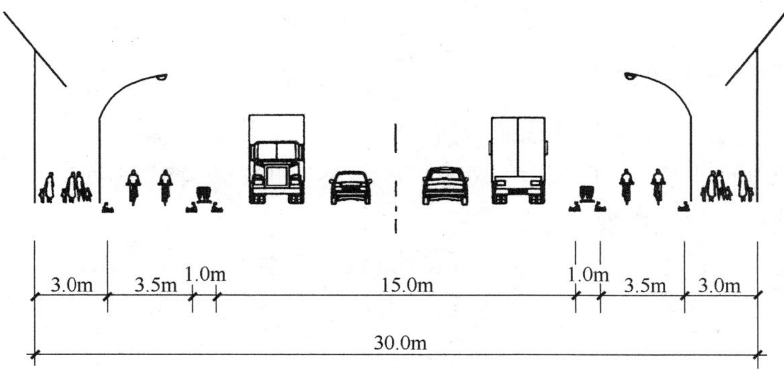


图 2.3-10 城市三幅路断面示意图（城市次干路）

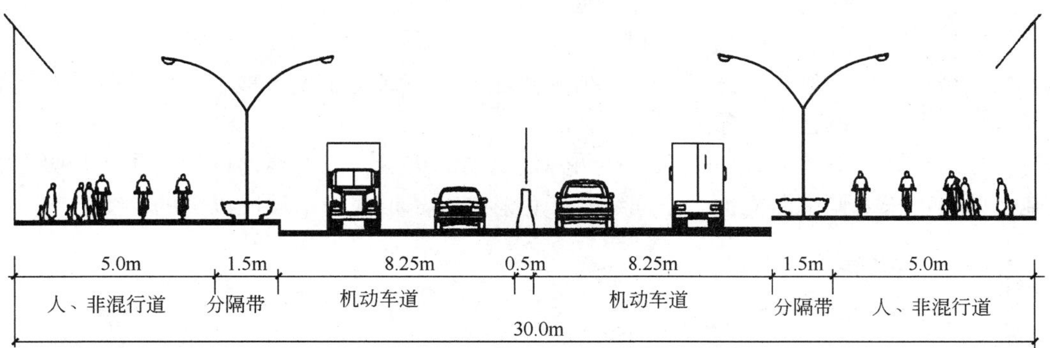


图 2.3-11 城市二幅路断面示意图（人、非并板）（城市次干路）

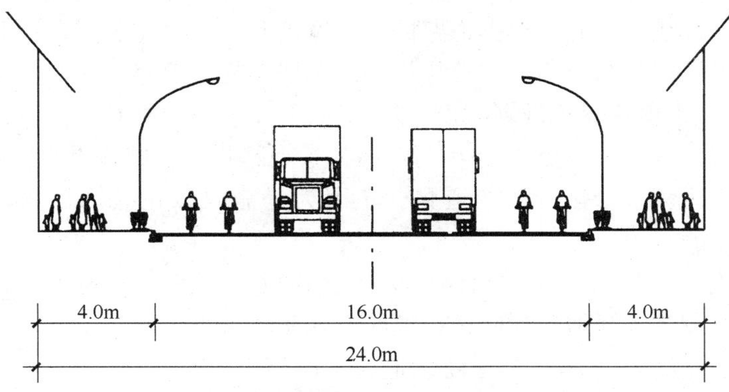


图 2.3-12 城市单幅路断面示意图（城市支路）

# 3 城市道路绿地的设计

## 3.1 概　　述

### 3.1.1 道路系统规划要求

3.1.1.1 便于道路绿化和管线的布置

(1) 在设计城市干道走向、路幅宽度、控制标高时，要特别注意的是必须适应城市近、远期绿化和各种管线用地要求。

(2) 尽可能将沿街建筑红线后退，预留出沿街绿化用地。

(3) 要根据道路的性质、功能、宽度、朝向、地上地下管线位置、建筑间距和层数等统筹安排。

(4) 在满足交通功能的同时，要考虑植物生长的良好条件，因为行道树的生长需在地上、地下占据一定的空间，需要适宜的土壤与日照条件。

3.1.1.2 满足城市建设艺术的要求

(1) 城市道路与城市自然环境、沿街主要建筑物、绿化布置、地上各种公用设施等协调配合，展示城市的艺术形象。

(2) 通过路线的柔顺、曲折起伏；两旁建筑物的进退；高低错落的绿化配置以及公用设施、照明等来协调道路立面、空间组合、色彩与艺术形式，给居民以美的享受。

### 3.1.2 道路绿地率指标

3.1.2.1 概述

(1) 道路绿地率是指道路红线范围内各种绿带宽度之和占总宽度的百分比。

(2) 道路绿化用地是城市道路用地中的重要组成部分。在城市规划的不同阶段，确定不同级别城市道路红线位置时，根据道路的红线宽度和性质确定相应的绿地率，可保证道路的绿化用地，也可减少绿化与市政公用设施的矛盾，提高道路绿化水平。

3.1.2.2 《城市道路绿化规划与设计规范》CJJ 75—97 对道路绿地率的规定：

(1) 园林景观路绿地率不得小于40%：园林景观路是指在城市重点路段，强调沿线绿化景观，体现城市风貌、绿化特色的道路。正因为是需要绿化装饰街景，对绿化要求较高，所以需要较多的绿地。

(2) 道路红线大于50m宽度的道路多为大城市的主干路，因为主干路车流量大，交通污染严重，需要较多的绿地进行防护，道路绿地率不得小于30%。

(3) 道路红线宽度40～50m的道路绿地率不得小于25%。

(4) 道路红线宽度小于40m的道路绿地率不得小于20%。20%是城市道路绿化率的下限。

3.1.2.3　国内外一些城市道路的绿地率

国内外一些城市道路的绿地率见表 3.1-1、表 3.1-2 所列。

**国内部分城市道路的绿地率表**　　**表 3.1-1**

| 地点名称 | 道路的总宽度（m） | 绿化带总宽度（m） | 绿地率（%） | 地点名称 | 道路的总宽度（m） | 绿化带总宽度（m） | 绿地率（%） |
|---|---|---|---|---|---|---|---|
| 北京光华路 | 24.6 | 6.2 | 25 | 南宁中华路 | 28.0 | 6.0 | 21 |
| 北京府右街 | 30.0 | 7.0 | 23 | 郑州互助路 | 29.0 | 8.0 | 28 |
| 北京三里屯 | 39.0 | 24.5 | 63 | 吉林江南大街 | 37.0 | 14.0 | 38 |
| 北京日坛路 | 39.7 | 19.5 | 49 | 长春南岭大街 | 38.0 | 12.0 | 31 |
| 北京朝阳路 | 60.0 | 19.0 | 32 | 南京中山北路 | 40.0 | 10.0 | 25 |
| 北京展览馆路 | 61.0 | 27.0 | 44 | 苏州人民路 | 40.0 | 11.0 | 28 |
| 北京景山前街 | 40.0 | 17.0 | 41 | 南京太平北路 | 40.0 | 13.0 | 33 |
| 北京阜成路 | 70.0 | 29.0 | 41 | 南京北京东路 | 42.0 | 14.0 | 33 |
| 上海彭浦新村 | 24.9 | 9.2 | 37 | 洛阳中州路 | 50.0 | 17.0 | 34 |
| 上海张庙街 | 50.0 | 20.0 | 40 | 长春新民大街 | 64.0 | 30.0 | 47 |

**国外部分城市道路的绿地率表**　　**表 3.1-2**

| 地点名称 | 道路的总宽度（m） | 绿化带总宽度（m） | 绿地率（%） | 地点名称 | 道路的总宽度（m） | 绿化带总宽度（m） | 绿地率（%） |
|---|---|---|---|---|---|---|---|
| 日本仙台某路 | 31.0 | 10.0 | 32 | 比利时布鲁塞尔某路 | 56.0 | 24.0 | 43 |
| 日本北海道某路 | 36.5 | 14.1 | 40 | 比利时布鲁塞尔某路 | 68.5 | 28.1 | 41 |
| 日本宇部松山路 | 36.0 | 7.5 | 21 | 法国巴黎某路 | 46.0 | 19.0 | 41 |
| 朝鲜千里马大街 | 37.0 | 11.0 | 30 | 英国伦敦某路 | 38.0 | 20.0 | 53 |
| 德国布加勒斯劳某路 | 36.0 | 8.0 | 22 | 美国芝加哥某路 | 60.0 | 20.0 | 33 |
| 德国柏林某路 | 60.0 | 24.0 | 40 | 美国费城某路 | 76.0 | 25.0 | 34 |
| 比利时根特某路 | 40.0 | 15.0 | 37 | | | | |

### 3.1.3　城市道路绿地总体设计

（1）首先是确定道路绿地的横断面布置形式。例如设几条绿带，采用对称形式还是不对称形式。在城市道路上，除布置各种绿带外，还应将街旁游园、绿化广场、绿化停车场及各种公共建筑前绿地等有节奏地布置在道路两侧，形成点、线、面相结合的城市绿化景观。同时要与各种市政设施相互协调。

（2）城市道路绿地布局首先要遵循《城市道路绿化规划与设计规范》CJJ 75—97 的以下规定：

1）分车绿带所起的隔离防护和美化作用突出，分车绿带上种植乔木，可以配合行道树，更好地为非机动车道遮荫。乔木的种植与养护最小直径为 1.5m。所以行道树绿带宽度和种植乔木的分车绿带的宽度不得小于 1.5m。

2）城市的主干路交通污染严重，绿化采用乔木、灌木、地被植物的复层混交形式可以提高隔离防护作用。此外，考虑公共交通开辟港湾式停靠站也应有较宽的分车带。所以，主干路上的分车绿带不宜小于2.5m。

(3) 主、次干路交通量大，噪声、废气和尘埃污染严重，而且行人往返穿越车行道也不安全。所以不宜在主、次干路中间分车绿带和交通岛绿地上布置供行人休憩的开放式绿地。

(4) 道路红线外侧其他绿地是指街旁游园、宅旁绿地、公共建筑前绿地、防护绿地等。路侧绿带宜与其结合，能加强道路绿化效果，形成协调一致的绿化景观。

(5) 人行道毗邻商业建筑的路段，路侧绿带可与行道树绿带合并。

(6) 道路两侧光照温度、风速和土质等与植物生长要求有关的环境条件差异较大时，宜将路侧绿带集中布置在条件较好一侧，可以有利于植物生长。

(7) 濒临江、河、湖、海的道路，靠近水边一侧有较好的景观条件，将路侧绿带集中布置于靠水一侧，可以更好地发挥绿地景观效果和游憩功能。

## 3.2 城市道路景观设计

### 3.2.1 概述

(1) 景观设计是城市设计不可分割的部分，也是形成一个城市面貌的决定性因素之一。

(2) 城市景观构成要素很多，大至自然界山川、河流湖泊、园林绿地、建筑物、构筑物、道路、桥梁，小至喷泉、雕塑、街灯、座椅、交通标志、广告牌等，景观设计要满足功能、视觉和心理等要求；将它们有机地组合成统一的城市景观。

(3) 城市园林绿地以各类园林植物景观为主体，是一种人工与自然结合的城市景观。

(4) 植物品种繁多，观赏特性丰富多样，有观姿、观花、观叶、观果、观干等，要充分发挥其形、色、香等自然特性。作为景观的素材，在植物配置时从功能与艺术上考虑，采用孤植、列植、丛植、群植等配置手法，依据立地条件，从平面到立面空间创造丰富的人工植物群落景观，将自然气息引入城市，渗透、融合于以建筑为主体的城市空间，丰富城市景观，美化城市环境，满足城市居民回归大自然的心理需要。

(5) 道路是一个城市的走廊和橱窗，是一种通道艺术，有其独特的广袤性，是人们认识城市的主要视觉和感觉场所，是反映城市面貌和个性的重要因素。构成街景的要素包括道路、绿地、建筑、广场、车和人。

### 3.2.2 城市道路绿化设计中应注意的事项

(1) 园林景观路是指在城市重点路段，强调沿线绿化景观，体现城市风貌与绿化特色的道路，是道路绿化的重点。因具有较好的绿化条件，应选择观赏价值较高、有地方特色的植物，合理配置并与街景配合，以反映城市的绿化特点与绿化水平。

(2) 主干路是城市道路网的主体，贯穿于整个城市，应有一个长期稳定的绿化效果，形成一种整体的景观基调。植物配置应注意空间层次、色彩的搭配，体现城市道路绿地景观特色和风貌。

(3) 同一条道路的绿化宜有统一的景观风格，不同路段的绿化形式可有所变化，以丰富街景。

(4) 同一路段上的各类绿带，在植物的配置上应注意高低层次、绿色浓淡色彩的搭配和季相变化等，并应协调树形组合、空间层次的关系，使道路绿化有层次、有变化，不但丰富街景，还能更好地发挥绿地的隔离防护功能。

(5) 毗邻山、河、湖、海的道路，其绿地应结合自然环境，并以植物所独有的丰富色彩，季相变化和蓬勃的生机等展示自然风貌。

(6) 人们在道路上经常是运动状态，由于运动方式不同，速度不同，对道路景观的视觉感受也不同。因此，道路绿化设计时，在考虑静态视觉艺术的同时也要充分考虑动态视觉艺术。例如，主干道按车行的中速来考虑景观节奏和韵律；行道树的设计侧重慢速；路侧带、林荫路、滨河路以静观为主。

(7) 将道路这一交通空间赋予生活空间的功能。街道伴随着建筑而存在，完美的街道必须是一个协调的空间，景观设计中应注意周围的自然景色、文物古迹；道路两侧建筑物的韵律；与道路两侧橱窗的相呼应；还应注意各种环境设施如路标、垃圾箱、电话亭、候车廊、路障等。在充分发挥其功能的前提下，在造型、材料、色彩、尺度等各方面均需精心设计。

(8) 城乡接合部道路交叉口、交通岛、立交桥绿岛、桥头绿地等处的园林小品、广告牌、代表城市风貌的城市标志等均应纳入绿地设计，由专业人员设计、施工，形成统一完美的道路景观。

### 3.2.3 城市道路绿化设计的基本形式

根据城市道路绿地的景观考虑栽植的形式，道路绿地大约可分为以下 7 种形式：

#### 3.2.3.1 密林式

沿路两侧有浓茂的树林，主要以乔木再加上灌木、常绿树和地被封闭道路。其宽度一般在 50m 以上，采取成行成排整齐种植，如图 3.2-1 所示。

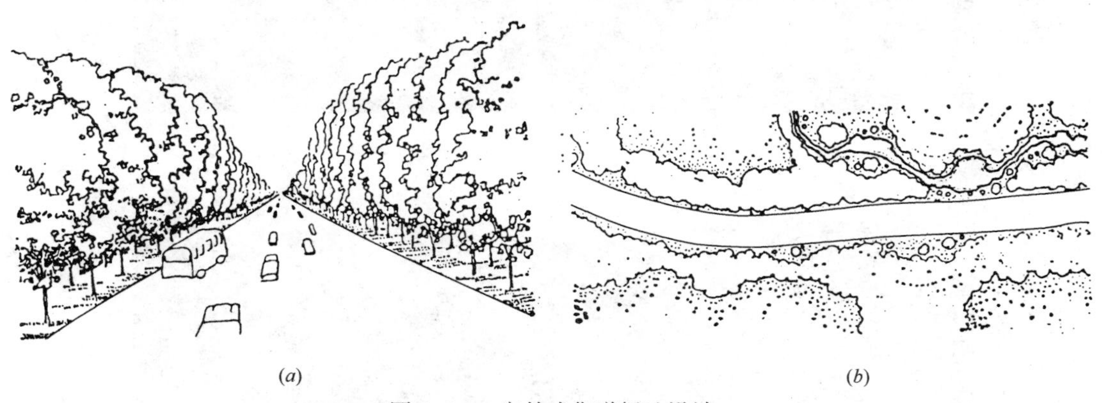

(*a*) (*b*)

图 3.2-1 密林式街道绿地设计

(*a*) 密林式有绿荫夹道的效果（立面图）；(*b*) 密林式对周围的自然地形适应性强（平面图）

#### 3.2.3.2 田园式

路两侧的绿地植物都在视线以下，大都种草，空间全部敞开。在郊区直接与农田、菜田相连，在城市边缘也可与苗圃、果园相邻。这种形式具有开朗、自然和乡土气息，可欣赏田园风光或极目远望，可见远山、白云、海面、湖泊。人们在路上高速行车时，视线极好，心旷神怡，如图 3.2-2～图 3.2-8 所示。

图 3.2-2 田园式道路绿化实例（一）

图 3.2-3 田园式道路绿化实例（二）

图 3.2-4 田园式道路绿化实例（三）

图 3.2-5 田园式道路绿化实例（四）

图 3.2-6 田园式道路绿化实例（五）

图 3.2-7 田园式道路绿化实例（六）

图 3.2-8 田园式道路绿化实例（七）

3.2.3.3 花园式

主要在城市的商业街、闹市区、居住区前使用，路旁要有一定的空地，如图 3.2-9、图 3.2-10 所示。

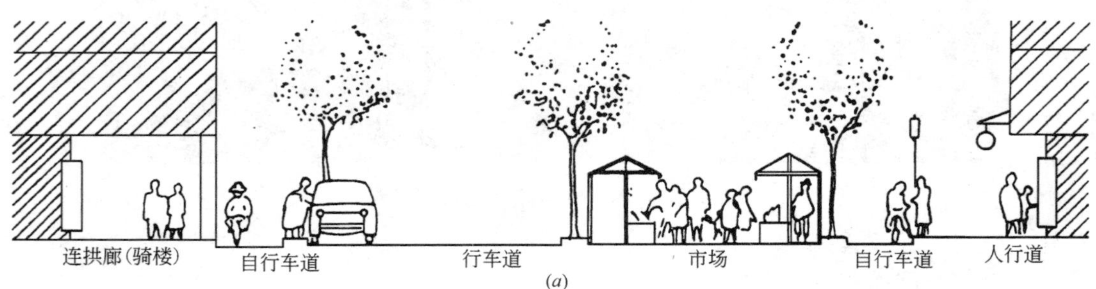


(a)

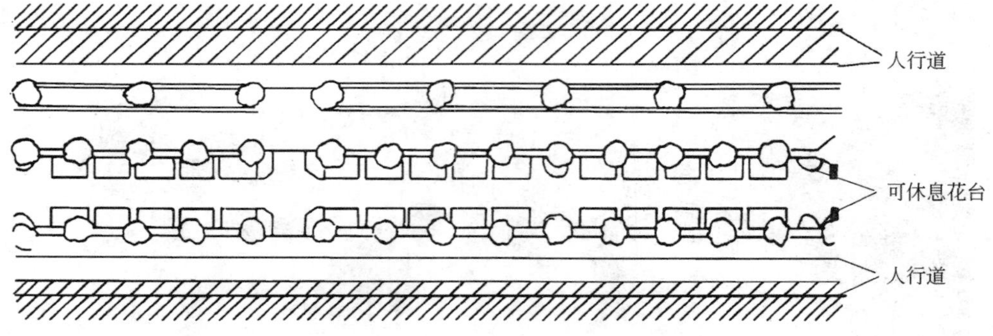


(b)

图 3.2-9 商业街道花园式的绿化示意图

(a) 立面图；(b) 平面图

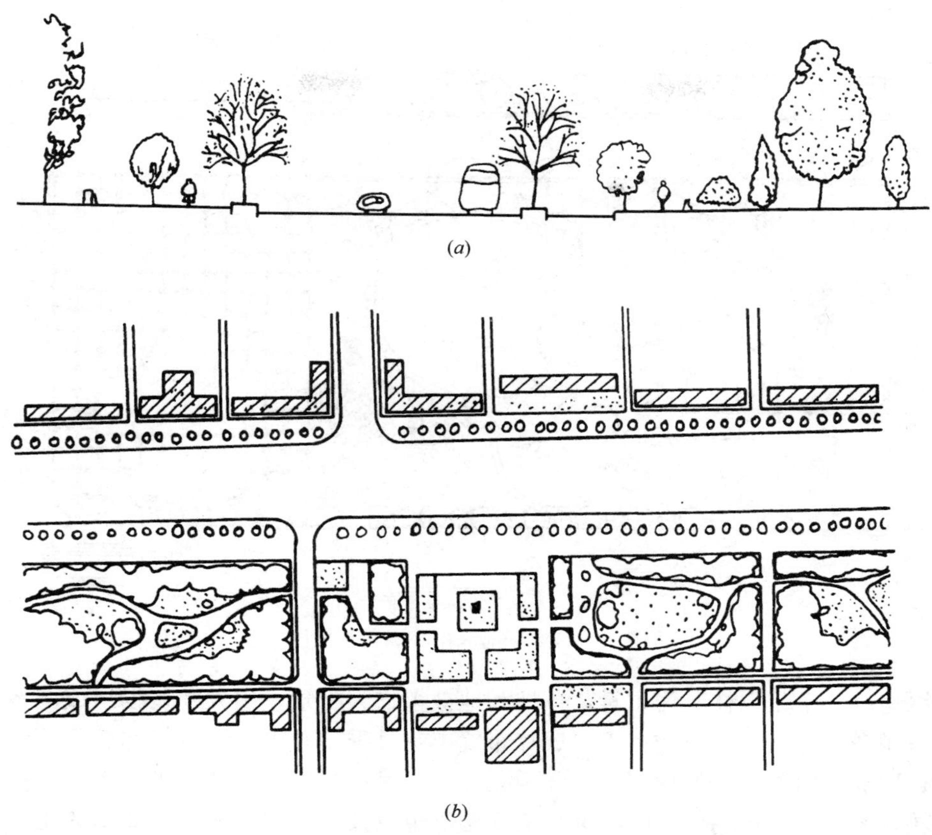


图 3.2-10　城市居住区前花园式绿化示意图
(a) 立面图；(b) 平面图

3.2.3.4　防护式

一般用于城市市内。在工业区、居住区周围作为隔离林带，以防噪、防尘或防空气污染的林带与道路绿化相结合。因此，需要一定的绿化用地，小规模式的绿化隔离带宽度为15～18m。在设计工厂道路的绿化中，可以结合厂内自然地形布置。厂内如有自然地形或在河边、湖边、海边、山边等，则有利于因地制宜地开辟小游园，以便职工开展做操、散步、坐歇、谈话、听音乐等各项活动或向附近居民开放。可用花墙、绿篱、绿廊分隔园中空间，并因地势高低布置园路、点缀水池、喷泉、山石、花廊、坐凳等丰富园景。有条件的工厂可将小游园的水景与贮水池、冷却池等相结合，水边可种植水生花草，如鸢尾、睡莲、荷花等。如北京首钢，利用厂内冷却水池修建了游船码头，增加了厂内活动内容，美化了环境。南京江南光学仪器厂将一个近乎是垃圾场的小水塘疏浚治理，设喷泉、花架，做假山、修园路、铺草坪、种花草树木进行美化，使之成为广大职工喜爱的小游园。图 3.2-11 所示为厂前区中心绿化平面图。

图 3.2-12 所示为湖北省黄石市王家里水厂绿化平面图。以植物造景为手段，以清新、高雅、优美为目的，强调俯视与平视两方面的效果，不仅有美丽的图案，而且有一定的文化内涵。选用桂花、雪松、紫叶李、樱花、大叶黄杨、海桐球、锦熟黄杨、紫薇、丛竹、紫藤、丰花月季、法国冬青、马褂木、女贞、黄素馨等主要苗木，用植物组成了两个大型

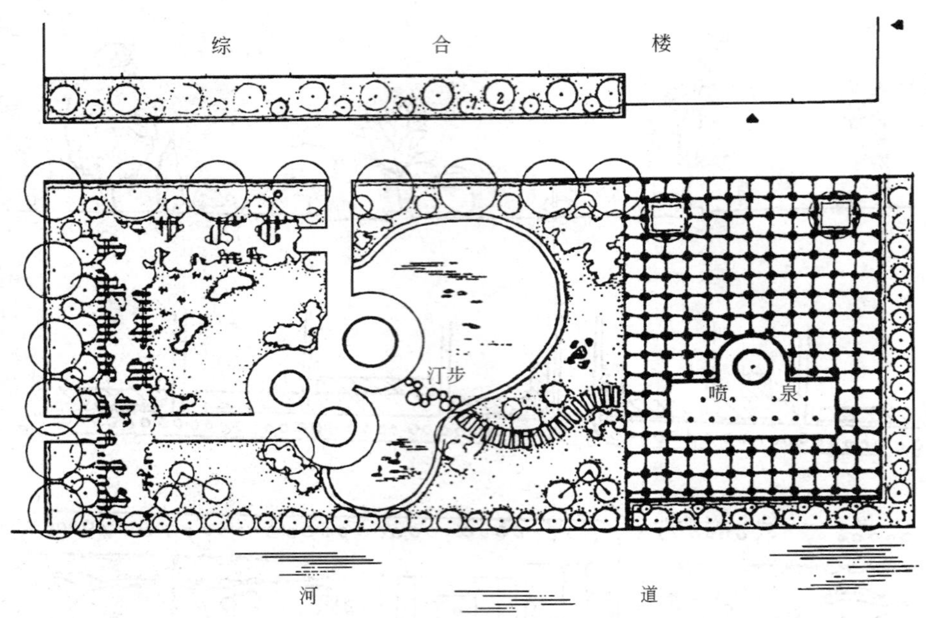


图 3.2-11 厂前区中心绿化平面图

的模纹绿地。一个是以桂花为主景，草坪和地被植物为配景，用大叶黄杨组成图案，用球形的金丝桃和锦熟黄杨等植物点缀，成片布置丰花月季，并用雀舌黄杨和白矾石组成醒目的厂标，形成厂前区环境的构图中心和视线焦点。另一个模纹绿地，则用大叶黄杨、海桐球、丰花月季、雀舌黄杨、红叶小檗、美女樱等组成火与电的图案。一圈圈的雀舌黄杨象征磁力线，大叶黄杨组成两个扭动的轴，象征着电业带来工业的发展。整个图案别致新颖，既注重了从生产办公楼俯视效果，又注重从环路中平视效果，充分体现了水厂绿化的韵律美和节奏感。

3.2.3.5 自然式

沿道路在一定宽度内布置有节奏的自然树丛，树丛由不同植物种类组成，具有高低、浓淡、疏密和各种形体的变化，形成生活的气氛。这种形式能很好地与附近景物配合，增强了道路的空间变化。但夏季遮荫效果不如整齐式的行道树。在路口、拐弯处的一定距离内应种低矮的灌木以免妨碍司机视线。条状的分车带内种植自然式，需要有一定的宽度，一般要求最小 6m。注意与地下管线的配合。所用的苗木，也应具有较大的规格。自然式配置使道路空间富有变化，线条柔美，但要注意树丛间要留出适当距离并相互呼应，如图 3.2-13、图 3.2-14 所示。

3.2.3.6 滨河式

道路的一面临水，空间开阔，环境优美，是市民休息游憩的良好场所。在水面不十分宽阔、对岸又无风景处，绿地可布置得较为简单，树木种植成行，岸边设护栏，树间安放座椅，供游人休憩。如水面宽阔，沿岸风景较好时，可在沿水边宽阔的绿地上布置游人步道、草坪、花坛、座椅等绿地设施。游人步道应尽力靠近水边，或设置小型广场和临水平台，满足人们的亲水感和观景要求。图 3.2-15 为杭州市圣塘路绿化平、立面图和合肥市环城公园西山景区平、立面图。

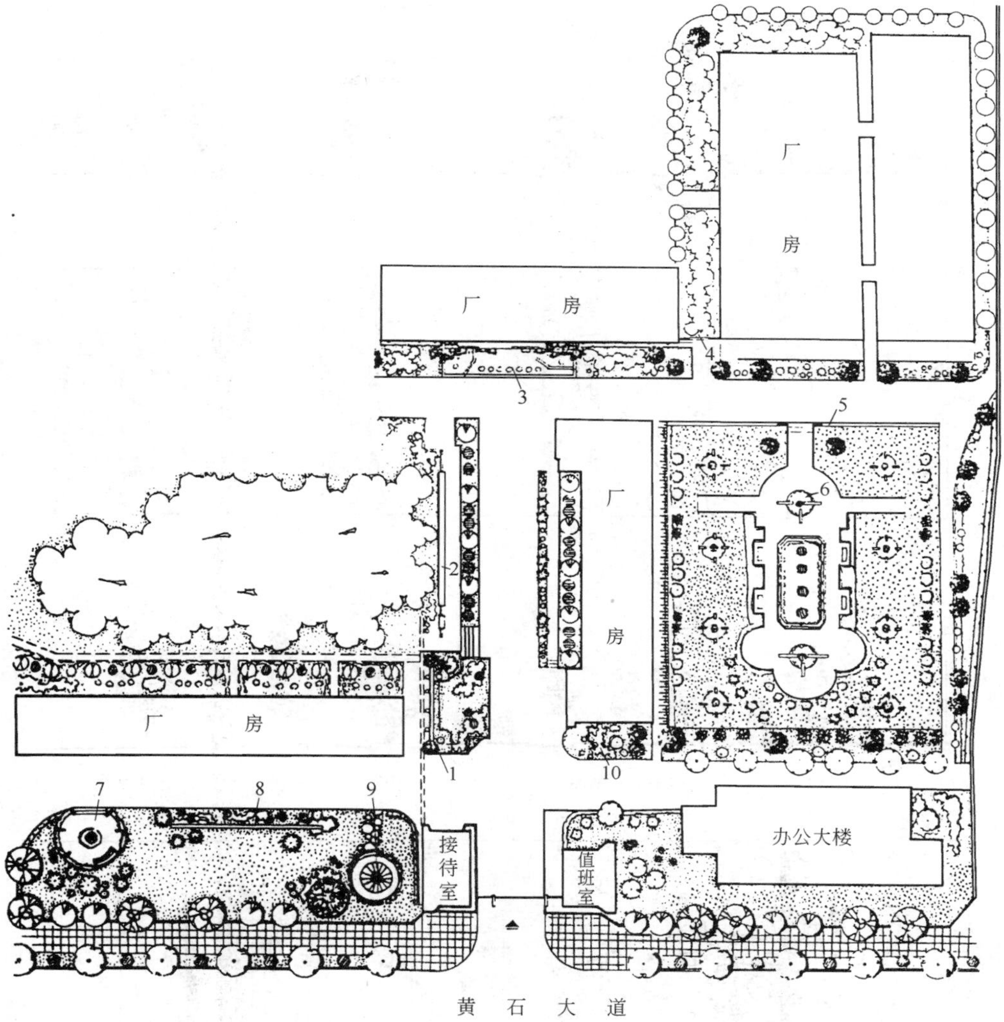

图 3.2-12　湖北省黄石市王家里水厂绿化平面图

1—装饰景壁；2—宣传橱窗；3—山石壁画主景；4—装饰景门；5—装饰景墙；6—排气孔小品；7—污水池改造景点之一；8—装饰博古景架；9—污水池改造景点之二；10—叠石景点

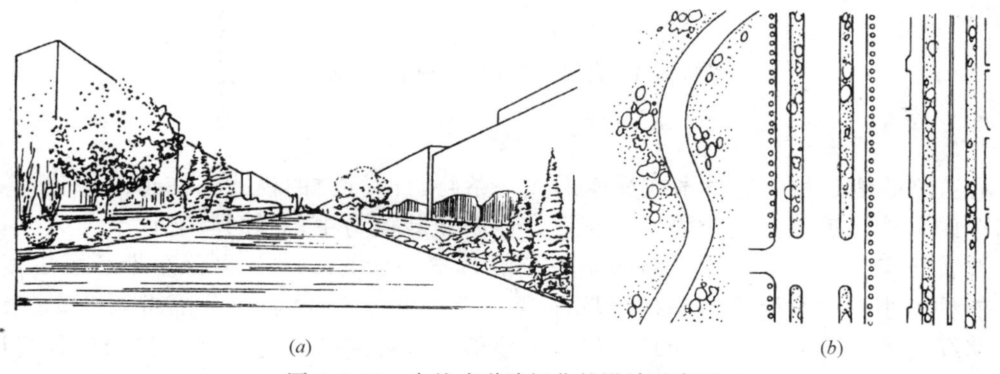

(*a*)　　　　(*b*)

图 3.2-13　自然式道路绿化的设计示意图

(*a*) 立面图；(*b*) 平面图

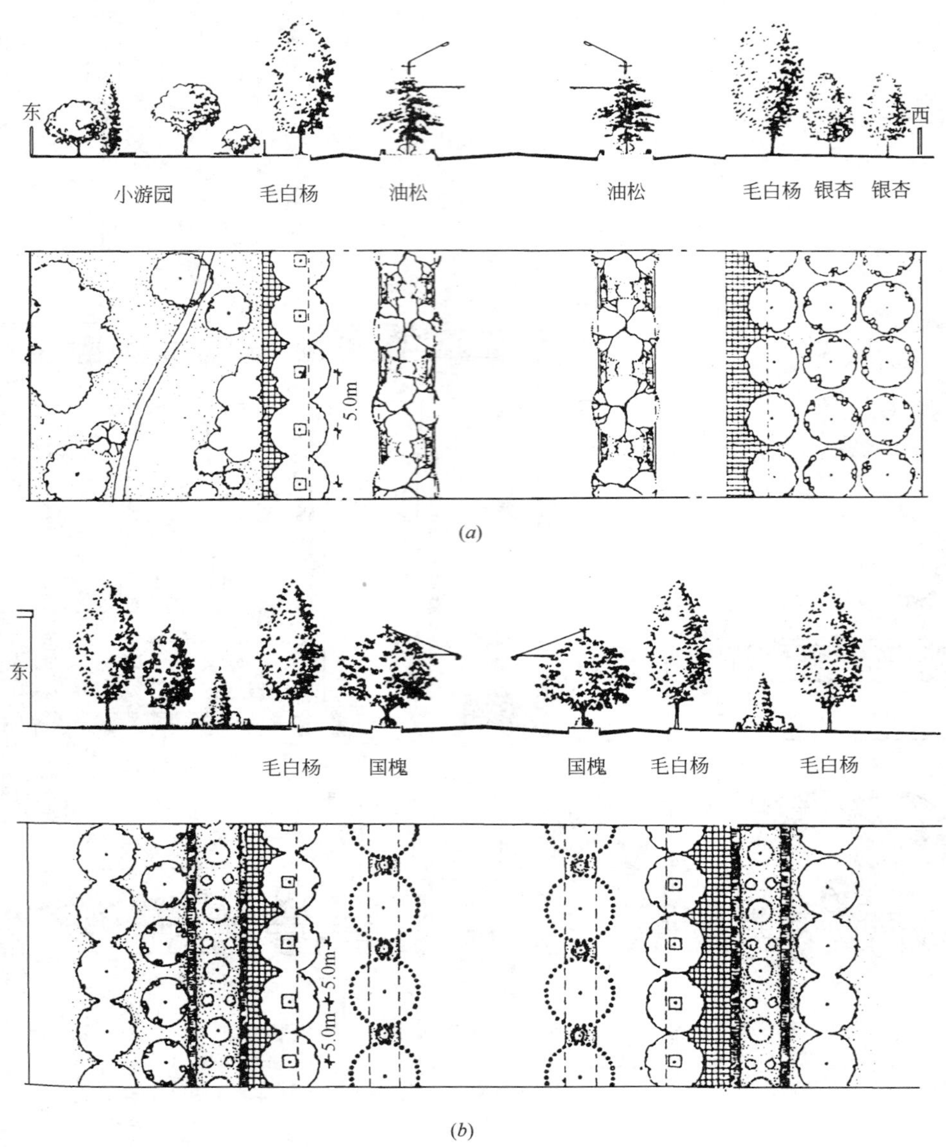


图 3.2-14 自然式道路绿化种植平、断面图

3.2.3.7 简易式

沿道路两侧各种一行乔木或灌木形成一条路，两行树的模式，在道路绿化中是比较简单的形式。道路中央分隔带绿化设计以防眩栽植为主，同时具有调节司乘人员疲劳，改善行车环境的功能。道路的中央分隔带宽一般为 2～3m，分车带还可更宽些。为了能种植小乔木及灌木，种植土壤厚度一般要求大于 60cm。分隔带与分车带绿化是公路绿化的重点部位，设计时要保证植物能起到夜间防眩的作用，其绿化景观设计要点如下：

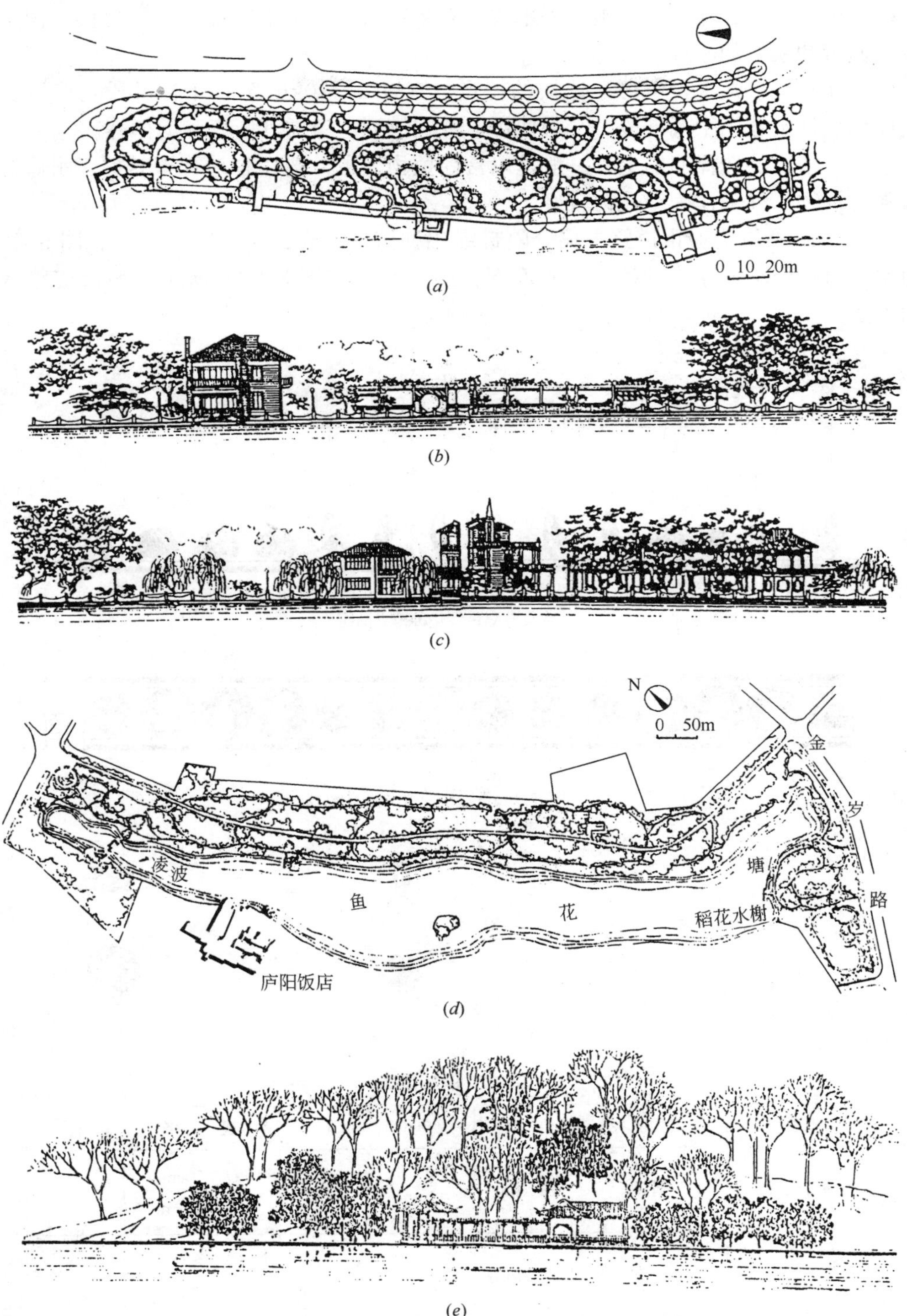


图 3.2-15 杭州市圣塘路绿化与合肥环城公园西山景区平、立面图

（a）杭州市圣塘路绿地平面图；（b）杭州市圣塘路绿地沿湖立面图（北段）；（c）杭州市圣塘路绿地沿湖立面图（南段）；（d）合肥环城公园西山景区平面图；（e）合肥环城公园西山景区立面图

（1）采用草坪、花卉、地被、灌木或小乔木种植，通过不同标准段的变换，消除司机的视觉疲劳和乘客的心理单调感。

（2）在布置形式上，考虑车速快的特点，宜以 5～10km 为一个标准段，按沿线两旁不同风光设计出若干个标准段，交替使用，并在排列上考虑其渐变和韵律感。

（3）在植物的选择问题上，一般是以常绿植物为主，选择容易管理养护、耐修剪、抗逆性强的植物品种来作为绿化树较好。

图 3.2-16 所示为城市道路中央分隔带绿化种植平、立面图，图 3.2-17、图 3.2-18 所示为城市道路分车道绿化种植平、立面图，图 3.2-19～图 3.2-29 所示为城市道路绿化种植示意图。

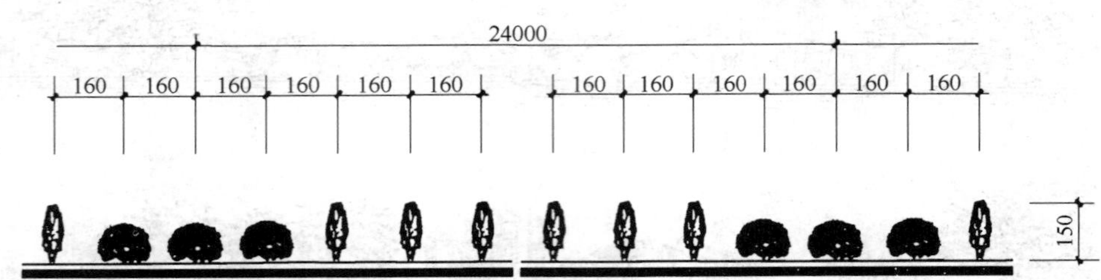


中央分隔带绿化种植立面图

中央分隔带绿化种植平面图(cm)

图　　例

**单位工程数量表**

| 工程项目 | 植物品种 | 单　位 | 单位工程数量 | 规　　格 | 备注 |
| --- | --- | --- | --- | --- | --- |
| 中央分隔带 | 塔柏 | 株/km | 610 | $D$＞60cm<br>$H$＞150cm | |
| | 棣棠 | 株/km | 15 | 冠径 $D$<br>50～70cm | |

图 3.2-16　城市道路中央分隔带绿化种植平、立面图

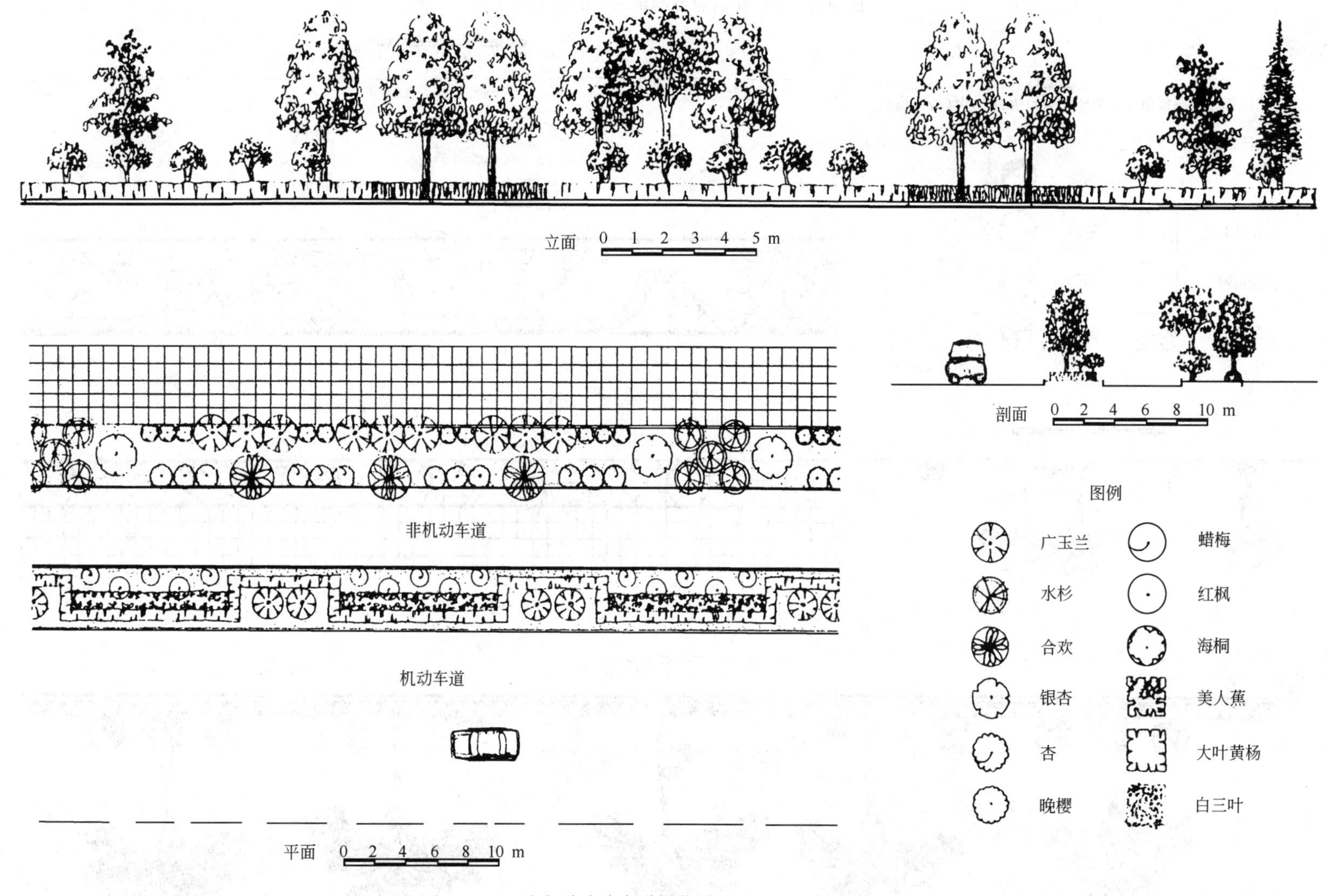


图 3.2-17 城市道路分车道绿化种植平、立、剖面图

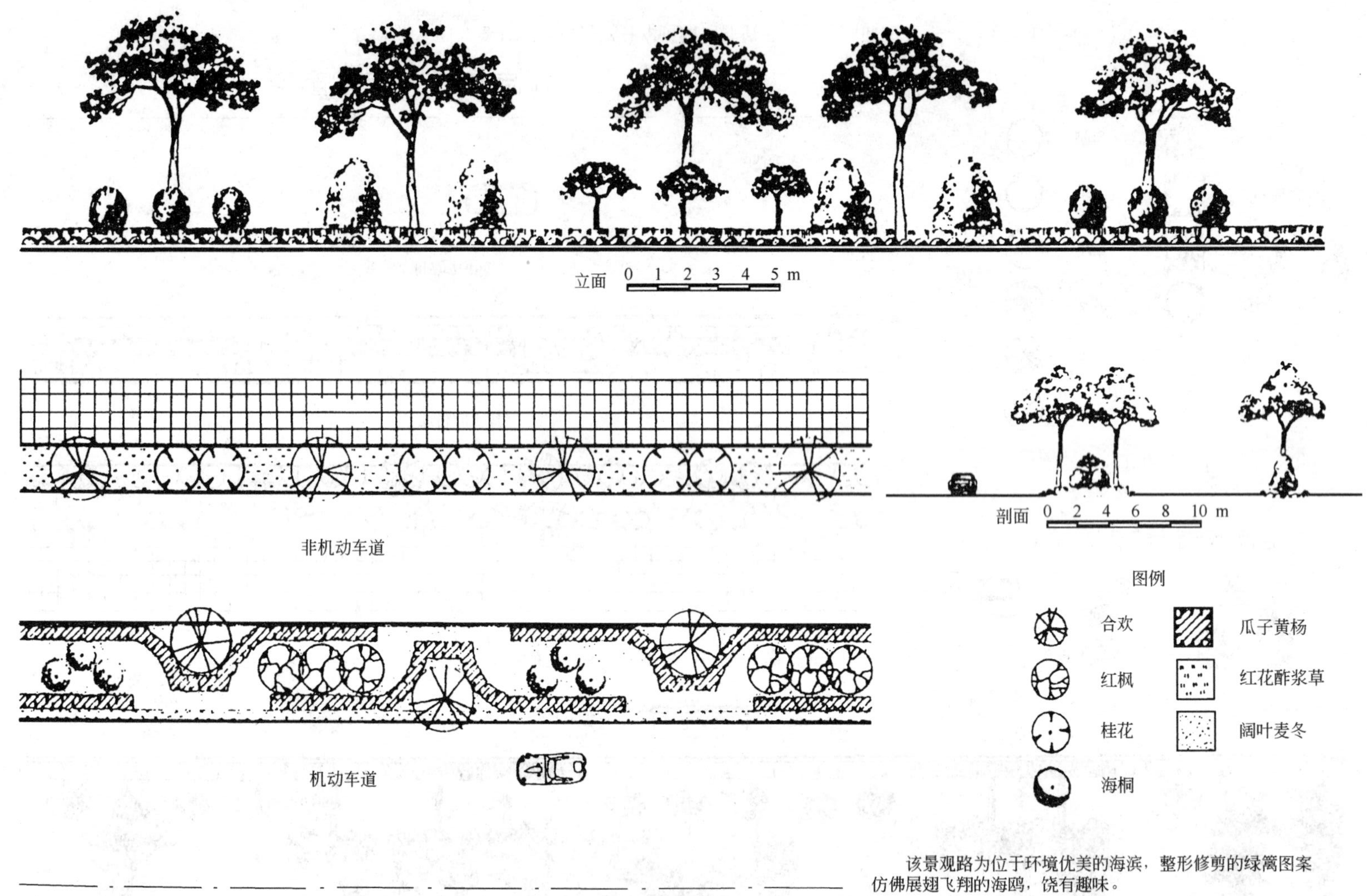


该景观路为位于环境优美的海滨，整形修剪的绿篱图案仿佛展翅飞翔的海鸥，饶有趣味。

图 3.2-18 城市道路分车道绿化种植平、立、剖面图

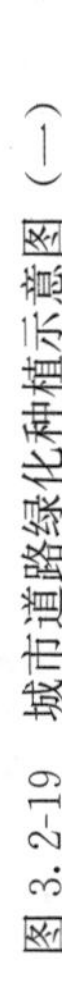

图 3.2-19 城市道路绿化种植示意图（一）

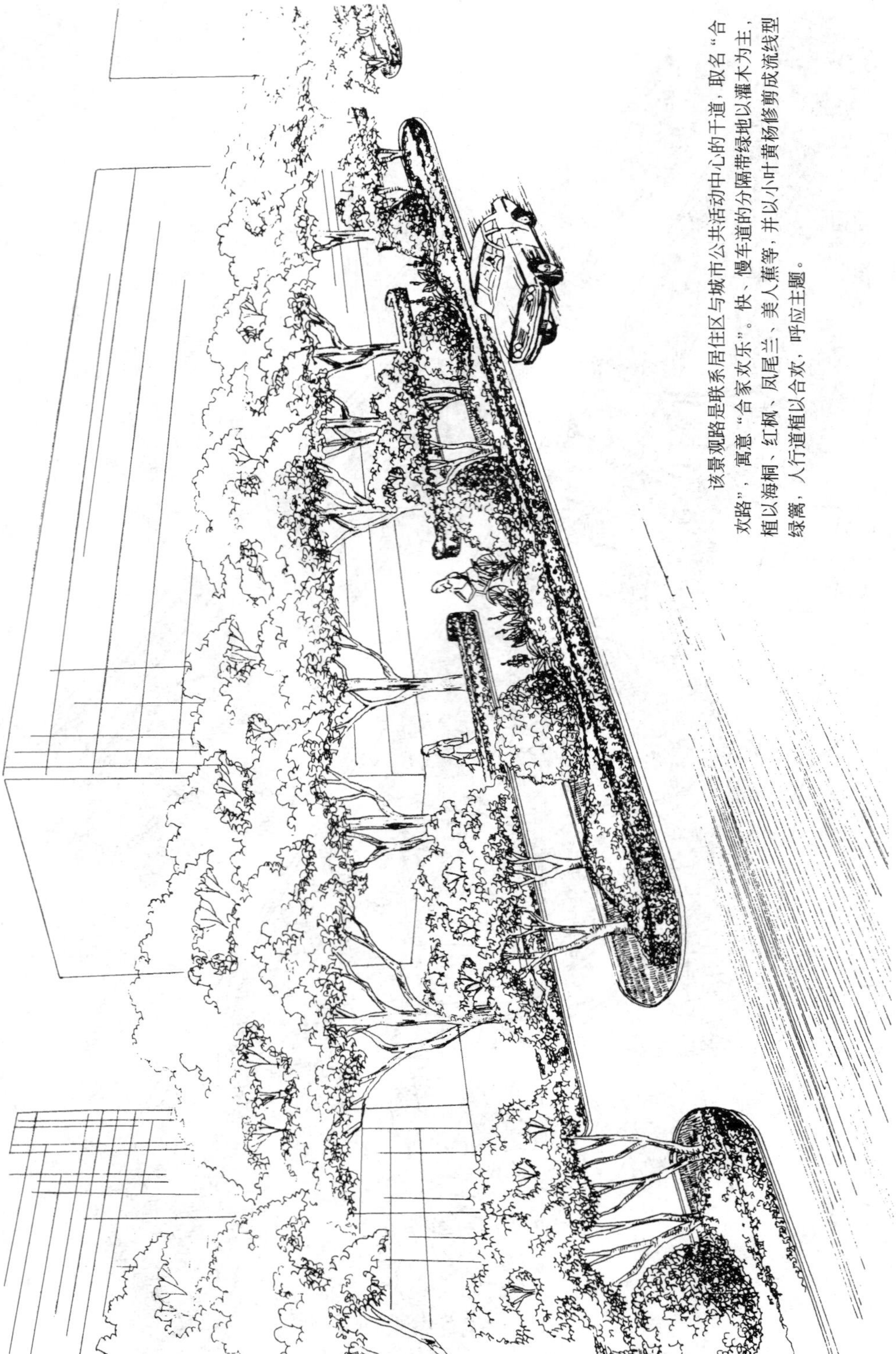

该景观路是联系居住区与城市公共活动中心的干道，取名“合欢路”，寓意“合家欢乐”。快、慢车道的分隔带绿地以灌木为主，植以海桐、红枫、凤尾兰、美人蕉等，并以小叶黄杨修剪成流线型绿篱，人行道植以合欢，呼应主题。

图 3.2-20 城市道路绿化种植示意图（二）

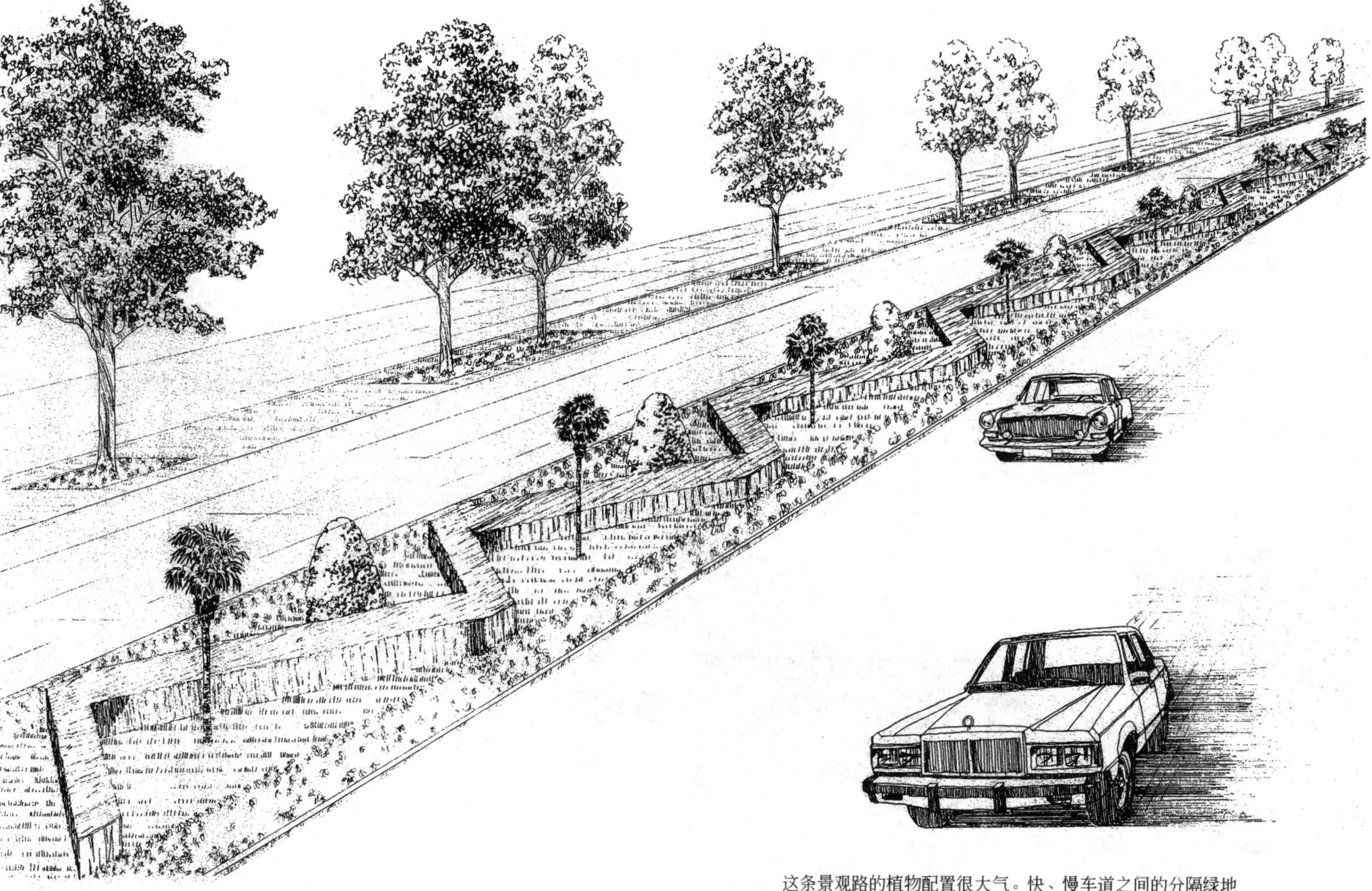

这条景观路的植物配置很大气。快、慢车道之间的分隔绿地布置有一种连续而整齐的美感，人行道上行道树种植注意了间距问题，给行人充分的机会欣赏沿路的美丽风光。

图 3.2-21 城市道路绿化种植示意图（三）

这条道路通往某烈士纪念地，为烘托对烈士的歌颂和怀念，在绿地设计上选择“英雄树”木棉、万古长青的雪松、美丽挺拔的相思树等，整条道路的绿化郁郁葱葱，给人以庄严肃穆之感。

图 3.2-22　城市道路绿化种植示意图（四）

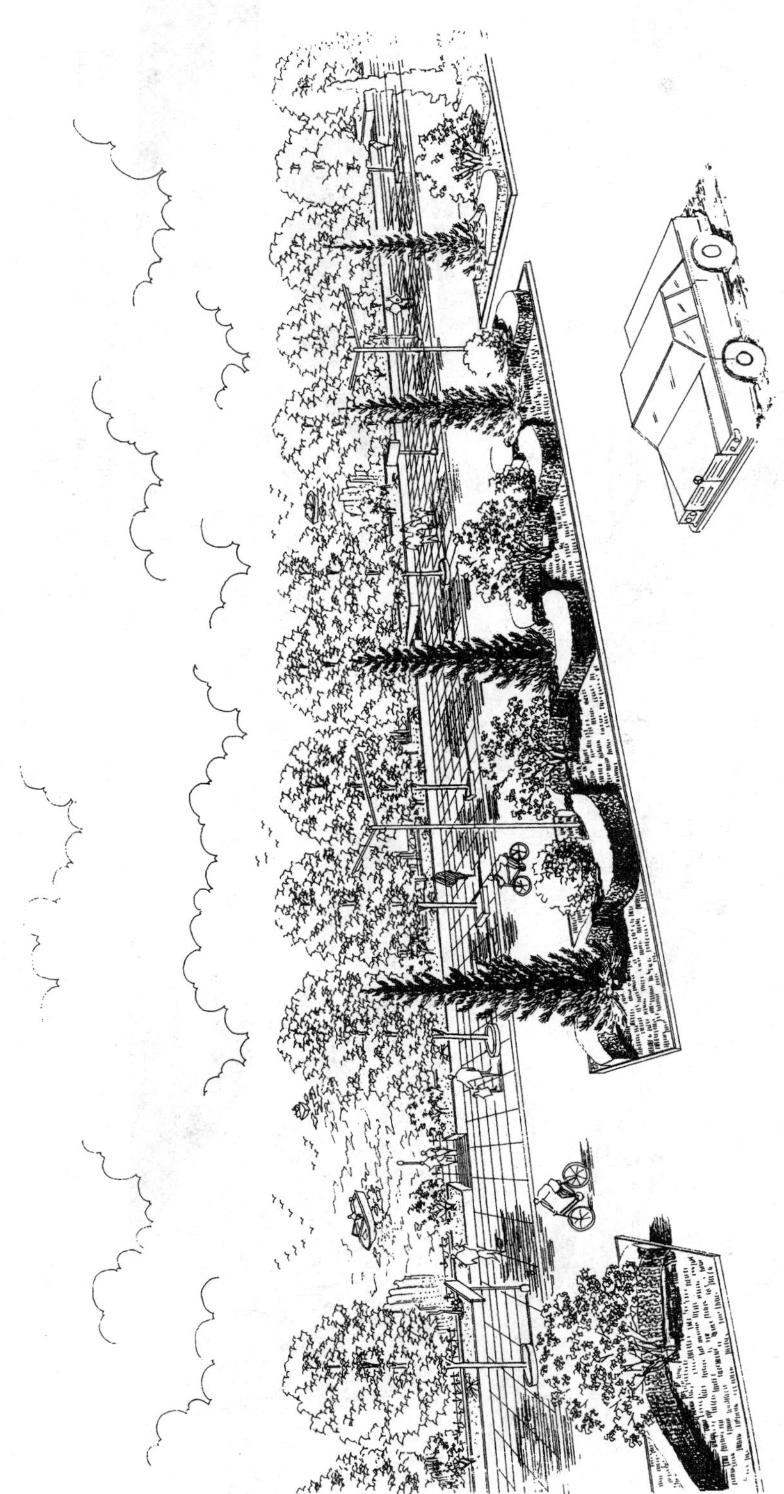

这是一条湖滨景观路，一边是开朗明静的湖水，另一边是耸立的建筑，此道路绿化除了交通功能外，还是行人和附近居民休息赏景、夏季纳凉的好地方。采取规则式布局，种植造型优美，并有季相变化。注意常绿、落叶以及大小、高矮的搭配，湖边配以座凳，创造小空间。总体环境优美舒适。

图 3.2-23　城市道路绿化种植示意图（五）

这是一条通向市政府的交通干道，绿地设计简洁、气派。植物配置层次分明，色彩丰富，规则式绿篱整齐利落，显示出政府机构的高效性和纪律性。

图 3.2-24 城市道路绿化种植示意图（六）

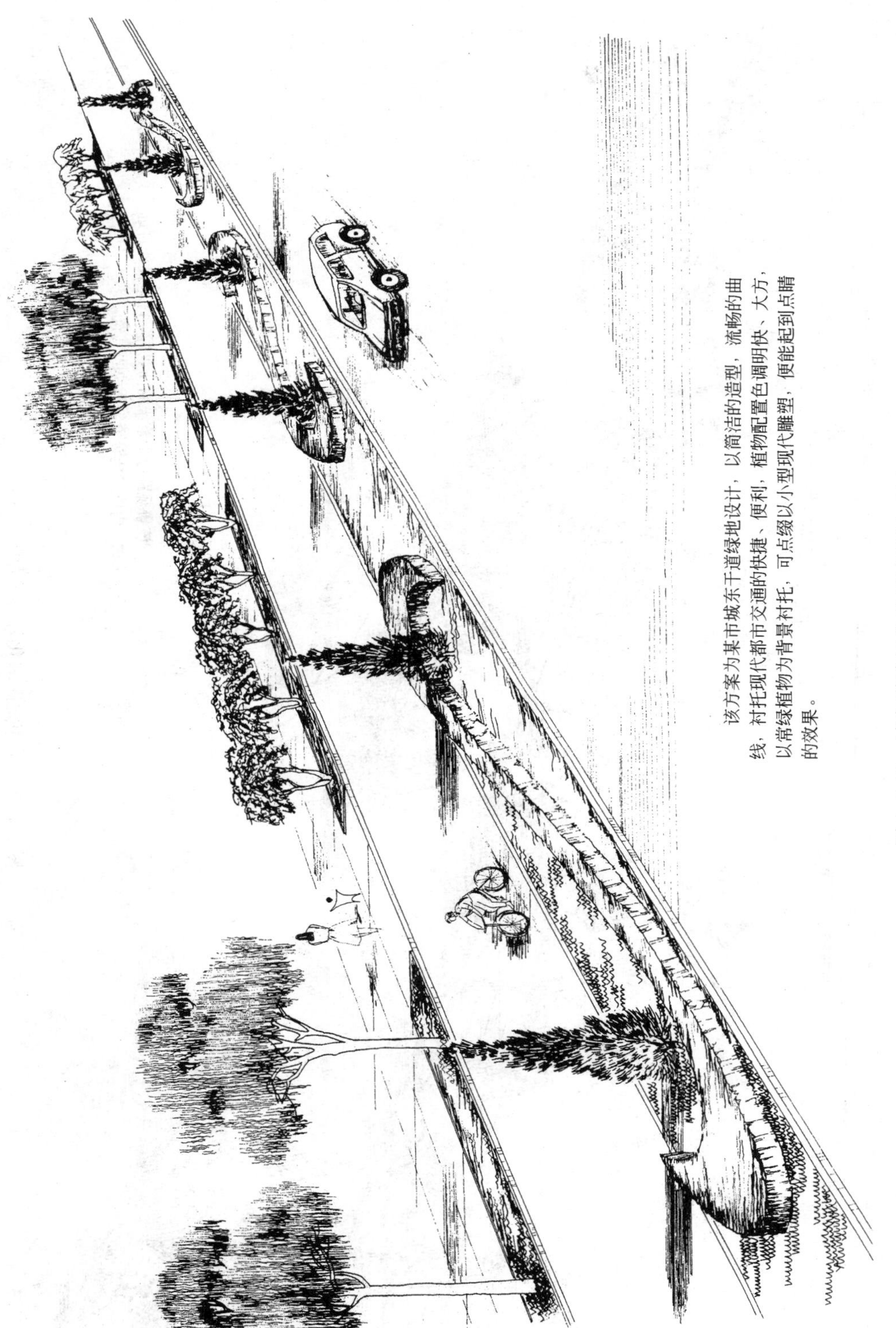

该方案为某市城东干道绿地设计，以简洁的造型，流畅的曲线，衬托现代都市交通的快捷、便利，植物配置色调明快、大方，以常绿植物为背景衬托，可点缀以小型现代雕塑，便能起到点睛的效果。

图 3.2-25 城市道路绿化种植示意图（七）

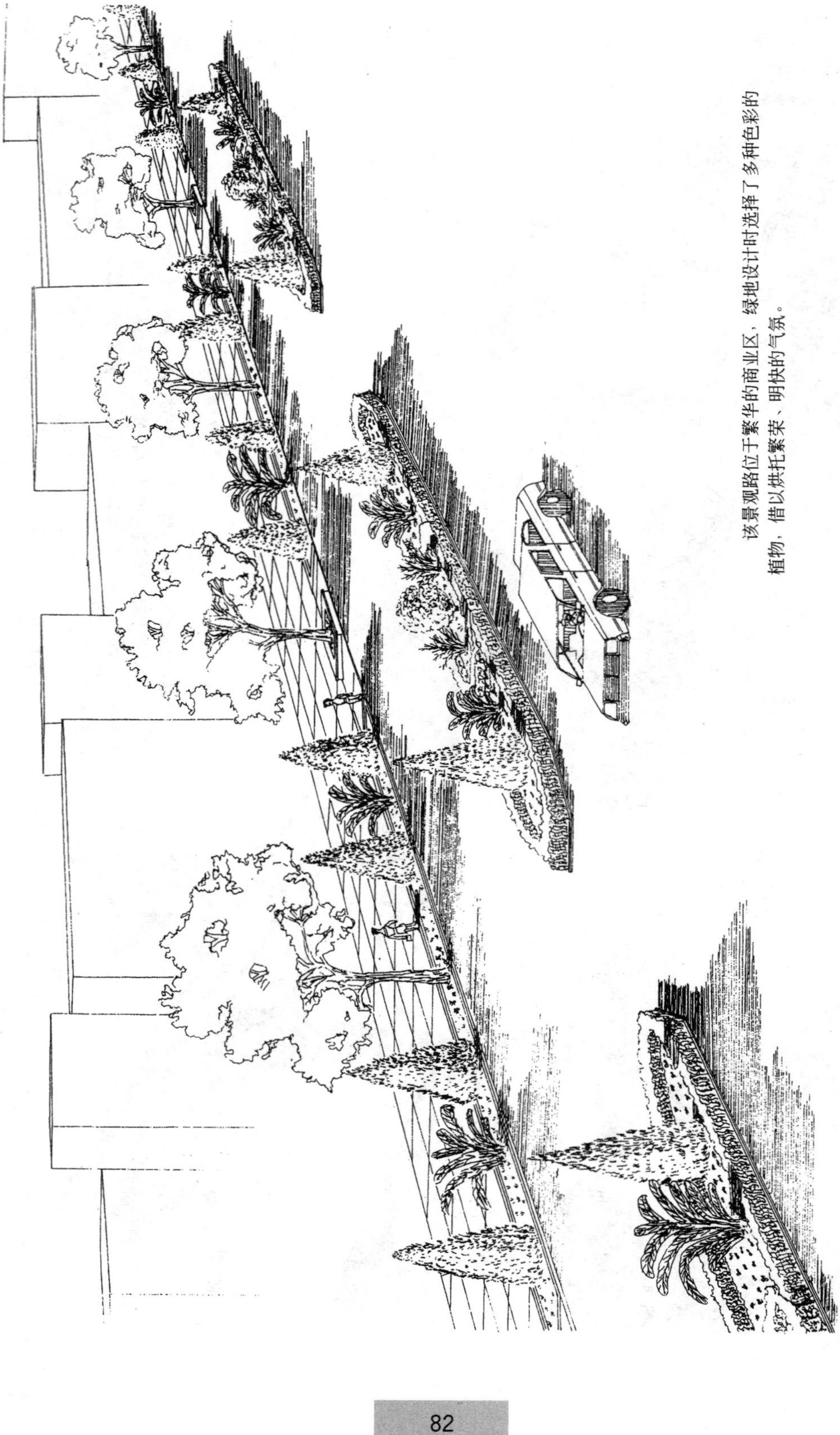

该景观路位于繁华的商业区，绿地设计时选择了多种色彩的植物，借以烘托繁荣、明快的气氛。

图 3.2-26 城市道路绿化种植示意图（八）

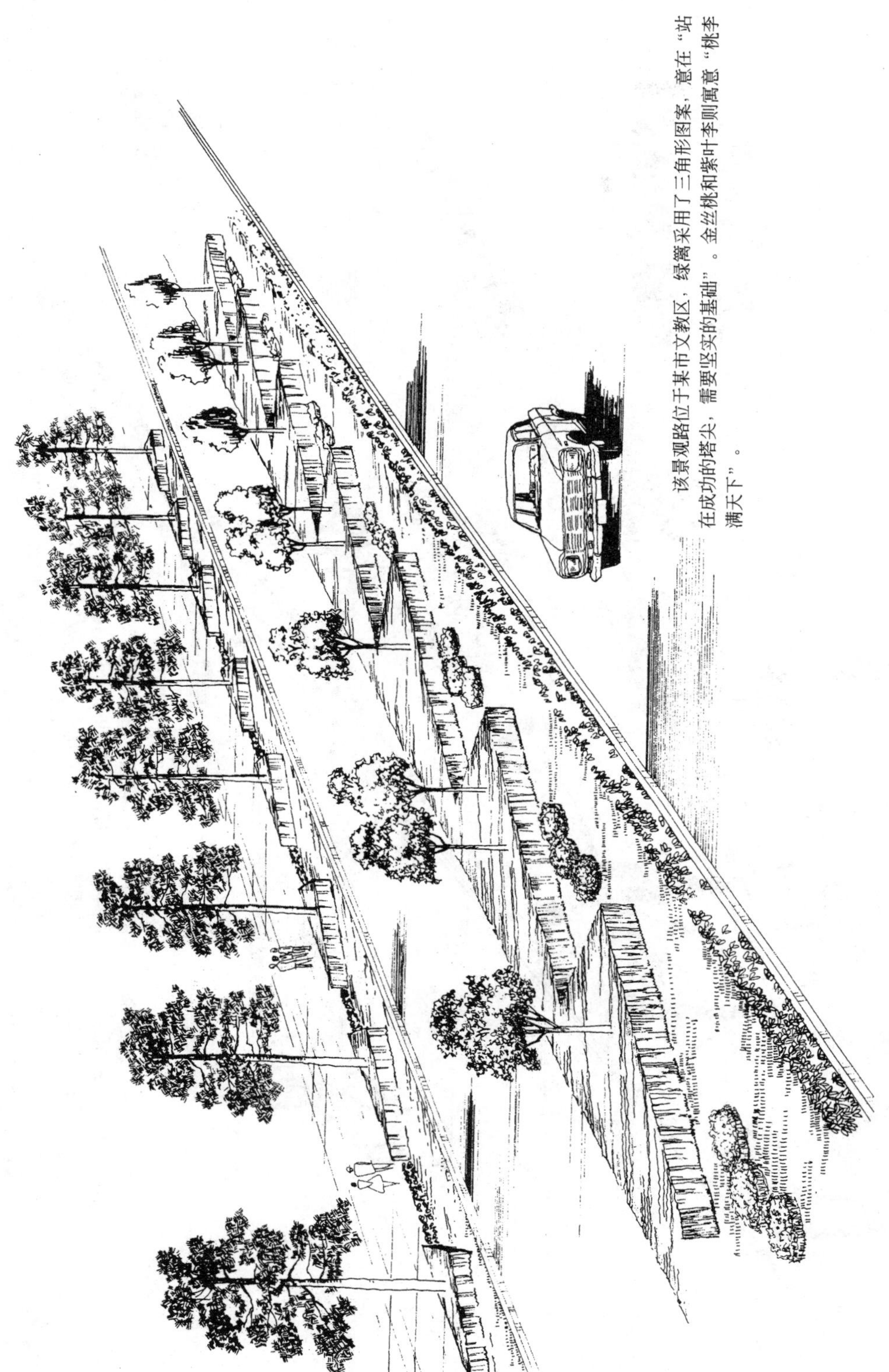

该景观路位于某市文教区，绿篱采用了三角形图案，意在“站在成功的塔尖，需要坚实的基础”。金丝桃和紫叶李则寓意“桃李满天下”。

图 3.2-27 城市道路绿化种植示意图（九）

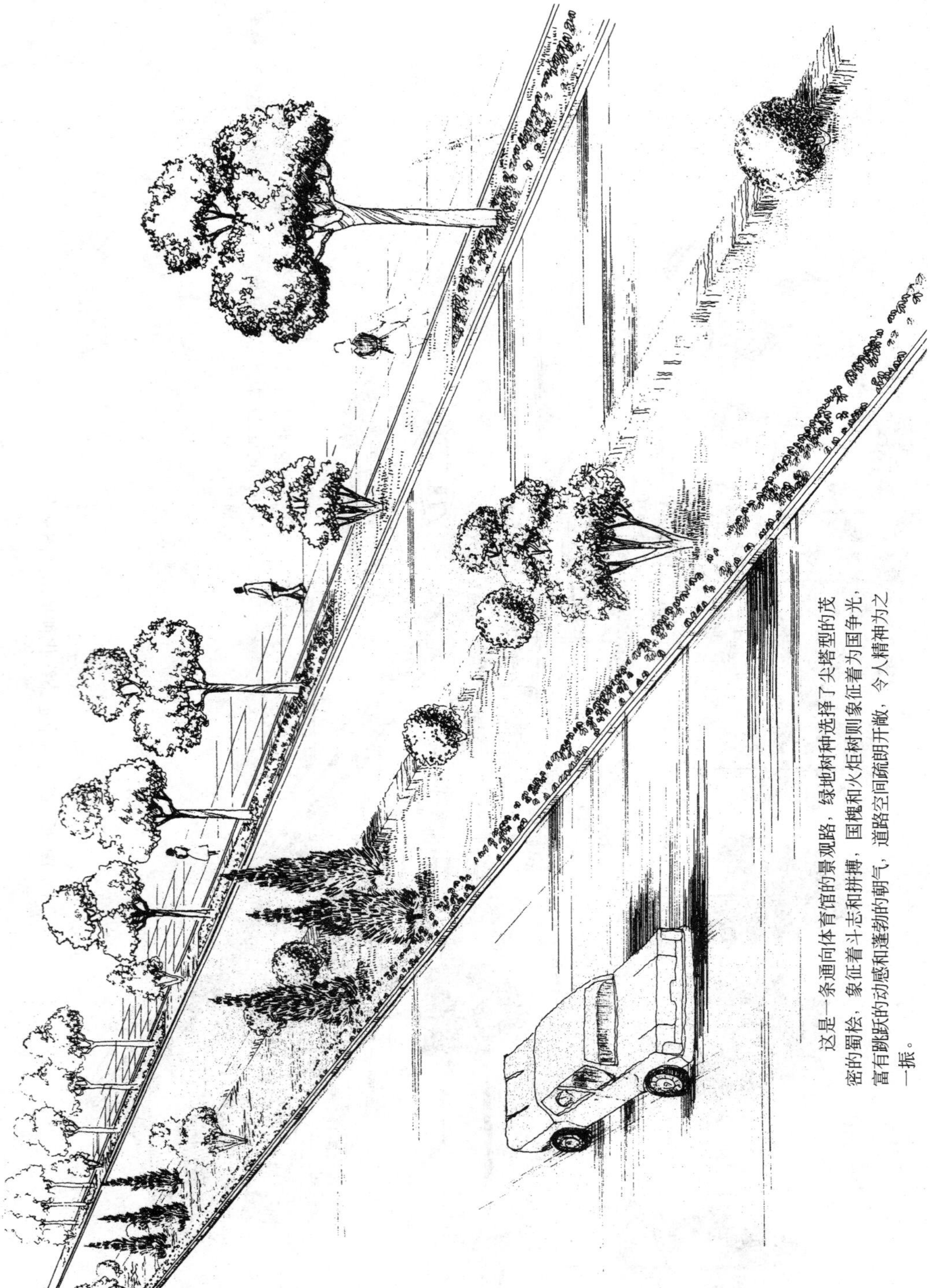

这是一条通向体育馆的景观路，绿地树种选择了尖塔型的茂密的蜀桧，象征着斗志和拼搏，国槐和火炬树则象征着为国争光，富有跳跃的动感和蓬勃的朝气，道路空间疏朗开敞，令人精神为之一振。

图 3.2-28　城市道路绿化种植示意图（十）

该景观路位于某高校附近，在快、慢车道分隔带上多种植修剪成几何形的绿篱与灌木，简洁有序的几何造型使人心境平和宁静。人行道上则采用枝条舒展的枫香，充分考虑了道路绿化景观的季相变化。

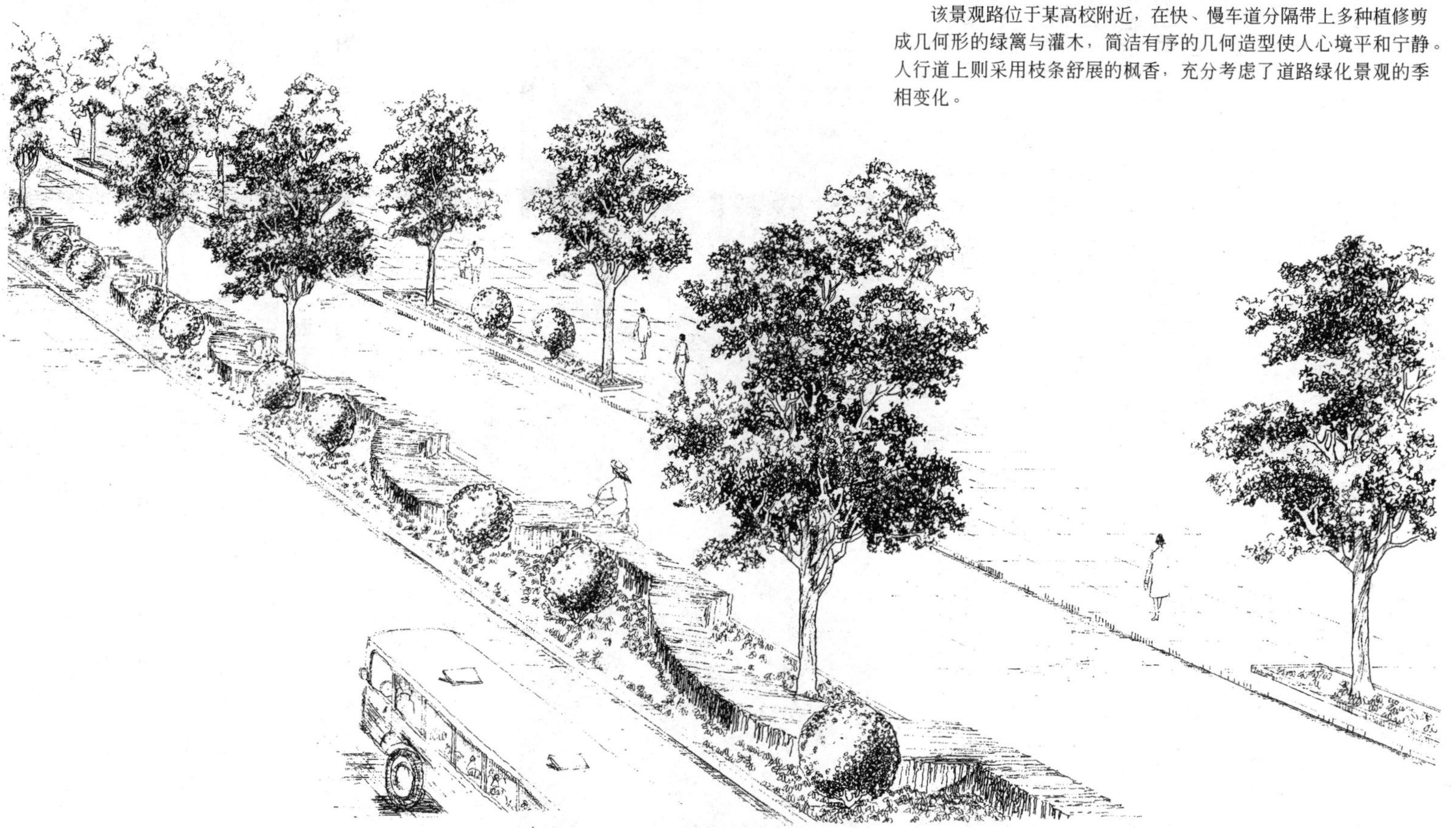

图 3.2-29　城市道路绿化种植示意图（十一）

## 3.3　城市道路乔灌木配植

城市道路绿化常用的配置方式分为规则式和自然式。规则式的布置方式用对植、列植、丛植、带植、绿篱、绿块等；自然式的布置方式用孤植、丛植、对植等。

### 3.3.1　道路绿化乔灌木的“对植”

道路绿化乔灌木的对植是指将两株树在道路两旁，作对称种植或均衡种植的一种布置方式。如在路面宽度较窄的街道两旁进行对称的行道树种植。自然式的对植，其植树的树形及大小是不对称的，但是在视觉上要达到均衡，也不一定就是两株，可以采取树种不同，株数不同的布置方式，如左侧是一株大树，右侧可以是两株小树，也可以在道路两旁种植树形相似而不相同的两个树种，如街道一侧种植桂花，另一侧种植紫叶李。也可在道路两侧丛植，丛植树种的形态必须相似。树种的布置要避免呆板的对称形式，但又必须对应。两侧行道树或两侧丛植还可构成夹景，利用树木分枝，适当加以培育，构成相呼应的自然街景。图 3.3-1 所示为江苏省苏州工业园星华街绿地规划设计效果图。

图 3.3-1　江苏省苏州工业园星华街绿地规划设计效果图

### 3.3.2　道路绿化乔灌木的“列植”

道路绿化乔灌木的“列植”是指乔木或灌木按一定的株行距或有规律地变换株行距，成行成排种植的布置方式。列植的树木可以是同一树种、同一规格，也可以是不同树种。以道路宽度的宽窄有一至多列的布置。一列多布置在河溪边的小路旁，路面较窄的，只能种植在一侧；一般城市道路的行道树多布置为 2 列；有分车带的道路除两侧种植行道树外，其车道中间的分车带也种一行行道树，布置方式为 3 列；如北京、南京、杭州等城市行道树有 4 列、8 列布置的，12 列布置的见于北京等市的行道树。树种常选“市树”或有代表性的树种，也可选择应用一些新优品种，做到树种丰富，力求植物的多样性。如北京的槐树、杭州的樟树、南京的悬铃木、福州的小叶榕、广州的木棉、广东新会的蒲葵、法国巴黎的七叶树、日本的垂柳均形成具有鲜明特色的城市道路景观。如图 3.3-2 所示为江苏省苏州市工业园苏胜路绿地规划设计效果图。

图 3.3-2 苏州市工业园苏胜路绿地规划设计效果图

### 3.3.3 道路绿化乔灌木的“丛植”

道路绿化乔灌木的“丛植”通常是指由两株到十几株乔木或灌木组合而成的种植类型，布置树丛道路以路型而定，可以是草坪或缀花草地等。组成树丛的单株树的条件必须是庇荫、树姿、色彩、芳香等方面有突出特点的树木。树丛可分为单纯树丛和混交树丛两类。在功能上除作为构成绿地空间构图的骨架外，有作庇荫用的，有作主景用的，有作诱导用的，还有作配景用的，如图 3.3-3 所示。

图 3.3-3 山东省胶南市西外环路绿地设计效果图

### 3.3.4 道路绿化乔灌木的“带植”

“带植”可分为规则式和自然式两种。其主要区别于下：

（1）规则式带植指树木栽植成行成排，各树木之间均为等距，种植轴线比较明确，树种配置也强调整齐，平面布局对称均衡或不对称但也均衡，分段长短的节奏，按一定尺度或规律划分空间。常用于郊区公路的防护林带等。其树种的选择可依据防护功能及林带结构的不同，多选用乡土树种。例如北京安慧立交桥至健翔立交桥经过亚运村南侧的路段为北四环路绿化重点地段。西段长 1800m，为“四块板”形式。中间有隔离快车道的隔离带，分段种桧柏和黄杨绿篱。快慢车隔离带宽 6.75m，人行步道外侧绿化带宽 8m，形成自然式种植，以有节奏的树丛与亚运村内的绿化相衔接，要以油松、合欢、栾树、木槿、紫薇为主，突出夏、秋景观。每隔 50～80m 有节奏地种植。在亚运村段分车带上还种植成片的宿根花卉。便道上的遮荫树为中国槐，株距 5m，整齐种植。全路绿化景观活泼自然，尤其亚运村段更加艳丽多彩。东段为“三块板”形式，以柳树、毛白杨和桧柏整齐种植。北京北四环路绿化工程设计平面图如图 3.3-4 所示。

（2）自然式带植的林带即带状树群。树木栽植不成行成排，各树木之间栽植距离也不相等，有距离变化。天际线要有起伏变化，林带外缘要曲折，林带结构如同树群，由大乔木、小乔木、大灌木、小灌木、多年生草本地被植物等组成。当林带布置在道路两侧时，应成为变色构图，左右林带不要对称，但要互相错落、对应。常用于郊区公路或高速公路两侧的风景林带，能够产生较好的景观效果，同时改善环境也不会让司机眼睛疲劳，有利行车安全。

图 3.3-4 北京北四环路绿化工程设计平面图

### 3.3.5 道路绿化乔灌木的“绿篱”

道路绿化乔灌木的“绿篱”是指由灌木或小乔木以较小的株行距密植，栽成单行或双行的一种规则的、紧密结构的种植形式。绿篱的类型有：高绿篱，高度160cm以下，120cm以上，人的视线可通过，但不能跳跃而过；绿篱，高度120cm以下、50cm以上，人需较费力才能跨过；矮绿篱，高度在50cm以下，人可毫不费力地跨越。在绿化带中常以绿篱作分车绿带，有两侧绿篱，中间是大型灌木和常绿松柏或球根花卉间植。这种形式绿量大，色彩丰富，但要注意修剪，注意路口处理，不要影响行车视线。分车带在1m及以下的，只能种植如大叶黄杨、圆柏等绿篱。

绿篱树种的选择，依据功能要求与观赏部位，可分为常绿篱，常用树种有圆柏、侧柏、大叶黄杨、锦熟黄杨、雀舌黄杨、冬青、海桐、珊瑚树、女贞、小蜡等；落叶篱，常用树种有榆树、雪柳、紫穗槐、丝棉木等，在北方常用；刺篱，常用树种有枸骨、枸橘、黄刺、花椒等；花篱，常用树种有栀子花、金丝桃、迎春、黄馨、六月雪、木槿、锦带花、溲疏、日本绣线菊等；观果篱，常用树种有紫珠、枸骨、火棘等。山东省胶南市西外环路绿地设计效果图如图3.3-5所示。

图3.3-5 山东省胶南市西外环路绿地设计效果图

### 3.3.6 道路绿化乔灌木的“孤植”

道路绿化乔灌木的“孤植”是指乔木的单株种植形式，也称孤立树。有时为较快、较好地到达预期效果，可以采取两株以上相同树种紧密栽植在一起，形成单株的效果，这也可称为孤植树。孤植在自然式种植或规则式种植中都可采用，它着重反映自然界植物个体良好生长发育的健美景观，在构图中多作为局部地段的主景。孤植树也可以布置在自然式林带的边缘；也可以作为自然式绿地中的焦点树、诱导树；也可以把它种在道路的转折处，在叶色、花色上要与周围的环境有明显的对比，以引人入胜。

孤植中常选用具有高大雄伟的体形、独特的姿态或繁茂的花果等特征的树木，例如油松、白皮松、华山松、银杏、枫香、雪松、圆柏、冷杉、樟树、悬铃木、广玉兰、玉兰、七叶树、樱花、元宝枫等。

# 3.4　城市道路绿化树种的选择

## 3.4.1　概述

（1）城市道路绿化工作的主体是行道树。下面将主要阐述城市行道树种的选择方法。

（2）行道树主要栽培在人行道绿带、分车线绿带、广场、河滨林荫道及城乡公路两侧。理想的行道树种选择标准应该从两个方面考虑：

1）首先要考虑便于行道树的养护与管理，并要选择具有耐瘠抗逆、防污耐损、抗病虫害、强健长寿、易于整形的树种；

2）然后要考虑其城市道路景观的效果，特别要注意选择那些春华秋色、冬姿夏荫、干挺枝秀、花艳果美、冠整形优、又适用本地的优良树种。

（3）城区道路多以树冠广茂、绿荫如盖、形态优美的落叶阔叶乔木为主。而郊区及一般等级公路，则多注重生长快、抗污染、耐瘠薄、易管理养护的树种。

（4）墓园等纪念场所行道树种的选择应用，则多以常年绿色针叶类为主，如圆柏、龙柏、柏木、雪松、马尾松等；落叶树种有柳树、龙爪槐、榆树等。

（5）近几年来，随着我国城市环境绿化、净化、美化、香化指标的实施，常绿阔叶树种和彩叶、香花树种有较大的发展，特别是城市主干道、高速干道、机场路、通港路、站前路和商业闹市区的步行街等，对行道树的规格、品种和品位要求更高。

（6）目前在城市道路使用较多的道路行道树，主要有悬铃木、椴树、七叶树、枫树、银杏、鹅掌楸、樟树、广玉兰、乐昌含笑、女贞、槐树、水杉等。

（7）对于行道树的实际应用，应根据道路的建设标准和周边环境，以方便行人和车辆行驶为第一准则，确定适当的树种、品种，选择适宜的树体、树形。例如道路的上方有电力、通信线路，则应选择一个最后生长高度低于架空线路高度的树种，以节省定期修剪费用。

（8）整形栽植时，树木的分枝点要有足够的高度，不能妨碍路人的正常行走和车辆的正常通行，更不能阻挡行人及驾乘人员的视线，以免发生意外。特别是在转向半径较小、转角视线不良的区域，更应注意。

（9）城市道路树体规格的选择要合理、适宜，首先要与道路的两侧建筑物景观协调，并能经受其时间上推移的检验。

## 3.4.2　城市行道树种的选择原则

对于城市行道树种的选择，关系到城市道路绿化的成败、绿化效果的快慢及绿化效益是否充分发挥等问题。所以，在选择城市道路绿化树种时，应考虑各树种的生物学和生态学特征，考虑实用价值和观赏效果，其主要原则如下：

3.4.2.1　城市道路绿化要因地制宜

（1）根据本地区的实际情况，因地制宜来选择城市行道树是首要的基本原则。尽可能地选用当地适生树种，例如长江流域常用樟树、榕树、银桦等为行道树；而华北则常用毛白杨、国槐、泡桐；华南则选择大王椰子、金山葵、鱼尾葵、高山榕、水蒲桃、木棉等。

（2）选择树种时，取其在当地易于成活、生长良好，具有适应环境、抗病虫害等特点。

(3) 充分发挥其绿化、美化道路的功能。为此，我们在进行行道树的规划与选择时，必须掌握各树种的生物学特性及其与环境生长的相互关系，尽可能选用各地区的乡土树种作为城市的主要树种，这样才能取得事半功倍的道路绿化效果。

(4) 城市街道行道树有其特定的生态环境，即使是城市内环与外环各个区域，生态条件也有较大的差异；不论是乡土树种还是外来树种，在复杂的城市环境中，都有一个能否适应的问题。即便是乡土树种，如未经试用，也不能贸然选用。如长江流域一带，榉树、枫香等都能在乡镇郊区生长不错，但移栽到市区的街道，很快就表现出不能适应状态，生长不良或很迟缓。所以我们在各个城市选用行道树时，一定要弄清各个树种的生态特性，摸清适用环境的特点，找到与之相适应的特定树种。

3.4.2.2　城市道路绿化要以乡土树种与外来树种相结合

(1) 由于城乡生态环境多变和绿化功能要求复杂多样，就必然带来行道树种的多样化。故提出乡土树种与外来树种相结合的原则。

(2) 凡在一个地区有天然分布的树种则称为该地区的乡土树种。乡土树种在长期种植的过程中已充分适应本地的气候土壤等环境条件，易于成活，生长良好，种源多，繁殖快，就地取材既能节省绿化经费，易于见到效果，又能反映地方风格特色，因此选用乡土树种作为城市的行道树生命力最强、适用性最好、效果最显著。

(3) 对外来树种，只有在当地已驯化成功的、效果明显的、深受人们喜欢的、比乡土树种在各方面都有特别的优越性时，才可作为城市行道树的选用。

(4) 选用行道树种，特别要注意气候条件，其中最主要的是温度的适应状况和湿度状况。例如喜暖树种（如木麻黄、檫树等）不能在较寒冷的北方生长；适于湿润的海洋气候的树种（如台湾相思），不能在干燥的大陆性气候下生长；又例如既能抗寒冷的，又能抵抗炎热的夏天的树种（如油松、华山松、雪松等）。

(5) 引用外来的优良树种，主要是丰富行道树种的选择，满足城乡道路系统绿化多功能的要求。不过在行道树的规划设计中，应特别注意因地制宜、相对集中、统一协调布局，这样才能做到：既能反映城市的地方特色，又能使城市的道路绿化丰富多彩。

3.4.2.3　城市道路绿化要兼顾近期与远期的树种规划

(1) 随着现代化建设的高速发展，不仅城市街道马路拓宽改造日新月异，乡镇公路网络也四通八达；国道、省县道路在不断增加，不断拓宽。因此，道路系统绿化任务也在不断增加，并提出新的功能要求。

(2) 大量新开辟的道路急待栽植行道树进行绿化点缀，许多老的道路，由于拓宽后清除了原来的行道树，也需要重新栽植设计布置，体现时代精神、城市风貌。

(3) 道路绿化还要采用近期与远期结合，速生树种与慢生树种结合的策略措施。在尽快达到夹道绿荫效果的同时，也好考虑长远绿化的要求。

(4) 新辟道路往往希望早日绿树成荫，可以采用速生树种如悬铃木、杨树、泡桐、喜树、臭椿、枫杨、水杉等。但这些树种生长到一定时期后，易于衰老凋残，影响绿化效果，更替树种又需一定时期才能成长。

(5) 特别注意的是城市街道的行道树生长不易，如毛白杨、泡桐作行道树，10～20年后开始衰退，树冠不整，病虫滋生，砍伐后，形成一段时期绿化的空白。若能从长远效果考虑，在选用行道树时，速生树种中间植银杏、槐树、楸树等长寿树种，则在速生树种淘汰后，慢生长寿树种已长大，继续发挥绿荫效果，避免脱节。

3.4.2.4 城市道路绿化要以生态效益与经济效益相结合

（1）城市行道树的生态功能诸如遮荫、净化空气、调节气温度和湿度、吸附尘埃等有害物质、隔离噪声以及美化观赏等，都是重要选择标准与依据。

（2）树种本身的经济利用价值，也是城市行道树选择时须考虑的因素之一。若能提供优良用材、果实、油料、药材、香料等副产品，一举多得，岂不更好。特别是我国的乡镇公路行道树，其线路长，需要量多，更应考虑经济效益和实用性。

（3）例如安徽省亳州市以产优质用材泡桐树而闻名于东南亚，远销日本、朝鲜、越南等国，其木材来源主要是公路旁栽植的泡桐，20年即可成材，分行采伐利用，及时更新补植，既不影响道路绿化的生态功能，又可取得数量可观的泡桐良材，其经济效益十分可观。

### 3.4.3 城市道路绿化应选用抗逆性强的树种

栽植城市行道树的环境条件一般比较差，有许多不利于行道树生长的因素，例如酸、碱、旱、涝、多砂石、土壤板结、烟尘、污染物等有害因素，为取得较好的效果，就要选择抗逆性强的树种，树种本身要求管理粗放，对土壤、水分、肥料要求不高，耐修剪，病虫害少，同时对环境无污染，树种无刺、无毒、无异味、落果少、无飞毛，以适应栽植的环境为原则。

3.4.3.1 抗有害气体的树种

（1）抗二氧化硫的树种：主要有柽柳、柑橘、凤尾兰、白蜡树、木槿、臭椿、刺槐、栀子花、枸骨、苦楝、合欢、蚊母树、紫穗槐、槐树、大叶黄杨、黄杨、锦熟黄杨、珊瑚树、广玉兰、夹竹桃、海桐、棕榈、构树、龙柏、圆柏、茶花等。

（2）抗二氧化硫、氯气的树种：主要有榉树、紫荆、黄葛树、英桐、楸树、重阳木、梓树、南酸枣、女贞、椿、刺槐、桂花、乌桕、小蜡、紫薇、无患子、枸橘、石楠、棉槠、白榆、胡颓子、杨梅、垂柳、枫香、梧桐、苦槠、榔榆等。

（3）抗二氧化硫、氟化氢的树种：主要有无花果、山楂、柿树、青桐、泡桐、罗汉松、白皮松、重阳木、梓树等。

（4）抗氟化氢的树种：主要有云杉、石榴、蒲葵、侧柏、木芙蓉等。

（5）抗氯的树种：主要有接骨木、广玉兰、樟树等。

（6）抗氯、氟化氢的树种：主要有银桦、丝棉木等。

3.4.3.2 抗粉尘较强的树种

主要有刺槐、槐树、臭椿、重阳木、乌桕、大叶黄杨、冬青、丝棉木、茶条槭、栾树、梧桐、白蜡树、绒毛白蜡、紫丁香、女贞、桂花、夹竹桃、泡桐、梓树、楸树、珊瑚树、棕榈油松、白皮松、侧柏、垂柳、核桃、苦槠、榔榆、榉树、朴树、构树、无花果、黄葛树、银桦、蜡梅、海桐、蚊母树、英桐、枇杷、合欢、紫穗槐等。

3.4.3.3 防风、抗风较强的树种

主要有油松、金钱松、雪松、白皮松、樟子松、湿地松、落羽杉、池杉、福建柏、沙地柏、罗汉松、毛白杨、新疆杨、青柳、旱柳、木麻黄、枫杨、苦槠、栓皮栎、榆树、榉树、朴树、桑树、构树、银桦、广玉兰、樟树、海桐、枫香、蚊母树、杜梨、相思树、苦楝、重阳木、乌桕、黄连木、丝棉木、冬青、元宝枫、三角枫、茶条槭、栾树、刺桐、柽柳、大叶桉、雪柳、蒲葵、大叶合欢、黄槿、台湾栾树、铁刀木、番石榴、榕树、印度黄檀等。

3.4.3.4 防火、耐火性能好的树种

(1) 防火性较强的树种：主要有紫穗槐、乌桕、木棉、珊瑚树、棕榈、大叶黄杨、厚皮香、山茶、卫矛、灯台树、垂柳、杨树、女贞、悬铃木、银杏、金钱松、木荷、苦槠、栓皮栎、海桐、枫香、相思树等。

(2) 耐火性较强的树种：主要有刺槐、垂柳、杨树、麻栎、白蜡等。

(3) 防火性中等的树种：主要有雪松、鹅掌楸、青桐、梧桐等。

3.4.3.5 抗盐碱较强的树种

主要有绒毛白蜡、夹竹桃、枸杞、金银花、接骨木、黄槿、侧柏、青杨、榆树、大果榆、大麻黄、杜仲、杜梨、杏、榆叶梅、紫穗槐、刺槐、臭椿、苦楝、黄杨、火炬树、黄栌、栾树、柽柳、沙枣、白蜡树等。

3.4.3.6 耐湿树种

主要有柽柳、沙枣、胡颓子、君迁子、白蜡树、绒毛白蜡、金银花、接骨木、慈竹、蒲葵、凤尾兰、水松、湿地松、落羽杉、池杉、河柳、旱柳、垂柳、馒头柳、木麻黄、长山核桃、桑树、枫杨、紫穗槐、重阳木、乌桕、栾树、丝棉木、三角枫等。

3.4.3.7 耐旱树种

主要有合欢、相思树、葛藤、紫穗槐、紫藤、刺槐、锦鸡儿、金雀儿、胡枝子、槐树、臭椿、苦楝、锦熟黄杨、黄连木、火炬树、黄栌、扶芳藤、卫矛、丝棉木、元宝枫、七叶树、栾树、木槿、木棉、柽柳、沙枣、胡颓子、石榴、柿树、君迁子、白蜡树、绒毛白蜡、连翘、紫丁香、夹竹桃、枸杞、猬实、金银花、金银木、接骨木、蒲葵、棕榈、红花毛刺槐、紫叶女贞、华盛顿棕、加拿利海枣、银海枣、盘龙棕、欧洲棕、布迪椰子、油松、红皮云杉、华北落叶松、兴安落叶松、雪松、白皮松、马尾松、樟子松、火炬松、池杉、侧柏、香柏、福建柏、柏木、圆柏、沙地柏、铺地柏、新疆杨、小叶杨、青杨、馒头柳、木麻黄、苦槠、栓皮栎、槲树、榆树、大果榆、榔榆、珊瑚朴、青檀、桑树、构树、柘树、无花果、银桦、台湾赤杨、皂角树、二乔木兰、蜡梅、月桂、山梅花、枫香、英桐、水枸子、山楂、石楠、海棠花、杜梨、黄刺玫、金老梅、杏、山桃、榆叶梅、郁李、樱桃等。

3.4.3.8 耐寒树种

(1) 针叶树一般可耐－30～－50℃的低温。主要有红松（－20℃）、兴安落叶松（－51℃）、华山松（－30℃）、白皮松（－30℃）、雪松（－28℃）、池杉（－25℃）、樟子松（－50℃）。

(2) 阔叶树特别能耐寒的。主要有银杏（－32℃）、毛白杨（－32.8℃）、小叶杨（－36℃）、小青杨（－39.6℃）、青杨（－30℃）、银白杨（－43℃）、加杨（－47.4℃）、新疆杨（－20℃）、榆树（－48℃）、旱柳（－39℃）、香椿（－27.6℃）、元宝枫（－25℃）、杜仲（－20℃）、水曲柳（－40℃）、柿树（－20℃）、鹅掌楸（－12.4℃）。

(3) 一般能耐0～－10℃的树种。主要有相思树（－8℃）、泡桐（－10℃）、银桦（－4℃）、榕树（－4℃）、棕榈（－7℃）、蒲葵（0℃）。

(4) 其他一般耐寒的树种。主要有臭椿、锦熟黄杨、火炬树、黄栌、三角枫、栾树、糠椴、猕猴桃、瑞香、石榴、灯台树、雪柳、白蜡树、绒毛白蜡、紫丁香、小叶女贞、枸杞、梓树、接骨木、天目琼花、桂竹、淡竹、罗汉竹、紫竹、丝兰、核桃、枫杨、长山核桃、白桦、栓皮栎、小叶朴、构树、白玉兰、二乔玉兰、广玉兰、蜡梅、英桐、山楂、石楠、杜梨、樱花、稠李、红叶李、刺槐、槐树等。

### 3.4.4 城市道路绿化应选择树形优美、具有观赏性的树种

(1) 树型高大，冠形优美，能使行道树有雄伟之感，特别是城市的行道树，如毛白杨的树冠宏大，亚热带、热带地区宜选夏季枝叶密生，成绿荫的行道树。

(2) 寒冷地区的城市宜选落叶树种，冬天落叶会增加阳光照射在树干上，则有暖和之感。主要根据不同地区的气候环境条件选择树形优美而又高大的树种。

(3) 人们对城市道路树木的欣赏是多方面的，如观赏其树干、观叶、赏花、赏果、品味等。但一种树木能同时具备这样多的功能是很少的，一般需要通过合理配置种类繁多的树种，才能达到多方面观赏的要求。

(4) 人们观赏树干的高大、雄伟，可以选用金钱松、池杉、水杉、毛白杨、大王椰子、可可椰子、蒲葵等树种。

(5) 通常在观赏树叶时，大多选秋色树种中枫香的红叶，还有红枫、鸡爪槭、乌桕、蓝果树、火炬树、黄栌等，秋色黄叶如银杏等。

(6) 在观赏树叶颜色的同时，还可以观赏其叶形等。如主要有檫树、枫香、杜梨、紫(红) 叶李、臭椿、重阳木、乌桕、黄栌、黄连木、火炬树、卫矛、丝棉木、元宝枫、五角枫、三角枫茶条槭、栾树、无患子、杜英、猕猴桃、白蜡树、绒毛白蜡、柿树、美国红枫、北美红栎、日本落叶松、金钱松、落羽松、池杉、水杉、馒头柳、白桦、栓皮栎、大果榆、珊瑚朴、南天竹、天女花、鹅掌楸等。

(7) 行道树须选有艳丽夺目花朵的观花树种时，可选木瓜、李、杏、山桃、榆叶梅、紫叶李、樱花、合欢、紫荆、凤凰木、刺槐、丝棉木、栾树、木槿、木芙蓉、木棉、山茶、紫薇、黄槐、黄槿、铁力木、石榴、杜鹃、雪柳、紫丁香、女贞、桂花、夹竹桃、泡桐、梓树、楸树、接骨木、天目琼花、凤尾兰、丝兰、七叶树、海檬果、龙眼、檬果、银芽柳、珊瑚朴、银桦、白玉兰、二乔玉兰、山梅花、溲疏、金缕梅、英桐、火棘、山楂、枇杷、石楠等。

(8) 果实美丽的行道树宜选择如银杏、华山松、红豆杉、无花果、英桐、杏、紫叶李、刺槐、臭椿、楝树、丝棉木、冬青、五角枫、石榴、柿树、绒毛白蜡、接骨木、珊瑚树、天目琼花、枫杨、面包树、波罗蜜、台湾栾树、檬果等。

### 3.4.5 城市道路绿化应选择具有当地风情民俗特色的树种

在选择城市道路绿化所需要的树种时，可以结合本地区、本城市的地方特色，优先选择市树、市花及骨干树为主要行道树树种。如杭州市、宁波市分别以樟树为市树和桂花为市花，体现出具有亚热带风情民俗。又如北京市市树为槐树和侧柏，槐树冠大荫浓，适应北京城市的立地条件，是一种十分优良的城市行道树种。再如广州市以木棉为市树，每年阳春三月，广州市到处是红花飘忽的木棉花；深圳市的市花是宿根大花美人蕉、簕杜鹃等，是四季鲜花盛开的品种，处处体现出中国亚热带风光特色。

# 3.5 城市道路绿地的设计

## 3.5.1 道路分车绿带设计

（1）道路分车带是用来分隔干道的上下车道和快慢车道的隔离带，为组织车辆分向、分流，起着疏导交通和安全隔离的作用。因占有一定宽度，除了绿化还可以为行人过街停歇、立照明杆柱、安设交通标志、公交车辆停靠等提供用地。

（2）道路分车带的类型有以下 3 种（图 3.5-1）：

图 3.5-1 城市道路分车绿化带的类型

1）道路分隔上下行车辆的（称为 1 条带）；

2）道路分隔机动车与非机动车的（称为 2 条带）；

3）道路分隔机动车与非机动车并构成上下行的（称为 3 条带）。

（3）道路分车带的宽度因路而异，没有固定的尺寸，分车带宽度占道路总宽度的百分比也没有具体规定。作为分车绿化带最窄为 1.5m。常见的分车绿带为 2.5～8m。大于 8m 宽的分车绿化带可作为林荫路设计。加宽分车绿化带的宽度，可使道路分隔更为明确，街景更加壮观，同时，为今后道路拓宽留有余地。但行人过街不方便。

（4）为了便于行人过街，分车绿化带应进行适当分段，一般以 75～100m 为宜。尽可能与人行横道、停车站、大型商店和人流集中的公共建筑出入口相结合。见表 3.5-1 所列。

（5）道路分车绿化带是指车行道之间可以绿化的分隔带：其位于上下行机动车道之间的为中间分车绿化带，位于机动车道与非机动车道之间或同方向行驶机动车道之间的为两侧分车绿化带。

城市道路分车带最小宽度 表 3.5-1

| 分车绿化带类别 | | 中间绿化带 | | | 两侧绿化带 | | | 备　注 |
|---|---|---|---|---|---|---|---|---|
| 设计行车速度(km/h) | | 80 | 60,50 | 40 | 80 | 60,50 | 40 | |
| 分隔带最小宽度(m) | | 2.0 | 1.5 | 1.5 | 1.5 | 1.5 | 1.5 | |
| 路缘带宽度(m) | 机动车道 | 0.5 | 0.5 | 0.5 | 0.5 | 0.5 | 0.5 | |
| | 非机动车道 | — | — | 0.25 | 0.25 | 0.25 | 0.25 | |
| 侧向净宽度(m) | 机动车道 | 1.0 | 0.75 | 0.75 | 0.75 | 0.75 | 0.75 | |
| | 非机动车道 | — | — | 0.5 | 0.5 | 0.5 | 0.5 | |
| 安全带宽度(m) | 机动车道 | 0.5 | 0.25 | 0.25 | 0.25 | 0.25 | 0.25 | |
| | 非机动车道 | — | — | — | 0.25 | 0.25 | 0.25 | |
| 分车带最小宽度(m) | | 3.0 | 2.5 | 2.0 | 2.25 | 2.25 | 2.25 | |

（6）人行横道线与分车绿带的关系：人行横道线在绿化带顶端通过时，绿化带进行铺装；人行横道线在靠近绿带顶端通过时，在人行横道线的位置上进行铺装，在绿带顶端剩余位置种植低矮灌木，也可种植草坪或花卉；一般情况下，人行横道线在分车绿化带中间通过时，在人行横道线的位置上进行铺装，铺装两侧不要种植绿篱或灌木，以免影响行人和驾驶员的视线，如图 3.5-2 所示。

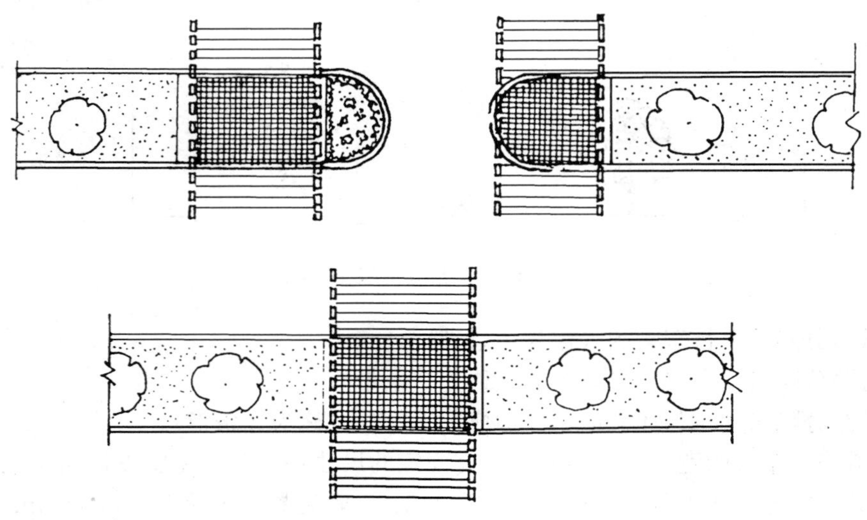

图 3.5-2 人行横道线与分车绿化带的关系

（7）分车绿带上汽车停靠站的处理：公共汽车或无轨电车等车辆的停靠站设在分车绿带上时，大型公共汽车每一路大约要 30m 长的停靠站。在停靠站上需留出 1～2m 宽的地面铺装为乘客候车使用。绿带尽量种植乔木为乘客遮阴。分车绿带在 5m 以上时，可种绿篱或灌木，但应设护栏进行保护（图 3.5-3）。

（8）分车带靠近机动车道，距交通污染源最近，光照和热辐射强烈，干旱，土层深度不够，往往土质差（垃圾土或生土），养护困难等，应选择耐瘠薄、抗逆性强的树种。灌木宜采用片植方式（规则式、自由式）利用种内互助的内含性，提高抵御能力。

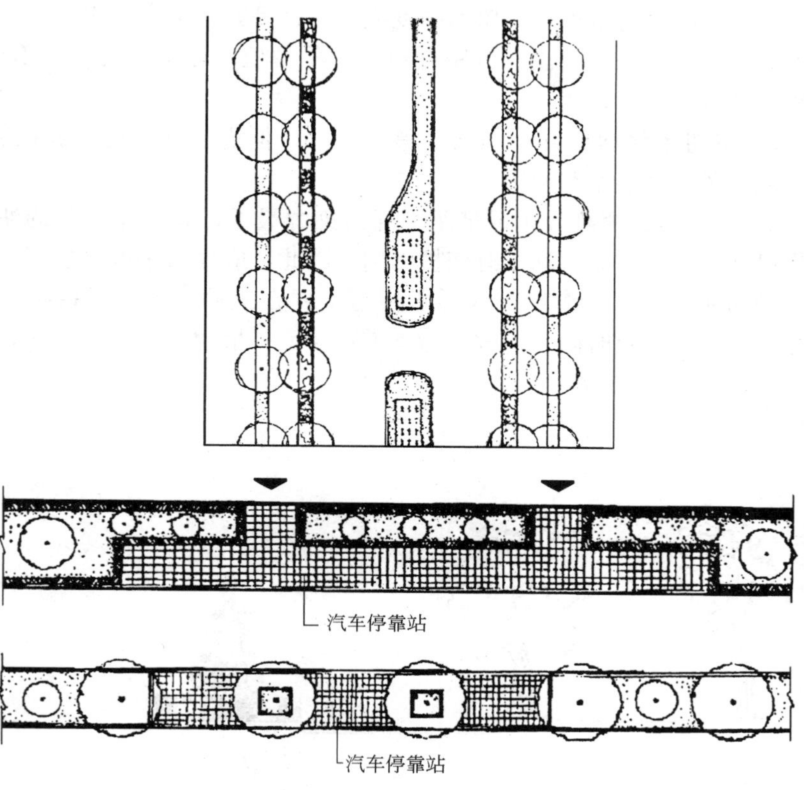


图 3.5-3 分车绿化带上的公交车停靠站

(9) 分车绿带的植物配置应形式简洁、整齐、排列一致：分车绿带形式简洁有序，驾驶员容易辨别穿行的行人，可减少驾驶员视线疲劳，有利于行车安全。为了交通安全和树木的种植养护，分车绿带上种植乔木时，其树干中心至机动车道路缘石外侧距离不能小于 0.75m。

(10) 被人行道或道路出入口断开的分车绿带，其端部应采取通透式栽植，即指绿地上配置的树木，在距相邻机动车道路面高度 0.9～3.0m 的范围内，其树冠不应遮挡驾驶员视线。采用通透式栽植是为了穿越道路的行人或并入的车辆容易看到过往车辆，以利行人、车辆安全。

(11) 中间分车绿化带的种植设计：在中间分车绿带上，一般距相邻机动车道路面高度为 0.6～1.5m 的范围内，种植灌木、灌木球、绿篱等枝叶茂密的常绿树，这样能有效地阻挡夜间相向行驶车辆前照灯的眩光。一般情况下，其株距不大于冠幅的 5 倍。中间分车绿地种植形式有以下几种：

1) 绿篱式：在绿带内密植常绿树，经过整形修剪，使其保持一定高度和美好形状。这种形式栽植宽度大，行人难以穿越，而且由于树与树之间没有间隔，杂草少，管理容易。在车速不高的非主要交通干道上，可修剪成有高低变化的形状或用不同种类的树木间隔片植。

2）整形式：将树木按固定的间隔排列，有整齐划一的美感。但路段过长会给人一种单调的感觉。可采用改变树木种类、树木高度或者株距等方法丰富景观效果。这是目前使用最普遍的方式，有用同一种类单株等距种植或片状种植；有用不同种类单株间隔种植；不同种类间隔片植等多种形式。

3）图案式：将树木修剪成几何图案，整齐美观，但需经常修剪，养护管理要求高。可在园林景观路、风景区游览路使用。

（12）两侧分车绿带：两侧分车绿带距交通污染源最近，其绿化所起的滤减烟尘、减弱噪声的效果最佳，并能对非机动车有庇护作用。因此，应尽量采取复层混交配置，扩大绿量，提高保护功能。两侧分车绿带的乔木树冠不要在机动车道上面搭接，形成绿色隧道，这样会影响汽车尾气及时向上扩散，污染道路环境。植物配置方式很多，常见的有如下几种（图 3.5-4、图 3.5-5）：

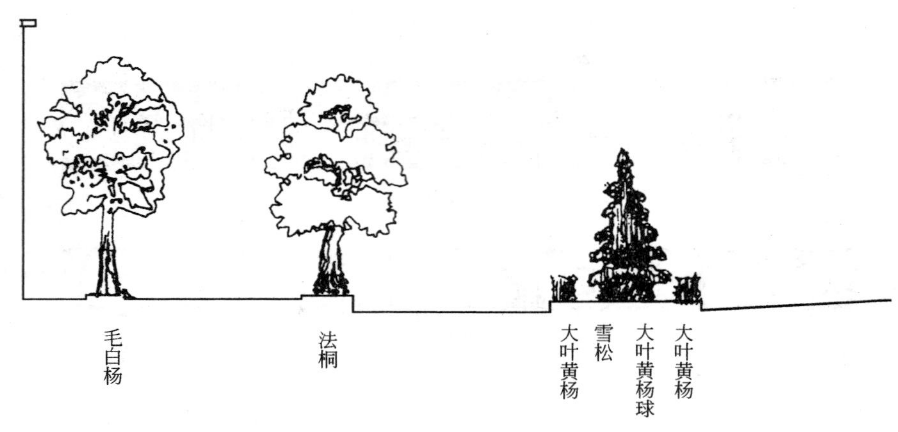


图 3.5-4 山西省晋城市泽州路两侧分车绿化带种植示意图

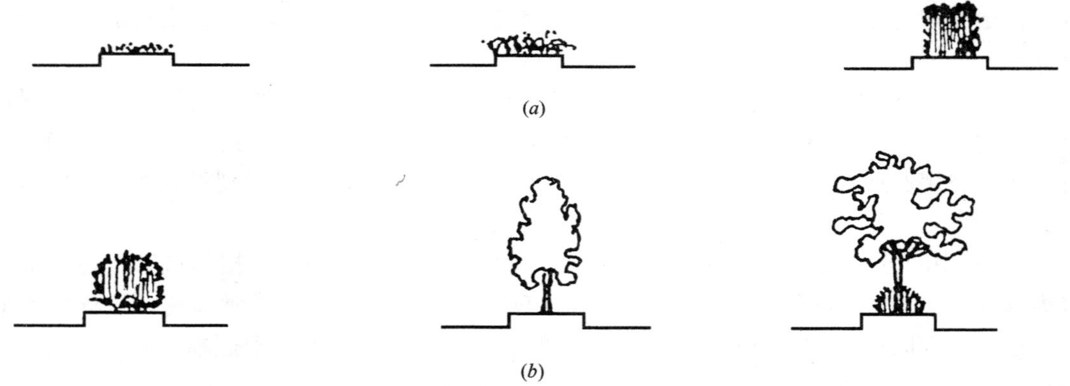


图 3.5-5 两侧分车绿化带的种植形式

（*a*）分车绿带宽度<1.5m 时，只能种植地被植物、草坪或绿篱；

（*b*）分车绿带宽度=1.5m 时，种植单行乔木、单行灌木、乔木与灌木间植；

（*c*）分车绿带宽度>1.5m 时，可种植乔木+绿篱，双行乔木，乔木+灌木+绿篱等

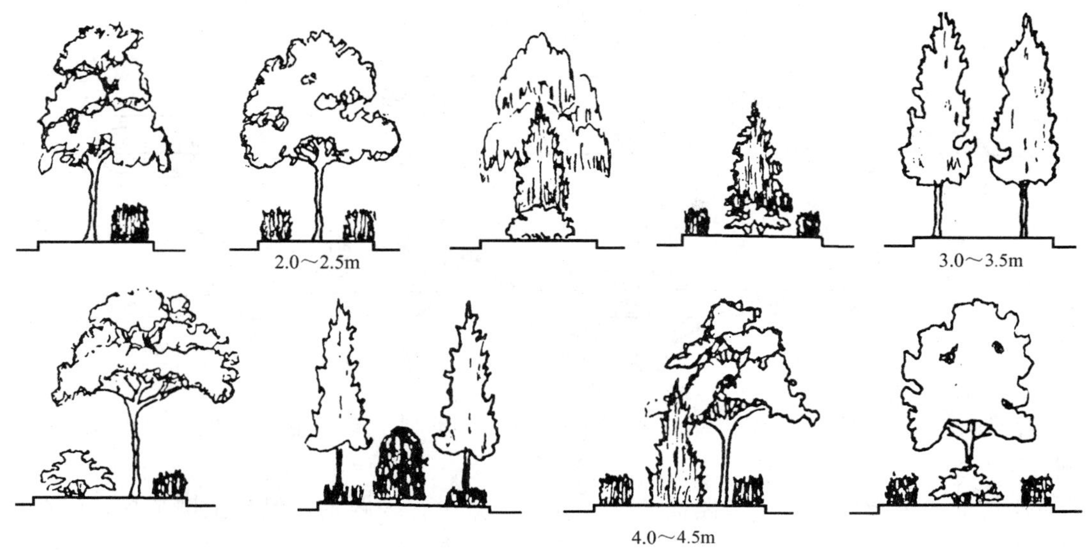


(c)

图 3.5-5 两侧分车绿化带的种植形式（续）

(a) 分车绿带宽度<1.5m 时，只能种植地被植物、草坪或绿篱；

(b) 分车绿带宽度=1.5m 时，种植单行乔木、单行灌木、乔木与灌木间植；

(c) 分车绿带宽度>1.5m 时，可种植乔木+绿篱，双行乔木，乔木+灌木+绿篱等

1）分车绿带宽度小于 1.5m 时，绿带只能种植灌木、地被植物或草坪。

2）分车绿带宽度等于 1.5m 时，以种植乔木为主。这种形式遮阴效果好，施工和养护容易。在两株乔木中间种植灌木，这种配置形式比较活泼。开花灌木可增加色彩，常绿灌木可改变冬季道路景观，但要注意选择耐阴的灌木和草坪种类，或适当加大乔木的株距。

3）绿带宽度大于 1.5m 时可采取落叶乔木、灌木、常绿树、绿篱、草地和花卉相互搭配的种植形式。

### 3.5.2 城市道路行道树绿带设计

行道树绿带是指布设在人行道与车行道之间，种植行道树为主的绿带。其宽度应根据道路的性质、类别和对绿地的功能要求以及立地条件等综合考虑而决定。但不得小于 1.5m：

(1) 行道树绿带的主要功能是为行人和非机动车庇荫，以种植行道树为主。绿带较宽时可采用乔木、灌木、地被植物相结合的配置方式，提高防护功能、加强绿化景观效果。

(2) 行道树的种植方式：

1）树带式：在人行道与车行道之间留出一条不小于 1.5m 宽的种植带。视树带的宽度种植乔木、绿篱和地被植物等形成连续的绿带。在树带中铺草或种植地被植物，不要有裸露的土壤。这种方式有利于树木生长和增加绿量，改善道路生态环境和丰富城市景观。在适当的距离和位置留出一定量的铺装通道，便于行人往来。若是一板两带的道路还要为公交车等留出铺装的停靠站台（图 3.5-6）。树带式行道树绿带，其种植有槐树、月季、大叶黄杨篱等。

2）树池式：在交通量比较大、行人多而人行道又狭窄的道路上采用树池的方式。树

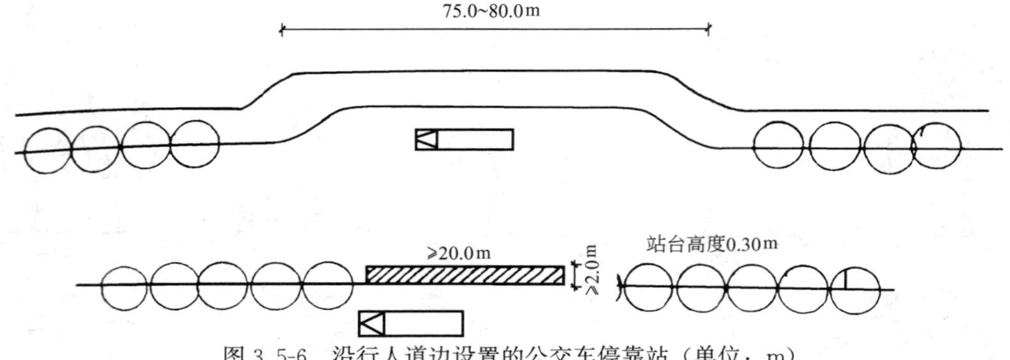


图 3.5-6 沿行人道边设置的公交车停靠站（单位：m）

池式营养面积小，又不利于松土、施肥等管理工作，不利于树木生长。树池的边缘高度分 3 种：

① 树池的边缘高出人行道路面 8～10cm：可减少行人践踏，保持土壤疏松，但在雨水多的地区，排水困难，易造成积水。再者，由于清扫困难，往往形成一个"垃圾池"。有的城市在树池内土壤上放一层粗沙，在沙上码放一些大河卵石，既保持地面平整、卫生，又可防止行人践踏造成土壤板结。

② 树池的边缘和人行道路面相平：便于行人行走，但树池内土壤易被行人踏实，影响水分渗透及空气流通，对树木生长不利。

③ 树池的边缘低于人行道路面：池面加盖格栅（池箅子），与路面相平。加大通行能力，行人在上面行走不会踏实土壤，还可使雨水渗入。但格栅多为铸铁、钢筋混凝土等制成，重量较大，清扫卫生时需要移动格栅，加大了劳动强度。常用的树池形状有正方形：边长不小于 1.5m；圆形：直径不小于 1.5m；长方形：短边不小于 1.5m，以 1.5m×2.2m 为宜。树池之间的行道树绿带最好采用透气性的路面材料铺装，例如混凝土草皮砖、彩色混凝土透水透气性路面、透水性沥青铺地等，以利渗水通气，保证行道树生长和行人行走。

（3）行道树的株距，应以其树种壮年期冠幅为准，最小种植株距不得小于 4m。

1）株距的确定既要考虑充分发挥行道树的作用，又要考虑苗木的合理使用。盲目的密植，不但浪费苗木，还因树木得不到应有的分布空间和必要的营养面积，而使树木生长衰弱。

2）株距的确定要考虑树种的生长速度。如杨树类属速生树，寿命短，一般在道路上 30～50 年就需要更新。因此，种植胸径 5cm 的杨树，株距定 4～6m 较适宜。在南方城市悬铃木也属速生树种，树冠直径可达 20～30m，种植胸径 5cm 的树苗，株距 6～8m 为宜；

3）北方的槐树，属中慢长树，树冠直径可达 20m 以上。北京种植胸径 8～10cm 的槐树时将株距定在 5m 左右。树龄 20 年左右可隔株间移，永久株距为 10～12m。

4）株距的确定还要考虑其他因素，例如消防、抢险车辆在必要时穿行的需要；人流往来频繁的商业街及沿街有大型公共建筑群时需要加大株距；有些沿街外观不好看的建筑物或场所需要加以隐蔽的，可缩小株距，形成绿墙，遮挡视线。

（4）行道树种植的苗木，其胸径在《城市道路绿化规划与设计规范》CJJ 75—97 中规定："快长树不得小于 5cm；慢长树不宜小于 8cm。"这是出于对新栽行道树的成活率和种植后在较短时间内能达到绿化效果的考虑。随着现代科技水平和机械施工水平的提高，不少城市的行道树种植时喜选用较大规格的苗木。这样既能做到当年施工，当年见效，又能抵御人为破坏。如北京市种植槐树、栾树、银杏等慢长树胸径在 15～20cm，成活率都能保证 95%以上。

(5) 城市行道树绿化带的种植设计：

1) 行道树树干中心至路缘石外侧最小距离为 0.75cm，以便公交车辆停靠和树木根系的均衡分布，防止倒伏，便于行道树的栽植和养护管理。

2) 在弯道上或道路交叉口，行道树绿带上种植的树木，在距相邻机动车道路面高度 0.9～3.0m，其树冠不得进入视距三角形范围内，以免遮挡驾驶员视线，影响行车安全。

3) 在城市的同一街道采用同一树种、同一株距对称栽植，既可更好地起到遮荫、减噪等防护功能，又可使街景整齐、雄伟，体现出一种整体美。若要变换其树种，一般是从道路交叉口或桥梁等地方变更最好。

4) 在一板二带式道路上，路面较窄时，注意两侧的行道树树冠不要在车行道上衔接，以免造成飘尘、废气等不易扩散。应注意树种选择和修剪，适当留出一些"天窗"位置，使污染物扩散、稀释在空中。

5) 在车辆交通流量大的城市道路上及风力很强的道路上，应种植绿篱，以防尘防沙。

6) 行道树绿带的布置形式多采用对称式：道路横断面中心线两侧，绿带宽度相同。植物配置和树种、株距等均相同。如每侧一行乔木、一行绿篱、一行乔木等。

7) 两侧不同树种的不对称栽植：如北京市东黄城根北街一侧元宝枫、杜仲，另一侧毛白杨（图 3.5-7)。行道树绿带不等宽的不对称栽植：如北京市美术馆后街一侧一行，另一侧二行乔木（图 3.5-8)。

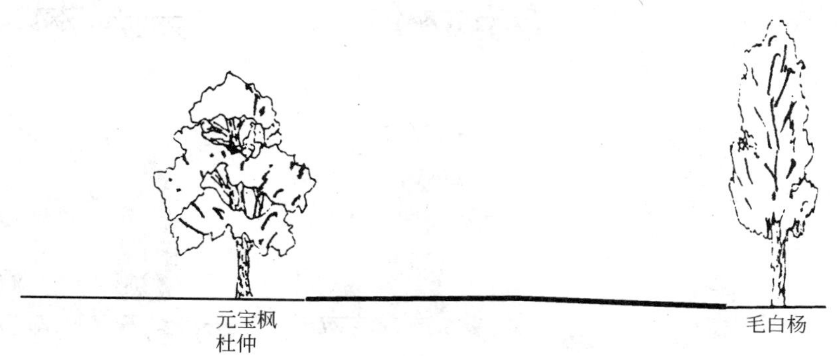


图 3.5-7 北京市东黄城根北街行道布置图

图 3.5-8 北京市美术馆后街行道树布置图

8）道路横断面为不规则形式时，或道路两侧行道树绿带宽度不等时，形成不对称布置形式。如山地城市或老城旧道路幅较窄，采用道路一侧种植行道树，而另一侧布设照明等杆线和地下管线。视行道树绿带的宽度设计行道树。如一侧是乔木，而另一侧是灌木或一侧是乔木，另一侧是两行乔木等，或因道路一侧有架空线而采取道路两侧行道树树种不同的非对称栽植（图 3.5-9）；

图 3.5-9 城市行道树绿化带的种植形式

### 3.5.3 城市道路路侧绿化带的设计

（1）城市道路路侧绿化带是指在道路侧方，布设在人行道边缘至道路红线之间的绿带，是构成道路优美景观的可贵地段。路侧绿带常见的有 3 种，第一种是因建筑物与道路红线重合，路侧绿带毗邻建筑布设；第二种是建筑退让红线后留出人行道，路侧绿带位于两条人行道之间；第三种是建筑退让红线后在道路红线外侧留出绿地，路侧绿带与道路红线外侧绿地结合，见图 3.5-10 所示。

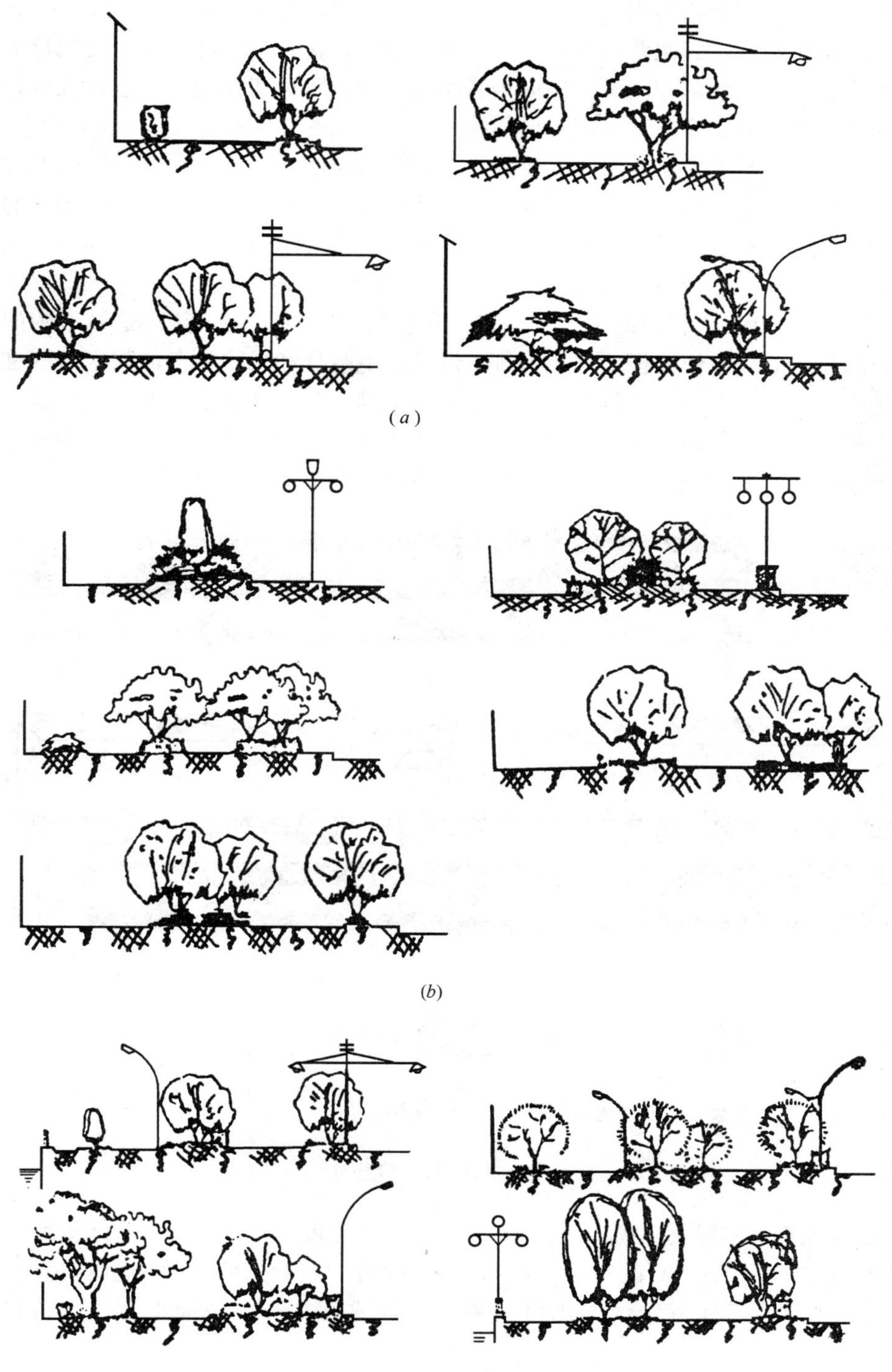


图 3.5-10 城市道路路侧绿化带的三种形式

（a）路侧绿带毗邻建筑设置图；（b）路侧绿带位于两条人行道之间示意图

（c）路侧绿带与道路红线外侧绿地结合示意图

（2）路侧绿带与沿路的用地性质或建筑物关系密切，有的建筑物要求绿化衬托，有的建筑物要求绿化防护，因此路侧绿带应用乔木、灌木、花卉、草坪等结合建筑群的平、立面组合关系、造型、色彩等因素，根据相邻用地性质、防护和景观要求进行设计，并应在整体上保持绿带连续、完整和景观效果的统一。

（3）路侧绿带宽度大于 8m 时，可设计成开放式绿地。内部铺设游步道和供短暂休憩的设施，方便行人进入游憩，以提高绿地的功能和街景的艺术效果。但绿化用地面积不得小于该段绿带总面积的 70%。路侧绿带与毗邻的其他绿地一起辟为街旁游园时，其设计应符合现行行业标准《公园设计规范》（GB 51192—2016）的规定：

1）人行道设计：人行道的主要功能是满足步行交通的需要。其次是城市中的地下公用市政设施管线必须在道路横断面上安排，灯柱、电线杆和无轨电车的架空触线柱的设施也需占用人行道等。所以，在设计人行道宽度时除满足步行交通需要外，也应满足绿化布置、地上杆柱、地下管线、交通标志、信号设施、护栏以及邮筒、果皮箱、消火栓等公用附属设施安排的需要，图 3.5-11 所示为某城市道路绿化工程设计平面图。

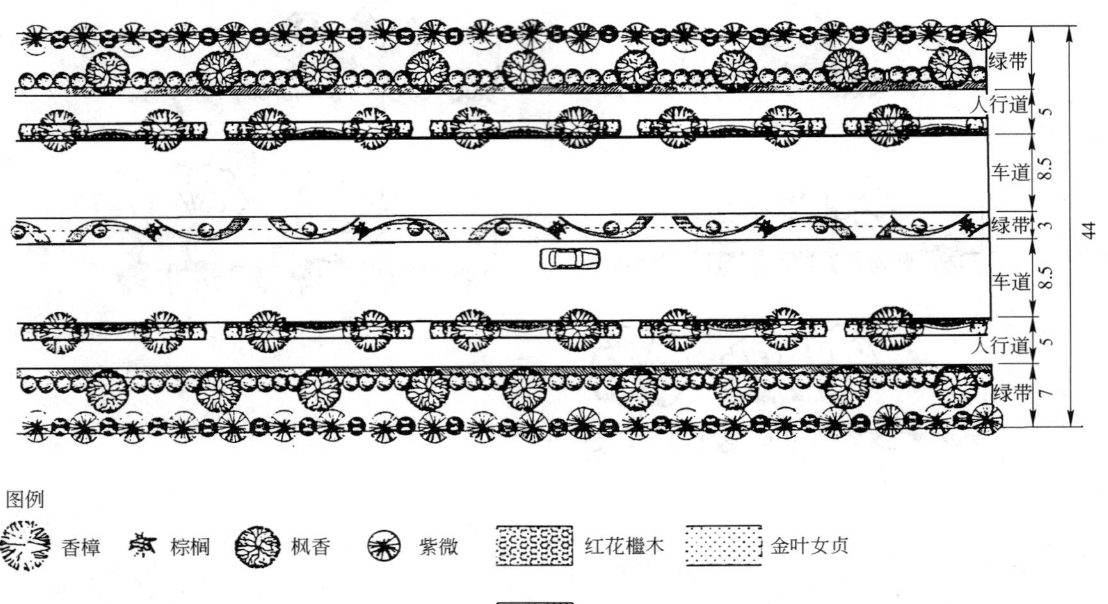


图 3.5-11 某城市道路绿化工程设计平面图（m）

2）我国城市道路绿化实践经验证明，一侧人行道宽度与道路路幅宽度之比为（1～2）：7，以步行交通为主的小城镇约 1：（4～5）。人行道的布置通常对称布置在道路的两侧，但因地形、地物或其他特殊情况也可两侧不等宽或不在一个平面上，或仅布置在道路一侧。

3）建筑与道路红线重合的路侧绿带种植设计：在建筑物或围墙的前面种植草皮花卉、绿篱、灌木丛等，主要起美化装饰和隔离作用，一般行人不能入内。设计时应注意：

① 建筑物应做散水坡，以利排水的顺利。

② 绿化种植不要影响建筑物通风和采光。如在建筑两窗间可采用丛状种植。树种选

择时注意与建筑物的形式、颜色和墙面的质地等相协调。如建筑立面颜色较深时，可适当布置花坛，取得鲜明对比。

③ 在建筑物的拐角处，选择枝条柔软的、自然生长的树种来缓冲建筑物生硬的线条。绿化带比较窄或朝北高层建筑物前局部小气候条件恶劣、地下管线多，绿化困难的地带可考虑用攀缘植物来装饰。攀缘植物可装饰墙面、栏杆或者用竹、铁、木条等材料制作一些攀缘架，种植攀缘植物，上爬下挂，增加绿量。

（4）建筑退让红线后留出人行道，路侧绿带位于两条人行道之间的种植设计：一般商业街或其他文化服务场所较多的道路旁设置 2 条人行道，一条靠近建筑物附近，供进出建筑物人们使用，另一条靠近车行道为穿越街道和过街行人使用。路侧绿带位于 2 条人行道之间。种植设计视绿带宽度和沿街的建筑物性质而定。一般街道或遮荫要求高的道路，可种植两行乔木；商业街要突出建筑物立面或橱窗时，绿带设计宜以观赏效果为主（来往行人有行道树遮阴）。种植常绿树、开花灌木、绿篱、花卉、草皮或设计成花坛群、花境等（图 3.5-12）。

（5）建筑退让红线后，在道路红线外侧留出绿地，路侧绿带与道路红线外侧绿地结合。道路红线外侧绿地有街旁游园、宅旁绿地、公共建筑前绿地等。这些绿地虽不统计在道路绿化用地范围内，但能加强道路的绿化效果。因此，新建道路往往要求和道路绿化一并设计。

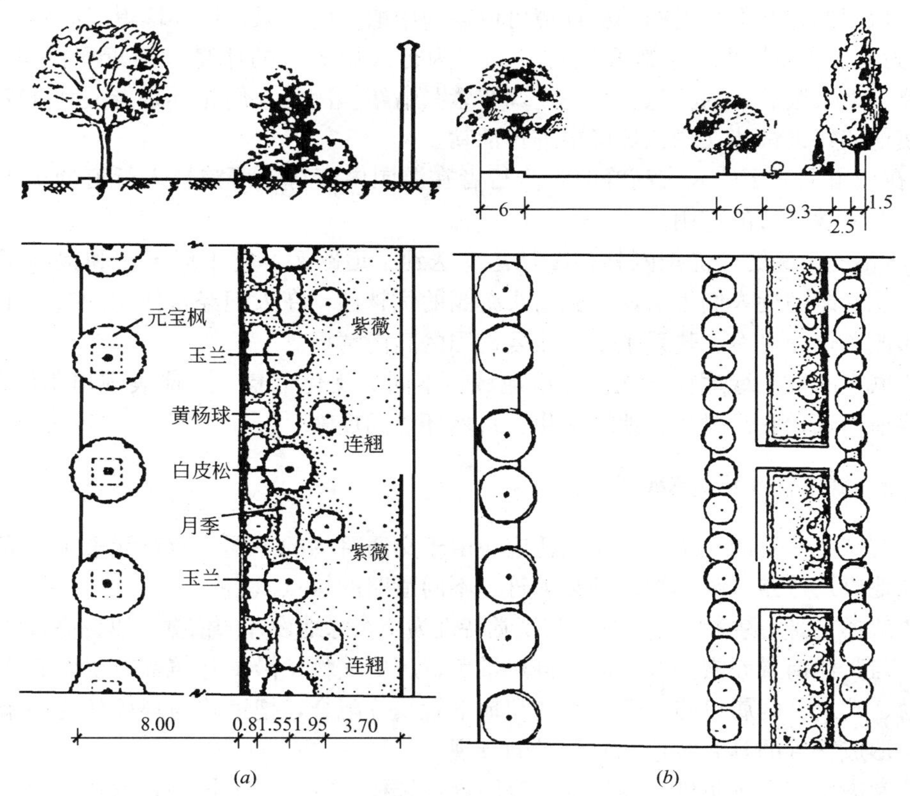


图 3.5-12　北京市西长安街路侧绿化带示意图

（*a*）新华门附近的路侧绿化带；（*b*）中山公园附近的路侧绿化带

# 3.6 城市街头游园绿地的设计

## 3.6.1 概述

（1）城市的街头游园（小游园、街头绿地）是指城市道路红线以外供行人短暂休息或重点艺术装饰街景的小型公共绿地。

（2）街头绿地作为城市规划设计中重要的一环，直接关系到城市的整体形象，它是通过带状或块状的“线”性有机组合，使整个城市绿地巧妙地连为一个整体，成为建筑景观、自然景观及各种人工景观之间的“软”连接。

（3）街头绿地越来越被大众所重视，其创作特色、内容丰富，给城市景观带来了清新的文化艺术氛围，起着美化城市环境的巨大作用。主要表现在以下几方面：

1）因其位于道路两侧，线长、点多，可丰富街景，使街景显得活泼有生气，具有装饰性、观赏性和游憩性，也是建设城市高质量环境的一个重要手段。街头游园内多姿多彩的园林植物、精美灵巧的园林建筑小品等，绿化、美化、彩化了道路两侧呆板的混凝土建筑群，使建筑融于绿色空间之中，或作建筑物的背景，突出建筑美，使建筑和绿地互相辉映。还可通过绿化弥补建筑艺术不足或者隐蔽外形欠佳的建筑。

2）除了和道路上其他绿带一样具有减少噪声、防风、防尘、降温等改善小气候的作用外，在喧闹的道路上安谧的园林环境可取得闹中取静的效果，使环境得以改善。

3）为人们提供小憩、锻炼和交往空间。为行人做短暂的休息和附近居民早晨锻炼、晚上纳凉、茶余饭后入内游憩、交往，调节紧张情绪。满足人们尤其是老人和儿童的日常活动，使他们每天都能在绿色环境中进行活动。

4）在城市上下班的人流高峰时，步行者在游园内穿行，可减轻人行道的负担，起到组织交通、分散人流的作用。

5）城市的街头游园能把园林、园林艺术送到了道路旁，它不但丰富和提高了城市景观，而且让它能贴近人们生活，体验街头游园的优越性，在人们经常使用的过程中，潜移默化地形成了热爱自然、热爱生活、热爱祖国的高尚情操。

（4）城市的街头绿地在不同的城市地域、不同的文化背景下，应表现出不同的风格。优秀的绿地街景，它是时代、地域文化、自然环境的反映。

## 3.6.2 城市街头绿地设计原则

（1）与城市道路的性质、功能相适应。由于交通目的的不同，景观元素也不同，道旁建筑、绿地以及道路自身的设计都必须符合不同道路的特点。

（2）选择主要用路者的行为规律与视觉特性为街头绿地设计的依据，以提高视觉质量。

（3）与其他街景元素协调，即与自然景色、历史文物、沿街建筑等有机结合，与街道上的交通、建筑、附属设施、管理设施和地下管线等配合，把道路与环境作为一个景观整体考虑，形成完善的具有特色和时代感的景观。

（4）考虑城市土壤条件、养护水平等因素，选择适宜的绿地植物，发挥滞尘、遮荫降温、增加空气湿度、隔声减噪和净化空气等生态功能，减少汽车眩光，防风、防雪和防火等灾害的出现，形成稳定优美的景观。

### 3.6.3　城市街头绿地的美学特征

3.6.3.1　采用不同形式绿地的美学特征

（1）自然式：绿地布局没有明显的轴线，但有重心。道路为曲线，植物按自然式种植，其主要优点容易结合地形，是连续的自然景观组合，植物层次、色彩与地形的应用，形成变化较多的景观轮廓；在四季之中，表现出不同的个性，且更多地在整体景观中表现“柔”性的内容。

例 1：北京原西颐路绿地（图 3.6-1）面积为 6300m$^2$。采用自然式布局，总的构图以圆形为主；北端设置半圆形花架，与管理房共同构成一个建筑整体，花架附近入口处设有集散广场，以疏散人流；开花乔木——栾树为广场上的遮阴树，中心广场上设有两个造型各异的圆形花坛；两个广场之间的草坪上，点植着常绿树和各种花木。几个入口通道处皆有圆形花坛和树坛作景点。绿地以成行的洋槐为边界，同时又是人行小路的遮阴树。向南通过农业电影制片厂入口，树木密度加大，周围环境较安静，与北端集散广场相对称。林间开辟一个休息广场，广场上每株遮阴树下都围有一圈坐凳，可供游人在此短暂休息。

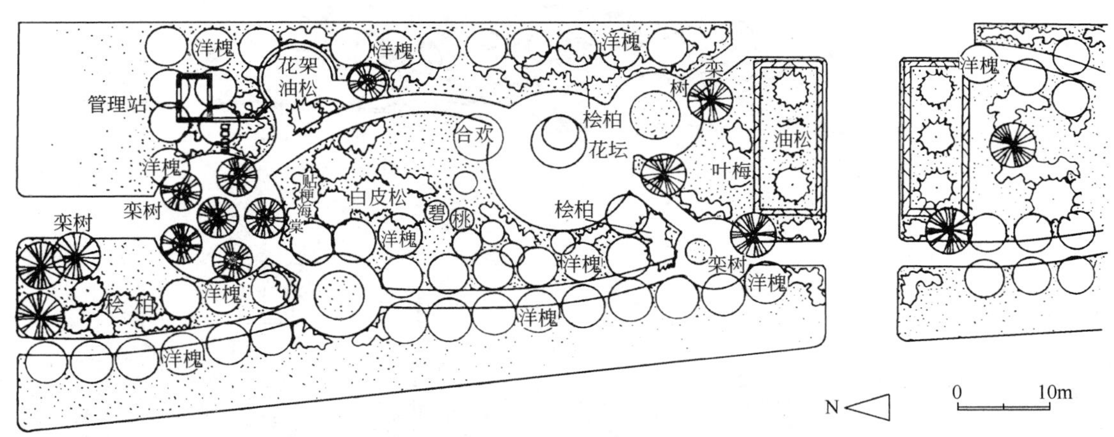


图 3.6-1　西颐路绿地局部平面图

例 2：图 3.6-2 所示为上海长寿路街头绿地平面图。该街头绿地采取规则式与自然式相结合的布局方式，中心为六边形小型广场，主要以花灌木绿化为主，东部为自然式游园，形式活泼简洁。

例 3：合肥西山景区濒临鱼花塘，具有开阔的景观视野，设计时采用自然式的小路，临水一侧设有休息亭，供游人休憩、玩耍，并尽可能地满足游人亲水性需求，如图 3.6-3 所示。

例 4：重庆市长江北岸桥头绿地如图 3.6-4 所示。该桥头绿地以一中心广场为主景，广场北部为一自然式水体，既满足交通集散功能，又能为游人提供了相对安静的休憩之地。

（2）规则式：注重装饰性的景观效果，线形注重连续性，景观的组织强调动态与秩序的变化，形成段落式、层次式、色彩式的组合。修剪的各类植物高、低组合，使得规则式街道绿化的景观效果对比鲜明，色彩的搭配往往更为醒目，成为城市街景的地域性标志。

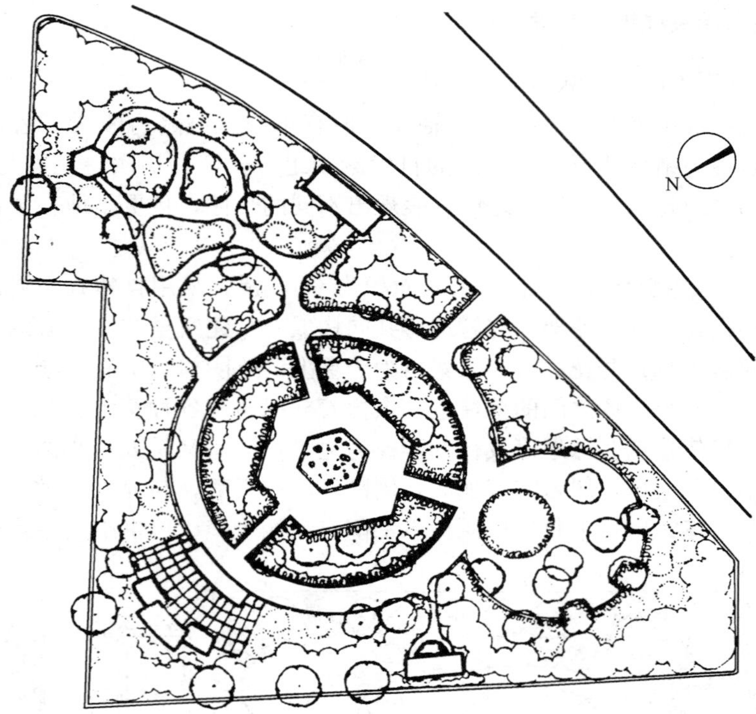


图 3.6-2 上海长寿路街头绿地平面图

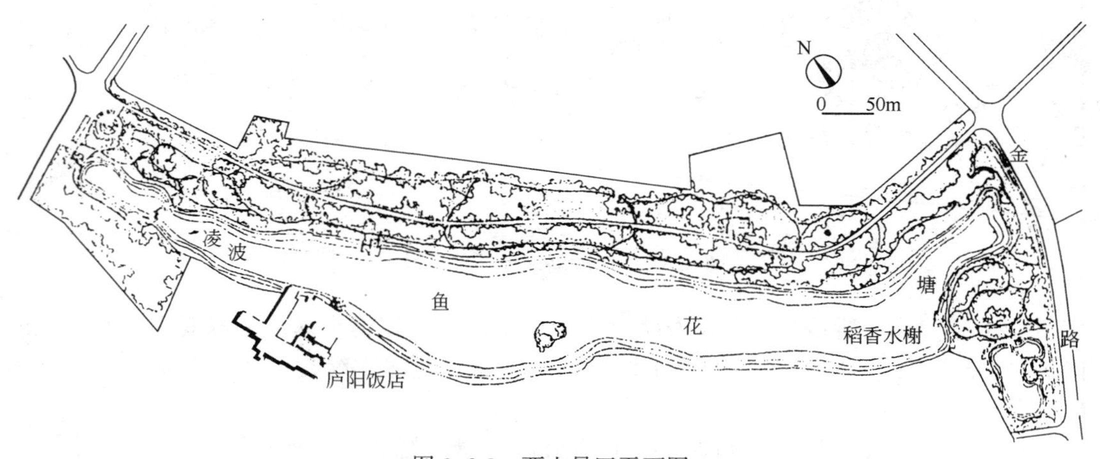


图 3.6-3 西山景区平面图

在规则式的布局中，小品等景观构筑物，也有秩序地组合，并加以点缀，同绿地环境取得统一。在点缀之中，寻求整体的呼应关系，整体景观以刚性的变化为主。

例 1：北京市朝阳门立交绿地如图 3.6-5 所示，其面积 7500m$^2$，采用规则式布局，绿地广场上修建有各种形式的树坛与花坛，绿地北部以花架和象征长城花墙为特色。

例 2：图 3.6-6 所示为典型的规则式街头绿地示意图。

(3) 混合式：是规则式与自然式相结合的形式，运用灵活，布局不受限制。它的变化较多，注重景观的共融性，景点的秩序组成不像自然式、规则式注重线的变化。它不强调

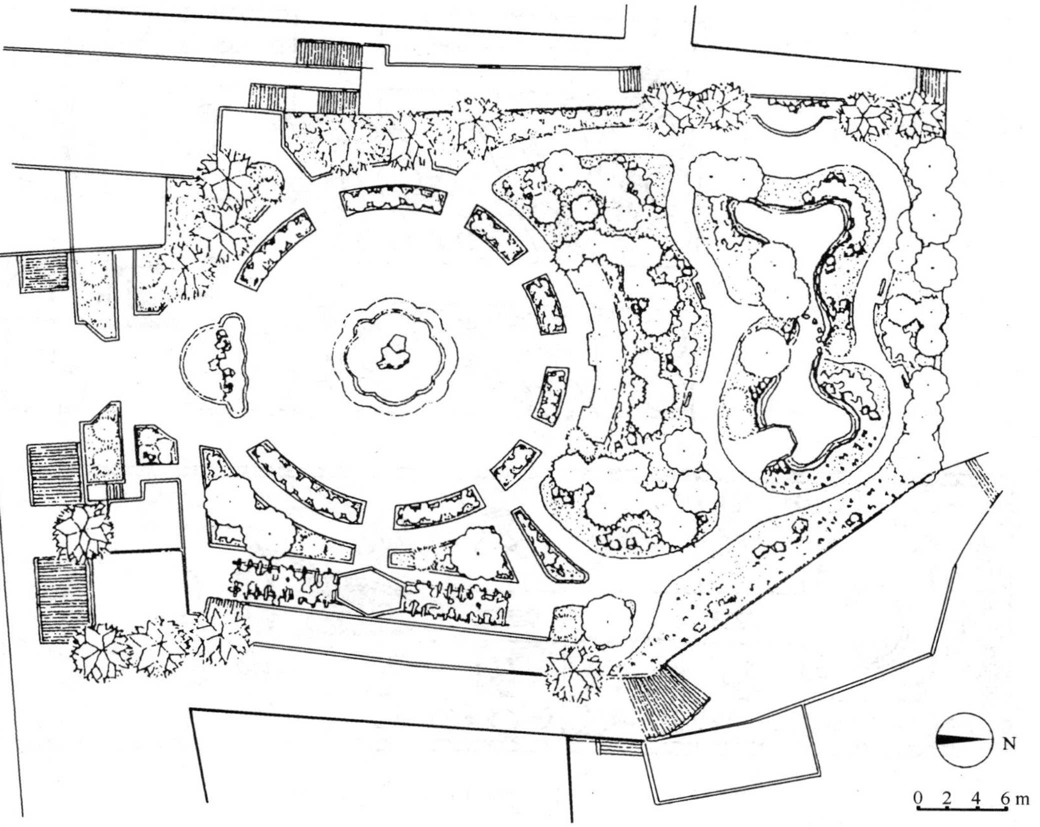

图 3.6-4 重庆市长江北岸桥头绿地

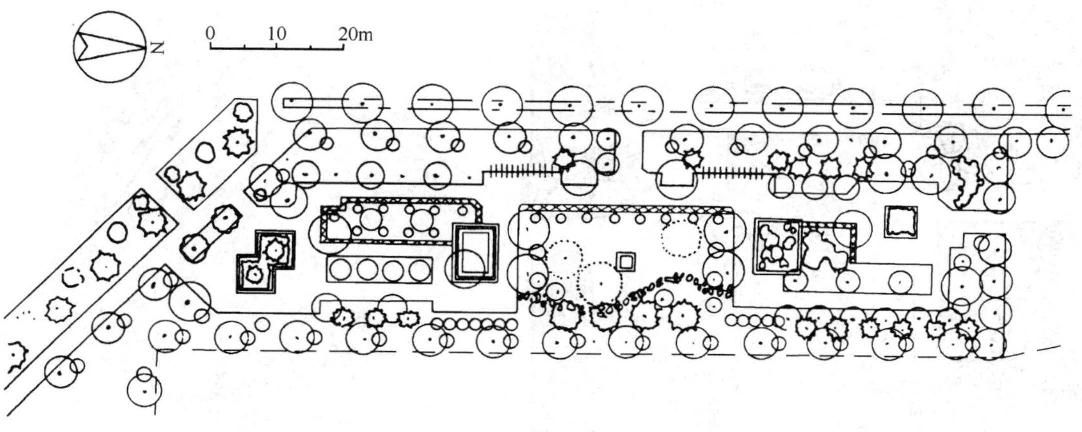


图 3.6-5 北京市朝阳门立交绿地南部平面图

景观的连续，而更多地注重个性的变化。因此，在城市景观中，混合式的手法较多地使用于城市绿地变化丰富的区域（图 3.6-7）。此形式综合考虑物质、精神、环境等因素，采用自然与规则相结合的设计手法，创造一个开放、宁静的室外空间，给人以轻松、回归自然的感觉。

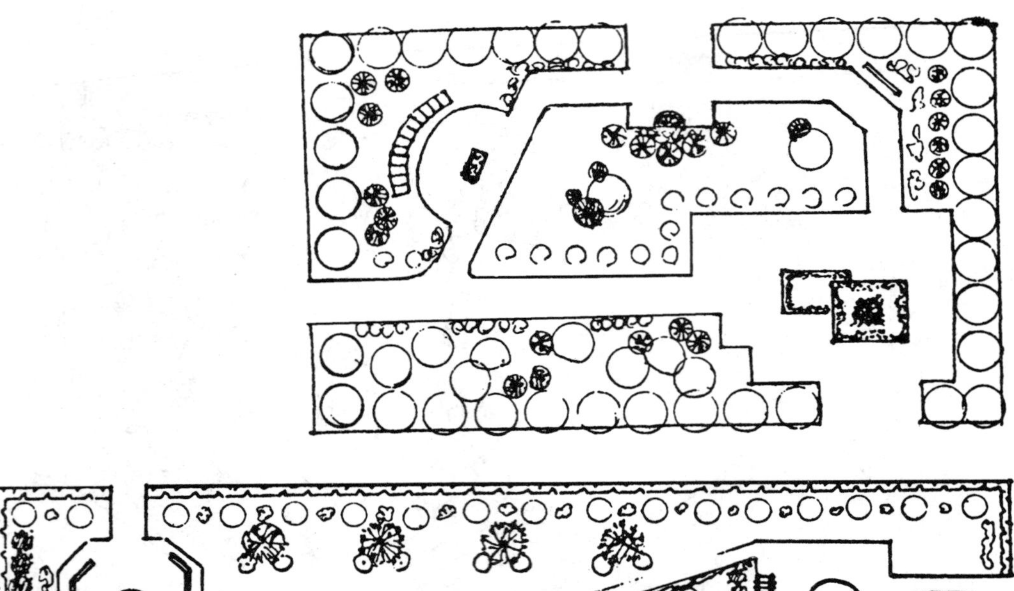

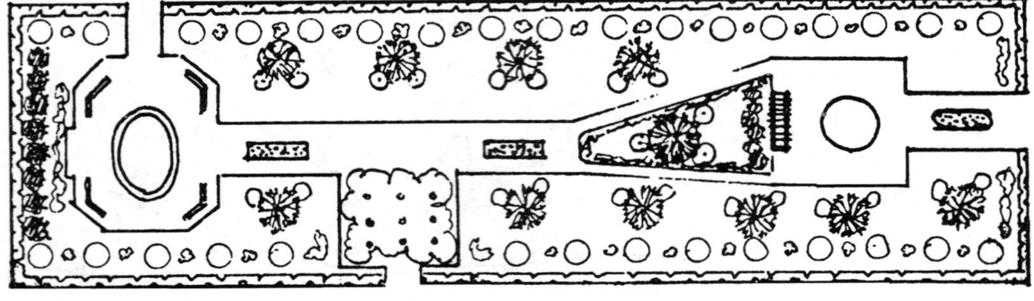

图 3.6-6 规则不对称式绿化布局示意图

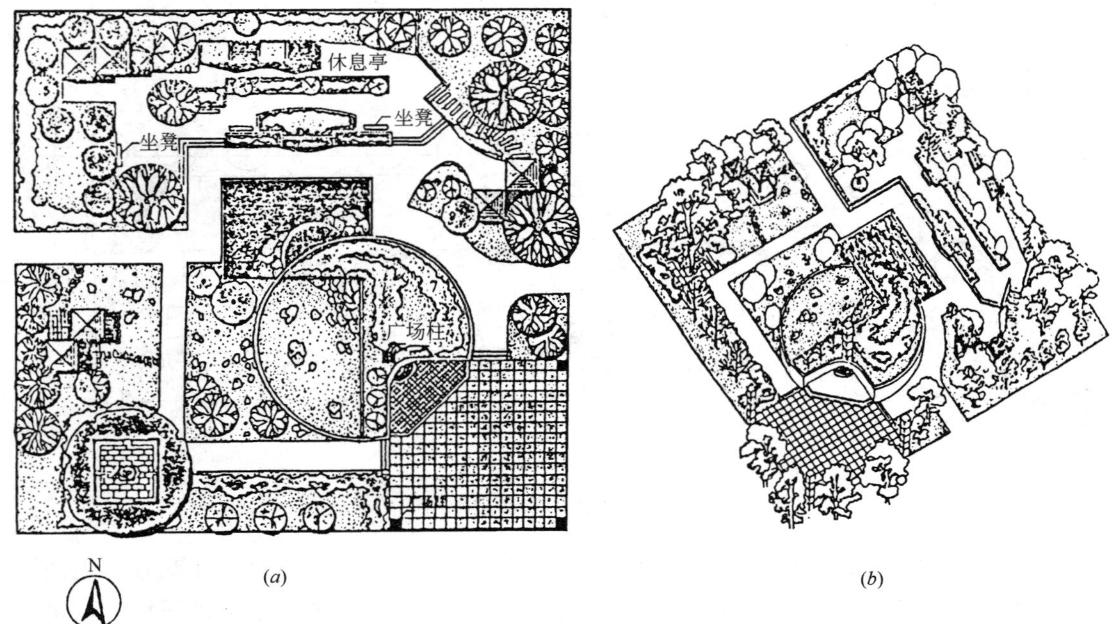


图 3.6-7 自然式与规则式结合的街头绿地示意图

例 1：图 3.6-8 所示为南京市午朝门街头游园示意图，这是一种典型的混合式街头休憩绿地，游园面积 3.34hm²，其中绿化用地 2.38hm²，占 71%。该街头游园的常绿乔木有 162 株、常绿灌木有 697 株、落叶乔木有 527 株、落叶灌木 210 株，共计有 1596 株。其灌

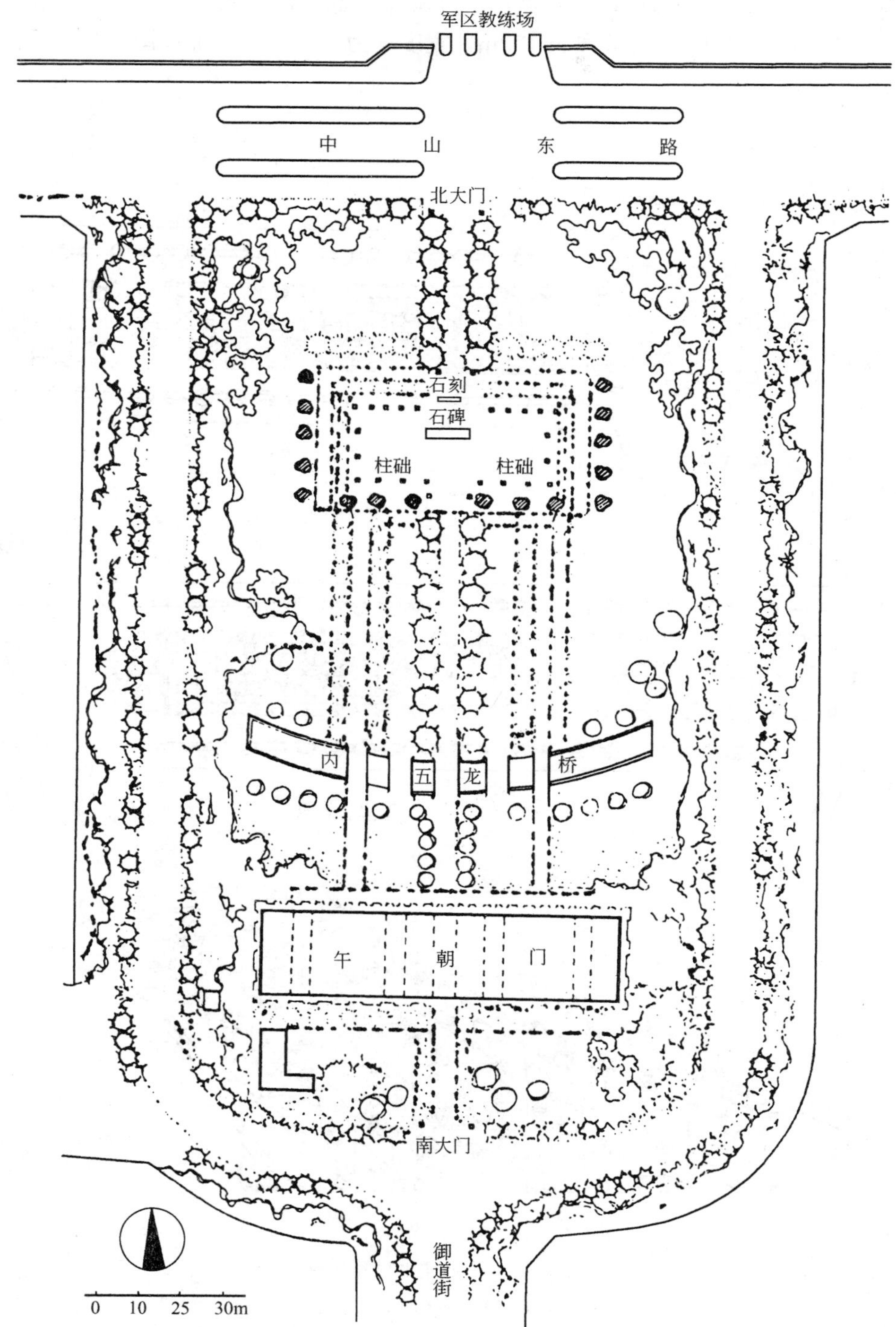


图 3.6-8 南京市午朝门街头游园示意图

木与乔木的配合比例为：1∶1.32；常绿与落叶的配合比例为：1∶0.86。主景午朝门采用蔓生植物美化，以圆柏、雪松为前景，周边以银杏、圆柏和灌木分层配置，形成绿墙，隔离道路上的噪声。内部以草坪和短生灌木为主。

例 2：合肥市花园街以象征科技城、绿色城为立意主题，全长 50m，中间由安庆路分成南北两段，南段长 180m，北段长 170m，宽度均为 20m。其平面如图 3.6-9 所示。

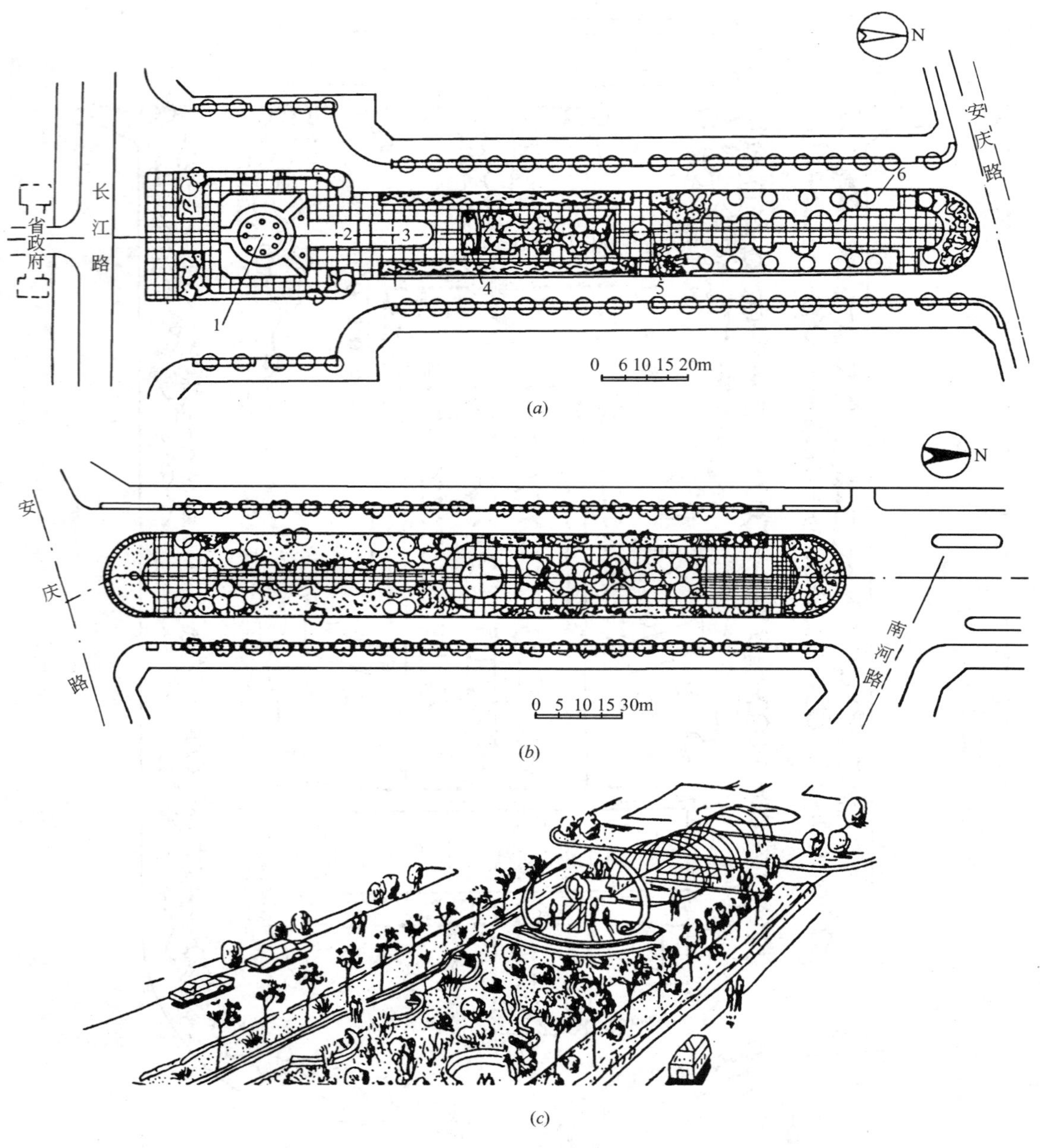


图 3.6-9 合肥市花园街平面图

（a）花园街南段平面图；（b）花园街北段平面图；（c）花园街效果图

1—喷泉；2—汀步；3—叠泉；4—双手世界；5—日晷；6—雕塑墙

1）花园街为规则式的带状装饰绿地，由喷泉、雕塑广场、连续的花坛组成。它以省政府大厦中心线为中轴线，喷泉、广场、花坛基本上沿轴线左右对称布置，并稍有变化。南段由八角形喷水池、叠泉、雕塑等三部分组成。喷水池的中央为蒲公英喷头，环绕一圈牵牛花；喷水池周围有环形小道；水池向北为倾坡而下的叠泉，泉上有八道不锈钢拱；叠泉以北的小广场上有一组不锈钢雕塑——双手世界；再向北为两段连续式的花坛，中间设半圆形坐凳，其间还有两处设有“日晷”雕塑、“和平鸽”雕塑墙。北段有三处小广场，设有：“生命运动”、“过去、现在、未来”、“恒”等三组雕塑，还有连续式的花坛。

2）花园街的种植设计以对称为主，南段喷泉四周种植广玉兰、国槐、桂花、鸡爪槭、紫薇、海桐、黄杨球等；“日晷”雕塑以南的花坛，成片种植紫薇；两侧带状花坛为自然式栽植，主要种植有广玉兰、紫玉兰、枫香、乌桕、棕榈、女贞等，中部花坛成片栽植桂花，点缀蜡梅，北端半圆形花坛为丛栽红叶李，其中点缀石楠、龙柏球等植物。绿化布局即规则而又丰富多变，象征合肥为园林之城、绿色之城。

3）花园街共建六组雕塑，其中“双手世界”、“生命运动”、“恒”为不锈钢制成。“双手世界”雕塑左右两条不锈钢弧线代表江、淮两条大河，中间表示江淮儿女用双手创建了合肥这座城市。“日晷”是参考了北京故宫内古代高度的科技成就。花园街中 3 根汉白玉雕塑柱吸收了欧洲古典雕塑柱的创作手法。3 根柱子分别代表“过去、现在、未来”的科技发展历程。主组雕塑体现了一个主题：合肥为新兴的科技之城。

3.6.3.2 采用不同创造手段的美学特征

（1）将自然景观引入城市街景之中，把不同地理特征的景观内容同城市道路相接，形成独具自然美特征的绿地街景。如海滨城市的滨海大道，把海、石、沙滩自然地融入城市街景之中。这些特色鲜明的自然景观，既是自然美的体现，又成为城市绿地景观的标志。

（2）以不同特色的地域文化，作为景观依据，把文化与景观巧妙地结合起来，体现出本地域人群的文化底蕴，形成了独特思想与美丽景观的共融。图 3.6-10 所示为湖北省十堰市街头绿地平面图，就是典型范例。

3.6.3.3 采用不同空间的美学特征

（1）城市街头绿地是在动态中观赏的，因此在景观的处理上，要着重形成连续的景观变化，并且充分运用视线的流动，以期在绿地街景的布局中，形成具有动态性、秩序性、导向性的景观因素组合，创作出特色鲜明的城市绿地街景。

（2）当游人视线快速移动，从而形成街头绿地的动感空间。动感空间的多种处理手法，又使其表现出不同的个性与风格。

（3）城市中心、商业中心、文化中心、机关等范围内的绿地街景，适于人们在工作之余来到这里，以休憩静态的心情观赏或在行走中观赏，具有参与性。所以应当充分地反映出时代性、艺术性、地域性与文化性，给观赏者创造一个得以放松与休闲的空间环境。

例 1：北京二里沟绿地位于北京三里河路北头路东。北、东、南三面是居民楼和公共建筑，西面临街。该绿地呈长方形，面积 0.5hm$^2$，1975 年开始建设，在设计上采用规则式布局，绿地主要入口与隔街的办公楼相对，入口广场设置一个中心花坛，花坛中心种植雪松，四周配置了美人蕉及花草，外围紫藤修剪成圆头形。南北两端各设置一个树坛，南边树坛以华山松、楸树、杏、丁香郁李、锦带花组成一树群，以银杏为背景。北部树坛由

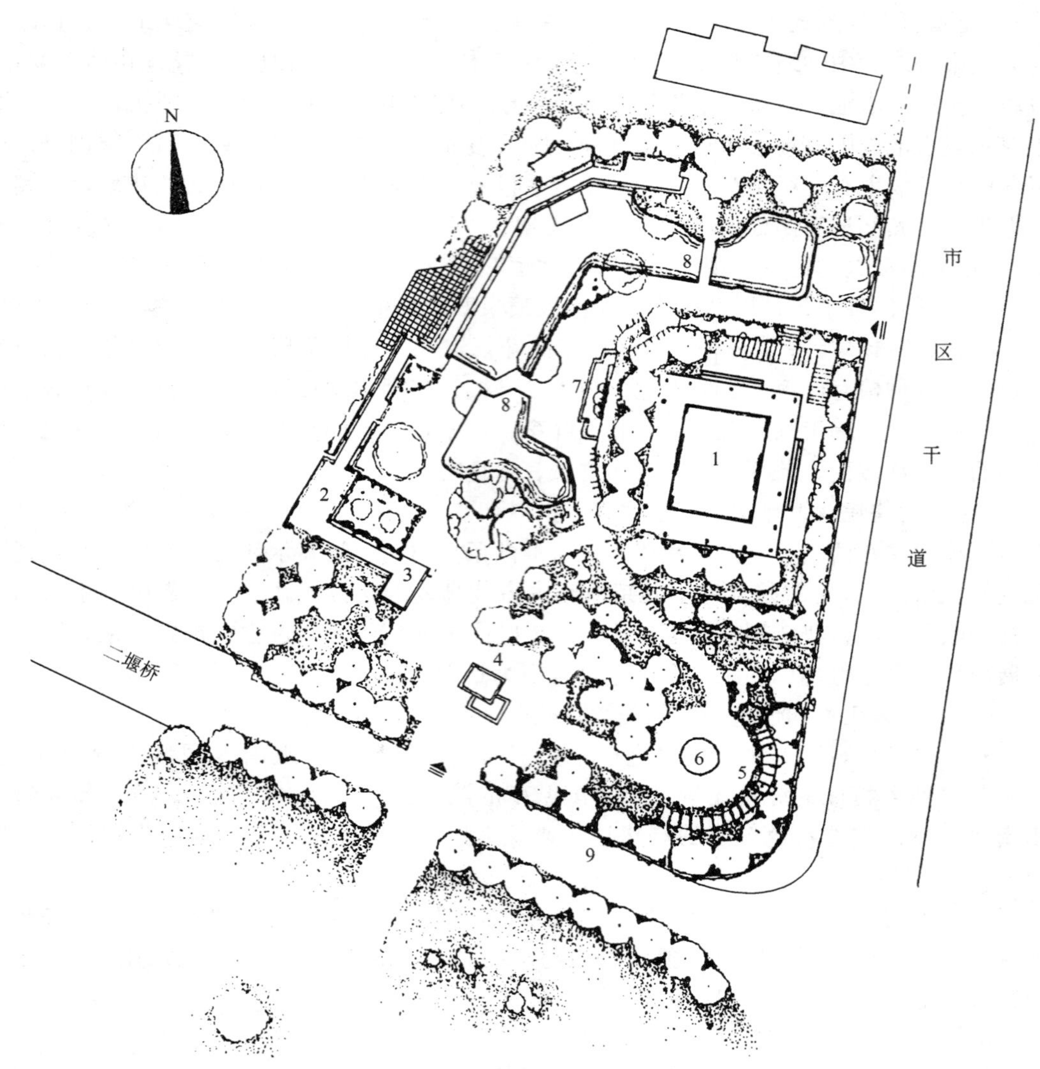


图 3.6-10 湖北省十堰市街头绿地平面图

1—回民教堂；2—休息廊亭榭；3—挑出平台；4—交叉花台；5—花架；
6—路面装饰图案；7—壁池及壁泉；8—曲桥及平桥；9—栏杆

冷杉、白桦、黄杨、海仙花、爬蔓月季等组成，以油松为背景。2 个树坛 1 个花坛，由 3m 宽的路相连接，路的两侧配置冷杉、紫薇、小叶女贞等，树间种植草皮，如图 3.6-11 所示。

例 2：广东省惠州市环城西路的绿化以大片草皮为基底，保留原有的林木，其行道间所植树木是具有岭南特色的植物，有效地过渡和联络旧城与湖区，以小措施获大效应，如图 3.6-12 所示。

例 3：秦皇岛市建国园位于建国路和建设大街交会处，西南两面临城市干道，东北面临河，面积为 2900m$^2$，呈长三角形，于 1987 年建成。该园以植物造景为主，适当点缀园林小品，可供附近居民短暂休息，如图 3.6-13 所示。该园内以规则式 8 字形园路、几何形花坛和自然式种植组合空间，构成该园的特点，在园内小广场上设一组合立体花坛，以

图 3.6-11　北京二里沟绿地平面图

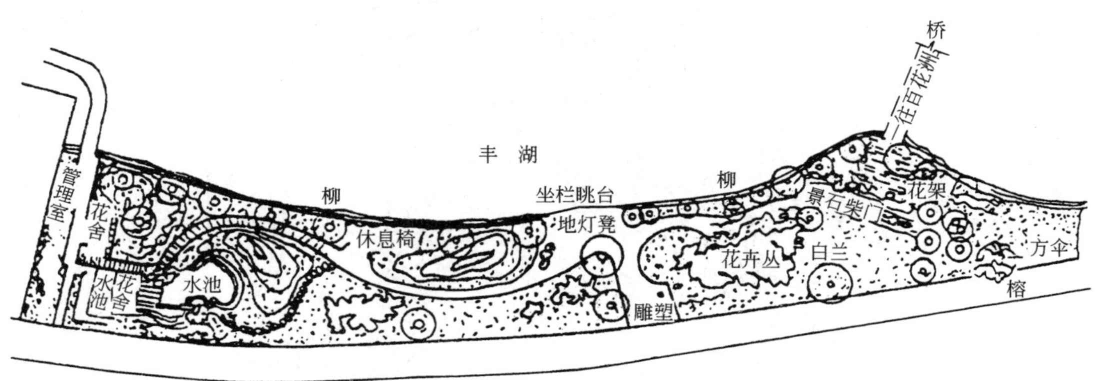


图 3.6-12　广东省惠州市环城西路的绿化地平面图

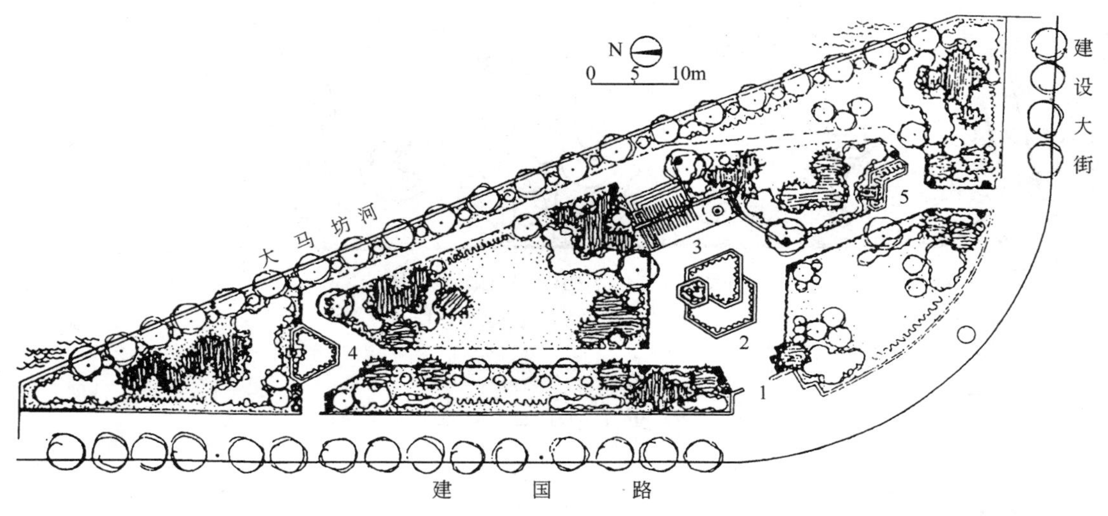


图 3.6-13　秦皇岛市建国园平面图

1—入口；2—雕塑花坛——壮志凌云；3—园林建筑——海阔天高；4—蜂石花坛；5—花坛

“壮志凌云”三只展翅飞翔的雕塑为主题，以园林建筑小品为背景，将园亭、花架、园门、景墙组合在一起。园门上有“建国园”字样，用对联“海阔凭鱼跃，天高任鸟飞”烘托主题，构成该园主景区。园内设有三个出入口与城市干道相通。考虑街景效果，以矮花墙为界，按树木形态、花期、色彩、季期变化组织几个绿化空间。

例 4：中山市华柏园位于城区中心，处于交通繁忙的华柏路与民族路十字交叉路口，占地 $1hm^2$。该园设计以自然、开放、轻松为基调，尽量给人们在工作之余有一个恬静的环境。该园以大草坪为主，地形起伏，在起伏最高处叠花岗石小山，从当地山区取材，高达 6m，山下置一水潭，瀑布从假山上奔泻而出，沿曲折的山间小溪流下。小溪底及两岸选用卵石、风化花岗石堆砌，具有山间小溪的神韵，如图 3.6-14 所示。

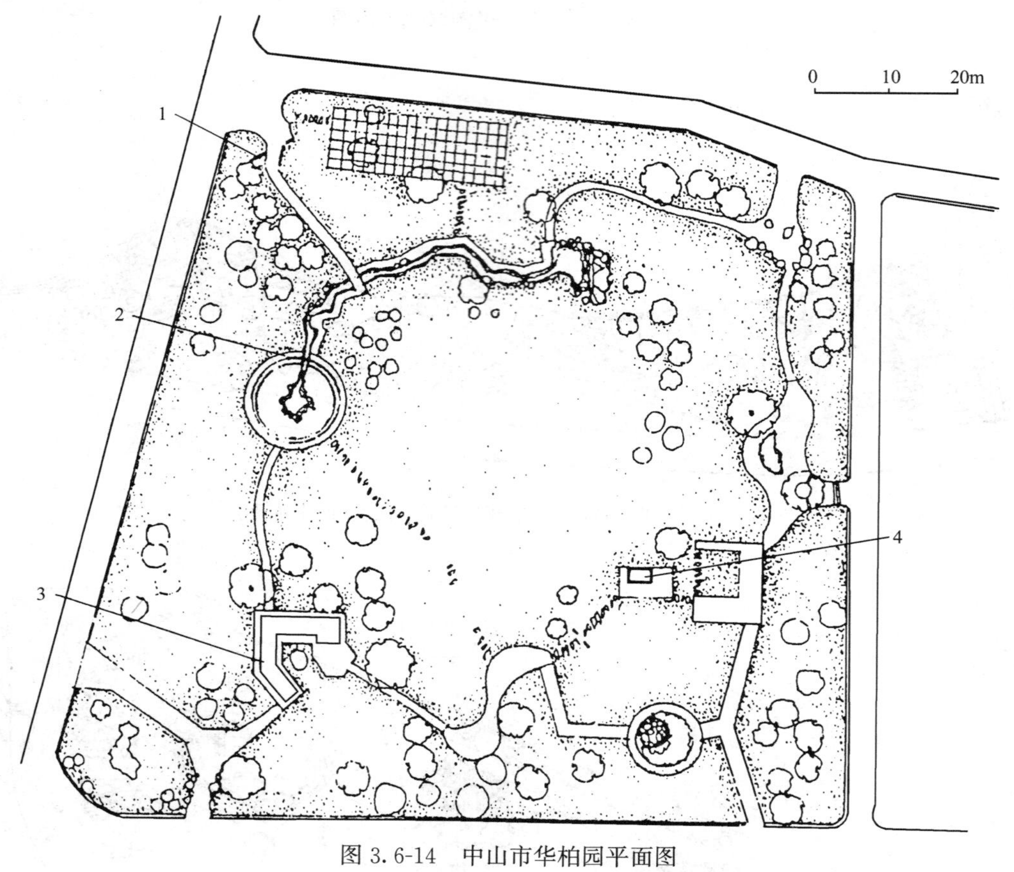


图 3.6-14 中山市华柏园平面图
1—入口；2—景墙；3—亭廊；4—亭

## 3.7 城市林荫道绿地的设计

### 3.7.1 城市林荫道的功能

城市林荫道是指与道路平行并具有一定宽度的供居民步行通过、散步和短暂休息用的带状绿地，其主要功能是：

（1）林荫道利用植物与车行道隔开，在其不同地段辟出各种不同的休息场地，并有简单的园林设施，可起到小游园的作用，扩大了群众活动场所，增加城市绿地面积，弥补绿地分布不均匀的缺陷。

（2）林荫道种植了大量树木花草，减弱城市道路上的噪声、废气、烟尘等的污染，为行人创造良好的小气候和卫生条件，在绿地内布设了花坛、水池、雕像及供行人坐的座椅等，从而美化了环境，丰富了城市街景。

### 3.7.2 城市林荫道的设置形式

3.7.2.1 按照城市林荫道在道路平面上的设置分类

（1）设置在城市道路中央纵轴线上。其优点是道路两侧的居民有均等的机会进入林荫道，并能有效地分隔道路上的对向车辆。但进入林荫道必须横穿车行道，既影响车辆行驶，又不安全。此类形式多在机动车流量不大的道路上采用，出入口不宜过多，如图 3.7-1 所示。

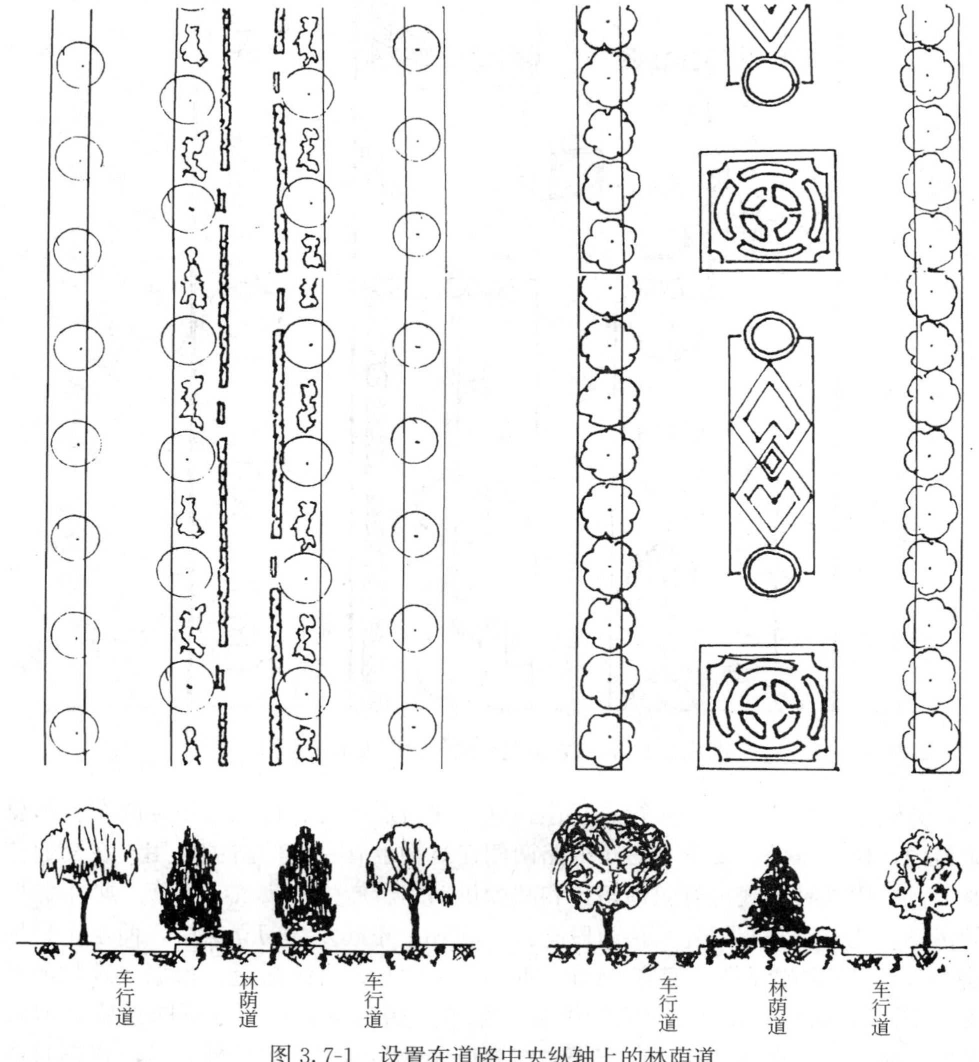


图 3.7-1 设置在道路中央纵轴上的林荫道

（2）设置在道路的一侧。这样减少了行人在车行道的穿插往来，一般在在交通比较繁忙的道路上多采用这种形式。宜选择在便于居民和行人使用的一侧；有利于植物生长的一侧；充分利用自然环境如山、林、水体等有景可借的一侧，如图 3.7-2 所示。

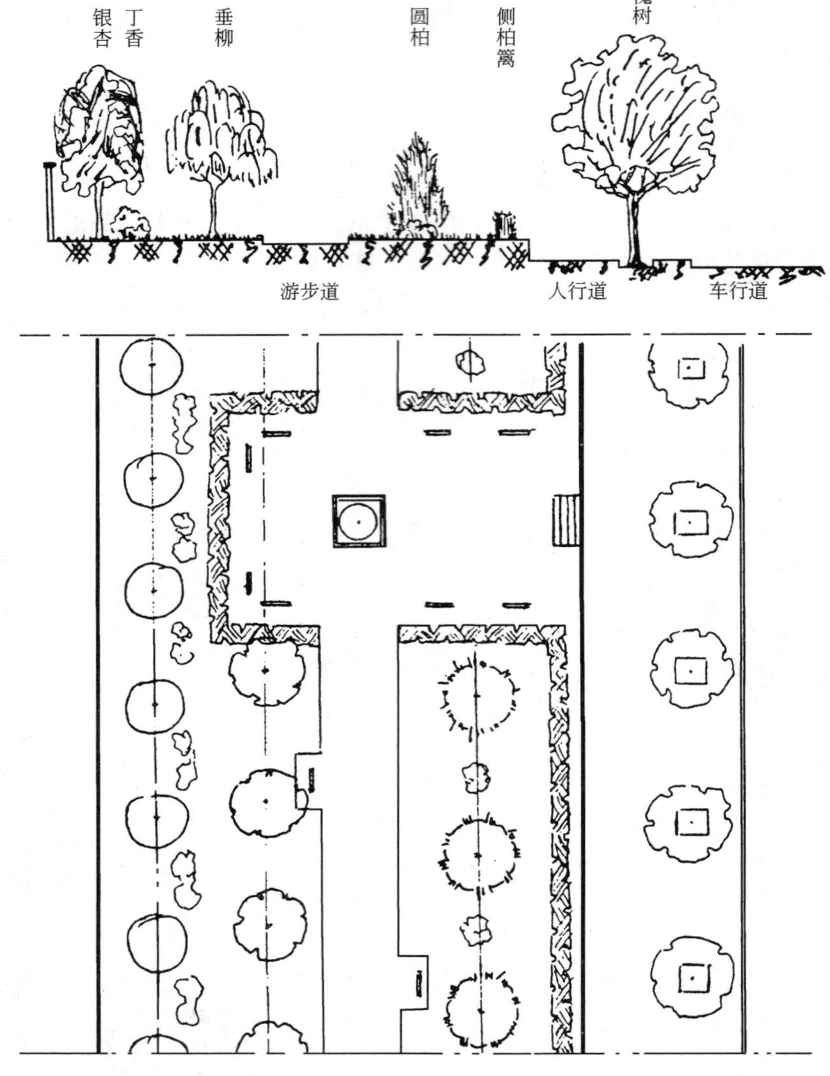


图 3.7-2 设置在道路一侧的林荫大道示意图

（3）分设在道路两侧，与人行道相连。这可使附近居民和行人不用穿越车行道就可到达林荫道内，比较方便、安全。对于道路两侧建筑物也有一定的防护作用。在交通流量大的道路上，采用这种形式可有效地防止和减少机动车所产生的废气、噪声、烟尘和振动等公害的污染。北京市复兴门外大街西段全长 1500m，东起复兴门立交桥，西至木樨地；绿化面积 4hm$^2$。路北侧绿带一般宽 24m。地下有 7 种 9 条管线通过。根据建筑物的不同性质布置了不同形式的绿化。路南侧沿街有办公楼、居民楼、院墙等不同性质和形式的建筑。保留、调整了原有的槐树、白皮松。作为贯穿全路的统一树种外，各段根据具体情况进行设计，如低洼地布置沉陷式台地；居民楼院墙外种植大片丰花月季。在城市管线走廊地带布置成花园式林荫路，从城市用地的角度看是很经济的，林荫路不仅可起到保护管线的作用，还给附近居民创造了一个良好的休息和活动的空间，如图 3.7-3 所示。

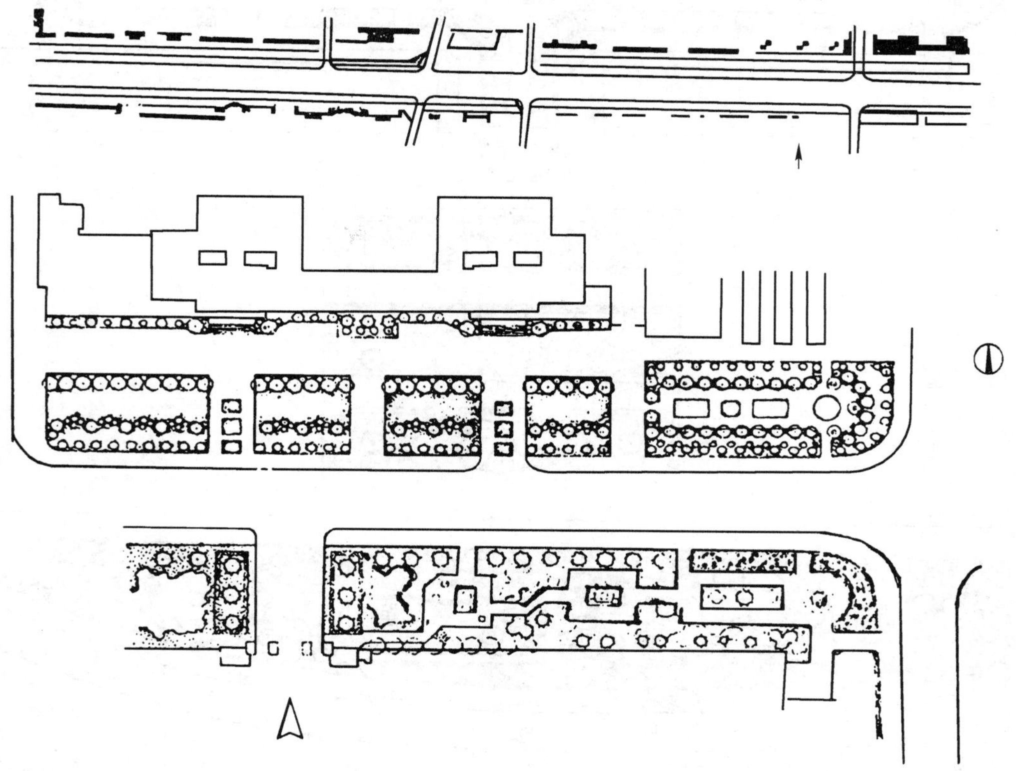

图 3.7-3 北京市复兴门外大街西段设置在道路两侧的林荫大道

3.7.2.2 按照林荫道用地宽度设置分类

(1) 单游步道式：如图 3.7-4 (*a*) 所示，城市的林荫道宽度一般在 8m 以上时，设一条游步道，设在中间或一侧。宽度 3～4m，采用绿化带与城市道路相隔。多采用规则式布置，中间游步道两侧设置座椅、花坛、报栏、宣传牌等。绿地视宽度种植单行乔木、灌木丛和草皮，或用绿篱与道路分隔；

(2) 双游步道式：如图 3.7-4 (*b*) 所示，林荫道宽度在 20m 以上时，设两条或两条以上游步道，布置形式可采用自然或规则式。

1) 中间的一条绿带布置花坛、花境、水池、绿篱、乔木、灌木。游步道分别设在中间绿带的两侧，沿步道设座椅、果皮箱等。

2) 城市的车行道与林荫道之间的绿带，主要功能是隔离车行道，保持林荫道内部安静卫生。因此可种植浓密的绿篱、乔木，形成绿墙，或种植两行高低不同的乔木与道路分隔。立面布置成外高内低的形式。

3) 若林荫道是设在道路一侧的，则沿道路车行道一侧绿化种植以防护为主。靠建筑一侧种植矮篱、树丛、灌木丛等，以不遮挡建筑物为宜。

(3) 游园式：如图 3.7-4 (*c*) 所示，林荫道宽度在 40m 以上时，可布置成带状游园，

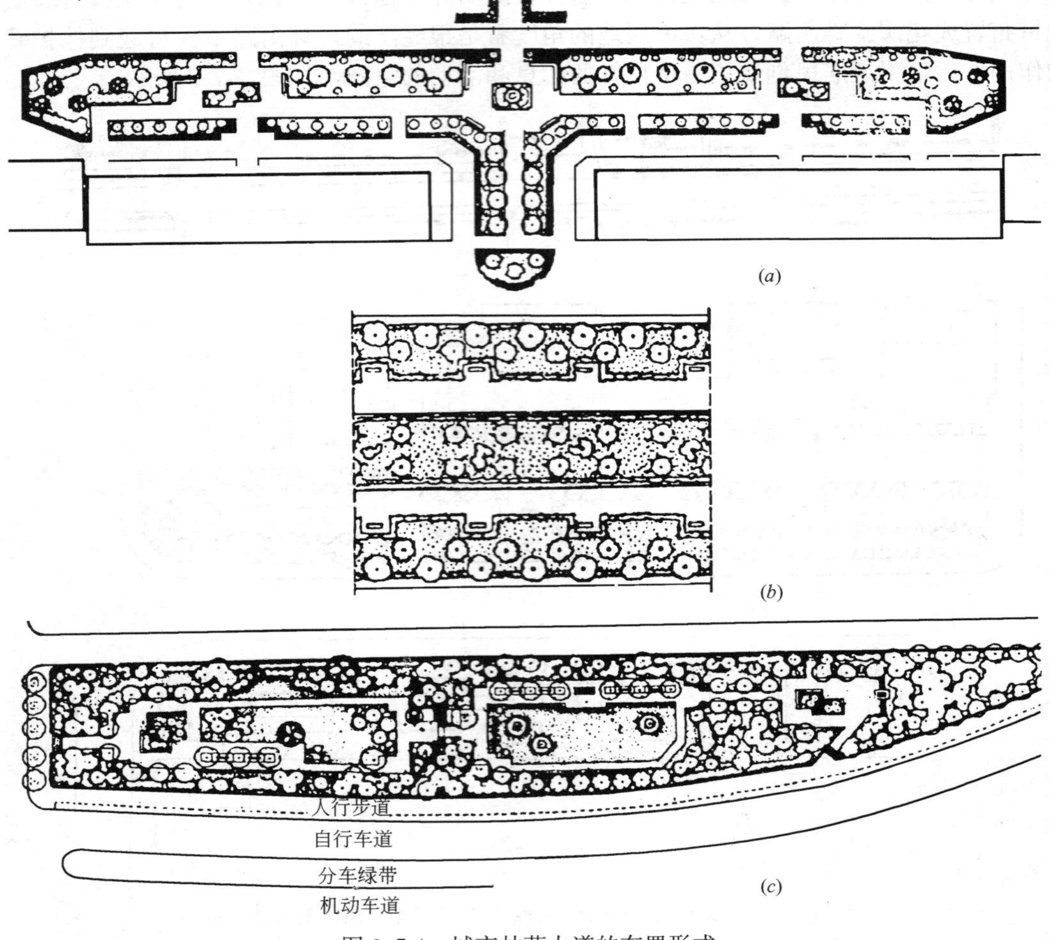


图 3.7-4 城市林荫大道的布置形式

（a）单游步道式；（b）双游步道式；（c）游园式

布置形式为自然式或规则式。除两条以上的游步道外，开辟小型儿童活动场地、小广场、花坛和简单的游憩设施。植物配置应考虑与城市环境的关系及园外行人、乘车人对公园外貌的观赏效果。

在设计林荫道时，应注意以下几方面：

1）在城市中心或城市的重点路段内，为了显示道路的雄伟气魄，对两侧林荫道也可以布置成以草坪、花坛为主的连续花坛组群。

2）为了便于行人和游人的出入，一般情况下，林荫道在长 75～100m 进行分段，并且设置出入口，其出入口尽可能地与道路上的人行横道线、大型建筑的入口处相协调。位于林荫道两端的出入口往往与城市广场相连接，应设置小广场并作装饰性的处理。其布置形式、大小等应与周围的环境相统一。

3）当林荫道比较长时，每段的布局形式可有所不同，但应该在统一前提下变化。如在构图上采取相似的图形，形成温和的统一，而在植物配置上，其色彩、形状或质感等采取对比变化，使整条林荫道有韵律感。

4）为了保证林荫道内有宁静、卫生和安全的环境，在它的一侧或两侧种植浓密的绿篱和乔木组成绿墙，与车行道隔开。利用植物围合空间可起到分隔、组织、限定空间的作用。

5）种植设计时，要特别注意树木之间的间隔，在保证通风的前提下，避免树冠过于郁闭而空气不流通。林荫道上既要有树荫也要留一部分有阳光照射的场地。

6）在植物的配置上，应当是丰富多彩的形式，乔、灌木的比例视具体情况而定，如南方炎热地区，遮阴面积大些，常绿树比例要大，而北方地区考虑冬季对阳光的需要，落叶树比例则大些。以观赏为主要功能的林荫道，其草坪、花卉的比例较大，乔木仅起陪衬作用。乔、灌木比例可参考街头游园的布置方式。

7）林荫道内部用地比例及常规设施要参照《公园设计规范》（GB 51192—2016）。例如上海市肇嘉浜林荫道全长为3km，最宽处达60m，最窄处也有8m，大多数地段20～30m，并由15个交叉口分隔成15段，总面积有5.4hm$^2$。其中绿化面积达4.2hm$^2$，占77.8%。

8）当在某一段地段中央设置4～5m宽游步道时，其游步道和绿地出入口的交叉口设置花坛或盆景式树丛。每段以1～2种主要乔木为主，并辅以适当的小乔木和灌木，线路路段中主要乔木灌木采取互相交替、逐渐渗透的方法，达到逐步转移，自然过渡的效果。

9）在较宽的一些地段，可以开辟小游园，安排一些建筑小品、喷泉、瀑布、跌水、假山、健身器材、健康路、休息亭，还可以在林荫道的两旁设置一些靠椅、雕塑等，但雕塑的布置要与周围的环境协调（包括雕塑的尺寸、色彩、材质等方面）。在林荫道两头几条城市干道交会处，注意尽可能地开辟交通集散广场，可以布置花坛，增加林荫道整体的美感。

## 3.8 城市滨河路绿地设计

### 3.8.1 滨河路设计

（1）城市中的河岸线地形高低起伏不平，常遇到一些斜坡、台地，可结合地形将车行道与滨河路分设在不同高度上。在台地或坡地上设置的滨河路，常分两层处理。一层与道路路面标高相同；另一层设在常年水位标高以上。两者之间以绿化斜坡相连，垂直联系用坡道或石阶贯通。在平台上布置座椅、栏杆、棚架、园灯、小瀑布等。在码头或小广场地段的石阶通道进出口的中间或两侧通常设置雕塑、园灯等。

（2）为了保护城市的江、河、湖岸免遭波浪、地下水、雨水等的冲刷而坍塌，需修建永久性驳岸。一般驳岸多采用坚硬的石材或混凝土做成。规则式林荫路如临宽阔水面，在驳岸顶部加砌岸墙；高度90～100cm，狭窄的河流在驳岸顶部用栏杆围起来或将驳岸与花池、花钵结合起来。便于游人看到水面，欣赏水景。自然式滨河路加固驳岸可采用绿化方法。在坡度1∶1～1∶5坡上铺草，或加砌草皮砖，或者在水下砌整形驳岸，水面上加叠自然山石，高低曲折变幻，既美化水岸又可供游人坐憩、垂钓。设有游船码头或水上运动设施的地段，应修建坡道或设置转折式台阶直通水面。图3.8-1、图3.8-2所示为某城市的滨河路示意图。

图 3.8-1 某城市的滨河路与车行道在同一高度的示意图

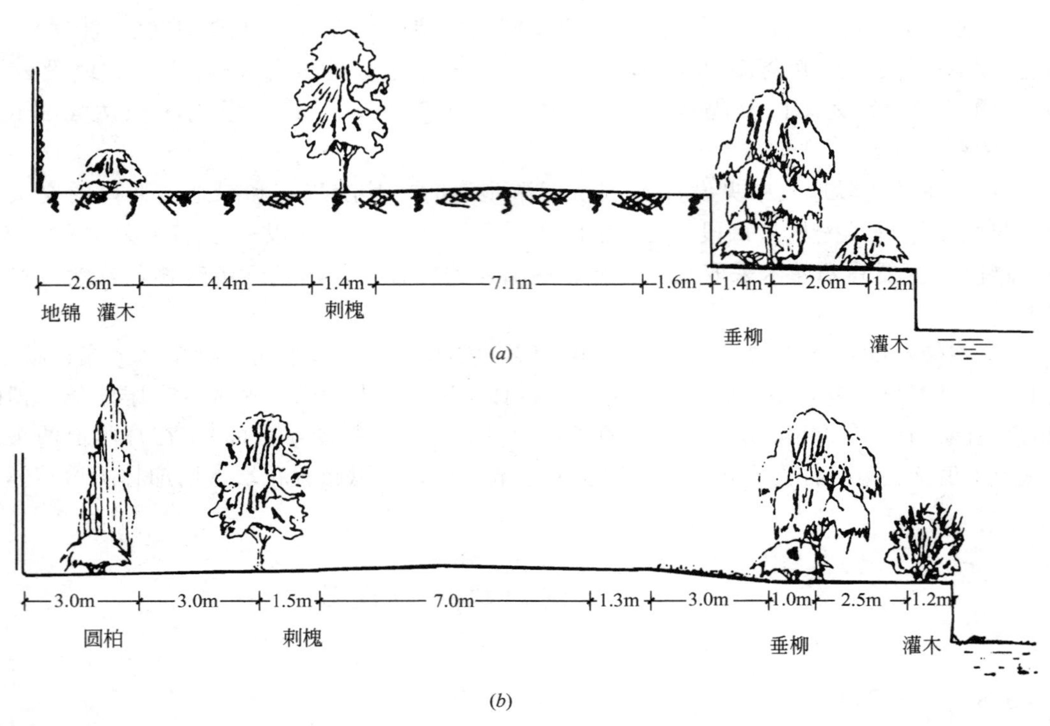


图 3.8-2 某城市的滨河路与车行道不在同一高度的示意图

(*a*) 车行道与滨河路垂直，用台阶贯通；(*b*) 车行道与滨河路以绿化斜坡相连

(3) 临近水面布置的游步道，宽度最好不小于 5m，并尽量接近水面。如滨河路比较宽时，最好布置两条游步道，一条临近道路人行道，便于行人往来，而临近水面的一条游步道要宽些，供游人漫步或驻足眺望。水面不十分宽阔，对岸又无景可观时，滨河路可布置得简单些；临水布置游步道，岸边设置栏杆、园灯、果皮箱等。游步道内侧种植树姿优美、观赏价值高的乔木、灌木。种植形式可自由些，树间布置座椅，供游人小憩。水面宽阔，对岸景观好时，临水宜设置较宽的绿化带，布置游步道、花坛、草坪、园椅、棚架等。在可观赏对岸景点的最佳位置设计一些小广场或凸出水面的平台，供游人伫立或摄影。

(4) 水面宽阔，能划船、垂钓或游泳，绿化带较宽时，可考虑设计成滨河带状公园。其用地比例、园路设计、种植设计等按《公园设计规范》(GB 51192—2016) 相关规定设计。

### 3.8.2　城市滨河路绿地设计

（1）应充分利用宽阔的水面，临水造景，运用美学原则和造园艺术手法，利用水体的优势与特色，以植物造景为主，配置游憩设施和有特色风格的建筑小品，构成有韵律连续性优美彩带。

（2）滨河路绿地主要功能是供人们游览、休息，同时可以护坡、防止水土流失。一般滨河路的一侧是城市建筑，另一侧为水体，中间为绿带。绿带设计手法取决于自然地形、水岸线的曲折程度、所处的位置和功能要求等。如地势起伏、岸线曲折、变化多的地方采用自然式布置；而地势平坦、岸线整齐，又临宽阔道路干道时则采用规则式布置。规则式布置的绿带多以草地、花坛群为主，乔木灌木多以孤植或对称种植。自然式布置的绿带多以树丛、树群为主。

（3）为了减少车辆对绿地的干扰，靠近车行道一侧应种植一行或两行乔木和绿篱，形成绿色屏障。但为了水上的游人和河对岸的行人见到沿街的建筑艺术，不宜完全郁闭，要留出透视线。沿水步道靠岸一侧原则上不种植成行乔木。其原因一是影响景观视线，二是怕树木的根系伸展破坏驳岸。步道内侧绿化宜疏朗散植，树冠线要有起伏变化。植物配置应注重色彩、季相变化和水中倒影等。要使岸上的游人能见到水面的优美景色，同时，水上的游人也能观赏到滨河绿带的景色和沿街的建筑艺术，使水面景观与活动空间景观相互渗透，连成一体。

图 3.8-3 所示为某城市的滨河路绿化示意图。它是充分利用地形高差的变化，将临水

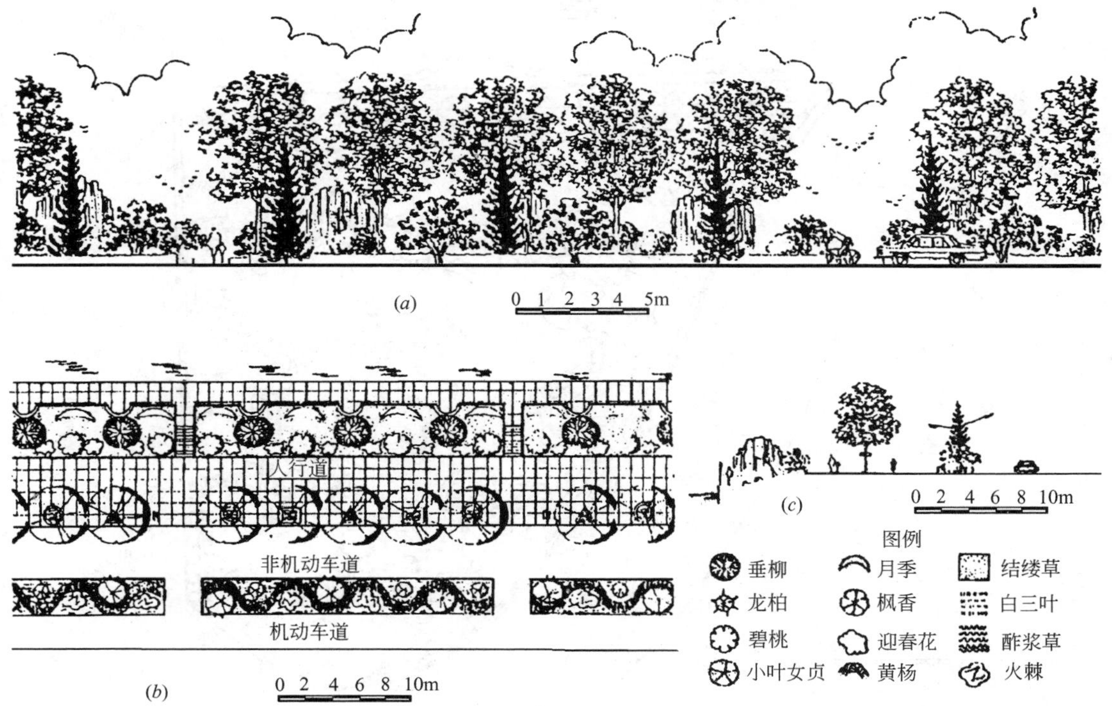


图 3.8-3　某城市的滨河路绿化示意图

（*a*）立面图；（*b*）平面图；（*c*）剖面图

游步路利用下沉台阶直接接近其水面，满足游客亲水性的愿望和需要，行道树采用垂柳，以游人、垂柳和河水构成一幅美丽的山水画。

(4) 滨河绿带是城市的生态绿廊，具有生态效益、审美效益和游憩效益。在城市中与人接触面广，利用率高。是市民日常游憩、锻炼、文化娱乐活动非常方便的公共绿地。利用河、湖等水系沿岸用地，结合城市改造、河流保护、治理和泄洪功能，有些滨河绿地还兼有防风、防盐雾、防海啸等功能。建设滨河绿带，投资少、见效快，并容易实施。我国不少城市如哈尔滨、天津、合肥、杭州、桂林、昆明等都有不少成功之作，值得借鉴和推广。

例 1：杭州市圣塘路环湖绿地位于西湖东北角，南北长 340m，东西宽 50m，面积约 $2hm^2$。是西湖环湖绿地的一个组成部分。总体布局上采用连续构图方式，以大块面积的草坪、漂亮的花丛、环绕贯通的园路、疏密相间的小楼组成一处开敞收合的园林空间。具体布置以园路贯行于绿地之中，湖边铺草坪，为晨练、坐憩、眺望之用。景观以“幽”为主，以“敞”为辅。沿湖园路采用卵石镶边现浇划块斩成假石板路面，其他园路为现浇划块冰裂纹路面。绿化设计基本保留原有大树，采用自然式大块面的配置方式，树成丛、花成片及大面积的草坪。树种以香樟、垂柳为基调，配置玉兰、杜鹃、茶花、月季等春花品种。注意基本不遮挡视线，把西湖景色直接融入城市街景之中（参见图 3.2-15）。

例 2：无锡市林埝桥休息绿地位于无锡市城郊，为一块下沉式休息绿地（图 3.8-4）。其周围用黄石筑成曲折起伏的假山，中间采用混凝土六角块铺地，布置有村标、条凳及塑树凳。东侧沿河安排水杉、柳杉；南面保留原有的几棵雪松与村道形成自然屏障，并采用下沉式布置，与周围喧闹的环境有所分隔。在绿地树林下内休息，幽静、安谧。假山峰高

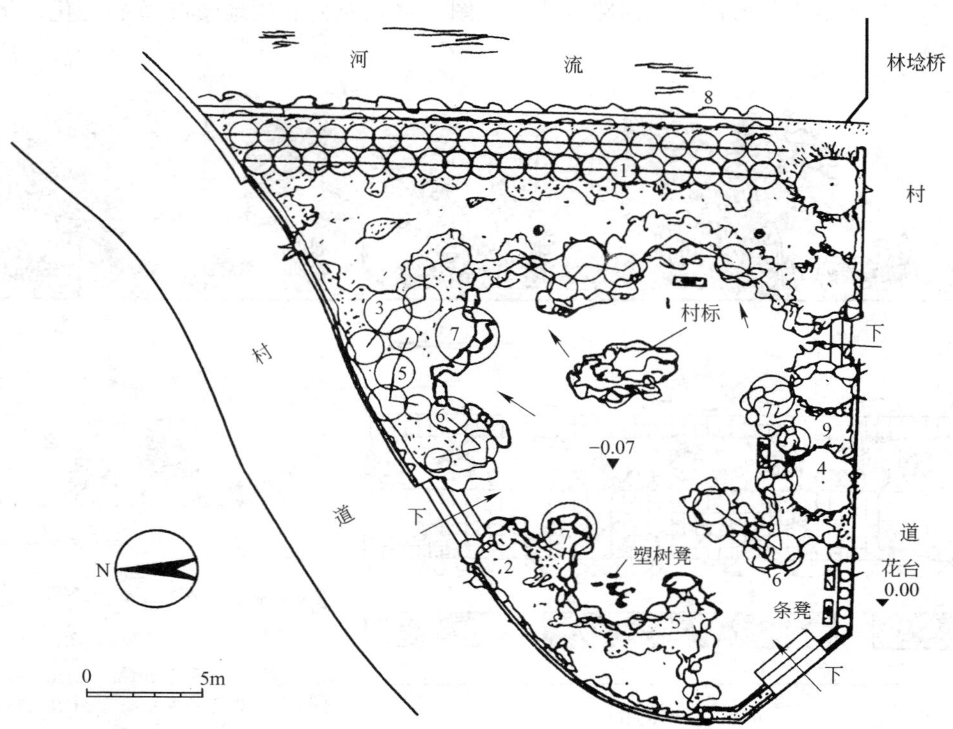


图 3.8-4 无锡市林埝桥滨河绿地平面图

1—水杉；2—柳杉；3—桂花；4—雪松；5—毛鹃；6—大叶黄杨球；7—红枫；8—黄馨；9—草坪

低错落，前后配置杜鹃、黄馨、红枫、桂花等春花秋色树种，坡面覆以常绿草坪，丰富了绿地的景观效果。

例 3：青岛市东海路位于青岛市新区海滨，全长 12.8km。它北靠青岛市新市区，南侧是大海，全程有海涛园、海趣园、海风园、五四广场、福州路广场、海韵园、海洋公园、雕塑公园等八个小游园，好像八只美丽的贝壳，由东海路串连成一体，嵌在青岛这个美丽海滨城市的版图上。整条路以“海”文化为特色，有全路起点的“天地间”雕塑，展现齐鲁历史文化的雕塑柱（如戚继光抗倭寇、田单破燕阵、孟母三迁），每一柱上以浮雕的形式表现一个发生在齐鲁的历史故事，对宣传继承齐鲁文化具有一定的现实意义；也有表现海洋生活情趣的海趣园（设有路边正在爬上岸的“海蟹”石雕坐凳等与海有关的主题雕塑），有“海味”很浓的“五月的风”城雕，更有集中展示海洋文化的海洋公园，展示现代青岛文化的青岛雕塑公园，所有这些，均很好地诠释了青岛的海洋文化主题，以绿地、喷泉、雕塑、小品等多种形式，集美观、装饰与绿化于一路，是展现青岛现代海滨城市景观和齐鲁文化的的高标准园林景观路、样板路，如图 3.8-5 所示。

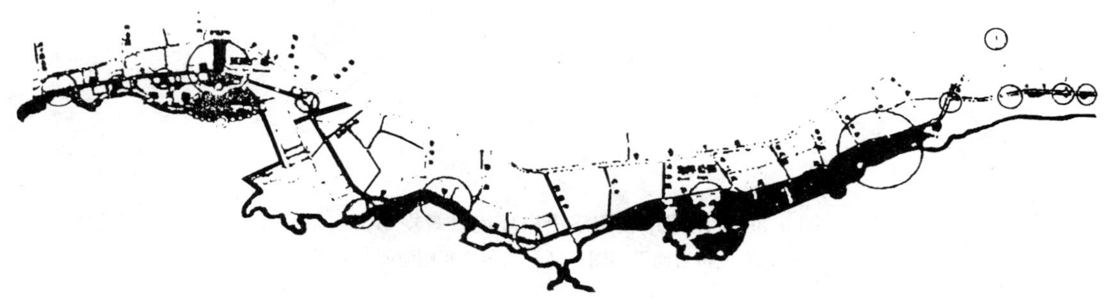

图 3.8-5 青岛市东海路绿色带状花园设计平面图

例 4：南宁市朝阳溪沿岸环境景观规划如图 3.8-6 所示，该景观规划包括友爱桥游园和朝阳桥西侧游园等，设计内容有广场景观廊、观景平台、游步路等，能较好地给广大市民提供了一处户外交往、活动休闲的理想场所。

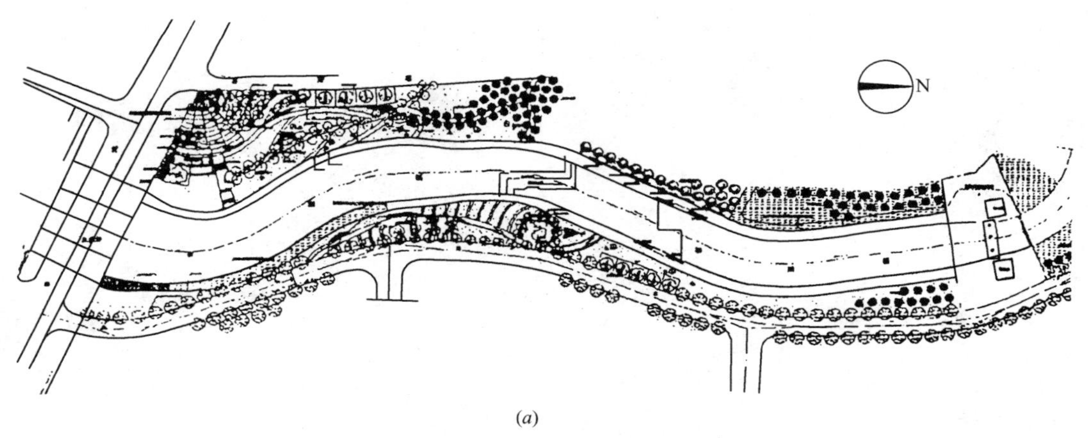


(*a*)

图 3.8-6 南宁市朝阳溪沿岸环境景观规划图

(*a*) 友爱桥游园平面图；(*b*) 朝阳桥西侧游园平面图

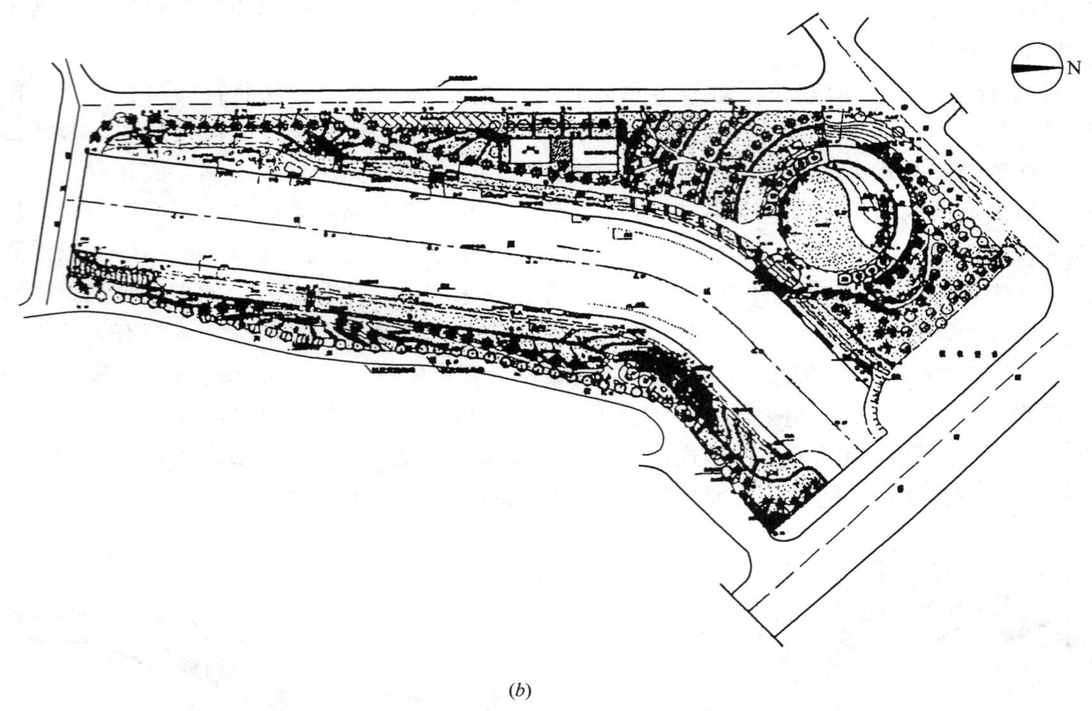


(*b*)

图 3.8-6 南宁市朝阳溪沿岸环境景观规划图（续）

（*a*）友爱桥游园平面图；（*b*）朝阳桥西侧游园平面图

# 4 城市交通岛与广场的绿地设计

## 4.1 城市交通岛的绿地设计

### 4.1.1 概述

（1）城市交通岛是指控制车流行驶路线和保护行人安全而布设在交叉口范围内车辆行驶轨道通过的路面上的岛屿状构造物，起到引导行车方向、渠化交通的作用。按其功能及布置位置可分为导向岛、分车岛、安全岛和中心岛。

（2）城市交通岛绿地是指可绿化的交通岛用地，交通岛绿地分为中心岛绿地、导向岛绿地和立体交叉绿地。

（3）城市交通岛的主要功能是诱导交通、美化市容，通过绿化辅助交通设施显示道路的空间界限，起到分界线的作用。通过在交通岛周边的合理种植，强化交通岛外缘的线形，有利于诱导驾驶员的行车视线，特别是在雪天、雾天、雨天，可弥补交通标线的不足。

（4）城市交通岛能通过绿化与周围建筑群相互配合，使其空间色彩和体形的对比与变化达到互相烘托，美化街景。通过绿化吸收城市机动车的尾气和道路上的粉尘，同时改善道路环境卫生状况。

（5）城市交通岛边缘的植物配置，在行车视距范围内要采用通透式栽植。其边缘范围应依据道路交通相关数据确定。

### 4.1.2 交通中心岛绿地

（1）交通中心岛是设置在交叉口中央，用来组织左转弯车辆交通和分隔对向车流的交通岛，习惯称转盘。中心岛的形状主要取决于相交道路中心线角度、交通量大小和等级等具体条件，一般用圆形，也有椭圆形、卵形、圆角方形和菱形等，中心岛的形状分类如图 4.1-1 所示。常见的中心岛直径都是在 25m 以上，我国大、中城市多采用直径为 40～80m 的中心岛。

（2）可以绿化的中心岛用地一般统称为交通中心岛绿地。中心岛绿化是道路绿化的一种特殊形式。原则上只具有观赏作用，不许游人进入的装饰性绿地。布置形式有规则式、自然式、抽象式等。中心岛外侧汇集了多处路口，为了便于驾驶员准确、快速识别各路口，中心岛不宜密植乔木、常绿小乔木或大灌木，以保持行车视线通透。

（3）交通中心岛的绿化是以草坪、花卉为主，或选用几种不同质感、不同颜色的低矮的常绿树、花灌木和草坪组成花坛。图案应简洁，曲线应优美，色彩应明快。不要过于复杂、华丽，以免行人驻足欣赏而影响交通或分散驾驶员的注意力，不利于安全。

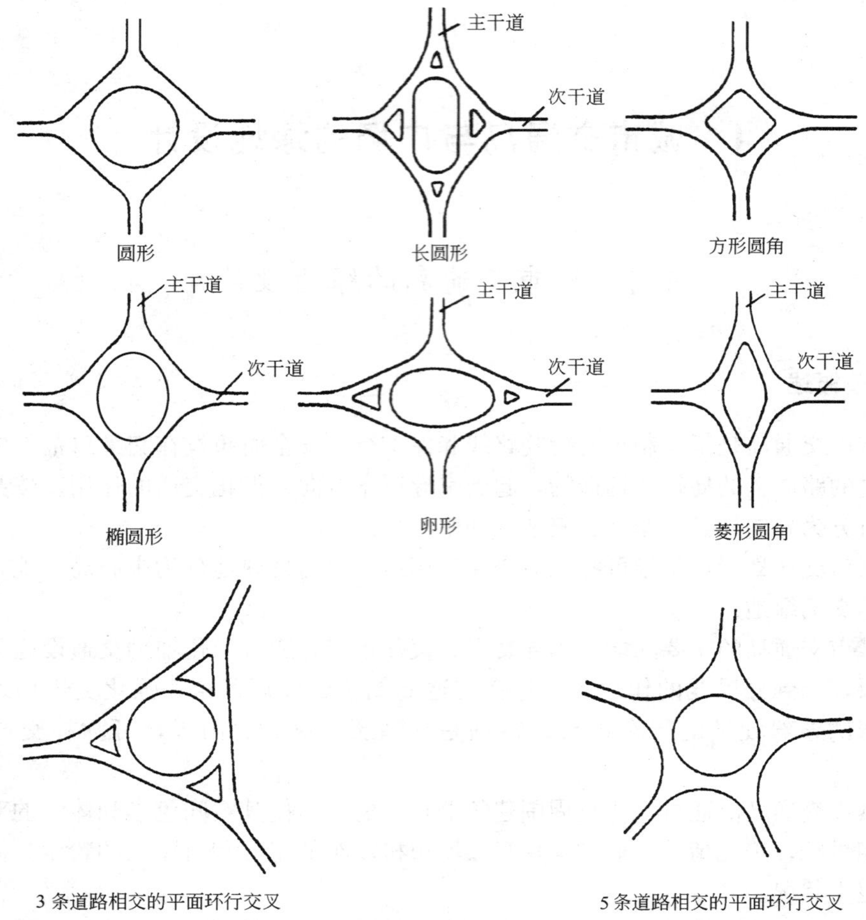


图 4.1-1 中心岛的形状分类

(4) 交通中心岛也可布置修剪成千姿百态的小灌木丛，在交通中心岛中心种植 1 株或 1 丛具有较高观赏价值的乔木加以装饰。若交叉口外围还有高层的建筑物，其图案的设计还应该考虑到整体的俯视效果。

(5) 位于城市主干道交叉口的中心岛因位置适中，人流、车流量大，是装饰城市的主要景点之一，一般情况下，可在其中建柱式雕塑、市标、组合灯柱、立体花坛、花台等成为构图中心。但有一条必须注意，其体量、高度等不能遮挡司机的行车视线。

(6) 如若交通中心岛的面积很大，有必要布置成街头游园时，必须修建过街通道与道路进行连接，并保证行车和游人安全。

例 1：深圳市文锦路罗湖路口有一个直径为 34m 的交通中心岛，该岛中间采用挡土墙将其高度提高 1.3m，挡土墙外边栽植九里香绿篱，并修剪成齿轮状，挡土墙内采用各种颜色的花草将交通中心岛装饰得美观大方，如图 4.1-2 所示。

例 2：福州市五四路交通环岛直径 33m，规划设计以飞凤植物造型图案与组合喷泉为主景。飞凤图案用雀舌黄杨与红色草制作，环岛内 3 只飞凤图案，形象生动，飘逸欲飞。在 3 只飞凤之间绿地还安排了 3 个花瓣形种植池，按节日变换各种色彩，以增加交通环岛的色彩变化。组合喷泉水池用 3 个水池相错叠加在一起，形成三层跌水瀑布，3 组喷泉采用树冰喷泉与喇叭花喷泉造型变换组合形成十几种喷泉形式，交通环岛中心栽种铁树与海枣作为花坛的背景。五四路树兜环岛飞凤寓意为在改革开放中福州城市风景园林绿化建设成就，犹如在蓝天中飞翔的美丽的凤凰，绚丽多彩，快速腾飞。其飞凤造型图如图 4.1-3 所示。

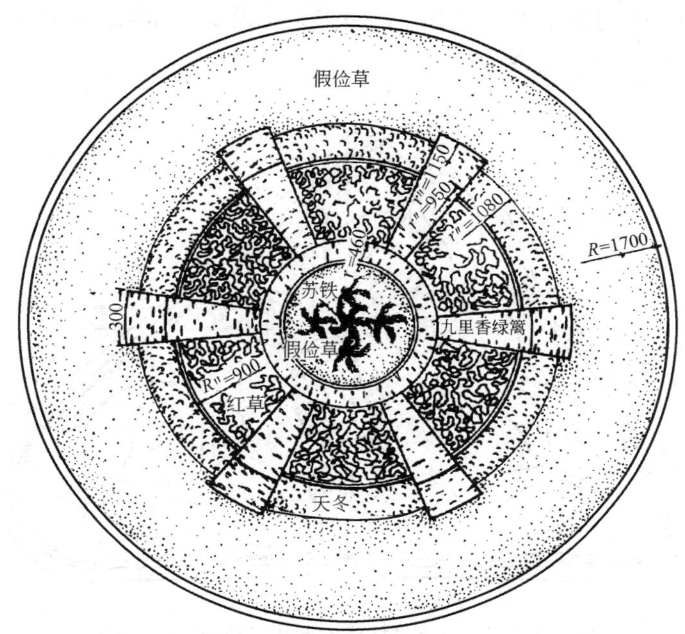


图 4.1-2　深圳市文锦路罗湖路口交通中心岛

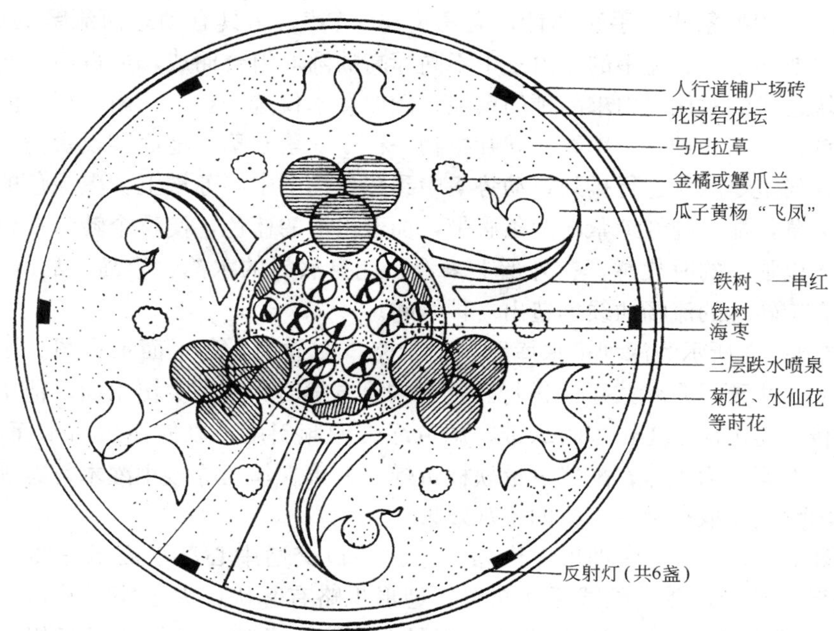


图 4.1-3　福州市五四路交通环岛飞凤造型图

例 3：图 4.1-4 所示为福州市华林路王审知三角交通中心岛“新芽”植物造型图案，该交通中心岛采用三组植物造型图案，由红叶小坛制作新芽苞，花叶假连翘为新芽叶片，红白色彩对比，图案鲜明，在两组新芽之间安排一组寓意红太阳在海浪中升起的造型图案，在环岛中心的王审知雕像基座，四周用马缨丹为基础花卉栽植，整个华林路三角岛的意象园林的寓意为在鲜艳的太阳照耀下，社会主义建设事业和城市新风景园林事业犹如茁壮成长的新芽，欣欣向荣、蒸蒸日上。

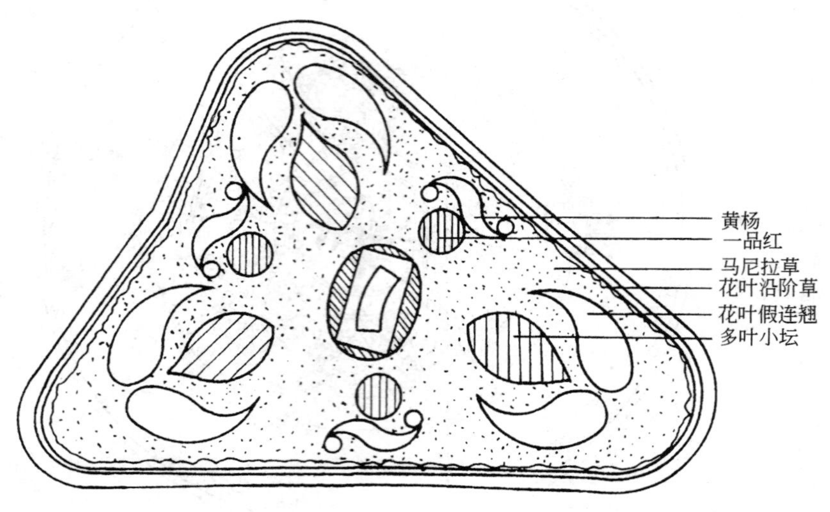


图 4.1-4 福州市华林路王审知三角交通中心岛

例 4：图 4.1-5 所示为深圳市上步路、红荔路口交通中心岛的示意图，该交通中心岛直径为 30m，采用抽象式的手法设计，立意突出“转”。用具有动态而流畅的旋转曲线，勾勒出一个水池和半岛。池中的岛由三个不同标高的圆形组合而成，显得简洁明快。植物配制注重大块色彩的对比。力求品种的单纯，例如乔木仅选一种——南洋杉、灌木也仅选一种——苏铁、草花一种——串红、观叶植物一种——紫心草、地面铺设台湾草。一树一花一草一叶，均呈螺旋状进行排列，动势集中到转盘构图中心苏铁上。墨绿色的南洋杉与浅绿色的台湾草，配上纯红纯紫的两条彩带，加上水池的蓝色，使整个转盘在色彩上富有装饰性，给人以强烈的时代感，在外形上来看，把自然界的水湾、半岛、岛屿加以变形、升华，用具有旋转感的流畅曲线创造出一种情趣。

例 5：图 4.1-6 所示为深圳市水库路、怡景路口交通中心岛平面示意图。该交通中心岛直径为 35m，主要以自然式手法进行布置。构思方案时，刻意突出水面，池中设大小两个岛，并在转盘周边加了 1m 宽的绿带，调节绿带的倾斜度，以使池边与水面保持等高。植物配置以大王椰子为主体，配置少量软枝黄蝉、朱蕉、丝兰等矮小灌木，客观上它以自然清新的南国情调而取得独具一格的景观效果。

例 6：图 4.1-7 所示为深圳市泥岗路、华强路口交通中心岛平面示意图。该中心岛是一个椭圆形大转盘，用自然式手法布置，地形也略有起伏。大王椰子及黄、红、紫色的花灌木分别成片栽植，由流畅的曲线组成抽象图案，色块之间形成了互相追逐的平面图案。

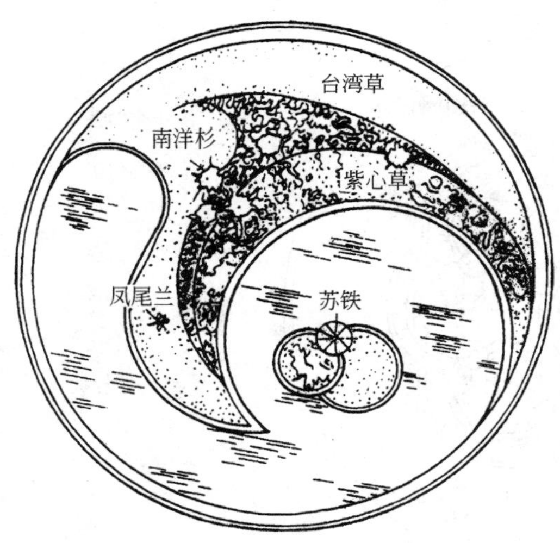


图 4.1-5 上步路、红荔路口转盘平面图

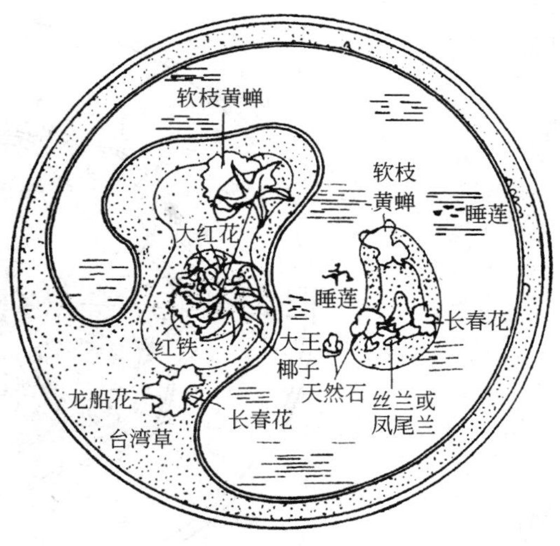


图 4.1-6 水库路、怡景路口转盘平面图

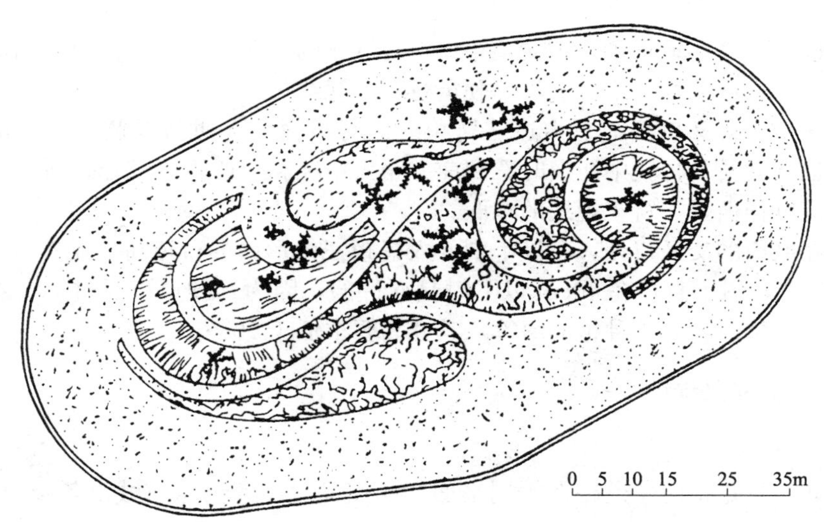


图 4.1-7 泥岗路、华强路口交通中心岛平面图

例 7：图 4.1-8 所示为深圳市布吉路、笋岗路口交通中心岛平面示意图。该中心岛的直径为 40m，中心岛像转盘，采用 8 条弧线组成规则图案，在弧线的交点配置九里香球，中心是一组软叶针葵。转外围铺设假俭草，内围布置红草，用福建茶矮篱将红草加以分隔，软叶针葵下满栽山丹。此转盘线条比较柔和，中心部位围以挡土墙并升高近 1m，挡土墙外栽植九里香绿篱以遮挡墙体，使转盘立面上高低错落，富有层次感。

### 4.1.3 交通导向岛绿地

（1）城市导向岛是用以指引行车方向，约束车道，使车辆减速转弯，保证行车安全。在环形交叉口进出口道路中间应设置交通导向岛，并延伸到道路中间隔离带。

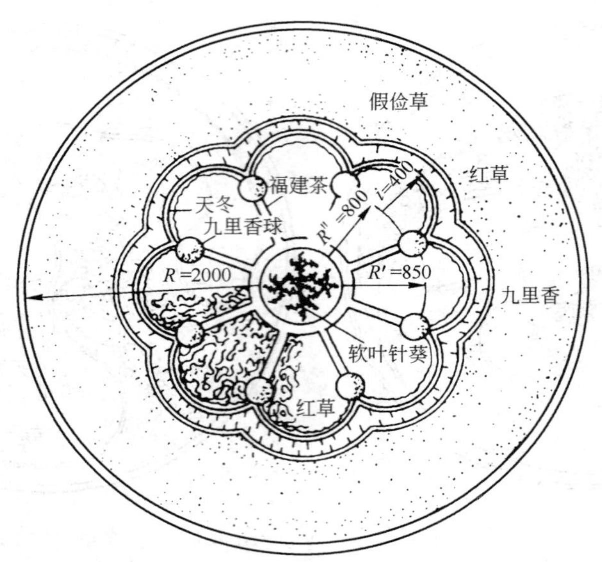


图 4.1-8 布吉路、笋岗路口交通中心岛平面示意图（尺寸单位：cm）

(2) 交通导向岛绿地是指位于交叉路口上可绿化的导向岛用地。交通导向岛绿化应选用地被植物、花坛或草坪，不可遮挡驾驶员行车的视线。

(3) 在城市的交叉口绿地是由道路转角处的行道树、交通岛以及一些装饰性绿地组成。为了保证驾驶员在行驶中能及时看到前方路面情况和交通管制信号，所以一般在视距三角形内不能有任何阻挡行车视线的东西。

(4) 但在城市的交叉口处，有极个别伸入视距三角形内的行道树株距在 6m 以上，树干高在 2m 以上，树干直径在 40cm 以下时是允许的，因为驾驶员可通过空隙看到交叉口附近的车辆行驶情况。对于种植的绿篱，其株高要求低于 70cm。

### 4.1.4 立体交叉绿地

4.1.4.1 概述

(1) 立体交叉是指两条道路在不同平面上的交叉。高速公路与城市各级道路交叉时、快速路与快速路交叉时都必须采用立体交叉。

(2) 大城市的主干路与主干路交叉时视具体情况也可设置立体交叉。

(3) 立体交叉使两条道路上的车流可各自保持其原来车速前进，而互不干扰，是保证行车快速、安全的措施，但占地大、造价高，应选择占地少的立交形式。

4.1.4.2 立体交叉口绿地设计

(1) 城市立体交叉口的数量应根据道路的等级和交通的需求，统筹规划设置。其体形和色彩等都应与周围环境协调，力求简洁大方，经济实用。在一条路上有多处立体交叉时，其形式应力求统一，其结构形式应简单、占地面积少。

(2) 城市立体交叉绿地设计的原则：绿化设计首先要服从立体交叉的交通功能，使行车视线通畅，突出绿地内交通标志，诱导行车，保证行车安全。例如，在顺行交叉处要留出一定的视距，不种乔木，只种植低于驾驶员视线的灌木、绿篱、草坪或花卉；在弯道外侧种植成行的乔木，特别要突出匝道附近动态曲线的优美，诱导驾驶员的行车方向，使行车有一种既舒适又安全的感觉。

(3) 城市立体交叉口绿化设计应服从于整个道路的总体规划要求，要和整个道路的绿地相协调；要根据各立体交叉的特点进行，通过绿化装饰、美化增添立交处的景色，形成地区性、地域性的特有标志，并能起到道路分界的作用。

(4) 城市立体交叉口绿化设计要考虑到与道路绿化及立体交叉口周围的建筑、广场等绿化相结合，形成一个有机的整体，既美化城市，又为立体交叉口增加新的活力。

(5) 城市立体交叉口绿地设计应以植物为主，发挥植物的生态效益。为了适应驾驶员和乘客的瞬间观景的视觉要求，宜采用大色块的造景设计，布置力求简洁明快，并与立交桥的宏伟气魄相协调。

(6) 城市立体交叉口绿化布局要形式多样，各具特色，常见的有规则式、自然式、混合式、图案式、抽象式等：

1) 规则式：构图严整、平稳；

2) 自然式：构图随意，接近自然，但因车速高，景观效果不明显，容易造成散乱的感觉。

3) 混合式：自然式与规则式结合。

4) 图案式；图案简洁，平面或立体轮廓要与空间尺度协调。

5) 抽象式：立意抽象、富有时代感。

(7) 植物配置上同时考虑其功能性和景观性，尽量做到常绿树与落叶树结合、快长树与慢长树结合，乔、灌、草相结合。注意选用季相不同的植物，利用叶、花、果、枝条形成色彩对比强烈、层次丰富的景观，提高生态效益和景观效益。

(8) 匝道附近的绿地，由于上下行高差造成坡面，可采取以下3种方法处理：

1) 在桥下至非机动车道或桥下人行上步道修筑挡土墙，使匝道绿地成平面，便于植树、铺草（如北京市复兴门立交桥）；

2) 匝道绿地上修筑台阶形植物带；

3) 匝道绿地上修低挡墙，墙顶高出铺装面60～80cm，其余地面经人工修整后做成坡面（坡度小于1∶3铺草；坡度1∶3种草皮、灌木；坡度1∶4可铺草、种植灌木、小乔木）。

(9) 绿岛是立体交叉中面积较大的绿地，多设计成开阔的草坪，草坪上点缀一些有较高观赏价值的孤植树、树丛、花灌木等形成疏朗开阔的绿化效果；或用宿根花卉、地被植物、低矮的常绿灌木等组成图案。最好不种植大量乔木或高篱。桥下宜种植耐荫地被植物，墙面进行垂直绿化。如果绿岛面积很大，在不影响交通安全的前提下，可设计成街旁游园，设置园路、座椅等休憩设施，或园林小品、纪念性建筑等，供人们作短时间休憩。

(10) 立体交叉外围绿地设计时要和周围的建筑物、道路和地下管线等密切配合。

(11) 树种选择首先应以乡土树种为主，选择具有耐旱、耐寒、耐瘠薄特性的树种，能适应立体交叉绿地的粗放管理。

(12) 同时，还应重视立体交叉形成的一些阴影部分的处理，耐荫植物和草皮都不能正常生长的地方应改为硬质铺装，作自行车、汽车的停车场或修建一些小型服务设施。现在有些立交桥下设置汽车交易市场或汽车库，车上、地下尘土污物无人管理。有的甚至在桥下设餐饮摊群，既有碍观瞻，又极不卫生，还影响交通，应予以取缔。

例1：北京市安华立交桥。

图 4.1-9 所示为北京市安华立交桥平面图，位于北京三环与中轴路相交处，为两层长条形苜蓿叶式，东西被匝道和道路分割成 8 块绿岛，绿化面积共 1.7hm²。靠近桥体的 4 块绿岛，以草坪为底衬，桥侧集中种植油松，以修剪的黄杨、绿篱、红叶小檗和成片的月季组成如意形图案，线条流畅，层次丰富。其他 4 块小绿岛外侧种植黄杨篱，中心种植红叶小檗。

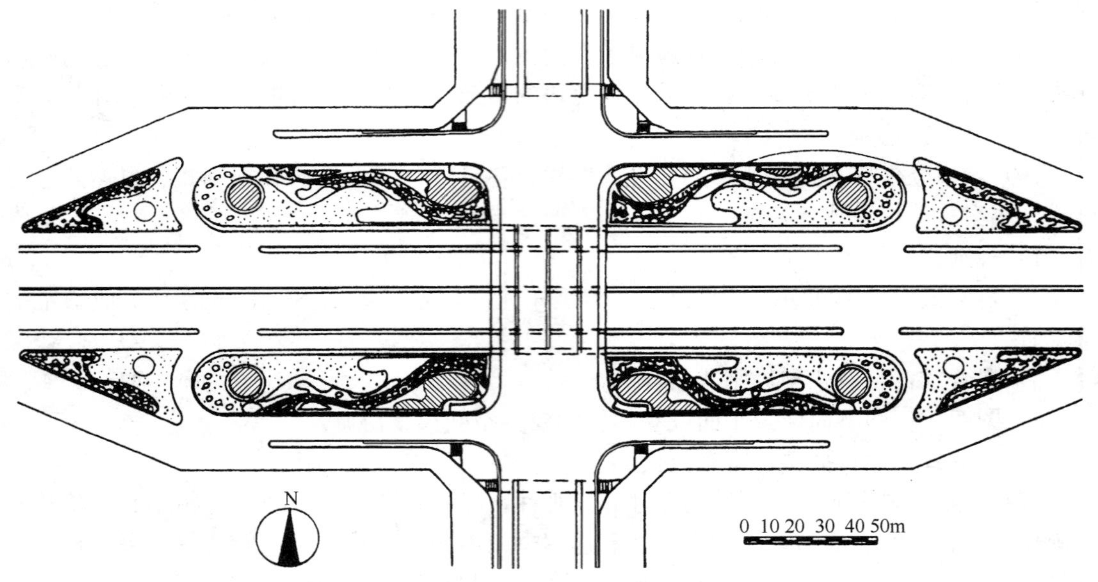

图 4.1-9　北京市安华立交桥绿化平面图

例 2：北京市分钟寺立交桥。

图 4.1-10 所示为北京市分钟寺立交桥平面图，位于北京市东南三环路与京津塘高速公路相交处，为快慢车分行互通式。由匝道和道路分割成 13 块大小不等的绿地，其中主要有 4 块绿岛，其绿化面积共 7.75hm²。两个对称的三角绿岛的绿化分别由 20 株油松和 7 株雪松构成，以刺槐、紫叶李、木槿等组成层次丰富的大体形树丛，成为京津塘高速公路进入北京的风景。树丛周围有连片的花灌木。两个圆形绿岛，作成直径 76m 的圆形草坪，草坪中心为风车状花坛。中心种植了 2m 高的桧柏伞状绿块，用黄杨组成 4 条放射边，中间布满黄菊和串红。

例 3：北京市三元立交桥。

三元立交桥，由北京市三环路与机场路、京顺公路交叉组成，是两层全互通式苜蓿叶形组合式立交桥。占地 20hm²，其中绿化面积 7hm²（包括东西花园面积 2.4hm²）。由匝道和道路分割成大小十几块绿地。由于地处迎宾线上，绿化布局开朗明快，铺植大量草坪，重点种植了油松和观赏价值高的灌木，组成较自然的树丛。其中东南 2 块三角形绿地较大，设计为开发性小游园，彩色水泥砖铺地，中心为花坛，内立有雕塑，四周是自然成丛的白皮松、黄杨球和成片的丰花月季等花灌木。桥北绿地种植油松树丛，周边种植花灌木；3 个三角形绿地以常绿树丛点缀；几个条形绿岛沿桥体的线形种植 1 行圆柏，株间点缀花灌木。桥东西的 2 块条状绿地与道路绿化结合，布置成街旁游园，设有水池、亭廊、花坛和大片草坪，点缀树丛和花卉。其绿化平面如图 4.1-11 所示。

图 4.1-10　北京市分钟寺立交桥绿化平面图

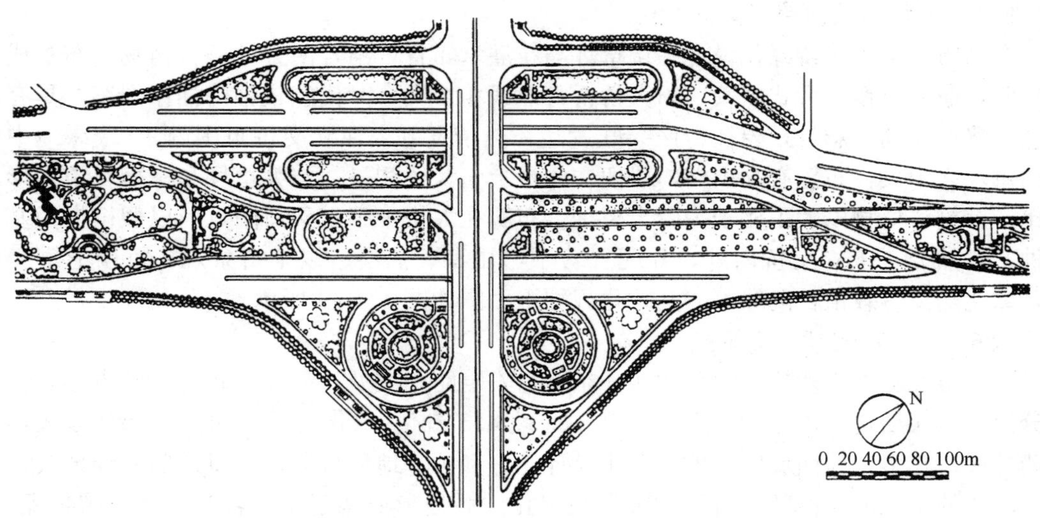


图 4.1-11　北京市三元立交桥绿化平面图

例 4：北京市菜户营立交桥。

北京市菜户营立交桥位于西二环路、南二环路与京开路相汇处，为多层快慢分行式，如图 4.1-12 所示。周围有树木围绕，中心有 4 块绿地，面积 $7hm^2$。在 4 块绿地中有 3 块为圆形栽植，圆的直径为 60m，呈凤凰形图案；以草坪为底衬，分别由 1 株大油松、6 株小油松、

18 株紫叶李和桧柏篱组成风头。利用修剪的黄柏、红叶小蘖、金叶女贞组成凤羽，在每个凤尾末端均用桧柏篱、丰花月季组成圆斑点点缀。由于植物叶色有较明显差别，从高处俯瞰，图案清晰，线条流畅，形象生动。另外 1 块绿地为三角形，作成展开式凤尾图案。

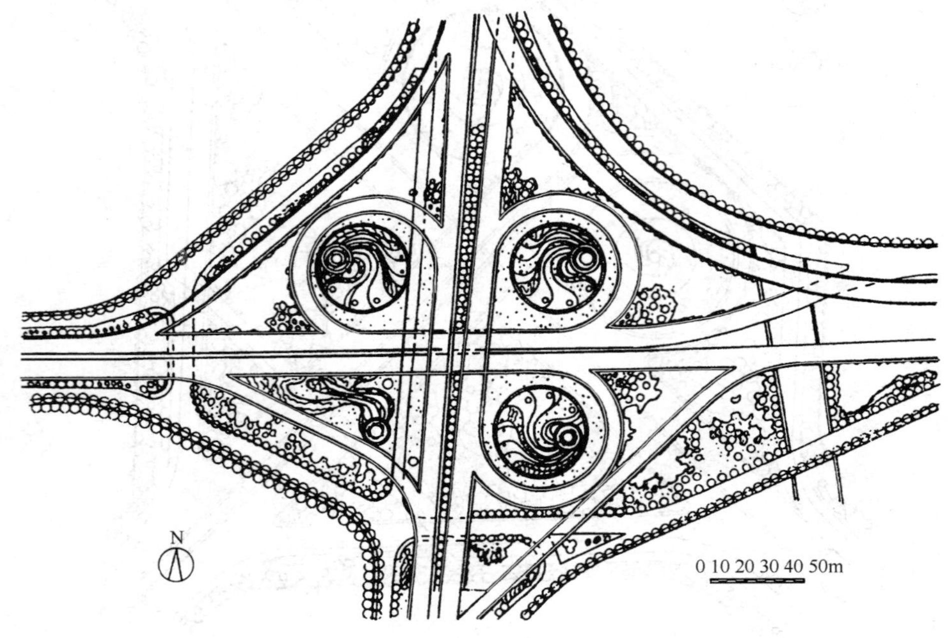


图 4.1-12 北京市菜户营立交桥绿化平面图

例 5：深圳市滨河路皇岗立交桥。

深圳市皇岗立交桥绿化设计强调草坪与花灌木布置，结合南方棕榈科植物，布置成色彩鲜明，曲线流畅，形式新颖，与大桥桥身曲线相协调，时代感较强的抽象图案。具有旋转感，犹如飘动的彩带，象征特区兴旺发达，热情友好。在立交桥范围内 12 块绿地中的空旷草坪之中央，布置有高山榕，以便在体量上与大桥相衬，与大草坪和棕榈科植物形成对比。棕榈科植物以大王椰子为骨干树种，布置在大桥十字交叉口附近。以假槟榔为基调树种，自然分布于立交桥内外，并配置若干金山葵、蒲葵、以丰富景观。桥墙上攀爬墙虎，绿化隔离带栽植杜鹃绿篱。其绿化规划平面图如图 4.1-13 所示。

例 6：北京市安慧立交桥。

北京市安慧立交桥位于北京北四环东路与安定路相交处，是互通式苜蓿叶方形，快慢车分流、三层结构。占地约 13hm$^2$，其中绿地 4.5hm$^2$。绿化设计：因高差起伏较大，挡土墙外坡地较多，地面坡度较大。绿化设计充分利用其地形特点，将匝道内的绿地改造成自然起伏的微地形，使整个桥区的坡地与绿化的微地形协调起来，合为一体；植物配置：为自然式布局。以开阔的草坪为主，在草坪上点缀各种树丛，疏密相间、错落有致，衬托桥体建筑，保证交通上的安全视距；树种选择：以油松为基调，点缀观赏价值较高的白皮松、西安刺柏、雪松、银杏、垂柳、合欢等。挡土墙上种植地锦，沿挡土墙外侧种油松、沙地柏和灌木。构成草地、花丛、树丛等园林景观。全桥区共植树 24600 株，树种 25 个。图 4.1-14 为北京市安慧立交桥绿化平面图。

图 4.1-13 深圳市滨河路皇岗立交桥绿化平面图

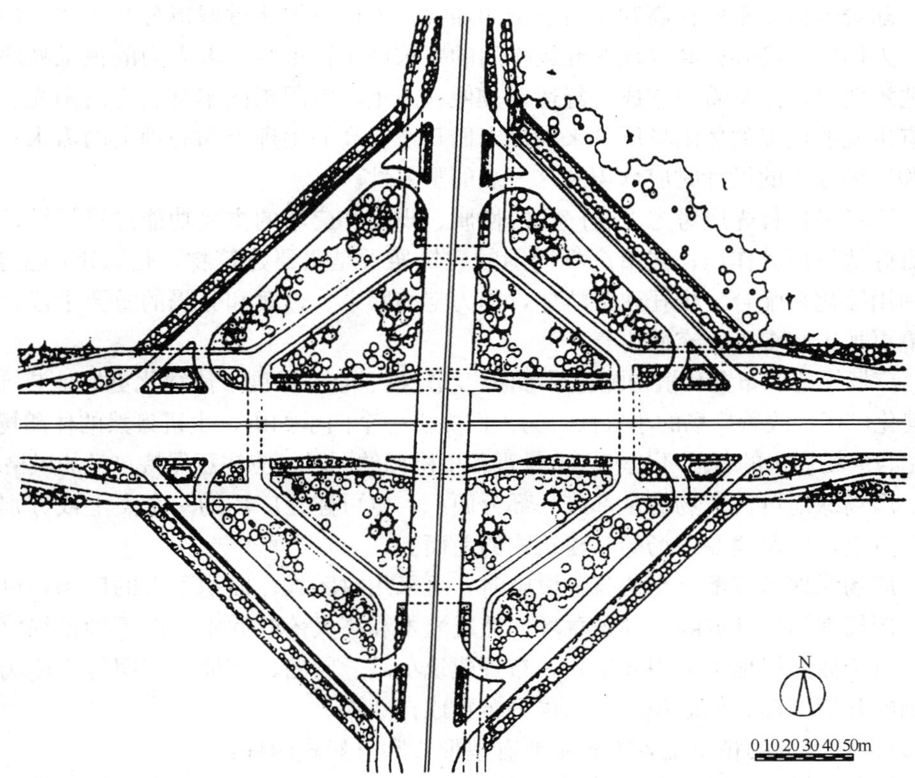


图 4.1-14 北京市安慧立交桥绿化平面图

## 4.2 城市广场绿地设计

### 4.2.1 概述

（1）城市广场应按照城市总体规划确定的性质、功能和用地范围，结合交通特征、地形、自然环境等进行绿化设计，并处理好与毗邻道路及主要建筑物出入口的衔接，以及和周围建筑物、广场的艺术风貌的协调。

（2）广场的空间处理上可用建筑物、柱廊等进行围合或半围合；用绿地、雕塑、小品等构成广场空间；也可结合地形用台式、下沉式或半下沉式等特定的地形组织广场空间；但不要用墙把广场与道路分开，最好分不清街道和广场的衔接处；广场地面标高不要过分高于或低于道路。

（3）四面围合的广场封闭性强，具有强的向心性和领域性；三面围合的广场封闭性较好，有一定的方向性和向心性；两面围合的广场领域感弱，空间有一定的流动性；一面围合的广场封闭性差。

（4）城市广场与道路的组合种类：主要有道路穿越广场、广场位于道路一侧，以及道路引向广场等多种形式；广场外形有封闭式和敞开式，形状有规则的几何形状或结合自然地形的不规则形状。

（5）随着生活水平的提高和生活节奏的加快，人们更加注重城市公共空间的趣味性和人性化，人们对广场和公共绿地等开放空间的要求已不再单纯追求人为的视觉秩序和庄严雄伟的艺术效果，而是希望它成为舒适、方便、卫生、空间构图丰富、充满阳光、植被和水的富有生气的优美的休闲场所，来满足人们日益提高的生理上和心理上的需求；因而在做广场和广场绿化的设计时应认识到这一点的重要性。

（6）广场绿化首先应考虑配合广场的性质、规模和广场的主要功能进行设计，使广场的绿化更好地发挥其作用；城市广场周围的建筑通常是重要建筑物，是城市的主要标志；应充分利用绿化来配合、烘托建筑群体，作为空间联系、过渡和分隔的重要手段，使广场空间环境更加丰富多彩、充满生气。

（7）广场绿地的布置和植物配置要考虑广场规模、空间尺度，使绿化更好地装饰、衬托广场，美化广场，改善广场的小气候，为人们提供一个四季如画，生机盎然的休憩场所；在广场绿化与广场周边的自然环境和人造景观环境协调的同时，应注意保持自身的风格统一。

（8）广场绿地可占广场的全部或一部分面积，也可建在广场的一个点上或分别建在广场的几个点上，以及建在广场的某建筑物的前面。

（9）广场绿地布置配合交通疏导设施时，可采用封闭式；面积不大的广场，可采用半封闭式，即周围用栏杆分隔，种植草坪、低矮灌木和高大落叶乔木，而不种植绿篱，使绿地通透。对于休憩绿地可采用开敞式，布置建筑小品、园路、座椅、照明等。广场绿地通常为规则的几何图形，如面积较大，也可布置成自然式。

（10）广场绿地的植物配置方式主要有整形式和自然式两种：

1）整形式种植：主要用于广场的周边或长条形地带，起到严整规则的效果。作为隔离、遮挡或作为背景用。配置可用单纯的乔木、乔木＋灌木、乔木＋灌木＋花卉等。为了避免成排种植的单调，面积较大时可把几种树组成一个个树丛，有规律地排列在一定地段上，形成集团式种植。

2）自然式种植：在一定的地段内，花木的种植不受株距、行距的限制，疏密有序地布置，还可巧妙地解决与地下设施的矛盾；植物配置一般高大乔木居中，矮小植株在侧，色彩变化尽量放在边缘，在必要的地段和节假日点缀花卉，使层次分明。

### 4.2.2 城市公共活动广场

(1) 公共活动广场一般位于城市的中心地区。它的地理位置适中，交通方便。广场周围的建筑以党政机关、纪念性建筑或其他公共建筑为主。广场主要是供居民文化休息活动，也是政治集会和节日联欢的公共场所。

(2) 大城市可分市、区两级广场；中小城市人口少，群众集会活动少，可利用体育场兼作集会活动场所。这类广场在规划上应考虑同城市干道有方便的联系，并对大量人流迅速集散的交通组织以及其相适应的各类车辆停放场地进行合理布置。由于这类广场是反映城市面貌的重要地方，因此要与周围的建筑布局协调、起到相互烘托的作用。

(3) 城市广场的平面形状有矩形、正方形、梯形、圆形或其他几何图形等。广场的宽度与四周建筑物的高度比例一般以 3～6 倍合适。

(4) 广场用地总面积可按规划城市人口每人 0.13～0.40$m^2$ 计算。广场不宜太大，市级广场每处 4～10$hm^2$；区级每处 1～3$hm^2$ 为宜。

(5) 公共活动广场绿化布局视主要功能而各不相同，有的侧重庄重、雄伟；有的侧重简洁、闲静；有的侧重华美、富丽堂皇等。

(6) 公共活动广场一般面积较大，为了不破坏广场的完整性、不影响大型活动和阻碍交通，一般在广场中心不设置绿地。而在广场周边及与道路相邻处，可利用乔木、灌木，或花坛等进行绿化，既起到分隔作用，又可减少噪声和交通的干扰，保持广场的完整性。在广场主体建筑旁以及交通分隔带采取封闭或半封闭式布置。

(7) 广场中成片绿地不应少于广场总面积的 25%，宜布置为开放式绿地，供人们进入游憩、漫步，提高广场绿地的利用率。植物配置采用疏朗通透的手法，扩大广场的视线空间、丰富景观层次，使绿地更好地装饰广场。

(8) 城市广场，亦可充分利用绿地进行分隔，使之形成不同功能的活动空间，以满足人们的不同需要。

例 1：南京市鼓楼广场。

图 4.2-1 所示为南京市鼓楼广场绿化鸟瞰图，它是南京第一个市民休闲广场，三面与道路相邻，北侧为建筑，南侧利用高大乔木与道路相隔，中心为喷泉、国旗广场，周围布置了休闲散步区、都市森林、科普画廊区。广场绿化注重两个结合：即乔、灌、花、草相结合，广场空间主、次相结合。其活动内容丰富，服务设施完备，正逐渐成为南京城市空间的象征之一。

例 2：东台市东亭休闲广场。

图 4.2-2 所示为东台市东亭休闲广场绿化鸟瞰图。该广场紧邻居住区，考虑居住区特点，以“6”、“9”吉祥数字为主要符号，大量采用香樟、榉树、石楠、蜀桧、紫叶李、金叶女贞、杜鹃、丝兰、一串红、二月兰、合欢等树种及红花酢草，表达了一种对美好生活的祝福，用花坛将空间分隔为公共活动空间和私密空间。通过硬质铺装、疏林草地、嵌草

铺装等有机组合，解决人流量大时使用功能与景观的矛盾。

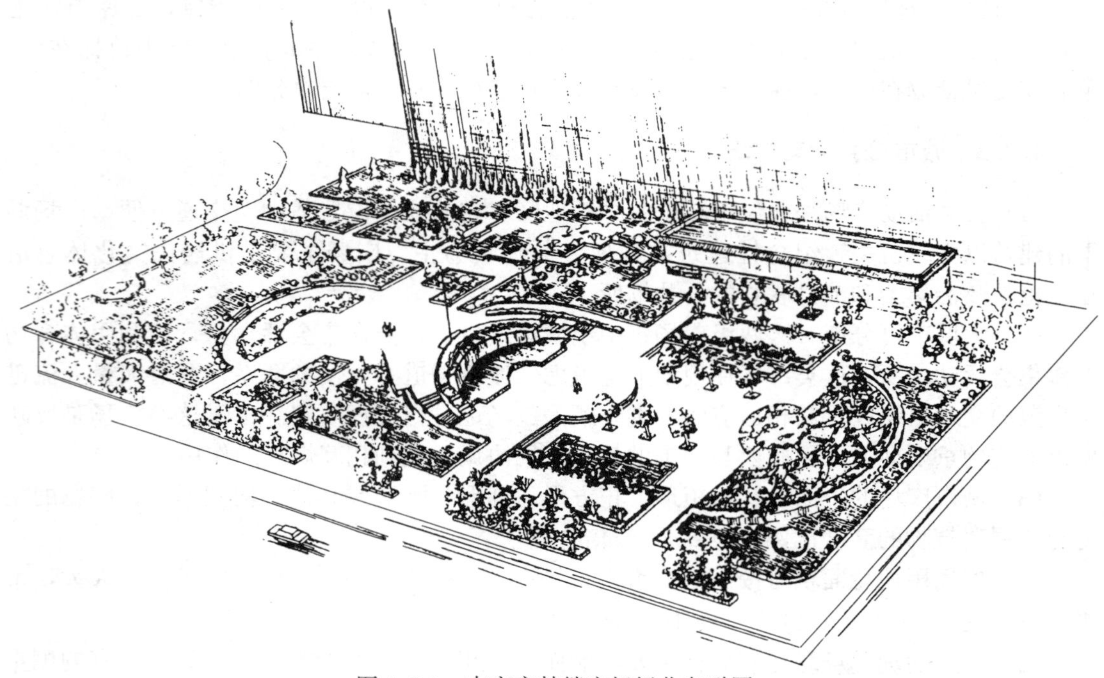

图 4.2-1 南京市鼓楼广场绿化鸟瞰图

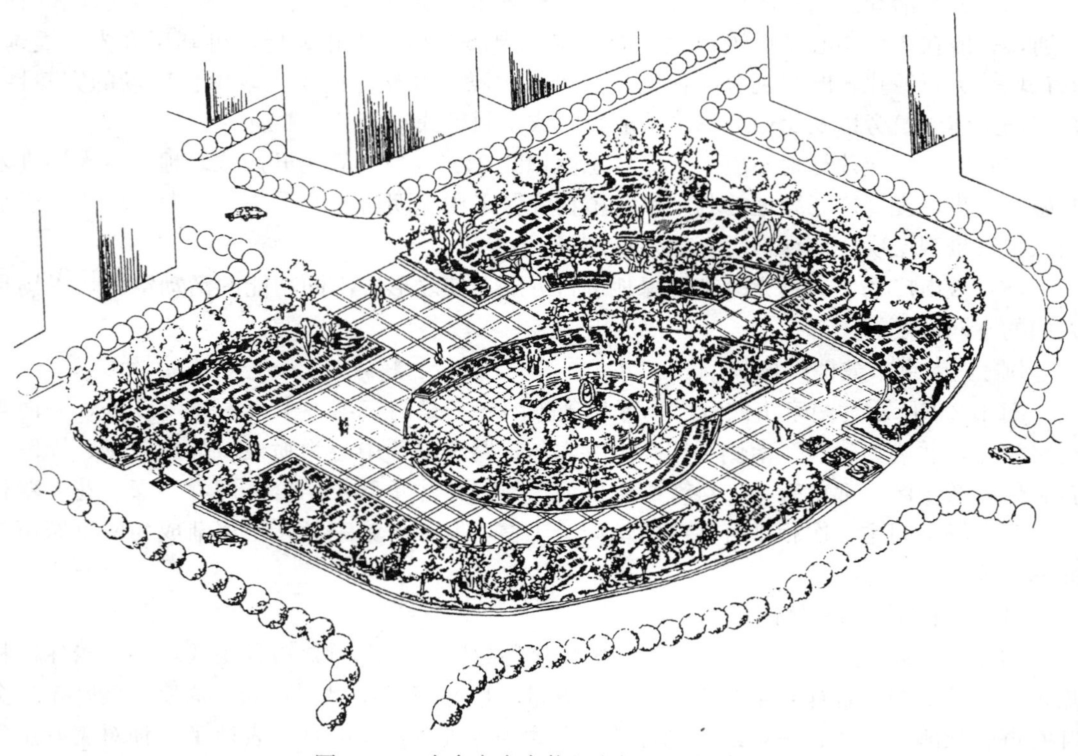

图 4.2-2 东台市东亭休闲广场绿化鸟瞰图

例 3：湛江市金海岸广场。

湛江市金海岸广场以规则花纹铺装和树池形成极富现代感的城市休闲空间，以高耸的雕塑形成空间的主题，同时成为湛江海岸天际线标志性构筑物，树池广场种植亚热带高大阔叶乔木，形成大片绿荫，成为亚热带居民休闲纳凉的户外场所。其平面图如图 4.2-3 所示。

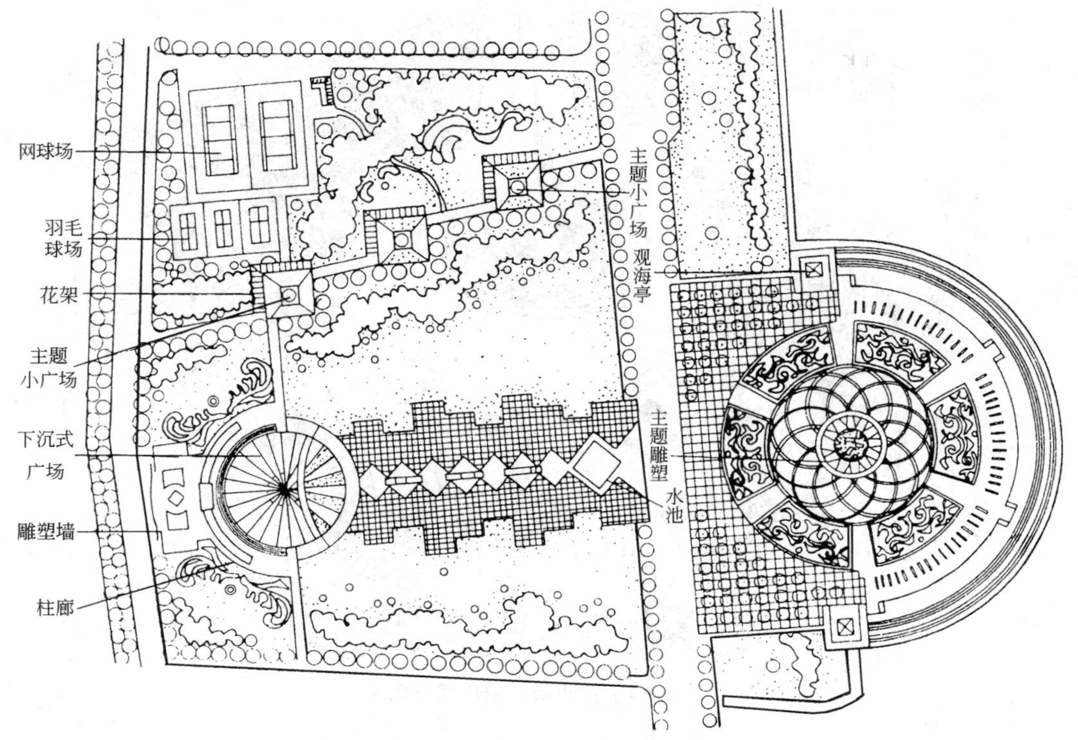


图 4.2-3　湛江市金海岸广场平面图

例 4：兖州市太阳广场。

图 4.2-4 所示为山东省兖州市太阳广场鸟瞰图，围绕中心太阳状的模纹花坛，四周布置着由太阳创造的人们赖以生存的各种物质的、精神的空间，虽然各自有重点，但都呼应了一个主题——给予光、热、能量的太阳。该图案构成规则，是利用大面积分铺装创造了庄严的氛围，又在草坪中点缀散丛密林、卵石步道和四季草花等，增加了休闲的感觉。

例 5：深圳市南国花园广场。

图 4.2-5 所示深圳市南国花园广场平面图，该广场的中心设计为一个 S 形水系，把池边的几个花坛组合分成三组。广场设计为下沉式，使街道上的行人能够以略带俯视的角度欣赏到广场优美的平面布置。

例 6：北海市北部湾广场。

图 4.2-6 所示广西壮族自治区北海市北部湾广场。该广场位于北海市建成区中心，四周商业街区是城市文化、交通、经济的交汇点。广场呈扇形，面积 4hm$^2$。分 5 个区：①中心区：以“南珠魂”雕塑为中心；②集会广场区：沿四川路，为满足小型集会、休闲活动的硬地空间；③文化广场区：沿北部湾中路，为市民举行音乐会等文化活动的场所；④草坪区（两个区）：从“南珠魂”到长青路中轴线两侧布置 2 块草坪。“南珠魂”周

围布置 3 个大型花坛，外围种植 14 株代表 14 个沿海开放城市的友谊树。植物配置以大王椰子、槟榔为基调，配以大片花卉。广场四周种植盆架子和水石榕。在草坪的林地上点缀了槟榔、糖棕等，形成亚热带硬质林荫广场的特色。

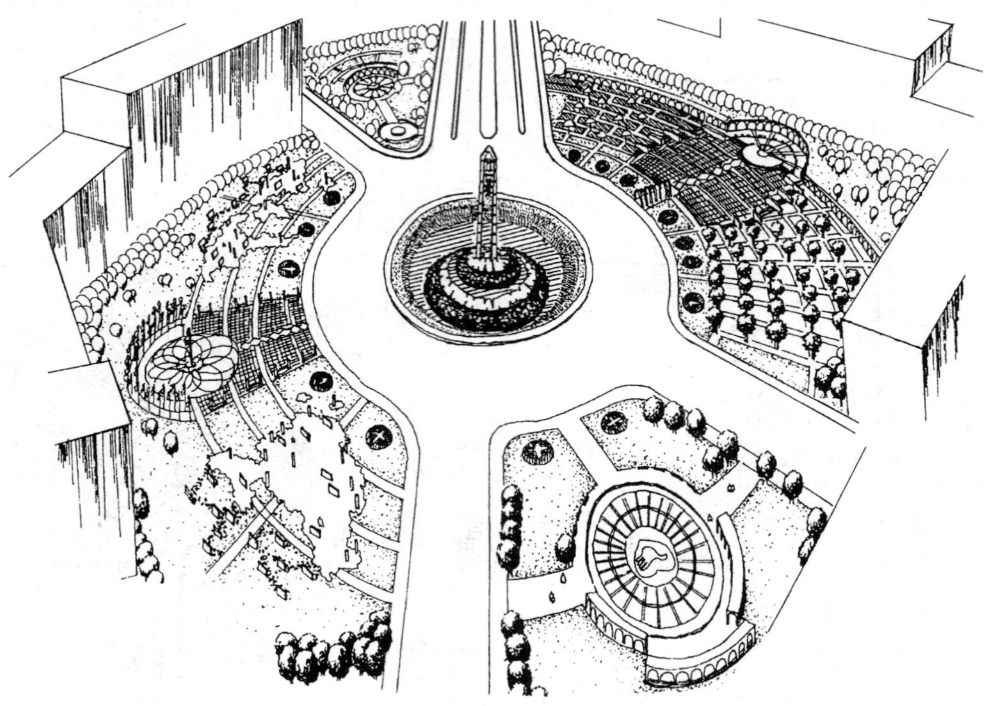

图 4.2-4　兖州市太阳广场鸟瞰图

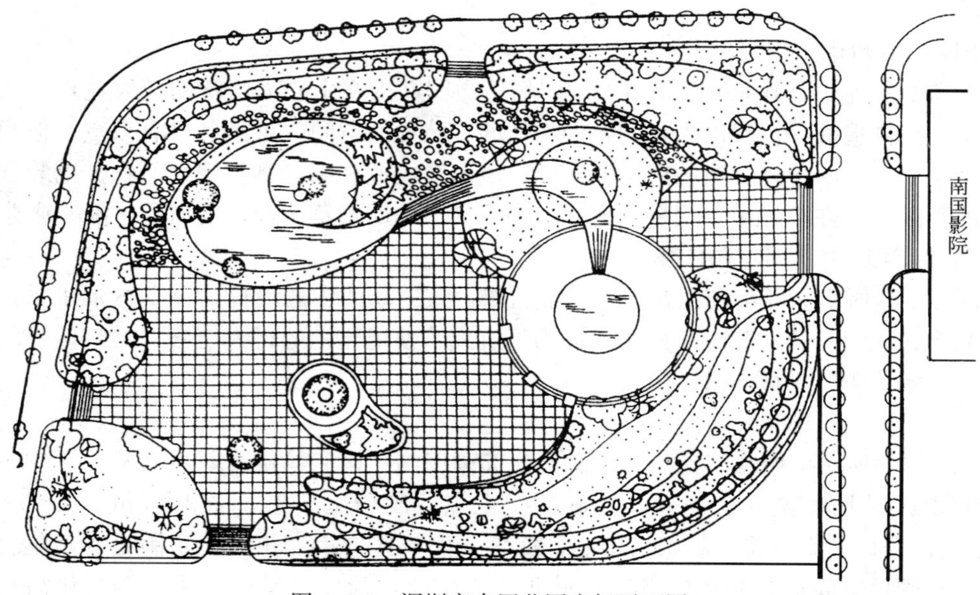


图 4.2-5　深圳市南国花园广场平面图

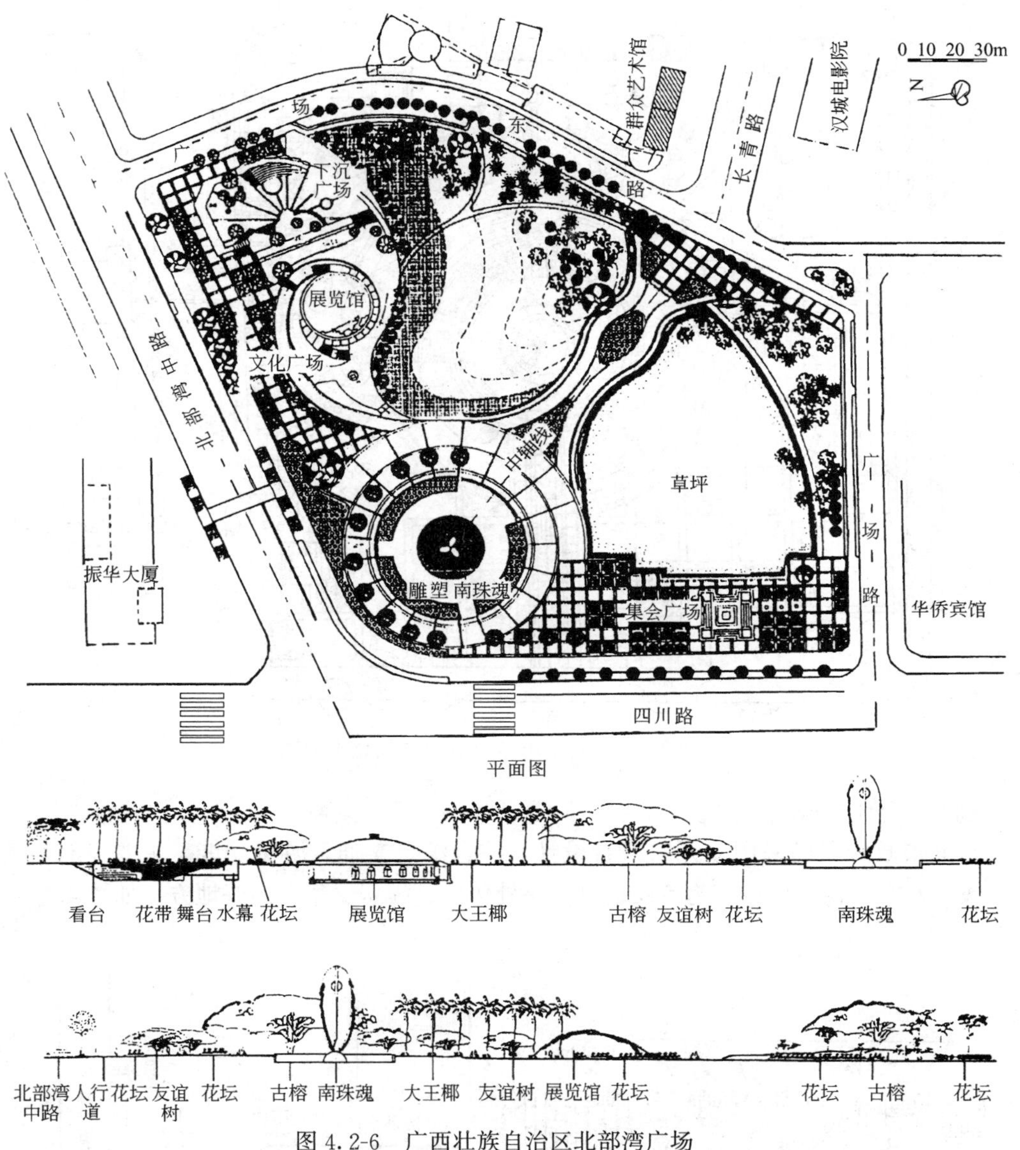


图 4.2-6 广西壮族自治区北部湾广场

例 7：北京市西单文化广场。

图 4.2-7 所示为北京市西单东北角广场总平面图，以圆形及方形为主题，秩序井然，规则中寓变化。在环境绿化设计中，以绿色植物形成对方正布局广场形象的软化，即自然生态化，使绿色的自然形态与广场景观的规则秩序形成有趣的对比、呼应、穿插，最终融合成为西单文化广场独具特色的形象。

西单文化广场的植物景观设计以银杏及白皮松的组合为主题特色，形成广场对城市开敞的南、西两侧清新挺拔的绿化氛围。同时，以方正的草地组合融合广场的铺地划分，获得广场主展示面完整的景观效果。在广场东北部，设有林荫草坡，以葱郁的立体植物景观带构成广场主景的绿色背景，同时为广场的空间塑造增加了造型层次，加强了对城市节点空间的围合效果。

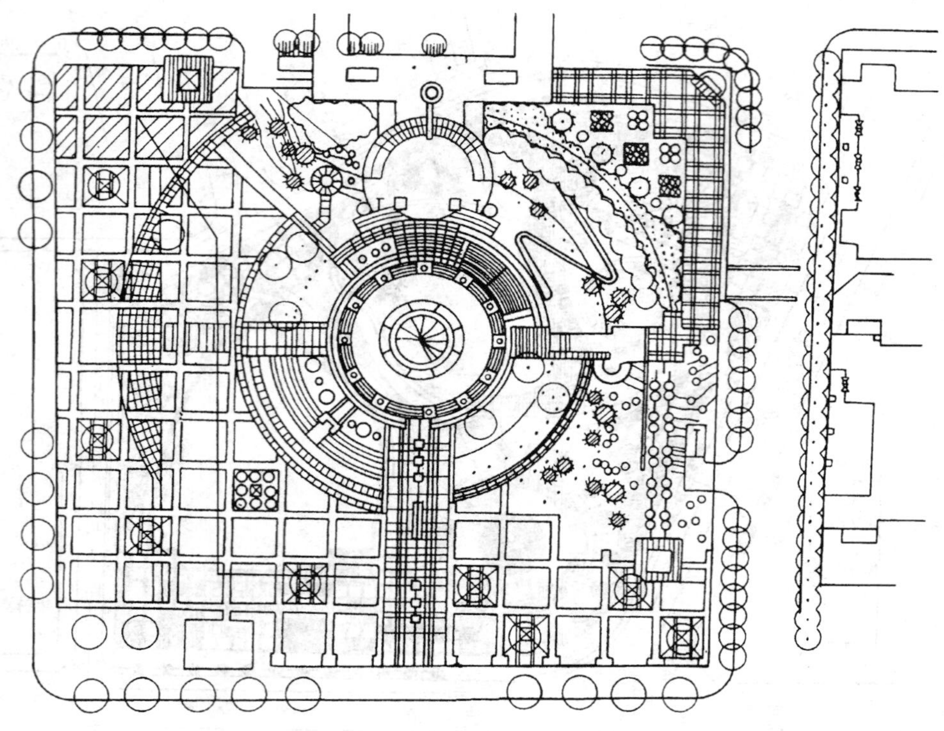

图 4.2-7 北京市西单文化广场总平面图

例 8：台北市政府广场。

台北市政府广场采用多元素组合设计，综合满足交通、游览功能。主要设有表演歌舞台、瀑布水景、树荫广场，为市民提供了一处休闲、娱乐、集会的好地方，如图 4.2-8 所示。

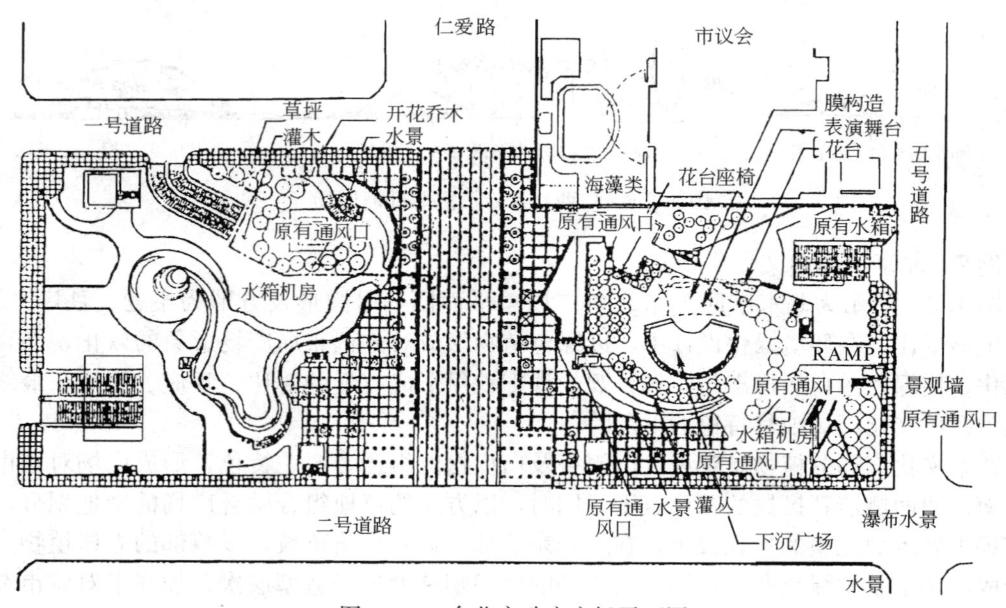


图 4.2-8 台北市政府广场平面图

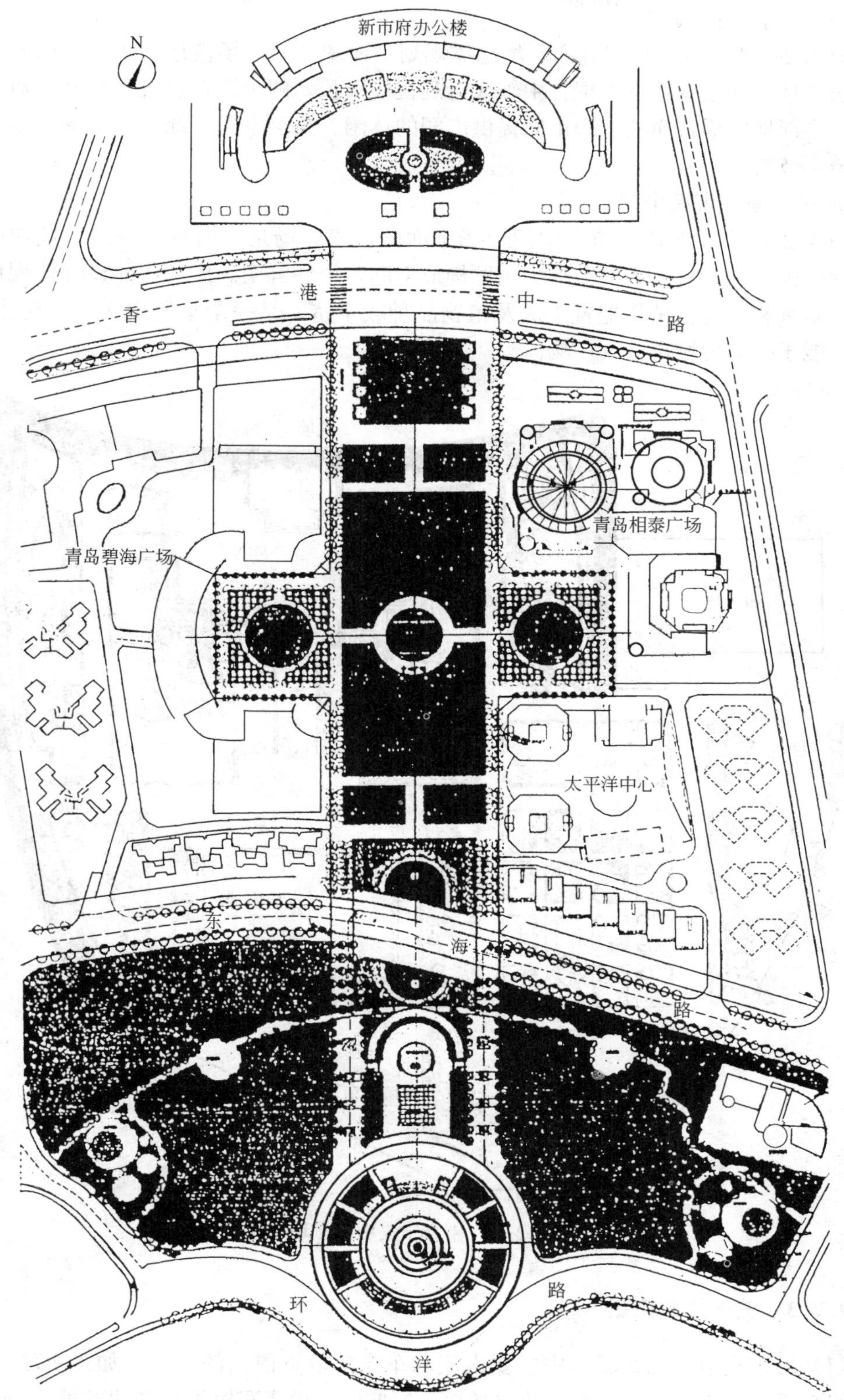


图 4.2-9 青岛市五四广场总体规划平面图

例 9：青岛市五四广场。

图 4.2-9 所示为青岛市五四广场总体规划平面图，该广场占地面积广，内容丰富，设计手法奇特。其主要特点表现在中轴线景观视线极长，两个端点设置雕塑互为对景，互相衬托，中部地区形式简洁，为市民提供广阔的休闲、集会空间，绿地铺装形式富有音乐的韵律美，节奏美。

例 10：南京市汉中门广场。

图 4.2-10 所示为南京市汉中门广场平面图，该广场是对南京汉西门遗址加以改建而形成的市民广场，它以历史文物为主题构成空间，个性鲜明。广场小品设计体现历史与广场整体氛围相融合。植物配置手法及植物品种较丰富，是一个集历史文化、交往、活动、休憩功能于一体的城市休闲广场。

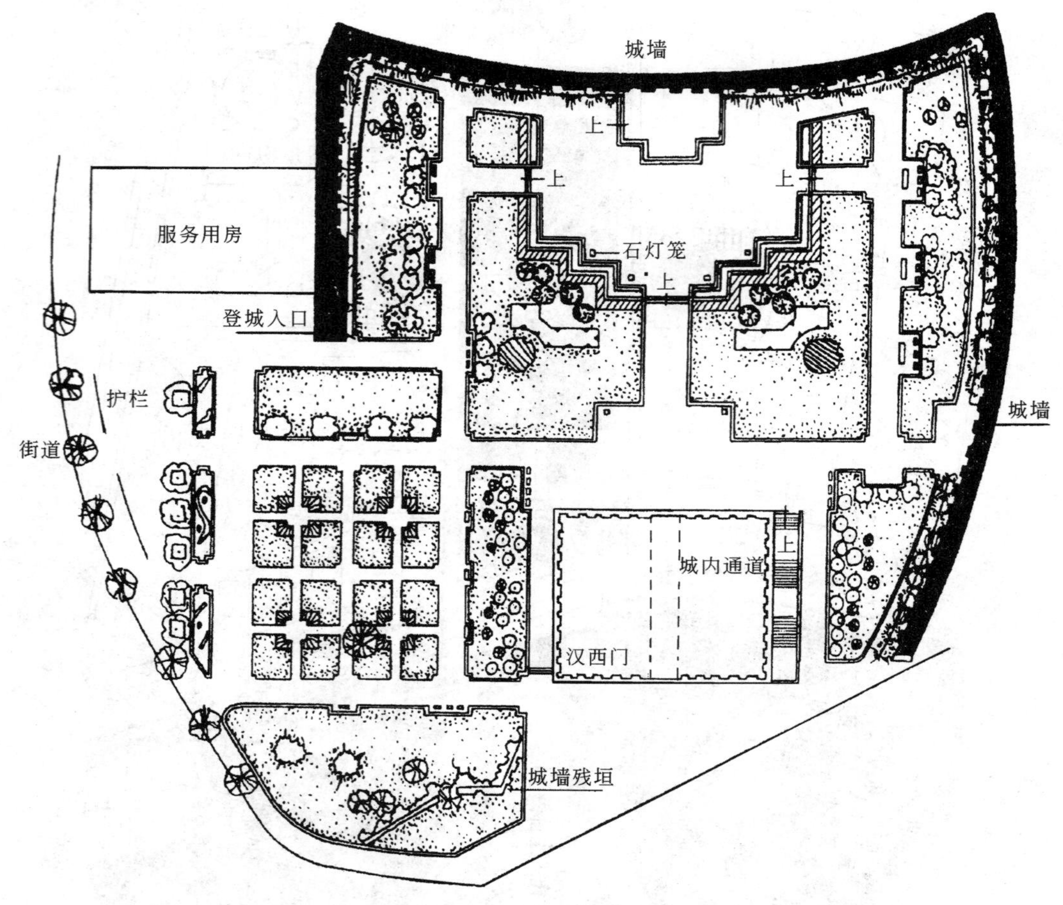


图 4.2-10 南京市汉中门广场平面图

### 4.2.3 城市集散广场

(1) 城市集散广场是城市中主要人流和车流集散点前面的广场。如飞机场、火车站、轮船码头等交通枢纽站前广场，体育场馆、影剧院、饭店宾馆等公共建筑前广场和大型工厂、机关、公园门前广场等。其主要作用是解决人流、车流的集散有足够的空间；具有交通组织和管理的功能，同时还具有修饰街景的作用。

（2）一般情况下，较大城市的火车站等交通枢纽前广场，其主要作用首先是集散旅客、然后是为旅客提供室外活动场所。旅客经常在广场上进行多种活动，例如作室外候车、短暂休息；购物；联系各种服务设施；等候亲友、会面、接送等。

（3）火车站前又是公交车、出租车、团体用车、行李车和非机动车等车辆的停放和运行的中心地方，同时也是布置各种服务设施建筑，如洗手间、邮电局、超市、餐饮店、小卖部、电话亭等的好场所。

（4）集散广场绿化可起到分隔广场空间以及组织人流与车辆的作用；为人们创造良好的遮阴场所；提供短暂逗留休息的适宜场所；绿化可减弱大面积硬质地面受太阳照射而产生的辐射热，改善广场小气候；与建筑物巧妙地配合，衬托建筑物，以达到更好的景观效果。

（5）火车站、长途汽车站、飞机场和客运码头前广场是城市的“大门”，也是旅客集散和室外候车、休憩的场所。广场绿化设计除了适应人流、车流集散的要求外，要创造开朗明快、洁净、舒适的环境，并应能体现所在城市的风格特点和广场周围的环境，使之各具特色。植物选择要突出地方特色。沿广场周边种植高大乔木，起到很好的遮阴、减噪作用。在广场内设封闭式绿地，种植草坪或布置花坛，起到交通岛和装饰广场的作用。

（6）广场绿化包括集中绿地和分散种植。成片绿地不宜小于广场总面积的10%。民航机场前、码头前广场中成片绿地宜在10%～15%。风景旅游城市或南方炎热地区，人们喜欢在室外活动和休息，例如南京、桂林火车站站前广场中成片绿地达16%。

（7）绿化设计按其使用功能布置。一般沿周边种植高大乔木，起到遮阴、减噪的作用。供休息用的绿地不宜设在被车流包围或主要人流穿越的地方。

（8）面积较小的绿地，通常采用封闭式或半封闭式形式。种植草坪、花坛，四周围用栏杆，以免人流践踏，起到交通岛的作用和装饰广场的作用。用来分隔、组织交通的绿地宜作封闭式布置，不宜种植遮挡视线的灌木丛。

（9）面积较大的绿地，可采用开放式布置。安排铺装小广场和园路，设置园灯、坐凳、种植乔木遮阴，配置花灌木、绿篱、花坛等，供人们进入休息。

（10）步行场地和通道种植乔木遮阴。树池加格栅，保持地面平整，使人们行走安全、保持地面清洁和不影响树木生长。

例1：黄石市客运站的站前广场。

图4.2-11所示为湖北省黄石市客运站的站前广场，总占地面积为3520$m^2$，其中绿地面积为785$m^2$，占总面积的22%，绿地的中心与客运站的门厅中轴线相垂直，呈弧形放射块状，除中心雕塑花坛之外，其余被划分成三块形式对称而内容各异的绿地。用雀舌黄杨当绿篱镶边。外环用蜀松、黄杨球、紫叶李组合排列，高低错落，形状有对比，色彩冷暖相间。弧形上端四块绿地的中央，各用1株冠径为1.5～2m的海桐，内弧下端则用1株黄杨球与上端相呼应，点植4株丝兰和两株茶花，并在海桐的旁边散植丰花月季。弧形底端的两块绿地中，各设有3个圆环休息岛，用雀舌黄杨绿篱作平面构图，点植洒金柏、红花继木和棣棠。总体上虽分割为几块绿地，但通过植物的巧妙配置，使其构成了一个有机整

体。在绿地的中心部分，也是视野最突出点，高耸着一尊象征客运站精神和气质的抽象雕塑，造型明快，内涵丰富，寓意着客运事业蒸蒸日上。

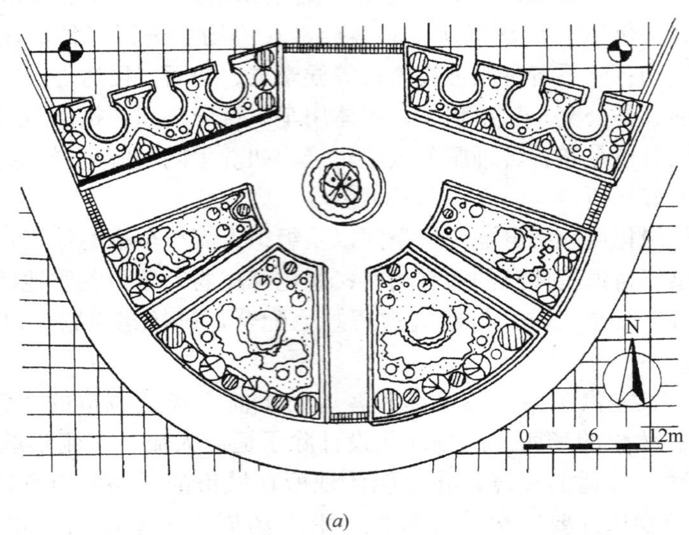


(*a*)

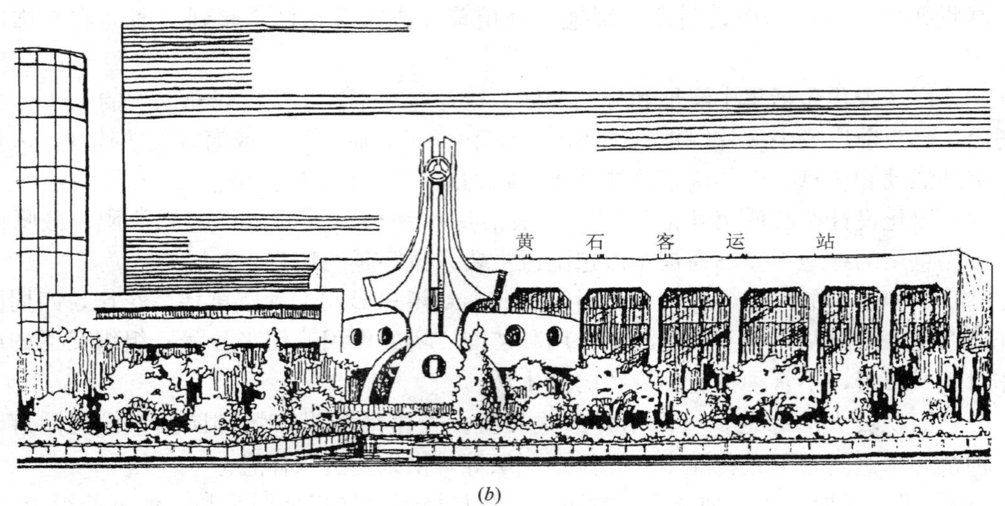


(*b*)

图 4.2-11 黄石市客运站的站前广场

(*a*) 平面图；(*b*) 外景图

例 2：桂林市火车站广场。

图 4.2-12 所示为广西壮族自治区桂林市火车站广场平面图，该广场除布设了足够的停车场地外，还根据城市特点布置一片人工湖，使广场和贵宾室之间有所隔离，广场显得开朗、优美和接近自然。影剧院、体育馆等公共建筑物前广场，绿化起到陪衬、隔离、遮阴的作用外，还要符合人流集散规律，采取基础栽植：布置树丛、花坛、草坪、水池喷泉、雕塑和建筑小品等，丰富城市景观。在两侧种植乔木遮阴、防晒降温。但主体建筑前不宜栽植高大乔木，避免遮挡建筑物立面。

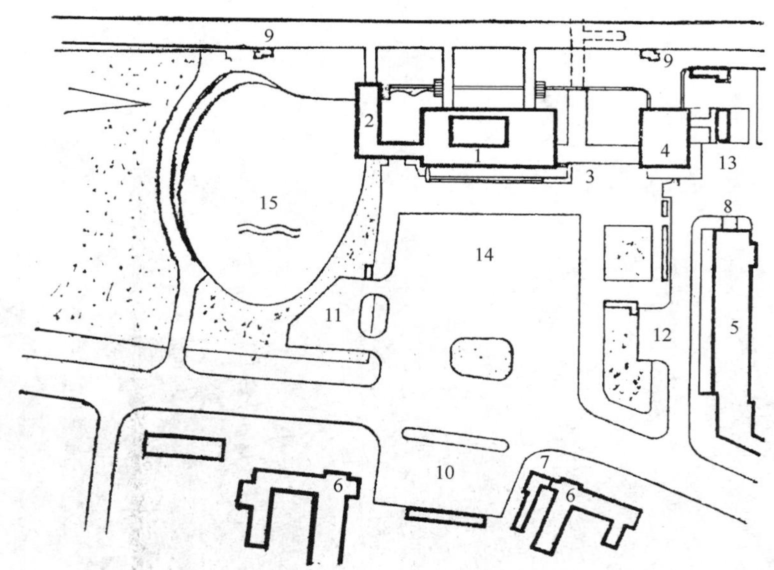


图 4.2-12 桂林市火车站广场平面图

1—站屋；2—贵宾室；3—出站口；4—行包房；5—邮政转运楼；6—旅馆；7—公共交通调度室；8—公共厕所；9—售货亭；10—公共汽车站；11—出租汽车停车场；12—三轮车停车场；13—行包车停车场；14—专用汽车停车场；15—人工湖

例 3：娄底火车站广场。

1）图 4.2-13 为娄底火车站广场外貌图，娄底火车站广场占地面积约 56000m²。

(*a*)

图 4.2-13 娄底火车站广场外貌图

（*a*）夜景喷泉图；（*b*）绿化实景图

(*b*)

图 4.2-13 娄底火车站广场外貌图（续）

（*a*）夜景喷泉图；（*b*）绿化实景图

2）娄底火车站广场从投入使用至今，已经历了近 30 余个风雨年头。

3）在管理办工作人员的共同努力下，如今的娄底火车站广场愈加干净整洁，过往车辆愈加井然有序，让全市人民深切感受到了创文为百姓带来的实在变化。

例 4：上海火车站北广场。

1）图 4.2-14 所示为上海火车站北广场，为综合交通枢纽主体工程，占地面积约 7.6$hm^2$，新建的公交站台分别位于中心广场的东西两端，东侧公交站台有多个公交车站

图 4.2-14 上海火车站北广场

站台，分别停靠305、306、310、115、515、817、823、912、928、929、942、962、新川专线等13条公交线路；西侧公交枢纽有两个公交站台，世博1路、106路、117路已进入站点。最南面的公交站台紧邻轨交3、4号线的两个出入口，乘客出入比较方便。

2）上海火车站北广场位于上海闸北区。上海火车站北广场由地下层、地面层和二层平台构成。地下层包括地下一层建设出租车停靠通行专用车道，并连接铁路地下出站口、南北广场、轨道交通、长途客运的行人通道；地下二层建设泊车500辆的社会车辆停车库、设备区和部分商业服务用房；地面层包括中心广场的改建、扩建，公交换乘系统的建设。

3）根据规划，步行平台南接铁路上海站北站屋和火车站北入口、北临中心广场、东抵大统路轨道交通3、4号线进出站口、西连长途客运总站，将能实现火车、地铁、轻轨、出租车、公交车等的“零距离”换乘。

例5：郑州火车站西出站广场。

1）图4.2-15所示为郑州火车站西出站广场。事实上，郑州火车站西出站口建设，是目前已开工的郑州至西安客运专线配套项目，也是郑州火车站枢纽站工程的完善项目。

图4.2-15 郑州火车站西出站广场

2）郑州至西安、郑州至北京、郑州至徐州和郑州至武汉等4条铁路客运专线建成后，将共用建成后的郑州火车站西出口。因为这4条铁路客运专线设计的时速都在300km以上，实际上，建成后的郑州火车站西出口就是高速铁路的专用车站。

3）目前，郑州火车站只有东出站口，郑州西区市民乘火车出行要经中原路地下道绕行，而火车站地区的交通也很紧张。因此，郑州火车站西出站口的建设一直是社会关注的话题。

4）有人说，现在的郑州市因铁路而起，也因铁路而兴。事实上，自从京广铁路开通后，郑州火车站便成了中国腹地的一个交通枢纽。

5）京汉铁路于1906年全线修通。郑州火车站到今天已有百年历史，也一直是全国铁路的特级站，目前每天接发客车数超过200对，单日客运量最高超过7万人。

例 6：南宁火车站广场。

1）南宁站位于广西壮族自治区南宁市兴宁区中华路 28 号。建于 1951 年，隶属南宁铁路局管辖。现为客货特等站。2013 年 4 月 24 日，南宁火车站实行扩改，改造后将拥有 7 个站台。其外貌见图 4.2-16 所示。

2）南宁站客货源主要依托南宁、崇左、钦州、百色等市，有锰、铝、重晶石、石英砂等矿产和木材，有粮食、甘蔗、水果和亚热带经济作物，还有钢铁、造船、橡胶、建材、电机、化工、纺织、烟草、制糖、造纸食品等行业的产品。主要风景名胜有扬美古镇、青秀山伊岭岩、良凤江国家森林公园、龙虎山自然保护区、大明山、宁明花山、德天瀑布、凭祥友谊关等。

3）南宁站开行的旅客列车国内直达北京、上海、广州、西安、成都、昆明、郑州、南昌、张家界等城市，开行的国际列车可直达越南同登，河内。

图 4.2-16　南宁火车站广场

例 7：西安火车站广场（图 4.2-17）。

1）自 1984 年建成至今，西安火车站广场从未移栽过树木。为给古城一个更加绿色的窗口，火车站管委会邀请市容园林部门对火车站周边环境进行了整体规划，火车站地下停车场出口处的中心绿地将建成“城市小品”，包括街头雕塑、绿地、花园等，广场小品内专门设计制作具有双重功能的树池，配备有座椅，供乘客和市民休息。

2）由于西安火车站设计容量远远不能满足现在实际客流量，致使广场经常滞留大量旅客。特别是“十一”黄金周、春运期间广场出入口、城墙门洞下旅客席地坐卧，既造成拥堵，也影响观瞻。对此，2008 年以来，管委会在广场多次、多处设置坐凳，开辟专门免费休息区，提供遮阳伞、饮用水等服务，通过在每年春运期间搭设便民服务大棚，为往来游客提供便利。

3）投资 1.6 亿元，对火车站广场进行整修。整修重点是对地面进行铺设整修，完善上下水和服务设施。对东五路以北的尚俭路、尚勤路、尚德路等几个主要的老街道进行拓宽改造，修整路面，提升改造建筑立面；对东、西六、七、八路整体进行拓宽改造，按照提升改造方案要求，修整沿街路面，对两边建筑立面进行提升改造美化绿化环境。同时，拆除西七路口陆港国际大厦门前门面房，修整路面，改造建筑立面，提升城市形象。中广场内黄线以北增加台阶，防止车辆通行。此外还将增加座椅、绿化电子导视牌、公共信息栏等。地下停车场将增两部电梯，方便旅客上下。

4）经过这一系列的改造行动，将最大限度满足广大旅客乘车需求，提升广场整体形象，树立第一窗口良好形象。

图 4.2-17 西安火车站广场

例 8：北京火车站广场（又称北京站，图 4.2-18）。

图 4.2-18 北京火车站广场

1）北京火车站（北京站）历史可追溯到公元1901年（清光绪二十七年），原址位于正阳门瓮城东侧（老车站商城所在地），始建于1901年，建成于1903年，旧称“京奉铁路正阳门东车站”。历史上曾沿用前门站、北京站、北平站、北平东站等站名。1949年9月30日改称“北京站”至今。

2）北京火车站现址位于东便门以西，东单和建国门之间长安街以南，东临通惠河，西倚崇文门，南界为明代城墙遗址。北京火车站现址1959年1月20日开工兴建，9月10日竣工，9月15日开通运营。原址被拆除。北京站成为当时中国最大的铁路客运车站。从北京站始发的列车开往全国各地。北京站是20世纪50年代新中国成立10周年首都十大建筑之一。建筑雄伟壮丽，浓郁民族风格与现代化设施设备完美结合，其建设速度之快、规模之大，堪称中国铁路建设史上的一个奇迹。

3）1959年9月13日到14日，北京火车站新站建成之始，毛泽东主席、刘少奇主席、朱德委员长、周恩来总理和中央其他领导同志，曾先后到站视察，毛泽东主席视察新建北京站后亲笔题写“北京站”站名。车站根据周总理指示将这三个立体大字放置车站正面中央正上方。北京西站开通以前，北京发往全国各地的主要慢车、快车、特快和直达列车均从北京站发车。同时，北京站也是重要的中转站。

4）1996年北京西客站的建成（图4.2-19），为北京站分担了京广线、京九线等重要线路的压力。北京站主要负责京沪线、京哈线的客运列车。其中包括到华东地区和东北地区的直达特快列车及动车组。西客站大大得缓解了北京站的客运压力。

图4.2-19　北京西站

5）从北京到东北、华东等地区的客运列车由北京站到发。北京站还有开往俄罗斯莫斯科、蒙古乌兰巴托和朝鲜平壤的国际和国际联运旅客列车。在2004年4月，北京站的大规模的翻修和扩建工程完成。

6）2008 年改建完成的北京南站（图 4.2-20），成为北京至上海的京沪高速铁路北京南站、北京至天津市（并延伸至塘沽）的京津高速铁路的始发站，原由北京站到发送的动车组列车，除卧铺动车组和驶往东北地区方向的动车组列车外，均改为在北京南站到发，从而继续分担北京站的客运压力。将来还要修建北京站到北京西站的轨道交通系统。

图 4.2-20　北京南站

7）1998～2007 年，铁路六次调图提速，从北京站发车的列车对数、方向、等级不断发生变化，随着“朝发夕至”、“夕发朝至”列车增加，车站出现早晚两个旅客乘降高峰，特别是假日经济的兴起，给车站各项运输工作带来大变化，促进客货营销和服务质量提高。

例 9：广州火车站广场（图 4.2-21）。

图 4.2-21　广州火车站广场

1）广州火车站自1974年投入运行，广州火车站作为广州铁路枢纽的主要客站，与广州东站联合打造成广州中心火车站枢纽。

2）广州火车站按照尽量不扩大征地拆迁规模、不增加交通疏解压力的原则进行改造，广州火车站铁路车场维持既有规模，站房进行适度改建，满足引入高铁和城际动车的条件，将广州火车站打造成现代综合客运枢纽。

例10：长沙火车站广场（图4.2-22）。

图4.2-22　长沙火车站广场

1）1977年，长沙火车站建成。

2）车站广场不同于其他广场，它的功能主要用于人员疏散。作为交通枢纽，广场面积大、车辆多，对照度的要求高，如采用常规路灯、庭院灯及投光照明则显得不合理。因此，广场照明将以高杆灯为主，并辅以华灯照明，总负荷达164.9kW。按规划，车站广场中央将设立两基各高40m的玉兰高杆灯，总设12盏各1000W的大灯泡。高杆照明范围广，能充分满足平面范围及空间层次的要求，高杆灯本身也是一处景观，12000W的灯盘在夜空中如同琼楼玉宇。此外，广场另设28盏各高10m、每盏8个250W的华灯，及321套泛光灯具。这些灯或投射建筑，或绿化景观，无疑将使广场成为一个真正的不夜区。

3）与西广场改造相配套，广场的绿化也已提上日程。在西广场新的绿化设计上，广场中间以种植灌木、草坪为主，南北两侧种植乔木，这样使广场整体视野开阔。结合绿化，广场的地面也将选择不同的地面砖。

### 4.2.4　城市纪念性广场

城市纪念性广场是为了缅怀历史事件和历史人物，在城市中修建的一种主要用于纪念性活动的广场。纪念性广场应突出某一主题，创造与主题一致的环境气氛。一般在广场中心或侧面设置突出的纪念雕塑、纪念碑、纪念塔、纪念物和纪念性建筑等作为广场标志物。主体标志物应位于构图中心，其布局及形式应满足纪念性气氛和象征性要求，广场本身应成为纪念性雕塑或纪念碑底座的有机组成部分。广场在设计中应体现良好的观赏效果，供人们瞻仰。另外，广场上应充分考虑绿化、建筑小品，配合整个广场，形成庄严、肃穆的环境。纪念性广场有时也与集会广场结合在一起。

例 1：天安门广场。

图 4.2-23 所示为天安门广场绿化平面图，该广场是国内目前面积最大的广场，广场集交通、游览、纪念于一体，人民英雄纪念碑是景观中心，与天安门城楼遥相呼应。整个广场中的主体建筑均布置在一条中轴线上，通过严格规整的布局，衬托出广场的庄严、宏

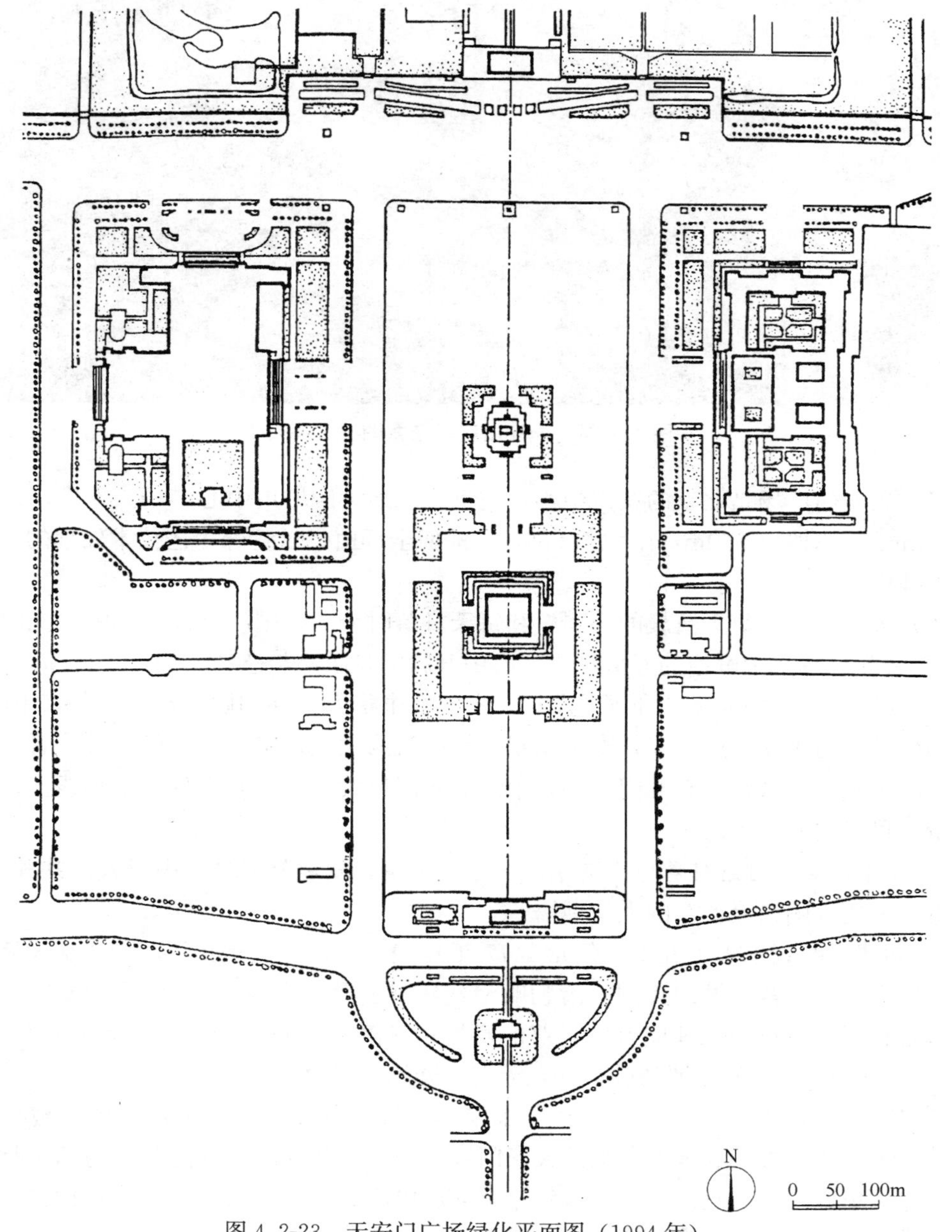


图 4.2-23 天安门广场绿化平面图（1994 年）

伟的气势。见图 4.2-24 所示为天安门广场的实景示意图。

图 4.2-24 天安门广场全景图（2008 年）

（1）天安门广场是北京的城市中心，是世界上最大的城市中心广场。天安门广场占地面积 44hm²，东西宽 500m，南北长 880m，地面全部由经过特殊工艺技术处理的浅色花岗岩条石铺成。

（2）天安门广场每天清晨的升国旗和每天日落时分的降国旗是最庄严的仪式图 4.2-25(*b*)，看着朝霞辉映中鲜艳的五星红旗，心中升腾的是激昂与感动。

1）天安门是中华人民共和国的象征，坐落在中华人民共和国首都——北京市的中心、故宫的南端，与天安门广场隔长安街相望。是明清两代北京皇城的正门。设计者为明代御用建筑匠师蒯祥。城台下有券门五阙，中间的券门最大，位于北京皇城中轴线上，过去只有皇帝才可以由此出入。

2）正中门洞上方悬挂着巨大的毛泽东主席画像，两边分别是“中华人民共和国万岁”和“世界人民大团结万岁”的大幅标语。

3）始建于明朝永乐十五年（公元 1417 年），最初名叫“承天门”，寓“承天启运、受命于天”之意，是紫禁城的正门。清朝顺治八年（公元 1651 年）更名为天安门。既包含了皇帝是替天行使权力、理应万世至尊的意旨；又寓有“外安内和、长治久安”的含义。1925 年 10 月 10 日，故宫博物院成立，天安门开始对民众开放。

4）1949 年 10 月 1 日，在这里举行了中华人民共和国开国大典，它由此被设计入国徽，并成为中华人民共和国的象征。天安门被中华人民共和国国务院公布为第一批全国重点文物保护单位之一。它以其 500 多年厚重的历史内涵，高度浓缩了中华古代文明与现代文明，成为举世瞩目、令人神往的地方。

5）同时，天安门广场是无数重大政治、历史事件的发生地，是中国从衰落到崛起的历史见证。

(a)

(b)

图 4.2-25 天安门广场

例 2：深圳市莲花山公园山顶广场。

图 4.2-26 所示为深圳市莲花山公园山顶广场，位于深圳市中心中轴线北端莲花山主峰上，广场面积为 4010m²，是该区域唯一的制高点和最佳观景点。站在广场上向南张望，

在香港特别行政区元朗山脉背景的衬托下，中心区的景观尽收眼底。此广场是为了迎接香港回归和怀念邓小平同志而修建的纪念性广场；也是人们展望深圳建设成就的景观平台；同时也是人们节假日休闲登高游览的活动场所。

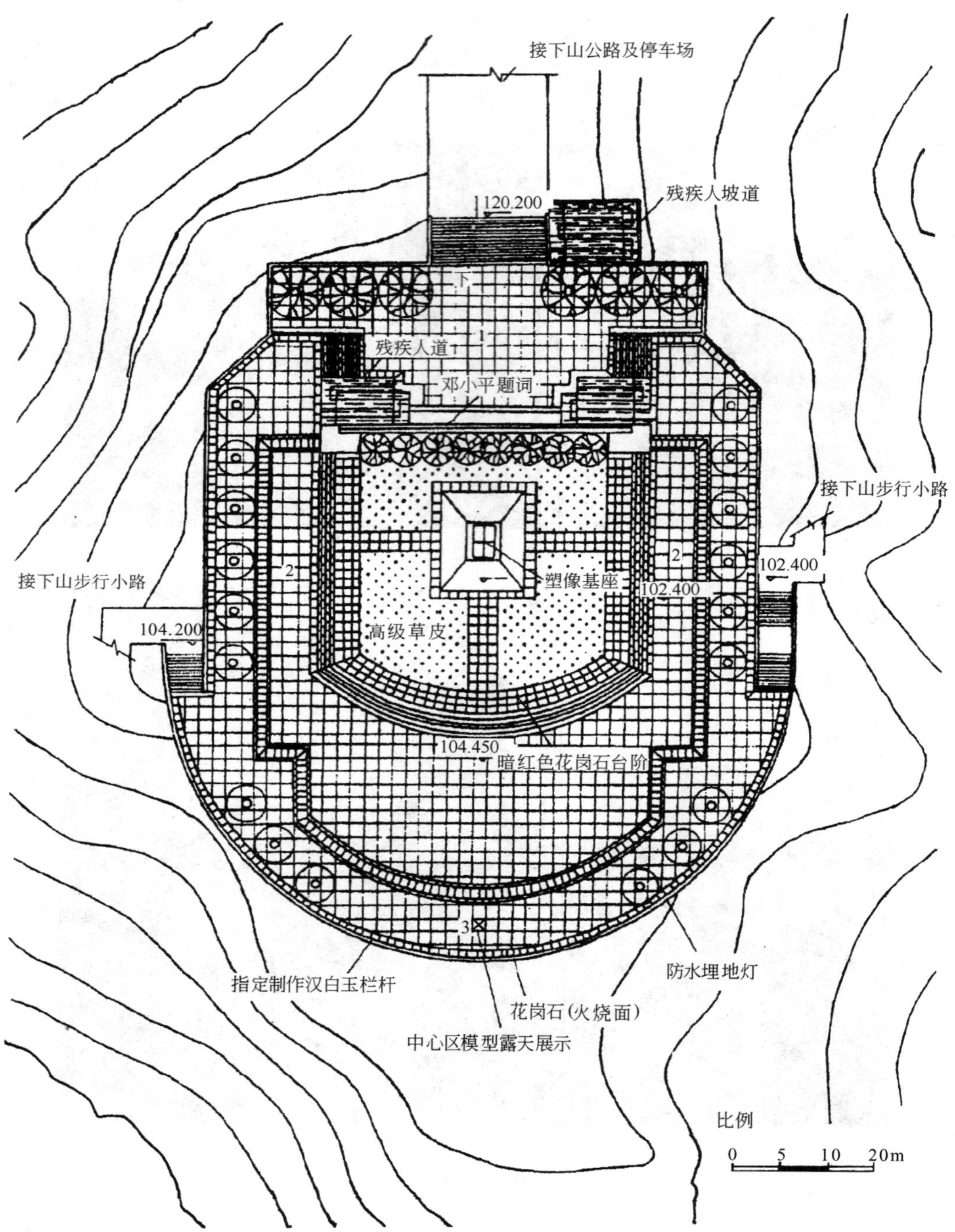


图 4.2-26 深圳市莲花山公园山顶广场平面图

1—后广场（题词广场）；2—两侧过渡空间（休息空间）；3—前广场（观景平台）

例 3：台北市中山堂纪念广场。

图 4.2-27 所示为台北市中山堂纪念广场平面图，该广场采用规划式布局，以纪念碑、例图沉思台为竖向景观中心，通过轴线加以强化。广场四周种植高大乔木，与建筑空间交相辉映。

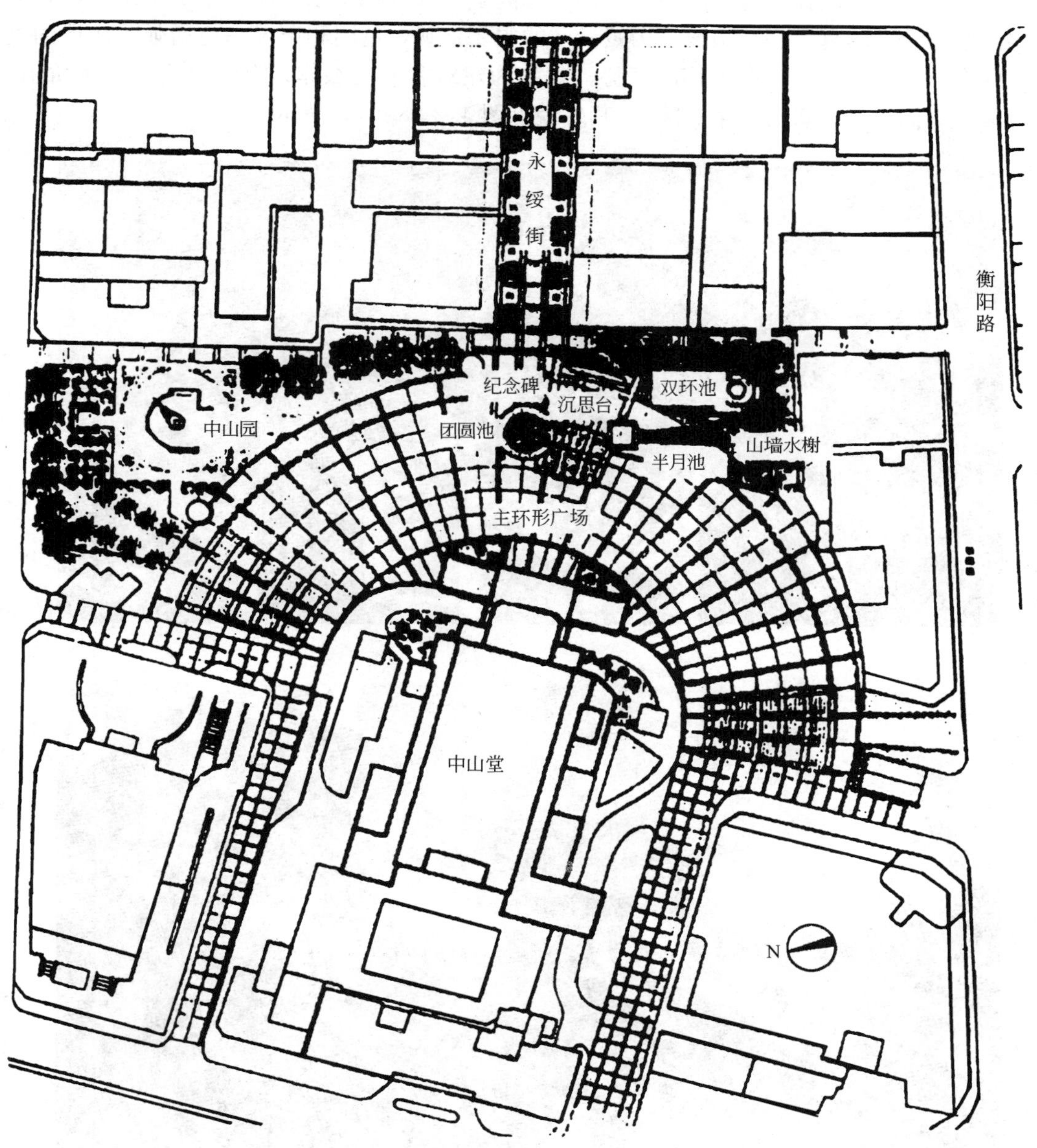


图 4.2-27　台北市中山堂纪念广场平面图

例 4：南京市中山陵（图 4.2-28）。

中山陵位于南京市玄武区紫金山南麓钟山风景区内，前临平川，背拥青嶂，东毗灵谷寺，西邻明孝陵，整个建筑群依山势而建，由南往北沿中轴线逐渐升高，主要建筑有博爱坊、墓道、陵门、石阶、碑亭、祭堂和墓室等，排列在一条中轴线上，体现了中国传统建筑的风格，从空中往下看，像一座平卧在绿绒毯上的"自由钟"。融汇中国古代与西方建筑之精华，庄严简朴，别创新格，其外貌见图 4.2-28（*b*）

中山陵各建筑在型体组合、色彩运用、材料表现和细部处理上均取得极好的效果，音乐台、光华亭、流徽榭、仰止亭、藏经楼、行健亭、永丰社、永慕庐、中山书院等建筑众星捧月般环绕在陵墓周围，构成中山陵景区的主要景观，色调和谐统一更增强了庄严的气氛，既有深刻的含意，又有宏伟的气势，且均为建筑名家之杰作，有着极高的艺术价值，被誉为"中国近代建筑史上第一陵"，其外貌见图 4.2-28（*a*）所示。

(*a*)

(*b*)

图 4.2-28 南京市中山陵绿化实景

例 5：沈阳 9.18 纪念馆。

1）沈阳 9.18 纪念馆位于沈阳市大东区的柳条湖桥，就是震惊中外的“九一八”事变的发生地。为纪念这一重大的历史事件，在这里修建了一座“残历碑”，1999 年又扩建成“九一八”历史博物馆。其外貌见图 4.2-29 所示。

2）博物馆最引人注目的是一座“残历碑”，整个建筑高 18m，宽 30m，厚 11m，用混凝土筑成，花岗岩贴面，呈立体台历状，两边对称。巨大石雕台历上密布着千疮百孔的弹痕，隐约可见无数个骷髅，象征着千万个不泯的冤魂在呐喊和呼号。右面的一页铭刻着中国人民永远难忘的最悲痛的日子——1931 年 9 月 18 日，农历辛未年八月初七日。左面的一页镌刻着“九一八”事变的史实：“夜十时许，日军自爆南满铁路柳条湖路段，反诬中国军队所为，遂攻占北大营。我东北军将士在不抵抗命令下忍痛撤退，国难降临，人民奋起抗争。”整个建筑庄严肃穆，风格独特，既有现代化特点，又不失民族风格，让每个参观的人都会浮想联翩，记住那个“国耻日”。

图 4.2-29　辽宁沈阳 9.18 纪念馆实景

例 6：韶山毛泽东广场。

1）韶山毛泽东广场如图 4.2-30（*b*）所示，总面积 102800m$^2$，分为四个空间，以铜像为广场聚焦点如图 4.2-30（*a*），以景观大道为中轴线，在布局上，依次为瞻仰区、纪念区、集会区、休闲区、含瞻仰大道面积：长 183m×宽 12.26m=2244m$^2$ 等四个功能分区。层层铺垫，步步渲染，形成浓郁的纪念氛围。

(*a*)

(*b*)

图 4.2-30 韶山毛泽东广场

(c)

(d)

(e)

图 4.2-30　韶山毛泽东广场（续）

2）广场中轴线瞻仰大道入口处有一块景观（文化）石，题刻中国书法家协会原主席沈鹏先生的“中国出了个毛泽东”几个大字，见4.2-30（*c*）所示。大道两旁有对称的六处小景观石，分别题刻毛主席诗词为：如图4.2-30（*d*）《沁园春雪》、《沁园春长沙》、《七律长征》、《蝶恋花答李淑一》、《卜算子咏梅》、《七律到韶山》。周围绿化区的植物以“四季见红”来配置，乔木、灌木相结合。整个广场植物以本地植物为主，多种名贵树种错落有致穿插其间。

3）毛泽东广场配套设施中，对韶河进行适当拓宽，拆除水泥河堤，改成自然的生态护坡边堤，配以杨柳、白杨树等景观树种，同时改造了迎宾桥，新增一座小拱桥和跳桥。沿河及沿引凤山下分别设有休闲长廊，为游客休闲、避雨等提供方便。

4）广场内设有花房、直饮水、鞭炮燃放点等配套设施、设备，充分体现人性化的服务理念。

5）新的毛泽东广场顺应韶山冲地势，形成韶峰-太公山-铜像的远、中、近背景层次，并将毛泽东故居、南岸私塾旧址、毛泽东纪念馆、毛泽东遗物馆、毛泽东图书馆、毛氏宗祠，如图4.2-30（*e*）、毛鉴宗祠、韶山学校等重要景点有机融合成一体，形成合理、便捷的参观线路，大大增强了广场的瞻仰功能、纪念功能、集会功能、休闲功能。

6）毛泽东广场的改扩建工程，使得韶山全国爱国主义教育基地的基础设施建设水平大大提高。于2008年7月3日正式开工，12月25日全面落成。

例7：李大钊烈士陵园。

1）李大钊烈士陵园陈列馆坐落在京西香山东南的万安公墓内，占地面积2200m$^2$，1983年10月29日落成并对外开放。李大钊烈士陵园已成为爱国主义教育和革命传统教育的重要基地。

2）李大钊（1889～1927），字守常，河北省乐亭县人，中国共产主义运动的先驱，伟大的马克思主义者，中国共产党的创始人之一。1913年留学日本，1916年回国后积极投入新文化运动和“五四”运动，任北京大学图书馆主任和经济学教授，参加《新青年》编辑工作，与陈独秀创办《每周评论》，宣传俄国十月革命的胜利，介绍马克思主义，发起和组织马克思学说研究会和共产主义小组。

3）中国共产党成立后代表中央指导北方革命工作，在中共二大、三大、四大上被选为中央委员。1922年与孙中山谈判，建立了国共第一次合作。1927年4月6日与80多位革命者一起被奉系军阀张作霖逮捕，受尽酷刑折磨，任刽子手将竹签打进指甲缝直至被剥去双手指甲，仍坚贞不屈，于28日与其他19名志士一起英勇就义。时年38岁。1933年葬于万安公墓。

4）李大钊烈士陵园是首批博物馆免费开放全国人文景观经典景区，是为纪念中国共产主义运动的先驱、中国最早的马克思主义者、中国共产党的创始人之一——李大钊烈士建立的。位于北京风景秀美的香山脚下、万安公墓中部，距市区20km。

5）走进陵园，迎面即可仰见全高2m的李大钊烈士雕像，如图4.2-31所示。

例8：胡耀邦陵园。

1）胡耀邦陵园坐落在江西共青城的富华山，见图4.2-32（*a*）所示。陵园朴实简洁，没有雕像，没有高耸的墓碑。胡耀邦的墓碑是用0.8m厚的3块白花岗石拼成，呈直角三角形。直尖向天，顶端高4.5m，底长10m。碑面右上方是胡耀邦侧面浮雕头像，左面依次雕刻着

图 4.2-31 李大钊烈士陵园

中国少年先锋队队徽、中国共青团团徽、中国共产党党徽。见图 4.2-32（*b*）所示。

2）胡耀邦陵园的主碑前是用 6 块墨晶花岗岩拼成的铭文碑，上面镌刻着由中共中央撰写的"胡耀邦生平"。1990 年 12 月 5 日，由时任中共中央办公厅主任的温家宝和其家属陪送胡耀邦的骨灰安葬于富华山。陵园背倚富华，俯瞰鄱阳，青山碧水，坐西向东，钟灵毓秀，幽静肃穆，松柏苍翠，绿茵满坡。

(*a*)

图 4.2-32 胡耀邦陵园外貌图

(*b*)

图 4.2-32 胡耀邦陵园外貌图（续）

3）陵园内还建有“胡耀邦纪念馆”，介绍他的生平和陈列了一些他的生前用物。

例 9：曾国藩故居。

曾国藩故居富厚堂坐落在湖南省双峰县荷叶镇（旧属湘乡），始建于清同治四年（公元 1865 年）。整个建筑像北京四合院结构，包括门前的半月塘、门楼、八本堂主楼和公记、朴记、方记 3 座藏书楼、荷花池、后山的鸟鹤楼、棋亭、存朴亭，还有咸丰七年曾国藩亲手在家营建的思云馆等，颇具园林风格，总占地面积 4 万 $m^2$，建筑面积 1 万 $m^2$，其外貌见图 4.2-33 所示。富厚堂的精华部分是藏书楼，曾藏书达 30 多万卷，系我国保存完好的最大的私家藏书楼之一。

例 10：雨花台烈士陵园。

1）雨花台烈士陵园位于南京雨花台区雨花台丘陵中岗，是新中国规模最大的纪念性陵园。烈士陵园包括雨花台主峰等 5 个山岗，以主峰为中心形成南北向中轴线，自南向北有南大门、忠魂广场［图 4.2-34（*b*）］、纪念馆、纪念桥、革命烈士纪念碑、北殉难处烈士大型雕像［图 4.2-34（*c*）］、北大门以及西殉难处烈士墓群、东殉难处烈士，忠魂亭［图 4.2-34（*a*）］等。

2）雨花台烈士陵园在南京城的中华门外，是有一座高约 60m，宽约 2km 的小山岗。岗上风景秀丽，松柏葱郁。据史料记载：南梁初年，高僧云光法师曾在此设坛说法，因内容十分精彩，感动佛祖，顷刻间天上落花如雨，因此，得名“雨花台”。就是这么一处风景绝佳的地方，在国民党统治时期，却成了屠杀共产党人和革命志士的刑场，先后有近 10 万革命先烈在此惨遭杀害。

3）新中国成立后，为缅怀先烈英灵，在雨花台上建造了这座占地面积达 87$km^2$ 的烈士陵园。雨花台烈士陵园 1988 年被评为全国重点文物保护单位，2000 年又被评为国家第

图 4.2-33 曾国藩故居外貌图

一批 4A 级旅游区、全国爱国主义教育示范基地，2005 年入选“全国红色旅游经典景区名录，成为《2004 年——2010 年全国红色旅游发展规划纲要》的重要革命纪念遗址之一。

例 11：湖南雷锋纪念馆。

1）湖南雷锋纪念馆坐落在湖南省长沙市望城区雷锋镇连绵的丘陵间，1968 年 10 月开馆，雷锋纪念馆为省级文物保护单位。1940 年 12 月 18 日，雷锋出生在那里的一个贫苦农民的家庭。在雷锋故居的湖南雷锋纪念馆是中央、省、市三级爱国主义教育基地和全国颇具影响的精神文明建设阵地，雷锋纪念馆最早建于 1964 年，先后进行过三次改扩建，占地面积 $99900m^2$。雷锋纪念馆立体图见图 4.2-35 所示。

*(a)*

图 4.2-34 雨花台烈士陵园

（*a*）忠魂亭；（*b*）忠魂广场；（*c*）北殉难处烈士大型雕像

(*b*)

(*c*)

图 4.2-34 雨花台烈士陵园（续）

（*a*）忠魂亭；（*b*）忠魂广场；（*c*）北殉难处烈士大型雕像

2）建馆以来，党和国家领导人江泽民、乔石、宋平、李岚清、温家宝、曾庆红、尉健行、吴官正先后到馆参观视察。1990 年 10 月 29 日，江泽民来馆视察并亲笔题写馆名。

3）雷锋纪念馆以翔实的内容、丰富的资料，再现了雷锋这位伟大共产主义战士短暂而平凡的一生。按功能划分为六个区：即凭吊区、展览区、碑苑区、雕塑区、青少年教育活动区和综合服务区。园区内主要有雷锋纪念碑、雷锋塑像、雷锋墓、雷锋事迹陈列馆等建筑及青少年教育活动设施。一层采用专题和编年体形式详实地再现了雷锋平凡而伟大的一生，二层展出了 40 多年全国军民学雷锋活动和典型事迹。现有馆藏照片 2 万多张、文物 3 千多件，是一座现代化的一流展馆。

4）雷锋精神鼓舞着几代人。一个普通的士兵，能以自己崇高的精神，平凡的事迹载入史册并给历史以永恒的影响，当属雷锋一人，特别是党的三代领导人为其题词，这在历史上是绝无仅有的。

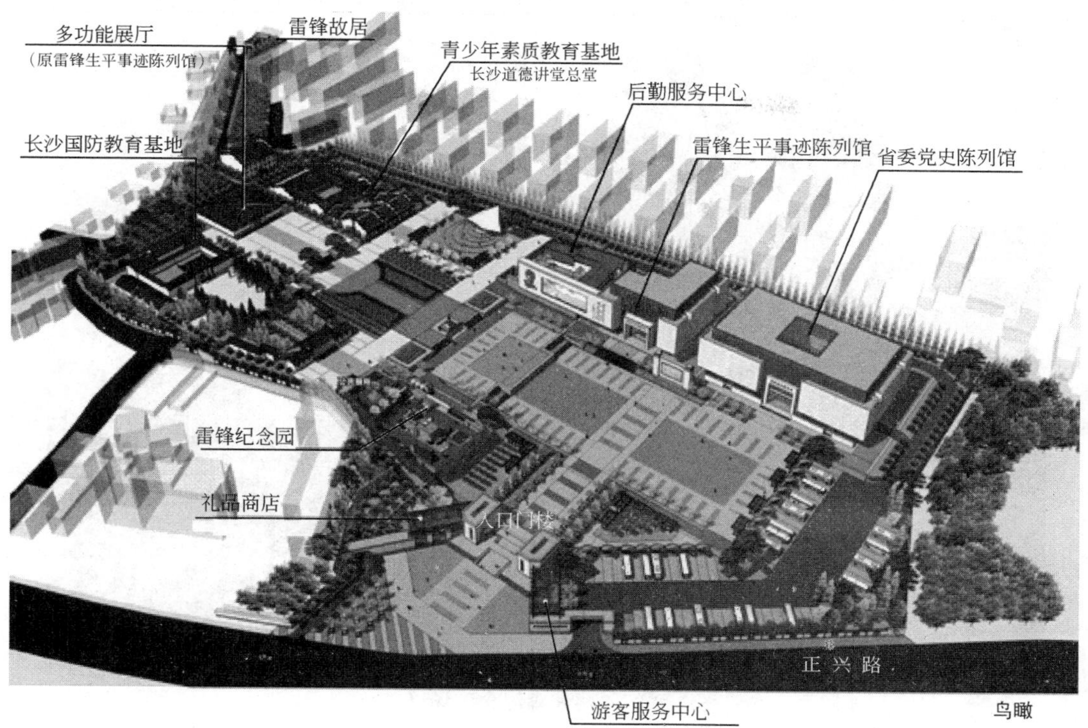


图 4.2-35 长沙市望城雷锋纪念馆立体图

例 12：蔡和森广场（图 4.2-36～图 4.2-38）

图 4.2-36 蔡和森纪念广场（一）

图 4.2-37　蔡和森纪念广场（二）

图 4.2-38　蔡和森纪念广场（三）

1）蔡和森，中国无产阶级杰出的革命家、中国共产党早期卓越领导人之一，著名政治活动家、理论家、宣传家，新民学会发起人之一，法国勤工俭学组织者、实践者之一。

2）蔡和森纪念馆，位于双峰县城复兴路与书院路交汇处。占地面积 11000m$^2$。广场中央矗立着 9m 高的纪念碑，碑文由陈云同志亲笔题写。

3）蔡和森，中国共产党早期卓越领导人之一，主编《向导》，真理播四海；血洒羊城，浩然充两间。其母葛健豪，年过半百犹偕儿女赴法勤工俭学，探求救国之路；兄蔡麓仙毕业黄埔军校一期，1925 年广州省港大罢工中壮烈牺牲；妻向警予任中共第一任妇女部长，1928 年在武汉慷慨就义；妹蔡畅任新中国妇联主席、全国人大常委会副委员长；妹婿李富春任新中国财政部长、国务院副总理。

# 5 城市外围道路的绿化设计

## 5.1 城市外环路的绿化设计

### 5.1.1 外环路的绿化要求

5.1.1.1 外环路绿化与城市大园林

(1) 随着改革开放政策的不断深入，我国城市化进程的速度大大加快，全国大中城市都相继建起了围绕着城市的快速交通道——外环路，以缓解大中城市的交通压力，疏导过境车辆。因此，外环路绿化的好坏，直接关系到城市的形象问题。

(2) 城市大园林是在中国传统园林和现代园林的基础上，紧密结合现代化城市的发展，适应各城市的实际需要，顺应当代人的各种需求，以整个城市辖区为载体，以实现整个城市辖区的园林化和建设国家园林式城市为目的的一种新型园林。它从城市的总体来审视园林在城市中所发挥的作用，以确定园林在各城市中应有的地位。

(3) 大园林的绿地系统规划应该覆盖整个城市行政辖区，既包括大中城市中心区也包括其郊区，因为环境是一个整体，必须城郊一体化。而城市外环路正处于城市外缘，与郊区结合的部位，所以，外环路绿化是城市园林绿化的重要的一部分。

5.1.1.2 外环路绿化与“城市林业”

“人在花园里，城在森林中”是人们的理想。回归自然，森林进入城市，城市坐落在森林之中已成为城市发展的趋势。我国有许多大中城市建设观念近十多年正在向着这方面努力，“山水城市”、“园林城市”、“生态城市”、“花园式城市”的中国特色的城市建设理念正逐渐被广大的城市建设者们所接受，各地也结合当地的具体情况，在加紧在各城市实施，做出了建设环城林带、森林公园等的规划。因此，城市外环路的绿化应该很好地和这些结合起来。

5.1.1.3 外环路绿化与城市风景防护林建设

近十年来，我国北方地区在冬、春季期间的“沙尘暴”愈演愈烈，南方的热带风暴也不时地骚扰人们，严重影响了人们的正常工作和生活。各城市逐渐开始了城市防护林的建设，结合城市外环路，在它的两侧开辟一定宽度的城市防护林带、风景林带，虽然从改善大的生态环境角度讲，这只是“杯水车薪”，但是，对于城市防灾、调节气候、为市民提供郊外休闲场所具有非常现实的意义。

5.1.1.4 城市外环路绿化与郊区“观光农业”发展

(1) 我国农村改革开放的政策已经进行二十多年了，国家在“十一五”规划中，提出建设社会主义新农村，使我们这个农业大国正向着农业强国迈进。农业结构的调整使得占有得天独厚地利条件的市郊农民开始向市民农业、观光农业转型。

（2）而随着城市的发展，市民生活节奏的加快，越来越多的人们在节假日，特别是万物复苏的春季、秋果累累的秋季，想到市外郊游，放松一下紧绷了许久的神经。观光、踏青成为城里人的需求。而距城市较近，交通便利的市郊农业观光园、生态园的瓜果采摘、品尝节等活动项目正好迎合了这种需求。

（3）随着大中城市外环路的绿化，特别是结合外环路绿化而建设的城市防护林、风景林，对观光农业的发展也起到了相互促进的作用。结合林带向纵伸延伸，对原有郊区果园等进行改造，增添一些必需的服务设施，合理组织交通路线，形成集特色农业、观光、旅游休闲于一体的“观光农业”，不失为近郊农业结构调整的一个好策略。

### 5.1.2 城市外环路的绿化设计

5.1.2.1 城市外环路绿化的组成

大中型城市的外环路一般可以分为两大部分：

（1）城市郊外道路的绿化，主要包括分车带、行道树、路肩、边沟的绿化等。

（2）城市郊外道路两侧林带的绿化。

5.1.2.2 城市外环路路面的绿化设计

（1）城市外环路的路面植物种植设计介于城市街道绿化和公路绿化之间。是车辆行车速度较快的街道绿化。

（2）特别是模纹造型变化的区段间隔要大，一般控制在 80～100m 为最合适。

（3）布置要简洁、大方、通透，尤其是分车带绿化要用低矮植物，以草坪为主，花木点缀为辅，尽量体现本城市的园林绿化特点和显示出新气象、高水平，如图 5.1-1 所示为城市外环路绿化示意图。

5.1.2.3 城市外环路林带的绿化设计

（1）生态防护型林带：它是以生态防护功能为主要功能的林带。从生态学和防护功能来说，该品种丰富，形式变化多样，不要品种单一和布置形式过于简单。作为城市防护林带，宽度一般要大于 200m，要落叶和常绿树搭配，乔、灌、草结合，以乡土树种为主，景观树种点缀为辅，景观优美。注意林带的层次，要大乔木、小乔木、灌木、地被植物分层布置，层次丰富才能取得最佳的防护效果，如图 5.1-2～图 5.1-4 所示。

（2）风景观赏型林带：它是以景观游览和欣赏为主要功能的绿化林带（图 5.1-5～图 5.1-7）。此种类型的绿化林带在纵向（沿外环路方向）布置上，要注意整条内环路绿化林带的总体效果，要景观优美而韵律感强，变化丰富又协调统一。特别是景观单元的尺度要控制好，一般情况下是以 80～120m 为宜；在横向（垂直于外环路方向）上，对于临路的一侧留出一定的草地或低矮的地被植物种植区，向外逐渐为灌木、小乔木、高大乔木，形成一定的景观层次，以绿为主，并且要注意林缘线的变化，空间开合有致；在竖向上，要充分利用原有地形和植物品种的不同，形成变化丰富的天际线。

（3）观光休闲型绿化林带：它是主要以原有郊区的果园为基础，集果园、景观游览、果蔬采摘、垂钓为一体的绿化林带（图 5.1-8～图 5.1-10）。这种林带多是利用原有临近外环路的果园、苗圃等林地，适当整修园路，增设座椅、饮水等服务设施，点缀一些观赏植物，形成农业观光园，达到生产、环境效益双赢。

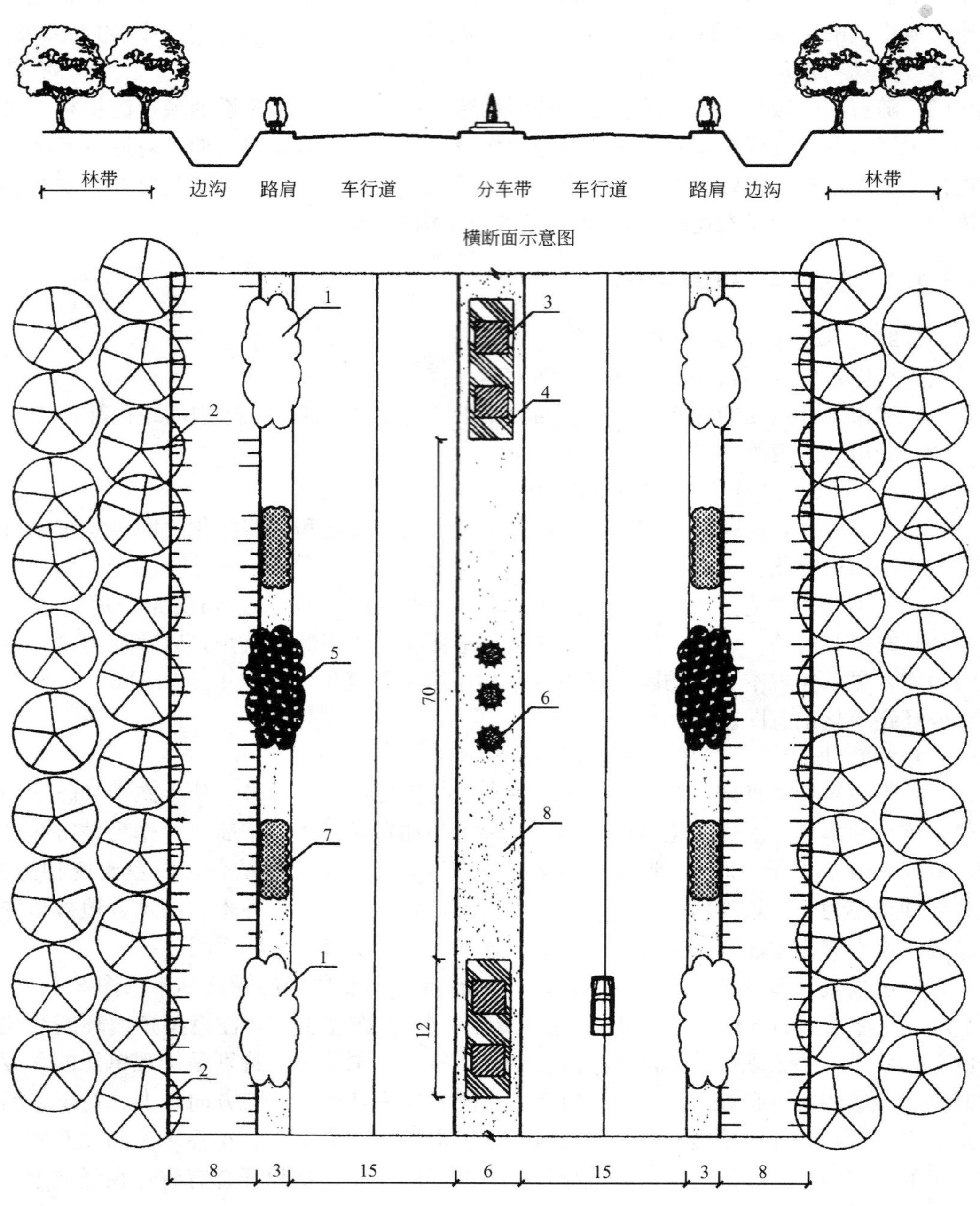


图 5.1-1 城市外环路绿化示意图（尺寸单位：m）

1—紫叶李；2—馒头柳；3—紫叶小檗；4—小叶黄杨；
5—木槿；6—桧柏；7—草花；8—冷型草

图 5.1-2 城市生态防护林带结构示意图

图 5.1-3 绿化林带植物群落层次结构示意图

图 5.1-4 绿化林带植物群落与地形的组合示意图

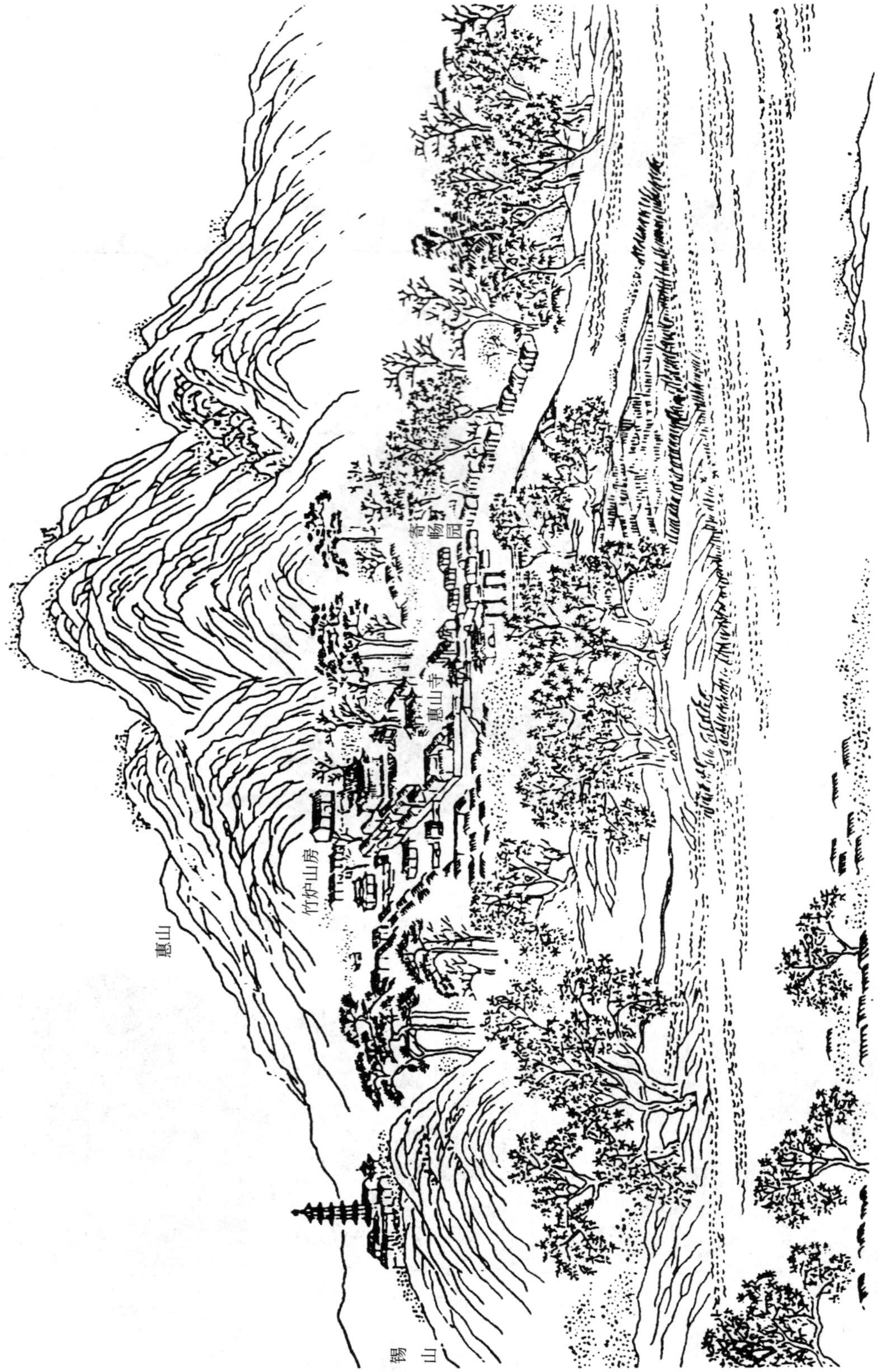

图 5.1-5 风景观赏型林带绿化效果图(一)

北京圆明园“蓬岛瑶台”

图 5.1-6 风景观赏型林带绿化效果图（二）

图 5.1-7 风景观赏型林带绿化效果图（三）

图 5.1-8 观赏休闲型绿化林带示意图（一）

图 5.1-9　观赏休闲型绿化林带示意图（二）

图 5.1-10　观赏休闲型绿化林带示意图（三）

## 5.2 穿过市区的铁路绿化

### 5.2.1 铁路绿化设计

5.2.1.1 概述

对于穿过市区的铁路，其绿化工程主要包括其两侧的绿化，出入市区端口绿化和站台绿化。在目前我国的城市中，往往只注意了站台周围的绿化，而忽视了铁路两侧和出入市区端口的绿化，使过往旅客对整个城市的印象不佳。

5.2.1.2 铁路绿化设计原则

（1）依法设计铁路两旁的绿化：

1）在设计铁路两旁的绿化时，必须严格遵守相关部门制定的有关铁路和城市及其相关法规、条例，做到依法设计；

2）原铁道部颁布的《铁路林业技术管理规则》对铁路两侧绿化的乔、灌木距外侧铁轨的安全距离有明确规定，直线段乔木距铁路外沿不能小于8m；

3）另外，铁路、转弯半径不同，植物可栽植范围及安全距离有明确的规定。

（2）铁路两旁的绿化景观序列：

1）在设计铁路两旁的绿化过程中，始终做到点、线、面结合，重点突出，形成气势宏伟、韵律感强的绿色城市景观序列；

2）过市铁路的绿化带一般每侧宽宜在30m以上，个别重要地段可以延伸至50m；

3）在与城市道路、桥梁、河道、公园等重点部位相交时，要适当考虑景观延伸，并将其串联，风格融为一体，形成以景观线、景观靓点相结合的有序的景观序列；

4）适当考虑视线范围内的城市建筑景观和建筑物立面景观，点、线、面设计各具特点，给人以较强烈的印象；

5）在设计时要注意“线”的绿化设计要简洁，层次分明；“点”的设计要特色突出，风格各异，地域特色明显；“面”的设计要与城市总体风貌相融合，体现城市的总体特征。

（3）丰富城市景观和环境效益：

1）充分利用沿线现有城市景观，将人文、自然及城市景观引入视域范围，丰富景观内容。如北京市铁路入市段沿线的万方亭公园、龙潭湖公园、角楼映秀等公园绿地处；

2）在进行铁路景观规划时注重开辟景观“视线走廊”，使乘客能够在经过这些地段时，视线得以延伸，将自然景色、历史文化与城市景观融为一体，取得了很好的美化效果；

3）对于城市铁路两侧的环境特点，必须给以充分认识，重视景观与功能相结合，充分发挥其环境效益；

4）只有选择那些耐瘠薄、抗干旱、管理粗放的植物和种植形式，并充分保护、利用原有植物群落与景观，常绿与落叶结合，乔、灌、草结合，层次丰富，乔灌比为7∶3为宜，充分考虑绿化带的防尘、降噪等功能，才能发挥出其综合环境效益；

5）综合整治，创造必要的管理条件：对于沿线绿化范围的地带视域范围内要干净、整洁，在外侧设置防护网栏，外侧铁轨外侧留1.5m宽维修小路，注意绿地的自然排水，适当引入市政水源管道，保证绿地最基本的养护管理条件。

5.2.1.3 铁路标准段绿化设计形式

(1) 铁路标准段横向方向上的绿化设计形式：

市区铁路两侧绿地一般采用由铁路分别向两侧植物梯次抬高的模式，即铁路—维修小路—草坪—草花—灌木—小乔木—大乔木的形式，做到乔、灌、草结合，层次丰富，最大程度地发挥两侧绿化的防护和景观作用，如图 5.2-1 所示。

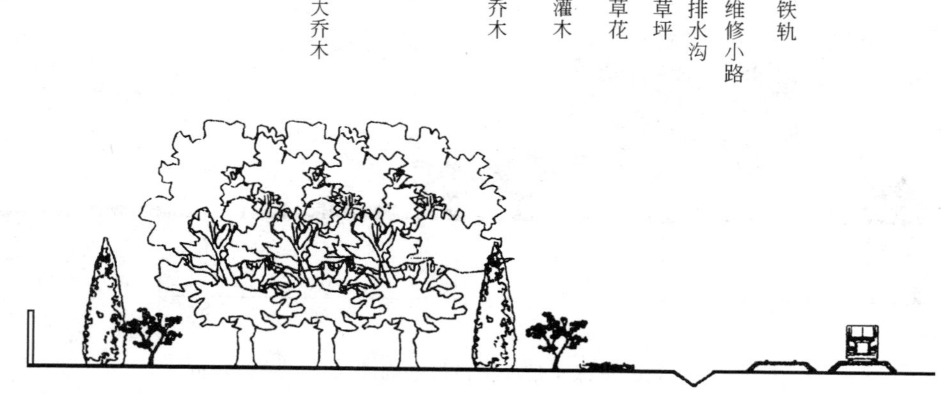


图 5.2-1 铁路标准段绿化设计形式示意图

1）宽 50m 宽绿带种植设计：在横向种植设计上，一般除保留安全距离（最外铁轨与第一排乔木的距离应大于 8m）外，应尽可能多地采用多层结构形式，植多排乔木，下层或林缘配以小乔木，外侧植灌木、地被植物的形式，形成层次丰富的植物群落，以便更好地发挥其防护作用。在绿化的总量上，要以片林为主，以大面积大色块特色来体现植物的群体美，形式可用规则式、自然式或规则与自然相结合，外侧可设部分小游路和小型休息广场、雕塑等设施。

在植物选择上，应尽可能选用乡土树种，以便于管理又体现地方特点，要选择那些抗尘、降噪声能力强，耐干旱的树种。如北京地区的柳树、杨树、白蜡等大乔木；木槿、丁香、连翘、紫薇、紫穗槐、金银木、火炬树等花灌木或小乔木；桧柏、砂地柏等常绿植物；野牛草、白三叶等地被植物；马蔺、萱草等宿根花卉等，如图 5.2-2 所示。

2）30m 宽绿带种植设计：与 50m 宽绿带设计结构相同，自内向外依然用草坪—宿根

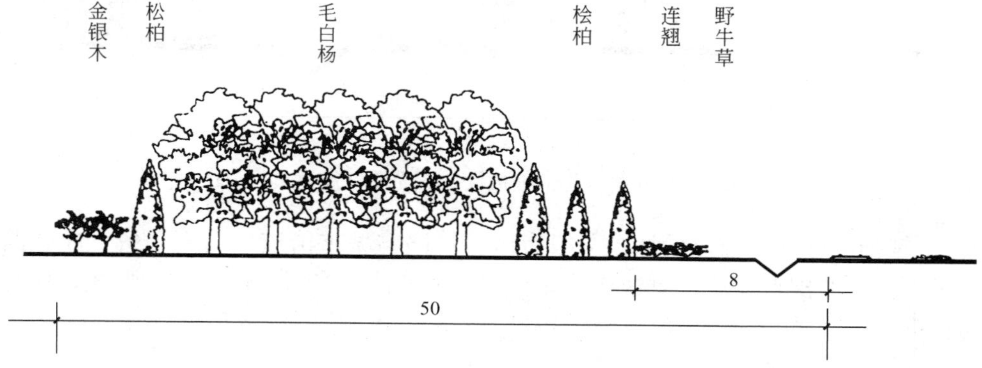


图 5.2-2 50m 宽绿化带种植设计断面图（尺寸单位：m）

花卉—花灌木—小乔木—大乔木—小乔木或花灌木的形式，规则式、自然式或二者结合的形式，也可在外侧布置小路和少量休憩设置，市民休憩与防护功能兼顾。与 50m 宽的绿带相比，一般减少了乔木的排数，其他不变，如图 5.2-3 所示。

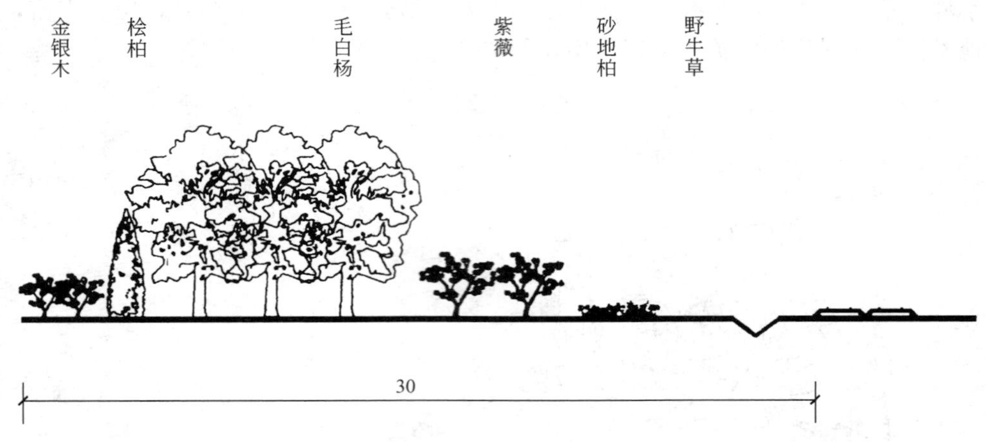


图 5.2-3　30m 宽绿化带种植设计断面图（尺寸单位：m）

3）10～20m 宽绿带种植设计：与以上两种尺度的绿带种植相比，在种植结构上略有变化，为草坪—宿根花卉—花灌木—小乔木—大乔木的形式；在布局上，以规则式种植为主；一般不设小路或休息广场；其他相同，如图 5.2-4、图 5.2-5 所示。

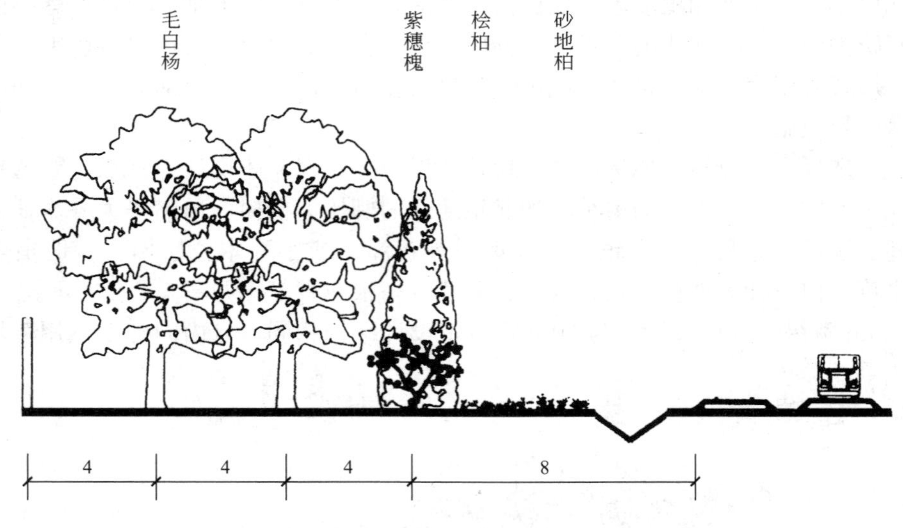


图 5.2-4　20m 宽绿化带种植设计断面图（尺寸单位：m）

4）不规则形状绿带种植设计：一般市区段铁路与城市街道方向不一致，在铁路沿线形成好多不规则的楔形地块，对这样的绿地的种植设计，多用自然式布局形式，植物选择上要与标准段的品种相一致，以达到风格统一的目的，如图 5.2-6 所示。

（2）铁路标准段纵向方向上的绿化设计形式：

1）绿带宽度决定不同的种植形式：正常情况下，铁路沿线绿化带很难做到全市区段

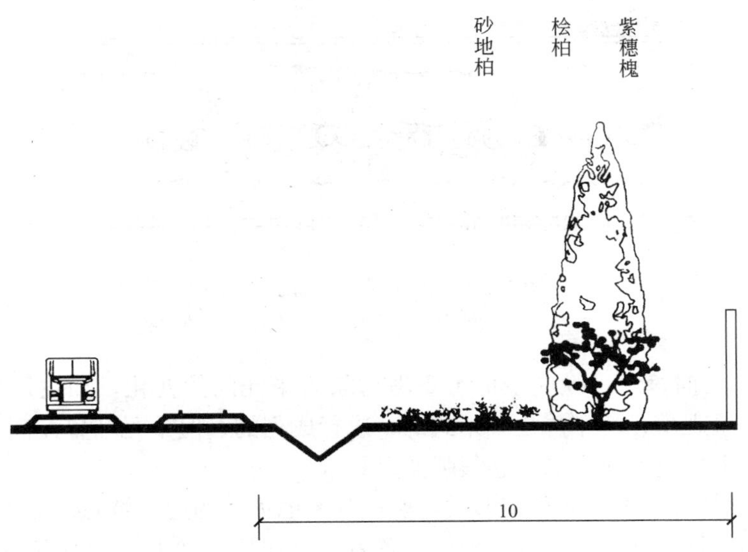


图 5.2-5 10m 宽绿化带种植设计断面图（尺寸单位：m）

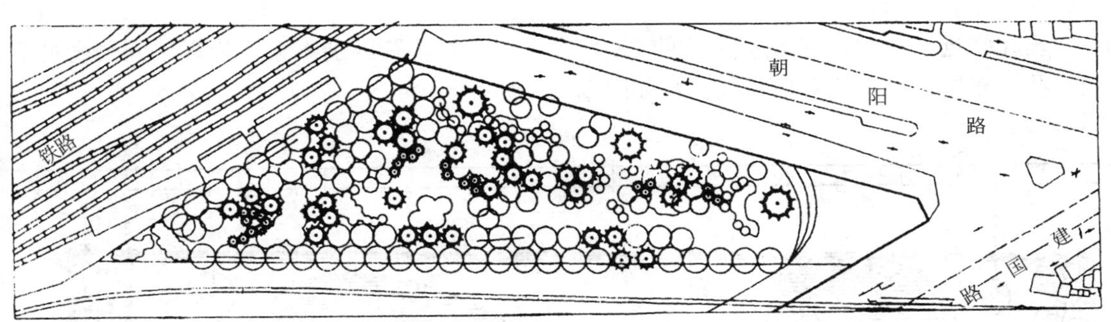


图 5.2-6 某市区段不规则绿地种植示意图

的完全统一，可能 50m、30m、20m 等宽度不同的段和不规则形状的绿地并存的情况较多，在设计上要充分考虑这一点。一般在宽度大于 30m 时，绿带设计可以考虑以弯曲自然流畅的曲线布置绿带的林缘，形成气势宏伟的花带，也可以自然式布置，形成多个开合有序的空间序列，如图 5.2-7、图 5.2-8 所示。

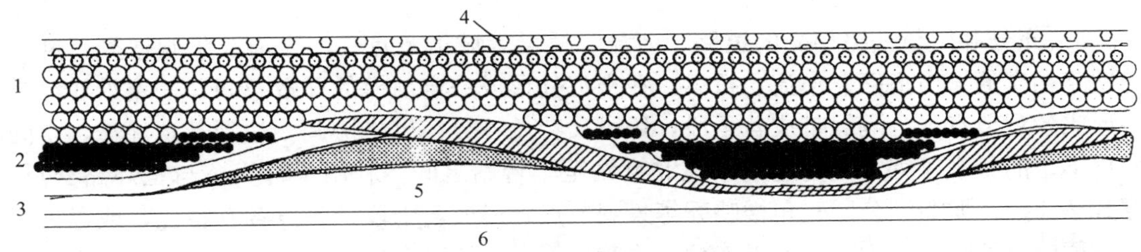


图 5.2-7 铁路绿化平面示意图

1—大乔木；2—小乔木；3—宿根花卉；4—外围防护网；5—维修小路；6—铁路铁轨

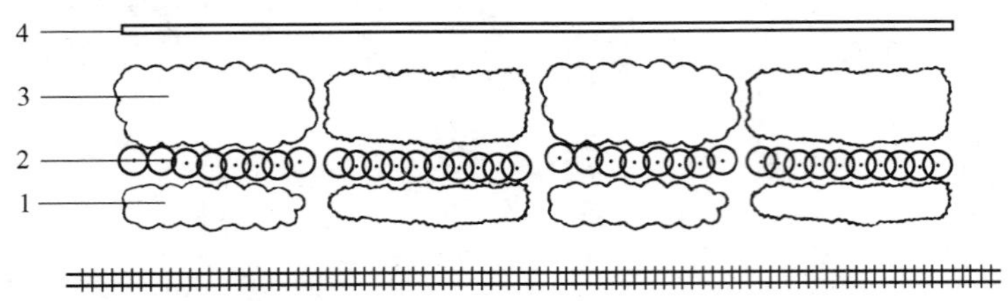


图 5.2-8 铁路绿化平面示意图

1—大乔木；2—花灌木、小乔木；3—草花；4—防护网栏

宽度小于 30m 时，绿带纵向上应着重考虑景观单元间的变化，如主调树种的交替变化。它的每一个景观单元的布置是规则式的，成行成列的，但单元和单元间却有树种和形式变化，整条线上也就形成了韵律感很强的风景带。

2）乘客观赏特性决定不同种植形式：要充分考虑火车的运行特点和乘客的观赏特性，有些区段，列车运行速度较快，绿带种植布置就要纵向尺度加大，一般以 100m 以上为一个景观单元为宜。在这个单元内，植物品种要尽量一致，配置形式也相同，从而形成大色块，成片布置（图 5.2-8）。

当在临近站口时，列车运行速度较慢，与一般步行游览区别不大，景观单元尺度可适当小些，布置也可以相对地精细些，如图 5.2-9 所示。

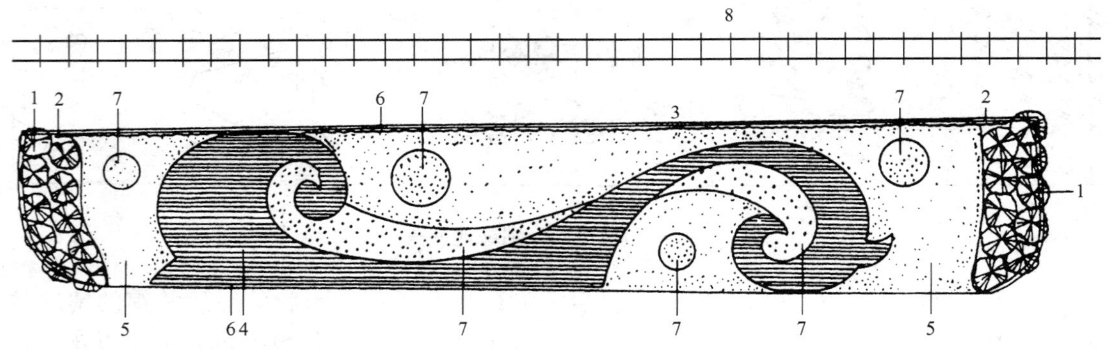


图 5.2-9 市区临近站口段绿带设计示意图

1—银杏；2—狭叶十大功劳；3—红叶地棉；4—瓜子黄杨
5—马尼拉草；6—书带草；7—太平花；8—市郊铁路

3）充分利用与铁路相交的道路、河流、桥梁等城市节点，丰富沿线景观序列：利用与铁路相交的城市道路、河流、桥梁，在交汇处形成一定规模的开敞空间，铁路沿线绿带中形成景观节点，分隔绿带成若干段，每段又特色各异，风格协调，达到景观优美，空间变化丰富的景观序列。例如北京市在北京站至丰台站之间，利用了管头桥与三环路交点、万芳亭公园、龙潭湖公园、角楼映秀等景观节点，形成若干段，各段各有特色，或以火炬树、黄栌等秋叶景观为主；或以连翘、榆叶梅等春花植物形成景观；或以紫薇、萱草等形成夏季景观，达到了各段景点特色突出，变化丰富，韵律感强，反映了首都的文化内涵，达到了人文、自然和城市景观的完美统一。

5.2.1.4 重要景观节点绿化设计

在铁路与城市道路、河流、桥梁的交汇处，会形成多处铁路与城市景观的节点，这些地段一般空间开阔，视野好，城市景观优美，而铁路绿化要很好地利用好这些地段，充分发挥其环境优势，来提高铁路绿化的景观层次。其具体做法是：

（1）在这些区域，条件允许的情况下，尽量将铁路两侧的绿化带加宽，使之与周围环境充分结合，以高大乔木为背景，加大花灌木及常绿树的比例，形成突出的绿化景观。

（2）同时注意铁路行车的视觉特点，追求前进方向上的动态曲线变化以及色彩与层次的变化，以形成整个景观序列的高潮。

（3）有时也可以在绿化带种植时，结合城市景观，形成借景，达到较佳的环境景色。

（4）北京东便门附近，利用铁路横跨公路桥、护城河形成的围合空间，作为绿化重点，多植常绿与花灌木相交替的色带，突出色彩变化，借东便门角楼，与绿地、河流形成景色优美的角楼映秀景点，从而成为京城铁路景观带的最优美景点之一，也是伟大首都城市形象的具体体现，如图 5.2-10 所示。

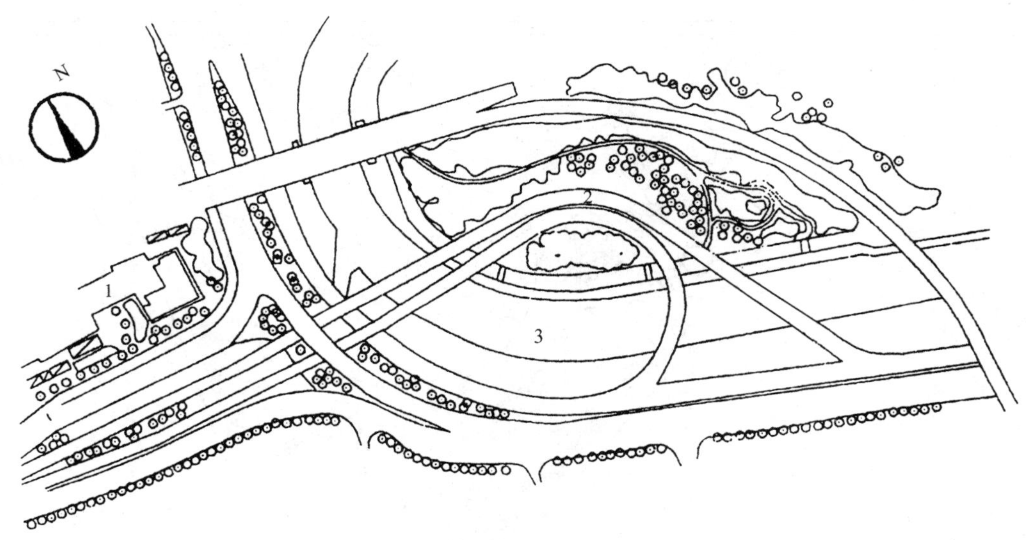


图 5.2-10 角楼映秀平面示意图

1—东便门角楼；2—角楼映秀景点；3—护城河

### 5.2.2 出入城市端口和站台的绿化

5.2.2.1 城市出入口的绿化

（1）在铁路出入市区的端口，为城乡接合部，往往是“垃圾围城”严重的地段。一般这里环境较为恶劣，必须加大综合管理力度，彻底根治，宜辟成大片防护林地。

（2）在城市规划和绿地系统规划中，穿过市区的铁路往往被充分利用，规划为穿越城市的“通风道”，尤其是与夏季风方向平行的铁路更是如此。

（3）为了在夏季能给城市输送出更加清新、凉爽的空气，在这个区域内设置大片防护林带或大片绿地是非常有必要的，有条件的地方可以辟为郊野公园或风景区、森林公园，形成很好的规模效益。

(4) 在不能形成大规模绿地的城市的铁路出入端口，往往规划出一定面积的楔形绿地，在一定程度上改善出入口的环境，起到一定的防护作用。

(5) 楔形绿地的设计也应以植物造景为主，兼顾防护功能多植大树，适宜粗放管理。植物选择以乡土树种为主，突出地方特色。如北方可选杨树、柳树、刺槐、火炬等树为主，组团片植，常绿落叶混交，乔、灌、草搭配，以自然野生草坪为主，面积大时可以设置一些旅游线路。

(6) 图 5.2-11 所示为某市朝阳园绿化设计示意图，朝阳园位于铁路进入市区的西南端口，是铁路与两条城市主干道围合的三角形空间，面积约 1.3hm$^2$。绿化设计基本以景观林带为主，多植华山松、榆叶梅、迎春等常绿植物和花灌木，在草坪中央设置一城市主雕，来体现城市深远的历史文化底蕴和开放的现代文明意识，既能有防护林地作用，又是人们"解读"城市文化的场所。

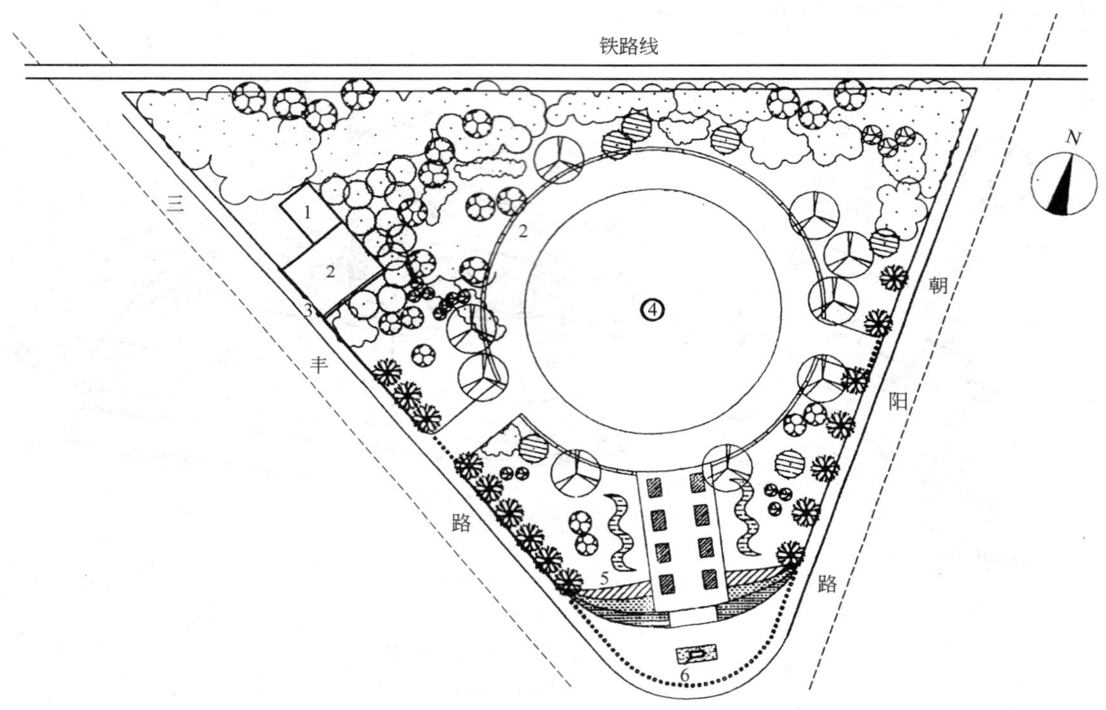


图 5.2-11 某市朝阳园绿化设计示意图

1—泵房；2—铺装；3—大门；4—主雕塑；5—模纹；6—景石

5.2.2.2 火车站站台的绿化

火车站站台是出入城市旅客和过停旅客印象最深的地方，是城市的"脸面"。此区域的绿化应主要以行道树、庭荫树绿化和花坛为主，少量留有观赏草坪，适当配以喷泉、雕塑等园林小品。考虑到该区的特殊性，宜以大乔木与时令花卉为主，不宜植灌木，要"见缝插绿"，垂直挂绿，立体绿化与平面绿化相结合。多用市花、市树，突出当地城市的地方特色。

# 5.3　市郊公路的绿化设计

## 5.3.1　市郊公路的绿化

5.3.1.1　公路式的绿化设计

（1）从市区通往市属县、乡或风景区、疗养区、森林公园、名胜古迹、墓地以及机场等地，是由郊区公路联结起来的。一般是由城乡接合部过渡或与市区外环路相接。随城市化发展及环境建设，对郊区公路绿化越来越重视。

（2）市郊公路绿化也是市区道路绿化的延伸，与城市道路绿化设计布局、种植有许多相似之处。但公路没有复杂的管线设施，距居住区较远，常穿过农田、山地。只有当交通量大或与国道相通，具有非机动车和机动车之分时，才增加分车带上的绿化；或进入风景区、疗养区前要强调沿线绿化景观时，更需要精心设计。一般情况，掌握公路绿化基本知识就可以独立设计。

（3）公路绿化是将公路工程技术和交通运输与绿化相结合。绿化为公路服务，而公路规划设计施工也要为绿化提供有利条件。

（4）一般公路绿化是指通往市属县、乡的公路绿化，不设分车带。公路植树多在路肩外，以不损伤路基为原则，种植一行乔木或乔、灌间植，或双行以上乔木，有人称此种形式为行道树式的绿化设计，每隔 2～3km 可更换一个树种，以免遭受某一种病虫害侵袭，使树木全段死亡，如杨树腐烂病。

（5）路肩宽度分两种，硬路肩宽度是平原微丘≥2.50m，山岭重丘≥2.0m；土路肩宽度平原微丘≥0.75m，山岭重丘≥0.50m 或 1.50m。当公路经过路堑地段，绿化应在边坡上或在坡外的高处，沿路栽植，不能种在边沟底上。

（6）各种路基植树的情况（图 5.3-1）：

1）路基边沟以外的植树可沿路界种植；

2）路堤边坡上的植树：当通过农田及经济作物地区时，宜在路堤边坡上植树；当路基较高具有护坡道时，可于边坡及坡脚处植树，有利稳定路基；

3）路基坡脚边缘有余地时，可以充分利用，设计双行乔木，形成林带；

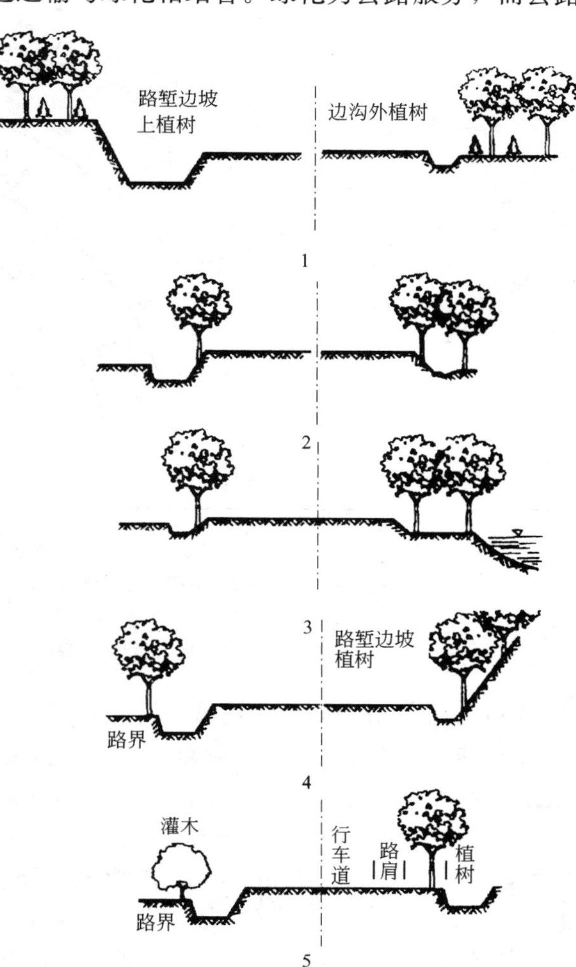


图 5.3-1　公路路基种植形式示意图

4）路界边缘及路堑边坡的植树。确保弯道内侧行车安全视距，弯道内侧不能植乔木，边坡可植灌木，控制高度不超过 0.7m；

5）路界植灌木及路肩外植树：当有的农田地段不宜遮阴或有可以借景的景物，路段可以植灌木，使其空透。当路肩规定宽度外还有空余地方，也可植树于路肩范围以外，只要确保侧向净空即可。

（7）各种车辆最小转弯半径，如图 5.3-2 所示。

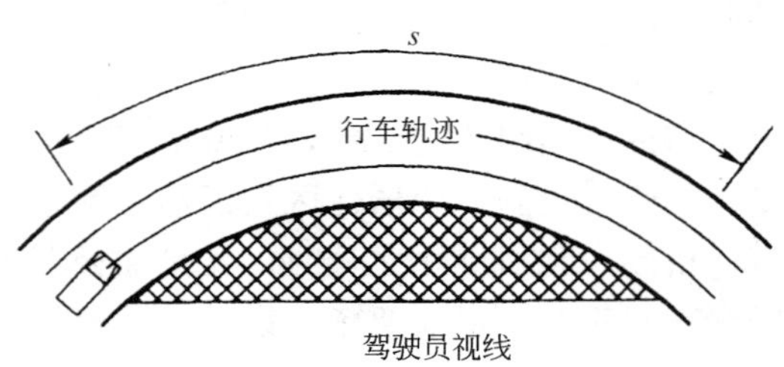


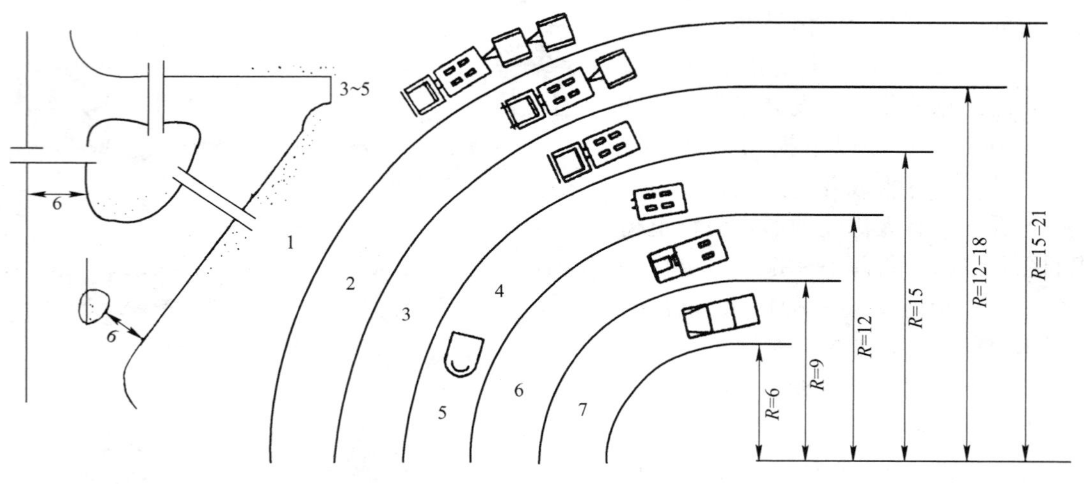


图 5.3-2　各种车辆最小转弯半径

1—拖车列车；2—带一辆拖车的载重汽车；3—超重型载重汽车；4—三轮载重汽车、重型载重汽车；5—公共汽车；6—一般二轴载重汽车；7—三轮汽车、小客车

注：电瓶车 $R$＝5m（拖一辆挂车 $R$＝7m）；图中尺寸单位为 m。

（8）边坡绿化的方式：边坡上营造人工植被工程简称边坡绿化，其绿化方式如下：

1）种草：边坡是否适于种草，可先行试种，如不利于种草，应于坡面铺撒一层 5～10cm 厚的种植土层，并挖成斜的小台阶，以防土层滑动；或横向开成水平沟种植；

2）满铺草皮：应自下而上逐排错缝，并用新削的易于生长的灌木桩（如柳枝等）固定，直径 1～3cm，长 40～75cm。打木桩时粗端向下。在人工草坪或野生草坪上，挖取 25cm×25cm 大小，厚 3～3.5cm 的草皮块做栽植材料。叠铺草皮有两种形式：

① 水平叠铺　当边坡为 1∶1 或更陡时，草皮应水平叠铺。铺时由下而上，并以木橛固定，逐层铺设，各层草皮面向下；

② 倾斜叠铺　当边坡为 1：1～1：1.5 时草皮可倾斜铺设，其倾斜角度为水平线与边坡垂直间夹角的一半，并以木橛固定，如图 5.3-3 所示；

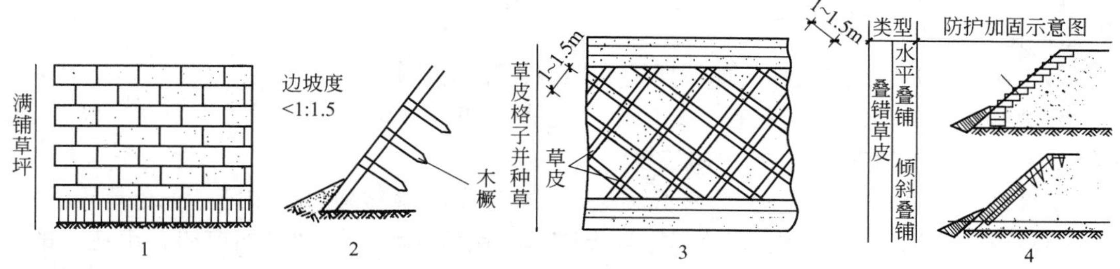


图 5.3-3　边坡绿化方式示意图

3）灌草混植式：为防止路堤受冲刷，可栽植灌木，按 1 行灌木 4 行草本配置；

4）爬藤覆被式：选用攀援藤本植物如爬山虎，（秋季叶色变红）地瓜榕等；

5）图案点缀式：在上边坡与车辆行驶方向相对的部位，可用色彩鲜艳的低矮灌木培植成优美、流畅的图案或祝福语，用草皮做底色，起景观作用。通往风景区的道路边坡可适当用此方式。

5.3.1.2　风景林带式的绿化设计形式

郊区公路绿化对郊外旅游区的开发和建设，不仅在绿化、保护和改善郊区生态环境中有重要作用，而且在强调沿线景观中还起到宏观的美化作用。风景林带两侧一般都有 30～100m 宽的绿化带，在绿化设计中应注意以下几点：

（1）自然式：指树木栽植不成行成排，各树木之间栽植距离也不相等，有距离变化，平面布局的林缘线有凹凸变化，立面天际线也起伏变化。

（2）规则式：指树木栽植成行成排，各树木之间均为等距，种植轴线比较明确，树种配置也强调整齐，平面布局对称均衡或不对称但也均衡，分段长短的节奏，按一定尺度或规律划分空间。

（3）综合式：风景林带的长度一般都较长，沿路的周围环境、地形及沿路景观功能的要求各不相同，应因地制宜，分别设计不同形式，但一定要协调，不能生硬划分，要注意空间的过渡。

5.3.1.3　风景林带的形态构图

（1）构成要素：

1）选用的树种要体现出高低层次，根据形状、大小、高度不同决定其轮廓线；

2）栽植方式要体现出前、中、后的层次。

（2）形态设计中要掌握的基本知识：

1）乔木高度分 4 级：

① 1 级：20m 以上的大树。如毛白杨、悬铃木、水杉、银杏、油松、白皮松等；

② 2 级：10～20m 的中等树。如圆柏、梧桐、刺槐、槐树、馒头柳、垂柳、臭椿等；

③ 3 级：5～10m 的一般树。如紫叶李、龙柏、栾树、元宝枫、合欢、白蜡等；

④ 4 级：5m 以下的树。如龙爪槐、山楂、海棠、樱花、山杏、山桃等。

2）灌木高度分 3 级：

① 1级：2m以上灌木。如木槿、紫薇、石榴、珍珠梅、黄刺玫、金银木、丁香等；

② 2级：1～2m灌木。如连翘、榆叶梅、迎春、碧桃、紫荆等；

③ 3级：1m以下灌木。如月季、牡丹、红叶小檗、贴梗海棠、玫瑰、棣棠等。

3）花卉高度分3级：

① 1级：1m以上的花卉。如波斯菊、蜀葵、美人蕉等。

② 2级：0.5～1.0m的花卉。如属中高花卉，如百日草、唐菖蒲、金鱼草、醉蝶花、串红、万寿菊、鸡冠花、石竹、凤仙花等。

③ 3级：0.5m以下花卉。如属低矮花卉，如雏菊、金盏菊、半枝莲、五色草等。

（3）树种规划：在种植上要处理好骨干树与特色树和乡土树种（如市树、市花）的关系，以及设计乔、灌木结合，常绿与落叶树结合，将树种合理搭配；树种设计时要有主调、基调和配调，构成季相及层次的景观。注意选用树种的种类不宜过多过杂。

1）基调树种：基调树种是构成林带的主要树种；

2）主调树种：在构成林带的主要树种中要有一种或几种在数量或高度上占优势成为主调树，色彩随季节交替而变化；

3）配调树种：对主调树种起衬托作用。

① 以落叶树为主的林带（北方），可参考如下树种搭配。基调树种：银杏、合欢、栾树、垂柳、油松等；主调树种：银杏；配调树种：合欢、栾树、垂柳等；

② 以常绿树为主的林带，可参考如下树种搭配。基调树种：白皮松、油松、圆柏、紫叶李；主调树种：白皮松；配调树种：紫叶李等。

5.3.1.4 防护林带式的绿化设计

因风、沙、雪危害公路交通较为严重，需要设计防护林带，此外在通往疗养区的公路也要设计卫生防护林带。林带结构不同，防护作用也不同，现介绍以下几种不同的林带结构形式（图5.3-4）：

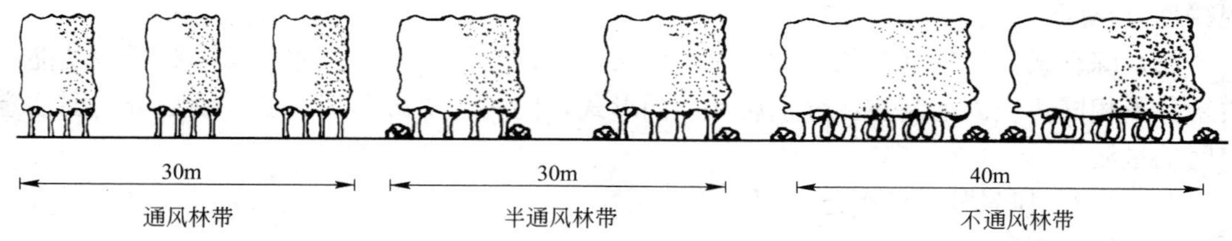


图5.3-4 市郊防护林带示意图

（1）不通风林带：在风、沙、雪危害严重地区可设计这种形式。不通风林带是由乔木、亚乔木、灌木组成，上、中、下枝叶稠密。防风范围是在相当林带树高的5～10倍处，风速减低率较大，但风速恢复也快。在积雪量小的地段，可沿路两侧栽植两行密植的灌木，高度2～3m，也可起到上述效果。

（2）通风林带：由乔木组成，下部通风性很强，风速恢复较慢，风速减低率比不通风林带大，防风效能也较好，在公路通过果园或农田段可采用此种形式。

（3）半通风林带：由乔木和灌木组成，枝叶比较稀疏，上下皆能通风，风速减低率最大，防风效能最好。

（4）卫生防护林带：一般在通往疗养区、休养所或森林公园或郊区别墅的市郊公路，以及城市周边的树林，可应用杀菌力强的树种进行绿化，设计的布局和形式可与公共卫生部门协作。

5.3.1.5 城乡接合部的绿化设计

（1）城市入口多处于城郊接合部，城市入口是城市的门户，是城市与外部环境的连接点，它和城市的道路、广场、街区等一起组成城市空间体系。

（2）由于处于城市边缘，缺乏规划和管理，造成环境脏乱，没有景观特色的局面。

（3）只简单地栽点树无法起到景观作用，所以，必须将城乡结合部位，通过市内的入口作为起点，与城市轴线及城市景观节点（如广场）一起组成主次分明、相互呼应的城市景观系列。

（4）在城市入口的景观层次一般有前景、主景和背景，前景具有提示的作用，暗示即将进入城市，可以设计入市前的道路绿化带，以观赏风景树为主。

（5）一般情况下，主景是城市入口的景观主题，体现环境特征，可以设计大型的绿化图案或是标志性的构筑物或雕塑，或是大面积的花丛；背景是起到衬托的作用，可以利用原有或改造后的地形，高处种上片林，低处种上宿根花卉，开花时形成一片花海，并用绿化密植阻挡脏乱的部位。

（6）总之城乡接合部的绿化设计应根据不同的功能要求，可密林式、田园式，以不失其城市风貌特色，突出入口功能，在道路绿化美化设计中应重视城乡接合部。

### 5.3.2 适宜于各地区的公路绿化树

5.3.2.1 华北、西北东南部、东北南部的绿化树种

（1）平原：一般地区栽种——臭椿、毛白杨、加拿大杨、刺槐、香椿、桑树、槐树、白蜡、榆树、楸树、栾树、元宝枫、新疆杨、银白杨、梓、黄金树、悬铃木、合欢、华山松、白皮松、箭杆杨、楝等；水分较多地区栽种——柳、箭杆杨、加拿大杨、杞柳、水曲柳、黄波罗、白蜡、水杉等。

（2）山地：土层较厚栽种——核桃、板栗、柿、油松、刺槐、青杨、楝；土层浅及石质山栽种——山杏、侧柏、枫、紫穗槐等。

5.3.2.2 东北的公路绿化树种

（1）平原：一般地区栽种——小叶杨、大青柏、水曲柳、落叶松、榆树、槭树；水分较多地区栽种——柳树、水曲柳等。

（2）山地：土层较厚栽种——落叶松、红松、油松、水曲柳、黄波罗、椴树；土层浅及石质山栽种——蒙古栎等。

5.3.2.3 华东、华中、贵州南部的公路绿化树种

（1）平原：一般地区栽种——桑树、榆树、麻栎、樟、泡桐、香椿、垂杨木、悬铃木、三角枫、楸树、银杏；水分较多地区栽种——柳、枫杨、楝、乌桕、赤杨、水杉等。

（2）山地：土层较厚栽种——杉木、檫树、栓皮栎、麻栎、锥栗、楠、油茶、茶、核桃、板栗、棕榈、杏；土层及石质山栽种——马尾松、柏木、麻栎、栓皮栎等。

5.3.2.4 四川、贵州北部的公路绿化树种

(1) 平原：一般地区栽种——楠木、樟、香椿、柏木、桉树、喜树、梧桐、泡桐；水分较多地区栽种——柳、枫杨、桤木等。

(2) 山地：土层较厚栽种——杉木、柏木、楠木、华山松、油桐、油茶、核桃、棕榈；土层浅及石质山栽种——云南松、油松等。

5.3.2.5 云南、贵州西南部的公路绿化树种

(1) 平原：一般地区栽种——杨、冲天柏、桉树、滇楸；水分较多地区栽种——杨、柳、水冬瓜、乌桕等。

(2) 山地：土层较厚栽种——华山松、楠木、滇楸、柏木；土层浅及石质山栽种——云南松、油松等。

5.3.2.6 华南的公路绿化树种

(1) 平原：一般地区栽种——樟树、桉树、红椿、楝树、榕树、石栗、凤凰树；水分较多地区栽种——木棉、水松、垂柳、乌桕等。

(2) 山地：土层较厚栽种——樟、杉；土层浅及石质山栽种——马尾松、相思树、木荷、枫香等。

## 5.4 高速公路绿化设计范围、依据及文件编制

### 5.4.1 高速公路绿化设计范围与内容

高速公路征地范围之内的可绿化场地均属于景观绿化设计的范围，按其不同特点可分为以下几部分内容：高速公路沿线附属设施（服务区、停车区、管理所、养护工区、收费站等）；互通立交；公路边坡及路侧隔离栅以内区域（含边坡、土路肩、护坡道、隔离栅、隔离栅内侧绿带）；中央分隔带；特殊路段的绿化防护带（防噪降噪林带、污染气体超标防护林带、戈壁沙漠区公路防护林）；取弃土场的景观美化等。公路景观绿化工程的各部分的有关设计原则简述如下：

5.4.1.1 服务区、停车区、管养工区、收费站等公路附属设施景观绿化工程

(1) 功能：以美化高速公路两旁为主，创造优美、舒适的工作和生活空间，以及适宜的游憩、休闲环境。

(2) 设计要求：服务区与收费站的建筑物及构造物一般都较新颖别致，外观美丽，设施先进，具有较强烈的现代感，视觉标志性极强，而且通常空间较大、绿化用地较充足，除周边的大块绿地需要与周围环境背景互相协调外，其建筑，广场、花坛、绿地主要采用庭院园林式绿化手法，加强美化效果，使整体环境舒适宜人，轻松活泼，起到良好的休闲目的。同时服务区亦可根据各自所处的地域特征，通过绿化加以表达，突出地方文化氛围。

5.4.1.2 互通立交绿化美化工程

(1) 功能：主要是诱导视线，减少立交桥附近的水土流失，绿化美化环境，丰富道路景观。

(2) 设计要求：互通立交区绿化以地被植草为主，适量配置灌木、乔木，以既不影响

视线又对视线有诱导作用为原则。图案的设计简洁明快，以形成大色块。依据互通所处的地理位置、城镇性质、社会发展水平，结合当地历史典故、人文景观、民俗风情等决定表现形式和植物配置，可以将沿线互通分为三类。

1）城郊型：地处城市近郊，或本身就是城市的组成部分。在吸纳当地人文历史等背景资料的前提下，可设计抽象或规则图案，表现此地区的综合文化内涵，同时注意城市建筑和公路绿化景观的统一与协调。图案设计体量宜大，简洁流畅，色彩艳丽丰富；

2）田园型：地处农村郊野，距城镇较远。绿化形式以自然式为主，强调表现本地区的自然风光，突出绿化的层次感及立体效应，使景观充分融入周围原野中；

3）中间型：距离大城镇较远，而又靠近小的乡镇，地处农田原野，是城郊和田园型的中间类型。绿化应兼顾双重性，强调表现个性，给游客以深刻印象。

5.4.1.3　边坡、土路肩、护坡道、隔离栅及内侧绿带等的防护及绿化工程

（1）功能：保护路基边坡，稳定路基，减少水土流失，丰富公路景观、隔离外界干扰。

（2）设计要求：

1）高速公路的土质边坡栽植多年生长、耐旱、耐瘠薄的草本植物与当地适应性强的低矮灌木相结合来固土护坡；

2）高速公路挖方路堑路段的石质边坡采用垂直绿化材料加以覆盖，增加美观。可选用抗性强的攀援植物；

3）高速公路护坡道绿化应以防护、美化环境为目的，栽植一些适应性强、管理粗放的低矮灌木。

4）边沟外侧绿地的绿化以生态防护为主要目的，兼顾美化环境，可栽植浅根性的花灌木，种植间距可适当加大。

5）隔离栅绿化以隔离保护、丰富路域景观为主要目的。选择当地适应性强的藤本植物对公路隔离栅进行垂直绿化。

5.4.1.4　中央分隔带绿化美化

（1）功能：防眩为主，丰富公路景观。

（2）设计要求：中央分隔带防眩遮光角控制在$8°\sim15°$之间，常见中央分隔带绿化栽植形式主要有三种：常绿灌木为主的栽植；以花灌木为主的栽植；常绿灌木与花灌木相结合的栽植方式。

5.4.1.5　特殊路段的绿化防护带

（1）功能：减轻公路运营期所造成噪声及汽车排放的气体污染物超标造成的环境污染，保护公路免受不良环境条件影响。

（2）设计要求：特殊路段绿化防护林带设计应以环境保护及防护为主，设计前应详细查阅环境影响报告书、水土保持方案报告书、公路工程地质勘测报告书等相关资料，明确防护林带的位置、长度、宽度等事宜。同时在植物选择时应注意以下原则：

1）以规则式栽植为主；

2）以乔灌木栽植为主，结合植草，进行多层次防护；

3）所选树种及草种应能对污染物有较强的抗性并有适应不良环境条件的能力。

5.4.1.6　高速公路取弃土场绿化美化

（1）功能：主要是减少高速公路两旁的水土流失，恢复自然景观。

（2）设计要求：取弃土场绿化设计应以防护为主，尽量降低工程造价，设计方法可参边坡防护工程有关内容。同时在植物选择时应注意以下原则：

1）以自然式栽植为主；

2）以植草为主，结合栽植乔灌木；

3）草种及树种选择遵循“适地适树”的原则。

### 5.4.2　高速公路景观绿化设计的依据

高速公路景观绿化设计的主要依据如下：

（1）业主单位对项目的设计委托书（合同书）；

（2）《公路工程基本建设项目设计文件编制办法》；

（3）《公路环境保护设计规范》JTG B04—2010；

（4）《交通建设项目环境保护管理办法》；

（5）公路工程初步设计文件及施工图设计等文件；

（6）公路环境影响报告书；

（7）公路水土保持方案报告书；

（8）国家和交通部现行的有关标准、规范及规定等。

### 5.4.3　高速公路景观绿化设计程序及文件的编制

5.4.3.1　高速公路景观绿化现状调查

（1）高速公路工程设计资料调查、收集

1）公路等级、路线走向、预测交通量、工期安排等；

2）公路主要经济技术指标，如路基、路面宽度；路堤、路堑和边坡的长度、宽度、高度、坡度、地质状况；

3）高速公路平交道口和交叉区的位置以及构造情况等；平曲线位置、半径以及长度；

4）高速公路构造物，如边沟、桥涵、分隔带、堤岸护坡、挡土墙、防沙障、调水坝、水簸箕、过水路面等的位置及其绿化环境；

5）高速公路服务区、停车区、收费站、管理所、养护工区等设施的位置、面积和总体布局等；

6）高速公路的统计绿化面积、位置、标高、长度、宽度、坡度、堆积物等；

7）按绿化工程实施的难易程度对公路进行分段统计。

（2）高速公路沿线社会环境状况调研：

1）区域：公路经过的主要区域；重要的集镇规划；主要的工厂、矿山、农场、水库；周围建筑物；名胜古迹；疗养区和旅游胜地等；

2）风俗习惯：路线沿线居民特殊生活风俗；绿化喜好和忌讳习惯等；

3）劳动力资源、工资、机具设备、运输力量等；

4）组织：当地公路管理机构；公路养护组织；主要机具设备等；

5）农田：旱田、水田、果园、菜地、大棚等分布及作物种类；

6）公路现场周围地上和地下设施的分布情况，如电缆、电线、光缆、水管、气管等的深度和分布；绿化植物的栽植应与之保持适当距离。

(3) 公路沿线自然环境状况调查：

1) 调查物候期、降水量、风、温度、湿度、霜期、冻土及解冻期、雾、光照等影响道路交通功能和绿化效果的因子；研究各气象因子近10年以上年度和各月份平均值及变化规律，特别注意灾害性气象的发生规律，如极端气温、暴雨、干旱、台风等。

2) 调查种植地土壤的酸碱性、盐渍化程度、厚度、土温、含水量变化冻土情况、肥力等理化性质。

3) 调查地表水分布、地下水水位和分布、水量等，必要时检测水质指标。

(4) 公路沿线植物情况的综合调查：

1) 种类调查：当地已有的公路绿化植物、园林植物，包括乔木、（花）灌木、草本植物、攀缘植物；常绿植物、落叶植物；针叶树和阔叶树等；

2) 苗源调查：种类、数量、质量、来源、距离、价格等；

3) 生态习性和主要功能：包括花期、返青期、落叶期、耐荫、耐旱、耐湿、耐盐碱、耐修剪、根系分布等；

4) 公路沿线绿化常用技术经验；

5) 路线沿线现存树木调查：珍稀古树名木和林地的种类、位置、分布、数量等。

5.4.3.2 图纸资料的收集

在进行设计资料收集时，除上述所要求的文件资料外，应要求业主提供以下图纸资料：

(1) 路线地理位置图、路线平纵面缩图、路线平纵面图、工程地质纵断面图。

(2) 高速公路平面总体方案布置图、公路平面总体设计图、公路典型横断面图。

(3) 取土坑（场）平面示意图、弃土堆（场）平面示意图，隧道平面布置图。

(4) 路基防护工程数量表、路基防护工程设计图，沿线水系分布示意图。

(5) 互通式立体交叉设置一览表、互通式立体交叉平面图、互通式立体交叉纵断面图。

(6) 沿线管理服务设施总平面图（服务区、停车区、收费站、管理处、养护工区）、沿线管理服务设施管线（水电）布置图。

5.4.3.3 现场踏勘

(1) 任何公路景观绿化设计项目，无论规模大小，项目的难易，设计人员都必须认真到现场进行踏勘。

(2) 首先核对、补充所收集到的图纸资料，如现状的建筑物、植被等情况，水文、地质、地形等自然条件。

(3) 另一方面，由于景观设计具有艺术性，设计人员亲自到现场，可以根据周围环境条件，进入艺术构思阶段，做到“佳则收之，俗则摒之”。

(4) 发现可利用、可借景的景物和不利或影响景观的物体，在规划过程中分别加以适当处理；根据情况，如面积较大、情况较复杂的互通立交、服务区等，有必要的时候，踏勘工作要进行多次。

(5) 现场踏勘应尽量能有熟悉当地情况及公路线位走向的设计人员作向导，并应拍摄环境的现状照片，以供进行总体设计时参考。

5.4.3.4 绿化植物的选择与配置

（1）植物选择要根据生物学特性，考虑公路结构、地区性、种植后的管护等各种条件，以决定种植形式和树种等：

1）与设计目的相适应，与附近的植被和风景等诸条件相适应；

2）容易获得，成活率高，发育良好，抗逆性强，可抵抗公害、病虫害少，便于管护；

3）绿化的形态优美，花、枝、叶等季相景观丰富；

4）不会产生其他环境污染，不会影响交通安全，不会成为对附近农作物传播病虫害的中间媒介；同时应适当考虑经济效益。

（2）应优先选择本地区已采用的公路绿化植物、其他乡土植物和园林植物等；经论证、试验后，可适当引进优良的外来品种：

1）路域生态环境要求绿化植物种类和生态习性的多样性；

2）选择植物品种应兼顾近期和远期的树种规划，慢生和速生种类相结合；

3）大树移植宜选择当地浅根性、萌根性强、易成活的树木；

4）草种应根据气候特点，选择适合当地生长的暖季型或冷季型。

5.4.3.5 高速公路绿化设计文件的编制

与高速公路主体工程文件编制程序相适应，高速公路景观绿化设计文件的编制，一般分为以下三个步骤：

（1）总体方案规划阶段：本阶段可看作是高速公路工程可行性报告中的组成部分之一，在本阶段应完成景观绿化设计基础资料的调查收集工作，并结合公路总体规划及沿线自然、人文景观的分布，提出公路景观绿化设计的总体原则、明确设计范围等。

（2）初步设计阶段：本阶段与高速公路工程初步设计阶段相对应，是对总体方案的具体与细化，应在方案规划设计的基础上完成初步设计文件的编制。本阶段应完成以下主要文件及图表内容：

1）设计总说明书：按有关设计编制要求及总体规划方案完成项目的总说明书编制工作，一般包括：项目概述、设计依据、工程概况、沿线环境概况、绿化设计的指导思想与基本原则、具体设计模式说明、植物种的选择（并附植物选择表）、工程投资估算说明等项内容。

2）管理养护区、服务区及停车区等设施的景观绿化初步设计上述区域应依据庭院园林绿化模式进行设计，视设计所需其设计文件中应包括绿化栽植、花架、亭廊等园林小品、园路、场地铺装、花坛、桌凳等设施项目。文件应完成如下内容：

① 详细的设计说明一份。应写明设计原则、设计手法、植物配置方法等项内容；

② 绿化总体布置图一份。图纸中应有：*a*.绿化植物的配置图；*b*.植物品种、规格、数量的统计表；*c*.各种园林小品及设施的布置图；

③ 图纸比例尺与指北针。为便于图纸的拷贝与缩放，所有要求尺寸比例的图纸都应以“标尺比例尺”的形式给出比例尺。所有平面图均应给出指北针。

3）互通立交区的景观绿化初步设计：本项绿化视为一般园林绿地场地进行规划设计，一般仅作植物栽植设计（有特殊要求时做地形设计及主题雕塑设计），应完成如下文件内容：

① 互通立交绿化设计说明一份。应写明设计原则、设计手法、植物配置方法等项内容；

② 总体绿化布置平面图一份（双喇叭互通应增加两张分区绿化图），同时随图给出植物种类、规格、数量统计表一份；

③ 互通立交绿化效果图。亦可视情况单独要求；

④ 局部详图。对能突出互通景观特色的重点区域（如图案栽植部分、主题雕塑等），应给出局部详图，同时图中相应标出所采用植物的种类、规格及数量；雕塑应给出平面图、立面图及效果图；应以图示方式标明本详图与总图的位置关系；

⑤ 场地规划图。提出互通区内土方平衡调配的原则措施，在满足交通功能要求的基础上，依景观所需及绿化功能设计微地形，标明微地形的范围，等高线间距等数据，并对土方工程数量进行估算；

⑥ 图纸比例尺与指北针。为便于图纸的拷贝与缩放，所有要求尺寸比例的图纸都应以“标尺比例尺”的形式给出比例尺。所有平面图均应给出指北针。

4）中央分隔带、边坡、路侧绿化带及环保林带的设计，本项绿化视为一般园林绿地场地进行规划设计，一般仅作植物栽植设计，对于上述区域的绿化方案应在“路基标准横断面图”中示出相应位置关系。同时应附图给出植物种类、规格、数量统计表一份，边坡防护应单独给出较详细的工程量清单一份；

5）灌溉系统工程设计：该部分工程作为总体绿化的附属工程，其文件包括以下内容：

① 详细的设计说明一份。应写明绿化区域的自然地理、地貌特征，尤其应注明水源的形式及分布位置；采用推荐喷灌系统方式的理由；相关的水力计算等；

② 灌溉系统管线布置图一份。图中应标明水源位置；管线布设方式；所采用管线的管径指标；出水口（喷头）的精确埋设位置；各节点之间的间距（如喷头与支管之间、喷头与喷头之间等）；

③ 随图或单独列出设备清单一份。表中应明确各种设备的类型、型号、主要性能指标、数量、生产厂家等。

6）投标文件编制：此部分内容应严格依据购买的招标文件有关要求按投标文件编制格式完成（不含设计说明及设计图纸）；

7）工程概算文件编制：按有关工程概算文件编制要求完成项目的。概算文件编制工作一般包括：编制说明、概算汇总表、分项工程概算表等项内容。

（3）施工图设计阶段：本阶段与公路工程施工图设计阶段相对应，该阶段是对初步设计文件的具体化，使之具有可操作性，能作为景观绿化施工的依据；并应在初步设计的基础上完成景观绿化施工图设计文件的编制。本阶段在初步设计基础上应完成以下文件图表：

1）管理养护区、服务区及停车区等设施的景观绿化施工图设计。在初步设计基础上，施工图文件应完成如下内容：

① 主要园林小品、设施（如花架、园路、场地铺装、圆凳、水池、山石）的结构详图；

② 植物栽植总平面图。同初步设计图纸内容；

③ 绿化分区示意图。对于植物栽植总平面图视实际情况可分成若干张，以达到能清

晰表明植物的种植关系为目的，图中还应给出施工放线基准点（明显的永久构筑物或道路中心线的某处桩号等）；

④ 植物栽植分区详图。图中应标明每棵植物的种植点，同种植物之间以种植线连接，并注明相互之间的距离。应以图示方式标明本图与总图的位置关系（参照绿化分区示意图）。附图给出植物品种、规格、数量统计表；

⑤ 图纸比例尺与指北针。为便于图纸的拷贝与缩放，所有要求尺寸比例的图纸都应以“标尺比例尺”的形式给出比例尺。所有平面图均应给出指北针。

2）互通立交的景观绿化施工图设计。在初步设计基础上，施工图文件应完成如下内容：

① 植物栽植总平面图，同初步设计图纸内容一样；

② 绿化分区示意图。对于植物栽植总平面图视实际情况可分成若干张，以达到能清晰表明植物的种植关系为目的，图中还应给出放线基准点（道路中心线上的某处桩号或跨线桥与主线的交点等）；

③ 植物栽植分区详图。图中应标明每棵植物的种植点，同种植物之间以种植线连接，并注明相互之间的距离（规则时栽植的植物可仅标明一处，其余以文字说明方式注出）。应以图示方式标明本图与总图的位置关系（参照绿化分区示意图）。附图给出植物品种、规格、数量统计表；

④ 互通中图案造型。应单独给出大样图，图中注明放样基准点及放样的网格线，并随图给出植物品种、规格、数量统计表；

⑤ 雕塑。雕塑作为独立设计内容要求，图中应给出平、立、剖面图，结构图（节点及基础等关键部位），并标明详细的尺寸关系、拟采用的材料等有关内容；并附图给出材料的工程量清单一份；

⑥ 图纸比例尺与指北针。为便于图纸的拷贝与缩放，所有要求尺寸比例的图纸都应以“标尺比例尺”的形式给出比例尺。所有平面图均应给出指北针。

3）中央分隔带、边坡、路侧绿化带及环保林带的设计。绿化设计文件初步设计阶段深度已可满足施工要求，可直接引用有关文件图纸；

4）灌溉系统工程设计。该部分工程设计深度及图纸内容基本同初步设计，可参考执行；

5）招标文件编制：此部分内容应严格依据招标文件有关要求及业主的书面要求并按编制格式完成（不含设计说明及设计图纸）；

6）工程预算文件编制：按照有关工程建设预算文件编制要求来完成项目的预算文件编制工作，一般包括如下内容：编制说明、预算汇总表、分项工程预算表等项内容；但具体实施过程中因项目的不同其景观绿化设计文件的编制也有所不同，一般是按以上程序完成文件的编制，有时作两阶段的初步设计及施工图设计，有时也会依据项目内容及时间要求仅做一阶段的施工图设计。

# 6 城市道路绿化树种及其综合评价

## 6.1 道路绿化常用的优质树种

城市道路绿化常用的树种，一般应具备冠大荫浓、主干挺拔、树体洁净；无飞絮、毒毛、臭味；适应城乡环境条件，抗性强、病虫少、耐瘠薄，耐干旱、抗污染；萌蘖强，耐修剪，易复壮，寿命长等条件，经过长期的栽培和引种，各地都有一批常用的乡土和外来优良行道树种。各地还不断建设道路生态林带、绿色通道，增添了许多具有区域特色的经济行道树种。为绿化和美化城市道路两侧的景观，经过选用和试用，又有许多新优树种被引进到城市的行道树种中。

### 6.1.1 华南地区为主的城市道路绿化常用优质树种

我国华南地区为主的城市道路绿化常用优质树种见表 6.1-1。

**华南地区为主的城市道路绿化常用优质树种** 表 6.1-1

| 序号 | 优质树种名称 | 优质树种的主要特点 |
|---|---|---|
| 1 | 榕 树 | 常绿乔木，高达 25m，枝具下垂须状气生根。单叶、互生、革质，椭圆形至倒卵形。雌雄同株，隐花果无梗，单生或成对生于叶腋，近扁球形，肉质。扦插繁殖。性喜暖热多雨气候及酸性土壤。适用于我国的华南地区，树冠庞大，枝叶茂密，为良好的行道树 |
| 2 | 木 棉 | 落叶乔木，高达 25m 以上，枝轮生，水平展开，树干端直。叶互生，掌状复叶，小叶 5～7 片，长椭圆形，至长椭圆状披针形，先端渐尖，全缘，平滑无毛。花为红色，先叶开放，花期 2～3 月。果椭圆形，冬季成熟。播种及扦插繁殖。深根性树种，耐旱；喜暖热气候，喜欢阳光；萌芽性强。适生于华南地区，云南、贵州、四川的南部都有栽培为行道树。冠大、干直、花红、花大，为优良的行道树种 |
| 3 | 凤凰木 | 落叶类乔木，高达 20m，树冠伞状。二回偶数羽状复叶，花大，花萼绿色，花冠鲜红色。荚果木质，扁平且厚，花期 5～8 月，果熟期 10 月。种子繁殖。性喜光、不耐寒；生长迅速，根系发达。抗烟尘性能差。适生于华南地区，云南亦有行道树栽培。树冠宽阔，叶形如鸟羽，花大色艳、初夏开放，满树火红，作行道树非常美观 |
| 4 | 银 桦 | 常绿乔木，高达 30m。树干端直，树冠圆锥形。单叶互生二回羽状深裂，背面密被银灰色绢丝毛。总状花序，萼片花瓣状，橙黄色。蓇葖果有细长花柱宿存；花期 5 月，7～8 月果熟。种子繁殖。性喜光，喜温暖和较凉爽气候，不耐寒，也不耐炎热；喜酸性土壤。对氟化氢及氯气有较强抗性。适生于南部及西南部。树冠高大整齐，初夏有橙黄色花序，颇为美观，是良好的行道树 |
| 5 | 羊蹄甲 | 半常绿乔木，高 5～8m。单叶互生，革质，圆形至广卵形，宽大于长，先端如羊蹄状。花大而显著，几无花梗，约 7 朵花排列伞状，总状花序，花粉红色，具紫色条纹，芳香；花期 6 月。播种、扦插繁殖。喜暖和气候，不耐寒。适生于华南各省。叶形奇特，花大美丽，春末夏初开放，作行道树及庭园观赏树。 |

续表

| 序号 | 优质树种名称 | 优质树种的主要特点 |
|---|---|---|
| 6 | 木波罗（波罗蜜） | 常绿乔木，高10～15m，有乳汁，有时会出现板状的根。单叶互生，厚革质，椭圆形或倒卵形。雄花序顶生或腋生圆柱形，雌花序椭圆球形，生于树干或大枝上，聚花果，成熟时黄色，花期2～3月，果熟期7～8月，种子繁殖。属于喜光的树种，也喜欢炎热气候，寿命长。适生于华南地区，宜作城市的行道树之用 |
| 7 | 芒　果 | 常绿乔木，高达10～25m，树冠浓密，树叶搓之有芒果香味。单叶互生聚生枝顶，革质，长椭圆形至披针形。顶生圆锥花序，被柔毛；花小杂性，芳香，黄色或带红色；核果椭圆形或肾形，微扁，熟时黄色，内果皮坚硬，并复被粗纤维。花期2～3月；果熟期6～8月。播种、嫁接、压条繁殖。阳性树种，喜温暖，不耐低温。适于土层深厚而排水良好疏松沙壤土或壤土，忌长期水淹或碱性土壤，抗风力较弱，适生于在我国的华南地区。树体高大，树冠浓密，树形美观，适宜做行道树 |
| 8 | 台湾相思 | 常绿乔木，高度在15m左右。叶互生，狭披针形，有3～5条平行脉，全缘、革质。花黄色，有微香。所结果实偏扁，并成带状，其花期为4～6月，每年的7～8月果熟。种子繁殖。性极喜光，强健，喜欢暖热的气候，不耐荫，为强阳性树种，耐干燥和短期水淹。生长迅速，萌芽力强。适生于我国的华南、华东南部及西南地区。树冠轮廓婉柔，婆娑可人，宜作城市的行道树。还有巨叶相思树，常绿乔木，叶比台湾相思大。荚果卷曲。有根瘤菌，可改良土壤，抗风力强，耐修剪，抗空气污染能力亦强。适生于我国的华南、西南地区。广州市的有些街道作为主要的行道树 |
| 9 | 白　兰 | 常绿乔木，高17m。叶大、单叶互生，卵状长椭圆形。花单生于新梢叶腋，有浓香，白色，花期4～9月，夏季最盛。扦插、压条和嫁接繁殖。性喜高温及阳光充足、暖热多湿的气候，不耐寒，喜富含腐殖质、排水良好，微酸性的砂质壤土。肉质根、忌积水。适生于华南地区。白兰花是很好的香花树种，可作行道树 |
| 10 | 白千层 | 常绿乔木，高度在30m以上。叶互生，近革质，全缘，狭长椭圆形或披针形，穗状花序顶生，白色，花期1～2月。种子繁殖。性喜光，喜暖热气候，不耐寒，喜肥厚潮湿土壤，也能适应较干燥的沙地，生长快；树形优美，干皮灰白。适宜华南地区的城市作行道树之用 |
| 11 | 黄　槐 | 常绿小乔木。偶数羽状复叶，小叶为6～12片，对生，倒卵状椭圆形，先端钝或凹，两面平滑，背面粉白。散房花序，花黄色。荚果扁平。种子繁殖。喜温暖的气候，喜光，稍能耐荫，在深厚肥沃，湿润的土壤生长良好，有根瘤菌可改良土壤。冠密枝叶茂盛、满树黄花，十分美丽。适生于我国的华南地区、台湾地区，常作城市的行道树 |
| 12 | 木麻黄 | 常绿乔木，高达30m以上。小枝纤细下垂，节间有棱七条，灰绿色，每节有退化鳞片状叶6～8片，部分小枝冬季脱落。花单生，雌雄同株，花期为4～5月。果序近球形，瘦果有翅，8～10月成熟，种子繁殖。强阳性树种，喜暖热气候，耐干旱、瘠薄，抗盐碱，亦耐潮湿，不耐寒。深根性，具根瘤菌。能抗风、固沙，对二氧化硫及氯气的抗性强。适生于华南地区及华东南部，宜作行道树。 |
| 13 | 黄　槿 | 常绿乔木，高度达8m以上，树冠浓密。叶近圆形或卵圆形，全缘或具微钝齿。聚散花序，花瓣淡黄色，心暗红色，花期6～8月。蒴果卵形。插条繁殖。速生萌芽力强，耐微碱性瘠薄沙土，在深厚、肥沃、湿润的土壤中生长良好；深根性，抗风，抗二氧化硫及氯气的能力强。适生我国的云南、广东及四川成都等省市。是理想的城市的行道树，如若配植其他行道树树种，将形成美丽复层混交的行道树 |
| 14 | 黄葛树 | 落叶大乔木，高达26m左右，叶互生，叶薄革质，矩圆形或矩圆状卵形，全缘，3～4月新叶开放后，鲜红色叶苞，纷纷落地，极为美丽。花生于隐头状花序内，花期一般为5～6月。果实球形带白色，每年10～11月果熟，扦插繁殖。喜欢温暖的气候，但不耐寒，喜生长在深厚肥沃、湿润土壤上，并能生于岩缝中。耐空气污染、粉尘和抗病。适生于广东、海南、广西、云南、贵州、湖北、四川等地。树大荫浓，供观赏及作城市的行道树 |

续表

| 序号 | 优质树种名称 | 优质树种的主要特点 |
|---|---|---|
| 15 | 印度橡皮树 | 常绿大乔木，树高达45m左右，树冠幅60m，枝叶浓密，气根发达，从树冠下垂入地。叶互生，革质，椭圆形或长椭圆形，表面光绿，叶片在枝上可保存数年不凋。新芽苞淡红色，颇为秀丽。隐花果成对于叶腋，卵状长圆形。花期为11个月，扦插繁殖。原产印度，喜暖湿，不耐寒，喜生于深厚、肥沃和湿润的土壤。适生于广东、广西南部、海南、四川重庆、云南南部等地。树冠卵形，广蔽数十米。新叶红色，十分美丽。宜作行道树，如广州市街道，与榕间植，以作行道树之用，非常美观。其变种有白叶黄边橡皮树，叶乳白色而边缘黄色，亦有作行道树用的。此外还有青绿叶橡皮树、白斑叶橡皮树、黄边叶橡皮树、狭叶白斑橡皮树等 |
| 16 | 石　栗 | 常绿乔木，高达20m左右。小枝、叶下面及叶柄有淡褐色星状毛。叶长卵形或卵形，全缘、三浅裂或具粗锯齿。圆锥花序，花小白色，雌雄同株，春夏开花。核果卵圆形，平滑，肉质，每年的10～11月果熟。种子繁殖。原产马来西亚等地，性喜温暖气候，除湿地外，一般土质均能生长，沙质壤土最为适宜，具有抗二氧化硫、氯气能力强。适于我国的华南地区及云南南部、江西南部、湖南南部、福建南部。一般多用作行道树 |
| 17 | 大王椰子 | 常绿乔木，高达20m左右。树干单生。叶回羽状复叶。肉穗花序自叶鞘的基部抽出，白色，花期为10月。核果近球形，果熟时红褐色至紫色。种子繁殖。原产古巴，十多年前移到我国，喜暖热气候，喜深厚、肥沃，湿润土壤。适生于我国的广东、海南的沿海及云南等地，是一种优良的、具有观赏性、适应城市的行道树 |
| 18 | 菩提树 | 常绿或落叶乔木，高达15m左右，树皮黄白色，枝生气根如垂须。叶互生，全缘，略作波形、卵圆形或心脏形，先端细长如尾下垂，表面深绿色，平滑而有光泽，叶柄细长。一般在夏季开花。果实无柄，扁平圆形，冬季成熟，熟时呈紫色。扦插或播种繁殖。性喜暖热多雨气候及深厚肥沃的酸性或微酸性土壤。适生于我国的广东、云南等省。菩提树冠圆形，枝叶扶疏，浓荫覆地，是街道、公路优良的城市行道。例如在广东省中山纪念堂附近道路的两旁栽培，发育良好，长势喜人 |
| 19 | 秋　枫 | 常绿或半常绿大乔木，高达25m左右。三小叶复叶，具钝锯齿，革质而润泽。新叶淡红色，亦颇美丽。雌雄异株，圆锥花序，一般在每年3月份开花，为黄绿色，浆果球形，11月份成熟，熟时蓝黑色或暗褐色，种子繁殖。喜光，喜温润土壤，速生，为南亚热带树种，在我国的广东、广西、台湾、福建等地均甚繁茂。树姿优美，翠盖重密，为优良的城市行道树种之一 |
| 20 | 窿缘桉 | 常绿乔木，高达20m以上。树皮暗褐色，纵裂，叶窄披针形或微弯，微形花序。蒴果近球形，花期6～7月，播种和扦插繁殖。适宜于我国的福建南部、广东中南部、海南及云南，是城市良好的观赏树及行道树 |
| 21 | 幌伞枫 | 落叶乔木，高达20m左右；三回羽状复叶，小叶对生，椭圆形或卵形，无毛。花黄色，芳香，由小伞形花序组成大圆锥花序，秋冬间开花，果实扁平。种子和扦插繁殖。喜暖温气候，喜深厚肥沃、湿润土壤上生长。适宜生长在我国的华南地区及云南西南部。冠如伞，甚美观，宜作城市的行道树和观赏树 |
| 22 | 柠檬桉 | 常绿乔木，高达35m以上。树皮白色、灰白色或淡红灰色，片状剥落，内皮光滑。大树之叶披针形或窄披针形，或呈镰状，具柠檬香气；花通常每3朵成形花序，再集生成复伞形花序，蒴果壶形或罐状。花期每年的12月至翌年5月或7～8月，种子繁殖。适宜于生长在广东、广西、海南及贵州、福建南部。树姿优美、枝叶芳香，宜作城市的行道树及观赏树 |
| 23 | 大叶桉 | 常绿乔木，高达30m以上，树干暗褐色，粗糙纵裂，宿存而不剥落，小枝淡红色，略下垂。叶革质，卵状长椭圆形至广披针形，伞形花序，蒴果碗状，花期是每年的4～5月份和8～9月份，花后约3个月果熟。播种和扦插繁殖。性喜充足阳光，喜温暖而湿润气候，喜肥沃湿润的酸性及中性土壤。在浅薄、干瘠及石砾地生长不良；在肥沃低湿亦生长良好。生长迅速，寿命长，萌芽力强。原产于澳洲，适应于我国的西南和华南地区以及浙江、福建、江西、湖南、四川南部，树冠庞大，生长迅速，根系深，抗风能力强，是一种良好的行道树 |

续表

| 序号 | 优质树种名称 | 优质树种的主要特点 |
|---|---|---|
| 24 | 蓝花楹 | 落叶乔木，高达 15mm 左右。叶对生，二回羽状复叶，小叶狭矩圆形，先端尖锐，略被微柔毛。圆锥花序，花期甚长，一般在春末至秋开管状蓝花，蒴果木质，种子繁殖。原产巴西，喜暖热气候，喜生长在土层深厚，肥沃湿润的环境。适宜生长于我国华南地区的广东、广西、海南等地，树冠圆筒形，开管状蓝花，十分美丽，宜作行道树 |
| 25 | 木　荷 | 常绿绿乔木，高达 30m 以上，树冠馒头形。叶互生，厚革质，长椭圆形，先端渐尖，基部楔形，表面深绿色，平滑而有光泽，叶缘浅齿状，新叶初发，老叶入秋，均呈红色，艳丽可爱。总状花序，腋生，每年的 5～7 月间开肥大白色有芳香之花。蒴果近于球形至半球形，3 月和 12 月果熟。种子繁殖。性喜温暖、湿润、阳光充足的气候环境，喜深厚、肥沃的酸性土壤，耐干旱，耐瘠薄，较耐低温。适宜生长于我国的华南、华东、华中和西南地区。木荷树形高大挺拔，开花多而整齐，花朵洁白、芳香，在海南一年开 3 次花。适宜列植，又是较好的防火树种，可作庭院美化树种和城市的行道树 |
| 26 | 杜　英 | 常绿乔木，高达 26m 左右。主干挺拔，树冠卵圆形。叶倒卵状椭圆形或倒卵状披针形，边缘疏生钝锯齿，入秋，部分叶转鲜紫红色。总状花序腋生，7 月开黄白色花。核果椭圆形，每年 10～11 月成熟，暗紫色，种子繁殖。根系发达，萌芽力强，耐修剪，速生，喜温暖阴湿环境，适生于酸性黄壤和红黄壤，较耐寒。对二氧化硫抗性强，有绿荫防噪声之功效。适生浙江南部、福建、江西、湖南中部以南、贵州南部、广东、广西等地。枝叶茂密，葱葱蓊郁，霜后叶部绯红，红绿相间，鲜艳悦目，是优良行道树、风景树等 |
| 27 | 马尾树 | 落叶乔木，高度为 15～18m。叶互生，奇数羽状复叶，披针形，边缘有小钝齿，表面光绿色，两面微有毛。下垂长穗花序，花期为每年的 11～12 月，翅果倒卵形至近圆形，紫色，种子繁殖。性喜光，宜生长在温暖湿润的气候环境，在土层深厚、肥沃的土壤上生长良好。适宜生长于广东、广西、云南及贵州南部。树形与枫杨近似，广泛应用于城市的行道树 |
| 28 | 山玉兰 | 常绿乔木，高 12m。叶长卵形、矩圆状卵形或椭圆形，先端钝尖或钝圆，稀微凹，基部圆形，下面有白粉，微被毛；花期 4～6 月；10～11 月果熟。种子繁殖。性稍耐荫，喜温暖气候及深厚肥沃、富有机质的壤土。适生于四川、贵州、云南、广东、广西壮族自治区等省。山玉兰花大白色，具芳香，叶浓绿，有光泽，很美丽，是一种优良的行道树 |

### 6.1.2 黄河、长江流域地区城市道路绿化常用优质树种

黄河、长江流域地区为主的城市道路绿化常用优质树种见表 6.1-2 所示。

**黄河、长江游域地区城市道路绿化常用优质树种　　　　表 6.1-2**

| 序号 | 优质树种名称 | 优质树种的主要特点 |
|---|---|---|
| 1 | 滇　杨 | 又称云南白杨，落叶乔木，高达 20m 左右，叶椭圆状元卵形或卵形，中脉长为红色；叶柄较粗短，带红色。扦插繁殖。为云南省的乡土树种，较耐湿热，在土层深厚、肥沃、湿润的土壤上生长迅速。适宜生长于云南、贵州、四川等地，树干高大挺拔，枝叶茂盛，常为城市的主要行道树 |
| 2 | 樟　树 | 常绿乔木，高达 30m，树冠庞大，呈广卵形。叶薄革质，卵状椭圆形至卵形，表面深绿色，有光泽，叶背青白色。每年的 5 月初新枝叶腋开花，圆锥花序，花小，淡黄绿色。浆果球形，10～11 月成熟，紫墨色，种子繁殖。性喜光，稍耐荫，喜温暖湿润气候，耐寒性不强，主根发达，深根性，能抗风。对土壤要求不严，除盐碱土外，都能适应，在湿润肥厚的微酸性黄土最适宜。不耐干旱瘠薄，能耐短期水淹；生长速度中等，幼年较快，耐烟尘和有毒气体，对二氧化硫和臭氧抗性较强。树叶分泌物有较强杀菌作用。适生于长江以南湖南、湖北、江苏、安徽、四川等地。树姿雄伟，树冠开展，树叶繁茂、浓荫覆地，是作庭荫树、行道树、风景林、防风林和隔声林带的优良树种。孤植、列植、群植都适宜。樟树是杭州市的市树。其抗性强亦是工矿区绿化优良抗污树种。例如全国绿色通道示范路段 104 国道湖州段建成“百里香樟大道” |

续表

| 序号 | 优质树种名称 | 优质树种的主要特点 |
|---|---|---|
| 3 | 法国梧桐 | 又称悬铃木，落叶大乔木，高达30m以上。树皮灰绿色，小片状剥落灰白斑痕。叶互生，广楔形，5～7裂，缺刻深达叶片中部。花单生，雌雄同株，花期每年4～5月，花淡黄绿色。果实球形，3～6颗汇为一串，下垂如铃，10～11月果熟。种子或插条繁殖。喜光树种，喜温暖湿润气候，具有一定抗寒力，对土壤的适应力强。适宜生长于长江以南各省，如湖南、湖北、江苏、安徽、四川、江西等。抗烟尘和抗污染能力强。生长迅速，树体健全，树形端整，耐修剪。为城市优良的行道树之一 |
| 4 | 浙江樟 | 常绿乔木，高达16m左右，树冠圆锥形。叶革质，长椭圆形或窄卵形，先端渐尖或尾状，基部楔形。每年的5月开黄绿色小花。果椭圆状或椭圆状卵形，本年10～11月成熟，蓝黑色。种子繁殖，喜温暖阴湿气候，幼年耐荫。适宜酸性土，中性土亦能适应，排水不良之处不宜种植。适宜生长在我国的浙江、安徽南部、湖南、江西等地。干直冠整，叶茂荫浓。干道两旁种植，尤为整齐壮观。对二氧化硫抗性强，亦可做工矿区及街道的行道树 |
| 5 | 广玉兰 | 常绿乔木，高达30m左右。叶互生，革质，长椭圆形，表面光滑深绿色，背面呈锈红绒毛。花单生于枝顶，每年的4～5月间开乳白色大花，果实卵状，有锈色绒毛，10～11月成熟，种子红色。播种、压条、插条、嫁接均可繁殖，弱阴性树种，喜欢阳光，颇耐荫，喜温暖湿润气候，有一定的抗寒力，同时喜肥沃湿润排水良好的酸性土壤，不耐干燥及石灰石土。适应华东以南各省，例如浙江、安徽、江苏、湖南、江西等地。对烟尘、二氧化硫、汞、氯气均有吸抗能力，是城市最受欢迎的观赏、行道树种之一 |
| 6 | 枫　杨 | 落叶乔木，高30m以上。叶互生，奇数羽状复叶，无柄，长椭圆形或长椭圆披针形，边缘有锯齿。花期是每年的5月，黄绿色。翅果元宝状，8月成熟。阳性树，为深根性树种，种子繁殖。喜欢温暖多湿气候，对土壤要求不严，耐水湿、不怕水淹，干燥之处虽能生长，但易衰老，萌芽力强。适应长江流域以南的地区。常为绿荫树、行道树 |
| 7 | 泡　桐 | 落叶乔木，高达27m以上。叶对生，卵形至长椭圆形，背面密生绒毛。圆锥状聚散花序，花期是3～4月，白色，内有紫斑，蒴果椭圆形，每年的9～10月成熟。种子细小。播种、插条、压条、分蘖均可繁殖。强阳性树种，喜温暖气候，耐寒力较强。喜湿，喜光，好生排水良好、湿润肥沃之地。适应于我国的华东、华中、华南地区。泡桐叶大被毛；能吸附尘烟，抗有毒气体，净化空气。生长迅速，叶阔荫浓，花开满树，适应于城市街道和公路旁的行道树 |
| 8 | 重阳木 | 落叶乔木，高达15m以上。树皮灰褐色，小枝无毛。三小叶复叶，小叶卵形或椭圆状卵形，雌雄异株，圆锥花序，花黄绿色，每年的4～5月与叶同放，浆果球形，熟时红褐色，10～11月果熟，种子繁殖。喜欢阳光，稍能耐荫，喜温暖气候，耐寒力弱，对土壤要求不严，能耐水湿，根系发达，抗风力强，对二氧化硫有一定抗性。适应长江流域及其以南地区。树姿优美，翠盖重密，为优良行道树 |
| 9 | 南京泡桐 | 落叶乔木，树皮淡褐色，密被分枝毛，叶宽卵形或卵形。花冠淡紫色，萼深裂，密被锈黄色毛，果卵形，果皮较薄。播种、插条、压条、分蘖均可繁殖。强阳性树种，喜温暖气候，耐寒力较强。喜湿，喜光，好生排水良好、湿润肥沃之地。特别适应我国的华东、华中地区的浙江、安徽、江苏、湖北、湖南、江西等地，主要作城市绿化的行道树 |
| 10 | 枫　树 | 落叶乔木，高达20m以上，叶互生，三裂，边缘有细锯齿。雌雄同株，头状花序，每年的3月下旬黄褐色花与新叶同时开放。果实球形，蒴果有刺，10月成熟。种子繁殖。喜欢阳光，幼树稍耐荫，同时又喜欢温暖气候及深厚土壤，萌芽力强。较能耐干旱瘠薄。抗二氧化硫中等，抗氯化物较强。适宜生长于我国长江流域地区的浙江、安徽、江苏、湖北、湖南、江西等地。经霜叶红，妖艳如醉，为观叶树种，是城市中一种优良的行道树 |
| 11 | 银　杏 | 落叶大乔木，高可达40m。叶单生于长枝或簇生于短枝上，为扇形，二浅裂。表面为淡绿色，夏季为深绿色，入秋变为黄绿色。雌雄同株，每年的4～5月间开黄绿色花，果实黄色，11月成熟。种子繁殖，亦可用分蘖、插条或嫁接繁殖。阳性树，喜光，喜湿润排水良好深厚的沙质土壤。不耐积水，尚耐旱，耐寒性强；根深，生长较慢，寿命长。易生萌蘖，抗二氧化硫，烟和粉尘能力较强。具有防火性能。日本把此树列为城市行道树之首。适生于沈阳以南、广州以北地区，凡用于行道树，应选雄株为宜 |

续表

| 序号 | 优质树种名称 | 优质树种的主要特点 |
|---|---|---|
| 12 | 喜　树 | 落叶乔木，高达30m左右。叶互生，椭圆状卵形至长椭圆形。每年的4～7月间开花，为淡红色或白色。果实球形，成熟时为褐色，瘦果，具窄翅，种子繁殖。性喜欢阳光，稍耐荫，速生，喜生于深厚、肥沃、湿润的土壤，根系浅，较耐水湿，萌芽力强。不耐寒，不耐干旱瘠薄土地，在酸性、中性、弱碱性土壤均能生长，耐烟性弱。适宜生长于我国的长江流域及其以南地区的浙江、安徽、江苏、湖北、湖南、江西、四川、贵州等地。树形端庄高大挺直，树冠宽展，是目前城市主要的绿荫树和行道树之一 |
| 13 | 无患子 | 落叶乔木，高达18m左右。偶数羽状复叶，小叶5～8对，互生，卵状披针形或长椭圆状披针形，表面鲜绿色，有光泽，背面色稍淡，散生微软毛。圆锥花序，花期每年6月，花淡黄绿色。核果球形，10月成熟，呈黄绿色，种子繁殖。深根性，抗风力强。喜光树种。喜温暖湿润气候，耐寒性不强，对土壤要求不严。对二氧化硫抗性较强，萌芽力强，不耐修剪，叶形奇异，秋色艳丽，为观叶树木，适宜生长于浙江、安徽、江苏、湖北、湖南、江西等地。主要是供城市的行道树栽植 |
| 14 | 鹅掌楸 | 又称马褂木，落叶乔木，高可达40m。叶互生，似马褂，叶背呈青白色，有乳状突起。花黄绿色，花期是每年的5～6月，果10月成熟。种子繁殖，亦可用插条、压条繁殖。喜欢阳光、喜温和湿润气候，有一定的耐寒性。宜深厚、排水良好的酸性土壤生长，对二氧化硫气体有中等的抗性。最适宜生长在我国的长江流域以南地区。其树形端正，叶形奇特，秋叶呈黄色，很美丽，是我国优良的城市绿荫树和行道树之一 |
| 15 | 厚　朴 | 落叶乔木，高达15m左右。小枝粗壮、淡黄色或淡黄灰色。叶集生枝顶，倒卵形或倒卵状椭圆形，先端圆。聚合果圆柱形或卵状圆柱形，先端圆、基部圆，鸟喙状尖头。花期是每年的5月，果期为9月的下旬。种子繁殖，亦可分蘖繁殖。性喜欢阳光，幼龄稍耐荫。喜湿润的气候环境，并喜土层深厚，肥沃及排水良好的酸性土，适宜生长于我国的安徽南部、浙江、福建、江西、湖南、湖北西部、四川、贵州、广西等地。叶大荫浓，花白色美丽。是目前我国城市中一种优良的观赏树及行道树 |
| 16 | 大叶榉 | 落叶大乔木，高达30m以上。叶互生，卵状椭圆形或卵形，边缘有波状锯齿，两面粗糙，而呈绿褐色。入秋其叶呈深红或黄色。雌雄同株，花单性，花期为每年的4月中旬，果11月成熟，种子繁殖。性喜欢阳光，喜温暖气候，深根性，抗风力强。喜深厚、肥沃、湿润之土壤。在微酸性、中性、石灰质及轻盐碱土上均能生长。忌积水地，不耐干瘠，有抗毒气体和净化空气的作用，适生于淮河、秦岭以南，长江中、下游。适宜植于城市的林荫大道、街道或公路的两旁，入秋的叶色红艳，颇壮丽，为城市的一种观叶树种 |
| 17 | 凹叶厚木 | 落叶乔木，高达15m左右。树冠卵形，叶形大，常集生枝梢，叶倒卵形，先端凹缺，基部楔形，下面被淡灰色直伸平伏毛，微被白粉，叶柄中部以下有托叶痕。聚合果卵形。花期为每年的5月，10月果熟。播种及分蘖繁殖。喜欢湿润、酸性肥沃、排水良好的沙壤土。适宜生长在安徽、浙江、福建、江西、湖南、湖北等地，是城市优良的观赏和行道树之一 |
| 18 | 七叶树 | 落叶乔木，高达27m左右，叶对生，掌状复叶，小叶5～7片，倒卵状长椭圆形，边缘有细密锯齿。每年的5月开白色花，圆锥花序顶生，蒴果倒卵形，9～10月成熟，褐黄色，种子繁殖。对光照要求不强，幼树喜荫。喜温暖湿润气候，较耐寒。喜深厚，肥沃湿润的酸性土壤。深根性，萌芽力不强。适生于黄河流域，华东、华中等地，叶形美丽，为世界贵重观赏树种之一。树姿壮丽，冠如华盖，与悬铃木、椴树、榆树共称四大行道树 |
| 19 | 合　欢 | 落叶乔木，高达16m左右。叶互生，偶数二回羽状复叶，小叶作刀剑状，共20～40对，日开夜合。伞房状花序，花期6～7月，花黄绿色，花丝粉红色。荚果扁平，10月成熟。种子繁殖。性喜光，耐寒性略差，对土壤要求不严，能耐干旱、瘠薄，不耐水涝。速生，抗有害气体能力强。适生于华北至华南、西南地区。树姿优美，叶形雅致，盛夏绒花满树，有色有香，宜作绿荫树、行道树 |

续表

| 序号 | 优质树种名称 | 优质树种的主要特点 |
|---|---|---|
| 20 | 山玉兰 | 同表 6.1-1 |
| 21 | 梧　桐 | 又称青桐,落叶乔木,高达 16m 左右。叶互生,叶掌状 3～5 裂,叶背面密生星状绒毛。花单性或杂性,为顶生圆锥花序,每年的 6 月开淡黄色小花,无花瓣。蓇果呈果状,在成熟前开裂,9 月种子成熟,球形,种子繁殖。阳性树种,喜温暖湿润气候,耐寒性较差,湿润喜肥沃的沙质土壤,在酸性、中性、钙质土均能生长,不耐水湿,深根性,萌芽力弱,易遭风害。抗二氧化硫,氟化氢、氯气等。适宜生长于我国的华北、华东、华南、西南地区。任其繁茂,不加修剪,尤为美观,供城市较好的行道树之一 |
| 22 | 构　树 | 落叶乔木,高达 16m 左右。小枝红褐色,密生灰色丝状毛。单叶互生,叶卵形,边缘粗锯齿。雌雄异株,稀同株,花期是每年的 5 月,聚花果球形,9 月成熟,熟时橙红色。种子繁殖。喜光,稍耐荫,耐干旱瘠薄,对土壤要求不严,在石灰质及酸性土壤上也能生长。速生,萌芽力强,根浅,侧根分布广。抗病虫害,抗烟尖及二氧化硫、氟化氢、氯气能力强。适宜生长于我国的华北至华南地区,如若用作城市行道树宜选择雄株繁殖,主要是防止果实污染环境 |
| 23 | 枳　椇 | 落叶乔木,高达 17m 左右。叶宽卵形或卵形,边缘锯齿较相钝,下面无毛或叶脉有毛。聚伞花序顶生,不对称,每年的 6 月开黄绿色小花,果实圆形或广椭圆形,10 月成熟,为紫褐色。性喜光,耐寒,对土壤要求不严。在土壤深厚和湿润处生长快。适宜生长于陕西、甘肃、河南、河北、湖南、湖北、浙江、江苏、江西等省份,是城市绿化良好的绿荫树及行道树 |
| 24 | 榔　榆 | 落叶或半常绿乔木,高可达 25m 左右。叶互生,椭圆形,边缘具单锯齿。每年的 8～9 月开花,簇生于新枝叶腋,为黄绿色小花。翅果卵圆形,10～11 月成熟,淡灰褐色。种子繁殖。阳性树种,稍耐荫,适应强,能耐－20℃短期低温;耐干旱瘠薄,对土壤要求不严,在酸性土、中性土、钙质土,平原及溪边均能生长。对二氧化硫等有毒气体抗性强,又耐烟尘,适宜生长于华北、华东、华中及四川等省,是城市一种良好的行道树种 |
| 25 | 长山核桃 | 又称美国山核桃,落叶大乔木,高达 50m 以上。奇数羽状复叶,小叶 11～17 枚,长椭圆状披针形,边缘有锯齿。雌雄同株。雄花序下垂,每年的 5 月上旬开花,果实长椭圆形,10～11 月成熟。种子繁殖,亦可埋根和分蘖繁殖。喜光树种,性好温暖湿润,不耐干旱,但耐寒。深根性,对土壤要求不严。在湿润肥沃而深厚疏松的沙质土壤、冲积土壤生长迅速,是速生树种,顶端优势强,主干明显。原产北美及墨西哥,适宜生长于我国的华东、华中及四川等地。树形端正挺拔,枝叶繁茂,为良好的绿荫树和行道树 |
| 26 | 南枳椇 | 落叶乔木,高达 25m 以上。叶宽卵形,边缘有细尖锯齿。每年的 6 月开绿白色花,小而繁多,组成顶生或腋生的聚伞花序。花梗初为绿色,后渐肥壮扭曲,成紫褐色之果柄,味甜涩可食,核果球形,9～10 月成熟,灰褐色。播种、扦插和分蘖繁殖。为阳性速生树种。喜温暖湿润气候,适应性强,对土壤要求不严,在土层深厚、湿润而排水良好的酸性土壤生长迅速,中性土亦能适应。深根性,萌芽力强。适生于长江流域、汉江流域以南的华南和西南地区,是城市一种理想的行道树种 |
| 27 | 珊瑚朴 | 落叶乔木,高达 25m 左右,叶宽卵形,卵状椭圆形或倒卵状椭圆形,表面稍粗糙,背面脉纹凸起。早春枝上满生红褐色花序,状如珊瑚,每年的 4 月开花。核果圆卵形,10 月果熟,橙红色,味甜可食。种子繁殖。其性喜光稍耐荫,喜温暖气候及湿润、肥沃土壤,微酸性和中性及石灰性土壤上均适应。深根性,抗旱力强。对防尘、耐烟,抗击有毒气体有一定的功能,适宜生长于安徽、浙江、江苏、福建、江西、湖南、湖北等。树高干直,冠大荫浓,宜作城市的行道树 |
| 28 | 楸　树 | 落叶乔木,高达 30m 左右。叶对生或三叶轮生,三角卵形或卵状矩圆形。总状花序,花冠白色,内具紫色斑点,花期为每年的 4～5 月,蒴果 9～10 月成熟。播种、埋根及分蘖繁殖。其性喜欢阳光,幼苗耐荫;又喜欢温暖气候,但不耐严寒、不耐干旱和水湿,喜欢深厚、湿润肥沃、疏松的中性土;对二氧化硫及氯气有抗性,吸滞灰尘、粉尘能力较强,适宜生长在我国的黄河流域和长江流域各省。树姿挺拔、干直荫浓,花紫白相间,艳丽悦目,植于建筑旁亦很美观,适宜作城市庭荫树和行道树 |

续表

| 序号 | 优质树种名称 | 优质树种的主要特点 |
| --- | --- | --- |
| 29 | 响叶杨 | 落叶乔木，高30m左右。叶卵状三角形或卵形，边缘具圆齿；叶柄顶端具2个红色瘤状腺体。花期2月下旬至3月中旬，4月中旬果熟。种子繁殖，亦可扦插、分蘖。其性喜温暖湿润气候，不耐严寒。较耐干旱瘠薄，在酸性和中性土壤均能生长，但排水必须良好。有一定的抗尘防烟作用。适宜生长于陕西秦岭、淮河流域以南地区，甘肃东南部、华东、华中及西南地区。树形高大挺拔，树冠广阔，适宜作城市的行道树 |
| 30 | 垂　柳 | 落叶乔木，高达18m左右，树冠倒广卵形。小枝细长下垂，淡褐色，单叶互生，叶披针形。花期3～4月，果熟期4～5月。性喜欢阳光，不耐荫，较耐寒，喜温暖湿润气候及潮湿深厚之酸性及中性土壤，特耐水湿，短期水淹不致死。萌芽力强，根系发达，生长快。能吸收二氧化硫有毒气体。适宜生长于我国的长江流域、东北和华北的各省。树姿优美，宜作城市的行道树 |
| 31 | 南酸李 | 落叶大乔木，高达30m以上。奇数羽状复叶，小叶7～15片，卵状披针形，幼枝及萌芽枝之叶有粗齿。雌雄异株或杂性异株，雄花和假两性花排列成圆锥状聚伞花序，雌花单生叶腋，每年的4月开紫红色花，核果椭圆形，9～10月成熟，黄褐色。种子繁殖。速生树种。喜欢温暖湿润气候，喜光稍耐荫，适应性强。适应于土层深厚的土壤，酸性土、中性土均能生长。耐瘠薄，怕水淹，萌芽力强。对二氧化硫、氯气抗性强。适宜生长于我国的华东、华中、华南及西南地区，是理想的城市绿荫树和行道树 |
| 32 | 朴　树 | 又称沙朴，落叶乔木，高达20m以上。叶互生，广卵形至卵状长椭圆形，上半细锯齿，表面深绿色，平滑无毛，背面淡绿色，叶脉在背面突出。每年的5月上旬开淡绿色小花，核果球形，10月成熟，橙红色。种子繁殖。性喜光，稍耐荫，喜温暖气候及肥沃、湿润、深厚之中性黏质土壤，能耐轻盐碱土。抗风力强，寿命较长，抗烟尘及有毒气体，适宜生长于我国的淮河流域、秦岭以南至华南地区。树形美观、树冠宽广，绿荫浓郁，宜作城市的行道树种 |
| 33 | 香　椿 | 落叶乔木，高达25m左右。叶丛生枝端，偶数羽状复叶，稀奇数，小叶10～22片，卵披针形，有特殊香味。每年的6月开花，白色芳香，呈顶生圆锥花序。蒴果椭圆形，10月成熟，黑褐色的木质，种子繁殖。速生树种。喜欢阳光，耐寒性较强。对土壤的酸碱度适应范围较广，也能耐轻盐渍土，较耐水湿。深根性，萌芽、萌蘖力均强。适宜生长于我国的黄河流域及长江流域各地、西南地区等。对有毒气体抗性较强。树干耸直，冠大荫浓，可做城市的绿荫树和行道树 |
| 34 | 杨梅树 | 常绿乔木，高可达13m。树冠整齐，浑圆。叶厚革质，倒披针形或矩圆。雌雄异株，花序腋生，每年的4月开紫红色花。核果圆形，6～7月成熟，有深红、紫红、白等色。播种、嫁接等繁殖。萌芽力强。喜温暖湿润气候。适应酸性土，微碱性土壤也能适应。适宜生长于我国的长江流域以南各地，长江以北不宜栽植。枝繁叶茂，绿荫深浓，列植于路边甚宜。对二氧化硫、氯气等有毒气体抗性较强，可选作工业区为行道树，也是城市阻隔噪声的理想基调树种 |
| 35 | 三角枫 | 落叶乔木，高达30m以上，树冠卵形。幼树及萌芽枝之叶三深裂，具粗纯锯齿；老树及短枝之叶不裂或三浅裂，卵形或倒卵形，上部具疏锯齿。花杂性同株，每年的4月开放，黄绿色，为圆锥花序。翅果9月成熟、淡灰黄色，两翅直立，近平行。种子繁殖，暖温带树种。喜欢阳光，稍耐荫。对土壤要求不严，酸性、中性、石灰性土均能适应。稍耐水湿，萌芽力强，适宜生长于我国的北至山东、山西，南至广东等地。树干高耸，冠如华盖，浓荫覆地，是城市优良的行道树和庭园树 |
| 36 | 木蟹树 | 常绿小乔木，高达12m左右，树冠圆球形。叶革质，倒披针形或椭圆形，无毛，有香气。花两性，每年4～5月开放，单生或2～3朵簇生叶腋，花被外轮三片黄绿色，余均为暗红色。聚合果由10～13个蓇葖作星芒状排列，木质，先端具细长而弯曲的尖头，10月成熟，赭褐色。种子繁殖。暖地阴性树种。喜温暖湿润气候。尚耐瘠薄、干旱。适宜生长在安徽、浙江、江苏、福建、江西、湖南、湖北等。对二氧化硫抗性强，可为工业区的优良行道树，更适宜在城市道路两侧对植或列植 |

续表

| 序号 | 优质树种名称 | 优质树种的主要特点 |
| --- | --- | --- |
| 37 | 玉　兰 | 落叶乔木，高达15m左右，卵形树冠。叶倒卵形，背面被柔毛。每年的3月间先叶开花，色白微碧，盛开时莹洁清丽，聚合果呈不规则圆柱形，9月成熟，蓇荚初裂，露出鲜红种子。嫁接繁殖，亦采用播种、压条繁殖。阳性树种，稍耐荫。喜肥沃湿润而排水良好的微酸性土壤，中性和微碱土亦能适应。根肉质，忌水浸，低湿地易烂根，耐寒力强。对二氧化硫有一定抗性。适宜生长于河南、安徽、浙江、江苏、福建、江西、湖南、湖北、福建等。花大香郁，玉树琼花，蔚为大观，如若配植常绿树种为行道树，极为美观 |
| 38 | 毛　株 | 落叶乔木，高达12m，树冠广圆形。叶对生，卵形至椭圆形，表面有柔毛。伞房状聚伞花序顶生。花白色，5～6月开放。核果近球形，9～10月成熟，黑色。种子繁殖。喜光、耐旱、耐寒(能忍受－23℃低温)。对土壤要求不严，中性、酸性及石灰性土都能适应，但排水要良好。根系发达，深根性，萌芽力强。适生华北、华东、华中及四川等地。树冠浑圆，姿态潇洒，仲夏银花竞开，璀璨悦目，适宜作城市行道树 |
| 39 | 黄连木 | 落叶乔木，高达25m。奇数羽状复叶，小叶11～13片，披针形。雌雄异株，总状花序，花期4～5月，花红色，果倒卵圆形，稍扁，红色，后变紫色，9～11月成熟。种子繁殖。喜光，耐干旱，耐瘠薄土壤，在肥沃，湿润排水良好的土壤生长最好。在酸性、中性、钙质土上均能生长。为深根性树种，萌蘖力强。对二氧化硫和烟尘的抵抗力较强。适生于北京、山西、山东、陕西，南达广东、广西、海南，西至四川、云南，是城市美丽的行道树和风景树之一 |
| 40 | 棕　榈 | 常绿小乔木，高达10m左右。树干圆柱形，周围包以棕皮，树冠伞形。叶形如扇，簇生于顶端，向四周展开，有狭长皱折，至中部掌裂，柄长。雌雄异株，每年的4月末开淡黄色小花，有明显的大花苞，核果肾状球形，11月成熟，蓝黑色，种子繁殖。喜温暖阴湿排水良好的石灰质、中性、微酸性土壤。5年以后必须每年剥棕，否则，会影响生长发育。对多种有害气体抗性很强，且有吸收能力。适生于秦岭、长江流域以南的各地。可在厂矿污染区植行道树。若与落叶乔木隔株栽植行道树，或单纯多行栽培行道树，颇有南国风光 |
| 41 | 雪　松 | 常绿大乔木，高达50m以上，塔形树冠。大枝不规则轮生，平展，小枝微下垂，具长短枝，叶针状。雌雄异株，雌雄花均单生枝顶，雄球花近黄色，雌球花淡绿色，每年的10～11月开放，翌年10月种子成熟。播种和扦插繁殖。阳性树，喜温凉爽气候，有一定耐寒力，耐旱力较强，忌积水。喜土层深厚而排水良好的环境。酸性土、微碱性土均能适应，但积水洼地或地下水位过高之处生长不良，甚至死亡。为浅根性树种，易遭风倒。主干耸立，侧枝平展、姿态雄伟优美，与金钱松、日本金松、南洋杉，巨杉合称为世界五大庭园名木。适宜生长于我国长江流域的各地，在青岛、大连、北京等小气候条件好的环境下也能生长。在江苏南京、常州、无锡等城市常以成片成行栽植行道树或植于入口道路两侧 |
| 42 | 南洋杉 | 常绿大乔木，高达60m。幼树呈规则尖塔形，老树成平顶。主枝轮生、平展，侧枝平展或稍下垂。叶互生，有两型：生于侧枝及幼枝上的多呈针形，排列疏松；生于老枝上的则密集，卵形或三角状钻形。雌雄异株。球果卵形或椭圆形。花期6月。播种或扦插繁殖。性喜暖热湿润气候，不耐干燥及寒冷，喜肥沃土壤，抗风力强。生长迅速，再生力强，易生萌蘖。适宜生长在华东地区南部、华南。树形高大，姿态优美，为世界五大公园树种之一，宜作行道树、观赏树等 |
| 43 | 柳　杉 | 常绿大乔木，高达40m。圆锥形树冠。叶锥形，螺旋着生，先端内曲。雌雄同株，3月开花；球果近圆形，10～11月成熟。种子繁殖，亦可插条繁殖。喜光又好凉爽，较耐寒。耐水性差，排水不良好或长期积水之处，不宜栽培。适生于长江流域以南各地，在道路旁丛植或列植皆可，亦可在迴车岛中心孤植或丛植，雄伟壮观。对二氧化硫、氯气、氯化氢等有害气体抗性较强，可作为厂矿区的行道树种 |
| 44 | 翠　柏 | 常绿乔木，高达30～35m。叶鳞片状，两对交互对生，而成节状。两侧叶披针形，中部叶顶端钝尖。叶背面深绿色，表面白色。雌雄同株，球果于每年的10月成熟。播种及扦插繁殖，其性喜光，幼龄耐庇荫，能耐冬春干燥的气候，但土层深厚湿润和肥沃的地方生长良好。适宜生长于我国的云南、贵州、四川、广西、广东等地。翠柏冠型美观而具香气，列植于道路两旁十分壮观，为城市优良的行道树和观赏树种 |

续表

| 序号 | 优质树种名称 | 优质树种的主要特点 |
|---|---|---|
| 45 | 福建柏 | 常绿乔木，高达20m以上。有叶小枝扁平，排成一平面。鳞形叶二型，交互对生，4个成一节。小枝上面的叶微凸，深绿色，下面之叶具凹陷的白色气孔带。雌雄同株，球花单生枝顶。球果圆球形，淡红褐色。花期为每年的3～4月，翌年10月果熟。种子繁殖。性喜光，不耐荫。浅根性，喜温暖湿润气候及土层深厚的酸性黄壤地带生长，生长速度较快。适宜生长于福建、浙江、江西、湖南、广东、贵州和云南等地。树形美观，是优良的城市行道树种和风景树种 |
| 46 | 水　　松 | 落叶乔木，高为8～10m，稀高25m。枝叶稀疏，小枝直伸，绿色，鳞叶较厚，线状锥形元叶，柔软。雌雄同株，每年的4月开花，球果倒卵形，10～11月成熟。播种及插条繁殖。性喜光，湿生，喜温暖湿润气候，不耐低温，除盐碱土外，其他各种土壤均能生长。适宜生长于我国长江流域的华中、华南等地区。叶于春夏呈鲜绿色，入秋变褐色，颇为美丽，是公路铁路两侧湿地的良好行道树 |
| 47 | 竹　柏 | 常绿乔木，高达25m以上，树冠圆锥形。叶交互对生或近对生，革质，长椭圆披针形或卵状披针形，像普通竹叶，先端尖锐，基部渐狭，成一短柄，有平行脉20～30条，表面深绿色，有光泽，背面淡绿色，雌雄同株，很少同株，雌雄花均生于前年小枝的叶腋。花期为每年的3～4月；种子球形10月成熟。种子繁殖。深根性，耐荫树种，喜温暖湿润气候，在土壤深厚、肥沃、疏松的微酸性的沙质壤土上生长迅速，阳光直射的干旱瘠薄地带生长不良。适宜生长于我国的福建、浙江、江西、湖南、湖北、广东、四川、贵州等地。叶形奇异，枝叶苍翠，周年常青，树形秀丽，是城市优良的行道树和优美观赏树种 |
| 48 | 湿地松 | 常绿大乔木，高达35m以上。树冠圆形，干形通直。叶二或三针一束，细柔而微下垂，边缘具微细锯齿。球果长圆锥形，通常在每年的2～4个聚生，顶端有一灰色硬刺，成熟开裂后脱落，球果翌年10月上旬成熟，种子繁殖。速生树种，原产美国东南部滨海平原。喜欢阳光，不耐荫，又喜欢暖温、多雨的海洋性气候及潮湿的土壤环境，能忍受40℃的高温和－17℃的严寒。对土壤要求不严，除含碳酸盐的土壤外都能适应，而以pH 5～5.5的酸性土壤最为适宜。耐水湿，可忍受短期淹水。抗风力较强。适宜生长在长江流域及以南的湖南、湖北、浙江、江苏、福建、江西等地，是城市绿化建立松树大道的良好树种之一 |
| 49 | 水　　杉 | 落叶大乔木，高达40m左右。叶线形，扁平柔软，交互对生，嫩绿色，入冬与小枝同时凋零。每年的3月上、中旬开花，雌雄同株，雄球花单生叶腋，雌球花单个或对散生于枝上，球果近圆形，10月成熟。种子和插条繁殖。速生、喜欢阳光、耐寒，适应性强，在土层深厚、湿润肥沃的土壤上生长旺盛。地下水位过高，长期滞水低湿地则生长差。能耐含盐量0.2%以下的土壤，但抗风、耐旱能力不如池杉强。适宜生长在我国的长江流域及以南的地区，为铁路两旁和水网地区公路的良好行道树 |
| 50 | 池　　杉 | 落叶乔木，高达25m以上。树干基部膨大，在低湿地尤为显著。叶锥形，柔软，螺旋状排列，扭成圆条状。8月上旬花序出现，翌年3月下旬开花；雄球花呈圆锥状花序，雌球花单生，偶聚生，多着生于新枝顶部。球果近圆球形，10～11月成熟，深褐色。种子和插条繁殖。速生树种。强喜光树种，原产美国东南部。喜温热、水肥、耐寒性较强，极耐水淹，也相当耐旱。抗风力强。在土层深厚肥沃、疏松湿润的酸性(pH4～5)土壤生长最快。当土壤pH在7以上时，叶部就出现不同程度的黄花现象。适生长江流域。树干挺直、姿态秀美，是铁路两旁和水网地区的优良行道树 |
| 51 | 落羽杉 | 落叶乔木，主达20m左右，外形极似池杉，惟树冠开展，树皮赤褐色，叶线形扁平，成羽状二列。余同池杉 |

### 6.1.3　东北、华北与西南地区城市道路绿化常用优质树种

东北、华北与西南地区为主的城市道路绿化常用优质树种见表6.1-3所示。

**东北、华北与西南地区城市道路绿化常用优质树种　　表 6.1-3**

| 序号 | 优质树种名称 | 优质树种的主要特点 |
| --- | --- | --- |
| 1 | 栾　树 | 落叶乔木，高达 30m 以上。单数羽状复叶，小叶 7～15 片。花期 6～7 月，花金黄色。蒴果三角状卵形，9 月成熟。播种、扦插、分根繁殖。性喜光，耐半荫，耐寒，耐干旱、瘠薄，喜生于石灰质土壤，能耐盐渍及短期水涝，萌蘖力强，抗烟尘能力较强。适宜生长于我国的东北南部、华北、华东及西南地区。树形端正，枝叶茂密而秀丽，适宜作城市的行道树种 |
| 2 | 灯台树 | 落叶乔木，高达 20m 以上，树冠圆锥形。叶互生，常集生枝梢，卵状椭圆形至广椭圆形。花期 5～6 月，花小，白色，核果，球形，9～10 月成熟，由紫红色变蓝黑色，种子繁殖，为亚热带及温带树种。喜欢阳光，稍耐荫，喜温暖湿润气候和肥沃、湿润而排水良好的土壤。适生于长江流域、西南各地、东北南部等。树形姿态清雅，叶形雅丽，作为城市行道树，极为适宜 |
| 3 | 旱　柳 | 落叶乔木，高达 18m 左右，树冠卵圆形。枝条直伸或斜展，叶披针形，雄花序轴有毛，花期 3～4 月，果熟期 4～5 月；变种有馒头柳、龙须柳等。扦插繁殖为主，亦可播种。性喜阳光，不耐荫，耐寒性强；喜欢水湿地，亦耐干旱。对土壤要求不严，萌芽力强，固土、抗风力强、不怕沙压。抗有毒气体亦强，适宜生长于我国东北、华北、长江流域和西北东部，是一种优良的观赏树和行道树 |
| 4 | 槐　树 | 又称国槐，落叶乔木，高达 25m。单数羽状复叶，小叶 7～15 片，卵状矩圆形。6～7 月开淡黄色的蝶形花，由多花组成顶生大圆锥花序。荚果肉质，串珠状；10 月成熟，黄绿色，经冬不凋。种子繁殖。性喜光，稍耐荫。喜生于土层深厚、湿润肥沃，排水良好的沙质土壤。中性土、石灰质土及微酸性土均可适应，在含盐量 0.15%的轻度盐碱土能正常生长。低洼积水处常落叶死亡。深根性，根系发达，抗风力强。对烟尘、二氧化硫、氯气、氯化氢等多种有毒气体抗性较强，并有一定的吸毒功能。各地均可栽培。槐树是北京市市树，树冠宽广，枝叶繁茂，是优良的行道树和绿荫树 |
| 5 | 刺　槐 | 又称洋槐，落叶乔木，高达 25m，单数羽状复叶，小叶 7～19 片，椭圆形。花期 5 月，花白色，芳香，呈腋生总状花序。荚果、扁平，10～11 月成熟。种子繁殖，亦可分蘖繁殖。为强喜光树种，喜干燥而凉爽的气候，耐旱、耐瘠薄，在石灰质和轻盐碱土上均可生长。但在肥沃、湿润而排水良好的砂土上生长最好。浅根性，侧根发达，生长迅速。萌蘖力强，耐修剪。抗烟尘，不耐水淹。适宜生长于我国的东北铁岭以南、内蒙、辽东半岛、黄河流域、长江流域各地，西至云南、四川，南至福州，是最常见的城市行道树 |
| 6 | 白　榆 | 落叶乔木，高达 25m 以上。叶卵形或椭圆状披针形。花期 3～4 月，5～6 月果熟，翅果，近圆形，种子位于翅果中部。种子繁殖，亦可分根繁殖。喜欢阳光，为强喜光树种，耐寒、耐旱，耐轻度盐碱土（含盐量 0.3%～0.35%），其适应性很强。对烟尘和氟化氢等有毒气体有较强抗性。适宜生长于我国的东北、华北、西北至长江流域各地，宜作城市的行道树等 |
| 7 | 糠　椴 | 又称大叶椴，落叶乔木，高达 20m 以上。单叶互生，广卵形，叶端渐尖，叶基歪心形或斜截形。花期 7～8 月，花黄色，组成下垂聚伞花序。果近球形，9～10 月成熟。种子繁殖。喜光，也耐荫、耐寒，喜冷凉湿润气候和肥沃的土壤。不耐盐渍化土壤，不耐烟尘。适应于我国的东北地区，是一种良好的行道树之一 |
| 8 | 元宝枫 | 又称华北五角枫，落叶小乔木，高达 10～13m。叶掌状五裂，伞房花序，直立；花黄绿色，花期 4 月，翅果光滑扁平，两翅展开成直角，10 月成熟。种子繁殖，亦可采用软枝插条繁殖。弱阳性，耐半荫，喜湿润气候及肥沃、湿润而排水良好的土壤，在酸性、中性及钙质土上均能生长。有一定的耐旱力，但不耐涝。耐寒、抗风雪，萌蘖性强，深根性，能耐烟尘和有毒气体。适宜生长于我国的华北、华中、东北南部、华东北部的各省。冠大荫浓，树姿优美，叶形秀丽，嫩叶红色，秋叶变成橙黄或红色，是著名的秋景树种之一，又宜作行道树等 |
| 9 | 臭　椿 | 又称樗树，落叶乔木，高达 30m 以上。单数复叶互生，全缘，基部有两大锯齿。花期 6～7 月，花白而带绿色。翅果，质薄，矩圆状椭圆形，9～10 月成熟，微带黄褐色。种子繁殖。喜光，萌芽力强。为深根性树种，耐干旱、耐瘠薄，但不耐水湿。耐中度盐碱土，对微酸性、中性和石灰性土壤都能适应，喜排水良好的沙土。有一定的耐寒力。适生于东北南部、华北、西北及长江流域各地。对烟尘和二氧化硫抗性较强。树高冠大，叶多荫浓，是城市良好的绿荫树和行道树 |

续表

| 序号 | 优质树种名称 | 优质树种的主要特点 |
|---|---|---|
| 10 | 毛白杨 | 又称大叶杨，落叶乔木，高达30～40m。单叶互生，大型三角状卵形。雌雄异株。花期3月中下旬，花褐色。蒴果三角形，4月中下旬成熟。埋条、插条、分蘖、嫁接等繁殖。强喜光树种。耐寒，也较耐干旱，喜欢凉爽和湿润气候。对土壤要求不严，酸性至碱性土均能生长，不耐积水。深根性树种，萌蘖力强。抗烟尘和抗污染能力强。适宜生长于我国的东北南部至北京、河北、河南、江苏、浙江、安徽、江西、湖北、湖南、贵州、云南等地，是最常见的城市行道树 |
| 11 | 新疆杨 | 落叶乔木，高达30m左右。枝直立向上，呈圆柱状树冠。干皮浅绿色，老则灰白色。短枝上的叶圆形，有粗锯齿；长枝上的叶裂刻较深。较耐旱，耐盐渍，生长快，萌芽力强，但不耐水涝。能耐－30℃以上的严寒。适宜生长于我国的甘肃、陕西及北方各地，是城市中一种优美的行道树与风景树种 |
| 12 | 美　杨 | 又称钻天杨，落叶大乔木。雌株狭塔形，雄株圆柱形，树枝灰褐色。叶扁三角状卵形，无毛。每年的4月份开花，褐色，蒴果，5月成熟。繁殖方法与毛白杨相同。喜欢阳光，喜欢湿润土壤；能耐寒，较耐干旱和轻盐碱土，生长较快。适宜生长于我国的西北、华北地区各地。因雌株早春扬花，影响环境卫生，应选雄株为行道树 |
| 13 | 梓　树 | 落叶乔木，高达15m以上。叶对生或轮生，宽卵形或卵圆形。圆锥花序，花期5～6月，花黄白色。蒴果，细长，如豇豆，9～11月成熟。种子、插条，分蘖均可繁殖。喜欢阳光、耐寒、深根性，又喜欢深厚、肥沃土壤，但不耐干旱瘠薄，能耐轻盐碱土。适合生长于温带的地区，而在暖热气候生长不良。对氯气、二氧化硫和烟尘的抗性强。适宜生长在我国的东北、华北、华东、西南及西北东部。常用为城市的行道树和观赏树 |
| 14 | 复叶槭 | 又称羽叶槭，落叶乔木，高达20m以上，奇数羽状复叶，对生。小叶3～5片，卵形，花单性异株，花期4月，黄绿色。翅果，翅狭长，展开成锐角，8～9月成熟。种子繁殖。喜欢阳光、又喜欢冷凉气候，耐干冷，同时喜欢深厚、肥沃、湿润的土壤，稍耐水湿。在我国的东北地区生长良好。抗烟尘能力强。也适应生长在华东北部、华北地区。枝叶茂密，入秋叶色金黄，很美观，宜作城市的观赏树和行道树 |
| 15 | 杜　仲 | 落叶乔木，高达15m以上。单叶互生，卵状长圆形，边缘有锯齿，表面有皱纹。雌雄异株，花小型，无花被，花期4月。翅果，9～10月成熟，黄褐色。种子繁殖。喜光而稍耐荫，适应幅度较大。适宜生长于温暖湿润、土层深厚、肥沃的土壤。轻盐碱土亦能适应，怕积水，抗旱力较强，能耐－20℃的低温。深根性，萌芽力强。适生华东、华中、西南、华北、东北南部。树干端直，枝叶茂密，树形整齐优美，是城市中良好的绿荫树和行道树 |
| 16 | 白蜡树 | 落叶乔木，高达20～23m。叶对生，奇数羽状复叶，小叶5～9片，椭圆形或椭圆状卵形。具锯齿，雌雄异株，圆锥花序，花期4月，花棕绿色。翅果，倒披针形，9～10月成熟。种子、插条繁殖。喜欢阳光，较耐荫耐寒。为深根性树种，根系发达较耐水湿，又抗烟尘。在碱性土壤上也能生长良好。广泛适应于我国的华东、华中、西南、华北及东北南部，宜作城市的绿荫树和行道树 |
| 17 | 水曲柳 | 落叶乔木，高达30m以上。小叶7～13片，椭圆状披针形，具锯齿。圆锥花序，花期5～6月，翅果扭曲，10月成熟，种子、插条和分蘖繁殖。喜欢阳光，喜潮湿但不耐水涝，稍耐盐碱。能耐－40℃低温。适宜生长在我国的东北地区。萌蘖性强，生长较快，寿命长，适宜作城市的绿荫树和行道树 |
| 18 | 白　桦 | 落叶乔木，高达25m以上。树皮白色，片状剥离。单叶互生，三角状卵形，背面疏生油腺点。果序单生，圆柱形，坚果小而扁，花期5～6月，8月果熟，种子繁殖。强阳性树种，耐严寒，耐瘠薄，喜酸性土，萌芽力强。适宜生长在我国的东北地区。树冠端正，姿态优美，干皮洁白雅致，秋季叶变黄色，是很好的观赏树和行道树之一 |

续表

| 序号 | 优质树种名称 | 优质树种的主要特点 |
| --- | --- | --- |
| 19 | 二球悬铃木 | 又称英国梧桐，落叶乔木，高达35m以上，树冠广阔。单叶互生，具长柄。叶大，掌状分裂，裂片边缘疏生锯齿。花期4～5月，果实成球形，通常为两个一串，在9～10月成熟。种子和插条繁殖。喜欢阳光，又喜欢温暖的气候，有一定抗寒力。在我国的华北地区、华东地区、华中地区的各省有栽培。对土壤要求不严格，而且能耐干旱、瘠薄，又能耐水湿，在酸性、微碱性土均能生长良好。萌芽力强，耐修剪，抗烟尘，生长迅速。但根系较浅，应注意防风。叶大荫浓，树冠雄伟，是一种良好的城市行道树 |
| 20 | 君迁子 | 落叶乔木，高达20m以上。树皮灰色，呈方块深裂。叶片椭圆形或长椭圆卵形，质薄。花期4～5月，花淡橙色或绿白色。果实为球形或圆卵形，幼时黄色，成熟时为蓝黑色，9～10月成熟，种子繁殖。喜欢阳光，耐半荫。适应性强，能在北方较干冷气候及温暖气候下均生长良好；又喜欢肥沃的土壤，在酸性土、中性土及钙质土上均能生长，深根性，根系发达。耐干燥瘠薄；不耐盐碱土及水湿。适宜生长在我国东北南部、黄河流域、长江流域各地，西北至陕西、甘肃南部，西至四川，南至华南各地。树干挺直，树冠圆整，宜作城市的行道树 |
| 21 | 油　松 | 常绿乔木，高达30m以上。叶二针一束，坚硬粗糙。雌雄同株，每年的4～5月开花，球果卵圆形，10月成熟，黄褐色，宿存于枝上数年不落，种子繁殖。喜欢阳光，耐寒、耐旱、忌水涝。为深根性树种，根系发达，能耐干燥瘠薄土壤。适宜生长在我国的西北东部、华东北部、东北南部、华北。树形雄伟，苍劲挺拔，针叶翠绿，是城市良好的行道树和风景树种之一 |
| 22 | 美国白蜡 | 落叶大乔木，高达25m以上，树冠阔卵形。奇数羽状复叶，小叶5～9片，卵形或披针形。圆锥花序，每年2月开花，翅果，9月成熟黄褐色。播种、扦插繁殖。喜欢阳光，耐寒，宜栽培在土层深厚、肥沃、湿润的土地上。原产北美。适宜生长在我国的辽宁、哈尔滨、江苏北部等地，适作城市的行道树 |
| 23 | 白皮松 | 常绿乔木，高达30m以上。树皮淡灰绿色或粉白色，光滑，呈不规则鳞片状剥落。针叶三针一束，雌雄同株，花期5月，球果圆锥状卵形，翌年11月果熟，淡黄褐色种子繁殖。喜欢阳光树种，略耐半荫，耐寒性不如油松。耐旱和耐湿能力及对土壤适应性均较油松强。其根深，寿命长，生长较缓慢。对二氧化硫及烟尘有较强的抗性。适宜生长在我国的东北南部、华北、华东北部、华中等地。为我国特产珍贵树种，树姿雄伟，在城市的街道列植最佳 |
| 24 | 侧　柏 | 常绿乔木，高达20m以上。幼树树冠尖塔形，老树广圆形，大枝斜出，小枝直展、扁平，排成一平面。叶为鳞形，交互对生。花期3月下旬至4月上旬，10月种熟。变种或变形有千头柏、金黄球柏、金塔柏、窄冠侧柏、洒金柏，种子繁殖。其性能喜欢阳光，幼龄耐荫，能适应干冷及暖温气候，在向阳、干燥瘠薄的山坡和石缝中都能生长，在微酸性、中性土、钙质土上均能生长。喜欢在深厚、肥沃、排水良好的土壤中生长，根浅，萌芽力强，能耐修剪，生长速度中等，寿命较长，对有害气体抗性强，抗盐性亦强。适宜生长于全国各地。侧柏大树枝干苍劲，气魄雄伟，目前为北京市市树，同时亦是分车带的优良树种 |
| 25 | 华山松 | 常绿乔木，高达18～30m。针叶五针一束，细长屈曲而下垂。每年的4～5月开花，球果有梗，长卵状圆锥形，翌年9～10月成熟。种子繁殖。为阳性树，喜凉爽湿润气候，耐寒，适应性强。适宜生长在我国的山西、陕西、甘肃、青海、河南、西藏、四川等地，为城市的风景树和行道树 |
| 26 | 圆　柏 | 常绿乔木，高达20m以上。树冠尖塔形或圆锥形，老树则成广卵形、球形、钟形。叶有两种鳞叶交互对生，多见于老树或老枝上，幼树全为刺形叶，三针轮生。播种及扦插繁殖。变种或变形有龙柏、金叶桧、垂枝柏、球柏、鹿角柏、塔柏等。其性喜欢阳光，但耐荫性强、并且有较强的耐寒、耐热能力，对所种植的土壤要求不严，能生长在酸性、中性及石灰质土壤中，也能在深厚、排水良好的中性土中生长良好。其根深，侧根发达，生长较侧柏略慢，寿命长，对氯气、氟化氢抗性强。除西北荒漠地区以外，还能在全国的各地均可栽培。树形优美，适应性强，是分车带的优良树种，亦是城市优美的行道树和抗污树种之一 |

续表

| 序号 | 优质树种名称 | 优质树种的主要特点 |
|---|---|---|
| 27 | 藏　柏 | 又称西藏柏木，常绿乔木，高达25m以上。小枝较粗，不下垂，鳞叶先端微钝，微被白粉。球果较小，生于短枝顶端，宽卵形或近圆球形，顶部五角形，自中央向四周有辐射条纹，种子繁殖。其性喜生于气候温和、夏秋多雨、冬春干旱的地区。能耐冬季较短时间的低温；喜欢阳光的树种，深根性，并能在深厚、湿润的土壤上生长迅速，在干燥瘠薄的地方生长较缓慢。适宜生长于我国的西南地区、华北地区。树形优美，是分车带的优良树种之一 |
| 28 | 樟子松 | 常绿乔木，高达30m以上。针叶二针一束，粗硬，花期5～6月。球果，翌年9～10月成熟，种子繁殖。其性喜阳光，同时能耐寒、耐旱，也喜欢凉爽湿润气候。适宜生长在我国的东北地区、华北地区及内蒙古等地。作为行道树有护路挡雪之功效，并具有可防风固沙的能力 |

## 6.2 景观道路常用的小乔木及灌木

### 6.2.1 华东、华中与华南地区景观道路常用的小乔木及灌木

华东、华中与华南地区景观道路常用的小乔木及灌木见表6.2-1所列。

**华东、华中与华南地区景观道路常用的小乔木及灌木　　表6.2-1**

| 序号 | 灌木或小乔木名称 | 景观道路常用灌木或小乔木的主要特点 |
|---|---|---|
| 1 | 山　茶 | 常绿灌木或小乔木。高达3m左右，叶革质，卵形或椭圆形，单生或对生于枝顶或叶腋，大红花；变种有紫山茶，金花茶、白山茶、白洋茶、红山茶等。扦插、嫁接、压条、播种繁殖。喜温暖湿润的气候。忌烈日，喜半荫的散射光照，亦耐荫，有一定耐寒力，以肥沃和排水良好的酸性土壤为宜。为肉质根，如排水不良，会造成根部腐烂，甚至死亡。对二氧化硫，氯气和硫化氢等有害气体，有较强抗性。适宜生长于我国的华东、华中和华南的各省，为行道树优良配植树种 |
| 2 | 十大功劳 | 常绿灌木，高达2m左右，全体无毛。小叶5～9片，狭披针形，革质有光泽。花黄色，总状花序4～8条簇生。浆果球形，蓝黑色。播种、扦插、根插和分株繁殖。耐荫，喜温暖气候及肥沃、湿润、排水良好之土壤，耐寒性不强。适宜生长在我国的江苏、浙江、四川、湖北、湖南等地区，是隔离绿化带常用树种 |
| 3 | 枸　骨 | 常绿小乔木或灌木，高达3～10m。单叶互生，叶硬革质，矩圆形，顶端扩大并具有3个大而尖硬刺齿，基部平截两侧各具1～2个同样大刺齿，表面深绿色而有光泽，背面淡绿色，花黄绿色，簇生于二年生枝叶腋，核果球形，鲜红色，花期为每年的4～5月，10月果熟，播种和扦插繁殖。性喜光稍耐荫，喜欢气候温暖及排水良好的酸性肥沃土壤。耐寒性差，生长缓慢，对有害气体有较强抗性，耐修剪。主要适宜生长在我国的长江中、下游的湖南、湖北、江西、江苏、浙江、上海等地。枝叶茂密，深绿光亮，经冬不凋，而且叶形奇特，入秋红果累累，是城市道路绿带的观叶观果树种之一 |
| 4 | 杜　鹃 | 常绿或落叶灌木，高达3m，分枝多，叶卵状椭圆形，单叶互生，叶两面皆有柔毛。花2～6朵簇生枝端，花色艳丽，有白、红、深红、玫瑰红及复色等。花期为每年的4～6月。变种有：彩纹杜鹃（花上具有白或紫色条纹）、白花杜鹃（花色呈白色或粉红色）、紫斑杜鹃（花小，色白而具紫斑）。多用扦插繁殖，也可用播种、压条、嫁接及分株繁殖。性喜温凉、通风良好湿润的环境，忌高温高燥，喜半荫，忌烈日暴晒，较耐热，不耐寒。对土壤要求较严格，一般要求腐殖质含量高，营养丰富，蓄水、排水良好的酸性土较为适宜。花绚丽多彩，姿态自然，花形丰富，开花繁茂。杜鹃主要生长于我国的长江以南的浙江、江苏、安徽、湖北、湖南、江西、福建、广东、广西壮族自治区等省，是行道树、各种绿带、花坛配植的优良树种 |

续表

| 序号 | 灌木或小乔木名称 | 景观道路常用灌木或小乔木的主要特点 |
|---|---|---|
| 5 | 含　笑 | 常绿灌木或小乔木，高达2～5m。嫩枝、芽、花梗、叶背中脉及叶柄有褐色绒毛。单叶互生，叶倒卵状披针形；花小、直立状，单生于叶腋，淡黄色，瓣缘有紫晕，花香似香蕉味，每年的4～5月开花，10月果熟。播种，分株、压条和扦插繁殖。性喜弱荫，不耐干燥和暴晒，喜温暖多湿气候及酸性土壤。不耐石灰性土壤，有一定耐寒力。适宜生长在我国的长江以南各地，是著名的芳香观赏树，又是城市行道树的配植树种 |
| 6 | 小　檗 | 落叶灌木，高2～3m，小枝通常红褐色，刺不分叉。叶倒卵形或匙形。花浅黄色、浆果椭圆形，熟时亮红色，花期为每年的5月，果9月成熟。播种繁殖为主，也可扦插、压条繁殖。喜光，稍耐荫，耐寒，对土壤要求不严，在肥沃排水良好的沙质土生长最好。萌芽力强，耐修剪。枝细密而有刺，春季开小黄花，入秋则叶色变红，果熟时后亦红艳美丽。变形有紫叶小檗。适宜长江流域华东、华中、华南的各地。是行道树配植的良好的灌木，亦是道路隔离绿带的优良树种 |
| 7 | 大叶黄杨 | 常绿灌木或小乔木，高达8m以上，小枝绿色，稍四棱形。单叶对生，革质，椭圆形，绿色，有光泽，质厚。花绿白色，5～12朵，成聚伞花序，腋生枝条顶部。蒴果球形粉红色，熟时开裂，皮橘红色。播种、压条、嫁接繁殖。变种有：金边大叶黄杨（也称金边黄杨）、银边大叶黄杨（也称银边黄杨）、金斑大叶黄杨（亦称金心黄杨）、绿斑大叶黄杨（亦称花叶黄杨）<br>变种还有宽叶大叶黄杨、小叶大叶黄杨、长叶大叶黄杨、匍匐大叶黄杨等。主要用扦插繁殖，也可用播种、压条、嫁接繁殖。性喜光，但也能耐荫，喜温暖湿润气候及肥沃土壤，耐干旱瘠薄，耐寒性差，耐修剪，生长较慢，寿命长。对烟尘和各种有害气体有很强抗性，适宜生长在我国华北及其以南地区的河北、河南、浙江、湖北、湖南、安徽、江苏、福建、江西等省。叶色浓绿而光泽，生长繁茂、四季常青，且有各种花叶变种，宜作各种绿带或修成球形、半球形，用于城市道路路边花坛中心等 |
| 8 | 栀　子 | 常绿灌木，高1～3m。叶长椭圆形，花单生枝端或叶腋，白色，浓香；花期为每年的6～8月。变种变型有：（大花栀子，常绿带灌木，高为2m左右；叶长椭圆形，全缘而有光泽；花白色，高盆形；落花前变为黄色，而富芳香。果实椭圆形，熟时呈红黄色）、重瓣栀子（全形较栀子大，分枝多，花大重瓣）<br>其他变种还有黄斑栀子、水栀子等。扦插、压条繁殖。喜光也能耐荫，喜温暖湿润气候，耐热也较耐寒；喜肥沃、排水良好、酸性的轻黏土壤，也耐干旱瘠薄，抗二氧化硫能力较强。萌蘖力强，耐修剪。适宜生长在我国中部及南部的河南、浙江、湖北、湖南、安徽、江苏、福建、江西、广西、广东等地。叶色亮绿，四季常青，花大洁白，芳香馥郁，是城市道路绿带的好树种之一 |
| 9 | 八角金盘 | 常绿灌木，高达4～5m，丛生。叶掌状7～9裂，卵状长椭圆形。花小，白色，夏、秋间开花。扦插繁殖。性喜荫，喜温暖湿润气候，不耐干旱，耐寒性不强。对有害气体抗性较强。适宜生长在我国的长江以南的浙江、湖北、湖南、安徽、江苏、福建、江西、广西、广东等地。叶大而光亮，常绿，是良好的观叶树种 |
| 10 | 小叶女贞 | 落叶或半常绿灌木，高2～3m，小枝条铺散，具细短柔毛。单叶对生，薄革质，椭圆形。圆锥花序，芳香，花期为每年的7～8月，核果紫黑色，11～12月果熟。播种和扦插繁殖，喜欢阳光，强健，稍能耐荫，有一定抗寒能力。对二氧化硫、氟化氢、氯气、氯化氢、二硫化碳等有毒气体有较强的抗性。枝条再生能力强，耐修剪。适宜生长在我国华中地区、华东地区的湖南、湖北、上海、浙江、江苏、安徽、江西等地，主要用做城市道路的绿化带 |
| 11 | 海　桐 | 常绿灌木或小乔木，高2～6m，冠圆球形，枝条近轮生，单叶互生，厚革质，表面浓绿而有光泽，倒卵形或倒卵状椭圆形，花为顶生伞房花序，花期为每年的5月，白色或淡黄色，有香味。蒴果卵形，10月成熟，熟时裂开种子鲜红色。播种、扦插繁殖。性喜光，略耐荫，喜温暖湿润气候及肥沃土壤，耐寒性不强，对土壤要求不严，萌发力强，耐修剪，抗海潮风及二氧化硫等有毒气体能力较强。适宜生长于我国的江苏、浙江、福建、广东等省。枝叶茂密，叶色浓绿而有光泽，经冬不凋，花朵清丽芳香，入秋果熟裂开露出红色种子，颇为美观，是行道树配植树种，又是城市各种道路绿带的好树种之一 |

续表

| 序号 | 灌木或小乔木名称 | 景观道路常用灌木或小乔木的主要特点 |
|---|---|---|
| 12 | 厚皮香 | 常绿小乔木或灌木，高3～8m。叶革质，倒卵状椭圆形，花淡黄色。花期为每年的7～8月，果球形，种子繁殖。性喜温暖气候，不耐寒；喜光也较耐荫；在酸性土壤生长良好。适生华南地区的广东、广西、福建、海南等省。树冠整齐，叶青绿可爱，可与其他树种配植成复层混交行道树绿化带 |
| 13 | 桂　花 | 常绿小乔木或灌木，高达12m左右。单叶对生，叶椭圆形或长椭圆形，革质。花序聚伞状生腋生，花梗纤细，花奶白或黄色，浓香扑鼻，每年的9～10月开花，翌年4月果熟。桂花变种及栽培品种较多，常见的有：金桂（常绿小乔木，花金黄色）、丹桂（常绿小乔木，高3～5m，枝多分枝，叶通常全缘，间有呈浅锯齿者。9～10月开橙红色花，清香扑鼻）、银桂（花淡黄白色，产花量较少，香气也较淡）、四季桂（为银桂之栽培品种，四季开花。花淡黄白色。性喜光，稍耐荫，喜温暖和通风良好的环境，不耐寒，喜湿润和排水良好的沙质土壤，忌水涝，喜肥，对二氧化硫、氯气抗性中等，还可吸滞粉尘和减少噪声）<br>桂花适宜生长在我国的长江流域的四川、贵州、湖南、湖北、上海、江苏、安徽、江西及浙江、广西等地。嫁接、压条、扦插或播种繁殖。枝叶茂密，终年翠绿，开花时正在中秋，香气浓溢，适宜与其他树种配植于道路两侧，亦可作城市街道的行道树 |
| 14 | 红背桂 | 常绿小乔木，高达1m左右。叶对生，椭圆状倒披针形，先端尖锐，边缘有纯锯齿，表面绿色，背面红紫色。每年的6～7月间开为穗状花序浓黄色小花。蒴果不易成熟。其变种绿背桂，叶两面皆为绿色，在我国的海南岛极为常见，扦插繁殖。为热带树种，原产越南。喜生于温暖湿润气候，排水良好的砂质土壤及庇荫地。对二氧化硫抗性较强。适宜生长在我国华南地区的广东、广西、海南等。枝叶扶疏，叶色鲜艳，适于城市道路隔离绿化带或路边花坛之用 |
| 15 | 紫叶李 | 又称红叶李，落叶小乔木，高4～8m。幼枝紫红色；叶卵形至倒卵形，紫红色。花单性，花梗长，单瓣，淡粉红色。果球形，暗红色，花期4～5月。果熟期7月。性喜光、喜温暖、湿润气候，有一定耐湿性。对土壤要求不严、喜肥沃、湿润的中性土和酸性土。对有害气体有较强的抗性。嫁接繁殖。适宜生长在我国长江流域及其以南的地区。生长节叶为红色，与其他绿叶行道树相配植，十分美丽，在城市街道可与桂花对植 |
| 16 | 棣　棠 | 落叶丛生无刺灌木，高1.5～2m；小枝绿色，有棱，叶卵形至卵状椭圆形。花金黄色，花期为每年的4月下旬至5月底。变种有重瓣棣棠及金边棣棠，白边棣、白花棣棠等。分株、扦插、播种繁殖。喜温暖、半荫而略湿之地。适宜生长在我国华东、华中和华南的浙江、湖北、湖南、安徽、江苏、福建、江西、广西、广东等省。花、叶、枝俱美，丛植作隔离绿化带等 |
| 17 | 扶　桑 | 落叶灌木，高6m左右。叶互生，广卵形，叶面深绿色，具光泽。花单生于新梢叶腋间，单瓣或重瓣。花有紫、红、粉、白、黄等色，花期长，于夏秋开花。蒴果卵圆形。插条繁殖。性喜光，为强喜光植物，喜温暖、湿润，不耐寒，喜肥沃土壤。适宜生长于我国的华南地区的广东、广西、海南等地。与其他行道树种配植成复层混交行道树，或配植行道绿化带 |
| 18 | 枸　杞 | 落叶多分枝灌木，高1m左右，枝细长，常弯曲下垂，具针状棘刺。单叶互生，卵形，花单生，淡紫色，浆果红色卵状。花果期是每年的6～11月。播种、扦插、压条、分株繁殖。强健，稍耐荫；喜温暖，较耐寒；对土壤要求不严，耐干旱，耐碱性都很强，忌黏质土及低湿环境。适宜生长浙江、安徽、湖北、湖南、江西、福建、广东、云南等地。花朵紫色，花期长，入秋红果累累，颇为美观，宜在乔木行道树下栽植，或配植道路绿化带 |
| 19 | 小　蜡 | 半常绿小乔木，高达7m左右，亦能成为灌木状。枝条开张而微下垂，小枝密生黄色短柔毛。叶薄革质，椭圆状长圆形。每年的6月开白色小花，花冠筒比裂片短，雄蕊超出花冠，由多花组成圆锥花序。核果近圆形，11月成熟，紫黑色。种子繁殖，亦可扦插。喜温暖湿润气候，耐荫，适应性强，除碱性土外均能生长。干燥瘠薄地虽能生长，但发育不良。根系发达，萌芽、萌蘖力强，耐修剪整形。适宜生长在我国长江流域的上海、安徽、湖北、湖南、江西、四川及贵州等地。枝叶稠密，耐修剪整形，最适宜配植城市道路绿化带 |

续表

| 序号 | 灌木或小乔木名称 | 景观道路常用灌木或小乔木的主要特点 |
| --- | --- | --- |
| 20 | 珊瑚树 | 又称法国冬青，常绿灌木或小乔木，高10m左右，全体无毛。叶长椭圆形，革质。圆锥状聚伞花序顶生，长5～10cm；花冠辐状，白色，芳香，花期为每年的5～6月。核果倒卵形，先红后黑，9～10月成熟。扦插、播种繁殖。性喜光，稍能耐荫，喜温暖，不耐寒；喜湿润肥沃土壤，喜中性土，在酸性土、微碱性土也能适应。对二氧化硫、氯气等有毒气体的抗性较强，对汞和氟有一定的吸收能力、耐烟尘、抗火力强。萌蘖力强，耐修剪，耐移植，生长较快，病虫害少。适宜生长在上海、浙江、江苏、安徽、湖南、湖北、江西、广东、广西、海南、四川、贵州等地。枝叶繁茂，终年碧绿光亮，白花红果，累累垂于枝头，状似珊瑚，很美观，宜配植城市道路绿带 |
| 21 | 柃　木 | 常绿小乔木或灌木，高达10m左右。叶两裂，互生，革质，椭圆形或披针形，先端渐尖，边缘有纯锯齿，幼叶生有柔毛，老则两面光滑，表面深绿色而有光泽，雌雄异株，3～4月由叶腋开下垂之绿白色小花。浆果球形，秋末成熟，呈黑紫色。播种、插条，分蘖繁殖。性喜温暖气候及阴湿之地。适宜生长在我国华东、华南地区的浙江、江苏、安徽、湖南、湖北、江西、广东、广西、海南等地。耐庇荫及耐修剪，主要用于城市行道树及绿化带 |
| 22 | 虎　刺 | 落叶或常绿小乔木，多枝而密生细刺。叶至生，近于无柄，卵形，先端凸出，全缘。初夏间开为4裂之漏斗状白色小花。核果球形，成熟时，呈殷红色。种子繁殖。为亚热带树种，性好阴湿而忌烈日暴晒。适宜生长在上海、浙江、江苏、安徽、湖南、湖北、江西、广东、广西、海南诸地，枝叶婆娑，栩栩若舞，宜配植城市行道树绿荫下，或配植城市道路绿化带 |
| 23 | 老鸦柿 | 落叶灌木，高达3m左右，枝细而稍扭曲，有刺。叶厚纸质，菱状倒卵形，先端纯或尖，基部狭楔形。花白色，单生叶腋，每年的4月开花。浆果卵状球形，顶端有小突尖，10月成熟，橙黄色，光泽，宿存萼片矩圆状披针形。种子繁殖。暖地树种，较耐寒。喜欢阳光。对土壤要求不严，酸性、中性均能适应，耐干燥瘠薄。根系发达，萌蘖、萌芽力强，易整形。适宜生长在浙江、江苏、安徽、湖南、湖北、江西、重庆、贵州等地。枝桠交错，橙实满枝，是秋、冬观果佳种，是复层混交行道树配植的良好树种，或配植城市道路绿带 |

### 6.2.2 华北、西北与东北地区景观道路常用的小乔木及灌木

华北、西北与东北地区景观道路常用的小乔木及灌木见表6.2-2所列。

**华北、西北与东北地区景观道路常用的小乔木及灌木　　表6.2-2**

| 序号 | 灌木或小乔木名称 | 景观道路常用灌木或小乔木的主要特点 |
| --- | --- | --- |
| 1 | 丁　香 | 落叶灌木或小乔木。叶对生，全缘或分裂，或羽状复叶。春夏开花，花两性，顶生或腋生于前年生小枝上，为圆锥花序。花冠盆状，下有圆筒状花筒，上有开展为覆瓦状之裂片。花丛庞大，芬芳袭人，为著名观赏树木之一。蒴果长椭圆形。世界约共30种，我国有25种。现选择几种如下：<br>(1)北京丁香，产北京、河北、河南等地；<br>(2)荷花丁香，产东北及华北各地；<br>(3)垂丝丁香，产湖北等地；<br>(4)红丁香，产湖北、山西、陕西等地；<br>(5)四川丁香，产四川等地；<br>(6)四季丁香，产甘肃、山西、陕西、河南等地；<br>(7)小叶丁香，产河北、河南、陕西等地；<br>(8)紫丁香，原产河北，现各地均有栽培。性喜光、稍耐荫，耐寒性较强；耐干旱、忌低湿；喜湿润、肥沃、排水良好的土壤。播种、扦插、嫁接、分株和压条繁殖。枝叶茂密，花美而香，宜散植在道路旁或配植绿带 |

续表

| 序号 | 灌木或小乔木名称 | 景观道路常用灌木或小乔木的主要特点 |
|---|---|---|
| 2 | 胡枝子 | 落叶灌木，高达3m左右，分枝细而多，常拱垂，有棱脊，小叶卵形，总状花序腋生；花紫色，花期为每年的8月。果9～10成熟。种子繁殖。性喜光亦稍耐荫，性强健，耐寒，耐旱，耐瘠薄土壤，喜肥沃土壤和湿润气候。萌芽性强，生长迅速。适宜生长在我国东北、华北等地，宜植城市道路边缘，或配植绿化带 |
| 3 | 金银木 | 落叶灌木，高达5m以上。小枝髓黑褐色，后变中空。叶卵状椭圆形。花成对腋生，花先白后黄，芳香。花期为每年的5月，浆果红色，9月成熟。播种、扦插繁殖。性强健，并能耐寒、耐旱、喜欢阳光也耐荫，也喜欢湿润肥沃及深厚之土壤，病虫害少。适宜生长在辽宁、吉林、黑龙江、北京、河北、河南、山东等省。枝叶丰满，初夏开花有芳香，秋季红果缀枝头，是良好的观赏灌木，适宜于城市道路配植各种绿化带 |
| 4 | 锦熟黄杨 | 常绿灌木或小乔木，高达6m左右，小枝密集，四棱形，具柔毛。叶椭圆形，全缘，表面深绿色、有光泽，背面绿白色。花簇生叶腋，淡绿色。蒴果三角鼎状。花期为每年的4月，当年7月果熟。其中有黄色斑纹者，称金星黄杨；有黄边者，称金边黄杨；有银白边者，称银边黄杨；还有金尖、垂枝、长叶等栽培变种。播种、扦插繁殖。性较耐荫，喜欢温暖湿润气候及深厚、肥沃及排水良好的土壤，能耐干旱、耐寒，不耐水湿，生长慢。枝叶茂密而浓绿，经冬不凋，又耐修剪，观赏价值甚高，适宜生长在我国的华北区地，可在城市路边列植和宜配植各种绿化带 |
| 5 | 太平花 | 从生落叶灌木，高达2m左右。小枝光滑，紫褐色。叶卵状椭圆形。花5～9朵总状花序，花乳黄色，有微香，花期为每年的6月，果9～10月成熟。播种、分枝、压条、扦插繁殖。喜欢阳光、能耐寒、又喜于肥沃、湿润排水良好处生长。亦能生长在向阳的干瘠土地上，不耐积水。适宜生长在我国的东北地区、华北地区、华中地区各地。枝叶茂密，花乳黄而有清香，花期较久，美观，宜丛植于道路拐角，或配植城市绿带和城市道路花坛 |
| 6 | 黄　栌 | 落叶灌木或小乔木，高达3～6m。树冠多呈圆头形。单叶，互生，广卵圆形或倒卵形，全缘，表面深绿色，背面青灰色，秋季经霜变红后始脱落。初夏开圆锥花序之黄绿色小花。秋日果熟，果实扁平，核果状。繁殖以播种为主，也可压条、根插、分株等。性喜光，也耐半荫耐寒，耐干旱瘠薄和盐碱土壤，不耐水湿。在深厚、肥沃而排水良好的沙质土中生长最好。生长快，根系发达，萌蘖性强，对二氧化硫有较强抗性。适宜生长在辽宁、河北、河南、山东、山西、湖北、安徽等省。叶秋季变红，鲜艳夺目，是美丽的秋色观叶树种，宜与常绿树种，或其他树种配植构成复层混交行道树。其变种有：<br>(1)垂枝黄栌：枝条下垂，树冠如伞；<br>(2)毛黄栌：叶背面为蓝绿色，小枝及叶脉上均生有短毛；<br>(3)紫叶黄栌：嫩叶带紫色 |
| 7 | 溲　疏 | 落叶灌木，高2～3m。叶对生，卵形至长椭圆状披针形，边缘有锯齿，浓绿色，两面有星状短柔毛，圆锥花序，5～6月开小形白花或水红色花，花瓣长椭圆形。蒴果近于球形。播种、扦插及分蘖繁殖。性强健，萌蘖力强，耐修剪。喜温暖气候而又耐寒。树姿隐约，别具风趣，白花怒放，尤其可爱，不成大树，长保小形，是城市道路配植的好树种之一 |

## 6.3 郊区道路绿化配植的经济树种

### 6.3.1 华东、华中与华南地区郊区道路绿化配植的经济树种

华东、华中与华南地区郊区道路绿化配植的经济树种见表6.3-1所列。

华东、华中与华南地区郊区道路绿化配植的经济树种　　表 6.3-1

| 序号 | 经济树种名称 | 郊区道路绿化配植经济树种的主要特点 |
|---|---|---|
| 1 | 乌　柏 | 落叶乔木，高达 15m 以上，冠圆球形。叶互生，纸质，先端尾状。花序穗状，花小，蒴果成熟黑色，果皮脱落，种子黑色，外被白蜡，终冬不落，花期为每年的 5～7 月，果在 10～11 月成熟，其种子是油脂和化工的原料。播种、嫁接等繁殖。栽培品种较多。适宜生长在上海、浙江、江苏、安徽、湖南、湖北、江西、重庆、贵州、广西、广东等地。喜欢阳光，喜温暖气候及深厚肥沃而水分丰富的土壤。有一定的耐旱力，但对过于干燥和瘠薄地不宜栽种。抗风力强，抗火烧，对二氧化硫及氯气抗性强。树冠整齐，叶形秀丽，入秋叶红艳，十分美观，宜作城市郊区的行道树或成片种植 |
| 2 | 柚　子 | 常绿乔木。叶卵形或椭圆状卵形，花白色，果实极大。为著名果树，栽培品种较多，有福建文旦柚、坪山柚、文旦柚(玉环文旦)、胡柚、广西之沙田柚均甚驰名。扦插、嫁接、压条或播种繁殖。适生于气候温暖，土层深厚排水良好之地。在砂质土中发育最盛，在黏土及潮湿之地亦可生长。主要适宜于上海、安徽、江苏、浙江、福建、湖北、湖南、江西、广东、广西、海南等地，均可在城市郊区道路两侧成片栽培 |
| 3 | 蒲　葵 | 常绿乔木，高 10～15m。单秆直立，有密接环纹，树冠伞形。叶簇生秆端，掌状分裂。4 月开花，为肉穗花序、白或黄绿色之花。果实椭圆形，成熟时呈黑褐色。种子繁殖。为热带及亚热带树种。性喜多湿气候，不堪寒冷。适生广东、海南、台湾等省。树冠伞形，枝叶婆娑可爱，为优美的城市行道树，亦可在城市郊区进行片植 |
| 4 | 板　栗 | 落叶乔木，高达 20m 以上，树冠扁球形。叶椭圆形；雄花序直立，总苞长球形，密被长针刺。花期为每年的 5～6 月，果熟期 9～10 月。播种、嫁接等繁殖。南方品种喜温暖而不耐炎热；北方品种较耐寒、耐旱。对土壤要求不严，以沙质土为最好，喜微酸性或中性土壤，在过于黏重、排水不良处不宜生长。深根性树种，根萌蘖力强，寿命长，对有毒气体，二氧化硫、氯气有较强抗性。树冠圆大，枝茂叶大，适宜在城市郊区的道路两侧成片、成带栽植 |
| 5 | 柑　橘 | 常绿小乔木或灌木，高约 3～4m。叶长卵状披针形，全缘或有细钝齿。花黄白色，单生或簇生叶腋。果扁球形，橙黄色或橙红色；每年的春季开花，10～12 月果熟。栽培品种较多，如南丰蜜橘、卢柑、温州蜜橘、蕉柑等。播种、嫁接繁殖、性喜温暖湿润气候，耐寒性较柚、酸橙、甜橙强。适宜生长在我国长江流域以南地区的湖北南、湖南、四川南、广东、广西、福建、江西、江苏南等地。四季常青，适宜在城市郊区的道路两边成片栽培 |
| 6 | 油　桐 | 落叶乔木，高达 12m 左右，树冠平顶。叶卵形或卵状心形，全缘。雌雄同株；果卵圆形，先端尖，果皮平滑，花期为每年 4～5 月，10 月果熟；播种、嫁接繁殖。喜欢温暖的气候；深厚、肥沃、排水良好的酸性土、中性土或微石灰性土壤均能生长良好，但不耐水湿。喜欢阳光。适宜生长在上海、浙江、江苏、安徽、湖北、湖南、江西、四川、贵州等地。属于多栽培品种：有米桐、柿饼桐、对岁桐、三年桐等。此外还有千年桐，其寿命较长。油桐是我国重要的工业油原料，适宜在城市的郊区道路两侧成片栽培 |
| 7 | 椰　子 | 常年绿叶的为单秆通直树形，不分枝，高 15～25m。小叶长披针形。周年开花，肉穗花序，由叶腋抽出，分枝下垂，初为圆筒状苞所包被。花单生，雄花着生先端，雌花卵形接近基部。果实坚硬，普通椭圆形，顶端为三棱状。开花后经 9～10 个月后成熟，呈褐色。可供食用及工业原料。种子繁殖。为热带树种，适应土层深厚、肥沃、排水良好、富于石灰质之沙质土。适宜生长于我国的海南、台湾等地。宜作城市的行道树及成片栽培 |
| 8 | 槟　榔 | 常年绿叶，单秆无刺、通直，有环纹，高达 12～30m。羽状复叶，长披针形。雌雄同株，内穗花序，多分枝，而具芳香。内花被较外花被为长，雌花较雄花为大，3～7 月开花。果实椭圆形，成熟时变为黄色，可供药用。种子繁殖。为热带树种。喜生于多雨、高温、无霜害、肥沃之地。适宜生长在我国的广东、海南、台湾等地。宜作城市行道树，或在郊区群植最好 |

### 6.3.2　华北、西北与东北地区郊区道路绿化配植的经济树种

华北、西北与东北地区郊区道路绿化配植的经济树种见表 6.3-2 所列。

**华北、西北与东北地区郊区道路绿化配植的经济树种** **表 6.3-2**

| 序号 | 经济树种名称 | 郊区道路绿化配植经济树种的主要特点 |
|---|---|---|
| 1 | 柿子树 | 落叶乔木，高达 15m 以上，树冠呈自然半圆形，叶椭圆形，近革质；雌雄异株或同株；花黄白色，花期为每年的 5～6 月，果 9～10 月成熟；嫁接繁殖。性强健，喜温暖湿润气候，耐干旱，阳性树，略耐荫，不择土壤，以土层深厚肥沃、排水良好而富含腐殖质的中性土壤或黏质土壤为最好，对氟化氢有较强的抗性。适宜生长在我国的华北、西北东部、华南、华东、西南等地。树形优美，叶大，秋季变红极为美观，是良好的城市郊外行道树，亦适宜成片地在城市郊外道路两侧进行栽培 |
| 2 | 核　桃 | 又称胡桃，落叶乔木，高达 30m 以上。树冠广卵形至扁球形。小叶 5～9 片，椭圆形，全缘；花期为每年的 4～5 月，果 9～11 月成熟。播种、嫁接繁殖。喜欢阳光，也喜欢温暖凉爽气候，耐干冷，不耐温热。喜深厚肥沃、湿润而排水良好的酸性至微碱性土壤，在瘠薄、盐碱、酸性较重及地下水位过高之地均生长不良。深根性，有肉质根，怕水淹。适宜生长在我国的华北、西北、东北南部、华中和西南等地。树冠庞大雄伟，枝叶茂密，绿荫覆地，宜在城市郊区的道路两侧进行片植 |
| 3 | 苹　果 | 落叶小乔木，高达 15m，树冠圆形至椭圆形。叶广卵形至椭圆形，边缘锯齿为波状。3～4 月开伞形总状花序、白色而红晕之花。果实扁圆形，顶端及基部均陷入，初时呈黄绿，熟时因品种不同而呈红、黄、绿等色，鲜艳夺目，亦为花果并美观赏树木之一。其栽培品种较多。嫁接繁殖。性喜光而较耐寒。喜生于土质疏松，排水良好之沙质土，宜日照充足、空气流通的东南或西南平坦或缓倾斜地区栽培。适生黑龙江、南至云南、贵州均有栽培，其中以辽宁、河北、山西、山东、陕西、甘肃、四川、福建、安徽、江苏等省栽培较多。宜成片栽培 |

## 6.4 城市道路绿化新优树种

### 6.4.1 华东、华中与华南地区道路绿化新优树种

城市道路绿化新优树种是指新的树种、乡土树种与外来树种三结合，可丰富道路绿化景观。随着我国园林事业的飞速发展，园林植物培育技术的不断提高以及内外交流日益增多，越来越多新优行道树种层出不穷，各城市将充分利用这些新优树种的优良特性，结合乡土树种、外来树种巧妙配置使用，对城市道路的绿化工作起到锦上添花的效果。华东、华南与华南地区道路绿化新优树种见表 6.4-1 所列。

**华东、华南与华南地区道路绿化新优树种** **表 6.4-1**

| 序号 | 新优树种名称 | 道路绿化新优树种的主要特点 |
|---|---|---|
| 1 | 蓝果树 | 又称紫树，落叶大乔木，高达 30m。叶椭圆形或椭圆状卵形，先端渐尖或突渐尖，基部楔形或圆形，全缘，下面有毛，或仅沿叶脉有毛，雌雄异株，雄花成伞房状花序，雌花 2～3 朵生于花轴之顶端。核果长椭圆形，熟时蓝黑色。花期为每年的 4 月，8～9 月果熟。种子繁殖。为喜欢阳光的树种，喜土层深厚、湿润、肥沃的黄土，亦能耐瘠薄。根系发达，能穿入石缝中生长。耐寒性强，在−18℃环境中仍能生长。抗风、抗雪压的能力亦强。适宜生长在我国长江流域的江苏南部、浙江、安徽、江西、湖南、湖北西部及云南、贵州、广西、广东等地区。树冠呈宝塔形，宏伟壮观，秋叶红丰，是城市观赏及行道树的新品种 |

续表

| 序号 | 新优树种名称 | 道路绿化新优树种的主要特点 |
| --- | --- | --- |
| 2 | 香果树 | 落叶大乔木，高达 30m 以上，树干通直。叶对生，椭圆形或卵状椭圆形，先端渐尖，基部宽楔形或楔形，全缘。花白色，形大。蒴果窄矩圆形。花期为每年的 8～10 月，11 月果熟。播种和扦插繁殖。属于喜欢阳光的树种，幼树耐荫，喜土层深厚、湿润、肥沃的酸性或微酸性土壤。在土壤瘠薄、岩石裸露的砾石中及石灰岩石缝中亦能生长。适宜生长在浙江、安徽南部、福建、江西、湖南、湖北、四川、贵州、云南等地。香果树为国家重点保护的二级濒危树种。生长迅速，适应性广，树姿雄伟，花大叶美，实为庭园和行道树新优树种 |
| 3 | 醉香含笑 | 又称棉毛含笑或火力楠，常绿乔木，高达 30m 以上，芽、幼枝、幼叶均密被锈褐色绢毛。叶倒卵形或椭圆形，先端突短钝尖，基部楔形或宽楔形，下面密被灰色或淡褐色细毛。花白色，芳香。聚合果倒卵状椭圆形，先端钝圆；种子卵形红色。种子繁殖。性喜阳光，喜温暖湿润气候及土层深厚、湿润而肥沃疏松的微酸性沙质土。耐寒性较强。适宜生长在江苏、浙江、贵州、福建、广东、广西等地区。树体高大、挺拔，冠密枝茂，树形美观，花色洁白，具芳香，近年来成为城市庭园观赏和行道树的新品种 |
| 4 | 金叶含笑 | 又称广东白兰花，常绿乔木，高达 30m 左右。芽、幼枝、幼叶密被锈褐色及银白色绢毛。叶矩圆形或椭圆状矩圆形，先端渐长尖或矩尖，基部圆形或近心形，下面密被黄褐色绒毛。矩圆形或卵形，外被黄灰色毛，种子繁殖。其性耐荫。喜欢温暖湿气候及土层深厚湿润、疏松肥沃的土壤。适宜生长在湖南南部、福建、江西、广东、广西、海南、贵州、云南等地。风吹叶动时，远看一片金黄，十分美观；花大色白，美丽壮观，是城市园林良好的观赏树种和行道树的新品种 |
| 5 | 深山含笑 | 又称光叶白兰花，常绿乔木，高达 20m 以上。各部无毛，芽、幼枝微被白粉。叶互生，革质，全缘，矩圆状椭圆形，先端矩钝尖，基部宽楔形或楔形，上面深绿色，下面有白粉。两性花，单生于枝梢叶腋，白色。聚合果木质，具短尖头；内有种 1～9 粒。花期为每年的 3～4 月，果期 10～11 月。种子繁殖。性喜光，喜温暖湿润气候，在土层深厚、疏松肥沃、水分条件较好的环境生长。土壤肥力较差，水分缺乏，生长较差。根系发达，抗性较强。适宜生长在浙江南部、福建、湖南、广东北部、广西、贵州东部等地。其枝叶茂密，冬季翠绿不凋，树形美观，春天满树白花，花大，清香，是城市观赏和行道树的新品种 |
| 6 | 腊肠树 | 落叶乔木，高达 10～20m，树冠馒头形，主干通直。偶数羽状复叶，互生，小叶 4～8 对，椭圆形，革质，有光泽，深绿色，全缘；幼叶黄绿色，柔软，下垂。总状花序生于小枝上，柠檬黄色，芳香。花与叶同时开放。花期为每年的 6～7 月，果期 7～8 月，种子繁殖。腊肠树原产于印度、缅甸。其性喜高温、阳光充足的气候环境，喜深厚的酸性至微酸土壤，耐干旱，耐瘠薄，怕寒冷，较少病虫害。主要适应于我国华南地区的广东、广西、海南等。腊肠树是南亚热带、热带优良观赏树。开花时全树披挂金黄色的花串，条条下垂，迎风摇曳，极为美观。果实柱形，多条着生在穗状长花序梗上，像成串香肠垂挂在树上，蔚为奇观，是优良的行道树种，适宜布置城市道路的两旁，列植或片植 |
| 7 | 乐东拟单性木兰 | 常绿乔木，高达 30m 以上。1 年生枝稍纤细，深褐色，2 年生枝紫褐色。叶纸质，倒卵形或倒卵状椭圆形。花两性，单生叶腋，芳香。花期为每年的 4～5 月，果熟期为 8～9 月，种子繁殖。其性喜欢阳光，幼树须适当庇荫。喜生长于土层深厚、湿润、疏松肥沃的环境中，喜欢温暖气候。深根性，根系发达，抗风性能较强，抗污能力亦较强。生长快，适应性较强。适宜生长在我国的江苏南部、浙江、福建、广东、广西、贵州等地区。冬季翠绿不凋，树干挺拔，寇形优美、白花芳香，适宜进行混植，是珍贵的庭院观赏树种和城市的行道树种 |
| 8 | 塔　槐 | 落叶乔木，高 20～30m，树冠馒头形，分枝能力强。偶数羽状复叶，互生；小叶长椭圆形，纸质，全缘。总状花序，顶生或腋生，花粉红色，具芳香。荚果细长圆柱形，下垂，黑褐色。种子繁殖。塔槐原产于夏威夷群岛。其性喜高温、高湿、阳光充足的气候环境，喜深厚、肥沃的酸性土壤、耐干旱，耐瘠薄，忌涝，抗风害，怕寒冷。不择土壤，生长较快，萌发力强。适宜生长在我国华南地区的广东、广西、海南等地。树体高大粗壮，花色美丽，果实似香肠，观花观果两相宜，具抗风害，实为南方沿海行道树的优良树种 |

续表

| 序号 | 新优树种名称 | 道路绿化新优树种的主要特点 |
|---|---|---|
| 9 | 乐昌含笑 | 常绿乔木，高达30m以上。树干皮灰褐色至深褐色，不裂。叶薄革质，花两性，单生叶腋，有芳香。花期为每年的3～4月，果熟8～9月。种子繁殖。其性喜欢阳光，幼时耐荫，喜温暖湿润气候，适应性较强。宜长在土层深厚、疏松肥沃，排水良好的酸性至微酸性的土壤。适宜生长在我国的湖南南部、江西南部、广东西部与北部、广西东北部及东南部。枝叶茂密，树形美观，春天花香，是优良的庭院观赏树和行道树种 |
| 10 | 峨屑含笑 | 又称峨眉白兰，常绿乔木，高达20m。叶倒披针状椭圆形或倒卵状矩圆形，先端突短尖，基部楔形，下面疏生毛，花黄色，芳香。聚合果，蓇荚卵形，具鸟嘴状尖头，花期为每年3～6月，果期8～9月。种子繁殖。其性喜温暖湿润的气候，光照充足。适长在深厚、肥沃疏松的酸性或微酸性土壤。适生四川等省，近年来江、浙、上海一带已引用到园林绿化上。因其资源稀少，为国家二级保护树种。峨眉含笑树冠圆满，树形伞状，高大优美，枝叶茂密，叶色青翠，花黄芳香，令人陶醉，为新兴的园林观赏和行道树 |
| 11 | 黄山木兰 | 又称山厚朴，落叶乔木，高20m以上。单叶互生，倒披针状长椭圆形，上面无毛，下面沿主脉有时有毛，先端钝尖或渐尖。花两性，有芳香，单生枝顶。先叶开花，聚合果木质，有小瘤状突起。花期为每年2～3月，10月果熟。播种繁殖，亦可扦插。其性较耐荫。最喜凉爽、相对湿度大、土层深厚肥沃，排水良好的酸性土。既能耐－20℃的低温，也能忍受40℃的高温天气。黄山木兰是国家保护的三级临危树种。适宜生长在安徽、福建、江西、湖南以及浙南、浙西北等地。黄山木兰枝叶繁茂，树姿美观，观花观果两相宜，是城市园林绿化和行道树的新品种 |
| 12 | 弯子木 | 落叶乔木，高达10m左右，树冠圆形。叶互生，掌状五浅裂，纸质，叶缘细齿状。总状花序，顶生，着花10余朵，花中型，花冠金黄色，有金属光泽。花期为每年的2～3月，果期7～8月。种子繁殖，其性喜高温、湿润。阳光充足的气候，不抗风，易倒伏，耐干旱，忌荫蔽；忌涝，怕寒冷。所以只适宜生长在我国华南地区的广东、广西、海南、台湾等。弯子木先花后叶，开花多而美丽，是城市庭院，公园、道路两旁的主要绿化美化树种和行道树之一 |
| 13 | 糖椰子 | 常绿乔木，高达20～30m，茎干圆柱形，粗壮通直、茎粗。掌状深裂叶聚生于顶端，叶厚革质，有光泽，刚硬，绿色。穗状花序，腋生，深褐色，果实球形、黑褐色。种子繁殖。原产非洲与马达加斯加及亚洲的印尼。其性喜高温、高湿，阳光充足的气候环境，喜欢土层深厚、肥沃、排水良好的酸性土壤，较耐干旱和瘠薄，不择土壤，生长快，不耐移植。适宜生长在我国华南地区的广东、广西、海南、台湾等地。糠椰子树干粗壮雄伟、叶片刚硬有力，主要用于城市的行道树，亦是华南地区行道树的新品种 |
| 14 | 菊状钟花树 | 落叶乔木，高达5～20m，树冠广圆形。掌状复叶，对生，小叶5片，阔披针形，顶端渐尖，革质，有光泽，全缘。复伞形花序，顶生，着花10～20余朵，花宽钟形，皱折，淡紫色至蓝紫色。花期为每年的5月，果期为当年的6月，种子繁殖。其性喜高温、湿润、阳光充足的气候及土层深厚，肥沃、排水良好的土壤，其耐干旱，怕寒冷。生长适温为25～30℃。适宜生长在我国的华南地区。菊状钟花树先花后叶，树形高大美观，是优良的城市行道树和观赏树之一 |
| 15 | 乳源木莲 | 又称狭叶木莲，常绿乔木，高达20m左右。叶革质互生，叶表面绿色，光亮，下面浅绿色；两面侧脉纤细不明显；叶形倒披针形，狭倒卵状椭圆形或狭椭圆形，顶端渐尖或稍弯的尾状尖，基部宽楔形或楔形，全缘稍反卷。花单生枝顶。聚合蓇荚果近卵形，木质坚硬。花期为每年的4～5月，果期为当年的9～10月，种子繁殖。其性偏阴，幼树耐荫。喜欢温暖湿润气候环境及土层深厚、湿润、肥沃，排水良好的酸性黄土。适宜生在我国长江以南的湖南、湖北、江西、江苏、浙江、广东、福建各省。树冠浓郁优美，四季翠绿，花如莲花，色白清香，是城市良好的庭园观赏和行道树种之一 |

续表

| 序号 | 新优树种名称 | 道路绿化新优树种的主要特点 |
|---|---|---|
| 16 | 加拿利海枣 | 又称加拿利椰子，常绿乔木，高达20m左右，茎干粗壮。复叶长达5～6m，小叶长20～40cm，下面带灰白色；叶轴基部有长刺。果近球形或椭圆形，熟时带黄色，花期9月。种子球形。原产于非洲加拿利群岛，喜温暖湿润气候，既喜光又耐荫。生长适温15～30℃，能耐－5℃的低温。对土壤要求不严，但以土质肥沃、排水良好的土壤为宜。适宜生长在我国华南地区的广东、广西、海南、台湾及云南的南部。亦可根据耐低温的情况向北移。加拿利海枣高大雄伟，耐寒耐旱，可列植为行道树，亦可在园林中孤植作为景观树。广东已栽培作新的行道树及观赏树之一 |
| 17 | 桢　楠 | 又称楠木，常绿乔木，高达30m以上。小枝较细，具纵棱脊，有毛。叶革质，窄椭圆形或倒卵状披针形，先端渐尖，基部楔形，全缘。圆锥花序腋生，花黄色。核果卵状椭圆形，黑色，花期为每年的4月，果期11～12月，种子繁殖。属耐荫树种，喜温暖、湿润的气候环境，在土层深厚、疏松肥沃、排水良好的中性或微酸性土壤、红黄土壤生长良好。深根性树种，根系发达，抗风力较强。种子繁殖。适宜生长在浙江南部、福建、湖南、贵州、四川等地。桢楠是国家重点保护的三级临危树种。桢楠树冠尖塔形，枝叶茂盛，干形挺拔壮美，是城市一种新的行道树种 |
| 18 | 华东楠 | 又称薄叶润楠，常绿乔木，高达25m以上。叶互生或轮生状，坚纸质，倒卵状矩圆形，先端短渐尖，基部楔形，上面无毛，下面疏生绢毛。花序6～10集生小枝基部。果球形。花期为每年的4～5月，果期为当年的6～9月，种子繁殖。其性喜温湿润气候，在土层深厚，疏松肥沃，排水良好的酸性或微酸性的地方生长良好。适生浙江、江西、福建等地，树冠优美，可作观赏和行道树 |
| 19 | 紫　楠 | 常绿乔木，高达20m左右。芽、幼枝、叶柄、叶下面均密被黄褐色弯曲绒毛。叶倒卵形或倒卵状披针形，先端突尖突短尖，基部楔形，上面叶脉凹下，下面网脉明显，微被白粉。果卵状椭圆形。花期为每年的5～6月，果期10～11月。种子繁殖，亦可扦插。其性耐荫，生长较慢，寿命较长，萌芽性强，喜土层深厚湿润，排水良好微酸性或中性土壤。适宜生长在江苏南部、浙江、安徽南部、江西、福建、湖南、湖北、四川、贵州、广东、广西、海南等地。紫楠枝叶茂密，冬季翠绿不凋，干形挺拔，是城市优良行道树新品种 |
| 20 | 红　楠 | 常绿乔木，高达20m左右。小枝无毛，叶倒卵形或椭圆状倒卵形，先端突钝尖，基部窄楔形或楔形，最宽在中部以上，下面有白粉。果球形，微扁，熟时紫黑色，花期为每年的4月，果期是当年的9～10月。种子繁殖。其性稍耐荫，喜暖湿润气候的环境，在土层深厚，中性、微酸性而多腐殖质的土壤生长良好，亦能在石缝和瘠地上生长，适宜性较强。适宜生长在江苏南部、浙江、安徽南部、江西、湖南、福建、广东、广西、海南、台湾等地，日本、朝鲜也作行道树。树干挺拔，冠形壮丽，是城市非常优良的行道树之一 |
| 21 | 秀丽槭 | 落叶乔木，高达12m左右。小枝对生，圆柱形无毛，多年生老枝深紫色。单叶纸质，基部近心脏形，叶片通常5裂，中央裂片与侧卵形和三角状卵形，叶边缘有紧贴的细圆齿，上面绿色，无毛，下面淡绿色，花序圆锥状，无毛，花杂性，雄花与两性花同株，绿色、深绿色。翅果嫩时洗紫色，成熟后淡黄色。花期为每年的5月，果期9月。种子繁殖。其性稍耐荫，喜侧方庇荫，喜温暖湿润的气候环境，但耐寒，能耐－20℃的低温。喜深厚、疏松、肥沃的土壤。耐烟尘、二氧化硫较强。适宜生长在浙江西部、北部、安徽南部、江西等省。形态优美，枝叶稠密，姿色倩丽，青翠宜人，秋天红叶，特引人爱，亦是城市行道树的首选树种 |
| 22 | 天目木兰 | 落叶乔木，高达12m左右。小枝带紫色，芽生白色柔毛。叶互生，膜质，宽倒披针形矩圆形或矩圆形，先端长渐尖或短尾尖，基部楔形或圆形，全缘，下面叶脉及脉腋有毛。花先叶开放，单生于枝顶，有芳香，粉红色或淡粉红色。聚合果筒形。花期为每年的2月，种子繁殖或嫁接。其性喜温暖气候环境，在阳光充足，土层深厚、疏松肥沃、排水良好的酸性土生长良好。适宜生长在浙江、江苏南部、安徽南部等地。树姿美观，先花后叶，粉红色的花，亭亭玉立于枝头，为人们报以春天的来临，花后叶子渐渐放大，绿而亮泽，是行道树、观赏树的首选树种之一 |

续表

| 序号 | 新优树种名称 | 道路绿化新优树种的主要特点 |
| --- | --- | --- |
| 23 | 刨花楠 | 又称刨花润楠，常绿乔木，高达22m左右，小枝无毛。叶披针形或倒披针形，先端微突渐钝尖，基部楔形，下面微被白粉，无毛。果扁球形，熟时黑绿色，果柄带黄色。种子繁殖。其性耐荫，深根性，喜温暖湿润气候，在土层深厚、肥沃、排水良好的酸性或微酸性的地方生长良好。适宜生长在安徽南部、浙江南部、江西、福建、湖南、广东等地。干型挺拔，树冠翠绿，为一种新的行道树种 |
| 24 | 伯乐树 | 落叶乔木，高达20m。奇数羽状复叶；小叶7～15片，对生，全缘，椭圆形或倒卵形，先端渐尖，基部圆形，上面淡绿色无毛，背面灰绿色被短柔毛。顶生总状花序，花粉红色。蒴果木质，红褐色桃形。花期为每年的5月；果期10月中旬至下旬。种子繁殖。其性属阴性偏阳树种，幼树喜荫喜湿。中年以上喜光，喜温暖湿润的环境。在土层深厚湿润、肥沃的土壤生长较快。适宜生长在浙江南部、福建、江西、湖南、湖北、贵州、广东、广西、云南东部等地区。伯乐树为我国特有树种，分布稀少，为国家重点保护的二级濒危树种。树形优美、花形大、色艳丽，是城市观赏树和行道树的新品种 |
| 25 | 黑壳楠 | 又称红心楠树，常绿乔木，高达25m左右。小枝无毛，叶倒披针形或倒卵状披针形，先端尖或渐尖，基部楔形或弧状楔形，下面有白粉，无毛或微被毛。雌雄异株，花黄色。果椭圆形，熟时黑色。花期为每年的3～4月；果期10月，种子繁殖。其性耐荫，喜温暖湿润的气候环境，在土层深厚湿润，疏松肥沃的酸性土生长良好。适宜生长在浙江、安徽南部、江西、福建、湖南、湖北西部、四川、贵州、云南、广东、广西等地。树形美观，花黄可爱，是城市优良的观赏树乔木和行道树之一 |
| 26 | 银鹊树 | 落叶乔木，高达30m以上，树皮具清香。奇数羽:吠复叶，互生，小叶对生，有锯齿，5～9片，薄纸质，矩圆状披针形，或卵状披针形，先端渐尖，基部圆形或心形，无毛，下面有白粉。花小，黄色有芳香，雄花与两性花异株；腋生圆锥花序，雄花序由长穗状花序构成，各花丛生；两性花序粗短，花单生。核果卵形，成熟后为紫黑色。花期为每年的5～6月；果期8～9月。种子繁殖。其性喜光。幼时较耐荫。在气候温暖湿润地区富含腐殖质酸性黄红土壤，生长较快。适生浙江、安徽南部、湖南、湖北、四川、云南等省。树种源极为稀少，为国家保护的三级临危树种。树形美观，春夏黄花满树，十分美丽，是城市优良的观赏树和行道树种之一 |
| 27 | 天目紫荆 | 又称巨紫荆，落叶乔木，高达20m以上。叶互生，全缘，近于圆形，先端骤尖，基部为深心脏形，表面深绿色，背面灰绿色，下面基部有淡褐色簇生毛，稀无毛。花先叶开放，7～14朵簇生于老枝上，花为玫瑰红色。荚果，红紫色，扁平。花期为每年的4月，果期10～11月，种子繁殖，阳性树种。耐旱性较强，能在石灰岩山地及石灰质土壤生长。适宜生长在浙江西天目山、安徽南部等地。树形美观，春天满树红花，观花观果两相宜，具有较高的观赏价值，是优良的庭园树和行道树 |
| 28 | 黄山栾树 | 落叶乔木，高达17m左右。二回羽状复叶，羽片2～4对，每羽片具5～9小叶，小叶矩圆状卵形，矩圆状椭圆形或矩圆形，先端渐尖，基部圆形或宽楔形，全缘，稀具粗锯尖，下面沿叶脉有毛。花鲜黄色。蒴果椭圆形或椭圆状卵形。花期为每年的8月；果期11月。种子繁殖。其性喜光，深根性，喜温暖湿润气候，喜土层深厚、疏松肥沃的酸性或微酸性土壤。适宜生长在我国的长江流域以南，西至湖南、贵州，南达广东、广西北部。树冠宽阔，枝叶茂密而秀丽，夏季开花，满树金黄，十分美丽，宜推广为城市优良的观赏树和行道树 |
| 29 | 小果冬青 | 又称青皮香，落叶乔木，高达20m。小枝黄绿色，灰褐色。叶膜质或纸质，卵形或卵状椭圆形，先端尾尖或急尖，基部钝圆，边缘具浅疏齿。雌雄异株，花黄白，排成2～3回三歧聚伞花序。核果球形，熟时红色。花期为每年的5～6月；果期10～11月。种子繁殖，其性喜光，幼苗稍耐荫，在土层深厚，疏松肥沃、排水良好，阳光充足的地方生长良好。适应性较强，能耐瘠薄。属浅根性树种，主根不明显，侧根发达。适宜生长浙江、安徽南部、江西、广东、台湾等地。小果冬青，树形美观，花黄果红，观花观果两相宜，是值得发展的观赏树和行道树佳品 |

续表

| 序号 | 新优树种名称 | 道路绿化新优树种的主要特点 |
|---|---|---|
| 30 | 翅荚香槐 | 落叶乔木,高达20m以上。奇数羽状复叶;小叶互生,7～15片,卵形或长椭圆形,全缘,先端渐钝尖,顶生小叶基部对称,侧生小叶基部一边楔形、一边圆形,上面沿中脉有毛;具小托叶。顶生圆锥花序,花白色。荚果扁平,果皮薄。花期为每年的6～7月;果期为当年10月。播种和扦插繁殖。其性喜光,喜温暖湿润的气候环境,于酸性、中性、石灰性土壤均能生长。生长快,具根瘤菌能提高土壤肥力。适宜生长在江苏南部、浙江、广东、广西、贵州、四川等地区。树形美观,花序大,白色有芳香,秋叶鲜黄色,是城市庭园观赏和行道树的优良树种 |
| 31 | 复羽叶栾树 | 又称西南栾树,落叶乔木,高达20m以上。二回羽状复叶,羽片5～10对,每羽具小叶5～15片,小叶卵状披针形或椭圆状卵形,先端渐尖,具整齐的尖锯齿,下面沿叶脉有毛,脉腋有簇生毛。花黄色。蒴果红色,卵状椭圆形,先端钝圆。花期为每年的7～9月;9～10月果熟。种子繁殖。其性喜光,喜温暖湿润的气候环境,适宜生长在阳光充足,土层深厚、疏松肥沃的地方,适应性较强。适宜生长在湖北西部、四川、贵州、云南东部、广东、广西、海南及台湾等地区。树形端正,黄花红果,十分美观,观花观果两相宜,为优良的观赏树和行道树 |
| 32 | 花榈木 | 常绿小乔木,高达10m以上,树冠球形。小枝、芽、花序密被淡褐黄色绒毛。奇数羽状复叶,小叶5～9片,对生,全缘,椭圆形,矩圆状椭圆形或卵状披针形,下面密被淡褐色绒毛。圆锥花序,花紫色。荚果短带壮,种子鲜红色。花期为每年的7月。种子繁殖。其性喜光,幼年喜湿喜荫。并喜温暖湿润的气候环境,宜在土壤深厚、肥沃、水分充足的地方生长。耐瘠薄能力差。寿命长,萌芽力亦强。适宜生长在浙江南部、安徽南部、福建、江西、湖南、湖北、贵州、云南、广西、广东、海南等地。浓荫覆地,蔚然可爱,是城市优良的绿荫和行道树的新品之一 |
| 33 | 珙　桐 | 又称鸽子树,落叶乔木,高达20m左右。叶宽卵形或心形,先端突尖、粗锯齿三角状,具行毛刺状尖头,下面密被绒毛。雌雄异株,花初为淡绿色,后呈白色。果长圆形或椭圆形。花期为每年的4月;果期10月,种子繁殖。其性喜荫,喜温暖湿润气候,宜生于深厚,相对湿度高,呈中性或酸性土壤的地方,在碱性土壤及干燥多风、日光直射之处,绝不相适。适宜生长在湖北西部、四川中部和南部、贵州等地。花序奇特美丽,开时满树如群鸽栖止,故欧美有“中国鸽子树”之称。世界仅此一种,为我国特产,为世界驰名观赏树木,亦是城市行道树的新品种,宜与其他常绿树种混植 |
| 34 | 椤木石楠 | 常绿乔木,高15m。幼枝被平伏柔毛,老枝无毛。叶革质,长圆形或倒披针形,先端急尖或渐尖。老叶及嫩叶均呈红色,白色小花,组成复伞房花序,花多而密。果呈鲜红色,集成盘状经久不脱落,不变色。花期为每年的4～5月;果期10月。播种或扦插繁殖。耐荫亦耐寒,萌芽力强,耐修剪。对土壤肥沃要求不高,在湿润肥沃的酸性土壤生长较快;于瘠薄的土壤虽生长较慢,亦能花果繁茂。耐干旱,亦耐水渍,对光适应能力较强,是栽培容易、管理方便、效果较好的树种。适生于长江流域及以南各地。春叶嫩红如娇童,夏花素静如处子,秋冬果实红似火,一年四季均有景色观赏,而且对二氧化硫等有毒气体抗性较强,是园林观赏、行道树,隔离绿化带的新品种 |

### 6.4.2 华北、西北与东北地区道路绿化新优树种

华北、西北与东北地区道路绿化新优树种见表6.4-2所列。

华北、西北与东北地区道路绿化新优树种　表 6.4-2

| 序号 | 新优树种名称 | 新优树种的主要特点 |
| --- | --- | --- |
| 1 | 火炬树 | 小乔木或灌木，高达 10m 左右。小枝粗壮并密被褐色茸毛。叶互生，奇数羽状复叶，小叶 9～27 片，长圆形至披针形，先端长，渐尖，基部圆形或广楔形，缘有整齐锯齿；叶表面绿色，背面粉白，均被密柔毛。雌雄异株，顶生直立圆锥花序，雌花序及果穗鲜红色，形同火炬。花期为每年的 5～7 月，果期为每年的 9～11 月。种子繁殖。阳性树种，成熟期较早，一般 4 年即可开花结实，可持续 30 年左右，适应性极强，喜温也耐寒，且耐寒力极强。对土壤要求不严，耐酸碱，石灰岩土壤亦可生长，耐干旱耐瘠薄。不耐水湿，长期积水会严重影响根系生长，甚至死亡。原产于北美，1959 年我国引种，目前已在江苏、山西、甘肃、宁夏、吉林、黑龙江、辽宁、山东等 20 多个省、自治区、直辖市引种成功。该树花序及果穗鲜红，似火炬，入秋叶色更加红艳，十分壮观，更增加北国秋色，为行道树的新秀，亦可与其他乔木混植 |
| 2 | 朝鲜槐 | 又称怀槐，落叶乔木，高达 15m 以上。奇数羽状复叶，小叶 5～11 片，全缘，椭圆形，倒卵形或椭圆状卵形，先端钝尖，基部宽楔形或近圆形，无毛。总状花序直立，集生枝顶；花黄白色，密集。荚果无翅。花期为每年的 6～7 月，果期在当年 8～9 月。种子繁殖。其性稍耐荫，耐寒性强，喜湿润肥沃的土壤，在较干旱的地方亦能生长，萌芽性强。适宜生长在我国的华北、东北地区。树形端正，满树黄白之花，十分美丽，又极耐寒，为北方寒冷地区优良的绿荫树和行道树的新树种 |
| 3 | 美国红枫 | 又称红槭，落叶乔木，高达 30m 以上。叶掌状 3～5 裂，钝锯齿，叶表面亮绿色，叶背泛白，部分有白色绒毛。春季开红色小花。翅果平滑，下垂，鲜红。种子繁殖或扦插繁殖。其适应性较强，耐寒、耐湿，能在沼泽地生长，故有“沼泽枫”之称。惟不适海滨种植。对有害气体抗性强，尤其对氯气的吸收力强，可作为防污染绿化树种。适生于华北至华东地区的河南、河北、山东、辽宁、吉林、黑龙江等地。春季新叶泛红，与成串的红色花朵相映成趣；夏季枝叶成荫；秋季叶片为绚丽的红色，十分美丽，是彩色行道树之一 |
| 4 | 二乔玉兰 | 落叶乔木，高达 15m 左右。叶倒卵形或倒卵状矩圆形，先端短突尖，背面被柔毛。3 月间先叶开花，花形似玉兰，惟色紫红，由玉兰与辛夷杂交育成，又以花色之深浅分为深紫二乔和淡紫二乔二变种。嫁接繁殖，嫁接常用辛夷作砧木。喜光树种，稍耐荫。喜土层深厚，肥沃湿润而排水良好的微酸性土壤，中性和微碱土亦能适应。忌水浸，低湿地易烂根，耐寒力强。适生于黄河流域以南各地。树干耸立，花大色紫，又较耐寒，已成为北方城市新优行道树种 |
| 5 | 北美红栎 | 落叶乔木，高达 27m 左右。幼树树形呈金字塔状，成年树形为圆形。叶宽卵形，两侧有 4～6 对大的裂片，革质，表面有光泽，春夏亮绿，秋季叶色先是呈鲜红色而后棕红色。坚果，球形。种子繁殖。抗寒、抗旱，对土壤要求中等湿度，喜排水良好的砂质土，酸性或微碱，不喜石灰质土壤。并抗污染。适生于东北、华北、西北和长江中下游各地，是新优彩色行道树种，具有独特的观赏性，可广泛用于城市园林绿化、城乡公路两侧绿化隔离带建设、荒山丘陵绿化及生态林建设等重点工程，同时，其木材坚固，纹理致密美丽，是良好的细木用材，可制作名贵家具 |
| 6 | 香花槐 | 这是前几年由朝鲜引进我国的园林绿化珍稀树种，高达 10～15m，在北方每年开两次花，第一次在 5 月，花期 20 天左右；第二次在 7 月，花期为 40 天左右。耐寒，生强，根系发达，根的分蘖力极强，繁殖容易。而且寿命长、耐干旱、耐瘠薄，适应性强，酸性土、中性土及轻碱地均能生长。适宜生长在河南、河北、山东、辽宁、吉林、黑龙江等省。5 月花上树，7 月又见花，香气怡人，实为城市行道树的一种新树种 |
| 7 | 北海道黄杨 | 又称正木，常绿乔木，高达 8～10m，叶卵圆形或长椭圆形，叶缘呈浅波状，叶脉在主脉上呈交互生长，叶脉多为 7 对，叶背面的叶脉呈突起状，手感特别明显，叶片边缘微向上反卷，叶芽饱满对生，顶芽粗壮。聚伞花序腋生，花浅黄绿色。蒴果近球形，成熟果呈浅黄色，果实内有种子 1 枚。种子有橙红色假种皮，种子近球形。成熟时果皮开裂，橙红色假种皮内种子暴露出来。播种及扦插繁殖。适应性能很强，适生范围广，其耐寒力和抗旱性较强，能耐 −23℃ 的低温。不仅长势良好，树干高大，单干直上。适宜生长在我国的东北、西北的寒冷地区。冬春干冷、风大，耐寒抗旱的常绿阔叶树种十分缺乏，北海道黄杨可适应这样气候环境，而且生长茂盛、枝繁叶茂、满树红果绿叶，远看近观，颇有情趣，而且耐修剪整形，是城市庭院绿化和行道树的新优树种，孤植、列植、群植都可以 |

## 6.5 城市道路绿化树种的综合评价与选择

### 6.5.1 概述

城市道路两旁树木的生长、存活及分布状况直接影响到市区绿化的面貌、形象与水平，因此，研究其影响规律及探讨相应的措施，已成为各城市道路绿化建设中长期以来急需解决的重要问题。不同种类的树木对于其生存环境的适应能力各不相同，同一种树木对于环境中的不同限制因素的表现也存在着较大的差别。

我们通过对城市道路的生态功能的初步研究，在比较不同树木的差异性并作出分类，以及对树木生态适应性、生态功能进行研究分析的基础上，综合前人的部分研究成果和园林绿化工作的实践总结，同时结合园林界的专家对现有城市道路的评价，从生态适应性、观赏性、生态效能等方面全面系统地建立了城市道路绿化的评价应用的综合指标体系；并根据城市的自然条件和实际情况确定了主要的指标。

现对我国北方地区城市常见的230种道路绿化植物进行了综合评判和分级，筛选出最适宜的骨干树种和适宜的基本树种及宜继续推广的、可适当保留的或应淘汰的种类。从而筛选出适用于不同类型城市道路绿地种植的园林植物种类，为城市道路绿化植物的选择和应用提供依据。

### 6.5.2 评价指标体系的建立

为了对城市道路主要树种做出更加全面、客观、准确的评估，从生态适应能力、绿化生态效益、美化效果、抗病虫害性、抗污染性、经济效益等6个方面，对我国北方城市常见的230种道路绿化树种建立以下评价指标体系：生态适应性（耐寒性、耐盐碱、耐瘠薄、耐旱性、耐荫性、耐水湿）、抗污染性（抗二氧化硫、氯气、氟化氢及抗污染能力）、观赏性（观形—冠形—干形、观花、赏香）、生态效益（杀菌能力、降温增湿作用和吸碳放氧能力等）、抗病虫害能力、经济效益等。

绿化植物的评分标准：所有指标因子的得分均按所属程度的强、中、弱或能力的大、中、小分别计分为3、2、1分。

### 6.5.3 综合评价指标权重的确定方法

我们通过特尔菲法确定指标权重，结合专家评分进行评估，在此基础上又结合生态功能与抗性研究分析及前人研究等对绿化植物的综合性能做出评价。通过有关专家咨询，普遍认为：选定城市道路绿化树种，其首要是适应性、观赏性和发挥生态功能最重要，经济效益指标重要性很小或可不考虑。从绿化植物总体适应性来看，耐寒、耐干旱、耐瘠薄、耐盐碱等则更为重要。从北方城市（如沈阳）的实际情况来看，城市的土壤条件主要是石砾含量高、干旱瘠薄，全市土壤的pH值基本接近中性（6.5～7.5），个别地段有过碱现象，但普遍来看并不成为绿化植物生存生长的限制因素，而耐荫性和耐水湿也只是特定环境条件下的限制因素，不是普遍性的情况。因此选择城市道路绿化树种其耐寒性、耐旱性、耐瘠薄、抗病虫能力、抗污染能力、观赏性和生态效益7项指标为主要的评价指标。其中抗污性和生态效益是综合性的判定，而抗污性能，根据城市空气污染状况主要考虑抗二氧化硫和粉尘的能力。

在 7 个指标中，其重要性是不一致的，权重确定了各指标的重要程度。通过许多专家的咨询，采取加权平均法确定了 7 个指标的权重，得到的权重值较为客观地反映了各指标的重要程度。在评价城市绿化的 7 个指标中，耐寒性 $X_1$ 为（0.2）、耐旱性 $X_2$ 为（0.1）、耐瘠薄 $X_3$ 为（0.1）、抗病虫能力 $X_4$ 为（0.1）、抗污染能力 $X_5$ 为（0.1）、观赏性 $X_6$ 为（0.2）、生态效益 $X_7$ 为（0.2）。权重值的分布反映了专家对绿化植物评价指标重要性的取向。

从指标权重看，抗寒性、观赏性和生态效益最受重视，这与城市自然气候条件、绿化植物的标准和当前对植物改善生态环境的要求是相吻合的。

### 6.5.4 道路绿化的树种综合评判

根据上述指标体系及得分标准对 230 种本地常见绿化植物进行了综合评判。先按照公式 $X'_{ij}=X_{ij}/X_j$（max）对原始得分数据标准化（表 6.5-1）。各因子权重向量 $A_j$（$X_1$、$X_2$、$X_3$、$X_4$、$X_5$、$X_6$、$X_7$）=（0.2、0.1、0.1、0.1、0.1、0.2、0.2）。综合指数（Y），按公式 $Y=X_{ij}\cdot X_j$ 求得。表中最后一栏是根据综合评分结果进行的评价分级，按其综合效能的高低划分四个等级，Ⅰ级：综合指数为≥0.85；Ⅱ级：综合指数为 0.75～0.85；Ⅲ级：综合指数为 0.65～0.75；Ⅳ级：综合指数为≤0.65，表 6.5-2 所列城市绿化树种综合评价分级排序表，即为按照评价后的级别排序的结果。

**城市绿化植物生态适应性与生态功能综合评价标准化数据及分级表　　表 6.5-1**

| 编号 | 树　种 | 耐寒性 | 耐旱性 | 耐瘠薄 | 抗病虫 | 抗污染 | 观赏性 | 生态效益 | 耐盐碱 | 耐荫性 | 耐水湿 | 综合指数 | 级别 |
|---|---|---|---|---|---|---|---|---|---|---|---|---|---|
| | | $X_1$ | $X_2$ | $X_3$ | $X_4$ | $X_5$ | $X_6$ | $X_7$ | | | | Y | |
| 1 | 荆条 | 2/0.67 | 3/1.0 | 3/1.0 | 3/1.0 | 2/0.67 | 2/0.67 | 1/0.33 | 2 | 1 | 1 | 0.701 | Ⅲ |
| 2 | 百里香 | 3/1.0 | 3/1.0 | 3/1.0 | 3/1.0 | 2/0.67 | 2/0.67 | 1/0.33 | 2 | 1 | 1 | 0.767 | Ⅱ |
| 3 | 枸杞 | 2/0.67 | 3/1.0 | 2/0.67 | 3/1.0 | 2/0.67 | 2/0.67 | 2/0.67 | 3 | 2 | 1 | 0.736 | Ⅲ |
| 4 | 美国木豆树 | 2/0.67 | 2/0.67 | 1/0.33 | 2/0.67 | 2/0.67 | 3/1.0 | 3/1.0 | 1 | 1 | 2 | 0.768 | Ⅱ |
| 5 | 梓树 | 3/1.0 | 2/0.67 | 1/0.33 | 2/0.67 | 3/1.0 | 3/1.0 | 3/1.0 | 2 | 2 | 2 | 0.867 | Ⅰ |
| 6 | 黄金树 | 2/0.67 | 2/0.67 | 1/0.33 | 2/0.67 | 2/0.67 | 3/1.0 | 3/1.0 | 1 | 1 | 1 | 0.768 | Ⅱ |
| 7 | 六道木 | 3/1.0 | 1/0.33 | 2/0.67 | 3/1.0 | 2/0.67 | 1/0.33 | 1/0.33 | 1 | 3 | 2 | 0.599 | Ⅳ |
| 8 | 猬实 | 3/1.0 | 2/0.67 | 2/0.67 | 3/1.0 | 3/1.0 | 3/1.0 | 2/0.67 | 1 | 2 | 1 | 0.868 | Ⅰ |
| 9 | 美丽忍冬 | 2/0.67 | 3/1.0 | 2/0.67 | 3/1.0 | 1/0.33 | 3/1.0 | 2/0.67 | 1 | 2 | 1 | 0.768 | Ⅱ |
| 10 | 黄花忍冬 | 3/1.0 | 2/0.67 | 2/0.67 | 2/0.67 | 2/0.67 | 2/0.67 | 2/0.67 | 2 | 2 | 2 | 0.736 | Ⅲ |
| 11 | 忍冬 | 3/1.0 | 3/1.0 | 2/0.67 | 2/0.67 | 3/1.0 | 3/1.0 | 3/1.0 | 2 | 2 | 3 | 0.934 | Ⅰ |
| 12 | 金银忍冬 | 3/1.0 | 3/1.0 | 2/0.67 | 3/1.0 | 3/1.0 | 3/1.0 | 3/1.0 | 1 | 2 | 2 | 0.967 | Ⅰ |
| 13 | 早花忍冬 | 3/1.0 | 1/0.33 | 1/0.33 | 2/0.67 | 2/0.67 | 2/0.67 | 2/0.67 | 1 | 2 | 2 | 0.668 | Ⅲ |
| 14 | 长白忍冬 | 3/1.0 | 3/1.0 | 2/0.67 | 2/0.67 | 2/0.67 | 2/0.67 | 2/0.67 | 1 | 2 | 2 | 0.769 | Ⅱ |
| 15 | 鞑靼忍冬 | 3/1.0 | 3/1.0 | 3/1.0 | 2/0.67 | 2/0.67 | 2/0.67 | 2/0.67 | 1 | 2 | 2 | 0.802 | Ⅱ |
| 16 | 藏花忍冬 | 3/1.0 | 1/0.33 | 1/0.33 | 2/0.67 | 2/0.67 | 3/1.0 | 2/0.67 | 1 | 2 | 2 | 0.734 | Ⅲ |

续表

| 编号 | 树种 | 耐寒性 | 耐旱性 | 耐瘠薄 | 抗病虫 | 抗污染 | 观赏性 | 生态效益 | 耐盐碱 | 耐荫性 | 耐水湿 | 综合指数 | 级别 |
|---|---|---|---|---|---|---|---|---|---|---|---|---|---|
| | | $X_1$ | $X_2$ | $X_3$ | $X_4$ | $X_5$ | $X_6$ | $X_7$ | | | | $Y$ | |
| 17 | 接骨木 | 3/1.0 | 3/1.0 | 2/0.67 | 2/0.67 | 3/1.0 | 2/0.67 | 3/1.0 | 1 | 2 | 2 | 0.868 | Ⅰ |
| 18 | 暖木条荚蒾 | 2/0.67 | 2/0.67 | 2/0.67 | 2/0.67 | 2/0.67 | 2/0.67 | 2/0.67 | 2 | 3 | 2 | 0.67 | Ⅲ |
| 19 | 鸡树条荚蒾 | 3/1.0 | 3/1.0 | 2/0.67 | 3/1.0 | 3/1.0 | 3/1.0 | 2/0.67 | 2 | 3 | 2 | 0.901 | Ⅰ |
| 20 | 锦带花 | 3/1.0 | 2/0.67 | 3/1.0 | 3/1.0 | 2/0.67 | 3/1.0 | 2/0.67 | 1 | 1 | 1 | 0.868 | Ⅰ |
| 21 | 美丽锦带花 | 2/0.67 | 3/1.0 | 1/0.33 | 3/1.0 | 2/0.67 | 3/1.0 | 2/0.67 | 1 | 1 | 1 | 0.768 | Ⅱ |
| 22 | 红王子锦带 | 2/0.67 | 2/0.67 | 1/0.33 | 3/1.0 | 1/0.33 | 3/1.0 | 2/0.67 | 1 | 1 | 1 | 0.701 | Ⅲ |
| 23 | 早花锦带 | 3/1.0 | 2/0.67 | 3/1.0 | 3/1.0 | 2/0.67 | 3/1.0 | 2/0.67 | 1 | 2 | 2 | 0.868 | Ⅰ |
| 24 | 东北连翘 | 3/1.0 | 2/0.67 | 2/0.67 | 3/1.0 | 2/0.67 | 3/1.0 | 2/0.67 | 1 | 2 | 2 | 0.835 | Ⅱ |
| 25 | 卵叶连翘 | 2/0.67 | 3/1.0 | 3/1.0 | 3/1.0 | 3/1.0 | 3/1.0 | 2/0.67 | 1 | 2 | 1 | 0.868 | Ⅰ |
| 26 | 连翘 | 2/0.67 | 2/0.67 | 2/0.67 | 3/1.0 | 2/0.67 | 3/1.0 | 2/0.67 | 2 | 2 | 1 | 0.769 | Ⅱ |
| 27 | 金钟连翘 | 1/0.33 | 2/0.67 | 2/0.67 | 3/1.0 | 2/0.67 | 3/1.0 | 3/1.0 | 2 | 2 | 1 | 0.767 | Ⅱ |
| 28 | 水曲柳 | 3/1.0 | 1/0.33 | 1/0.33 | 3/1.0 | 2/0.67 | 3/1.0 | 3/1.0 | 2 | 2 | 2 | 0.833 | Ⅱ |
| 29 | 花曲柳 | 3/1.0 | 2/0.67 | 2/0.67 | 1/0.33 | 3/1.0 | 3/1.0 | 3/1.0 | 3 | 1 | 1 | 0.867 | Ⅰ |
| 30 | 美国白蜡 | 3/1.0 | 3/1.0 | 3/1.0 | 1/0.33 | 2/0.67 | 3/1.0 | 3/1.0 | 2 | 1 | 1 | 0.9 | Ⅰ |
| 31 | 小叶白蜡 | 2/0.67 | 3/1.0 | 3/1.0 | 2/0.67 | 3/1.0 | 3/1.0 | 3/1.0 | 2 | 2 | 1 | 0.901 | Ⅰ |
| 32 | 洋白蜡 | 2/0.67 | 2/0.67 | 2/0.67 | 1/0.33 | 1/0.33 | 2/0.67 | 2/0.67 | 2 | 1 | 3 | 0.602 | Ⅳ |
| 33 | 绒毛白蜡 | 3/1.0 | 3/1.0 | 3/1.0 | 2/0.67 | 3/1.0 | 3/1.0 | 3/1.0 | 3 | 1 | 3 | 0.967 | Ⅰ |
| 34 | 水蜡 | 2/0.67 | 2/0.67 | 2/0.67 | 3/1.0 | 3/1.0 | 2/0.67 | 3/1.0 | 2 | 2 | 2 | 0.802 | Ⅱ |
| 35 | 什锦丁香 | 3/1.0 | 3/1.0 | 3/1.0 | 2/0.67 | 2/0.67 | 2/0.67 | 2/0.67 | 2 | 1 | 1 | 0.802 | Ⅱ |
| 36 | 小叶丁香 | 2/0.67 | 3/1.0 | 1/0.33 | 2/0.67 | 2/0.67 | 3/1.0 | 2/0.67 | 2 | 1 | 2 | 0.735 | Ⅲ |
| 37 | 紫丁香 | 3/1.0 | 3/1.0 | 2/0.67 | 2/0.67 | 3/1.0 | 3/1.0 | 3/1.0 | 2 | 2 | 1 | 0.934 | Ⅰ |
| 38 | 毛丁香 | 2/0.67 | 3/1.0 | 3/1.0 | 2/0.67 | 2/0.67 | 2/0.67 | 2/0.67 | 2 | 1 | 1 | 0.736 | Ⅲ |
| 39 | 暴马丁香 | 3/1.0 | 3/1.0 | 2/0.67 | 2/0.67 | 2/0.67 | 3/1.0 | 3/1.0 | 2 | 3 | 2 | 0.901 | Ⅰ |
| 40 | 欧丁香 | 3/1.0 | 3/1.0 | 2/0.67 | 2/0.67 | 3/1.0 | 3/1.0 | 3/1.0 | 2 | 2 | 1 | 0.934 | Ⅰ |
| 41 | 辽东丁香 | 3/1.0 | 1/0.33 | 2/0.67 | 2/0.67 | 2/0.67 | 3/1.0 | 3/1.0 | 2 | 1 | 2 | 0.834 | Ⅱ |
| 42 | 杠柳 | 2/0.67 | 3/1.0 | 3/1.0 | 3/1.0 | 2/0.67 | 3/1.0 | 1/0.33 | 2 | 2 | 2 | 0.767 | Ⅱ |
| 43 | 珍珠绣线菊 | 2/0.67 | 2/0.67 | 2/0.67 | 2/0.67 | 2/0.67 | 3/1.0 | 3/1.0 | 1 | 1 | 1 | 0.802 | Ⅱ |
| 44 | 柳叶绣线菊 | 3/1.0 | 3/1.0 | 3/1.0 | 2/0.67 | 3/1.0 | 2/0.67 | 2/0.67 | 1 | 2 | 1 | 0.835 | Ⅱ |
| 45 | 三裂绣线菊 | 3/1.0 | 3/1.0 | 3/1.0 | 2/0.67 | 2/0.67 | 2/0.67 | 2/0.67 | 1 | 2 | 1 | 0.802 | Ⅱ |
| 46 | 野珠兰 | 3/1.0 | 2/0.67 | 2/0.67 | 2/0.67 | 2/0.67 | 2/0.67 | 3/1.0 | 1 | 2 | 1 | 0.802 | Ⅱ |
| 47 | 紫穗槐 | 3/1.0 | 3/1.0 | 3/1.0 | 3/1.0 | 3/1.0 | 1/0.33 | 3/1.0 | 3 | 1 | 2 | 0.866 | Ⅰ |
| 48 | 树锦鸡儿 | 3/1.0 | 3/1.0 | 3/1.0 | 2/0.67 | 1/0.33 | 2/0.67 | 2/0.67 | 2 | 1 | 1 | 0.768 | Ⅱ |
| 49 | 小叶锦鸡儿 | 3/1.0 | 3/1.0 | 3/1.0 | 3/1.0 | 1/0.33 | 1/0.33 | 2/0.67 | 1 | 1 | 1 | 0.733 | Ⅲ |
| 50 | 山皂角 | 3/1.0 | 3/1.0 | 2/0.67 | 3/1.0 | 3/1.0 | 1/0.33 | 3/1.0 | 2 | 1 | 1 | 0.901 | Ⅰ |
| 51 | 胡枝子 | 3/1.0 | 3/1.0 | 3/1.0 | 3/1.0 | 3/1.0 | 2/0.67 | 1/0.33 | 2 | 2 | 1 | 0.732 | Ⅲ |

续表

| 编号 | 树种 | 耐寒性 | 耐旱性 | 耐瘠薄 | 抗病虫 | 抗污染 | 观赏性 | 生态效益 | 耐盐碱 | 耐荫性 | 耐水湿 | 综合指数 | 级别 |
|---|---|---|---|---|---|---|---|---|---|---|---|---|---|
| | | $X_1$ | $X_2$ | $X_3$ | $X_4$ | $X_5$ | $X_6$ | $X_7$ | | | | $Y$ | |
| 52 | 山槐 | 3/1.0 | 2/0.67 | 1/0.33 | 3/1.0 | 3/1.0 | 2/0.67 | 3/1.0 | 2 | 2 | 2 | 0.834 | Ⅱ |
| 53 | 葛藤 | 2/0.67 | 3/1.0 | 3/1.0 | 3/1.0 | 2/0.67 | 2/0.67 | 2/0.67 | 2 | 1 | 1 | 0.769 | Ⅱ |
| 54 | 刺槐 | 3/1.0 | 3/1.0 | 3/1.0 | 3/1.0 | 3/1.0 | 2/0.67 | 3/1.0 | 2 | 1 | 2 | 0.934 | Ⅰ |
| 55 | 槐树 | 2/0.67 | 2/0.67 | 2/0.67 | 2/0.67 | 3/1.0 | 3/1.0 | 3/1.0 | 2 | 2 | 2 | 0.835 | Ⅱ |
| 56 | 龙爪槐 | 1/0.33 | 2/0.67 | 2/0.67 | 2/0.67 | 2/0.67 | 3/1.0 | 2/0.67 | 2 | 1 | 2 | 0.668 | Ⅲ |
| 57 | 紫藤 | 2/0.67 | 2/0.67 | 2/0.67 | 3/1.0 | 2/0.67 | 3/1.0 | 3/1.0 | 2 | 2 | 2 | 0.835 | Ⅱ |
| 58 | 叶底珠 | 3/1.0 | 3/1.0 | 3/1.0 | 2/0.67 | 3/1.0 | 1/0.33 | 2/0.67 | 3 | 2 | 1 | 0.767 | Ⅱ |
| 59 | 黄檗 | 3/1.0 | 2/0.67 | 1/0.33 | 3/1.0 | 2/0.67 | 3/1.0 | 3/1.0 | 1 | 2 | 2 | 0.867 | Ⅰ |
| 60 | 臭椿 | 2/0.67 | 3/1.0 | 3/1.0 | 3/1.0 | 3/1.0 | 3/1.0 | 3/1.0 | 2 | 1 | 1 | 0.934 | Ⅰ |
| 61 | 毛叶黄栌 | 2/0.67 | 3/1.0 | 3/1.0 | 1/0.33 | 2/0.67 | 3/1.0 | 2/0.67 | 2 | 2 | 1 | 0.768 | Ⅱ |
| 62 | 火炬树 | 3/1.0 | 3/1.0 | 3/1.0 | 2/0.67 | 3/1.0 | 2/0.67 | 2/0.67 | 3 | 1 | 1 | 0.835 | Ⅱ |
| 63 | 茶条槭 | 3/1.0 | 2/0.67 | 2/0.67 | 2/0.67 | 3/1.0 | 3/1.0 | 3/1.0 | 2 | 2 | 3 | 0.901 | Ⅰ |
| 64 | 色木槭 | 3/1.0 | 2/0.67 | 2/0.67 | 3/1.0 | 2/0.67 | 3/1.0 | 3/1.0 | 2 | 2 | 2 | 0.901 | Ⅰ |
| 65 | 糖槭 | 3/1.0 | 2/0.67 | 2/0.67 | 1/0.33 | 3/1.0 | 2/0.67 | 3/1.0 | 2 | 2 | 2 | 0.801 | Ⅱ |
| 66 | 青楷槭 | 3/1.0 | 2/0.67 | 2/0.67 | 2/0.67 | 2/0.67 | 2/0.67 | 3/1.0 | 2 | 2 | 1 | 0.802 | Ⅱ |
| 67 | 元宝槭 | 3/1.0 | 3/1.0 | 1/0.33 | 2/0.67 | 3/1.0 | 3/1.0 | 3/1.0 | 2 | 2 | 1 | 0.9 | Ⅰ |
| 68 | 栾树 | 1/0.33 | 3/1.0 | 3/1.0 | 2/0.67 | 3/1.0 | 3/1.0 | 3/1.0 | 2 | 2 | 2 | 0.833 | Ⅱ |
| 69 | 文冠果 | 3/1.0 | 3/1.0 | 2/0.67 | 3/1.0 | 2/0.67 | 3/1.0 | 2/0.67 | 2 | 2 | 1 | 0.868 | Ⅰ |
| 70 | 南蛇藤 | 3/1.0 | 3/1.0 | 3/1.0 | 3/1.0 | 2/0.67 | 3/1.0 | 2/0.67 | 2 | 2 | 1 | 0.901 | Ⅰ |
| 71 | 卫矛 | 3/1.0 | 3/1.0 | 3/1.0 | 3/1.0 | 3/1.0 | 3/1.0 | 2/0.67 | 2 | 2 | 1 | 0.934 | Ⅰ |
| 72 | 桃叶卫矛 | 3/1.0 | 2/0.67 | 2/0.67 | 3/1.0 | 2/0.67 | 3/1.0 | 2/0.67 | 1 | 2 | 2 | 0.835 | Ⅱ |
| 73 | 华北卫矛 | 3/1.0 | 2/0.67 | 2/0.67 | 3/1.0 | 3/1.0 | 2/0.67 | 2/0.67 | 1 | 2 | 2 | 0.802 | Ⅱ |
| 74 | 省沽油 | 3/1.0 | 2/0.67 | 2/0.67 | 3/1.0 | 2/0.67 | 2/0.67 | 2/0.67 | 1 | 1 | 1 | 0.769 | Ⅱ |
| 75 | 小叶黄杨 | 1/0.33 | 2/0.67 | 1/0.33 | 3/1.0 | 2/0.67 | 2/0.67 | 3/1.0 | 2 | 2 | 1 | 0.667 | Ⅲ |
| 76 | 朝鲜黄杨 | 2/0.67 | 2/0.67 | 1/0.33 | 3/1.0 | 2/0.67 | 2/0.67 | 3/1.0 | 1 | 2 | 2 | 0.735 | Ⅲ |
| 77 | 鼠李 | 3/1.0 | 3/1.0 | 3/1.0 | 3/1.0 | 2/0.67 | 2/0.67 | 2/0.67 | 2 | 2 | 2 | 0.835 | Ⅱ |
| 78 | 东北鼠李 | 3/1.0 | 2/0.67 | 2/0.67 | 3/1.0 | 2/0.67 | 2/0.67 | 2/0.67 | 2 | 2 | 2 | 0.769 | Ⅱ |
| 79 | 枣树 | 3/1.0 | 3/1.0 | 3/1.0 | 2/0.67 | 2/0.67 | 2/0.67 | 2/0.67 | 3 | 2 | 1 | 0.802 | Ⅱ |
| 80 | 草白蔹 | 3/1.0 | 3/1.0 | 3/1.0 | 2/0.67 | 1/0.33 | 1/0.33 | 1/0.33 | 2 | 1 | 1 | 0.632 | Ⅳ |
| 81 | 蛇白蔹 | 3/1.0 | 2/0.67 | 2/0.67 | 3/1.0 | 2/0.67 | 2/0.67 | 1/0.33 | 1 | 3 | 1 | 0.701 | Ⅲ |
| 82 | 七角白蔹 | 3/1.0 | 2/0.67 | 3/1.0 | 3/1.0 | 2/0.67 | 2/0.67 | 2/0.67 | 1 | 1 | 2 | 0.802 | Ⅱ |
| 83 | 日本落叶松 | 3/1.0 | 2/0.67 | 2/0.67 | 3/1.0 | 2/0.67 | 1/0.33 | 2/0.67 | 1 | 1 | 2 | 0.701 | Ⅲ |
| 84 | 黄花落叶松 | 3/1.0 | 2/0.67 | 1/0.33 | 2/0.67 | 2/0.67 | 2/0.67 | 3/1.0 | 1 | 1 | 2 | 0.768 | Ⅱ |
| 85 | 华北落叶松 | 3/1.0 | 2/0.67 | 2/0.67 | 2/0.67 | 2/0.67 | 3/1.0 | 2/0.67 | 1 | 1 | 3 | 0.802 | Ⅱ |
| 86 | 东北山梅花 | 3/1.0 | 3/1.0 | 3/1.0 | 2/0.67 | 2/0.67 | 3/1.0 | 2/0.67 | 1 | 2 | 1 | 0.868 | Ⅰ |

续表

| 编号 | 树　　种 | 耐寒性 | 耐旱性 | 耐瘠薄 | 抗病虫 | 抗污染 | 观赏性 | 生态效益 | 耐盐碱 | 耐荫性 | 耐水湿 | 综合指数 | 级别 |
|---|---|---|---|---|---|---|---|---|---|---|---|---|---|
| | | $X_1$ | $X_2$ | $X_3$ | $X_4$ | $X_5$ | $X_6$ | $X_7$ | | | | $Y$ | |
| 87 | 长白茶藨子 | 3/1.0 | 2/0.67 | 2/0.67 | 2/0.67 | 1/0.33 | 2/0.67 | 2/0.67 | 1 | 3 | 1 | 0.702 | Ⅲ |
| 88 | 东北茶藨子 | 3/1.0 | 2/0.67 | 2/0.67 | 3/1.0 | 1/0.33 | 3/1.0 | 2/0.67 | 2 | 2 | 1 | 0.801 | Ⅱ |
| 89 | 香茶藨子 | 3/1.0 | 1/0.33 | 1/0.33 | 2/0.67 | 1/0.33 | 3/1.0 | 2/0.67 | 1 | 2 | 1 | 0.7 | Ⅲ |
| 90 | 山　　楂 | 3/1.0 | 2/0.67 | 1/0.33 | 3/1.0 | 3/1.0 | 2/0.67 | 2/0.67 | 2 | 1 | 1 | 0.768 | Ⅱ |
| 91 | 银老梅 | 1/0.33 | 2/0.67 | 2/0.67 | 3/1.0 | 2/0.67 | 2/0.67 | 2/0.67 | 2 | 2 | 2 | 0.635 | Ⅳ |
| 92 | 金老梅 | 3/1.0 | 3/1.0 | 3/1.0 | 2/0.67 | 3/1.0 | 2/0.67 | 2/0.67 | 2 | 1 | 3 | 0.835 | Ⅱ |
| 93 | 山荆子 | 3/1.0 | 3/1.0 | 2/0.67 | 2/0.67 | 1/0.33 | 2/0.67 | 2/0.67 | 2 | 2 | 1 | 0.735 | Ⅲ |
| 94 | 西府海棠 | 2/0.67 | 3/1.0 | 2/0.67 | 1/0.33 | 2/0.67 | 3/1.0 | 2/0.67 | 2 | 2 | 2 | 0.735 | Ⅲ |
| 95 | 风箱果 | 3/1.0 | 2/0.67 | 3/1.0 | 2/0.67 | 2/0.67 | 2/0.67 | 2/0.67 | 1 | 1 | 1 | 0.769 | Ⅱ |
| 96 | 东北扁核木 | 3/1.0 | 3/1.0 | 3/1.0 | 2/0.67 | 2/0.67 | 2/0.67 | 2/0.67 | 1 | 1 | 1 | 0.802 | Ⅱ |
| 97 | 山　　杏 | 3/1.0 | 3/1.0 | 3/1.0 | 2/0.67 | 3/1.0 | 3/1.0 | 3/1.0 | 3 | 2 | 2 | 0.967 | Ⅰ |
| 98 | 红叶李 | 1/0.33 | 1/0.33 | 1/0.33 | 2/0.67 | 3/1.0 | 3/1.0 | 3/1.0 | 2 | 1 | 2 | 0.699 | Ⅲ |
| 99 | 山　　桃 | 2/0.67 | 3/1.0 | 2/0.67 | 2/0.67 | 3/1.0 | 3/1.0 | 3/1.0 | | 2 | 1 | 0.868 | Ⅰ |
| 100 | 麦　　李 | 1/0.33 | 2/0.67 | 2/0.67 | 3/1.0 | 1/0.33 | 3/1.0 | 2/0.67 | 1 | 1 | 1 | 0.667 | Ⅲ |
| 101 | 欧　　李 | 3/1.0 | 2/0.67 | 3/1.0 | 2/0.67 | 1/0.33 | 2/0.67 | 2/0.67 | 1 | 2 | 1 | 0.735 | Ⅲ |
| 102 | 郁　　李 | 2/0.67 | 2/0.67 | 2/0.67 | 2/0.67 | 1/0.33 | 3/1.0 | 2/0.67 | 2 | 1 | 2 | 0.702 | Ⅲ |
| 103 | 山桃稠李 | 3/1.0 | 2/0.67 | 2/0.67 | 2/0.67 | 2/0.67 | 3/1.0 | 2/0.67 | 2 | 2 | 2 | 0.802 | Ⅱ |
| 104 | 东北杏 | 3/1.0 | 2/0.67 | 3/1.0 | 2/0.67 | 2/0.67 | 2/0.67 | 2/0.67 | 2 | 1 | 1 | 0.769 | Ⅱ |
| 105 | 稠　　李 | 3/1.0 | 1/0.33 | 1/0.33 | 1/0.33 | 3/1.0 | 3/1.0 | 2/0.67 | 1 | 2 | 2 | 0.733 | Ⅲ |
| 106 | 毛樱桃 | 3/1.0 | 3/1.0 | 3/1.0 | 3/1.0 | 2/0.67 | 2/0.67 | 2/0.67 | 2 | 2 | 1 | 0.835 | Ⅱ |
| 107 | 榆叶梅 | 3/1.0 | 3/1.0 | 2/0.67 | 2/0.67 | 2/0.67 | 2/0.67 | 2/0.67 | 2 | 1 | 1 | 0.769 | Ⅱ |
| 108 | 鸾　　枝 | 3/1.0 | 3/1.0 | 2/0.67 | 2/0.67 | 2/0.67 | 3/1.0 | 3/1.0 | 2 | 1 | 2 | 0.901 | Ⅰ |
| 109 | 小桃红 | 3/1.0 | 2/0.67 | 2/0.67 | 2/0.67 | 2/0.67 | 3/1.0 | 3/1.0 | 1 | 1 | 1 | 0.868 | Ⅰ |
| 110 | 山　　梨 | 3/1.0 | 3/1.0 | 2/0.67 | 2/0.67 | 2/0.67 | 1/0.33 | 2/0.67 | 2 | 1 | 2 | 0.701 | Ⅲ |
| 111 | 月　　季 | 1/0.33 | 1/0.33 | 1/0.33 | 1/0.33 | 2/0.67 | 2/0.67 | 2/0.67 | 2 | 1 | 1 | 0.5 | Ⅳ |
| 112 | 丰花月季 | 1/0.33 | 1/0.33 | 2/0.67 | 2/0.67 | 2/0.67 | 3/1.0 | 3/1.0 | 2 | 1 | 1 | 0.7 | Ⅲ |
| 113 | 玫　　瑰 | 3/1.0 | 3/1.0 | 2/0.67 | 3/1.0 | 2/0.67 | 3/1.0 | 2/0.67 | 2 | 1 | 1 | 0.868 | Ⅰ |
| 114 | 多季玫瑰 | 3/1.0 | 2/0.67 | 1/0.33 | 3/1.0 | 2/0.67 | 3/1.0 | 2/0.67 | 2 | 1 | 1 | 0.801 | Ⅱ |
| 115 | 山刺梅 | 3/1.0 | 3/1.0 | 2/0.67 | 3/1.0 | 3/1.0 | 2/0.67 | 2/0.67 | 2 | 1 | 1 | 0.835 | Ⅱ |
| 116 | 野蔷薇 | 3/1.0 | 3/1.0 | 2/0.67 | 2/0.67 | 3/1.0 | 3/1.0 | 2/0.67 | 2 | 2 | 1 | 0.868 | Ⅰ |
| 117 | 荷花蔷薇 | 3/1.0 | 3/1.0 | 2/0.67 | 2/0.67 | 3/1.0 | 3/1.0 | 2/0.67 | 2 | 2 | 1 | 0.868 | Ⅰ |
| 118 | 黄刺枚 | 3/1.0 | 3/1.0 | 3/1.0 | 3/1.0 | 3/1.0 | 3/1.0 | 2/0.67 | 1 | 1 | 1 | 0.934 | Ⅰ |
| 119 | 珍珠梅 | 3/1.0 | 3/1.0 | 2/0.67 | 3/1.0 | 3/1.0 | 3/1.0 | 2/0.67 | 2 | 3 | 2 | 0.901 | Ⅰ |
| 120 | 水　　榆 | 3/1.0 | 2/0.67 | 2/0.67 | 2/0.67 | 1/0.33 | 3/1.0 | 3/1.0 | 1 | 2 | 2 | 0.834 | Ⅱ |
| 121 | 花　　楸 | 3/1.0 | 1/0.33 | 1/0.33 | 3/1.0 | 1/0.33 | 3/1.0 | 3/1.0 | 1 | 2 | 2 | 0.799 | Ⅱ |

续表

| 编号 | 树　种 | 耐寒性 | 耐旱性 | 耐瘠薄 | 抗病虫 | 抗污染 | 观赏性 | 生态效益 | 耐盐碱 | 耐荫性 | 耐水湿 | 综合指数 | 级别 |
|---|---|---|---|---|---|---|---|---|---|---|---|---|---|
| | | $X_1$ | $X_2$ | $X_3$ | $X_4$ | $X_5$ | $X_6$ | $X_7$ | | | | $Y$ | |
| 122 | 绢毛绣线菊 | 3/1.0 | 3/1.0 | 3/1.0 | 2/0.67 | 2/0.67 | 2/0.67 | 2/0.67 | 1 | 2 | 1 | 0.802 | Ⅱ |
| 123 | 华北绣线菊 | 2/0.67 | 2/0.67 | 2/0.67 | 2/0.67 | 2/0.67 | 2/0.67 | 2/0.67 | 1 | 2 | 1 | 0.67 | Ⅲ |
| 124 | 日本绣线菊 | 3/1.0 | 2/0.67 | 2/0.67 | 2/0.67 | 2/0.67 | 3/1.0 | 2/0.67 | 1 | 2 | 1 | 0.802 | Ⅱ |
| 125 | 土庄绣线菊 | 3/1.0 | 3/1.0 | 2/0.67 | 3/1.0 | 2/0.67 | 2/0.67 | 2/0.67 | 1 | 2 | 1 | 0.802 | Ⅱ |
| 126 | 银　杏 | 2/0.67 | 2/0.67 | 2/0.67 | 3/1.0 | 3/1.0 | 3/1.0 | 2/0.67 | 1 | 1 | 1 | 0.802 | Ⅱ |
| 127 | 杉松冷杉 | 3/1.0 | 1/0.33 | 2/0.67 | 3/1.0 | 3/1.0 | 3/1.0 | 3/1.0 | 1 | 3 | 2 | 0.9 | Ⅰ |
| 128 | 臭冷杉 | 3/1.0 | 1/0.33 | 2/0.67 | 2/0.67 | 1/0.33 | 2/0.67 | 2/0.67 | 1 | 3 | 2 | 0.668 | Ⅲ |
| 129 | 长白落叶松 | 3/1.0 | 2/0.67 | 1/0.33 | 2/0.67 | 1/0.33 | 3/1.0 | 3/1.0 | 2 | 1 | 2 | 0.8 | Ⅱ |
| 130 | 绦　柳 | 3/1.0 | 3/1.0 | 3/1.0 | 3/1.0 | 2/0.67 | 3/1.0 | 2/0.67 | 2 | 1 | 2 | 0.901 | Ⅰ |
| 131 | 龙爪柳 | 3/1.0 | 2/0.67 | 2/0.67 | 3/1.0 | 1/0.33 | 2/0.67 | 2/0.67 | 2 | 1 | 2 | 0.735 | Ⅲ |
| 132 | 馒头柳 | 2/0.67 | 2/0.67 | 2/0.67 | 2/0.67 | 2/0.67 | 3/1.0 | 2/0.67 | 2 | 1 | 2 | 0.736 | Ⅲ |
| 133 | 赤　杨 | 2/0.67 | 1/0.33 | 1/0.33 | 3/1.0 | 2/0.67 | 2/0.67 | 3/1.0 | 1 | 2 | 3 | 0.701 | Ⅲ |
| 134 | 毛赤杨 | 3/1.0 | 1/0.33 | 1/0.33 | 3/1.0 | 3/1.0 | 3/1.0 | 2/0.67 | 1 | 2 | 3 | 0.8 | Ⅱ |
| 135 | 白　桦 | 3/1.0 | 2/0.67 | 3/1.0 | 1/0.33 | 1/0.33 | 3/1.0 | 2/0.67 | 1 | 1 | 2 | 0.767 | Ⅱ |
| 136 | 榛 | 3/1.0 | 3/1.0 | 2/0.67 | 2/0.67 | 3/1.0 | 1/0.33 | 2/0.67 | 2 | 1 | 3 | 0.734 | Ⅲ |
| 137 | 板　栗 | 2/0.67 | 2/0.67 | 1/0.33 | 2/0.67 | 3/1.0 | 3/1.0 | 2/0.67 | 1 | 1 | 2 | 0.702 | Ⅲ |
| 138 | 麻　栎 | 2/0.67 | 3/1.0 | 3/1.0 | 1/0.33 | 3/1.0 | 2/0.67 | 2/0.67 | 1 | 1 | 1 | 0.735 | Ⅲ |
| 139 | 槲　栎 | 2/0.67 | 3/1.0 | 3/1.0 | 2/0.67 | 3/1.0 | 2/0.67 | 2/0.67 | 1 | 2 | 1 | 0.769 | Ⅱ |
| 140 | 槲　树 | 3/1.0 | 3/1.0 | 3/1.0 | 2/0.67 | 3/1.0 | 2/0.67 | 2/0.67 | 2 | 2 | 1 | 0.835 | Ⅱ |
| 141 | 辽东栎 | 3/1.0 | 3/1.0 | 3/1.0 | 2/0.67 | 3/1.0 | 2/0.67 | 2/0.67 | 1 | 1 | 1 | 0.835 | Ⅱ |
| 142 | 蒙古栎 | 3/1.0 | 3/1.0 | 3/1.0 | 2/0.67 | 3/1.0 | 2/0.67 | 2/0.67 | 1 | 1 | 1 | 0.835 | Ⅱ |
| 143 | 小叶朴 | 2/0.67 | 3/1.0 | 2/0.67 | 3/1.0 | 3/1.0 | 3/1.0 | 3/1.0 | 1 | 2 | 1 | 0.901 | Ⅰ |
| 144 | 大叶朴 | 3/1.0 | 2/0.67 | 1/0.33 | 3/1.0 | 2/0.67 | 3/1.0 | 3/1.0 | 1 | 2 | 1 | 0.867 | Ⅰ |
| 145 | 刺　榆 | 3/1.0 | 3/1.0 | 3/1.0 | 3/1.0 | 3/1.0 | 1/0.33 | 2/0.67 | 1 | 1 | 1 | 0.8 | Ⅱ |
| 146 | 春　榆 | 3/1.0 | 2/0.67 | 2/0.67 | 3/1.0 | 2/0.67 | 2/0.67 | 2/0.67 | 1 | 2 | 1 | 0.769 | Ⅱ |
| 147 | 黄　榆 | 3/1.0 | 3/1.0 | 2/0.67 | 2/0.67 | 2/0.67 | 2/0.67 | 2/0.67 | 2 | 1 | 1 | 0.769 | Ⅱ |
| 148 | 榆　树 | 3/1.0 | 3/1.0 | 3/1.0 | 2/0.67 | 3/1.0 | 3/1.0 | 3/1.0 | 3 | 2 | 1 | 0.967 | Ⅰ |
| 149 | 垂　榆 | 3/1.0 | 3/1.0 | 2/0.67 | 2/0.67 | 2/0.67 | 3/1.0 | 2/0.67 | 2 | 1 | 1 | 0.835 | Ⅱ |
| 150 | 桑　树 | 3/1.0 | 3/1.0 | 3/1.0 | 1/0.33 | 3/1.0 | 3/1.0 | 3/1.0 | 2 | 2 | 3 | 0.933 | Ⅰ |
| 151 | 花　蓼 | 2/0.67 | 3/1.0 | 2/0.67 | 3/1.0 | 2/0.67 | 3/1.0 | 2/0.67 | 2 | 2 | 1 | 0.734 | Ⅲ |
| 152 | 二乔玉兰 | 1/0.33 | 2/0.67 | 1/0.33 | 3/1.0 | 1/0.33 | 3/1.0 | 2/0.67 | 1 | 2 | 1 | 0.633 | Ⅳ |
| 153 | 天女木兰 | 3/1.0 | 2/0.67 | 1/0.33 | 3/1.0 | 2/0.67 | 3/1.0 | 2/0.67 | 2 | 3 | 2 | 0.801 | Ⅱ |
| 154 | 北五味子 | 3/1.0 | 2/0.67 | 3/1.0 | 3/1.0 | 2/0.67 | 3/1.0 | 3/1.0 | 2 | 2 | 2 | 0.934 | Ⅰ |
| 155 | 小　檗 | 3/1.0 | 2/0.67 | 2/0.67 | 3/1.0 | 2/0.67 | 2/0.67 | 2/0.67 | 2 | 2 | 2 | 0.769 | Ⅱ |
| 156 | 紫叶小檗 | 2/0.67 | 2/0.67 | 2/0.67 | 3/1.0 | 2/0.67 | 3/1.0 | 2/0.67 | 2 | 2 | 2 | 0.769 | Ⅱ |

续表

| 编号 | 树种 | 耐寒性 | 耐旱性 | 耐瘠薄 | 抗病虫 | 抗污染 | 观赏性 | 生态效益 | 耐盐碱 | 耐荫性 | 耐水湿 | 综合指数 | 级别 |
|---|---|---|---|---|---|---|---|---|---|---|---|---|---|
| | | $X_1$ | $X_2$ | $X_3$ | $X_4$ | $X_5$ | $X_6$ | $X_7$ | | | | $Y$ | |
| 157 | 木通 | 3/1.0 | 1/0.33 | 3/1.0 | 3/1.0 | 2/0.67 | 1/0.33 | 1/0.33 | 1 | 3 | 2 | 0.632 | Ⅳ |
| 158 | 软枣猕猴桃 | 3/1.0 | 2/0.67 | 3/1.0 | 3/1.0 | 2/0.67 | 2/0.67 | 2/0.67 | 1 | 2 | 2 | 0.802 | Ⅱ |
| 159 | 狗枣猕猴桃 | 3/1.0 | 2/0.67 | 3/1.0 | 3/1.0 | 2/0.67 | 2/0.67 | 2/0.67 | 1 | 2 | 2 | 0.802 | Ⅱ |
| 160 | 葛枣猕猴桃 | 3/1.0 | 2/0.67 | 3/1.0 | 3/1.0 | 2/0.67 | 2/0.67 | 2/0.67 | 1 | 2 | 2 | 0.802 | Ⅱ |
| 161 | 英国梧桐 | 1/0.33 | 3/1.0 | 2/0.67 | 1/0.33 | 3/1.0 | 2/0.67 | 2/0.67 | 3 | 1 | 3 | 0.634 | Ⅳ |
| 162 | 美国梧桐 | 1/0.33 | 3/1.0 | 2/0.67 | 1/0.33 | 3/1.0 | 1/0.33 | 2/0.67 | 1 | 1 | 2 | 0.632 | Ⅳ |
| 163 | 法国梧桐 | 1/0.33 | 2/0.67 | 2/0.67 | 1/0.33 | 3/1.0 | 2/0.67 | 2/0.67 | 2 | 1 | 1 | 0.601 | Ⅳ |
| 164 | 大花溲疏 | 3/1.0 | 3/1.0 | 3/1.0 | 3/1.0 | 2/0.67 | 3/1.0 | 2/0.67 | 1 | 2 | 1 | 0.901 | Ⅰ |
| 165 | 光萼溲疏 | 3/1.0 | 2/0.67 | 2/0.67 | 3/1.0 | 2/0.67 | 3/1.0 | 2/0.67 | 1 | 3 | 1 | 0.835 | Ⅱ |
| 166 | 李叶溲疏 | 3/1.0 | 3/1.0 | 3/1.0 | 3/1.0 | 2/0.67 | 2/0.67 | 2/0.67 | 1 | 2 | 1 | 0.835 | Ⅱ |
| 167 | 东陵绣球 | 3/1.0 | 1/0.33 | 2/0.67 | 2/0.67 | 3/1.0 | 2/0.67 | 3/1.0 | 1 | 3 | 2 | 0.801 | Ⅱ |
| 168 | 大花水桠木 | 3/1.0 | 1/0.33 | 1/0.33 | 3/1.0 | 3/1.0 | 3/1.0 | 3/1.0 | 1 | 3 | 2 | 0.866 | Ⅰ |
| 169 | 京山梅花 | 3/1.0 | 3/1.0 | 3/1.0 | 2/0.67 | 2/0.67 | 3/1.0 | 2/0.67 | 1 | 1 | 1 | 0.868 | Ⅰ |
| 170 | 照山白杜鹃 | 2/0.67 | 2/0.67 | 2/0.67 | 2/0.67 | 3/1.0 | 3/1.0 | 1/0.33 | 1 | 1 | 1 | 0.701 | Ⅲ |
| 171 | 迎红杜鹃 | 3/1.0 | 2/0.67 | 2/0.67 | 2/0.67 | 3/1.0 | 3/1.0 | 1/0.33 | 1 | 2 | 2 | 0.767 | Ⅱ |
| 172 | 大字杜鹃 | 3/1.0 | 2/0.67 | 2/0.67 | 2/0.67 | 3/1.0 | 2/0.67 | 1/0.33 | 1 | 1 | 1 | 0.701 | Ⅲ |
| 173 | 雪柳 | 2/0.67 | 2/0.67 | 2/0.67 | 3/1.0 | 2/0.67 | 2/0.67 | 2/0.67 | 1 | 2 | 1 | 0.703 | Ⅲ |
| 174 | 欧洲云杉 | 1/0.33 | 2/0.67 | 2/0.67 | 3/1.0 | 1/0.33 | 2/0.67 | 2/0.67 | 1 | 3 | 2 | 0.601 | Ⅳ |
| 175 | 长白鱼鳞云杉 | 3/1.0 | 2/0.67 | 2/0.67 | 3/1.0 | 1/0.33 | 2/0.67 | 2/0.67 | 1 | 2 | 1 | 0.735 | Ⅲ |
| 176 | 红皮云杉 | 3/1.0 | 3/1.0 | 2/0.67 | 3/1.0 | 3/1.0 | 3/1.0 | 3/1.0 | 2 | 3 | 2 | 0.967 | Ⅰ |
| 177 | 白杆云杉 | 2/0.67 | 3/1.0 | 2/0.67 | 3/1.0 | 2/0.67 | 3/1.0 | 3/1.0 | 1 | 3 | 2 | 0.868 | Ⅰ |
| 178 | 青杆云杉 | 2/0.67 | 3/1.0 | 2/0.67 | 3/1.0 | 2/0.67 | 3/1.0 | 3/1.0 | 1 | 3 | 1 | 0.868 | Ⅰ |
| 179 | 华山松 | 1/0.33 | 2/0.67 | 1/0.33 | 2/0.67 | 2/0.67 | 3/1.0 | 3/1.0 | 1 | 1 | 2 | 0.7 | Ⅲ |
| 180 | 白皮松 | 1/0.33 | 2/0.67 | 2/0.67 | 3/1.0 | 3/1.0 | 3/1.0 | 3/1.0 | 1 | 2 | 1 | 0.8 | Ⅱ |
| 181 | 红松 | 3/1.0 | 2/0.67 | 2/0.67 | 3/1.0 | 1/0.33 | 2/0.67 | 3/1.0 | 1 | 1 | 2 | 0.801 | Ⅱ |
| 182 | 樟子松 | 3/1.0 | 3/1.0 | 3/1.0 | 1/0.33 | 2/0.67 | 2/0.67 | 2/0.67 | 1 | 1 | 1 | 0.768 | Ⅱ |
| 183 | 油松 | 2/0.67 | 3/1.0 | 3/1.0 | 2/0.67 | 3/1.0 | 3/1.0 | 3/1.0 | 1 | 1 | 1 | 0.901 | Ⅰ |
| 184 | 水杉 | 1/0.33 | 1/0.33 | 1/0.33 | 3/1.0 | 1/0.33 | 3/1.0 | 2/0.67 | 1 | 2 | 3 | 0.599 | Ⅳ |
| 185 | 杜松 | 3/1.0 | 2/0.67 | 2/0.67 | 2/0.67 | 2/0.67 | 2/0.67 | 2/0.67 | 2 | 1 | 1 | 0.736 | Ⅲ |
| 186 | 侧柏 | 1/0.33 | 3/1.0 | 3/1.0 | 3/1.0 | 3/1.0 | 2/0.67 | 3/1.0 | 3 | 2 | 2 | 0.8 | Ⅱ |
| 187 | 桧柏 | 2/0.67 | 2/0.67 | 2/0.67 | 3/1.0 | 3/1.0 | 3/1.0 | 3/1.0 | 2 | 2 | 2 | 0.868 | Ⅰ |
| 188 | 丹东桧柏 | 3/1.0 | 2/0.67 | 2/0.67 | 3/1.0 | 3/1.0 | 2/0.67 | 3/1.0 | 2 | 1 | 1 | 0.868 | Ⅰ |
| 189 | 鹿角桧 | 2/0.67 | 2/0.67 | 2/0.67 | 3/1.0 | 2/0.67 | 2/0.67 | 2/0.67 | 1 | 1 | 1 | 0.703 | Ⅲ |
| 190 | 沈阳桧柏 | 3/1.0 | 2/0.67 | 1/0.33 | 3/1.0 | 3/1.0 | 3/1.0 | 3/1.0 | 2 | 2 | 2 | 0.867 | Ⅰ |
| 191 | 西安桧柏 | 1/0.33 | 2/0.67 | 1/0.33 | 3/1.0 | 2/0.67 | 3/1.0 | 3/1.0 | 1 | 1 | 1 | 0.733 | Ⅲ |

续表

| 编号 | 树种 | 耐寒性 | 耐旱性 | 耐瘠薄 | 抗病虫 | 抗污染 | 观赏性 | 生态效益 | 耐盐碱 | 耐荫性 | 耐水湿 | 综合指数 | 级别 |
|---|---|---|---|---|---|---|---|---|---|---|---|---|---|
| | | $X_1$ | $X_2$ | $X_3$ | $X_4$ | $X_5$ | $X_6$ | $X_7$ | | | | $Y$ | |
| 192 | 偃柏 | 3/1.0 | 2/0.67 | 3/1.0 | 3/1.0 | 2/0.67 | 2/0.67 | 2/0.67 | 2 | 1 | 1 | 0.802 | Ⅱ |
| 193 | 爬地柏 | 3/1.0 | 2/0.67 | 3/1.0 | 3/1.0 | 2/0.67 | 2/0.67 | 2/0.67 | 2 | 1 | 1 | 0.802 | Ⅱ |
| 194 | 砂地柏 | 3/1.0 | 3/1.0 | 3/1.0 | 3/1.0 | 2/0.67 | 2/0.67 | 1/0.33 | 2 | 2 | 1 | 0.767 | Ⅱ |
| 195 | 紫杉 | 3/1.0 | 1/0.33 | 1/0.33 | 3/1.0 | 3/1.0 | 3/1.0 | 3/1.0 | 1 | 3 | 2 | 0.866 | Ⅰ |
| 196 | 矮紫杉 | 3/1.0 | 1/0.33 | 1/0.33 | 3/1.0 | 3/1.0 | 3/1.0 | 2/0.67 | 1 | 3 | 1 | 0.8 | Ⅱ |
| 197 | 核桃楸 | 3/1.0 | 1/0.33 | 1/0.33 | 3/1.0 | 2/0.67 | 3/1.0 | 3/1.0 | 1 | 1 | 1 | 0.833 | Ⅱ |
| 198 | 核桃 | 1/0.33 | 1/0.33 | 1/0.33 | 3/1.0 | 2/0.67 | 3/1.0 | 3/1.0 | 1 | 1 | 2 | 0.699 | Ⅲ |
| 199 | 枫杨 | 1/0.33 | 1/0.33 | 1/0.33 | 3/1.0 | 1/0.33 | 3/1.0 | 2/0.67 | 2 | 2 | 3 | 0.599 | Ⅳ |
| 200 | 银白杨 | 2/0.67 | 3/1.0 | 1/0.33 | 2/0.67 | 3/1.0 | 3/1.0 | 3/1.0 | 1 | 1 | 1 | 0.834 | Ⅱ |
| 201 | 新疆杨 | 2/0.67 | 3/1.0 | 3/1.0 | 2/0.67 | 2/0.67 | 3/1.0 | 3/1.0 | 3 | 1 | 1 | 0.868 | Ⅰ |
| 202 | 银中杨 | 3/1.0 | 3/1.0 | 3/1.0 | 2/0.67 | 2/0.67 | 3/1.0 | 3/1.0 | 2 | 1 | 2 | 0.934 | Ⅰ |
| 203 | 加拿大杨 | 2/0.67 | 2/0.67 | 2/0.67 | 1/0.33 | 3/1.0 | 3/1.0 | 3/1.0 | 2 | 1 | 2 | 0.801 | Ⅱ |
| 204 | 山杨 | 3/1.0 | 3/1.0 | 3/1.0 | 2/0.67 | 2/0.67 | 1/0.33 | 3/1.0 | 2 | 1 | 1 | 0.8 | Ⅱ |
| 205 | 青杨 | 2/0.67 | 2/0.67 | 2/0.67 | 1/0.33 | 2/0.67 | 2/0.67 | 2/0.67 | 2 | 2 | 1 | 0.636 | Ⅳ |
| 206 | 钻天杨 | 3/1.0 | 1/0.33 | 1/0.33 | 1/0.33 | 1/0.33 | 1/0.33 | 2/0.67 | 2 | 1 | 1 | 0.532 | Ⅳ |
| 207 | 美青杨 | 3/1.0 | 2/0.67 | 2/0.67 | 2/0.67 | 1/0.33 | 2/0.67 | 3/1.0 | 3 | 1 | 2 | 0.768 | Ⅱ |
| 208 | 小青杨 | 3/1.0 | 3/1.0 | 3/1.0 | 2/0.67 | 2/0.67 | 2/0.67 | 2/0.67 | 3 | 1 | 1 | 0.802 | Ⅱ |
| 209 | 小叶杨 | 3/1.0 | 3/1.0 | 3/1.0 | 2/0.67 | 2/0.67 | 3/1.0 | 3/1.0 | 3 | 1 | 2 | 0.934 | Ⅰ |
| 210 | 毛白杨 | 1/0.33 | 2/0.67 | 2/0.67 | 2/0.67 | 3/1.0 | 3/1.0 | 3/1.0 | 3 | 1 | 2 | 0.767 | Ⅱ |
| 211 | 垂柳 | 2/0.67 | 2/0.67 | 1/0.33 | 2/0.67 | 3/1.0 | 3/1.0 | 3/1.0 | 2 | 1 | 3 | 0.801 | Ⅱ |
| 212 | 杞柳 | 3/1.0 | 2/0.67 | 2/0.67 | 3/1.0 | 2/0.67 | 1/0.33 | 2/0.67 | 2 | 2 | 3 | 0.701 | Ⅲ |
| 213 | 旱柳 | 3/1.0 | 3/1.0 | 3/1.0 | 2/0.67 | 3/1.0 | 2/0.67 | 3/1.0 | 2 | 1 | 2 | 0.901 | Ⅰ |
| 214 | 刺五加 | 3/1.0 | 1/0.33 | 1/0.33 | 3/1.0 | 3/1.0 | 1/0.33 | 2/0.67 | 1 | 2 | 2 | 0.666 | Ⅲ |
| 215 | 辽东楤木 | 3/1.0 | 1/0.33 | 1/0.33 | 2/0.67 | 2/0.67 | 2/0.67 | 3/1.0 | 1 | 3 | 2 | 0.734 | Ⅲ |
| 216 | 刺楸 | 3/1.0 | 3/1.0 | 2/0.67 | 3/1.0 | 3/1.0 | 1/0.33 | 2/0.67 | 1 | 1 | 2 | 0.767 | Ⅱ |
| 217 | 兴安杜鹃 | 3/1.0 | 2/0.67 | 2/0.67 | 2/0.67 | 3/1.0 | 3/1.0 | 1/0.33 | 1 | 2 | 1 | 0.767 | Ⅱ |
| 218 | 三叶白蔹 | 3/1.0 | 2/0.67 | 3/1.0 | 3/1.0 | 2/0.67 | 2/0.67 | 2/0.67 | 1 | 1 | 1 | 0.802 | Ⅱ |
| 219 | 五叶地锦 | 2/0.67 | 1/0.33 | 2/0.67 | 3/1.0 | 2/0.67 | 3/1.0 | 3/1.0 | 2 | 2 | 2 | 0.801 | Ⅱ |
| 220 | 地锦 | 3/1.0 | 3/1.0 | 3/1.0 | 3/1.0 | 3/1.0 | 3/1.0 | 2/0.67 | 2 | 3 | 2 | 0.934 | Ⅰ |
| 221 | 山葡萄 | 3/1.0 | 2/0.67 | 3/1.0 | 2/0.67 | 2/0.67 | 3/1.0 | 2/0.67 | 2 | 2 | 1 | 0.835 | Ⅱ |
| 222 | 葡萄 | 1/0.33 | 2/0.67 | 2/0.67 | 1/0.33 | 1/0.33 | 3/1.0 | 1/0.33 | 2 | 1 | 2 | 0.532 | Ⅳ |
| 223 | 紫椴 | 3/1.0 | 1/0.33 | 1/0.33 | 2/0.67 | 3/1.0 | 3/1.0 | 3/1.0 | 1 | 2 | 1 | 0.833 | Ⅱ |
| 224 | 糠椴 | 3/1.0 | 1/0.33 | 1/0.33 | 2/0.67 | 2/0.67 | 3/1.0 | 3/1.0 | 2 | 3 | 2 | 0.8 | Ⅱ |
| 225 | 木槿 | 1/0.33 | 2/0.67 | 2/0.67 | 2/0.67 | 3/1.0 | 3/1.0 | 2/0.67 | 2 | 2 | 1 | 0.701 | Ⅲ |
| 226 | 沙枣 | 3/1.0 | 3/1.0 | 3/1.0 | 3/1.0 | 3/1.0 | 2/0.67 | 2/0.67 | 3 | 1 | 3 | 0.868 | Ⅰ |

续表

| 编号 | 树　种 | 耐寒性 | 耐旱性 | 耐瘠薄 | 抗病虫 | 抗污染 | 观赏性 | 生态效益 | 耐盐碱 | 耐荫性 | 耐水湿 | 综合指数 | 级别 |
|---|---|---|---|---|---|---|---|---|---|---|---|---|---|
| | | $X_1$ | $X_2$ | $X_3$ | $X_4$ | $X_5$ | $X_6$ | $X_7$ | | | | $Y$ | |
| 227 | 沙　棘 | 3/1.0 | 3/1.0 | 3/1.0 | 3/1.0 | 3/1.0 | 1/0.33 | 2/0.67 | 3 | 1 | 1 | 0.8 | Ⅱ |
| 228 | 柽　柳 | 3/1.0 | 3/1.0 | 3/1.0 | 3/1.0 | 3/1.0 | 1/0.33 | 1/0.33 | 3 | 1 | 3 | 0.732 | Ⅲ |
| 229 | 红瑞木 | 3/1.0 | 1/0.33 | 1/0.33 | 3/1.0 | 2/0.67 | 2/0.67 | 3/1.0 | 2 | 2 | 3 | 0.767 | Ⅱ |
| 230 | 灯台树 | 2/0.67 | 3/1.0 | 1/0.33 | 2/0.67 | 1/0.33 | 3/1.0 | 2/0.67 | 1 | 2 | 3 | 0.701 | Ⅲ |

**城市绿化树种综合评价分级排序表**　　**表 6.5-2**

| 树　种 | 综合指数 | 分级 | 树　种 | 综合指数 | 分级 | 树　种 | 综合指数 | 分级 |
|---|---|---|---|---|---|---|---|---|
| 榆　树 | 0.967 | Ⅰ | 鸾　枝 | 0.901 | Ⅰ | 紫　杉 | 0.866 | Ⅰ |
| 山　杏 | 0.967 | Ⅰ | 茶条槭 | 0.901 | Ⅰ | 紫穗槐 | 0.866 | Ⅰ |
| 金银忍冬 | 0.967 | Ⅰ | 元宝槭 | 0.9 | Ⅰ | 大花水桠木 | 0.866 | Ⅰ |
| 绒毛白蜡 | 0.967 | Ⅰ | 美国白蜡 | 0.9 | Ⅰ | 火炬树 | 0.835 | Ⅱ |
| 红皮云杉 | 0.967 | Ⅰ | 杉松冷杉 | 0.9 | Ⅰ | 桃叶卫矛 | 0.835 | Ⅱ |
| 银中杨 | 0.934 | Ⅰ | 桧　柏 | 0.868 | Ⅰ | 金老梅 | 0.835 | Ⅱ |
| 小叶杨 | 0.934 | Ⅰ | 丹东桧柏 | 0.868 | Ⅰ | 槲　树 | 0.835 | Ⅱ |
| 北五味子 | 0.934 | Ⅰ | 京山梅花 | 0.868 | Ⅰ | 辽东栎 | 0.835 | Ⅱ |
| 黄刺枚 | 0.934 | Ⅰ | 东北山梅花 | 0.868 | Ⅰ | 蒙古栎 | 0.835 | Ⅱ |
| 刺　槐 | 0.934 | Ⅰ | 山　桃 | 0.868 | Ⅰ | 垂　榆 | 0.835 | Ⅱ |
| 臭　椿 | 0.934 | Ⅰ | 小桃红 | 0.868 | Ⅰ | 光萼溲疏 | 0.835 | Ⅱ |
| 卫　矛 | 0.934 | Ⅰ | 玫　瑰 | 0.868 | Ⅰ | 李叶溲疏 | 0.835 | Ⅱ |
| 地　锦 | 0.934 | Ⅰ | 野蔷薇 | 0.868 | Ⅰ | 毛樱桃 | 0.835 | Ⅱ |
| 紫丁香 | 0.934 | Ⅰ | 伞花蔷薇 | 0.868 | Ⅰ | 山刺梅 | 0.835 | Ⅱ |
| 欧丁香 | 0.934 | Ⅰ | 文冠果 | 0.868 | Ⅰ | 柳叶绣线菊 | 0.835 | Ⅱ |
| 忍　冬 | 0.934 | Ⅰ | 沙　枣 | 0.868 | Ⅰ | 国　槐 | 0.835 | Ⅱ |
| 桑　树 | 0.933 | Ⅰ | 卵叶连翘 | 0.868 | Ⅰ | 紫　藤 | 0.835 | Ⅱ |
| 油　松 | 0.901 | Ⅰ | 接骨木 | 0.868 | Ⅰ | 鼠　李 | 0.835 | Ⅱ |
| 旱　柳 | 0.901 | Ⅰ | 锦带花 | 0.868 | Ⅰ | 山葡萄 | 0.835 | Ⅱ |
| 绦　柳 | 0.901 | Ⅰ | 早花锦带 | 0.868 | Ⅰ | 东北连翘 | 0.835 | Ⅱ |
| 小叶朴 | 0.901 | Ⅰ | 青杆云杉 | 0.868 | Ⅰ | 银白杨 | 0.834 | Ⅱ |
| 大花溲疏 | 0.901 | Ⅰ | 白杆云杉 | 0.868 | Ⅰ | 水　榆 | 0.834 | Ⅱ |
| 珍珠梅 | 0.901 | Ⅰ | 猬　实 | 0.868 | Ⅰ | 山　槐 | 0.834 | Ⅱ |
| 山皂角 | 0.901 | Ⅰ | 新疆杨 | 0.868 | Ⅰ | 辽东丁香 | 0.834 | Ⅱ |
| 色木槭 | 0.901 | Ⅰ | 沈阳桧柏 | 0.867 | Ⅰ | 紫　椴 | 0.833 | Ⅱ |
| 南蛇藤 | 0.901 | Ⅰ | 大叶朴 | 0.867 | Ⅰ | 核桃楸 | 0.833 | Ⅱ |
| 暴马丁香 | 0.901 | Ⅰ | 黄　檗 | 0.867 | Ⅰ | 栾　树 | 0.833 | Ⅱ |
| 鸡树条荚蒾 | 0.901 | Ⅰ | 花曲柳 | 0.867 | Ⅰ | 水曲柳 | 0.833 | Ⅱ |
| 小叶白蜡 | 0.901 | Ⅰ | 梓　树 | 0.867 | Ⅰ | 华北卫矛 | 0.802 | Ⅱ |

续表

| 树种 | 综合指数 | 分级 | 树种 | 综合指数 | 分级 | 树种 | 综合指数 | 分级 |
|---|---|---|---|---|---|---|---|---|
| 华北落叶松 | 0.802 | Ⅱ | 白皮松 | 0.8 | Ⅱ | 刺楸 | 0.767 | Ⅱ |
| 偃柏 | 0.802 | Ⅱ | 侧柏 | 0.8 | Ⅱ | 兴安杜鹃 | 0.767 | Ⅱ |
| 爬地柏 | 0.802 | Ⅱ | 矮紫杉 | 0.8 | Ⅱ | 迎红杜鹃 | 0.767 | Ⅱ |
| 小青杨 | 0.802 | Ⅱ | 山杨 | 0.8 | Ⅱ | 金钟连翘 | 0.767 | Ⅱ |
| 软枣猕猴桃 | 0.802 | Ⅱ | 刺榆 | 0.8 | Ⅱ | 杠柳 | 0.767 | Ⅱ |
| 狗枣猕猴桃 | 0.802 | Ⅱ | 糠椴 | 0.8 | Ⅱ | 百里香 | 0.767 | Ⅱ |
| 葛枣猕猴桃 | 0.802 | Ⅱ | 沙棘 | 0.8 | Ⅱ | 杜松 | 0.736 | Ⅲ |
| 东北扁核木 | 0.802 | Ⅱ | 花楸 | 0.799 | Ⅱ | 馒头柳 | 0.736 | Ⅲ |
| 绢毛绣线菊 | 0.802 | Ⅱ | 槲栎 | 0.769 | Ⅱ | 毛丁香 | 0.736 | Ⅲ |
| 土庄绣线菊 | 0.802 | Ⅱ | 春榆 | 0.769 | Ⅱ | 枸杞 | 0.736 | Ⅲ |
| 珍珠绣线菊 | 0.802 | Ⅱ | 黄榆 | 0.769 | Ⅱ | 黄花忍冬 | 0.736 | Ⅲ |
| 三裂绣线菊 | 0.802 | Ⅱ | 小檗 | 0.769 | Ⅱ | 长白鱼鳞云杉 | 0.735 | Ⅲ |
| 青楷槭 | 0.802 | Ⅱ | 紫叶小檗 | 0.769 | Ⅱ | 龙爪柳 | 0.735 | Ⅲ |
| 枣树 | 0.802 | Ⅱ | 风箱果 | 0.769 | Ⅱ | 麻栎 | 0.735 | Ⅲ |
| 七角白蔹 | 0.802 | Ⅱ | 东北杏 | 0.769 | Ⅱ | 山荆子 | 0.735 | Ⅲ |
| 三叶白蔹 | 0.802 | Ⅱ | 榆叶梅 | 0.769 | Ⅱ | 西府海棠 | 0.735 | Ⅲ |
| 水蜡 | 0.802 | Ⅱ | 葛藤 | 0.769 | Ⅱ | 欧李 | 0.735 | Ⅲ |
| 什锦丁香 | 0.802 | Ⅱ | 东北鼠李 | 0.769 | Ⅱ | 朝鲜黄杨 | 0.735 | Ⅲ |
| 杞柳 | 0.802 | Ⅱ | 连翘 | 0.769 | Ⅱ | 小叶丁香 | 0.735 | Ⅲ |
| 花蓼 | 0.802 | Ⅱ | 长白忍冬 | 0.769 | Ⅱ | 板栗 | 0.735 | Ⅲ |
| 鞑靼忍冬 | 0.802 | Ⅱ | 省沽油 | 0.769 | Ⅱ | 榛 | 0.734 | Ⅲ |
| 山桃稠李 | 0.802 | Ⅱ | 黄花落叶松 | 0.768 | Ⅱ | 辽东楤木 | 0.734 | Ⅲ |
| 野珠兰 | 0.802 | Ⅱ | 樟子松 | 0.768 | Ⅱ | 藏花忍冬 | 0.734 | Ⅲ |
| 日本绣线菊 | 0.802 | Ⅱ | 美青杨 | 0.768 | Ⅱ | 西安桧柏 | 0.733 | Ⅲ |
| 银杏 | 0.802 | Ⅱ | 山楂 | 0.768 | Ⅱ | 稠李 | 0.733 | Ⅲ |
| 东陵绣球 | 0.801 | Ⅱ | 树锦鸡儿 | 0.768 | Ⅱ | 小叶锦鸡儿 | 0.733 | Ⅲ |
| 红松 | 0.801 | Ⅱ | 毛叶黄栌 | 0.768 | Ⅱ | 胡枝子 | 0.732 | Ⅲ |
| 加拿大杨 | 0.801 | Ⅱ | 美国木豆树 | 0.768 | Ⅱ | 柽柳 | 0.732 | Ⅲ |
| 垂柳 | 0.801 | Ⅱ | 美丽忍冬 | 0.768 | Ⅱ | 鹿角桧 | 0.703 | Ⅲ |
| 天女小兰 | 0.801 | Ⅱ | 美丽锦带花 | 0.768 | Ⅱ | 雪柳 | 0.703 | Ⅲ |
| 东北茶藨子 | 0.801 | Ⅱ | 黄金树 | 0.768 | Ⅱ | 长白茶藨子 | 0.702 | Ⅲ |
| 多季玫瑰 | 0.801 | Ⅱ | 砂地柏 | 0.767 | Ⅱ | 郁李 | 0.702 | Ⅲ |
| 复叶槭 | 0.801 | Ⅱ | 毛白杨 | 0.767 | Ⅱ | 日本落叶松 | 0.701 | Ⅲ |
| 五叶地锦 | 0.801 | Ⅱ | 白桦 | 0.767 | Ⅱ | 赤杨 | 0.701 | Ⅲ |
| 长白落叶松 | 0.8 | Ⅱ | 叶底珠 | 0.767 | Ⅱ | 山梨 | 0.701 | Ⅲ |
| 毛赤杨 | 0.8 | Ⅱ | 红瑞木 | 0.767 | Ⅱ | 蛇白蔹 | 0.701 | Ⅲ |

续表

| 树种 | 综合指数 | 分级 | 树种 | 综合指数 | 分级 | 树种 | 综合指数 | 分级 |
|---|---|---|---|---|---|---|---|---|
| 木槿 | 0.701 | Ⅲ | 华北绣线菊 | 0.67 | Ⅲ | 草白蔹 | 0.632 | Ⅳ |
| 灯台树 | 0.701 | Ⅲ | 臭冷杉 | 0.668 | Ⅲ | 美国梧桐 | 0.632 | Ⅳ |
| 大字杜鹃 | 0.701 | Ⅲ | 龙爪槐 | 0.668 | Ⅲ | 洋白蜡 | 0.602 | Ⅳ |
| 荆条 | 0.701 | Ⅲ | 早花忍冬 | 0.668 | Ⅲ | 法国梧桐 | 0.601 | Ⅳ |
| 红王子锦带 | 0.701 | Ⅲ | 麦李 | 0.667 | Ⅲ | 欧洲云杉 | 0.601 | Ⅳ |
| 照白杜鹃 | 0.701 | Ⅲ | 小叶黄杨 | 0.667 | Ⅲ | 水杉 | 0.599 | Ⅳ |
| 华山松 | 0.7 | Ⅲ | 刺五加 | 0.666 | Ⅲ | 枫杨 | 0.599 | Ⅳ |
| 香茶藨子 | 0.7 | Ⅲ | 青杨 | 0.636 | Ⅳ | 六道木 | 0.599 | Ⅳ |
| 丰花月季 | 0.7 | Ⅲ | 银缕梅 | 0.635 | Ⅳ | 钻天杨 | 0.532 | Ⅳ |
| 核桃 | 0.699 | Ⅲ | 英国梧桐 | 0.634 | Ⅳ | 葡萄 | 0.532 | Ⅳ |
| 红叶李 | 0.699 | Ⅲ | 二乔玉兰 | 0.633 | Ⅳ | 月秀 | 0.5 | Ⅳ |
| 暖木条荚蒾 | 0.67 | Ⅲ | 木通 | 0.632 | Ⅳ | | | |

### 6.5.5 道路绿化的树种综合评价结果

从表 6.5-1 和表 6.5-2 得出综合评价分级结果如下：

（1）综合评价为Ⅰ级的绿化树种共有 61 种：

1）针叶乔木【9 种】有：丹东桧柏、青秆云杉、白杆云杉、沈阳桧柏、紫杉、红皮云杉、油松、杉松冷杉、桧柏；

2）阔叶乔木【23 种】有：美国白蜡、山桃、沙枣、新疆杨、大叶朴、黄檗、花曲柳、梓树、榆树、山杏、绒毛白蜡、银中杨、小叶杨、刺槐、臭椿、桑树、旱柳、绦柳、小叶朴、山皂角、色木槭、小叶白蜡、元宝槭；

3）灌木【25 种】有：东北山梅花、小桃红、玫瑰、野蔷薇、伞花蔷薇、文冠果、卵叶连翘、接骨木、锦带花、早花锦带、猬实、紫穗槐、大花水桠木金银忍冬、黄刺玫、卫矛、紫丁香、欧丁香、大花溲疏、珍珠梅、暴马丁香、鸡树条荚莲、鸾枝、茶条槭、京山梅花；

4）藤本【4 种】有：北五味子、地锦、忍冬、南蛇藤。

（2）综合评价为Ⅱ级的绿化树种共有 103 种：

1）针叶乔木【7 种】有：白皮松、侧柏、黄花落叶松、樟子松、华北落叶松、红松、长白落叶松；

2）阔叶乔木【40 种】有：垂柳、复叶槭、毛赤杨、山杨、刺榆、糠椴、花楸、槲栎、春榆、黄榆、东北杏、美青杨、山楂、毛叶黄栌、美国木豆树、黄金树、毛白杨、白桦、刺楸、火炬树、桃叶卫矛、槲树、辽东栎、蒙古栎、垂榆、槐树、银白杨、水榆、山槐、紫椴、核桃楸、栾树、水曲柳、华北卫矛、小青杨、青楷槭、枣树、山桃稠李、银杏、加拿大杨；

3）针叶灌木【4 种】有：偃柏、爬地柏、矮紫杉、砂地柏；

4）阔叶灌木【41 种】有：日本绣线菊、东陵绣球、天女木兰、东北茶藨子、多季玫瑰、沙棘、小檗、紫叶小檗、风箱果、榆叶梅、东北鼠李、连翘、长白忍冬、省沽油、树锦鸡儿、美丽忍冬、美丽锦带花、叶底珠、红瑞木、兴安杜鹃、迎红杜鹃、金钟连翘、百里香、金缕梅、光萼溲疏、李叶溲疏、毛樱桃、山刺梅、柳叶绣线菊、鼠李、东北连翘、辽东丁香、东北扁核木、绢毛绣线菊、土庄绣线菊、珍珠绣线菊、三裂绣线菊、水蜡、什锦丁香、鞑靼忍冬、野珠兰；

5）藤本【11 种】有：葛枣猕猴桃、七角白蔹、三叶白蔹、花蓼、五叶地锦、葛藤、杠柳、紫藤、山葡萄、软枣猕猴桃、狗枣猕猴桃。

（3）综合评价为Ⅲ级的绿化树种共有 50 种：

1）针叶乔木【6 种】有：日本落叶松、华山松、臭冷杉、杜松、长白鱼鳞云杉、西安桧柏；

2）阔叶乔木【12 种】有：馒头柳、龙爪柳、麻栎、山荆子、板栗、稠李、赤杨、山梨、灯台树、核桃、红叶李、龙爪槐；

3）针叶灌木【1 种】鹿角桧；

4）阔叶灌木【30 种】有：木槿、大字杜鹃、荆条、红王子锦带、照山白杜鹃、香茶藨子、丰花月季、华北绣线菊、早花忍冬、麦李、小叶黄杨、刺五加、毛丁香、枸杞、黄花忍冬、西府海棠、欧李、朝鲜黄杨、小叶丁香、榛、暖木条荚迷、辽东橡木、藏花忍冬、小叶锦鸡儿、胡枝子、柽柳、雪柳、长白茶藨子、郁李、杞柳；

5）藤本【1 种】有：蛇白蔹。

（4）综合评价为Ⅳ级的绿化树种共有 16 种，其中（树种先后按综合指数由高到低排序）：

1）针叶乔木【2 种】有：欧洲云杉、水杉；

2）阔叶乔木【8 种】有：青杨、英国梧桐、二乔玉兰、美国梧桐、洋白蜡、法国梧桐、枫杨、钻天杨；

3）灌木【3 种】有：银缕梅、六道木、月季；

4）藤本【3 种】有：木通、草白蔹、葡萄。

（5）通过上述综合评价分级的结果可看出：

1）评价为Ⅰ级的绿化植物其综合效能最高，基本上为北方城市（如沈阳）的乡土植物，少数为综合效能较高的引进种（如绒毛白蜡）或边缘种（臭椿）及经过长期栽培已适应的引进归化种（刺槐）等。此级的树种不仅适应性强，而且生态功能及观赏性都非常高，是城市最适宜的绿化植物的首选种类；

2）评价为Ⅱ级的绿化植物其综合效能也较高，其绝大多数为乡土植物，部分为综合效能较高的边缘种和引进种，此级植物构成了城市绿化植物的一般树种，可在绿化上尽可能地选择和应用，不仅丰富城市的绿化植物种类，而且还会增加城市人工植物群落的物种多样性；

3）评价为Ⅲ级的绿化植物，其综合效能较低，此级植物要根据实际情况或在特定条件下慎重选用，可作为绿化植物种类选择的辅助和补充；

4）评价为Ⅳ级的绿化植物，其综合效能很差，作为北方城市的室外绿化植物不宜选用。建议淘汰或根据需要小范围引种驯化研究或采取必要的栽培防寒等措施适当选用。

此评价结果是以沈阳市为研究区域进行评价的，沈阳为我国北方城市，其抗寒性的系数及重要值相对较高，由于随着城市中限制因子的不同，树种评价的各指标重要性可能会有所改变，树种的评价系数和等级或许也会产生相应的变化。在北方城市中，沈阳以南的地区和城市，由于地域和气候条件的变化，其抗寒性指标的重要性可能会降低，有些树种可能会成为其适用树种。在城市园林绿化的实际工作中，道路树种的评价和选择可以结合不同城市的气候条件，选择符合本地实际情况的行道树。

### 6.5.6 城市道路绿化基调树种的选择

（1）道路两旁的基调树种是在城市园林绿化中应用最广泛，受到重视的久经考验的乡土树种或已扎根落户的外来树种。其标准是：

1）具有代表性的乡土树种或完全可以适应本地区立地条件的优良树种或品种；

2）具有一定文化历史内容和民族风格的树种；

3）树型优美，抗逆性较强的树种；

4）为群众习见和爱好的树种。

（2）基调树种也是骨干树种中最为突出的树种，这类树种应植于比较明显易见的位置，使游人产生深刻印象，象征着一个城市的绿化风格。

（3）构成北方城市特色的基调树种和骨干树种应该在本研究综合评判分级的Ⅰ级中选择，才能发挥出绿化植物的最大效能。

（4）切忌不要轻易选用Ⅱ级中的引进种和边缘种作为基调和骨干树种，否则一旦自然生态环境条件发生逆变，则多年的绿化成果将会毁于一旦，不但造成极大的经济损失，还会造成城市生态环境的急剧恶化。

### 6.5.7 城市道路绿化骨干树种的选择

（1）城市道路的骨干树种是指具有优异特点，在道路绿化中发挥骨干作用，作为本市重点繁殖和应用的树种。对乔木而言，主要用于行道树、林荫路等公共绿地以及机关、厂矿、学校、部队、火车站、机场等处。选择标准应该是：树形壮观，花朵艳美，适应性强，抗逆性高的树种。骨干树种也应该具有鲜明的代表性。

（2）城市道路骨干树种的选择，主要以乡土树木为主。如若在街道大量栽植边缘树种和引进树种要慎重。盲目选用外来植物品种，只顾眼前效果，不考虑长远利益。选用未经引种驯化的外来树种，结果因不适应当地生态环境而逐渐死亡。不但会造成巨大的经济损失，而且会影响城市道路绿化的整体效果。

（3）通过综合评价综合效能为Ⅰ级的所有乔木树种都可作为城市绿化的骨干树种；综合评价为Ⅱ级的类型皆可作为建议发展树种。

（4）根据对城市常用园林植物生态适应性和生态功能的综合评价指标，在城市园林绿化的实际应用中，可以结合绿化的实际需要和绿地环境状况的要求，进行园林植物的选择。

（5）如在沈阳市，骨干树种选择时可考虑增加绒毛白蜡。其树体高大，冠大叶密，寿命长；在本研究的综合评价中与榆树、山杏等居于榜首，综合评价指数最高，这说明该树种综合效能极高，其不仅适应性极强，而且具有较强的抗污染能力，观赏性和生态效应都很高，尤其是具有极强的抗盐碱、抗水湿能力，是广为公认的、不可多得的城市优良绿化树种。

# 7　城市道路绿化工程施工

## 7.1　道路两旁的地形设计

### 7.1.1　概述

（1）城市道路两旁的地形是千姿百态的，是组景及构景的主要因素。城市道路、建筑和植物以及外加在景观中的其他要素（风、雨、霜、雪、阳光等）都与地面相接触、相联系。所有要素的功能发挥和景观效果都依赖于地形；地形基本上决定了环境和形态，也决定了道路景观的风格与形式。

（2）道路两边地形设计是对原地形的充分利用与改造，合理安排各种要素的高程，使道路两旁的山水、植物、建筑等满足绿化环境的要求。

（3）在设计道路两旁绿化过程中，原地形通常不能完全满足栽植的要求，所以在充分利用原地形的情况下必须进行适当的改造。地形设计就是根据道路绿化的目的和要求并与平面规划相协调，对道路绿化用地范围内的山、水等进行综合组织设计，使道路绿化用地与四周环境之间，在景观和高程上有合理的关系。

### 7.1.2　地形设计的主要作用

（1）城市道路两旁的绿化设计，一般是指在道路行道树旁边城区内的广场绿化、街头巷尾的空隙地段绿化、交通岛绿化、城市居民住宅区的绿化、郊区山坡上的绿化等。原来道路两旁的地形外貌往往达不到城市景观设计的要求，为此，必须通过合理的地形设计来创造新的地形景观。

（2）地形设计的主要作用有：能有效组织空间，为园林建筑提供良好的条件；能改善园内小气候，为动植物生长创造良好的条件；可以理顺道路两旁内各种景物、设施的竖向关系，处理好道路两旁内外的各种关系；可以使道路两旁的排水与交通更趋于合理通畅，保障工程稳定性；协调景观与功能的关系，满足实用、经济、美观的要求，节约城市道路绿化的投资，缩短工期，并为土方计算、土方平衡和土方施工提供可靠的依据。

### 7.1.3　地形设计的原则

（1）从使用功能出发，兼顾实用与造景，发挥造景功能的原则。用地的功能性质决定了用地绿化的类型，不同类型、不同的使用功能的道路绿地对地形的要求各异。如传统的自然山水和安静休息区均需较复杂地形，而现代开放的规则式绿化对地形的要求会简单些。

（2）要因地制宜，利用与改造相结合的原则。在利用的基础上，进行合理的改造。原地形的状况直接影响园林景观的塑造，尤其是园址现状地形复杂多变时，更宜利用保护为主，改造修整为辅。

(3) 必须遵守城市总体规划对道路绿化各种要求的原则。在道路两旁绿化的设计中。自觉遵守城市总体规划中对道路绿化功能、作用等的要求。

(4) 注意节约，降低工程费用的原则。就地就近，维持土方平衡。土方工程费用通常占造园成本的30%～40%，有时高达60%。为此在地形设计时需尽量缩短土方运距，就地挖填，保持土方平衡以节省建园资金。

(5) 统筹考虑的原则：合理确定地表起伏变化形态，例如峰、峦、坡、谷、河、湖、泉、瀑等道路景观地貌小品的位置，以及它们之间的相对位置、形状、大小、比例、高程关系等。

(6) 一般山体的坡度不宜超过土壤的自然安息角，以便充分利用土壤本身提供的自然稳定坡度，以节省投资，有利于水土保持和植被的保护。

### 7.1.4 地形设计的要求

7.1.4.1 平坡地（坡度在3%以下）

(1) 平地是具有一定坡度的相对平整的地面。为避免水土流失及提高景观效果，单一坡度的地面不宜延续过长，应有小的起伏或设计成多面坡。平地坡度的大小，可视植被和铺装情况以及排水要求而定。

(2) 用于种植的平地：市民、游人散步草坪的坡度可大些，1%～3%较理想，以求快速排水，便于安排各项活动和设施。

铺装平地：铺装平地的坡度可小些，宜在0.3%～1.0%之间，排水坡面可用双向或四面坡，以加快地表排水速度，如广场、建筑物周围、平台等。

7.1.4.2 坡地

城市道路两旁的坡地一般与山地、丘陵或水体并存。其坡向和坡度大小视土壤、植被、铺装、工程措施、使用性质以及其他地形地物因素而定。坡地的高程变化和明显的方向性（朝向）使其在造园用地中具有广泛的用途和设计灵活性，如用于种植；提供界面、视线和视点；塑造多级平台、围合空间等。当坡地坡角超过土壤的自然安息角时，为保持土体稳定，应当采取护坡措施，如砌挡土墙、种植地被植物及堆叠自然山石等。坡地根据坡度的大小可分为：

(1) 缓坡地：坡度在3%～10%之间。在地形中属陡坡与平地或水体间的过渡类型。道路、建筑均不受地形约束，可作为活动场地和种植用地，如作为篮球场（坡度取3%～5%）、疏林草地（坡度取3%～6%）等。

(2) 中坡地：坡度在10%～25%之间。在建筑区需设台阶，建筑群布置受限制，通车道不宜垂直于等高线布置。坡道过长时可与台阶及平台交替转换，以增加舒适性和平立面变化。

(3) 陡坡地：坡度在25%～50%之间。道路与等高线应斜交，以减小道路纵坡方便交通。建筑群布置受较大限制。陡坡多位于山地处，作活动场地比较困难，一般作为种植用地。坡度为25%～30%的坡地可种植草皮，坡度为25%～50%的坡地可种植树木。

(4) 急坡地：坡度大于50%。是多数土壤自然安息角的极值范围。急坡地多位于土石结合的山地，一般用做种植林木。道路通常需曲折盘旋而上，梯道亦需与等高线成斜交布置。建筑需做特殊处理。

（5）悬崖、陡坎：坡度大于100%。已超出土壤的自然安息角。一般位于土石山或石山，种植需采取特殊措施（如挖鱼鳞坑、修树池等）保持水土、涵养水分。道路及梯道布置均困难，工程投资大。

7.1.4.3　山地

山地是地貌设计的核心，它直接影响到空间的组织、景物的安排、天际线的变化和土方工程量等。园林山地多为土山，此处山地主要指土山，山地的设计要点如下：

（1）未山先麓，陡缓相间：首先，在形态上，山脚应缓慢升高，坡度要陡缓相间，山体表面呈凸凹不平、自然起伏状；其次，在园林组景上，也应把山麓地带作为核心，通过树、石自然杂陈而呈现出“若似乎处于大山之麓”之自然山林景象。

（2）曲走斜伸，逶迤连绵：山脊线的平面布局应呈“之”字形走向，曲折有致，起伏有度，既顺乎自然，又可形成环抱小空间，便于安排景物开展活动。

（3）主次分明，互相呼应：在自然山水园中，主景山宜高耸、盘厚，体量较大、变化较多；客山则奔趋、拱伏，呈余脉延伸之势。先立主位，后布辅丛，比例应协调，关系要呼应，注意整体组合。

（4）左急右缓，勒放自如：山体的不同坡面应有急有缓，等高线有疏密变化。一般朝阳和面向园内的坡面较缓，地形较为复杂；朝阴和面向园外的坡面较陡，地形较为简单。

（5）丘壑相伴，虚实相生：山臃必虚其腹，谷壑最宜幽深，虚实相生，丰富空间。

因一般园址多为平地，故除植物园、动物园以及其他功能需求场合或园基地形起伏较大外，现代造园已不宜再堆置高大山体。即使平岗阪坡，亦可藏胜景。丘陵的坡度一般在10%～25%，在土壤的自然安息角以内不需工程措施，高度也多在1～3m变化；在人的视平线高度上下浮动，0.5～1.0m的微地形也有大用。

7.1.4.4　水体

（1）道路旁边的水体是地形设计的重要内容之一。水体设计主要是确定水际的轮廓线，创造良好的景观效果，确定岸顶、湖（池）底的高程及水位线，解决水源与水的排放问题。

（2）水体设计应选择地势低洼或靠近水源的地方，因地制宜，因势利导。在自然山水园中，应呈山环水抱之势，动静交呈，相得益彰。

（3）配合运用小桥、汀步、堤、岛、半岛、石矶等工程措施，使水体有聚散、开合、曲直、断续等变化。水体的进水口、排水口、溢水口及闸门的标高，应满足功能的需要并与市政工程相协调。

（4）人工水体近岸2m范围内水深不大于0.7m；汀步、无护栏的小桥附近2m范围内的水深不大于0.5m；护岸顶与常水位的高差要兼顾景观、安全、游人近水心理以及防止岸体冲刷等要求合理确定。

## 7.2　土方工程量的计算

土方量计算一般是根据有等高线的地形图进行的计算，反过来又可修改设计图，使图纸日臻完善。另外，土方量计算资料又是工程预算和施工组织设计等工作的重要依据，所以土方量的计算在道路两旁的地形设计工作中是必不可少的。计算土方体积的方法很多，常用的有简易估算法、断面法、等高面法和方格网法。

### 7.2.1　估算法

在道路绿化过程中，经常会碰到一些类似几何形体的土体，如图 7.2-1 中所示的山丘、池塘等。这些土体的体积可用相近的几何体体积公式进行计算，见表 7.2-1 中公式。此法简便，但精度较差，通常用于估算法中。

图 7.2-1　套用近似的规则图形估算土方量

**几何体积的公式计算表**　　　　**表 7.2-1**

| 序　　号 | 几何体名称 | 几何体形状 | 体　　积 |
|---|---|---|---|
| 1 | 圆　　锥 | | $V=\frac{1}{3}\pi r^2 h$ |
| 2 | 圆　　台 | | $V=\frac{1}{3}\pi h(r_1^2+r_2^2+r_1 r_2)$ |
| 3 | 棱　　锥 | | $V=\frac{1}{3}S\cdot h$ |
| 4 | 棱　　台 | | $V=\frac{1}{3}h(S_1+S_2+\sqrt{S_1 S_2})$ |
| 5 | 球　　缺 | | $V=\frac{\pi h}{6}(h^2+3r^2)$ |
| | $V$——体积；$r$——半径；$S$——底面积；$h$——高；$r_1$，$r_2$——分别为上下底半径；$S_1$，$S_2$——上、下底面积 | | |

### 7.2.2　断面法

断面法是以若干相平行的截面将拟计算的土体分截成若干“段”，分别计算这些“段”的体积，再将各段体积累加，即可求得该计算对象的总土方量。其计算公式如下：

$$V=\{(S_1+S_2)\times 0.5\}\times L \qquad (7.2\text{-}1)$$

式中 $S_1$、$S_2$——两断面面积，$m^2$；

$L$——两断面间垂直距离，m。

当 $S_1=S_2$ 时 $$V=S\times L \tag{7.2-2}$$

此法的计算精度取决于截取断面的数量，多则精，少则粗。断面法根据其取端面的方向不同可分为垂直断面法、水平断面法及与水平面成一定角度的成角断面法。下面仅介绍前两种方法。

7.2.2.1 垂直断面法

此法主要适用于带状土体（如带状山体、水体、沟、路堤、路堑等）的土方量计算，如图 7.2-2 所示。

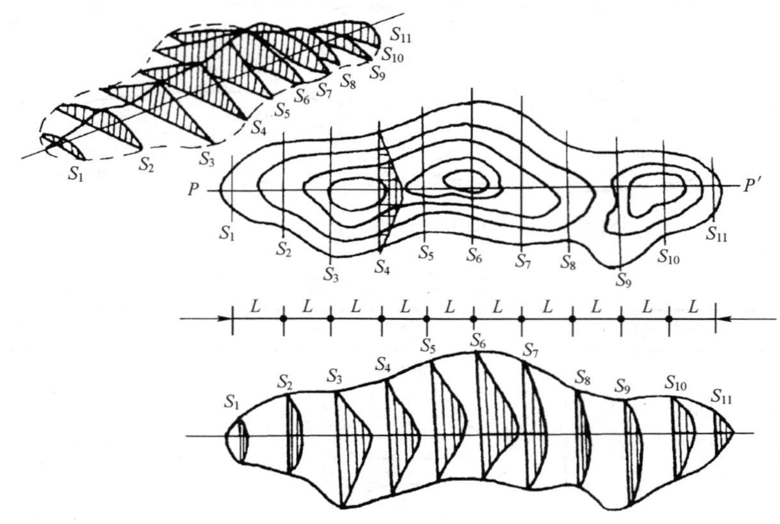


图 7.2-2 带状土山垂直断面取法

其基本计算公式为公式（7.2-1）。此公式虽然简便，但在 $S_1$ 和 $S_2$ 的面积相差较大或两相邻断面之间的距离大于 50m 时，计算结果误差较大。遇此情况，可改用以下公式计算：

$$V=(S_1-S_2+4S_0)\times L/6 \tag{7.2-3}$$

式中 $S_0$——中间断面面积，$S_0$ 的面积有如下求法：

用 $S_1$ 及 $S_2$ 各相应边的算术平均值求 $S_0$ 的面积，如图 7.2-3 所示。

垂直断面法也可以用于平整场地的土方量计算，现具体举例说明：某公园有一块地，地面高低不平，拟整理成一块具有 10%坡度的场地，试采用垂直断面法来求其挖填土方量，如图 7.2-4、图 7.2-5 所示。

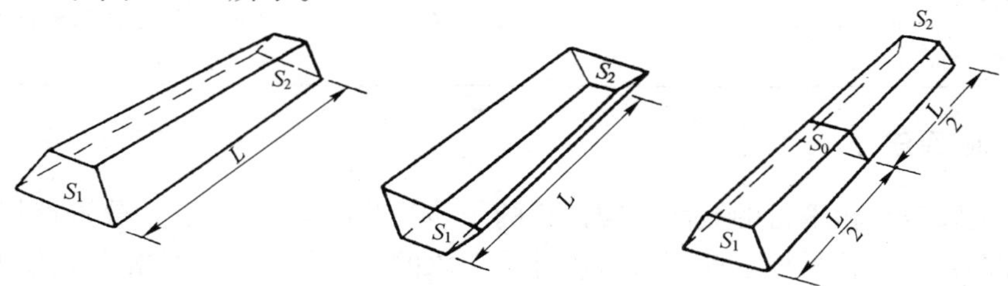


图 7.2-3 求中间断面面积示意图

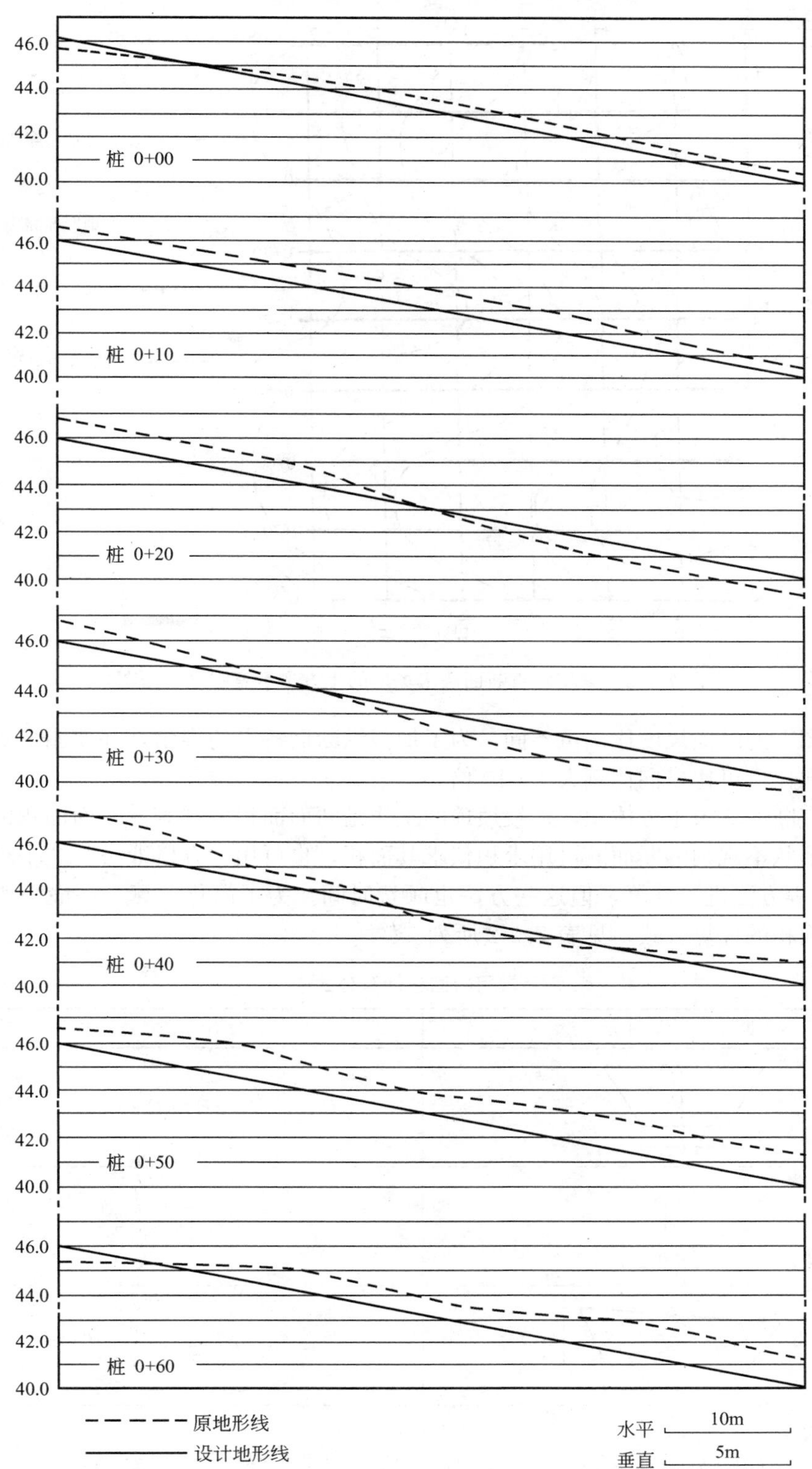


图 7.2-4 采用垂直断面法求场地的土方量示意图（断面法）

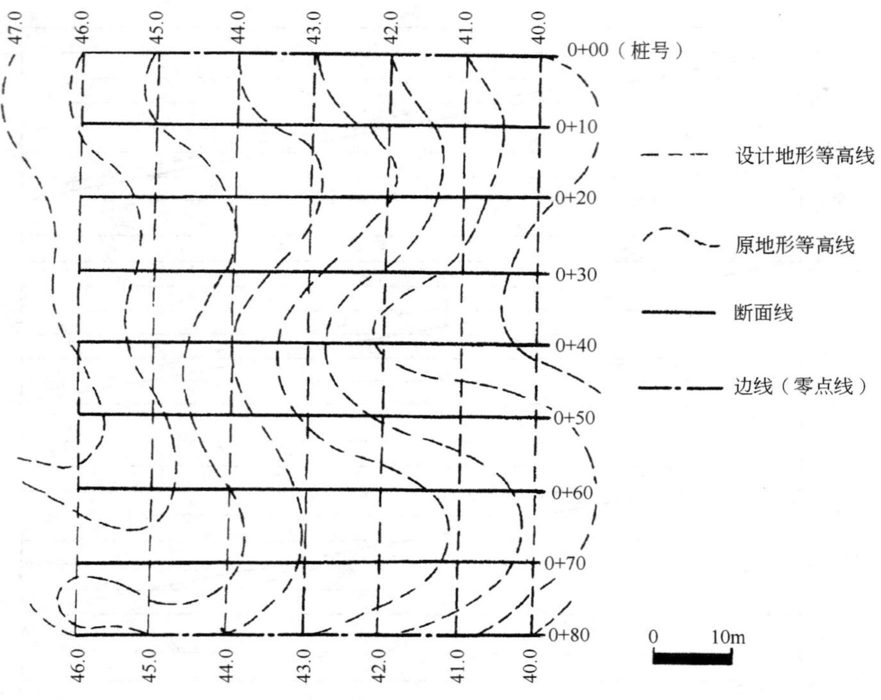


图 7.2-5　采用垂直断面法求场地的土方量示意图（平面图）

断面图上的纵横尺度比例可不同，为了加强纵断面特点的表示，并使图形更清晰便于绘制，纵向比例可比横向比例大 1～10 倍。

用垂直断面法求土方体积，比较烦琐的工作是断面面积的计算。断面面积的计算方法较多。对形状不规则的断面既可用求积仪求其面积，也可用“方格纸法”、“平行线法”或“割补法”等方法进行计算，但这些方法也颇费时间。为了简化计算，一般采用以下几种常见断面面积的计算公式，见表 7.2-2 所列。

**常用断面积计算公式表**　　　　**表 7.2-2**

| 断面形状图示 | 计算公式 |
|---|---|
| h　1∶n　b | $F=h(b+nh)$ |
| 1∶m　h　1∶n　b | $F=h\left[b+\frac{h(m+n)}{2}\right]$ |
| $h_1$　1∶m　1∶n　$h_2$　b | $F=b\frac{h_1+h_2}{2}+\frac{(m+n)h_1h_2}{2}$ |
| $h_1$ $h_2$ $h_3$ $h_4$ $h_5$　$a_1$ $a_2$ $a_3$ $a_4$ $a_5$ $a_6$ | $F=h_1\frac{a_1+a_2}{2}+h_2\frac{a_2+a_3}{2}+\cdots+h_3\frac{a_3+a_4}{2}+h_4\frac{a_4+a_5}{2}$ |

续表

| 断面形状图示 | 计算公式 |
| --- | --- |
| 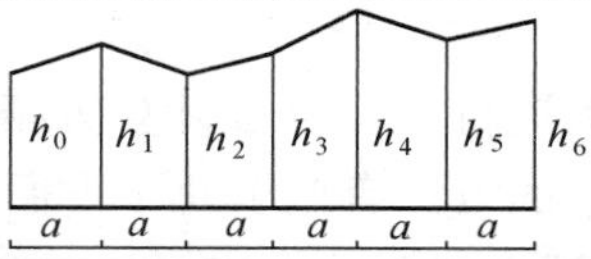 | $F=\frac{a}{2}(h_0+2h+h_n)$<br>$h=h_1+h_2+h_3+h_4+h_5$ |

7.2.2.2 水平断面法

水平断面法又称等高面法，如图 7.2-6 所示。它是沿等高线取断面，等高距即为两相邻断面的高，计算方法同断面法。其计算公式如下：

$$V=1/2(S_1+S_2)\times h+1/2(S_2+S_3)\times h+\cdots\cdots+1/2(S_{n-1}+S_n)\times h+1/3(S_n\times h)$$
$$=\{1/2\ (S_1+S_n)\ +S_2+S_3+S_4+\cdots\cdots+S_{n-1}\}\ \times h+1/3\ (S_n\times h) \qquad (7.2\text{-}4)$$

式中 $V$——土方体积，$m^3$；

$S$——断面面积，$m^2$；

$h$——等高距，m。

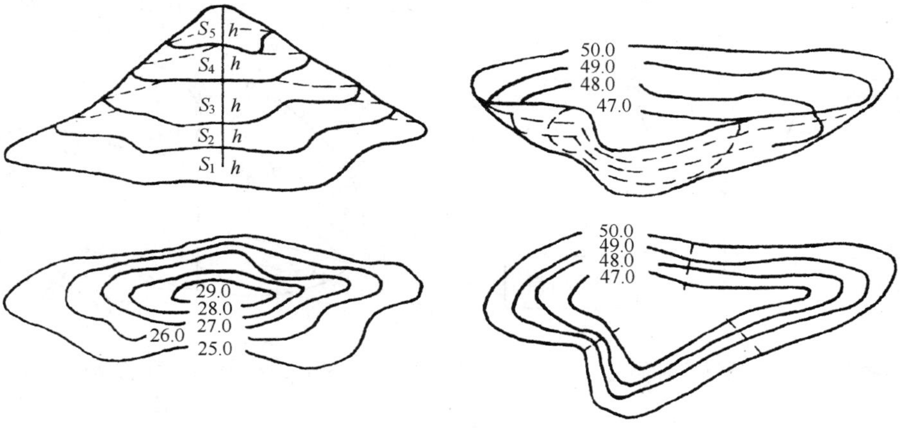


图 7.2-6 水平断面法示意图

等高面法最适于大面积的自然山水地形的土方计算。由于道路两边绿化设计图纸上的原地形和设计地形均用等高线表示，因而采用等高面法进行计算最为便当。水平断面法适用于山水地形的土方量计算，也可用来做局部平整场地的土方计算。

断面法计算土方量的精度：垂直断面法取决于截取断面的数量；等高面法则取决于等高距的大小。总之，对于一定范围的土方，计算精度主要取决于计算断面的数量，多则较精确，少则较粗糙。

### 7.2.3 方格网法

在道路绿化过程中，地形改造除挖湖堆山外，还有许多地坪、缓坡地需要平整。平整场地的工作是将原来高低不平的、比较破碎的地形按设计要求整理成为平坦的具有一定坡度的场地，如停车场、集散广场、体育场、露天演出场等。整理这类地块的土方量计算最适宜用方格网法。方格网法是把平整场地的设计工作和土方量计算工作结合在一起进行的一种方法。

7.2.3.1 编制土方量计算图

用方格网法计算土方量，是依据土方量计算方格网图进行的。土方计算方格图的绘制就是计算工作的第一项内容。绘制方格网图的步骤及相应的方法有以下几个方面。

（1）划分方格：根据测量坐标网，将绘有等高线的总平面图划分为若干正方形的小方格网。方格的边长取决于地形情况和计算精度要求。在地形平坦的地方，方格边长一般用 20～40m；在地形起伏度较大的地方，方格边长多采用 10～20m。在初步设计阶段，为提供设计方案比较的依据而进行的土方工程量估算，方格边长最大可达到 50m。一般采用一种尺寸的方格网进行计算，但在地形变化较大处或布置上有特殊要求处，可局部加密方格。

（2）填入自然标高：根据总平面图的自然等高线高程确定每一个方格交叉点的自然标高，或根据自然等高线采用插入法计算出每个交叉点的自然标高，然后将自然标高数字填入方格网点的右下角，如图 7.2-7 所示。

当方格网点的位置在两条等高线之间时，就需要用插入法来求该点的自然标高。插入法求自然标高的方法是：首先，参照图 7.2-8，设两条等高线之间所求网点的自然标高为 $H_x$，过此点作相邻两等高线之间最短直线的长度 $L$，然后按式（7.2-5）计算出方格网点自然标高。

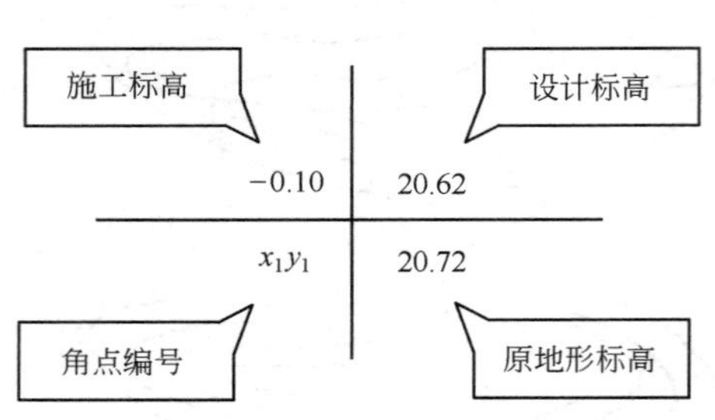


图 7.2-7 方格网点标高的注写

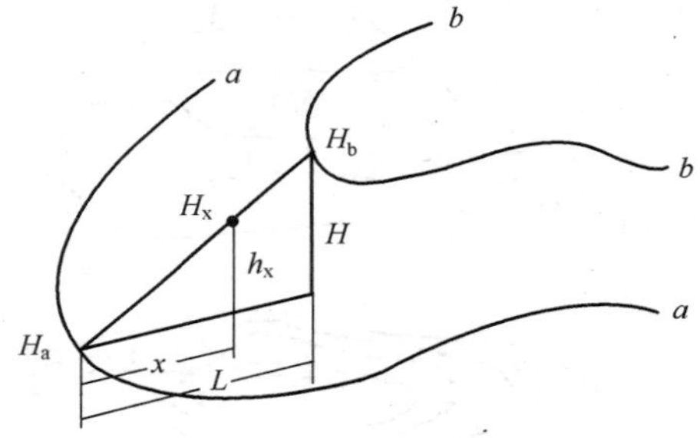


图 7.2-8 内插法求方格交点标高

$$H_x = H_a \pm (x \times H) / L \tag{7.2-5}$$

式中 $H_x$——网点自然标高，m；

$H_a$——位于低边的等高线高程，m；

$x$——网点至低边等高线的距离，m；

$H$——等高距，m；

$L$——相邻两等高线间最短平距，m。

（3）填入设计标高：根据竖向设计图上相应位置的标高情况，在方格网图中网点的右上角填入设计标高，见图 7.2-7 所示。

（4）填入施工标高：施工标高等于设计标高减自然标高，得数为正（+）数时表示填方，得数为负（-）数时表示挖方。施工标高数值应填入方格网点的左上角。有时为了计算方便，还可为每一方格网点编号，编号可填入网点的左下角。图 7.2-9 就是这种方格网计算图的示例。

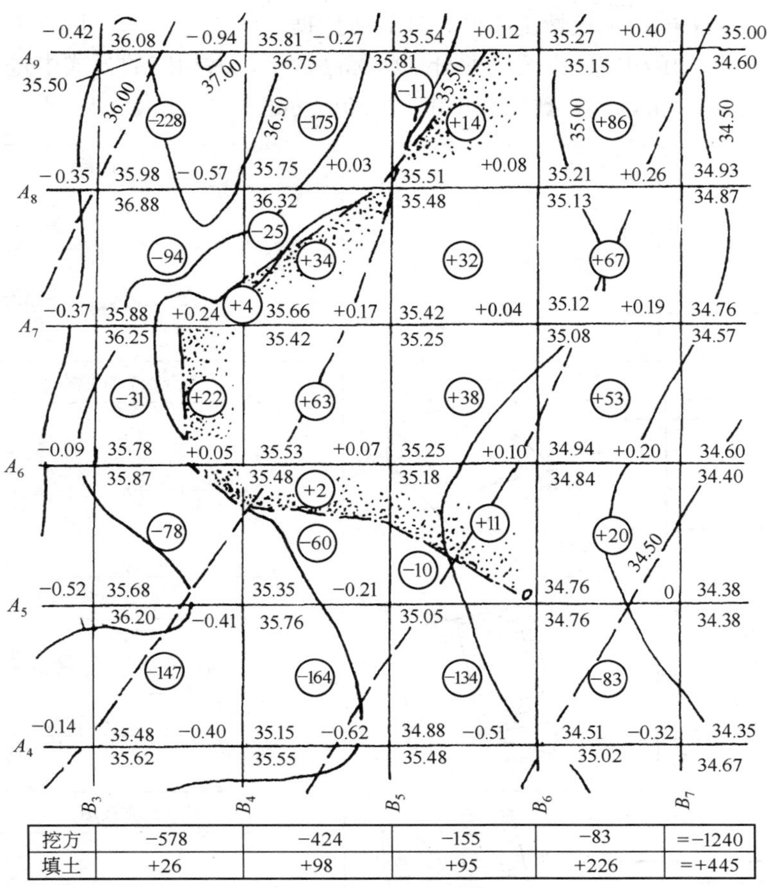


| 挖方 | -578 | -424 | -155 | -83 | =-1240 |
|---|---|---|---|---|---|
| 填土 | +26 | +98 | +95 | +226 | =+445 |

图 7.2-9 土石方工程量计算方格示意图

7.2.3.2 求填挖零点线

当充填好施工标高以后，如若在同一个方格中既有填土部分又有挖土部分，就必须求出零点线。所谓零点就是既不挖土也不填土的点，是从填土转到挖土，或从挖土转到填土的中间点。将零点互相连接起来，就成了方格网内的零点线。零点线是挖土区和填方区的分界线。它将填土地段和挖土地段分隔开来，是土方计算的重要依据。

对照图 7.2-10 所示，可以用下面公式计算出零点：

$$X = h_1 \div (h_1 + h_2) \times a \tag{7.2-6}$$

式中 $X$——零点所划分的边界长度值，m；

$a$——方格网每边长度，m；

$h_1+h_2$——方格相邻两角点的施工标高，m。

7.2.3.3 土方量计算

根据方格网计算土石方工程量时，先要对每一方格内的土方量进行计算，然后再汇总算出总的土石方量。

(1) 每方格土方计算：根据方格网中各个方格的填、挖情况，分别计算每个方格的土石方量。由于每方格内的填挖情况不同，计算所依据的图式也不同。计算中，应按方格内的填挖具体情况，选用相应的图式，并分别将标高数字代入相应的公式中进行计算。几种常见的计算图式及其相应计算公式，如图 7.2-10 所示。

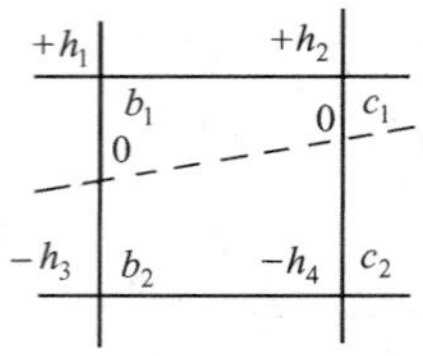

| | | |
|---|---|---|
| | | 零点线计算 |
| | | $b_1=a\cdot\frac{h_1}{h_1+h_3}$　$b_2=a\cdot\frac{h_3}{h_3+h_1}$<br>$c_1=a\cdot\frac{h_2}{h_2+h_4}$　$c_2=a\cdot\frac{h_4}{h_4+h_2}$ |
| 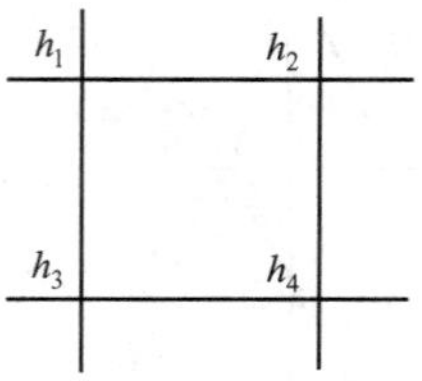 | 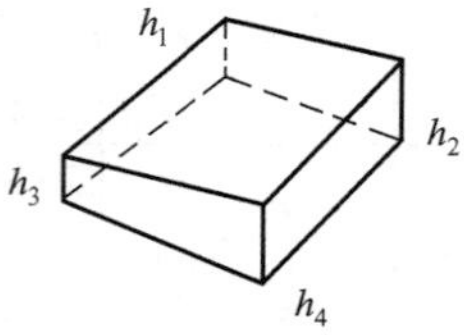 | 四点挖方或填方 |
| | | $V=\frac{a^2}{4}(h_1+h_2+h_3+h_4)$ |
| 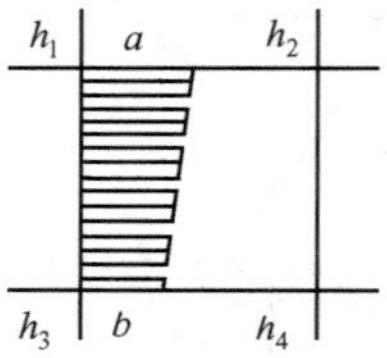 | 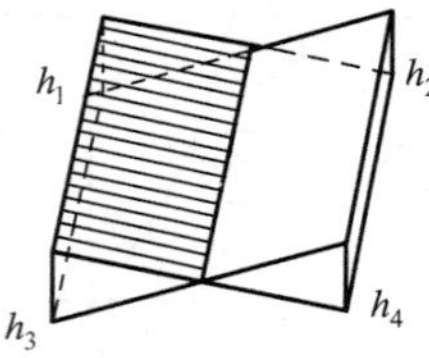 | 二点挖方或填方 |
| | | $V=\frac{b+c}{2}\cdot a\cdot\frac{\Sigma h}{4}$<br>$=\frac{(b+c)\cdot a\cdot\Sigma h}{8}$ |
| 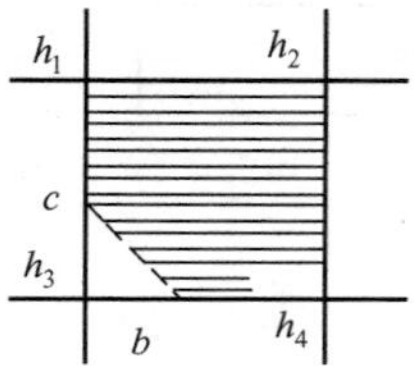 | 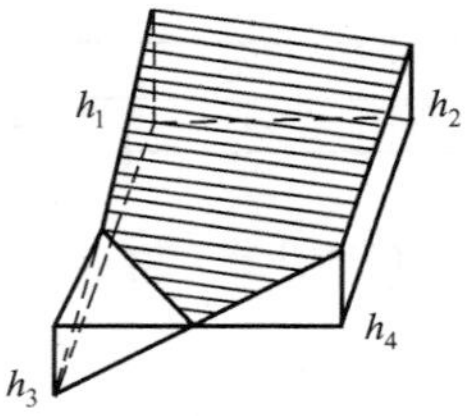 | 三点挖方或填方 |
| | | $V=(a^2-\frac{b\cdot c}{2})\cdot\frac{\Sigma h}{5}$ |
| | | 一点挖方或填方 |
| | | $V=\frac{1}{2}\cdot b\cdot c\frac{\Sigma h}{3}$<br>$=\frac{b\cdot c\cdot\Sigma h}{6}$ |

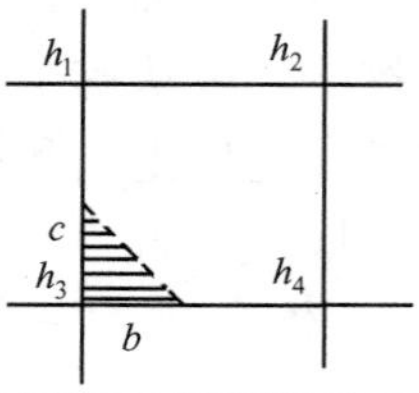

图 7.2-10　土石方工程量的方格网的计算示意图

（2）汇总工程量：当算出每个方格的土石方工程量后，即按行列相加，最后算出挖、填方工程总量。如图 7.2-9 中下部的挖、填方简表所示。

### 7.2.4 土方平衡与调配

7.2.4.1　概述

（1）挖填土方量计算后，在考虑了挖方时因土壤松散而引起填方中填土体积的增加、地下构筑物施工余土和各种填方工程的需土之后，整个工程的填方量和挖方量应当平衡。

(2) 如若在施工中发现挖、填方数量相差较大时，则需研究余土或缺土的处理方法，甚至可能修改设计标高，如修改设计标高，则需重新计算土方工程量。

(3) 土方平衡与调配工作是土方施工设计的一个重要内容。土方调配的目的是在土方总运输量（$m^3$）最小并适当考虑填土情况的前提下，合理确定挖、填方区土方的调配方向和数量，从而达到缩短工期、降低成本、提高土方工程质量的目的。

(4) 进行土方调配必须考虑现场条件、有关技术资料、土方施工方法及园林平面规划和竖向设计等。

(5) 城市道路两旁路园基地土壤可能比较复杂，各类用地对土质的要求也有不同，如建筑地基应为工程力学性质较优的土类，而多数的土壤可用于广场，种植用土则要选择富含有机质的土壤等。所有这些都要求土方调配时加以考虑。

7.2.4.2 土方平衡与调配的原则

(1) 充分考虑填土的适用性，如种植区、道路广场区、建筑基础等。

(2) 充分尊重设计，不可在园基内随意借土或弃土。

(3) 分区调配应与全场调配相协调，避免只顾局部平衡，任意挖填。

(4) 土方调配应与地下构筑物的施工相结合。

(5) 选择合理的调配方向、运输路线、施工顺序，避免土方运输出现无谓对流和乱流现象，同时要求便于机具调配和机械化施工。

7.2.4.3 土方平衡与调配的步骤和方法

(1) 划分土方调配区。在平面图上先划出挖、填方区的分界线，并在挖、填区分别划出若干个调配区，确定调配区的大小和位置。在划分调配区时应注意以下几点：

1) 调配区应考虑填方区拟建设施的种类和位置，以及开工顺序和分期施工顺序；

2) 调配区的大小应满足土方施工主导机械（如铲运机、挖土机等）的技术要求（如行驶操作尺寸等），调配区的面积最好与施工段的大小相适应；

3) 调配区的范围要与土方工程量计算用的方格网协调，通常可由若干个方格组成一个调配区。将某一挖（或填）方区划分为两个以上调配区时，应注意该挖（填）方土体的形态（或施工标高情况），调配区间的界线应尽可能与土体的鞍部（即施工标高绝对值小的地带）重合；

4) 当土方运距较大或场地范围内土方调配不能达到平衡时，可根据附近地区地形情况，考虑就近借土或弃土，此时一个借土区或弃土区都可作为一个独立的调配区。

(2) 计算各调配区的土方量并标于图上。

(3) 计算各挖方调配区和各填方调配区之间的平均运距，亦即各挖方调配区重心至填方调配区重心之间的距离。一般当填、挖方调配区之间的距离较远或运土工具沿工地道路或规定线路运土时，其运距按实际运距计算。

(4) 确定土方最优调配方案：一般工程中最多采用“表上作业法”来制定。“表上作业法”要求总土方运输量为最小值时，即为最优调配方案。

(5) 绘出土方调配图：根据上述计算结果，标出调配方向、土方量及运距（平均运距再加施工机械前进、倒车、转弯必需的最短长度）。

## 7.3 土石方工程施工

城市道路绿化竖向设计所安排的地形要成为现实的地形，就必然要依靠土石方施工才能完成。任何建筑物、广场等工程的修建，都是从土方施工开始的。道路中地形的利用和改造都离不开土方工程。土石方工程完成的速度和质量，将会直接影响到后续的其他工程，如建筑工程、管线工程、绿化工程等。因此，我们应重视土石方工程的施工。

### 7.3.1 施工前的准备

土石方工程施工前的准备工作主要包括：熟悉设计图纸、考察现场和编制施工方案，落实机具、材料和施工人员，清理现场，排水和定点放线，修建临时设施等。准备工作做得好坏，直接影响施工效率和工程质量。

(1) 熟悉设计图纸：主要指施工前要认真查阅各种图纸，核对平面尺寸和标高，领会设计意图和各项技术要求，了解工程规模、特点、工程量和质量要求；初拟开挖程序，明确各工序的搭接关系，做好施工人员的技术交底工作。

(2) 考察现场和编制施工方案：掌握现场情况，熟悉基址地质、水文、交通、植被、构筑物、各类管线、排水现状及其供水、供电状况等。在此基础上编制出土石方施工方案，绘出现场施工平面布置图，拟定施工需要的机具、材料和施工人员计划等。

(3) 落实机具、材料和施工人员：施工前必须按要求做好机具、材料的各种准备工作，并确定好安装和堆放的地点；组织并配备施工所需要的专业技术人员、管理人员及技术工人；建立施工作业制度，明确施工管理责任和质量要求。机具、材料和施工人员要按施工进度计划及时进场。

(4) 清理现场：在所施工用地范围内，凡有碍工程的开展或影响工程稳定的地面物或地下物均需清理，例如按设计未予保留的树木、废旧建筑物或地下构筑物等。

1) 伐除树木：凡属于开挖深度不大于50cm或者填方高度较小的土石方施工，对于现场及排水沟中的树木应按当地有关部门的规定办理审批手续，如若是名木古树必须注意重点保护，并做好具体的移植工作。伐树时必须连根拔除，清理树墩除用人工挖掘外，直径在50cm以上的大树墩可用推土机或用爆破方法清除。建筑物、构筑物基础下土石方中不得混有树根、树枝、草及落叶等；

2) 建筑物或地下构筑物的拆除：此项工作应根据其结构特点采取适宜的施工方法，并遵照《建筑工程安全技术规范》的规定进行操作；

3) 其他：施工过程中如发现其他管线或异常物体时，应立即报请有关部门协同查清、处理，妥善拆迁或改造。未搞清前，不可施工，以免发生危险或造成其他损失。

(5) 排水：场地积水不仅不便于施工，而且也影响施工质量。在施工之前应设法将施工场地范围内的积水或过高的地下水排走。

1) 在施工前，根据施工区地形特点在场地内及其周围挖排水沟，并防止场地外的水流入。在低洼处或挖湖施工时，除挖好排水沟外，必要时还应加筑围堰或设防水堤；

2) 围堰可随施工进度分段修筑，高度能满足堰水即可。堆筑后必须压实，以使其稳固。对于山地土石方施工，应在离边坡上沿5～6m处设置截水沟、排洪沟，防止坡顶雨水流入；

3）在施工区域内考虑临时排水设施时，应注意与原排水方式相适应，并且应尽量与永久性排水设施相结合，以降低工程造价。为了排水通畅，排水沟的纵坡不应小于0.2%，沟的边坡值取1∶1.5，沟底宽及沟深不小于50cm；

4）地下水的排除：园林土方施工中多用明沟，将水引至集水井，再用水泵抽走。一般按排水面积和地下水位的高低来安排排水系统，先定出主干渠和集水井的位置，再定支渠的位置和数目，土壤含水量大要求排水迅速的，支渠分布应密些，其间距按1.5m；反之可疏；

5）干渠及集水井位置的确定应考虑施工地段情况、出土方向及地下水流方向。干渠一般应垂直于出土方向（支渠方向则与出土方向平行），设置在挖方区边缘或位于中央（如为建筑基坑则需布置在建筑基础范围以外），并应位于地下水流的上游；

6）集水井在干渠上并位于地下水流的上游方向，根据地下水量、基坑平面形状和水泵提水能力每隔20～40m设置一个；

7）集水井的直径或宽度一般为0.6～0.8m，其深度随着挖土的加深而加深，要常低于挖土面0.7～1m，井壁可用竹、木条、板等简易材料加固；

8）在挖湖施工中，排水明沟的深度，应深于水体挖深。沟可一次挖到底，也可依施工情况分层下挖，采用哪种方式可根据出土方向决定，如图7.3-1、图7.3-2所示。

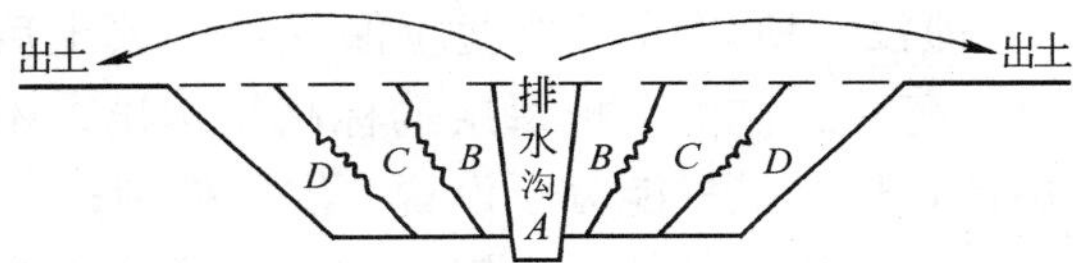


图7.3-1 排水沟一次挖到底，双向出土挖湖施工示意图

（开挖的顺序为$A$、$B$、$C$、$D$）

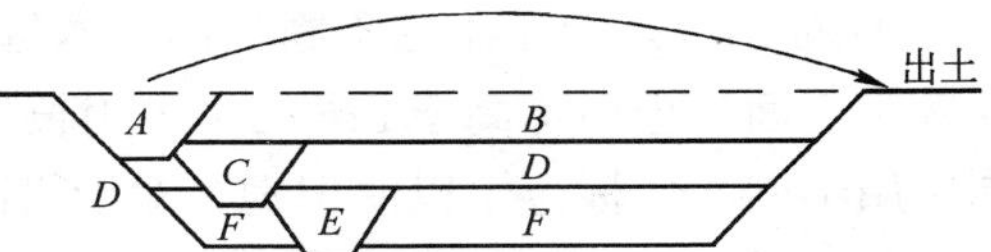


图7.3-2 排水沟分层挖掘单向出土挖湖施工示意图

（$A$、$C$、$E$为排水沟，开挖顺序为$A$、$B$、$C$、$D$、$E$、$F$）

（6）现场放线：当清场后，为确定施工范围及挖土或填土的标高，应按照设计图纸的具体要求，采用测量仪器在施工现场进行定点放线工作。为了使施工充分表达设计意图，测量时要准确。必须先将施工现场附近的国家永久性控制坐标和水准点，按施工总平面图的要求，引测到现场；然后在施工区内设置测量控制网，即控制基线、控制轴线及水平基准点；测量控制线应满足允许误差范围，并且使控制网避开建筑物、构筑物、机械安装点和运输干线；控制方格网最好结合土石方计算时的方格设置，方格点上要打控制桩，标注上桩点编号、原地面标高、设计标高；最后要进行各测量要素的复核，准确无误后方可进行后续的施工。

1）平整场地的放线：用经纬仪或红外线全站仪将图纸上的方格网测设到地面上，并在每个方格网交点处设立木桩，边界木桩的数目和位置依图纸要求设置。木桩桩长40～50cm，侧面要平滑，下端削尖，以便于打入土中。木桩上应标记桩号（可取施工图纸上方格网交点的编号）和施工标高（挖土用“+”号，填土用“—”号）；

2）自然地形的放线：如挖湖堆山等，也是将施工图纸上的方格网测设到地面上，然后将堆山或挖湖的边界线以及各条设计等高线与方格网的交点一一标到地面上并打桩，木桩上要标明桩号及施工标高，如图7.3-3所示。对于地形等高线的某些弯曲段，或设计地形较复杂而要求较高的局部地段，应附加标高桩或者缩小方格网边长，也可另设方格控制网，来保证现场放线的准确，如图 7.3-4 所示。

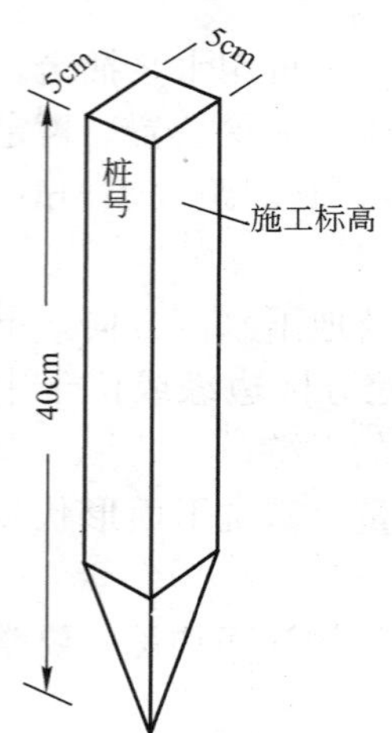


图 7.3-3 木桩示意图

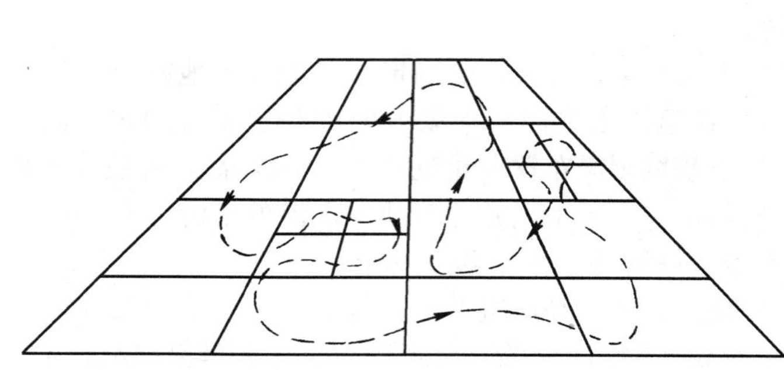

图 7.3-4 自然地形的放线示意图

① 堆山时，由于土层不断升高，木桩可能被埋没，所以桩的长度应保证每层填土后要露出土面。土山不高于 5m 的也可用长竹竿做标高桩。在桩上把每层的标高均标出。不同层用不同颜色标志，以便识别。对于较高的山体，标高桩只能分层设置，层层控制；

② 挖湖工程的放线工作与堆山基本相同，但由于水体挖深一般较一致，而且池底常年隐没在水下，放线可以粗放些，但水体底面应尽量整平，岸线和岸坡的定点放线应准确，这不仅是因为它是水上造景部分，而且和水体岸坡的工程稳定有很大的关系；

③ 为了精确施工，可以用边坡样板控制边坡坡度，如图 7.3-5 所示。边坡样板一般用木板条做成，校正用的边坡板条以场地施工的实际设计边坡来确定，样板制作完毕后要认真核对是否符合设计边坡要求。使用时应将样板设置于需核对的岸坡沿，用线绳或钢尺配合，将比较简易地控制边坡；

④ 开挖沟槽时，用打桩放线的方法在施工中木桩易被移动，从而影响了核对工作，所以应使用龙门板，如图 7.3-6 所示。每隔 30～100m 设龙门板一块，其间距视沟渠纵坡的变化情况而定。

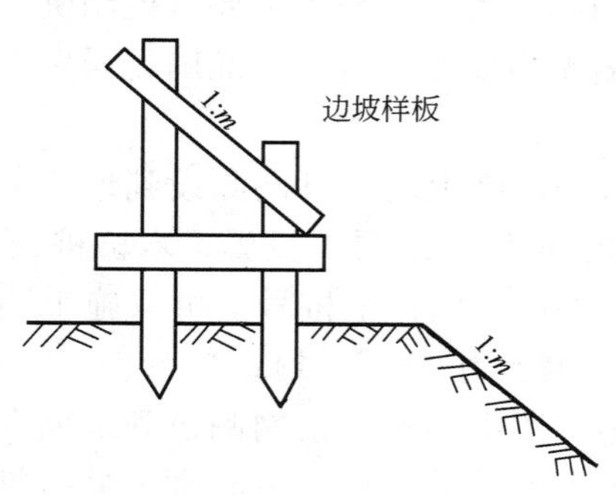


图 7.3-5 边坡样板

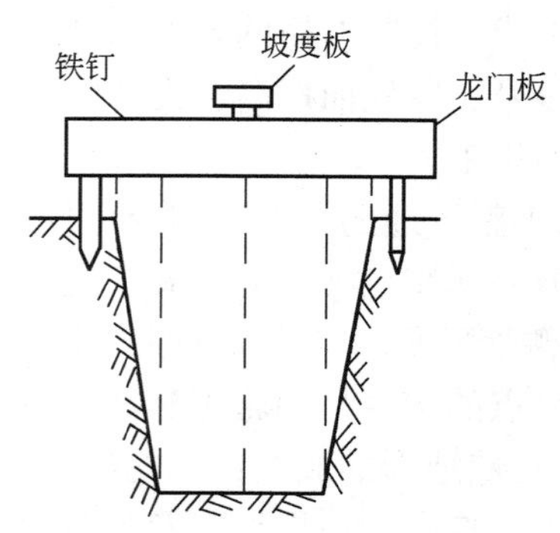


图 7.3-6 龙门板

⑤ 龙门板一般为木质结构，制作时，要根据沟槽的设计横断面所反映的数据，如沟口宽、沟底宽、槽挖深、沟槽中线等，按图 7.3-6 所示设置好，板上应标明沟渠中心线位置、沟上口和沟底的宽度等。板上还要设坡度板（做法参考边坡样板），用坡度板来控制沟渠纵坡。使用龙门板时，龙门板桩应离坑缘 1.5～2.0m，以利于保存。

（7）修建临时设施及道路：根据土方工程的规模、工期、现场条件、劳力安排等修建临时用生产和生活设施，如材料房、机具房、临时住房、办公房等，做好供水供电工作。要按施工总平面图修筑临时道路，临时道路最好能与将来设计的永久性道路结合，路两侧要修建排水明沟。

以上各项准备工作以及土方施工一般按先后顺序进行，但有时又要穿插进行，不仅是为了缩短工期，也是工作需要协调配合。例如，在土方施工过程中，仍可能会发现新的地下异常物体需要处理；施工时也会碰上新的降水；桩线也可能被破坏或移位等。因此，上述的准备工作可以说是贯穿土方施工的整个过程，以确保工程施工按质、按量、按期顺利完成。

### 7.3.2 土石方施工

土方工程施工包括挖、运、填、压四部分内容。其施工方法有人力施工、机械化和半机械化施工。施工方法的选用要依据场地条件、工程量和当地施工条件而定。在土方规模较大、较集中的工程中采用机械化施工较经济，但对工程量不大、施工点较分散的工程或因受场地限制，不便采用机械施工的地段，应该用人力施工或半机械化施工。

7.3.2.1 土石方的挖掘

（1）人力施工：施工工具主要是锹、镐、条锄、板锄、铁锤、钢钎、手推车、坡度尺、梯子及线绳等，人力施工关键是组织好劳动力，而且要注意施工安全和保证工程质量。人力施工适用于一般建筑、构筑物的基坑（槽）和管沟，以及小溪、带状种植沟和小范围整地的挖土工程。在施工过程中应注意以下几个方面：

1）施工人员有足够的工作面，以免互相碰撞，发生危险，一般平均每人应有 4～6m$^2$ 的作业面面积，两人同时作业的间距应大于 2.5m；

2）开挖土方附近不得有重物和易塌落物体。凡在挖方边缘上侧临时堆土或放置材料，应与基坑边缘至少保持 1m 以上的距离，堆放高度不得超过 1.5m；

3）随时注意观察土质情况，符合挖方边坡要求。操作时应随时注意土壁的变动情况，当垂直下挖超过规定深度（≥2m），或发现有裂痕时，必须设支撑板支撑；

4）土壁下不得向里挖土，以防坍塌。在坡上或坡顶施工者，不得随意向坡下滚落重物；

5）深基坑上下应先挖好阶梯或开斜坡道，并采取防滑措施，严禁踩踏支撑上下，坑的四周要设置明显的安全栏；

6）挖土应从上而下水平分段分层进行，每层约 0.3m，严禁先挖坡脚或逆坡挖土。做到边挖边检查坑底宽度及坡度，每 3m 修一次坡，挖至设计标高后，应进行一次全面清底，要求坑底凸不得超过 1.5cm。凡基坑挖好后不能立即进行下道工序的，应预留 15～30cm 一层土不挖，待下道工序开始时再挖至设计标高；

7）按设计要求施工，施工过程中注意保护基桩、龙门板或标高桩；

8）遵守其他施工操作规范和安全技术要求；

9）土方开挖时，应防止邻近已有建筑物或构筑物、道路、管线等发生下沉或变形；

10）施工中如发现有文物或古墓等，应保护好现场，并立即报告有关部门，待妥善处理后方可继续施工；如发现有国家永久性测量控制点，必须予以保护。凡在已铺设有各种管线（如电缆等）的地段施工，应事先与相关管理部门取得联系，共同采取措施，以免损坏管线。

（2）机械挖土：常用的挖方机械有推土机、铲运机、正（反）铲挖掘机、装载机等。机械挖土适用于较大规模的园林建筑、构筑物的基坑（槽）和管沟，以及较大面积的水体、大范围的整地工程挖土。

1）推土机是土方施工中的主要机械之一，它是由拖拉机和推土装置两部分组成，有履带式和轮胎式两种。推土机挖土操作灵活，运转方便，挖运两用，特别适合场地平整、浅基坑挖方及堆筑高度小于1.5m的路基、堤坝等。其适宜运距为100m，其中最高效运距为60m；

2）铲运机在土方工程中常用来挖运、铺土、平整和卸土等。铲运机对运行道路要求较低，适应性广，投入使用准备工作简单，行驶速度快，适合大面积场地平整、压实和大型基坑（槽）的挖方，在筑路、挖湖、堆山等作业中均可使用。铲运机适于800～1500m运距内挖运土，其最高效运距为200～350m，但作业坡度应控制在20°以内；

3）挖掘机按行走方式分为履带式和轮胎式两种，按传动方式分为机械传动和液压传动两种。斗量有0.1$m^3$、0.2$m^3$、0.4$m^3$、0.5$m^3$、0.6$m^3$、0.8$m^3$、1.0$m^3$、1.6$m^3$、2.0$m^3$等多种。根据工作装置不同，挖掘机又分为正铲与反铲两类，其中以正铲应用最多。正铲挖掘机适用于开挖深度较大的大型管沟、基槽、独立基坑及边坡等，也可用于大面积场地土方平整；

4）机械挖土应根据不同的施工机械，采用不同的施工方法。例如在挖掘水体时，用推土机推挖，将土推至水体四周，再运走或用来堆置地形，最后岸坡用人工修整，效率很高。用反铲挖掘机开挖独立基坑时，最大挖深4～6m，较为经济合理的深度为1.5～3m。

（3）土石方施工机械在施工中的注意事项：

1）采用施工机械挖土前应将施工区域内的所有障碍物清除，并对机械进入现场的道路、桥涵等进行认真检查，如不能满足行走、施工要求时，应及时予以加固；凡属于夜间施工的机械设备必须配有足够的照明设备，并做好开挖的标志，防止错挖或者超挖土方；

2）推土机手应识图或了解施工对象的情况，如施工地段的原地形情况和设计地形特点，最好结合模型，便于一目了然。另外，施工前还要了解实地定点放线情况，如桩位、施工标高等，这样施工时司机心中有数，就能得心应手地按设计意图去塑造设计地形，对提高工效有很大帮助，在修饰地形时可节省许多人力物力；

3）施工中注意保护表土。在挖湖堆山时，先用推土机将施工地段的表层熟土（耕作层）推到施工场地外围，待地形整理停当，再把表土铺回来，这对园林植物的生长有利，人力施工地段有条件的也应当这样做。在机械施工无法作业的部位应辅以人工，以确保挖方质量；

4）为防止木桩受到破坏，并有效指引推土机手，木桩应加高或作醒目标志，放线也要明显；同时，施工技术人员要经常到现场校核桩点和放线，以免挖错（或堆错）位置；

5）对于基坑挖方，为避免破坏基底土，应在基底标高以上预留一层土用人工清理。使用铲运机、推土机时一般保留土层 20cm；使用正、反铲挖掘机挖土时要预留 30cm；

6）如用多台挖土机施工，两机间的距离应大于 10m。在挖土机工作范围内不得再进行其他工序施工。同时应使挖土机离边坡有一定的安全距离，且验证边坡的稳定性，以确保机械施工的安全；

7）机械挖方宜从上到下分层分段依次进行。施工中应随时检查挖方的边坡状况，当垂直下挖深度大于 1.5m 时，要根据土质情况做好基坑（槽）的支撑，以防坍陷；

8）需要将预留土层清走时，应在距槽底设计标高 500mm 槽帮处，找出水平线，钉上小木橛，然后用人工将土层挖去同时由两端轴线（中心线）打桩拉通线（常用细绳）来检查距槽边尺寸，确定槽宽标准，以此对槽边修整，最后清除槽底上方。

（4）冬、雨季土方施工：土方开挖一般不在雨期进行，如遇雨天施工应注意控制工作台面，分段、逐片地分期完成。

1）开挖时注意边坡的稳定，必要时可适当放缓边坡或设置支撑，同时要在外侧（或基槽两侧）四周围堆土堤或开挖排水沟，防止地面水流入；

2）在坡面上挖方时还应注意设置坡顶排水设施。整个施工过程都应加强对边坡、支撑、土堤等的检查与维护；

3）在冬季挖方时应制定冬季施工方案并严格执行。采取防止冻结法开挖时，可在土层冻结以前用保温材料覆盖或将表层土翻耕耙松，翻耕深度应根据当地的气温条件来确定，一般情况下不小于 30cm；

4）开挖基坑（槽）或管沟时，要防止基础下基土受冻。如基坑（槽）挖方完毕后有较长的停歇时间才进行后续作业，则应在基底标高以上预留适当厚度（一般约 30cm）的松土，也可用其他保温材料覆盖。如若遇上开挖土方引起邻近建筑物（或构筑物）的地基或基础暴露时，也要采取防冻措施，使其不受冻结破坏。

（5）土壁的支撑：开挖基坑（槽），如地质条件较好且无地下水、挖深又不大时，可采用直立开挖不加支撑；当挖深较大（但不超过 4m）时，可根据土质和周围条件放坡开挖，放坡后坑底宽度每边应比基础宽出 15～30cm，坑（槽）上口宽度由基础底宽及边坡坡度来确定。但当开挖含水量大、场地狭窄、土质不稳定或挖深过大的土体时，应采取临时性支撑加固，以保证施工的顺利和安全，并减少对邻近已有建筑物或构筑物的不良影响。其主要方法有：

1）横撑式支撑：当有开挖较窄的沟槽时，一般多用横撑式土壁支撑。此法根据挡土板的不同，分为水平挡土板式［图 7.3-7（*a*）］、垂直挡土板式［图 7.3-7（*b*）］两类，前者依挡土板的布置不同，又可分为断续式和连续式两种。湿度小的黏性土挖土深度小于 3m 时，可用断续式挡土板支撑；对松散、湿度大的土可用连续式水平挡土板支撑，挖土深度可达 5m。垂直挡土板式支撑用于松散和湿度很大的土壤，其挖深也大。施工时，沟槽两边应以基础的宽度为准再各加宽 10～15cm 用于设置支撑加固结构。挖土时，土壁要求平直，挖好一层做一层支撑，挡土板要紧贴土面，用小木桩或槽撑木顶住挡板。

2）板桩支撑：板桩作为一种支护结构，既挡土又防水。当开挖的基坑较深，地下水位高且有出现流沙的危险时，如未采用降低地下水位的方法，则可用板桩打入土中，使地下水在土中渗流线路延长，降低水力坡度，从而防止流沙产生。在靠近原有建筑物开挖基

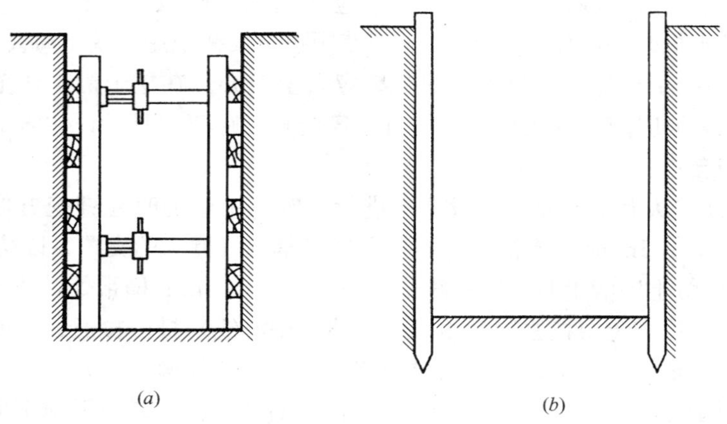


图 7.3-7 横撑式支撑示意图
(a)连续式水平挡土板支撑;(b)垂直挡土板式

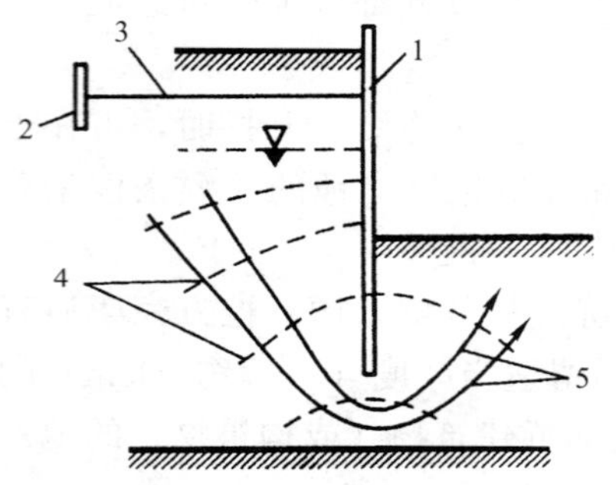


图 7.3-8 用板桩支撑及防止流沙现象图
1—板桩;2—锚固桩;3—紧固钢丝
4—等压流线;5—水流

坑时,为了防止土壁崩塌和建筑物基础的下沉,也应打设板桩支护,如图 7.3-8 所示。

(6) 挖方中常见的质量问题及解决办法:

1) 底超挖:开挖基坑(槽)或管沟均不得超过设计基底标高,如偶有超过的地方,应会同设计单位共同协商解决,不得私自处理;

2) 桩基产生位移:一般出现于软土区域,碰到此土基挖方,应在打桩完成后,先间隔一段时间再对称挖土,并要求制定相应的技术措施;

3) 基底未加保护:基坑(槽)开挖后没有进行后续基础施工,也没有保护土层。为此应注意在基底标高以上留出 0.3m 厚的土层,待基础施工时再挖去;

4) 施工顺序不合理:一般情况下,土方开挖时,应从低处开始,分层分段依次进行,形成一定坡度,以利于排水;

5) 开挖尺寸不足,基底、边坡不平:开挖时没有加上应增加的开挖面积,使挖方不足,故施工放线要严格,要充分考虑增加的面积。对于基底和边坡应加强检查,随时校正;

6) 施工机械下沉:采用机械挖方,务必掌握现场土质条件和地下水位情况,针对不同的施工条件采取相应的措施。一般推土机、铲运机需要在地下水位 0.5m 以上推铲土,挖土机则要求在地下水位 0.8m 以上挖土。

7.3.2.2 土石方的运输

(1) 一般竖向设计都力求土方就地平衡,以减少土方的搬运量。土方运输是较艰巨的劳动,人工运土一般都是短途的小搬运。车运人挑,这在有些局部或小型施工中还经常采用。

（2）运输距离较长的，最好使用机械或半机械化运输。不论是车运人挑，运输路线的组织很重要，卸土地点要明确，施工人员随时指点，避免混乱和窝工。如果使用外来土垫地堆山，运土车辆应设专人指挥，卸土的位置要准确，否则乱堆乱卸，必然会给下一步施工增加许多不必要的小搬运，从而浪费了人力物力。

（3）利用人工吊运土方时，应认真检查起吊工具、绳索是否牢固。吊斗下方不得站人，卸土应离坑边有一定距离。用手推车运土应先平整道路，且不得放手让车自动翻转卸土。用翻斗汽车运土，运输车道的坡度、转弯半径要符合行车安全。

7.3.2.3 土石方的填土

（1）填土施工的要求：

1）对填方土料要求：首先应满足设计的要求，碎石类土、砂土及爆破石渣可考虑用于表层下的填料；碎块草皮和有机质含量大于8%的土壤，只能用于无压实要求的填方；淤泥一般不能作为填方料；盐碱土应先对含盐量测定，符合规定的可用于填方，但作为种植地时其上必须加盖优质土一层，厚约300mm，同时要设计排盐暗沟；一般情况下的中性黏土都能满足各层填土的要求；

2）对基址条件的要求：填方前应全面清除基底上的草皮、树根、积水、淤泥及其他杂物。如基底土壤松散，务必将基底充分夯实或碾压密实；如填方区属于池塘、沟槽、沼泽等含水量大的地段，应首先进行排水、疏干，然后将淤泥全部挖出后再抛填块石或砾石，结合换土及掺石灰措施等处理；

3）对土料含水量的：填方土料中的含水量一般以手握成团、落地开花为宜。含水量过大的土基应翻松、风干，或掺入干土；过干的填土料或填筑碎石类土则必须需先洒水润湿，再施压，以提高其压实效果；

4）对填土边坡的要求：为保证填方的稳定，对填土的边坡有一定规定。对于使用时间较长的临时性填方（如使用时间超过一年的临时道路）边坡坡度，当填方高度小于10m时，可用1：1.5边坡；超过10m，边坡可做成折线形，上部采用1：1.5，下部采用1：1.75。

（2）填土的方法：

1）人工填土：主要用于一般园林建筑、构筑物的基坑（槽）和管沟，以及室内地坪和小范围整地、堆山的填土。常用的机具有：蛙式打夯机、振动夯、内燃夯、手推车、筛子（孔径40～60mm）、木耙、平头和尖头铁锹、钢尺、细绳等。其施工程序为：

清理基底地坪→检查土质→分层铺土、耙平→夯实土方→检查密实度→修整、找平、验收

① 土前应将基坑（槽）或地坪上的各种杂物清理干净，同时检查回填土是否达到填方的要求。人工填土应从场地最低处开始自下而上分层填筑，层层压实。如用人工木夯夯实，每层虚铺厚度，砂质土宜大于30cm，黏性土20cm；用机械打夯时每层虚铺厚度约30cm。人工夯填土，通常用60～80kg木夯或石夯，4～8人拉绳，两人扶夯，举高最小0.5m，一夯压半夯，按次序进行。大面积填方用打夯机夯实，两机平行间距应大于3m，在同一夯打路线上前后间距应大于10m。

② 斜坡上填土且填方边坡较大时，为防止新填土方滑落，应先将土坡挖成台阶状，然后再填土，有利于新旧土方的结合，使填方稳定，如图7.3-9所示；

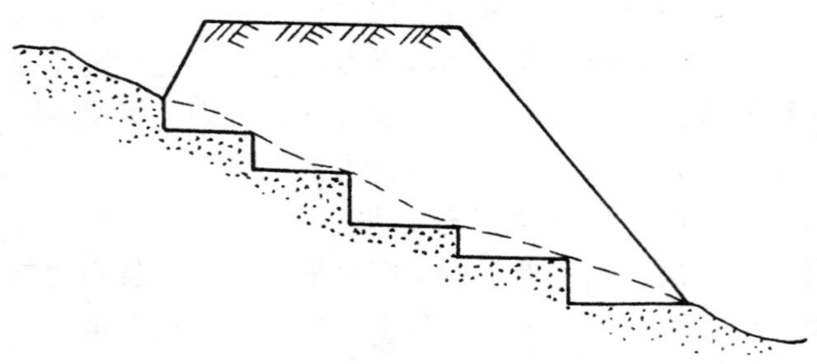

图 7.3-9 斜坡应先挖成台阶状，再行填土

③ 填土全部完毕后，要进行表面拉线找平，超过设计高程之处应及时依线铲平；凡低于设计标高的地方要补土夯实。

2）机械填土：道路绿化工程中常用的填土机械有推土机、铲运机和汽车，各自在填方施工时应把握的要点如下：

① 推土机填土：填方应从下至上分层铺填，每层虚铺不应大于 30cm，不许不分层次一次性堆填。填方顺序最宜采用纵向铺填，从挖方区至填方点以 40～60m 距离为佳。运土回填时要采用分堆集中、一次送运的方法，分段距离一般为 10～15m，以减少运土泄漏。土方运至填方处时应提起铲刀，成堆卸土，并向前行驶 1m 左右，待机体后退时将土刮平。最后应使推土机来回行驶碾压，并注意使履带重叠一半。

② 铲运机填土：同样应分层铺土，每次铺土厚度为 30～50cm；填土区段长不得小于 20m，宽应大于 8m，铺土后要利用空车返回时将填土刮平。

③ 汽车填土：多用自卸汽车填方，每层虚铺土壤厚度 30～50cm，卸土后用推土机推平。土山堆筑时，土方的运输路线应以设计的山头及山脊走向为依据，并结合来土方向进行安排。一般以环行线为宜，车辆或人力挑抬满载上山，土卸在路两侧，空载的车沿路线继续前行下山，车不走回头路、不交叉穿行，如图 7.3-10（*a*），路线畅通，不会逆流相挤。随着不断地卸土，山势逐渐升高，运土路线也随之升高，这样既组织了车流，又使山体分层上升，部分土方边卸边压实，有利于山体稳定，山体表面也较自然。如果土源有几个来向，运土路线可根据地形特点安排几个小环路，如图 7.3-10（*b*），小环路的布置安排应互不干扰。

图 7.3-10 堆山路线组织示意图

（3）雨期填方施工要点：雨期施工时应采取防雨防水措施：

1）填土应连续进行，加快挖土、运土、平土和碾压过程；

2）施工中，如若碰上天要下雨时，必须在下雨前要及时夯完已填土层或将表面压光，并做成一定的坡度，以利于排除雨水和减少下渗；

3）在填方区周围修筑防水埂和排水沟，防止地面水流入基坑、基槽内，造成边坡塌方或基土遭到破坏；

4）冬期回填土方时，每层铺土厚度应比常温施工时减少 20%～50%，其中冻土体积不得超过填土总体积的 15%，其粒径不得大于 150mm；

5）冻土块应分布均匀，逐层压实，以防冻融造成不均匀沉陷。回填土方尽可能连续进行，避免基土或已填土受冻。

7.3.2.4 土石方的压实

土石方的压实是根据工程量的大小、场地条件，可采用人工夯压或机械压实两大类。

（1）人工夯实：人工夯压可用夯、硪、碾等工具。夯压前先将填土初步整平，再根据“一夯压半夯，夯夯相接，行行相连，两遍纵横交叉，分层打夯”的原则进行压实。地坪打夯应从周边开始，逐渐向中间夯进；基槽夯实时要从相对的两侧同时回填夯压；对于管沟的回填，应先用人工将管道周围填土夯实，填土要求至管顶 50cm 以上，在确保管道安全的情况下方能用机械夯压。

（2）机械压实：机械压实可用碾压机、振动碾或用拖拉机带动的铁碾，小型夯压机械有内燃夯、蛙式夯等。按机械压实方法（即压实功作用方式）可分为碾压、夯压、振动压实三种。

1）碾压：碾压是通过由动力机械牵引的圆柱形滚碾（铁质或石质）在地面滚动，借以压实土方、提高土壤密实度的方法。碾压机械有平碾（压路机）、羊足碾和气胎碾等。碾压机械压实土方时，应控制行驶速度，一般平碾不超过 2km/h，羊足碾不超过 3km/h。

① 羊足碾适用于大面积机械化填压方工程，它需要有较大的牵引力，一般用于压实中等深度的黏性土、黄土，不宜碾压干砂、石渣等干硬性土。因在砂土中碾压时，土的颗粒受到“羊足”较大的单位压力后，会向四面移动，而使土的结构破坏。使用羊足碾碾压时，填土厚度不宜大于 50cm，碾压方向要从填土区的两侧逐渐压向中心，每次碾压就有 15～20cm 重叠，并要随时清除粘在羊足之间的土料。有时为提高土层的夯实度，经羊足碾压后，再辅以拖式平碾或压路机压平压实；

② 气胎碾在工作时是弹性体，给土的压力较均匀，填土压实质量较好，但应用最普遍的是刚性平碾。采用平碾填压土方，应坚持“薄填、慢驶、多次”的原则，填土的虚厚一般 25～30cm，从两边向中间碾压，碾轮的每次重叠宽度为 15～25cm，且使碾轮离填方边缘不得小于 50cm，以防发生溜坡倾倒。对边角、边坡、边缘等压不到的地方要辅以人工夯实。每碾压一层后应用人工或机械将表面拉毛，以利于接合。平碾碾压的密实度一般以轮子下沉量不超过 1～2cm 为宜。平碾适于黏性土和非黏性土的大面积场地平整及路基、堤坝的压实；

③ 利用运土工具碾压土壤也可取得较大的密实度，但前提是必须很好地组织土方施工，利用运土过程压实土方。碾压适用于大面积填方的压实。

2）夯实：夯实是借被举高的夯锤下落时对地面的冲击力压实土方的，其优点是能夯实较厚的土层。夯实适用于小面积填方，可以夯实黏性土或非黏性土。夯实机械有夯锤、内燃夯土机和蛙式打夯机等。夯锤借助起重机提起并落下，其重大于 1.5t，落距 2.5～

4.5m，夯土影响深度可超过1m，常用于夯实湿陷性黄土、杂填土及含石块的填土。内燃夯土机作用深度为40～70cm，它与蛙式打夯机都是应用较广的夯实机械。

3）振动压实：

① 振动压实是通过高频振动物体接触填料，并使其振动，以减少填料颗粒间孔隙体积、提高密实度的压实方法。其主要用于压实非黏性填料如石渣、碎石类土、杂填土或亚黏性土等。振动压实机械有振动碾、平板振动器、插入式振动器和振捣梁等；

② 填土的含水量对压实质量有直接影响。每种土壤都有其最佳含水量（表7.3-1），土在这种含水量条件下，使用同样的压实机进行压实，所得到的密度最大。为了保证填土在压实过程中处于最佳含水量，当土过湿时，应予翻松晾干，也可掺入同类干土或吸水性填料；当土过干时，则应洒水湿润后再行压实。尤其是作为建筑、广场道路、驳岸等基础对压实要求较高的填土场合，更应注意这个问题；

③ 铺土厚度对压实质量也有影响。铺得过厚，要压很多遍才能达到规定的密实度；铺得过薄，则要增加机械的总压实遍数。最优铺土厚度主要与压实机械种类有关，此外也受填料性质、含水量的影响。

**各种土壤的最佳含水量** **表7.3-1**

| 序号 | 土壤名称 | 最佳含水率(%) | 序号 | 土壤名称 | 最佳含水率(%) |
|---|---|---|---|---|---|
| 1 | 粗　砂 | 8～10 | 4 | 黏土质砂质黏土和黏土 | 20～30 |
| 2 | 细砂和黏质砂土 | 10～15 | 5 | 重黏土 | 30～35 |
| 3 | 砂质黏土 | 6～22 | | | |

（3）填压方注意事项：

1）施工时，对定位标准桩、轴线控制桩、标准水准点和桩木等不得碰撞，并应定期复测检查这些标准桩是否正确；

2）凡夜间施工的应配足照明，防止铺填超厚，严禁用汽车将土直接倒入基坑（槽）内；

3）基础或管沟的现浇混凝土应达到一定强度，不致因填土而受到破坏时，方可回填土方；

4）管沟中的管线，或从建筑物伸出的各种管线，都应按规定严格保护后才能填土。

（4）土方压实质量的检测：对密实度有严格要求的填方，夯实或压实后要对每层回填土的质量进行检验。常采用的检验方法是环刀法取样测定土的干密度后，再求出相应的密实度；也可用轻便式触探仪直接通过锤击数来检验干密度和密实度是否符合设计要求，即压实后的干密度达标者应在90%以上，其余10%的最低值与设计值之差也不得大于0.08t/m$^3$，且不能集中。

（5）填压方中常见的质量问题及解决方法：

1）未按规定测定干土密度。回填土每层都必须测定夯实后的干土密度，符合要求后才能进行上一层的填土。测定的各种资料，如土壤种类、试验方法和结论等均应标明并签字，对达不到测定要求的填方部位要及时提出处理意见；

2）回填土下沉的主要原因是虚铺土超厚或冬季施工时遇到较大的冻土块或夯实遍数不够、漏夯，或回填土所含杂物超标等。碰到这些现象应加以检查，并制定相应的技术措施；

3）管道下部夯填不实。这主要是施工时没有按施工标准回填打夯，出现漏夯或密实度不够，使管道下方回填空虚。这种情况下应填实；

4）回填土夯压不密实。如果回填土质含水量过大或土壤太干，都可能导致土方填压不密实。此时，对于过干的土壤要先洒水润湿后再进行摊铺；过湿的土壤应先摊铺晾干，符合标准后方可作为回填用土；

5）管道中心线产生位移或遭到损坏。这是在用机械填压时，不遵守施工规程所致。因此，施工时应先用人工在管子周围填土夯实，并要求从管道两侧同时进行，直到管顶0.5m以上，在保证管道安全的情况下方可用机械回填和压实；

6）土方工程施工面较宽，工程量大，工期较长，施工组织工作很重要。大规模的工程应根据施工力量、工期要求和具体条件决定，工程可全面铺开也可分期进行。施工现场要有专人指挥调度，各项工作要有专人负责，以确保工程按计划完成。

## 7.4 植 树 工 程

### 7.4.1 概述

（1）植树，就是指对植物进行种植；但从广义上说，应包括植物的掘起、搬运、种植和栽后成活管理这四个基本环节。掘起俗称起苗，是指将要移栽的植株，从所在地连根（裸根或带土球）起出的操作；搬运是指将起出的植株进行合理的包装，并运到栽植地点的过程；种植是指将移来的植株栽入适合的土内或其他栽植介质中的操作；栽后成活管理是指为保证种植后的植株能够成活而采取的一定的养护技术措施。

（2）如果本次种植，以后不再移动，而长久定居者，称为定植；种在某地，以后还需移植到别处的，称为移植；在掘起和搬运后，如不能及时种植，为保护根系，防止苗木脱水，将苗木根系用湿润土壤临时性填埋的措施，称为假植。

（3）城市道路绿地栽植施工，是指按照正规的施工设计和计划，完成某一条道路或场所的全部或局部的植物（包括乔灌木、花卉、草坪、水生植物和地被植物等）栽植和布置。

### 7.4.2 植树前的准备工作

植树工程是道路绿化工程中十分重要的部分，其施工质量的好坏，直接影响到城市道路景观及绿化的效果，因而在施工前需作以下准备。

7.4.2.1 明确设计意图及施工任务量

在接受施工任务后应通过工程主管部门及设计单位明确以下问题：

（1）工程范围及任务量：其中包括栽植乔灌木的规格和质量要求以及相应的建设工程，如土方、上下水、道路两旁的一些小路、灯、椅及美化城市的小品等。

（2）工程的施工期限：包括工程总的进度和完工日期以及每种苗木要求栽植完成日期。

（3）工程投资及设计概（预）算：包括主管部门批准的投资数和设计预算的定额

依据。

（4）设计意图：即绿化的目的、施工完成后所要达到的景观效果。

（5）了解施工地段的地上、地下情况：有关部门对地上物的保留和处理要求等；地下管线特别是要了解地下各种电缆及管线情况，和有关部门配合，以免施工时造成事故。

（6）定点放线的依据：一般以施工现场及附近水准点作定点放线的依据，如条件不具备，可与设计部门协商，确定一些永久性建筑物作为依据。

（7）工程材料来源：其中以苗木的出圃地点、时间、质量为主要内容。

（8）运输情况：行车道路、交通状况及车辆的安排。

7.4.2.2 编制施工组织计划

在前项要求明确的基础上，还应对施工现场进行调查，主要项目有：施工现场的土质情况，以确定所需的客土量；施工现场的交通状况，各种施工车辆和吊装机械能否顺利出入；施工现场的供水、供电；是否需办理各种拆迁，施工现场附近的生活设施等。根据所了解的情况和资料编制施工组织计划，其主要内容有：

（1）施工组织领导。

（2）施工程序及进度。

（3）制订劳动定额。

（4）制订工程所需的材料、工具及提供材料工具的进度表。

（5）制订机械及运输车辆使用计划及进度表。

（6）制订栽植工程的技术措施和安全、质量要求。

（7）绘出平面图，在图上应标有苗木假植位置、运输路线和灌溉设备等的位置。

（8）制定施工预算。

7.4.2.3 施工现场准备

施工现场有工业垃圾、渣土、建筑废墟垃圾等要进行清除，一些有碍施工的市政设施、房屋、树木要进行拆迁和迁移，然后可按照设计图纸进行地形整理，主要使其与四周道路、广场的标高合理衔接，使绿地排水通畅。如果用机械平整土地，则事先应了解是否有地下管线，以免机械施工时造成管线的损坏。

### 7.4.3 城市道路绿化栽植的原则与特点

7.4.3.1 城市道路绿化栽植的施工原则

（1）栽植施工必须符合规划设计的要求。所有的园林绿化设计方案，都要通过具体的施工来实现。为了充分实现设计者的设计愿望、设计意图，施工人员应理解和弄清设计图样，了解熟悉设计意图，并严格按照设计图样进行施工。

（2）栽植技术必须符合植物的生物学特性和生态学特性。植物除有共同的生理特性外，不同品种都有其本身的特性。施工人员必须了解其共性与特性，并采取相应的技术措施，才能保证栽植成活和工程的真正完成。

（3）栽植施工必须熟悉施工现场的状况。

（4）栽植施工必须抓紧适宜的栽植季节，以提高成活率，降低施工成本。

（5）栽植施工要严格执行相应的技术规范和施工操作规程，安全施工。

7.4.3.2 城市道路绿化栽植的施工特点

(1) 季节性：城市道路栽植施工是以有生命的植物材料为主要对象，而植物的生长成活又受一定的季节和时令的约束，因此栽植施工有很强的季节性，只有因地制宜地掌握好适宜的栽植季节，才能保证栽植的最大成活率，方便施工，降低工程成本。

(2) 科学技术性：城市道路栽植施工有严格的科学性，不能简单地把它看成栽几棵树、种几朵花。只有严格按照科学的施工工艺和操作方法来施工，才能保证植物栽植成活。同时，栽植施工同许多专业施工有密切关系，如假山砌石、道路铺设、水景工程、给排水工程等，且栽植施工的施工工艺和操作方法又会随着施工条件（如地质水文、气候变化等）、施工对象、植物本身的不同生态习性和生理机能而经常变化，新的施工工艺和机具设备也在不断更新。因此，施工人员要有一定的科学技术基础知识，才能保证完成施工任务。

(3) 艺术性：城市道路绿化工程的栽植施工，是一门具有一定专业知识的艺术。设计人员提出的指令性图样，不可能是非常详细的，如树木的姿态造型和搭配、植物的配置与组合等许多问题，常常会有不少变化，这就需要施工人员必须具有一定的艺术理论基础，才能机动灵活地体现和发挥设计者的意图。

7.4.3.3 树木栽植成活原理

城市道路行道树的栽植施工，是指在道路的两旁进行乔、灌木的栽植，俗称道路的植树，也称道路植树工程。很多人把植树看成很简单的工作，认为无非是挖坑、放苗、填土、浇水等操作，其实不然。如果不了解树木栽植成活的原理，即使是用粗干插栽都易生根的某些杨、柳树，也不能正常成活。所以我们要了解如下知识：

(1) 一株正常生长的树木，其根系与土壤保持密切结合，地下部与地上部的生理代谢（如根对水分的吸收和叶的蒸腾作用）是平衡的。

(2) 树木的栽植，由于起苗挖掘，根系与土壤的密切关系被破坏，吸收根大部分断留在土壤中，根部与地上部的代谢平衡也就被破坏，而根系的再生，一般需要相当一段的时间。

(3) 如何使移来的树木与新环境迅速建立正常的联系，及时恢复树木以水分代谢为主的生理平衡，是栽植成活的关键。这种新平衡建立的快慢，与树种的习性、树龄、栽植技术、物候状况及环境因素等都有密切关系。

(4) 一般来说，发根能力和再生能力强的树种移栽容易成活，幼、青年期的树木及处于休眠状态的树木移栽容易成活。

7.4.3.4 行道树树木栽植条件

(1) 根据栽植成活的原理，只要能够保证树木地下部与地上部生理代谢（主要是水分）的平衡，一年四季栽植树木都可以，所以在园林绿化中，有时因为工程进度及绿地使用功能的需要，随时都要进行树木栽植工程的施工。

(2) 但在实践当中，为了减小施工技术难度，降低工程成本，减少移植对树木正常生长的影响，提高树木栽植成活率，植树应选择在外界环境最有利于水分的供应、树木本身的生命活动最弱、养分消耗最少、水分蒸腾量最小的时期来进行。

(3) 在我国大部分地区，植树最适宜的季节是在晚秋和早春，即树木落叶后开始进入休眠期至土壤冻结前，以及树木萌芽前刚开始生命活动的时候，这两个时期树木对水分和养分的需求量都不大，容易得到满足，且树体内还储存有大量的营养物质，又有一定的生命活动能力，有利于伤口的愈合和新根的发生，所以在这两个时期栽植一般成活率最高。

(4) 至于秋栽好还是春栽好，历来有不少争论，没有一个明确的界定，要依据不同树种和不同地区的条件来定。同一植树季节南北方地区可能相差一月之久，这些都要在实践工作中灵活应用。

7.4.3.5 城市行道树的春季栽植

(1) 从树木生理活动来讲，春季是树木开始生长的大好时期，而且大多数地区春季气温回升、土壤水分较充足、空气湿度大、地温较暖，有利于树木根系的主动吸水，促使树木根系在相对较低的温度下即可开始活动。

(2) 春季栽植符合树木先长根、后发枝叶的物候顺序，有利于植株水分代谢的平衡。因此，春季是我国大部分地区主要和较好的植树季节。

(3) 由于我国幅员辽阔，各地气候条件相差很大，有些地区也不适合春栽，如春季干旱多风的西北、华北部分地区，春季气温回升快，水分蒸发量大，适栽时间短，容易造成根系来不及恢复，地上部就已发芽，影响成活。

(4) 西南某些地区（如昆明）受印度洋干湿季风的影响，秋冬、春至初夏均为旱季，水分蒸发量大，春栽往往成活率不高。

(5) 春栽具体的时间各地不一，一般应在土壤解冻至树木发芽前，即 2～4 月份进行（南方早、北方迟）。因此时树木幼根开始活动，地上部分仍处于休眠状态，先生根后发芽，树木容易恢复生长。尤其是落叶树木，必须在新芽开始膨大或新叶开放之前栽植。

(6) 在这个时期内，宜早不宜晚。早栽则树苗出芽早、扎根深，易成活。若新叶开放以后栽植，树木容易枯萎或死亡，即使能够成活也是由休眠芽再生新芽，当年生长多数不良。一般在寒冷的地区或对在当地不甚耐寒的边缘树种，春季栽植较为适宜。一些具肉质根的树木（如木兰属树木、鹅掌楸、山茱萸等）春季栽植也比秋季好。

(7) 虽然早春是我国大多数地区树木栽植的适宜时期，但这一时期持续时间较短，若栽植任务不很重，比较容易把握有利时机，若栽植任务较重而劳动力又不足，就很难在适宜的时期内完成栽植任务。因此春栽与秋栽适当配合，可缓和劳动力的紧张状况。

7.4.3.6 城市行道树的夏季栽植

(1) 夏季栽植最不容易保证树木的成活，因为一般在夏季是树木生长旺盛，枝叶水分蒸腾量大，根系需吸收大量的水分，而土壤的蒸发作用很大，容易缺水，使新栽树木枯萎死亡。

(2) 我国部分地区（如西南地区）春旱、秋冬也干旱，土壤水分不足，蒸发量大，栽植不易成活。而该地区夏季为雨季且较长，海拔较高，夏季不炎热，在此时掌握有利时机进行栽植，可获得较高的栽植成活率。

(3) 夏季栽植一定要掌握当地历年雨季降雨规律和当年降雨情况，抓住连阴雨的有利时机，一般栽后下雨最为理想。

(4) 常绿树尤以夏季栽植为宜，常绿树雨季栽植的时间，一般在春梢停止生长、秋梢尚未开始生长的时期为好。移栽时必须带土球，以免损伤根部。夏季虽然湿度大，但气温高，水分蒸发量也大，因此栽植必须随挖苗随运苗，要尽量缩短移植时间，以免树木失水而干枯。

(5) 近年来，随着园林事业的蓬勃发展，园林绿化工程中的反季节（即在夏季）栽植有逐渐发展的趋势，甚至为了绿化、美化的需要，不论是常绿树还是落叶树都会在夏季强行栽植。此时，如果栽植技术不到位或管理措施不当，很容易使栽植的树木死亡而造成巨大的经济损失，同时达不到绿化、美化的效果。

(6) 因此城市园林绿地夏季栽植树木（特别是非雨季地区的夏季栽植），除要抓住最适宜的栽植时间（在下过透雨并有较多降雨天气的时期最为适宜）、掌握好不同树种的适栽特性、严格栽植技术措施外，同时还要注意适当采取修枝、剪叶、遮阴、保持树体和土壤湿润等措施。

(7) 在一些高温干旱地区，除一般的水分与树体管理外，还要特别采取搭棚遮阴、树冠喷水、树干保湿等技术措施，以保持空气湿润，防止树木脱水。

7.4.3.7 城市行道树的秋季栽植

(1) 秋季栽植适合于适应性强、耐寒性强的落叶树。秋季气温逐渐下降，蒸发量较小，土壤水分状态稳定，许多地区都可以栽植。特别是春季严重干旱和风、沙大或春季较短的地区，秋季栽植比较适宜。但在易受冻害和兽害的地区不宜在秋季栽植。

(2) 从苗木生理上来说，秋季树体内储存的营养物质较丰富，有利于断根的伤口愈合，且秋季多数树木根系的生长有一次小高峰。

(3) 在当地属耐寒的落叶树，秋栽后，根系在土温尚高的条件下，还能恢复生长，因为根系没有自然休眠期，只要冬季冻土层不厚，下层根系仍有一定生长活动的能力。

(4) 此外，秋栽后，树木根系经过一冬与土壤的密切结合，有利于春季早发根。秋季栽植的时间较长，一般在树木大部分叶片已脱落至土壤封冻前进行。秋季栽植也应尽早，一般树木一落叶即栽最好。夏季为雨季的华北等地，常绿针叶树，此时会再次发根，故其秋栽应比落叶树早些为好。

7.4.3.8 城市行道树的冬季栽植

(1) 在冬季土壤基本不结冻的华南、华中和华东等长江流域地区，可以冬季栽植。以广州为例，气温最低的一月份，其平均气温也在13℃以上，故无气候上的冬季，从一月份开始就可栽植樟树、白兰花等深根性树种，二月份即可全面开展植树工作。

(2) 在冬季严寒的华北北部、东北大部，由于土壤冻结较深，不太适合冬季栽植，但对一些当地乡土树种，也可以利用冻土球移植法来进行栽植。

(3) 一般来说，冬季栽植主要适合于落叶树种，因为落叶树的根系冬季休眠时间较短，栽后仍能愈合生根，有利于第二年的萌芽和生长。

(4) 掌握各个季节树木栽植的有利和不利因素，对于因地制宜、因树种制宜，恰当地安排最有利的施工时间和施工进度，具有重要的意义。

7.4.3.9 我国各大区的城市行道树木的栽植季节

(1) 东北大部、西北北部和华北北部：

1) 本地区纬度高，冬季严寒，故以春栽为好。春栽的成活率高，还可以免除抗寒的措施；

2) 春栽的时期，以当地土壤刚解冻时为宜，约在4月上旬至4月下旬（清明至谷雨）前后。在一年中，当栽植任务重、劳动力缺少时，也可秋栽；

3）秋栽一般在树木落叶至土壤尚未封冻之前进行，约在9月下旬至10月底左右。秋栽的树木成活率低于春栽，且需要防寒，费工费料。另外，对当地耐寒力极强的树种，可利用“冻土球移植法”在冬季进行栽植。

（2）华北大部和西北南部：

1）本地区冬季时间较长，约有2～3个月的土壤封冻时期，且雪少风多，尤其是春季多风，空气较干燥，夏秋季雨水集中；

2）土壤深厚，贮水较多，春季土壤水分状况仍然较好。因此该区大部分地区和多数树种以春栽为好；

3）春栽应从土壤解冻返浆至树木发芽前，约在3月中旬至4月下旬进行。多数树种以土壤解冻后尽早栽植为好，早栽容易成活，扎根深；

4）在这些地区，凡容易受冻和容易干梢的边缘树种，例如二球悬铃木、梧桐、泡桐、紫薇、月季、小叶女贞及竹类和针叶树种等适宜在春季栽植；

5）有少数萌芽展叶晚的树种，例如白蜡、柿树等树种，一般在晚春栽容易成活，即在其芽开始萌动将要展叶时为宜；

6）本区秋季气温高，降雨量集中，常绿针叶树也可在此时栽植，但要注意掌握时机，以当地雨季降第一次透雨开始或以春梢停止生长而秋梢尚未开始生长的间隙进行栽植，尽可能缩短移栽过程的时间；

7）本地秋冬季节，雨期过后土壤水分状况良好，气温下降，原产于本区耐寒的落叶树，例如杨、柳、榆、槐、臭椿等树种，均以秋季栽植为宜。

（3）华东、华中及长江流域地区：

1）本地区冬季时间不长，土壤基本不结冻，除夏季酷热干旱外，其他季节雨量较多，特别是梅雨季节，空气湿度较大，因此，除干热的夏季外，其他季节均可栽植；

2）本地区的春栽可于寒冬腊月过后、树木萌芽前半个月栽植，但对于早春开花的梅花、白玉兰等，为不影响其开花，则应花后栽植；对春季萌芽展叶迟的树种（例如枫杨、苦楝、合欢、乌桕、喜树、重阳木等）在晚春栽植较为适宜，即见芽萌动时栽植为宜；

3）对部分常绿阔叶树例如樟树、广玉兰、桂花等，如过早栽植，树体尚处于休眠状态，栽后易发生枯梢和枯干现象，也可晚春栽植，有的可延迟到4～5月开始展新叶时栽植；

4）本地区落叶树也可晚秋栽植，特别是一些萌芽早的花木，例如月季、蔷薇、珍珠梅等树种，时间是10月中旬至11月下旬，有的可延至12月上旬才进行栽植。

（4）华南地区：本区四季气温相差不大，南部没有气候上的冬季，仅个别年份绝对温度可达0℃。该区降雨充足，且降雨主要集中在春、秋两季。栽植季节以春、夏梅雨季节为主，其中春栽应相应提早，一般在2月份即可全面开展栽植工作。秋季干旱时期，栽植时间应适当推迟。该地区冬季土壤不结冻，可进行冬栽，从1月份开始就可栽植。

（5）西南地区：本区主要受印度洋季风影响，有明显的干、湿季。冬、春为旱季，土壤水分不足，气候温暖且日蒸发量大，春栽往往成活率不高，其中落叶树可以春栽，但要提早并有充分的灌水条件。夏、秋为雨季，延续时间长，气候凉爽，栽植成活率较高，常绿树尤以雨季栽植为好。

我国幅员辽阔，各地自然条件各异，应根据本地区的气候特点及不同树种栽植特性，选择最合适的栽植时期。一般而言，在同一季节中，同一地区各树种栽植先后的一般规律为：落叶针叶树→落叶阔叶树→常绿针叶树→常绿阔叶树。

7.4.3.10 树龄与树木栽植成活的关系

（1）树木的年龄对植树成活率的高低有很大影响，一般情况下，同一种树木中，树龄越小的，移栽成活率越高。这是因为树龄小的苗木起掘方便，根系损伤率低；并且树龄小的苗木营养生长率旺盛，再生能力强，因移植损伤的根系和修剪后枝条容易恢复生长。

（2）移栽太小的苗木也有不利的方面，一是小苗木植株矮小，容易受外界的损伤，二是太小的苗木很难在短期内发挥园林绿化的整体效果。

（3）壮龄树树体高大，移栽后能马上发挥园林绿化整体效果，但是壮龄树营养生长已逐渐衰退，且由于树体过大，移栽操作困难，施工技术复杂，这样就会增加施工、管理难度及提高工程造价。所以除一些有特殊需要的绿化工程外，一般不宜选用壮龄树木。

（4）实践证明，城市环境条件复杂，绿化设计中宜选用幼青年期的大规格苗木。一般落叶乔木，最小应选用胸径3cm以上的苗木，用于行道树及游人活动频繁的地方还可更大一些；常绿乔木最小规格应选用树高1.5m以上的苗木（绿篱除外）。

7.4.3.11 苗木选择与相应的施工措施

（1）在长期的自然选择和人工栽培过程中，不同的植物形成了不同的遗传特性。各种树木对环境条件的要求和适应能力表现出很大的差异，对于移栽的适应能力也是如此。

（2）尽管选用树种、苗木是设计人员的事，但作为施工人员在树木移栽施工过程中，也必须根据各树种不同特性而采取不同的技术措施，才能保证移栽树木的成活。

（3）杨、柳、槐、榆、臭椿、朴、银杏、绣球花、梅、桃、杏、连翘、迎春、胡枝子、紫穗槐、蔷薇等树种，都具有很强的再生能力和发根能力，有的甚至用一根带有芽的枝条扦插，都能成为新植株。因此此类树比较容易移栽成活，包装、运输也比较简便，其移栽措施可以适当简单一些，一般都用裸根移栽。

（4）有些树种，特别是常绿树，如雪松、紫杉、木荷、山茶、楠、金钱松、木兰类、桦树类、柏类等，移栽较难成活，必须带土球移栽，而且必须保证土球完整，才能提高成活率。

（5）树木移栽时，最忌根部失水，苗木最好能随掘、随运、随栽。如掘苗后一时无施工条件者，则应妥善假植保护，保证根系潮润才能移栽成活。但也有个别树种，如牡丹，其根为肉质根，根系含水量高，故掘苗后，最好晾晒一段时间，使根部含水量减少一些后，再栽为好，以免因水分过多使根系易断造成大量损伤，并有利于根部伤口愈合和再生新根。

（6）同一品种，同龄的苗木，由于苗木的质量不同，栽植成活率和以后的适应能力也会有所不同。一般生长健壮，没有病虫害和机械损伤的苗木，移栽成活率较高；生长过旺，以致徒长的苗木，因其抗性较差，反而不如生长一般的苗木容易成活和具有较强的适应性。

（7）苗木出圃以前，如果苗木几经移栽断根，所形成的根系就紧凑而丰满，移栽后容易成活。反之，一直没有移栽过的实生苗，因根系生长过长，掘苗时容易损伤而影响成活。

### 7.4.4 挖坑机械

7.4.4.1 挖坑机的基本构造

（1）挖坑机的主要工作部件是钻头，有挖坑型和松土型两类。挖坑型钻头主要为螺旋型，它由钻尖、刀片、螺旋翼片和钻杆组成，钻尖起定位作用，刀片用于切削土壤，螺旋翼片起导土、升土作用。

（2）挖坑机的螺旋钻头有单螺旋钻头、双螺旋钻头、翼片式钻头和螺旋齿（螺旋弯刀）钻头，如图 7.4-1 所示。单螺旋钻头由单头螺旋导土片和一把切土的刀组成，作业时钻头受力不平衡，只适于挖直径 35cm 以下的穴（坑）；双螺旋钻头由双螺旋导土片和两把切土刀组成，适用于挖直径 50～80cm 的穴（坑）；翼片式钻头由两把切土刀和两切刀导土片的锥形工作面组成，适于挖浅坑（坑深：穴径≤0.75）；螺旋齿钻头是在钻杆上焊有两把螺旋形弯刀，适用于树根草皮多的地方进行穴状整地。

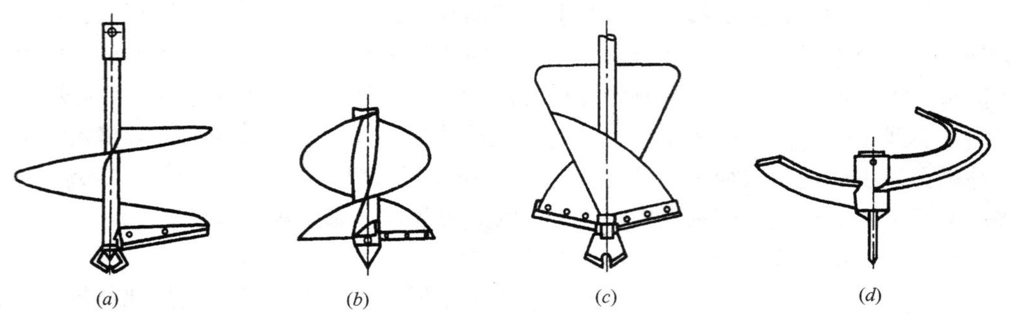


图 7.4-1　挖坑机螺旋钻头类型
（*a*）单螺旋钻头；（*b*）双螺旋钻头；（*c*）翼片式钻头；（*d*）螺旋齿钻头

7.4.4.2　挖坑机钻头的技术性能

城市行道树栽植时，所采用的挖坑机钻头主要技术性能见表 7.4-1 所列。

**挖坑机钻头主要技术性能**　　　　**表 7.4-1**

<table>
<tr><td>钻头直径(mm)</td><td>150</td><td>200</td><td>250</td><td>300</td><td>350</td><td>400</td><td>500</td><td>600</td><td>700</td><td>800</td><td>1000</td></tr>
<tr><td>钻头转速(r/min)</td><td>250</td><td>280<br>230</td><td>230</td><td>280<br>200</td><td>180</td><td>280</td><td>250</td><td>230</td><td>210</td><td>180</td><td>160</td></tr>
<tr><td>螺旋导程(mm)</td><td>150</td><td>250<br>155</td><td>160</td><td>380<br>180</td><td>200</td><td>500</td><td>600</td><td>680</td><td>750</td><td>800</td><td>1000</td></tr>
<tr><td>螺旋头数</td><td colspan="5">1</td><td colspan="4">2</td><td>2、3</td><td>3</td></tr>
<tr><td rowspan="2">钻杆直径(mm)</td><td>—</td><td>50</td><td>—</td><td>50</td><td>—</td><td rowspan="2">70</td><td rowspan="2">70</td><td rowspan="2">102</td><td rowspan="2">102</td><td rowspan="2">127</td><td rowspan="2">127</td></tr>
<tr><td colspan="5">38～45</td></tr>
</table>

注：下行数字为便携式挖坑机钻头的技术参数。

7.4.4.3　螺旋钻头的工作原理

在转杆的带动下，钻头一边旋转一边垂直向下运动，钻头先切去中心部分土壤，然后刀片开始削切土壤，由于切下的土层很薄，强度不大，容易成松散的细小颗粒，随着钻头旋转，土粒在离心力的作用下甩向穴（坑）壁，土粒与穴（坑）壁间的压力产生阻止土粒旋转的摩擦力，引起外层土粒沿着螺旋翼片表面向上运动。由于土粒内部相互挤压产生摩擦力的作用，外层土粒带动相邻层土粒沿着螺旋翼片的斜面向上运动，直至被抛出至穴（坑）的周围。在栽入树苗后，穴（坑）周围的土可回填到穴中。

7.4.4.4 挖坑机的分类

挖坑机分便携式和自行式两种，便携式又有手提式和背负-手提式两种，以手提式为主。自行式又分为拖拉机牵引式、拖拉机悬挂式和车载式 3 种，以拖拉机悬挂式为主。

(1)手提式挖坑机。手提式挖坑机有单人手提式挖坑机和双人手提式挖坑机两种，如图 7.4-2 所示为一种双人手提式挖坑机外貌图。凡是操作者能到达并站稳的地点基本上能进行挖穴(坑)作业，主要用于地形复杂、交通不便的栽植地。手提式挖坑机的特点是质量轻，马力大，结构紧凑，操作灵便，生产效率高，一般生产率为 150～400 穴/h，但是，其使用的安全性较差。现以图 7.4-2 手提式挖坑机为例，介绍其基本构造。手提式挖坑机一般由发动机、离合器、减速器、钻头、把手架和操纵装置等组成。

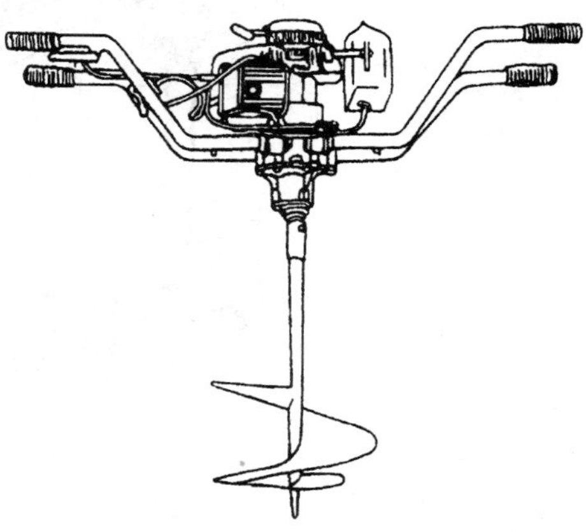

图 7.4-2 双人手提式挖坑机外貌图

1)发动机多采用 1.2～3.75kW 功率的单缸风冷二行程小汽油机，其动力是通过离合器和减速器驱动钻头旋转进行作业；

2)离合器是发动机和工作部件的连接装置，起切断和接通动力的作用，采用离心式摩擦离合器；

3)离心式摩擦离合器可以用发动机的油门开关来控制其结合或分离，这种离合器还能起安全保护作用，当钻头受到意外阻碍时，离合器就会打滑，从而避免发动机熄火或损坏；

4)减速器是挖坑机的重要部件，其作用是减速；

5)把手架多采用可拆卸式的结构，把手架上的手柄可配置成单人操纵或双人操纵的；

6)钻头多采用单螺旋钻头，用以挖树穴(坑)，为方便钻头自动出土，机上多装有逆转机构。国产手提式挖坑机主要技术规格见表 7.4-2 所列。

**国产手提式挖坑机主要技术规格** **表 7.4-2**

| 主 要 型 号 | | 3WB-3 | 3WS-5 | 3WB-5 |
|---|---|---|---|---|
| 1 | 发动机功率(kW) | 2.23 | 3.75 | 3.75 |
| 2 | 减速器形式 | 摆线针轮式 | 少齿差式 | 摆线针轮式 |
| 3 | 挖穴直径(mm) | 110/350 | 280 | 320 |
| 4 | 挖穴深度(mm) | 820 | — | 450 |
| 5 | 钻头类型 | 单螺旋/螺旋齿 | 单螺旋 | 单螺旋/螺旋齿 |
| 6 | 螺距(mm) | 100/85 | 170 | 160 |
| 7 | 螺旋角 | 13°18′～16°57′ | 10° | 9°3′ |
| 8 | 转速(r/min) | 198 | 240 | 228 |

(2) 拖拉机悬挂式挖坑机。拖拉机悬挂式挖坑机有后悬挂正置式和后悬挂侧置式两种，如图 7.4-3 所示。其工作部件的传动，正置式的为机械传动，侧置式的为液压传动。

1) 机械传动的悬挂式挖坑机主要由钻头、减速箱、万向传动轴、上拉杆和机架组成。挖坑机作业时钻头所需动力由拖拉机动力输出轴通过万向传动轴、减速箱获得。由于挖坑

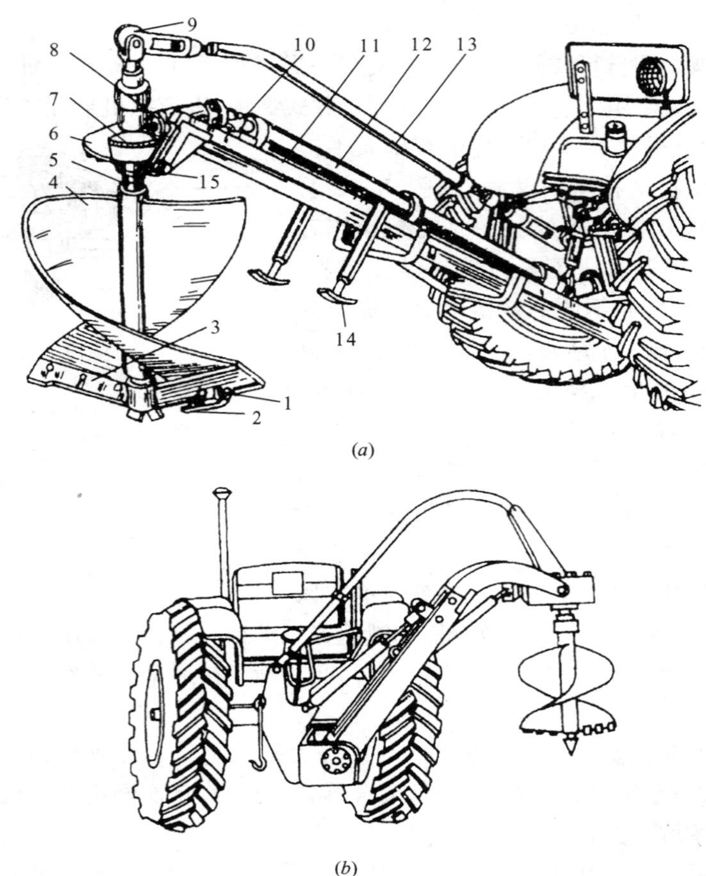


(a)

(b)

图 7.4-3 拖拉机悬挂式挖坑机外貌图

(a) 正置式；(b) 侧置式

1—调节螺钉；2—支撑端头；3—切刀犁头；4—螺旋翼片；5—竖轴；6—减速箱体；7—大锥齿轮；8—小锥齿轮；9—上铰链；10—万向传动轴；11—机架；12—万向传动轴护套；13—上拉杆；14—可伸支脚；15—下铰链

机工作时动力输出轴和减速器之间的距离常要变化，为了保证钻头作业时始终与地面垂直，使树穴不会歪斜，万向传动轴必须是可以自由伸缩的，可伸缩的万向传动轴是机械传动的悬挂式挖坑机的结构特点；

2）有的在万向传动轴中还设有齿式牙嵌离合器，以便在钻头工作负荷过大或遇到障碍物时保护传动部件；减速器一般采用圆锥齿轮减速器，它的任务是把动力输出轴的转速进行减速并增加转矩，同时还可以改变动力的传递方向；钻头常为双螺旋钻头，其升降由拖拉机悬挂机构的液压缸进行控制，但在挖穴（坑）时钻头主要靠自重入土，而拖拉机液压系统处于浮动状态；

3）液压传动的悬挂式挖坑机由钻头、液压马达、液压缸和机架组成。钻头由液压马达直接驱动，液压马达和机架之间采用单点铰链悬挂，以保证工作时钻头的垂直度。液压传动的悬挂式挖坑机结构比较简单，挖穴（坑）的直径和深度都比较大，作业时操作人员视野好，对道路、街道栽植行道树的挖穴（坑）作业效率高、质量好；

4）机械操作挖穴（坑）时，钻头一定要对准定点位置，挖至规定深度，整平穴底，必要时可加以人工辅助修整；

5）国产悬挂式挖坑机主要技术规格见表 7.4-3 所列。

**国产悬挂式挖坑机主要技术规格** **表 7.4-3**

| 机 械 型 号 | | W-450 | WD-80 | WX-70 | ZW-72 |
|---|---|---|---|---|---|
| 1 | 轮式拖拉机功率(kW) | 25.7 | 39.7 | 20.6～36.8 | 40.4 |
| 2 | 运输地隙(mm) | 450/300 | 570 | 500 | 390 |
| 3 | 质量(kg) | 310 | 298 | 160 | 530 |
| 4 | 挖坑直径(mm) | 450/750 | 800 | 500/700 | 470/600/700 |
| 5 | 挖坑深度(mm) | 450/750 | 800 | 500/700 | 850 |
| 6 | 钻头转速(r/min) | 280/237 | 184 | 250/270 | 146 |
| 7 | 钻头类型 | 双螺旋 | 双螺旋 | 单螺旋 | 双螺旋 |
| 8 | 螺旋导程(mm) | 500/900 | — | — | 600 |
| 9 | 螺旋升角 | 21°18′/20°18′ | 20°12′ | — | 14°52′ |

### 7.4.5 植树的施工技术

7.4.5.1 整地

整地是城市道路绿化——行道树栽植施工的首要工序之一，整地主要包括整理地形、翻地、去除杂物、耙平、填压土壤、栽植地土壤改良与土壤管理等措施，整地是保证移栽的树木成活和健壮生长的有力措施。特别是对一些土壤条件较差的绿化区域，只有通过整地才能创造出适合树木生长的土壤环境。由于城市园林绿地的土壤条件比较复杂，因此整地工作要做到既严格细致，又要因地制宜。如果栽植地的表土层较疏松、土质较好，能够满足移栽树木的基本生长需要，则可以不进行翻地，以降低工程成本。整地应结合整个绿化工程清理施工现场及地形处理来进行，整理好的栽植地除能够满足树木生长发育对土壤的要求外，还要注意地形地貌的美观。

(1) 整地的方法：在整理城市道路两旁绿化地的工作中，对不同条件的土壤栽植地，应根据情况采用不同的方法进行。

1）对道路两旁平缓绿化地的整地：对 8°以下的平缓地，可采取全面整地的办法。根据城市行道树种植所必需的最低土层厚度要求（表 7.4-4），通常翻耕 300mm 左右，以利蓄水保墒。对于重点布置地区或深根性树种可翻掘深 500mm，并施有机肥，借以改变土壤肥性。平地整地要有一定的倾斜度，以利地表排水；

**城市行道树种植所必需的最低土层厚度要求** **表 7.4-4**

| 行道树类型 | 小灌木 | 大灌木 | 浅根乔木 | 深根乔木 |
|---|---|---|---|---|
| 土层厚度(mm) | 45 | 60 | 90 | 150 |

2）对市政工程场地和建筑地区的整地：城市市政工程场地和建筑地区常会遗留大量的灰渣、沙石、砖石、碎木等建筑垃圾，这些垃圾对树木的生长很不利，所以对这些地

区，在整地过程中，应将建筑垃圾等不利于树木生长的杂物全部清除，并在因清除了建筑垃圾等而缺土的地方，采用客土改良，填入肥沃的土壤，通过土壤改良来使土壤适应树木的生长。在整地时还应将夯实的土壤翻松，并根据设计要求处理地形；

3）城市低湿地区的整地：对于城市低湿的地区，应先挖排水沟，降低地下水位，防止土壤返碱。有条件的地方，一般应在栽树前一年，每隔 200mm 挖出一条深 1.5～2m 的排水沟，并将掘起的表土翻至一侧培成垅台，经过一个生长季后，土壤受雨水的冲洗，盐碱减少，杂草腐烂，土质舒松，不干不湿，即可在垅台上栽树；

4）对于城市内新堆而成的土山的整地：人工新堆的土山，要让其自然沉降，至少要经过一个雨季，才能进行整地栽树。人工土山多不太大，也不太陡，又全是疏松新土，因此，可以按设计进行局部的自然块状整地；

5）对于城市郊外整地：城市郊外整地的方法，一般情况下，先进行清理地面，刨出枯树根等杂物，搬除可以移走的障碍物。在坡度较平缓，土层较厚的情况下，可以采用水平带状整地。这种方法是沿低山等高线整成带状的地段，故又称环山水平线整地。在干旱石质荒山及黄土或红壤荒山的植树地段，可采用连续或断续的带状整地，称为水平阶整地。在水土流失较严重的或急需保持水土，使树木迅速成林的郊外，则应采用水平沟整地或鱼鳞坑整地；

（2）整地的季节：整地时间的早晚对完成整地任务的好坏有直接关系。在一般情况下，应提前整地，并可保证植树工作及时进行。一般整地应在栽树前一星期或一个月内进行，如果现整现栽，将会影响栽植效果。

（3）栽植地的土壤改良：

1）城市道路两旁栽植行道树的土壤改良的任务和目的，是通过对栽植地土壤的理化性质进行化验分析，找出土壤不利于或不能满足树木生长发育的方面，利用各种措施和技术手段来改善土壤的结构和理化性质，提高土壤肥力，以使土壤能够正常供应树木所需的水分和养分等，为树木的生长发育提供良好的条件；

2）由于城市道路两旁绿化条件复杂，栽植行道树的土壤多为填充土（在城市建设中改造过的土壤），受市政工程施工、建筑工程施工、人为活动等的影响，很多栽植行道树的土壤密实，含有大量生活废料、工业废料、建筑垃圾等不利于树木生长的物质；

3）因此，对这些栽植地有必要进行土壤的改良，是整地工作的一项重要内容。土壤改良多采用消毒、深翻熟化、客土改良、培土与掺沙、增施有机肥等方法。

7.4.5.2 定点和放线

（1）定点和放线是指根据种植设计图样，按比例放线于地面，确定各树木的种植点的程序。定点和放线是保证能够按设计图施工的重要前提，一般由专业技术人员或熟练技工进行。定点和放线应符合以下规定：

1）种植穴、槽定点放线应符合设计图样的要求，位置必须准确，标记明显；

2）种植穴定点时应标明中心位置，种植槽应标明边线；

3）定点标志应标明树种名称（或代号）、规格；

4）行道树定点遇有障碍物影响株距时，应与设计单位取得联系，进行适当调整。

（2）定点和放线的方法很多，具体根据栽植要求的精确度及栽植类型的不同而有所不同。树木栽植施工常用的定点和放线方法主要有：

1）行道树的定点和放线：城市道路、街道两侧成行列式规则整齐栽植的树木称行道树。行道树要求栽植位置准确，特别是行位必须准确无误；

2）行道树的行位：城市行道树的行位按设计的横断面规定的位置放线，在有固定道牙的道路两边栽植行道树，一般以道牙内侧为定点依据，没有道牙的道路则以道路路面的中心线为依据。找好依据点后，用钢尺、皮尺或测线测准行位，然后按设计图规定的株距，大约每隔10株树左右的距离钉一个行位桩；

3）通直且长距离的道路的行位：一般情况下，直长距离的行道树行位桩可钉稀一些，如若有条件时，可以首尾用尺量距定行位，中间段用经纬仪照准穿直的办法布置行位桩，这样可以加快速度；

4）凡道路拐弯的必须测距定桩：行位桩一般不要钉在植树挖坑的范围内，以免施工时挖掉。行位确定后，用皮尺或测绳定出株位，株位中心铲出一小坑，撒上石灰，作定位标记；

5）由于道路、街道绿化与市政、交通、沿途单位、居民等关系密切，所以行道树的定点、放线除要和设计单位、市政部门等配合协商进行外，在定点后，还应请设计人员验点确定后，方可进行下一步的工作；

6）在定点时，遇到下列情况，也要留出适当距离：

① 遇道路急转弯时，在弯的内侧应留出50m的空位不栽树，以免妨碍视线；

② 交叉路口各边30m内不栽树、公路与铁路交叉口50m内不栽树；

③ 道路与高压电线交叉点15m内不栽树。

（3）道路两旁成片绿地的定点和放线：成片绿地的设计栽植方式主要有两种，一是在设计图上标出单株的位置，另一种是只在图上标明栽植的范围而无固定单株位置的树丛片林。其定点、放线方法有以下几种：

1）平板仪定点和放线法：对范围较大，测量基点准确的道路两旁绿地栽植一般用此方法。该方法依据基点，将单株位置及片株的范围线按设计依次定出，并钉木桩标明，木桩上写明树种、株数；

2）方格网定点和放线法：此方法适用于范围较大又地势平坦的绿地。即先在图样上，以一定的边长，画出方格网（5m，10m，15m和20m等长度），再把方格网按比例测设到施工现场去。现场方格可用石灰画线，也可钉桩挂绳。方格定位后，再在每个方格内按照图样上的相对位置，进行绳尺法定点；

3）交会法：此方法适用于面积较小、现场内建筑物或其他标记与设计图相符的栽植地。具体做法是：找出设计图上与施工现场上两个完全符合的基点（如建筑物、电线杆等），量准栽树点与该两点的相互距离，分别从各点用皮尺在地面上画弧交出栽植点位，撒上石灰或钉木桩，做好标记；

4）目测法：对于设计图上无固定点的树木栽植（如灌木丛和树群等），可先用以上几种方法划出树丛、树群的栽植范围，然后再根据设计要求在所定范围内用目测法进行确定每株树木的栽植位置。目测定单株点时，要注意树种及数量符合设计要求、树木的配置符合生态要求及注意自然美观效果；

5）行列式放线法：对于成片整齐式种植或行道树的放线法，也可用仪器和皮尺定点放线，定点的方法是先将绿地的边界、园路广场和小建筑物等的平面位置作为依据，量出每株树木的位置，钉上木桩，上写明树种名称。一般行道树的定点是以路牙或道路的中心为依据，可用皮尺、测绳等，按设计的株距，每隔 10 株钉一木桩作为定位和栽植的依据，定点时如遇电杆、管道、涵洞、变压器等障碍物应躲开，不应局限于设计的尺寸，而应遵照与障碍物相距的有关规定距离；

6）等距弧线的放线：若树木栽植为一弧线如街道曲线转弯处的行道树，放线时可从弧的开始到末尾以路牙或中心线为准，每隔一定距离分别画出与路牙垂直的直线，在此直线上，按设计要求的树与路牙的距离定点，把这些点连接起来就成为近似道路弧度的弧线，于此线上再按株距要求定出各点来。

7.4.5.3 挖穴（坑）和挖槽

（1）城市道路两旁绿化树木栽植的挖穴（坑）和挖槽工作虽然看起来操作比较简单，但挖穴（坑）和挖槽是否符合标准以及其质量的好坏，对定植后的树木成活与生长有很大影响。在种植穴、种植槽挖掘前，应向有关部门了解地下管线和隐蔽物的埋设情况，以防止在施工过程中出现破坏管道、管线的现象，造成不必要的损失。

（2）城市道路两旁绿化所挖穴（坑）和挖槽的大小，应根据苗木根系、土球直径和土壤情况而定，一般应略大于苗木的土球或根系的直径。具体挖穴（坑）和挖槽的规格应符合表 7.4-5～表 7.4-9 的规定。

**常绿城市行道树乔木类种植穴规格表** **表 7.4-5**

| 行道树高度（cm） | 土球直径（cm） | 种植穴位深度（cm） | 种植穴位直径（cm） |
|---|---|---|---|
| 150 | 40～50 | 50～60 | 80～90 |
| 150～250 | 70～80 | 80～90 | 100～110 |
| 250～400 | 80～100 | 90～100 | 120～130 |
| 400 以上 | 140 以上 | 120 以上 | 180 以上 |

**落叶城市行道树乔木类种植穴规格表** **表 7.4-6**

| 行道树胸直（cm） | 种植穴位深度（cm） | 种植穴位直径（cm） | 行道树胸直（cm） | 种植穴位深度（cm） | 种植穴位直径（cm） |
|---|---|---|---|---|---|
| 2～3 | 30～40 | 40～60 | 5～6 | 60～70 | 80～90 |
| 3～4 | 40～50 | 60～70 | 6～8 | 70～80 | 90～100 |
| 4～5 | 50～60 | 70～80 | 8～10 | 80～90 | 100～110 |

**绿篱类种植槽规格表** **表 7.4-7**

| 苗的高度（cm） | 种植方式 | |
|---|---|---|
| | 单行(深×宽)(cm×cm) | 双行(深×宽)(cm×cm) |
| 50～80 | 40×40 | 40×60 |
| 100～120 | 50×50 | 50×70 |
| 120～150 | 60×60 | 60×80 |

花灌木类种植穴规格 表 7.4-8

| 冠 径<br>(cm) | 种植穴位深度<br>(cm) | 种植穴位直径<br>(cm) |
|---|---|---|
| 200 | 70～90 | 90～110 |
| 100 | 60～70 | 70～90 |

竹类种植穴规格 表 7.4-9

| 种植穴位深度<br>(cm) | 种植穴位直径<br>(cm) |
|---|---|
| 盘根或土球深<br>20～40 | 比盘根或土球大<br>40～60 |

(3) 城市道路两旁绿化的行道树所种植穴、种植槽的形状，从正投影来看，一般为圆形或者方形。无论何种的形状，种植穴、种植槽都必须垂直下挖，保证上下口底相等，切忌上大下小或上小下大，如图 7.4-4 所示，以免栽树时根系不能舒展或填土不实而影响成活及根系的生长。

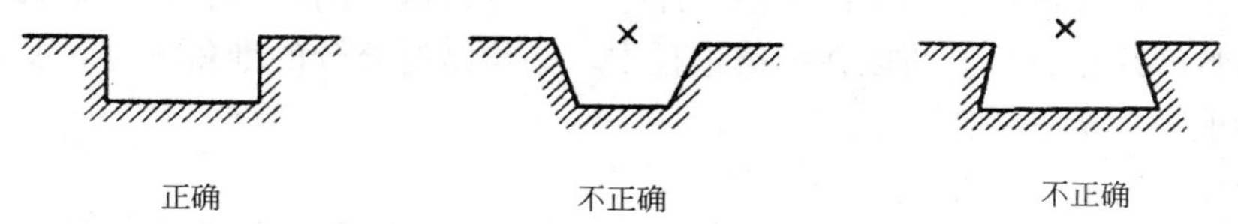


图 7.4-4 城市道路两旁绿化种植穴、种植槽的正投影示意图

(4) 挖穴（坑）和挖槽时，必须遵循以下操作技术及规范：

1) 所挖掘的穴（坑）和槽的位置要准确，规格要适当。挖穴（坑）和挖槽要严格按定点和放线的标记点来进行，穴（坑）和槽的大小、形状、深度等要依据苗木、土质情况及相关的技术规范来确定；

2) 施工中所挖掘出的表土与心土应分开堆放在坑边，这是因为上层表土一般有机质含量较多，应先填入坑底养根，而底层心土可填回至坑上作开堰用。为有利于施工，在一个施工区内，表土、心土堆放的位置应固定在一个方向，堆土的位置要便于运土和换土及行人通行。例如在栽植行道树时，土应堆在与道路平行的树行两侧，不要堆在行内，以免影响栽树时瞄直的视线；

3) 在斜坡上挖穴（坑）和挖槽时，应先将斜坡做成一个小平台，然后在平台上挖穴（坑）和挖槽。穴（坑）和槽的深度应以坡的下沿口开始计算；

4) 在新填土方处挖穴（坑）和挖槽，应将穴（坑）和槽底适当踩实，主要是使穴（坑）底层紧密，防止因不紧密而漏水；

5) 土质不好的栽植地，应加大穴（坑）和槽的规格，并将杂物筛出清走。对不利于树木生长的坏土与废土，应及时运走，换上好土；

6) 在施工过程中如发现电缆、管道等时，应停止操作，及时找有关部门配合解决；绿篱等株距很近的栽植形式一般挖成沟槽种植；

7) 道路两旁挖穴（坑）和挖槽后，应施入腐熟的有机肥作为基肥。在土层干燥的地区应于栽植前浸穴。

(5) 手工操作挖穴（坑）和挖槽的方法：

1) 手工操作的主要工具有锄、锹、铲、镐等。操作方法是：以定点标记为圆心，以规定的穴（坑）的直径在地上画圆（或以规定槽的长宽画出长方形），再沿圆（或长方形）的四周向下垂直挖到规定的深度，然后将坑底挖松、整平；

2）栽植裸根苗木的坑底，挖松后最好在中央堆一个小土丘，以利树根舒展；

3）挖完后，仍将定点用的木桩放在穴（坑）内，以备散苗时核对。手工操作挖穴（坑）和槽时，人与人之间应保持一定的距离，以避免工具伤人，保证施工安全。

(6) 机械操作挖穴（坑）和挖槽的方法：

1）在挖穴（坑）和挖槽工作量较大或取土量较多，以及行道树坑穴换土量大的情况下，为了加快施工进度，减轻劳动强度，有条件的可使用挖坑机进行机械操作；

2）城市道路两旁绿化采用挖坑机施工。用于挖掘树木种植穴（坑）的穴状整地机械，也可用于穴状松土、钻深孔等作业。钻深孔的挖坑机又称为深孔钻，可用于杨树等树木扦插栽植树及树木根部打洞施肥等作业。

7.4.5.4 挖苗（起苗、掘苗）

挖苗是城市道路植树工程中的关键工序之一。挖苗质量的好坏直接影响移栽树木的成活和最终的整体绿化效果，所以在挖苗过程中，必须做好充分的准备工作，要严格按照相应的技术要求与规定去操作。

(1) 挖苗前的准备工作：

1）挖苗前必须对苗木进行严格的选择。应依据设计所要求的苗木数量、苗木规格来进行选苗，同时，还要注意选择生长健壮、树形端正、根系发达、无病虫害等的苗木。对选好的苗木，应用系绳、挂牌、涂颜色等方法做好标记，进行号苗；

2）挖苗前要根据苗木的规格确定苗木出土应保留的根系及土球的大小（苗木根系或土球挖取规格见表 7.4-10）；

**苗木根系或土球挖取规格表** **表 7.4-10**

| 树叶灌木 | 树苗规格 | | 根系规格(cm) | 土球规格(cm) | 打包方式 |
|---|---|---|---|---|---|
| | 胸径(cm) | 高度(m) | | | |
| 落叶乔木 | 3～5 | — | 50～60 | — | — |
| | 5～7 | | 60～70 | — | — |
| | 7～10 | | 70～90 | — | — |
| 落叶灌木 | — | 1.2～1.5 | 40～50 | — | — |
| | | 1.5～1.8 | 50～60 | — | — |
| | | 1.8～2.0 | 60～70 | — | — |
| | | 2.0～2.5 | 70～80 | — | — |
| 常绿树 | — | 1.0～1.2 | — | 30×20 | 单股单轴 6 瓣 |
| | | 1.2～1.5 | | 40×30 | 单股单 8 瓣 |
| | | 1.5～2.0 | | 50×40 | 双股双轴间隙 8cm |
| | | 2.0～2.5 | | 70×50 | 双股双轴间隙 8cm |
| | | 2.5～3.0 | | 80×60 | 双股双轴间隙 8cm |
| | | 3.0～3.5 | | 90×70 | 双股双轴间隙 8cm |

3）要做好挖苗前的苗圃地土壤准备。若挖苗处过于干燥，应在挖苗前 2～3 天浇水一次，使土壤湿润，以减少起苗时损伤根系，保证质量；反之，若土壤过湿，则应提前开沟排水，以利挖苗操作；

4）开挖前应将挖苗处的现场乱草、杂树苗、砖石堆物等不利于操作的东西加以清理。

5）准备好相关的挖掘工具和材料，如锋利的镐、铲、锹，土球所需的蒲包、草绳等包装材料等；

6）为了便于操作及保护树冠，挖掘前应将蓬散的树冠用草绳捆扎。捆扎时要注意松紧度，应防止损伤枝条，如图 7.4-5 所示。

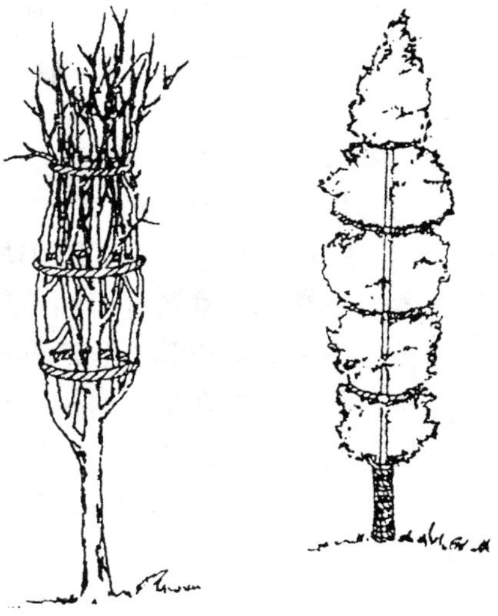

落叶树　　常绿树

图 7.4-5　树冠捆扎示意图

（2）裸根挖苗方法及其质量要求：

1）大多数落叶树苗和容易成活的针叶树小苗均可采用裸根挖苗。裸根起苗一般在树苗处于休眠状态时挖掘为好；

2）挖苗时，根据苗木出土应保留根盘的大小，在规格范围之外（用铁锹、铁铲等工具挖苗更应在规格范围外围起挖），沿苗四周垂直挖掘到一定深度（深要达到根群的主要分布区并稍深一点）将侧根全部切断，翻出土，并于一侧向中心掏底且适当摇动树苗，找到深层主根将其铲断（较粗主根最好用手锯锯断），然后轻轻放倒苗木并打碎外围土块；

3）挖苗时要尽量多保留须根，防止主根劈裂；

4）苗木挖出后要保持根部湿润，一般应随即运走栽植，以防止干枯而影响成活率。如一时不能运走，可在原坑埋土假植，用湿土将根埋实。挖完后掘出的土不要乱扔，以便挖后用其将坑填平；

5）裸根挖苗还可采用起苗机进行机械操作。起苗机是苗木出圃时用于挖掘苗木的机械，有拖拉机悬挂式和牵引式两种，以拖拉机悬挂式居多；

6）悬挂式起苗机由起苗铲、碎土装置和机架三部分组成。起苗铲是起苗机的主要工作部件，它完成切土、切根、松土等作业，有固定式和振动式两种结构形式；

7）碎土装置用于抖落苗木根部的土壤，它安装在起苗铲的后部，有杆链式、振动栅式、旋转轮式等结构形式；

8）用起苗机进行机械起苗，可大大提高工作效率，减小劳动强度，而且起苗的质量较高。

（3）带土球苗木手工挖苗方法及其质量要求：

1）带土球挖苗是指将苗木的一定根系范围连土一起掘削成球状起出，用蒲包、草绳或其他软包装材料包装好的起苗方法；

2）一般针叶树、多数常绿阔叶树和少数落叶阔叶树，由于根系不够发达，或是须根少，或生长须根和吸收根的能力较弱，而蒸腾量较大，栽植较难成活，所以常带土球起苗；

3）挖掘带土球苗木要求土球规格要符合规定的大小，土球要完好，外表平整、平滑，上部大下部略小（呈苹果形状）；包装要严密，草绳紧实不松脱，土球底部要封严不漏土；

4）带土球苗木的挖掘方法，首先将树干基部四周的浮土铲去（铲除深度以不伤树根为准），然后按土球规格的大小，围绕苗木画一圆圈（为保证起苗的土球符合规定大小，一般应稍放大范围进行圈定），再用铁锹等工具沿圈的外围垂直向下挖一上下等宽的沟（沟宽约为50～80cm），挖到规定的深度再将土球底部修成苹果形。

5）土球四周修整完好后，再慢慢由底圈向内掏底，直径小于50cm的土球，可以直接将底部掏空，将土球拿到坑外包扎，而直径大于50cm的土球，底部应留一部分不挖，以支撑土球，方便在坑内进行打包。

（4）苗木打包法：苗木挖好后，为保护土球在运输过程中不会松散，应对土球进行打包处理，具体打包的方法有扎草法、蒲包法、捆扎草绳法、木箱包装法（详细方法可见本章“大树移植工程”部分内容）等。

1）扎草法。对土球规格小的苗木（土球直径在30cm左右），可用扎草法进行包装。扎草法方式很简单，准备好湿润的稻草，先将稻草的一端扎紧，然后把稻草秆呈辐射状散开，将苗木的土球放于其中心，再将分散的稻秆从土球的四周外侧向上扶起，包围在土球外，并将稻秆紧紧扎在苗木的树干基部处。此法在我国江南地区起苗使用较多，其包扎方便而迅速，应用普遍。

2）蒲包法。对苗木挖掘运输较远，而苗圃地的土质又比较疏松的（如沙性土壤），对土球的包装可采用蒲包法，即用蒲包或草帘对土球进行包装。土球直径在50cm以下的，如果土球土质尚坚实，可将苗木在坑外打包。先在坑边铺好浸湿的蒲包或草帘，用手托底将土球从坑内抱出，轻放在蒲包或草帘正中，再用蒲包或草帘将土球包紧，最后再用草绳以树干为起点纵向把包捆紧；对土球直径在50cm以上或在50cm以下但土质疏松的，应在坑内打包。将两个浸湿的大小合适的蒲包从一边剪开直至蒲包底部中心，其中一个用于兜底，另一个用于盖顶，两个蒲包结合处用草绳穿插捆紧固定。包装好后，将苗木底部挖空，轻轻将苗木放倒，用草绳插入蒲包剪开处，将土球底部露土之处包严。

3）捆扎草绳法。对一些土质为黏土的土球，常采用捆扎草绳法包装。此法无论苗木大小均可使用。捆扎草绳法一般要先打腰箍，即先在土球的中部进行水平方向的围扎，以防土球外散（图7.4-6）。腰箍的宽度要看土球的大小和土质情况而定，一般要扎4～5圈以上。打腰箍时要把草绳打入土球表面土层中（一边拉紧草绳，一边用砖头、木棍敲打草绳），使草绳捆紧不松。腰箍打完后，进行纵向草绳捆扎。捆扎的方法及扎结的花纹有很多种，在我国华东地区多采用“五角形包法”、“井字包法”和“橘子包法”等方法（见图7.4-7、图7.4-8和图7.4-9）。在扎纵向草绳时，先将草绳一端系在腰箍或树干基部，再进行围绕捆扎，每捆扎一圈，均应用敲打的方法，使草绳圈紧紧地砸入到土球表面的土层中。捆扎到所需的圈数后，在树干基部将草绳收尾扎牢。纵向草绳的扎圈多少，也要依据土球的大小和土质好坏而定，一般土球小一些的，围扎4～6圈即可，大土球则需要增加纵向草绳扎圈的圈次。最后，如果怕草绳松散，可再增加一层外围腰箍。对一些沙性较强、土质较松散的土球，可将蒲包和草绳结合使用进行包装，即先用蒲包包住土球，再用草绳捆扎。

7.4.5.5　苗木运输与假植

（1）树苗挖好后，要及时运到现场进行栽植，为提高移栽成活率，最好遵循“随挖、随运、随栽”的原则。运苗常采用车辆运输，运苗装车前，押运人员要先根据施工所需苗木的品种、规格、质量、数量等认真检查核实后再装车，对不符合条件或已损伤严重的苗木应淘汰。苗木的运输量应根据种植量来确定。运苗时要注意在装车和卸车的过程中保护好苗木，要轻吊轻放，不得使苗木根、枝断裂及树皮磨损和造成散球。

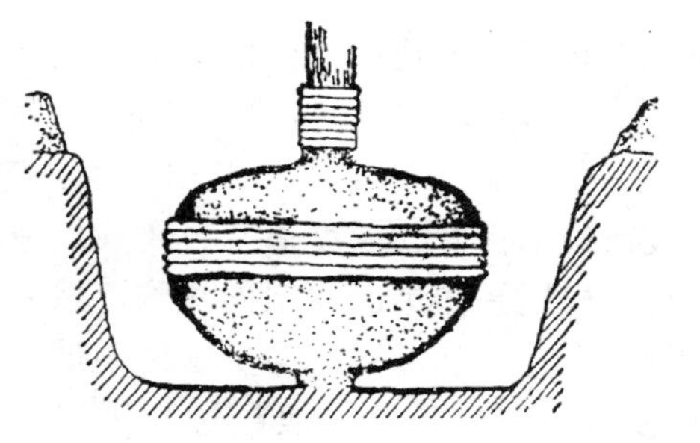

图 7.4-6　土球打腰示意图

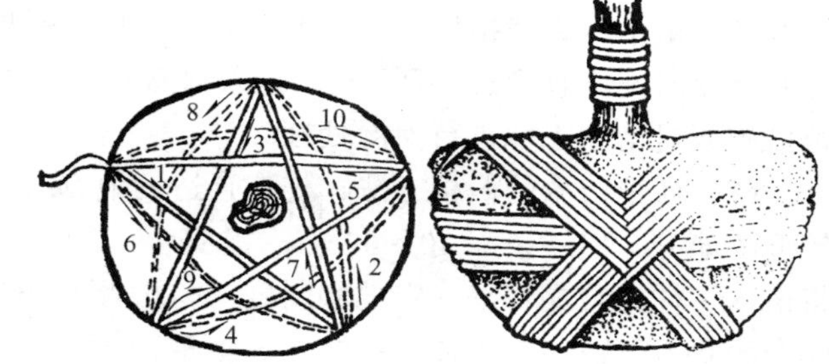


图 7.4-7　五角形包扎土球示意图

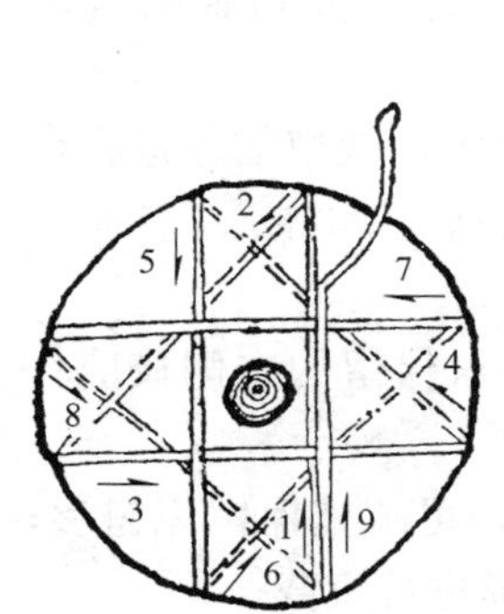


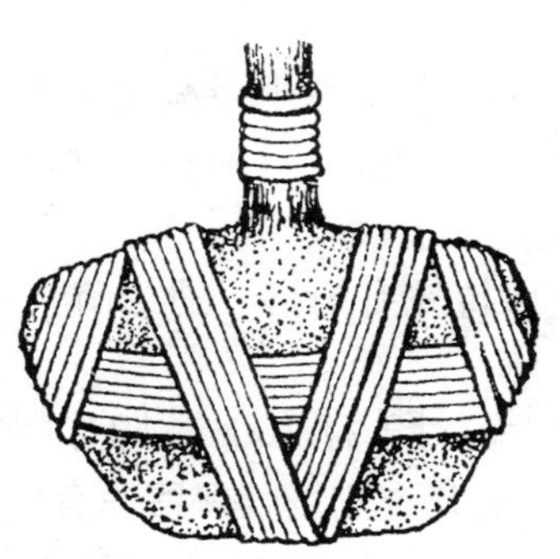

图 7.4-8　井字形包扎土球示意图

图 7.4-9　橘子包包扎土球示意图

（2）装运裸根苗木应按车辆行驶方向，将树根向前、树梢在后，顺序码放整齐装车，装完后要将树干捆牢（捆绳子处要用蒲包或其他物品垫上，以免勒破树皮），树梢不能拖地（必要时可用绳子收拢），在后车厢处应放垫层（用蒲包或稻草等）防止磨损树干，裸根苗木长途运输时，应用毡布、湿草袋等材料将根系覆盖，以保持根系湿润。

（3）装运带土球苗木也应按车辆行驶方向，将土球向前、树梢在后码放整齐。土球应放稳、垫平、挤严（具体装车捆扎要求与装运裸根苗木相同），土球堆放层次不能过高（一般直径在 40cm 以下的土球苗最多不得超过 3 层，40cm 以上的土球最多不得超过 2 层），押运人员不要站在土球上，遇坑洼处行车要慢，以免颠坏土球。

（4）花灌木（苗木高度在 2m 以下的）运输时可将苗木直立装车。装运竹类苗木时，不得损伤竹竿与竹鞭之间的着生点和鞭芽。

（5）运苗应有专人跟车押运。短途运输，中途最好不要停留；长途运苗，裸根根系易吹干，应注意洒水。休息时车应停在阴凉处。苗木运到工地指定位置后应立即卸苗。苗木卸车要从上往下按顺序操作，不得乱抽，更不能整车往下推。土球直径在 40cm 以下的苗木可直接搬下，但要搬动土球而不能单提树干；卸直径 50cm 以上的土球苗，可打开车厢板，放上木板，再将树苗从板上滑下（车上人拉住树干，车下人推住土球缓缓卸下）；土球较大，直径超过 80cm 的，先在土球下兜上绳子，绳子一端捆在车槽上，一端由 2～3 人拉住，使土球轻轻下滑。卸后将树苗立直放稳。

(6) 苗木运到栽植地后，一般应立即栽植（裸根苗木必须当天栽植，裸根苗木自起苗开始暴露时间不宜超过 8h)。对不能及时栽植的苗木，应根据离栽植时间长短分别采取假植措施或对苗木土球进行保湿处理。

(7) 裸根苗木的假植方法，先在合适的地方（一般选排水良好、湿度适宜、离栽植地较近的地方）挖一条深 40～60cm、宽 150～200cm、长度根据具体情况而定的浅沟，然后将苗木一株株紧靠着呈一定的倾斜度（一般倾斜角为 30°左右）单行排在沟里（树梢最好向南倾斜)，放一层苗木放一层土，将根部埋实。如假植时间过长（一般超过 7 天以上的)，则应适量浇水，以保持土壤湿润。

(8) 带土球苗木，如在 1～2 天内不能栽完，应将苗木紧密码排整齐，四周培土，树冠之间用草绳围拢，并经常喷水保持土球湿润，假植时间较长的，土球之间也应填土。

(9) 同时，在假植的期间内，可根据具体的需要，还应经常给常绿苗木的叶面喷水。

7.4.5.6 苗木栽植前的修剪

为保持移栽苗木水分代谢的平衡、培养良好的树形及减少苗木伤害，栽植前应进行苗木根系修剪，宜将劈裂根、病虫根、过长根等剪除，并对树冠进行修剪。

(1) 乔木类苗木修剪应符合下列规定：

1) 具有明显主干的高大落叶乔木应保持原有树形，适当疏枝，对保留的主侧枝应在健壮芽上短截。可剪去枝条 1/5～1/3；

2) 无明显主干、枝条茂密的落叶乔木，对干径 10cm 以上树木，可疏枝保留原树形；对干径为 5～10cm 的苗木，可选留主干上的几个侧枝，保留原有树形进行短截；

3) 枝条茂密具圆头形树冠的常绿乔木可适量疏枝。枝叶集生树干顶部的苗木可不修剪。具轮生侧枝的常绿乔木用作行道树时，可剪除基部 2～3 层轮生侧枝；

4) 常绿针叶树苗木，不宜过多修剪，只剪除病虫枝、枯死枝、生长衰弱枝、过密的轮生枝和下垂枝；

5) 用作行道树的乔木苗木，定干高度应大于 3m，第一分枝点以下枝条应全部剪除，分枝点以上枝条酌情疏剪或短截，并应保留树冠原形；

6) 珍贵树种苗木的树冠宜做少量疏剪。

(2) 灌木及藤蔓类苗木修剪应符合下列规定：

1) 带土球或湿润地区带宿土裸根苗木，及上年花芽分化的开花灌木不宜修剪，当有枯枝、病虫枝时应予以剪除。枝条茂密的大灌木苗木，可适量疏枝；

2) 对嫁接灌木苗木，应将接口以下砧木萌生的枝条剪除；

3) 分枝明显、新枝着生花芽的小灌木苗木，应当顺其树势适当进行修剪，促进生长新枝，更新老枝；

4) 如若用作绿篱的乔灌木苗木，可在种植后按设计要求整形修剪。苗圃培育成型的绿篱，种植后应加以修剪；

5) 攀援类蔓性苗木可剪除过长部分，攀援上架苗木可剪除交错枝、横向生长枝。

(3) 移栽苗木的修剪质量应符合下列规定：

1) 剪口应平滑，不得劈裂。枝条短截时应留外芽，剪口应距留芽位置 1cm 以上；

2）修剪直径 2cm 以上大枝及粗根时，截口必须削平并涂防腐剂。

7.4.5.7 苗木栽植

城市道路两旁的苗木栽植是植树工程的最主要工序，应根据树木的习性和当地的气候条件，选择最适宜的栽植时期进行栽植。一般情况下，是以阴而无风天最佳，晴天宜上午 11 点前或下午 3 点以后进行为好。

（1）栽植的方法：树木栽植前，应按设计图样要求核对苗木品种、规格及栽植位置。要先检查种植穴（坑）、种植槽的大小、深度等，对不符合根系要求的，应进行修整。栽植的第一步是散苗，即将苗木按规定散放于种植穴（坑）、种植槽边。散苗要轻拿轻放，不得损伤苗木；散苗速度应与栽苗速度同步，边散边栽，散毕栽完，尽量减少树根暴露时间。散苗后将苗木放入穴（坑）、槽内扶直进行栽植。栽植的第二步是栽苗，包括裸根苗的栽植和带土球苗木的栽植。

1）裸根苗的栽植：栽植裸根树木时，首先将种植的穴（坑）底填呈半圆土堆，一人将树苗放入穴（坑）内扶直，另一人用工具将穴（坑）边的土（先填入表层土，再填深层土）填入，当填土至 1/3 时，应轻提树干使根系舒展，在填土过程中要随填土分层踏实土壤（即做到“三埋两踩一提苗”），使根系充分接触土壤。当土填到比穴（坑）口稍高一点后（使土能够盖到树苗的根颈部位或高于根颈部 3～5cm），再用培土法将剩下的土沿树干四周筑起围堰，特别注意，围堰的直径要略大于种植穴的直径，高约 10～15cm，以利浇水。对栽植密度较大的丛植地，可按片筑堰。

栽植前如果发现裸根树木失水过多，应在栽前将苗木根系放入水中浸泡 10～20h，让其根系充分吸水后再栽植。对于小规格苗木，为保护根系，提高栽后成活，可先浆根后再栽植，具体方法是用过磷酸钙、黄泥和水按 2∶18∶80 的比例混成泥浆，然后将苗木根系浸入泥浆中，使每条根均匀粘上泥浆后再栽植。浆根时要注意泥浆不能太稠，否则容易起壳脱落，反而会损伤根系。

2）带土球苗木的栽植。栽植带土球苗木时，土球入坑时要深浅适当，土痕应平或稍高于穴（坑）口，先要踏实穴（坑）底土层，再将苗木置于穴（坑）内，以防栽后出现陷落下沉。土球入坑后先在土球底部四周垫少量土，以将土球固定，同时要注意使树干直立，填土也应先填表土，先填到靠近根群部分，每填高 20～30cm 应踏实一次；注意不要伤根。如填土过分干燥，或种植穴（坑）、土球较大，应在填至 1/3～1/2 坑深时，用木棍等在坑边四周夯实，防止根群下部或土球底部中空。填完土后再筑围堰。

（2）栽植注意事项和质量要求：

1）规则式栽植应保持对称平衡，行道树或行列栽植树木应在一条线上，保持横平竖直。相邻树木规格应合理搭配，高度、干径和树形相似。栽植的树木应保持直立，不得倾斜。应注意观赏面的合理朝向，树形好的一面要朝向主要的方向；

2）栽植绿篱的株行距应均匀。树形丰满的一面应向外，按苗木高度、树干大小搭配均匀。在苗圃修剪成型的绿篱，栽植时应按造型拼栽，深浅一致。绿篱成块栽植或群植时，应由中心向外顺序退植。坡式栽植时应由上向下栽植。大型块植或不同彩色丛植时，适宜分区分块进行栽植；

3）栽植带土球树木时，不易腐烂的包装物必须拆除。树苗栽完后，应将捆绑树冠的草绳解开取下，使树木枝条舒展；

4）苗木栽植深度应与原种植深度一致，竹类可比原种植深度深 5～10cm。栽植珍贵树种应采取树冠喷雾、树干保湿和树根喷布生根激素等措施；

5）对排水不良的种植穴（坑），可在穴（坑）底铺 10～15cm 厚的沙砾或铺设渗水管、盲沟，以利排水。假山或岩缝间栽植，应在种植土中渗入苔藓、泥炭等保湿透气材料。

7.4.5.8 栽植后的养护管理

树木栽完后，为提高成活率，必须对树木进行必要的养护管理工作。养护管理主要包括立支柱、开堰浇水等内容：

（1）立支柱：

1）栽植较大的树苗时，为了防止树苗倾斜或倒伏，特别是多风地区为防止树苗被风吹倒，应对树苗立支柱支撑，支柱的多少应根据树苗的大小设 1～4 根；

2）支柱的材料有竹竿、木柱等，在台风大的地区也有用钢筋水泥柱的。立支柱时，为防止磨破树皮，支柱和树干之间应用草绳隔开，即在树干与支柱接触的部位缠上草绳；

3）立柱绑扎的方法有直接捆绑和间接加固两种。直接捆绑就是将立柱一端直接与树干捆在一起（一般捆在树干的 1/3～1/2 处），一端埋于地下（埋入 30cm 以上），一般可在下风向支一根，也可双柱加横梁及三脚架形式等，如图 7.4-10 所示；

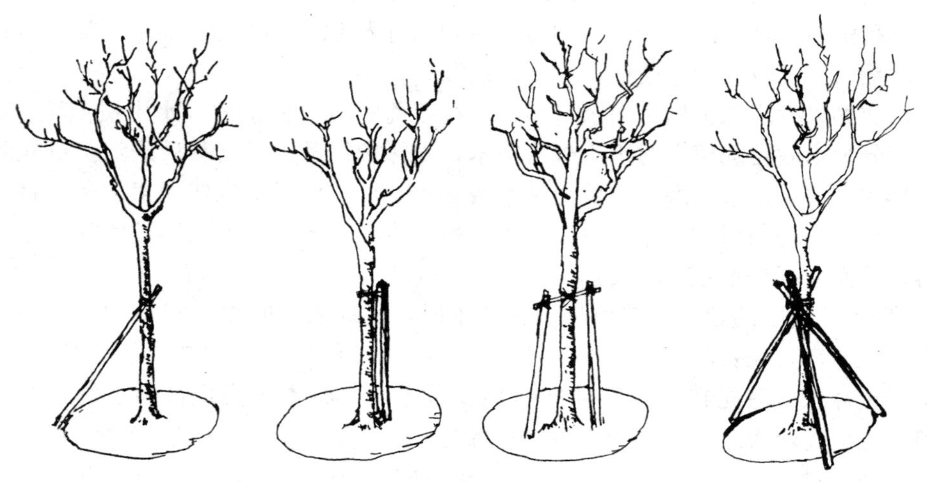

图 7.4-10 支柱直接捆绑法示意图

4）如若支柱一年以后还不能撤除时，需要重新捆绑，以免影响树液流通和树干发育。而间接加固主要是用粗橡胶皮带将树干与水泥杆连接牢固，水泥杆应位于上风方向。绑扎后的树干应始终保持直立。

（2）开堰浇水：

1）一般在树木栽植前或栽植期间不应浇水，否则会造成栽植操作的困难，妨碍踩紧踏实，使土壤板结。因此，应在栽植完成后浇水；

2）新栽树木的浇水，以河、江、湖等处的天然水为佳。新栽树木一般要浇三次水，栽后应在当日浇透第一遍水，一般称为“定根水”，浇水时注意，水不能往围堰的外面渗水，如图 7.4-11 所示，浇水后树木出现歪斜时应及时扶正。第二遍水要根据情况连续进行。第三遍水在

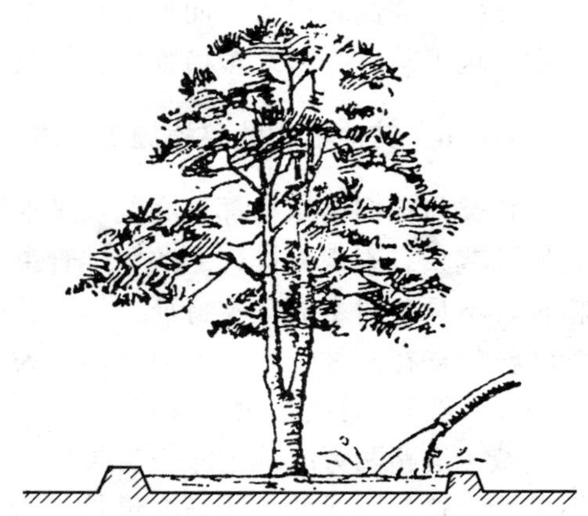
图 7.4-11 开堰浇水示意图

两遍水后的 5～10 天内进行，秋季栽树开工较晚或雨季栽树，可少浇一遍水，但浇水量一定要足；

3）浇完第三遍水，待水渗下后，应及时进行中耕封堰，秋季浇完最后一遍水后应及时封堰越冬，并在树干基部周围堆起 30cm 高的土堆，以保持土壤中的水分。中耕封堰时应将裂缝填实，并将歪斜的树木扶正。中耕封堰时要将土打碎，并要注意不得伤树根、树皮。封堰时要用细土，如土壤中有砖石，应挑出，以免给下次开堰造成困难。封堰高度应较地面高一些，以防自然陷落；

4）新移栽的大树土球，可能在短时期内会迅速失水干燥，不能只靠雨水保持土球的湿润。因此，在栽植完后，应经常用胶皮管缓缓注水，使水渗透整个土壤。为做到这一点，在注水之前应用铁杆或土钻在土球上打孔，可取得良好的效果；

5）在土壤干燥、浇水困难的地区，为节省用水，可用“水植法”浇水，方法是在树木入穴填土达一半时，先灌足水，然后再填满土，并进行覆盖保墒；

6）经常向新移栽的常绿树树冠喷水，不但可以减少叶面的水分损失，而且可以冲掉叶面上的蜘蛛、螨类和烟尘等；

7）同时，栽后还要清理施工现场，将无用杂物及多余余土处理干净；

8）对受伤枝条和栽前修剪不理想的枝条进行复剪；对现场进行必要的围护或派人进行看管、巡查等其他养护管理工作，具体根据实际的需要进行安排。

（3）树体包裹与树盘覆盖：

1）裹干：

① 新栽的树木，特别是树皮薄、嫩、光滑的幼树，应用粗麻布、粗帆布、特制皱纸（中间涂有沥青的双层皱纸）及其他材料（如草绳）包裹，以防树干干燥、被日灼伤及减少被蛀虫侵害的可能，冬天还可以防止动物啃食树干；

② 从隐蔽树林中移植出来的树木，因其树皮极易遭受日灼的危害，移栽后对树干进行必要的保护性包裹，效果十分显著；

③ 在包裹树干时，其包裹物用细绳安全而牢固地捆在固定的位置上，或从地面开始，一圈一圈互相重叠向上裹至第一分枝处。树干包裹的材料应保留 2 年以上或让其自然脱落，或在不雅观时取下；

④ 树干包裹也有其不利的方面，比如在多雨季节，由于树皮与包裹材料之间一直保持过湿状态，容易诱发真菌性溃疡病，所以在树干包裹前，在树干上涂抹一层杀菌剂，能有效减少病菌感染。

2）盘覆盖：

① 在移栽树木过程中，对于特别有价值树木，尤其是在秋季栽植的常绿树，用稻草、腐叶土或充分腐熟的肥料覆盖树盘，沿街树池也可用沙覆盖，这样可提高树木移栽的成活率。

② 因为适当的覆盖可以减少地表蒸发，保持土壤湿润和防止土温变幅过大。覆盖物

的厚度以全部遮蔽覆盖区而见不到土壤为准。覆盖物一般应保留越冬，到春天揭除或埋入土中，也可栽种一些地被植物覆盖树盘。

### 7.4.6 其他植物的移植施工技术

竹类与棕榈类植物都是庭院及其他园林绿地中应用较广的观赏植物。严格地说，由于它们的茎只有不规则排列的散生维管束，没有周缘形成层，不能形成树皮，也无直茎的增粗长，不具备树木的基本特征。然而，由于它们的茎干木质化程度很高，且为多年生常绿观赏植物，在园林绿地，习惯将其作为园林树木对待。

7.4.6.1 竹类植物的移栽

城市道路两旁绿地中移栽竹类植物，一般采用移竹栽植法。移栽竹类植物是否成功，不是看母竹是否成活，而是看母竹是否发笋长竹。如果移栽后 2～3 年还不发笋，则可判断是移栽失败。

（1）散生竹的移栽：散生竹在园林绿地中运用较广，通过栽植成片的竹林，可营造一种清新幽雅的山林环境。散生竹移栽成活的关键是保证母竹与竹鞭的密切联系，母竹所带竹鞭具有旺盛孕笋和发鞭能力。由于散生竹的生长规律和繁殖特点大同小异，因而移栽技术也大同小异，下面以毛竹为代表加以介绍：

1）栽培地的选择：毛竹生长快且生长量大，出笋后 50 天左右就可完全成形，长成其应有大小。毛竹在土层深厚、肥沃、湿润、排水和通气良好并呈微酸性反应的壤土上生长又快又大，而沙壤土或黏壤土次之，重黏土和石砾土最差。过于干旱土壤，含盐量在 0.1%以上的盐渍土和 pH 值 8.0 以上的钙质土以及低洼积水或地下水位过高的地方，都不宜栽种毛竹；

2）栽植季节：在毛竹分布区，晚秋至早春，除天气过于严寒外，一般都可栽植。偏北地区以早春栽植为宜，偏南地区以冬季栽植效果较好；

3）选母竹：毛竹的母竹一般应为 1～2 年生，其所连竹鞭处于壮龄阶段，鞭壮、芽肥、根密，抽鞭发笋能力强，只要枝叶繁茂、分枝较低、无病虫害、胸径 2～4cm 的疏林或林缘竹都可选作母竹。竹竿过粗，挖、运、栽操作不便，分枝过高的，栽后易摇晃，影响成活，带鞭过老的，鞭芽已失去萌发能力，这些都不宜选作母竹；

4）母竹的挖掘和运输：选定母竹后，首先应判断其鞭的走向。一般毛竹竹竿基部弯曲，鞭多分布于弓背内侧，分枝方向大致与竹鞭走向平行。根据竹鞭的位置和走向，在离母竹 30cm 左右的地方破土找鞭，按来鞭（即着生母竹的鞭的采向）20～30cm，去鞭（即着生母竹的鞭向前钻行，将来发新鞭长新竹的方向）40～50cm 的长度将鞭截断，再沿鞭的两侧约 20～35cm 的地方开沟深挖，将母竹连同竹鞭一并挖出，带土约 25～30kg。

毛竹无主根，干基及鞭节上的须根再生能力差，一经受伤或干燥萎缩便很难恢复，栽植不易成活。因此，挖母竹时要注意鞭不撕裂，保护好鞭芽，不摇竹秆、少伤鞭根，不伤母竹与竹鞭连接的“螺钉”。事实证明，凡是带土多，根幅大的母竹移栽成活率高，发笋发竹也快。母竹挖起后，留枝 4～6 盘，削去竹梢，但切口要光滑而整齐，如图 7.4-12 所示。

母竹挖出后，若就近栽植，不必包扎，但要保护宿土和“螺钉”，远距离运输必须将竹兜鞭根和宿土一起包好扎紧。包扎方法是在鞭的近圆柱形的土柱上下各垫一根竹竿，用草绳一圈一圈地横向绕紧，边绕边锤，使绳土密接，并在鞭竹连接着生处侧向交叉捆几

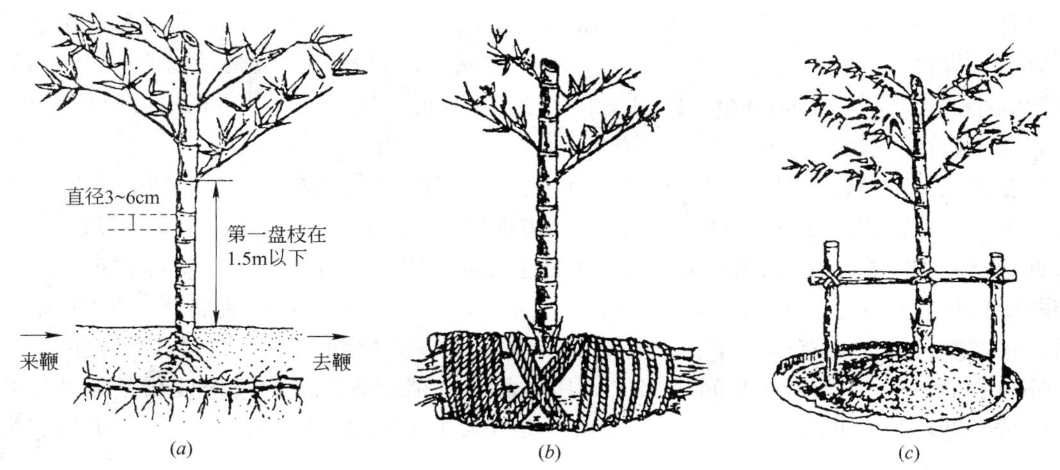


图 7.4-12 毛竹的移栽示意图

(a) 毛竹母竹的规格；(b) 包扎；(c) 栽植及支撑

道，完成“土球”包扎。在搬运和运输途中，要注意保护“土球”和“螺钉”，并保持“土球”湿润。

5）栽植母竹：母竹栽植要做到深挖穴、浅栽竹、下紧围、高培蔸、宽松盖、稳立柱，注意掌握鞭平竿可斜的原则。栽植前先挖好栽植穴，栽植穴的规格一般为深 100cm、宽 60cm 左右，栽植时可根据竹兜大小和竹兜带土情况适当进行修整。栽植时，先将母竹放入栽植穴，然后解开其包装，顺应竹兜形状，使鞭根自然舒展，不强求竹秆垂直，竹兜下部要垫土密实，上部平于或稍低于地面，再回入表土，自下而上分层塞紧踩实，使鞭与土壤密接，完后浇足定根水，覆土培成馒头形，再盖上一层松土。毛竹若成片栽植，栽植密度可为每亩 20～25 株，3～5 年后可以满园成林；

6）栽后管理：母竹栽植后的管理与一般树木移栽相同，但要注意发现有露根、露鞭或竹兜松动的要及时培土填盖；松土除草时要注意不要伤到竹根、竹鞭及笋芽；栽后的 2～3 年为养竹期，除受病虫危害和过于瘦弱的笋子外，一般不拔新发的笋子。孕笋期间，即每年的 9 月以后应停止松土除草。

（2）丛生竹的移栽：我国丛生竹主要分布于广东、广西、福建、云南、重庆和四川等地，以珠江流域较多。丛生竹的种类很多，竹秆大小和高矮相差悬殊，但其繁殖特性和适生环境的差异一般不大，因而在栽培管理上也大致相同。下面以青皮竹为例，将丛生竹的移栽技术介绍如下：

1）移栽前的选地：丛生竹绝大多数分布在平原丘陵地区，尤其是在溪流两岸的冲积土地带。栽植青皮竹一般应选土层深厚，肥沃疏松，水分条件好，pH 值为 4.5～7.0 的土壤。干旱瘠薄，石砾太多或过于黏重的土壤不宜种植青皮竹；

2）移栽季节：青皮竹等丛生竹类无竹鞭，靠秆基芽眼出笋长竹，一般 5～9 月出笋，来年 3～5 月伸枝发叶，移栽时间最好在发叶之前进行，一般在 2 月中旬至 3 月下旬较为适宜。在此期间挖掘母竹、搬运、栽植等都比较方便，移栽成活率高，当年即可出笋；

3）选母竹：丛生竹的移栽应选择生长健壮、枝叶繁茂、无病虫害、秆基芽眼肥大充实、须根发达的 1～2 年竹作为母竹，这种类型竹子发笋能力强，栽后易成活。2 年生以上的竹秆，秆基芽眼已发笋长竹，残留芽眼多已老化，失去发芽能力，而且根系开始衰退，不宜选作母竹。母竹的粗度应大小适中，青皮竹属中型竹种，一般胸径以 2～3cm 为宜。过于细小的，竹株生活能力差，影响成活；过于粗大的，挖、运、栽等都不方便；

4）母竹的挖掘与运输。1～2 年生的健壮竹株，都着生于竹丛边缘，秆基入土较深，芽眼和根系发育较好；母竹应从这些竹株中挖取。挖掘时先在离母竹 25～30cm 处扒开土壤，由远至近，逐渐深挖，在挖的过程中要防止损伤秆基和芽眼，尽量少或不伤竹根，在靠近老竹一侧，找出母竹秆柄与老竹秆基的连接点，用利器将其切断，将母竹带土挖起。切断母竹与老竹的连接点时，切忌使母竹蔸破裂，否则容易导致根蔸腐烂，影响母竹成活。在挖掘母竹时，有时为了保护母竹，可连老竹一并挖起。母竹挖起后，保留 1.5～2.0m 长的竹秆，用利器从节间中部成马耳形截去竹梢，适当疏除过密枝和截短过长枝，以便减少母竹蒸腾失水，便于搬运和栽植。母竹远距离运输应包装保护，防止损伤芽眼，就近栽植可不必包装；

5）栽植母竹：丛生竹根据园林造景需要可单株（或单丛）栽植，也可多丛配植。栽植穴的大小视母竹竹兜或土球的大小而定，一般应大于土球或竹兜 50%或 100%，直径为 50～70cm，深约 30cm。栽竹前，穴底应先填细碎表土，最好能同时施入 15～25kg 的腐熟有机肥，有机肥可与细表土混合拌匀后回填。在放入母竹时，若能判断秆基弯曲方向时，最好将弓背朝下，这样有利于加大母竹出笋长竹的水平距离。母竹放好后，分层填土、踩实产灌水、覆土，覆土以高出母竹原土印 3cm 左右为宜，最后培土成馒头形，以防积水烂兜。

(3) 混生竹的移栽：混生竹的种类很多，大多生长矮小，虽除茶秆竹外其经济价值多不大，但其中某些竹种（如方竹、菲白竹等）具有较高的观赏价值。混生竹既有横走地下茎（鞭），又有秆基芽眼，都能出笋长竹，其生长繁殖特性位于散生竹与丛生竹之间，移栽方法可两者兼而有之。

7.4.6.2 棕榈类植物的移栽

棕榈植物为常绿乔木、灌木或藤木，实心，叶常聚生于茎顶，无分枝或极少分枝；地下无主根，根茎附近须根盘结密生，耐移栽，易成活。棕榈类植物喜温暖湿润的气候条件，其中许多种类具有较强的耐阴性。棕榈类植物种类较多，其中许多种类如棕榈、椰子树、鱼尾葵、蒲葵、棕竹和假槟榔等都具有较好的观赏价值，在园林绿地中（特别是在南方地区）运用较广。棕榈类植物不同种类的生态学特性虽有差异，但其移栽方法大致相同。以棕榈为例对其移栽方法介绍如下：

1）棕榈栽植地的选择：棕榈又称棕树，无分枝，无萌发能力，喜温暖不耐严寒，但棕榈又是棕榈类植物中最耐低温的，喜湿润肥沃的土壤；棕榈耐荫，尤以幼年更为突出，在树荫及林下更新良好；棕榈对烟尘、$SO_2$、HF 等有害气体的抗性较强，不易染病虫害；

2）棕榈的移栽季节：棕榈可以在春季或梅雨季节移栽，以雨后土壤不粘时及阴雨天栽植为好；

3）移栽植物的选择：移栽棕榈以选生长旺盛的幼壮树为好，在路旁和其他游客较多的地方应栽高 2.5m 左右的健壮植株，以免对游人造成影响；

4）棕榈的挖掘：棕榈无主根，其须根集中分布范围为 30～50cm，有的也有到 1.0～1.5m，瓜状根分布紧密，多为 30～40cm，最深可达 1.2～1.5m。棕榈须根密集，土壤盘接带土容易。挖出土球大小多为40～60cm，挖掘深度则视根系密集层而定。挖掘土球除远距离运输外，一般不包扎，但要注意保湿；

5）棕榈的栽植：棕榈可孤植、对植、丛植或成片栽植。棕榈叶大柄长，成片栽植的间距不应小于3.0m。栽植穴应大于土球1/3，并注意排水。穴挖好后先回填细土踩实，再放入植株，扶正后分批回土拍实。栽植深度应平原来的土印痕，要特别注意不要栽得太深，以防止积水导致烂根，影响移栽成活。四川西部及湖南宁乡等地群众有“栽棕垫瓦、三年可剐”的说法，也就是指在移栽棕榈树时先在穴底放入几片瓦片，便于排水，能够促进根系发育，有利于成活及生长。为了使棕榈树在移栽后早见成效，栽后除要剪除开始下垂变黄的叶片外，不要重剪。如发现有新移栽的植株难以成活，应立即扩大其剪叶范围，即可再剪去下部已成熟的部分叶片或剪除掌状叶的1/3～1/2，加以挽救，但要防止剪叶过度，使着生叶的茎干发生缢缩和长势难以恢复，影响其生长及降低观赏效果；

6）栽后管理：棕榈栽植后除和其他树木一样要进行必要的常规管理外，还应及时剪除开始下垂变黄的叶片和定期剥除棕片。在群众中有“一年两剥其皮、每剥5～6片”的经验。第一次剥棕的时间为3～4月，第二次剥棕的时间为9～10月，剥棕时要特别注意“三伏不剥”和“三九不剥”，以免日灼和冻害。剥棕时要注意不能剥得太深，以免伤及树干，深度以茎不露白为度。在棕榈树的生长过程中，掌握适当的剥棕次数是棕榈树养护管理的关键措施，剥棕过度会影响植株生长，不剥棕又会影响市民的观赏效果，同时还容易酿成火灾等。

## 7.5 大树移植工程

### 7.5.1 概述

7.5.1.1 大树移植在城市建设中的意义

（1）随着社会经济的发展以及城市建设水平的不断提高，单纯地用小苗栽植来绿化城市的方法已不能满足目前城市建设的需要，特别是重点工程，往往需要在较短的时间就要体现出其绿化美化的效果。因而需要移植相当数量的大树。

（2）为了在最短的时间内改善环境景观，体现城市绿地、街道、庭院空间等的绿化、美化效果及尽早发挥其综合功能，在条件允许的情况下，栽植树木往往会考虑移栽大树。

（3）城市新建的公园、儿童花园、住宅小区、宾馆饭店、机关学校、医院以及一些重点大工厂等，无不考虑采用移植大树的方法，以尽快使绿化得以见效。

（4）移植大树能充分地挖掘苗源，特别是利用郊区的天然林的树木以及一些闲散地上的大树。此外，为保留建设用地范围内的树木也需要实施大树移植。

（5）根据城市道路绿化政策法规，为了保护建设用地范围内的一些大树、古树，也需要进行大树的移植。例如2001年5月，我国杭州市在市区上塘路将两株树龄500多年的连体香樟进行一次性移植，全株采用24m×24m×1.2m的巨大土体，利用箱板围边，钢板加固，平移达30m。开创了巨型名木古树移植的先河。因此，大树移植施工是绿地栽植施工的一项重要工程。大树移植施工要按一定的程序和方法来进行。

（6）由此看来，大树移植又是城市绿化建设中行之有效的措施之一，随着机械化程度的提高，大树移植将能更好地发挥作用。

7.5.1.2 大树移植的特点

（1）胸径在 20cm 以上的落叶乔木和胸径在 15cm 以上的常绿乔木，称为大树。移栽这种规格的树木，称为大树移植。

（2）大树一般都处于离心生长的稳定时期，个别树木甚至开始向心更新，其根系趋向或已达到最大根幅，骨干根基部的吸收根多离心死亡，主要分布在树冠投影外缘附近的土壤中，带土范围内的吸收根很少，因此，大树移栽能很容易使移栽的大树，严重地失去以水分代谢为主的平衡功能。

（3）对于树冠，在移栽过程中，为了尽早发挥其绿化效果及保持其原有的优美姿态，一般都不进行过重的修剪。因此，只能在所带土球范围内，用预先促发大量新根的方法为代谢平衡打下基础，并配合其他移栽措施确保移栽树木的成活。

（4）另外，大树移栽与一般树苗移栽相比，主要表现在被移栽的对象具有庞大的树体和相当大的质量，通常移栽条件复杂，质量要求高，往往需借助一定机械力量来完成。

7.5.1.3 大树移植前的调查与选择

（1）对要在某一范围按设计方案移栽大树的，首先要根据设计所要求的树种、树种规格（包括树高、冠幅、胸径等）、分枝点高度、树形及主要观赏面、树木长势等内容，到有关苗圃地进行调查、选树，对选好的树苗要进行编号挂牌（牌上要标明该树苗的种名、规格、树形、树木的主要观赏面和原有朝向等指标）。

（2）大树移植一般要尽量选择接近新栽植地生境的树木（比如选乡土树种），做到适地适树，以利提高移栽成活率。

（3）在选择大树苗时，还要考虑到树苗便于挖掘和包装运输，对要将建设用地范围内的大树移栽到别处的，大树移栽前应对移栽的大树生长情况、立地条件、周围环境、交通状况、地下管线情况等进行调查研究，对树木进行挂牌登记，并制定移栽的技术方案。

（4）应考虑到树木原生长条件应和定植地立地条件相适应，例如土壤性质、温度、光照等条件，树种不同，其生物学特性也有所不同，移植后的环境条件就应尽量的和该树种的生物学特性和环境条件相符，如在近水的地方，柳树、乌桕等都能生长良好，而合欢则可能会很快死去；又如在背阴地方，云杉生长良好，而油松的长势非常衰弱。

（5）应该选择合乎绿化要求的树种，树种不同，形态各异，因而它们在绿化上的用途也不同。如行道树，应考虑干直冠大、分枝点高，有良好的庇荫效果的树种；而庭院观赏树就应讲究树姿造型。

（6）应选择壮龄的树木，因为移植大树需要很多人力、物力。若树龄太大，移植后不久就会衰老很不经济；而树龄太小，绿化效果又较差，所以既要考虑能马上起到良好的绿化效果，又要考虑移植后有较长时期的保留价值，故一般慢生树选 20～30 年生；速生树种则选用 10～20 年生，中生树可选 15 年生，果树、花灌木为 5～7 年生。

（7）应选择生长正常的树木以及没有感染病虫害和未受机械损伤的树木。

（8）选树时还必须考虑移植地点的自然条件和施工条件，移植地的地形应平坦或坡度不大，过陡的山坡，根系分布不正，不仅操作困难且容易伤根，不易起出完整的土球，因而应选择便于挖掘处的树木，最好使起运工具能到达树旁。

（9）如在森林内选择树木时，必须选密度不大、生长在阳光下的树，过密的树木移植到城市后不易成活，且树形不美观、装饰效果欠佳。

7.5.1.4 大树移植的时间

(1) 如果掘起的大树带有较大的土块，在移植过程中严格执行操作规程，移植后又注意养护，那么，在冬季时间都可以移植大树。但在实际中，因树种和地域不同，最佳移植时间也有所差异。一般情况下，最佳移植大树的时间是早春。因为这时树液开始流动并开始发芽、生长，挖掘时损伤的根系容易愈合和再生，移植后，经过从早春到晚秋的正常生长以后，树木移植时受伤的部分已复原，给树木顺利越冬创造了有利条件。

(2) 在春季树木开始发芽而树叶还没有全部长成以前，树木的蒸腾达未达到最旺盛时期，这时候，进行带土球的移植，缩短土球暴露在空间的时间，栽植后进行精心的养护管理也能确保大树的存活。

(3) 盛夏季节，由于树木的蒸腾量大，此时移植对大树的成活不利，在必要时可采取加大土球，加强修剪、遮阴，尽量减少树木的蒸腾量，也可以成活。由于所需技术复杂，费用较高，故尽可能避免。但在北方的雨季和南方的梅雨期，由于空气中的湿度较大，因而有利于移植，可带土球移植一些针叶树种。

(4) 深秋及冬季，从树木开始落叶到气温不低于－15℃这一段时间，也可移植大树，此期间，树木虽处于休眠状态，但是地下部分尚未完全停止活动，故移植时被切断的根系能在这段时间进行愈合，给来年春季发芽生长创造良好的条件。但是在严寒的北方，必须对移植的树木进行全面保护，才能达到这一目的。

(5) 南方地区尤其在一些气温不太低、湿度较大的地区，一年四季均可移植，落叶树还可裸根移植。

(6) 我国幅员辽阔，南北气候相差很大，具体的移植时间应视当地的气候条件以及需移植的树种不同而有所选择。

### 7.5.2 大树移植前的准备工作

7.5.2.1 大树预掘的方法

为了保证树木移植后能很好地成活，可在移植前采取一些措施，促进树木的须根生长，这样也可以为施工提供方便条件，常用下列方法：

(1) 多次移植：此法适用于专门培养大树的苗圃中，速生树种的苗木可以在头几年每隔 1～2 年移植一次，待胸径达 6cm 以上时，可每隔 3～4 年再移植一次。而慢生树待其胸径达 3cm 以上时，每隔 3～4 年移一次，长到 6cm 以上时，则隔 5～8 年移植一次，这样树苗经过多次移植，大部分的须根都聚生在一定的范围，因而再移植时，可缩小土球的尺寸和减少对根部的损伤。

(2) 预先断根法：预先断根法又称回根法，主要适用于一些野生大树或一些具有较高观赏价值的树木的移植，一般是在移植前 1～3 年的春季或秋季，以树干为中心，2.5～3.0 倍胸径为半径或以较小于移植时土球尺寸为半径划一个圆或方形，再在相对的两面向外挖 30～40cm 宽的沟（其深度则视根系分布而定，一般为 50～80cm），对较粗的根应用锋利的锯或剪，齐平内壁切断，然后用沃土（最好是沙壤土或壤土）填平，分层踩实，定期浇水，这样便会在沟中长出许多须根。到第二年的春季或秋季再以同样的方法挖掘另外相对的两面，到第 3 年时，在四周沟中均长满了须根，这时便可移走，如图 7.5-1 所示。

挖掘时应从沟的外缘开挖，断根的时间可按各地气候条件有所不同。

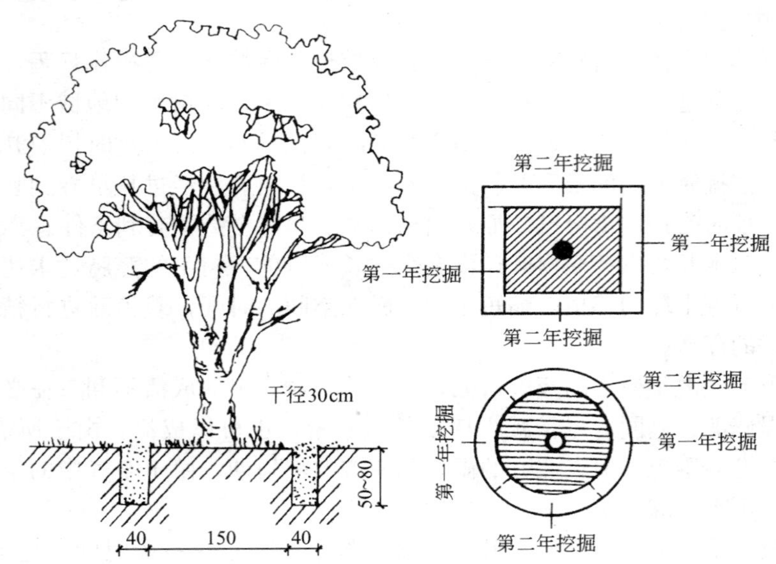


图 7.5-1　大树断根法示意图

（3）根部环状剥皮法：如同上法挖沟，但不切断大根，而采取环状剥皮的方法，剥皮的宽度为 10～15cm，这样也能促进须根的生长，这种方法由于大根未断，树身稳固，可以不必增加支柱。

7.5.2.2　大树的修剪

修剪是大树移植过程中，对地上部分进行处理的主要措施，至于修剪的方法各地不一，一般可分为如下几种方法：

（1）修剪枝叶：这种方法是目前修剪的主要方式，凡病枯枝、过密交叉技、徒长枝、干扰枝均应剪去。此外，修剪量也与移植季节、根系情况有关。当气温高、湿度低、带根系少时应重剪；而湿度大，根系也大时可适当轻剪。此外，还应考虑到功能要求，如果要求移植后马上起到绿化效果的应轻剪，而有把握成活的则可重剪。在修剪时，还应考虑到树木的绿化效果。如毛白杨作行道树时，就不应砍去主干，否则树梢分叉太多，改变了树木固有的形态，甚至影响其功能。

（2）摘叶：这种方法是细致费工的工作，只适用于少量名贵的树种，移前为减少蒸腾可摘去部分树叶，移后即可再萌出树叶。

（3）摘心：这种方法是为了促进侧枝生长，一般顶芽生长的如杨、白蜡、银杏、柠檬桉等均可用此法以促进其侧枝生长，但是如木棉、针叶树种都不宜摘心处理，故应根据树木的生长习性和要求来决定。

（4）剥芽：这种方法是为抑制侧枝的生长，促进主枝的快速生长，控制树冠不致过大，以防风倒。

（5）摘花摘果：为减少养分的消耗，移植前后应适当地摘去树上的一部分花、果。

（6）刻伤和环状剥皮：刻伤的伤口可以是纵向也可以是横向，环状剥皮是在芽下 2～3cm 处或在新梢基部剥去 1～2cm 宽的树皮到木质部。其目的在于控制水分、养分的上升，抑制部分枝条的生理活动。

7.5.2.3 大树的编号定向

(1) 编号是当移栽成批的大树时，为使施工有计划地顺利进行，可把栽植坑及要移栽的大树均编上一一对应的号码，使其移植时可对号入座，以减少现场混乱及事故。

(2) 定向是在树干上标出南北方向，使其在移植时仍能保持它按原方位栽下，以满足它对庇荫及阳光的要求。

7.5.2.4 清理现场及安排运输路线

在起树前，应把树干周围 2～3cm 以内的碎石、瓦砾堆、灌木丛及其他障碍物清除干净，并将地面大致整平，以为顺利移植大树创造条件。然后按树木移植的先后次序，合理安排运输路线，以使每棵树都能顺利运出。

7.5.2.5 大树的支柱与捆扎

(1) 为了防止在挖掘时由于树身不稳、倒伏引起工伤事故及损坏树木，因而在挖掘前应对需移植的大树支柱，一般是用 3 根直径 150mm 以上的大戗木。

(2) 分立在树冠分支点的下方，然后再用粗绳将 3 根戗木和树干一起捆紧，戗木底脚应牢固支持在地面上，最好是与地面成 60°左右，支柱时应使 3 根戗木受力均匀，特别是避风向的一面要支撑牢固。

(3) 戗木的长度不定，底脚应立在挖掘范围以外，以免妨碍挖掘工作。

7.5.2.6 工具材料的准备

对大树的包装时，要根据具体的情况来决定，一般情况下，包装方法不同，所需材料也不同，表 7.5-1 中列出草绳和蒲包混合包装所需材料、表 7.5-2 中列出木板方箱移植所需材料、表 7.5-3 中列出木板方箱移植所需的机具。

**草绳和蒲包混合包装所需材料** **表 7.5-1**

| 序号 | 移栽土球的规格(mm)<br>(土球直径×土球高度) | 蒲包 | 草绳 |
|---|---|---|---|
| 1 | 2000×1500 | 13 个 | 直径 20mm，长 1350m |
| 2 | 1500×1000 | 5.5 个 | 直径 20mm，长 300m |
| 3 | 1000×800 | 4 个 | 直径 16mm，长 175m |
| 4 | 800×600 | 2 个 | 直径 13mm，长 100m |

**木板方箱移植所需材料** **表 7.5-2**

<table>
<tr><th colspan="3">材料</th><th>木板方箱规格要求</th><th>主要用途</th></tr>
<tr><td rowspan="2">1</td><td rowspan="2">木板</td><td>大号</td><td>上板长 2m、宽 0.2m、厚 0.03m<br>底板长 1.75m、宽 0.3m、厚 0.05m<br>边长上缘长 1.85m、下缘长 1.85m、宽 0.7m、厚 0.05m</td><td rowspan="2">移植土球规格可视土球大小而定</td></tr>
<tr><td>小号</td><td>上板长 1.65m、宽 0.3m、厚 0.05m<br>底板长 1.75m、宽 0.3m、厚 0.05m<br>边长上缘长 1.5m、下缘长 1.4m、宽 0.65m、厚 0.05m</td></tr>
<tr><td>2</td><td colspan="2">方木</td><td>100mm 见方</td><td>支撑</td></tr>
<tr><td>3</td><td colspan="2">木墩</td><td>直径 200mm、长 250mm，要求料直而坚硬</td><td>挖底时四角支柱上球</td></tr>
<tr><td>4</td><td colspan="2">铁钉</td><td>长 50mm 左右，每棵树约 400 根</td><td>固定箱板</td></tr>
</table>

木板方箱移植所需机具 表 7.5-3

| 工具名称 | | 工具规格要求 | 主要用途 |
|---|---|---|---|
| 1 | 铁　锹 | 圆口锋利 | 开沟刨土 |
| 2 | 小平铲 | 短把、口宽、15cm 左右 | 修土球掏底 |
| 3 | 平　铲 | 平口锋利 | 修土球掏底 |
| 4 | 大头尖镐 | 一头尖，一头平 | 刨硬土 |
| 5 | 小头尖镐 | 一头尖，一头平 | 掏底 |
| 6 | 钢丝绳机 | — | 收紧箱板 |
| 7 | 货　车 | 大卡车 | 运输树木用 |
| 8 | 铁　棍 | 刚性好 | 转动紧线器用 |
| 9 | 铁　锤 | — | 钉薄钢板 |
| 10 | 扳　手 | — | 维修器械 |
| 11 | 小镢头 | 短把、锋利 | 掏底 |
| 12 | 手　锯 | 大、小各一把 | 断根 |
| 13 | 吊　车 | 1 台，起重质量视土台大小 | 装、卸用 |
| 14 | 千斤顶 | 1 台，液压 | 上底板用 |
| 15 | 斧　子 | 2 把 | 钉薄钢板、砍木头 |
| 16 | 钢丝绳 | 2 根，直径 10mm，每根长为 10～12m | 捆扎箱板 |

7.5.2.7 运输准备

因为大树移植所带土球较大，所以其重量和体积较大，一般情况下，人力装卸是十分困难的，必须应配备一定数量的吊车与大卡车来运输大树。同时应事先查看运输路线，对低矮的架空线路应采取临时措施，防止事故发生。对需要进行病虫害检疫的树种，应事先办理检疫证明，取得通行证。

### 7.5.3 大树移植方法

7.5.3.1 概述

当前常用的大树移植挖掘和包装方法主要有以下几种：

（1）软材包装移植法：在城市道路绿化建设中，将挖掘圆形的土球（树木的胸径在 10～15cm 或稍大一些的常绿乔木）移植到道路两旁的一种方法。

（2）木箱包装移植法：在城市道路绿化建设中，将挖掘方形土台（树木的胸径 15～30cm 的常绿乔木）移植到道路两旁的一种方法。

（3）机械移植法：在城市道路绿化建设中，由专门移植大树的移植机，将胸径在 25cm 以下的乔木移植到道路两旁的一种方法。

（4）冻土移植法：在城市道路绿化建设中，我国北方寒冷地区较多采用冻土移植法。

7.5.3.2 软材包装移植法

（1）大树的掘苗：

1）土球大小的确定：树木选好后，可根据树木胸径的大小来确定挖土球的直径和高度，可参考表 7.5-4 所列。一般来说，土球直径为树木胸径的 7～10 倍，土球过大容易散球且会增加运输困难。土球过小又会伤害过多的根系以影响成活，所以土球的大小还应考虑树种的不同以及当地的土壤条件，最好是在现场试挖一株，观察根系分布情况，再确定土球大小。

**土球的规格** **表 7.5-4**

| 树木胸径（mm） | 土球的主要规格 | | |
|---|---|---|---|
| | 土球直径(mm) | 土球高度(mm) | 留底直径 |
| 100～120 | 胸径 8～10 倍 | 600～700 | 土球直径的 1/3 |
| 130～150 | 胸径 7～10 倍 | 700～800 | |

2）支撑：为了保证树木和操作人员的安全，挖掘前应进行支撑。一般采用木杆或竹竿于树干下部 1/3 处支撑，要绑扎牢固。

3）拢冠：遇有分枝点低的树木，为了操作方便，于挖掘前用草绳将树冠下部围拢，其松紧以不损伤树枝为度。

4）画线：以树干为中心，按规定土球直径画圆并撒白灰，作为挖掘的界限。

5）挖掘：沿灰线外线挖沟，沟宽 60～80cm，沟深为土球的高度。

6）修坨：挖掘到规定深度后，用铁锹修整土球表面，使上大下小（留底直径为土球直径的 1/3），肩部圆滑，呈苹果形。如遇粗根，应以手锯锯断，不得用铁锹硬铲而造成散坨。

7）缠腰绳：修好后的土球应及时用草绳（预先浸水湿润）将土球腰部系紧，称为“缠腰绳”。操作时，一人缠绕草绳，另一人用石块拍打草绳使其拉紧，并以略嵌入土球为度。草绳每圈要靠紧，宽度为 20cm 左右，如图 7.4-6 所示。

8）开底沟：缠好腰绳后，沿土球底部向内刨挖一圈底沟，宽度为 5～6cm，便于打包时兜底，防止松脱。

9）打包：用蒲包、草袋片、塑料布、草绳等材料，将土球包装起小称为“打包”。打包是掘苗的重要工序，其质量好坏直接影响大树移植的成活率，必须认真操作。操作方法如下。

① 首先采用包装物将土球表面全部盖严，不留缝隙，用草绳稍加围拢，使包装物固定。

② 然后用双股湿草绳一端拴在树干上，然后放绳顺序缠绕土球，稍成倾斜状，每次均应通过底沿至树干基部转折，并用石块拍打拉紧。每道间距为 8cm，土质疏松时则应加密。草绳应排匀理顺，避免互拧。

③ 最后采用竖向草绳捆好后，在内腰绳上部，再横捆十几道草绳，并用草绳将内、外腰绳穿连起来系紧，如图 7.5-2 所示。

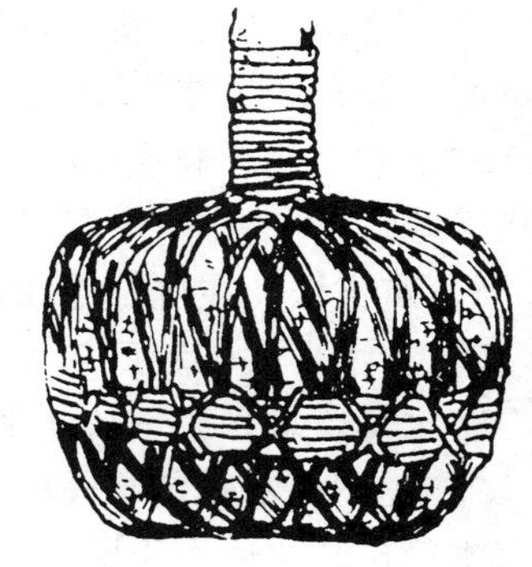
图 7.5-2 包装好的土球示意图

10）封底：打完包之后，轻轻将树推倒，用蒲包谷底部堵严，用草绳捆牢。

我国地域辽阔，自然条件差别很大，土球的大小及包

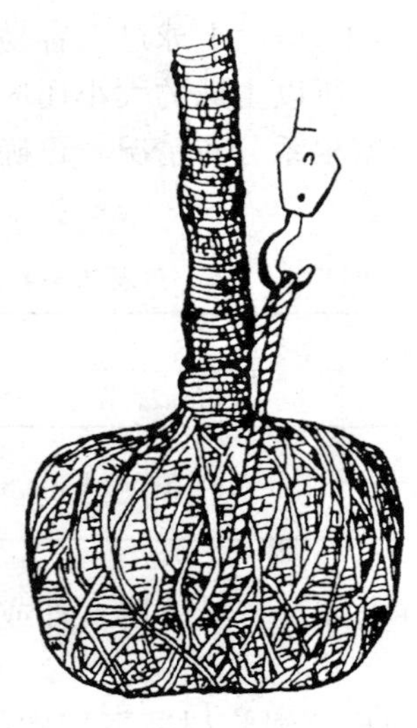

图 7.5-3 土球吊装示意图

装方法应因地制宜。如南方土质较黏重，可直接用草绳包装，常用橘子包、井字包和五角形包等方法，如图 7.4-7～图 7.4-9 所示。

(2) 大树吊装运输：

1) 准备工作：备好吊车、货运汽车。准备捆吊土球的长粗绳，要求具有一定的强度和柔软性。准备隔垫用木板、蒲包、草袋及拢冠用草绳；

2) 吊装前，用粗绳捆在土球腰下部，并垫以木板，再挂以脖绳控制树干。先试吊一下，检查有无问题，再正式吊装，如图 7.5-3 所示；

3) 装车时应将土球朝前，树梢向后，顺卧在车厢内，将土球垫稳并用粗绳将土球与车身捆牢，防止土球晃动散体；

4) 树冠较大时，可用细绳拢冠，绳下塞垫蒲包、草袋等物，防止磨伤枝叶；

5) 装运过程中，应有专人负责，特别注意保护主干式树木的顶枝不遭受损伤。

(3) 大树的卸车：卸车也应使用吊车，有利于安全和质量的保证。卸车后，如不能立即栽植，应将苗木立直，支稳，严禁苗木斜放或倒地。

(4) 大树的栽植：

1) 挖穴：树坑的规格应大于土球的规格，一般坑径大于土球直径 40cm，坑深大于土球高度 20cm。遇土质不好时，应加大树坑规格并进行换土；

2) 施底肥：需要施用底肥时，将腐熟的有机肥与土拌匀，施入坑底和土球的周围，一般情况下，底肥是随栽随施；

3) 入穴：入穴时，应按原生长时的南北向就位，在条件许可的情况下，可以取姿态最佳的一面作为主要观赏面。树木应保持直立，土球顶面应与地面平齐。可事先用卷尺分别量取土球和树坑尺寸，如不相适应，应进行调整；

4) 支撑：树木直立后，立即进行支撑。为了保护树干不受磨伤，应预先在支撑部位用草绳将树干缠绕一层，防止支柱与树干直接接触，并用草绳将支柱与树干捆绑牢固，严防松动；

5) 拆包与填土：将包装草绳剪断，尽量取出包装物，实在不好取时可将包装材料压入坑底。如发现土球松散，严禁松解腰绳和下部包装材料，但腰绳以上的所有包装材料应全部取出，以免影响水分渗入。然后应分层填土、分层夯实（每层厚 20cm），操作时不得损伤土球；

6) 筑土堰：在坑外缘取细土筑一圈高 30cm 灌水堰，用锹拍实，以备灌水；

7) 灌水：大树栽后应及时灌水，第一次灌水量不宜过大，主要起沉实土壤的作用，第二次水量要足，第三次灌水后即可封堰。

7.5.3.3 木箱包装移植法

木箱包装法适用于胸径 15～30cm 的大树，可以保证吊装运输的安全而不散坨。

(1) 移植：由于利用木箱包装，相对保留了较多根系，并且土壤与根系接触紧密，水分供应较为正常，除新梢生长旺盛期外，一年四季均可进行移植。但为了确保成活率，还是应该选择适宜季节进行移植。

(2) 机具准备：掘苗前应准备好需用的全部工具、材料、机械和运输车辆，并由专人管理。掘苗时4人一组，一组掘一株。挖掘上口1.85m见方、高80cm土块的大树，所需材料、工具、机械设施如表7.5-1～表7.5-3所示。

(3) 大树掘苗：

1) 土台（块）规格：土台越大，固然有利于成活，但给起、运带来很大困难。因此应在确保成活的前提下，尽量减小土台的大小。一般土台的上边长为树木胸径的7～10倍，具体见表7.5-5所列；

**土 台 规 格** **表7.5-5**

| 树木胸径(cm) | 15～16 | 18～24 | 25～27 | 28～30 |
|---|---|---|---|---|
| 土台规格(m)边长×厚度 | 1.5×0.6 | 1.8×0.7 | 2.0×0.8 | 2.2×0.9 |

2) 挖土台划线：以树干为中心，以边长尺寸加大5cm划正方形，作为土台的范围。同时，做出南北方向的标记：

① 挖沟：施工中必须沿正方形外线挖沟，沟宽应满足操作要求，一般为0.6～0.8m，一直挖到规定的土台厚度；

② 去表土：为了减轻质量，可将根系很少的表层土挖去，以出现较多树根处开始计算土台厚度，可使土台内含有较多的根系；

③ 修平：挖掘到规定深度后，即采用铁锹修平土台四壁，使四面中间部位略为凸出。如遇粗根可用手锯将其锯断，并使锯口稍陷入土台表面，但绝不可外凸。修平后的土台尺寸应稍大于边板规格，以便续紧后使箱板与土台靠紧。其土台应呈上宽下窄的倒梯形，与边板形状一致，如图7.5-4所示。

3) 立边板：其主要操作内容分别如下：

① 立边板：土台修好后，应立即上箱板，以免土台坍塌。先将边板沿土台四壁放好，使每块箱板中心对准树干中心，并使箱板上边低于土台顶面1～2cm，作为吊装时土台下沉的余量。两块箱板的端头应沿土台四角略为退回，如图7.5-5所示。随即用蒲包片将土台四角包严，两头压在箱板下。然后在木箱边板距上、下口15～20cm处各绕钢丝绳一道；

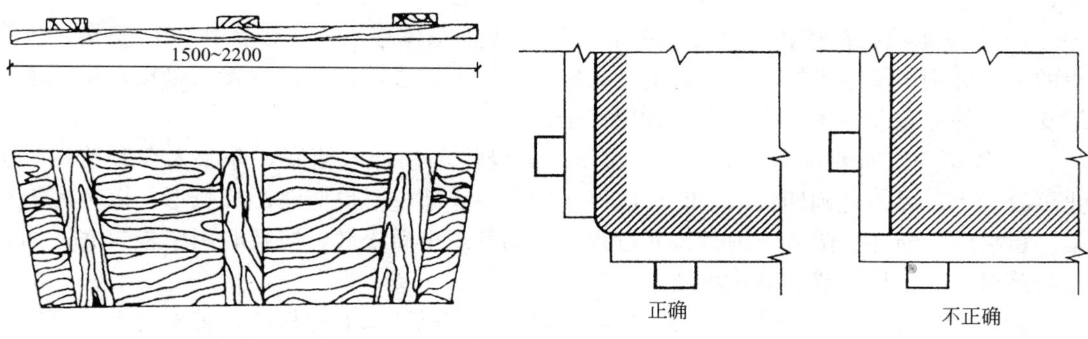


图7.5-4 箱板示意图

图7.5-5 箱板端部的安装位置示意图

② 上紧线器：在上下两道钢丝绳各自接头处装上紧线器并使其处于相对方向（东西或南北）中间板带处，如图 7.5-6 所示，同时紧线器从上向下转动应为工作行程。先松开紧线器，收紧钢丝绳，使紧线器处于有效工作状态。紧线器在收紧时，必须两个同时进行，收紧速度下绳应稍快于上绳。收紧到一定程度时，可用木棍锤打钢丝绳，如发出嘣嘣的弦音表示已经收紧，即可停止；

③ 钉箱：箱板被收紧后，即可在四角钉上薄钢板（铁腰子）8～10 道。每条薄钢板上至少要有两对铁钉钉在带板上。钉子稍向外侧倾斜，以增加拉力，如图 7.5-7 所示。四角薄钢板钉完后用小锤敲击薄钢板，发出铛铛的弦音时已示薄钢板紧固，即可松开紧线器，取下钢丝绳。加深边沟沿木箱四周继续将边沟下挖 30～40cm，以便掏底；

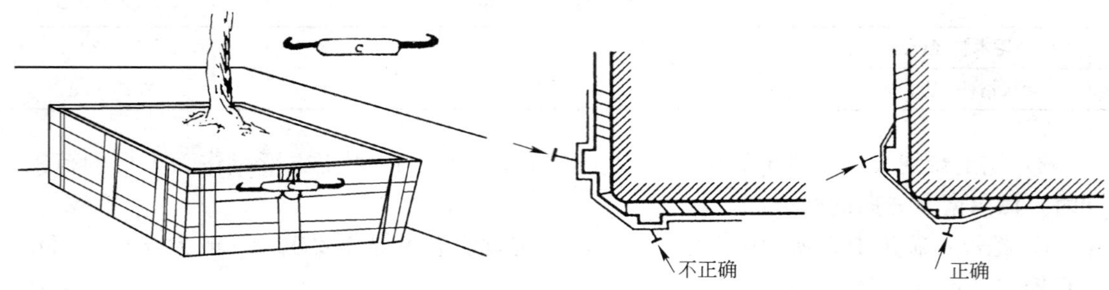


图 7.5-6　紧线器的安装位置示意图　　图 7.5-7　铁皮的钉牢示意图

④ 支树干：一般情况下，采用 3 根木杆（竹竿）支撑树干并绑牢，保证树木直立。

4）掏底与上底板：用小板镐和小平铲将箱底土台大部掏挖空，称为“掏底”，以便于钉封底板，如图 7.5-8 所示：

① 掏底施工过程中，应分次地进行，每次掏底宽度应等于或稍大于欲钉底板每块木板的宽度。当掏够一块木板的宽度后，应立即钉上一块底板。底板的间距一般为 10～15cm，应排列均匀；

② 上底板之前，应按量取所需底板长度（与所对应木箱底口的外沿平齐）下料（锯取底板），并在每块底板两头钉好铁皮；

③ 上底板时，先将一端贴紧边板，将薄钢板钉在木箱带板上，底面用圆木墩须牢（圆木墩下可垫以垫木）；另一头用油压千斤顶顶起与边板贴紧，用薄钢板钉牢，撤下千斤顶，支牢木墩。两边底板上完后，再继续向内掏挖；

④ 支撑木箱在掏挖箱底中心部位前，为了防止箱体移动，保证操作人员安全，将箱板的上部分别用横木支撑，使其固定。支撑时，先于坑边挖穴，穴内置入垫板，将横木一端支垫，另一端顶住木箱中间带板并用钉子钉牢；

⑤ 掏中心底时要特别注意安全，操作人员身体严禁伸入箱底，并派人在旁监视，防止事故发生。风力达到四级以上时，应停止操作。底部中心也应略凸成弧形，以利底板靠紧。粗根应锯断并稍陷入土内。掏底过程中，如发现土质松散，应及时用窄板封底；如有土脱落时，马上用草袋、蒲包填塞，再上底板。

5）上盖板：于木箱上口钉木板拉结，称为“上盖板”。上盖板前，将土台上表面修成中间稍高于四周，并于土台表面铺一层蒲包片。树干两侧应各钉两块木板，木箱包装法如

图 7.5-9 所示。

图 7.5-8 掏底作业示意图

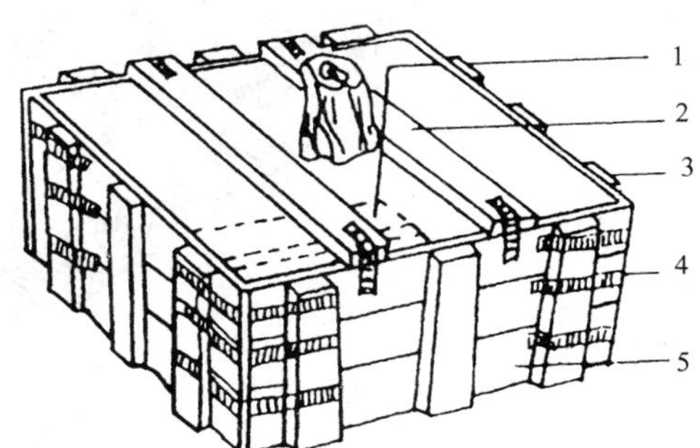

图 7.5-9 木板箱整体包装示意图
1—底板；2—上板；3—板带；
4—铁皮；5—边板

（4）吊装运输：

木箱包装移植大树，因其质量较大（单株质量在 2t 以上），必须使用起重机械吊装。生产中常用汽车吊，其优点是机动灵活，行驶速度快，操作简捷。

1）装车：运输车辆一般为大型货车，树木过大时，可用大型拖车。吊装前，用草绳捆拢树冠，以减少损伤：

① 首先采用一根长度适当的钢丝绳，在木箱下部的 1/3 处将木箱拦腰紧密地围住，并将两头绳套扣在吊车的吊钩上，然后轻轻地起吊，待木箱离地前而停车。一般采用蒲包片或草袋片将树干包裹起来，并在树干上系一根粗绳，另一端扣在吊车的吊钩上，防止树冠倒地，如图 7.5-10 所示；

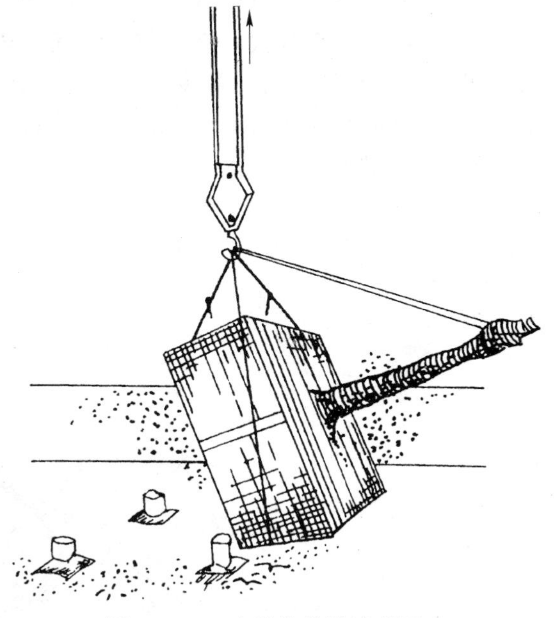
图 7.5-10 木箱的吊装示意图

② 继续起吊。当树身躺倒时，在分枝处拴 1～2 根绳子，以便用人力来控制树木的位置，避免损伤树冠，便于吊装作业；

③ 装车时，木箱一般应装在前面，树冠装在后面，且木箱上口与后轴相齐，木箱下面用方木垫稳。为使树冠不拖地，在车厢尾部用两根木棍绑成支架将树干支起，并在支架与树干间塞垫蒲包或草袋防止树皮被擦伤，用绳子捆牢。捆木箱的钢丝绳应用紧线器绞紧，如图 7.5-11 所示。

2）大树的运输：大树运输，必须有专人在车厢上押运，保护树木不受损伤。

① 开车前，押运人员必须仔细检查装车情况，如绳索是否牢固，树冠能否拖地，与

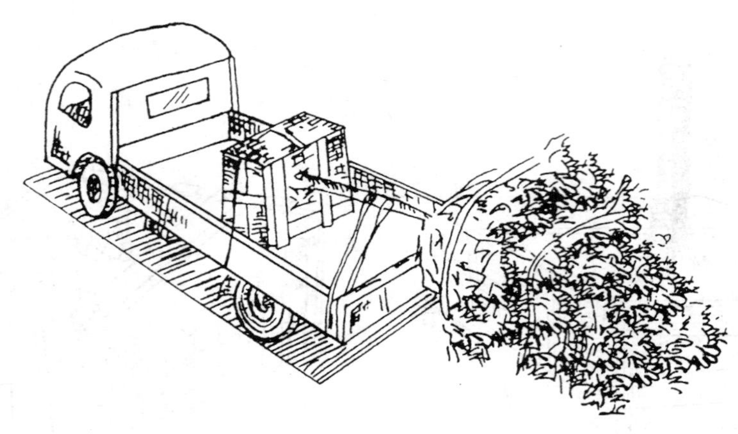

图 7.5-11 木箱包装大树装车法

树干接触的部位是否都用蒲包或草袋隔垫等。如发现问题，应及时采取措施解决；

② 对超长、超宽、超高的情况，事先应有处理措施，必要时，事先办理行车手续。对需要进行病虫害检疫的树木，应事先办理检疫证明；

③ 押运人员应随车携带绝缘竹竿，以备途中支举架空电线；

④ 押运人员应站在车厢内，便于随时监视树木状态，出现问题及时通知驾驶员停车处理。

3）大树的卸车：

① 卸车前，先解开捆拢树冠的小绳，再解开大绳，将车停在预定位置，准备卸车；

② 起吊用的钢丝绳和粗绳与装车时相同。木箱吊起后，立即将车开走；

③ 木箱应呈倾斜状，落地前在地面上横放一根 40cm×40cm 大方木，使木箱落地时作为枕木。木箱落地时要轻缓，以免振松土台；

④ 用两根方木（10cm×10cm，长 2m）垫在木箱下，间距 0.8～1.0m，以便栽吊时穿绳操作，如图 7.5-12 所示。松缓吊绳，轻摆吊臂，使树木慢慢立直。

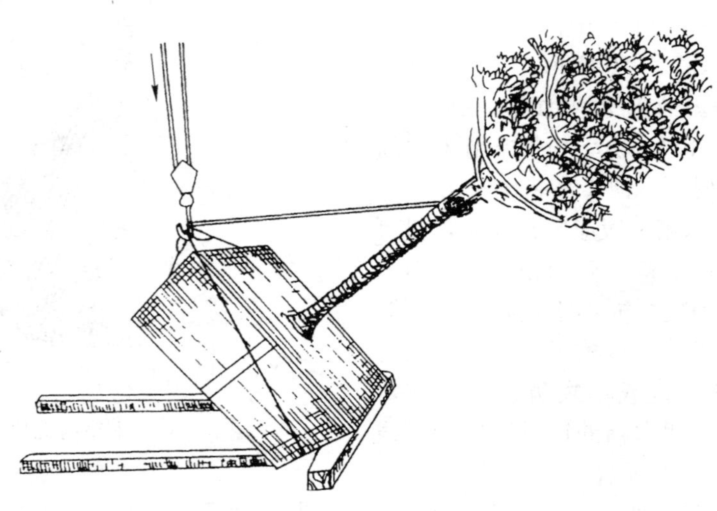

图 7.5-12 卸车垫木方法示意图

（5）大树的栽植：

1）用木箱移植大树，坑（穴）亦应挖成方形，且每边应比木箱宽出 0.5m，深度大于木箱高 0.15～0.20m。土质不好，还应加大坑穴规格。需要客土或施底肥时，应事先备好客土和有机肥料；

2）树木起吊前，检查树干上原包装物是否严密，以防擦伤树皮。用两根钢丝绳兜底起用，注意吊钩不要擦伤树木枝与干，如图 7.5-13 所示；

图 7.5-13 大树入坑（穴）法示意图

3）树木就位前，按原标记的南北方向找正，满足树木的生长需求。同时，在坑底中央堆起高 0.15～0.2m、宽 0.7～0.8m 的长方形土台，且使其纵向与木箱底板方向一致，便于两侧底板的拆除；

4）拆除中心底板，如遇土质已松散时，可不必拆除；

5）严格掌握栽植深度，应使树干地痕与地面平齐，不可过深过浅。木箱入坑后，经检查即可拆除两侧底板；

6）树木落稳后，抽出钢丝绳，用 3 根木杆或竹竿支撑树干分枝点以上部位，绑牢。为防止磨伤树皮，木杆与树干之间应以蒲包或草绳隔垫；

7）拆除木箱的上板及覆盖物。填土至坑深的 1/3 时，方可拆除四周边板，以防塌坨。以后每层填土 0.2～0.3m 厚即夯实一遍，确保栽植牢固，并注意保护土台不受破坏。需要施肥时，应与填土拌匀后填入；

8）大树移植的质量要求：

① 大树移植应保持对称平衡，行道树或行列种植树木应在一条线上，相邻植株规格应合理搭配，高度、干径、树形近似，树木应保持直立，不得倾斜，应注意观赏面的合理朝向；

② 种植绿篱的株行距应均匀。树形丰满的一面应向外，按苗木高度、树干大小搭配

均匀。在苗圃修剪成型的绿篱，种植时应按造型接栽，深浅保持一致；

③ 种植带土球树木时，不易腐烂的包装物必须拆除；

④ 珍贵树种应采取树冠喷雾、树干保湿和树根喷布生根激素等措施。

（6）对大树的支架：

对栽植的常绿大树或高大的落叶乔木，应在树干周围用木棍埋 1～3 个支柱，以防倒伏，如图 7.5-14、图 7.5-15 所示。支柱要牢固，应深埋 30cm 以上，支柱与树干相接部位应垫上蒲包片，以避免磨伤树皮。

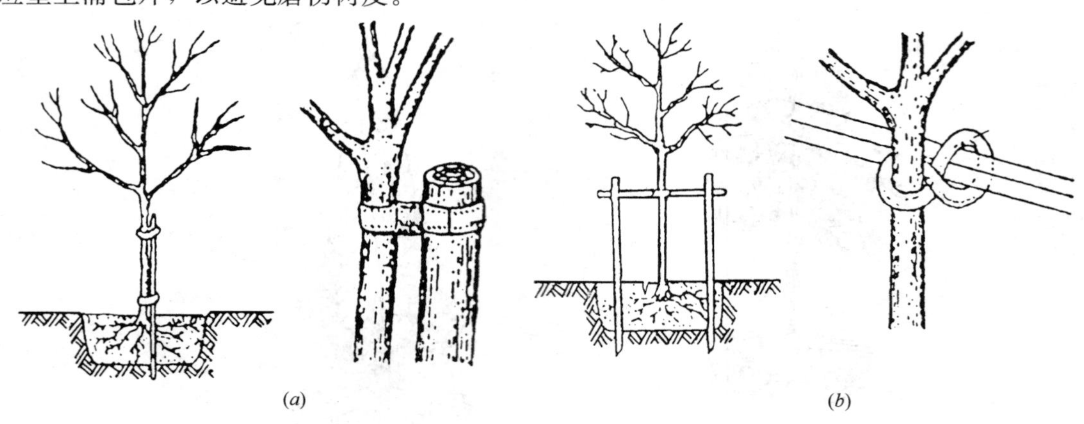


图 7.5-14 大树支架示意图（一）

（a）单支柱法；（b）双支柱法

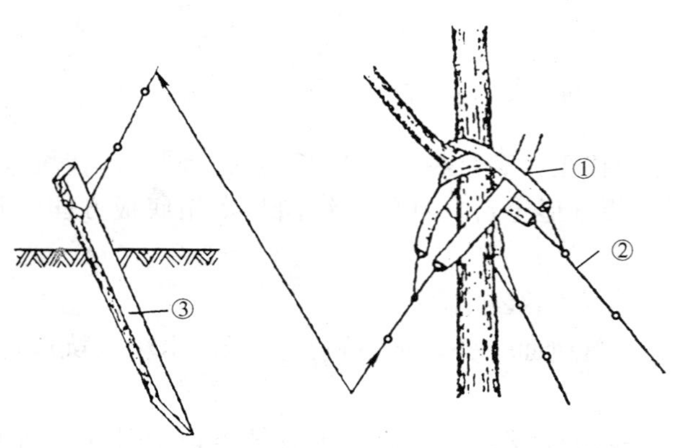


干围 100cm 以上

① 杉皮、棕毛、棕线绑扎；② 铅丝；③空心管

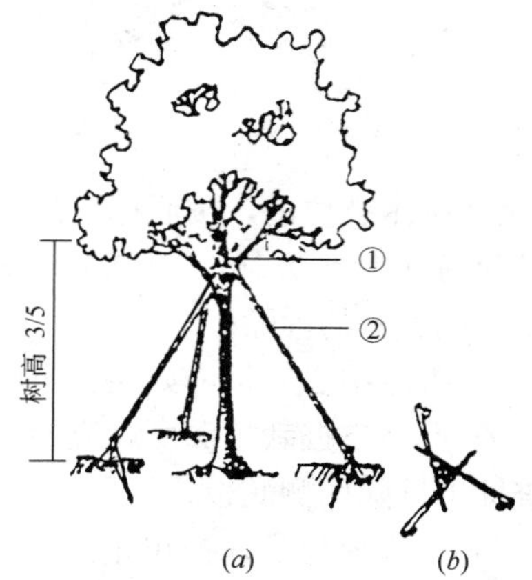


干围 30~100cm

① 杉皮、棕皮、棕线绑扎；② 支柱

(a)立面图；(b)平面图

图 7.5-15 大树支架示意图（二）

（三点拉线法）

（7）定植后的灌水：

1）树木定植后 24h 内必须浇上第一遍水，定植后第一次灌水称为头水。水要浇透，使泥土充分吸收水分，灌头水主要目的是通过灌水将土壤缝隙填实，保证树根与土壤紧密结合以利根系发育，故亦称为压水；

2）水灌完后应作一次检查，由于踩不实树身会倒歪，要注意扶正，树盘被冲坏时要修好。之后，应连续灌水，尤其是大苗，在气候干旱时，灌水极为重要，千万不可疏忽；

3）常规做法为定植后必须连续灌3次水，之后视情况适时灌水。第一次连续3天灌水后，要及时封堰（穴），即将灌足水的树盘撒上细面土封住，称为封堰，以免蒸发和土表开裂透风。大树定植后，每株每次浇水量可参考表7.5-6；

**树木移植后的浇水** **表7.5-6**

| 乔木及常绿树胸径(cm) | 灌木高度(m) | 树堰直径(cm) | 浇水量(kg) |
|---|---|---|---|
| 7～10 | 2～3 | 110 | 250 |
| 10～15 | 3～4 | 150 | 400 |
| 15～25 | 4～5 | 250 | 600 |
| 25以上 | 6～8 | 350 | 1000 |

4）定植、灌水完毕后，一定要加强围护，用围栏、绳子围好，以防人为损害，必要时派人看护。以上诸工作完成后，立即清理现场，保持清洁，使施工现场美观整洁。树木种植后浇水、支撑固定的规定如下：

① 种植后应在略大于种植穴直径的周围，筑成高15～25cm的灌水土堰，堰应筑实，不得漏水。坡地可采用鱼鳞穴式种植；

② 新植树木应在当日浇透第一遍水，以后应根据当地情况及时补水。北方地区种植后浇水不少于3遍；

③ 对于黏性的土壤，宜适量浇水；对于根系发达的树种，浇水量宜较多；肉质根系树种，浇水量宜少；

④ 秋季种植的树木，浇足水后可封穴越冬；

⑤ 干旱地区或遇干旱天气时，应增加浇水次数。干热风季节，应对新发芽放叶的树冠喷雾，宜在10时前和15时后进行；

⑥ 浇水时应防止因水流过急冲刷裸露根系或冲毁围堰，造成跑漏水。浇水后出现土壤沉陷，致使树木倾斜时，应及时扶正、培土；

⑦ 浇水渗下后，应及时用围堰土封树穴。再筑堰时，不得损伤根系；

⑧ 对人员集散较多的广场、人行道，树木种植后，种植池应铺设透气护栅。种植胸径在5cm以上的乔木，应在下风向设支柱固定。支柱应牢固，绑扎树木处应夹垫物，绑扎后的树干应保持直立。攀缘植物种植后，应根据植物生长需要，进行绑扎或牵引。

7.5.3.4 机械移植法

(1) 20世纪90年代初期，在国内外发展一种植树机械，名为树木移植机，又名树铲，主要用来移植带土球的树木，可以连续完成挖栽植坑、起树、运输、栽植等全部移植作业。

(2) 树木移植机分自行式和牵引式两类，目前各国大量发展的都为自行式树木移植机，它由车辆底盘和工作装置两大部分组成。车辆底盘一般都是选择现成的汽车、拖拉机或装载机等，稍加改装而成，然后再在上面安装工作装置：包括铲树机构、升降机构、倾斜机构和液压支腿4部分，如图7.5-16所示。

(3) 铲树机构是树木移植机的主要装置，也是其特征所在，它有切出土球和在运移中作为土球的容器以保护土球的作用。树铲能沿铲轨上下移动。

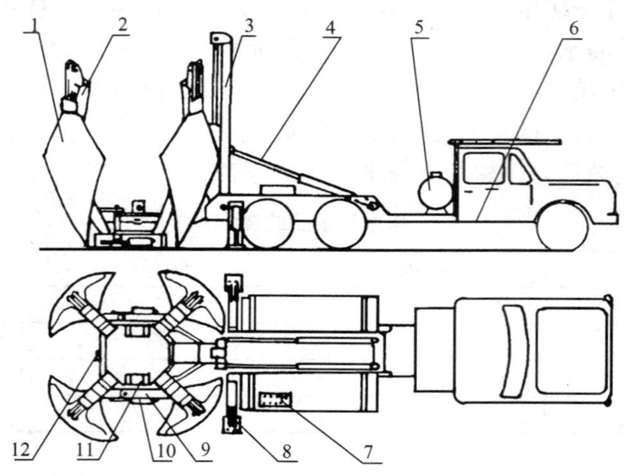


图 7.5-16 树木移植机结构示意图

1—树铲；2—铲轨；3—升降机构；4—倾斜机构；5—水箱；
6—车辆底盘；7—液压操纵阀；8—液压支腿；9—框架；
10—开闭油缸；11—调平垫；12—锁紧装置

（4）当树铲沿铲轨下到底时，铲片曲面正好能包出一个曲面圆锥体，这是土球的形状。

（5）起树时通过升降机构导轨将树铲放下，打开树铲框架，将树围合在框架中心，锁紧和调整框架以调节土球直径的大小和压住土球，使土球不致在运输和栽植过程中松散。

（6）切土动作完成后，把树铲机构连同它所包容的土球和树一起往上提升，即完成了起树动作。其常见类型见图 7.5-17 所示。

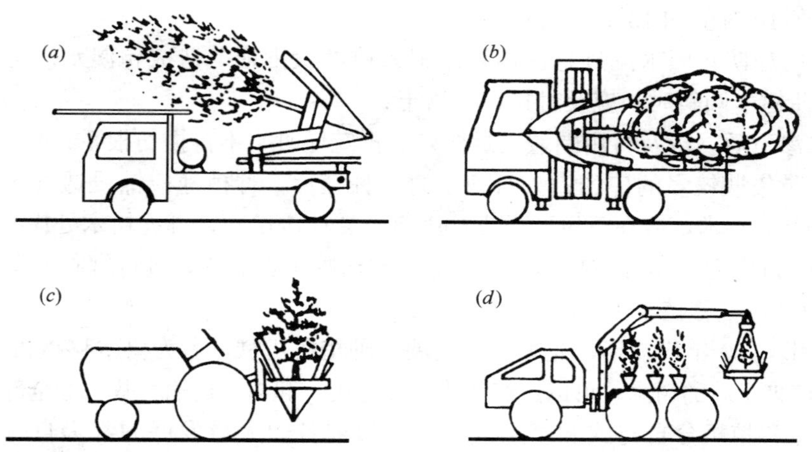


图 7.5-17 树木移植机型式示意图

（7）倾斜机构是使门架在把树木提升到一定高度后能倾斜在车架上，以便于运输。液压支腿则在作业时起支承作用，以增加底盘在作业时的稳定性和防止后轮下陷。

（8）树木移植机的主要优点是：

1）机械移植大树的生产率高，一般能比人工提高5～6倍以上，而成本可下降50%以上，树木径级越大效果越显著；

2）机械移植大树的成活率很高，只要保养合适，几乎可达到100%；

3）可适当延长移植的作业季节，不仅春季而且夏天雨季和秋季移植时成活率也很高，即使冬季在南方也能移植；

4）能适应城市的复杂土壤条件，在石块、瓦砾较多的地方也能作业；

5）减轻了工人劳动强度，提高了作业的安全性。

（9）目前我国主要发展三种类型移植机：

1）能挖土球直径160cm以上的大型移植机，主要用于城市道路建设、园林部门移植树径16～20cm大树；

2）挖土球直径100cm的中型移植机。主要用于移植树径10～12cm的树木，可用于城市园林部门、果园、苗圃等处；

3）能够挖掘60cm土球的小型移植机，主要用于苗圃、果园、林场、橡胶园等移植径级6cm左右的大苗。

机械移植法的具体栽植方法与前面阐述的软材包装移植法、木箱包装移植法相同。

7.5.3.5 移植大树工作的组织管理

为了确保大树移植工作顺利进行，必须做好施工的组织管理工作，具体内容如下：

（1）制定施工作业计划：

1）移开和栽植的大树的株树和地点，应在施工平面图上注出；

2）移植大树方法应根据移植季节、移植对象的生物学特性、生长情况、土壤性能、现场技术等条件来决定；

3）主要工序的技术要求；

4）需要飞机械、器具的数量。

（2）制定工程进度表：为了使移植工作各个环节紧密配合，工程进展顺利，提高效率，应制定工程进度表。

（3）进行施工组织设计：在进行施工组织设计时，应在施工平面图上注出，其中包括：

1）暂存挖起大树的位置（以不妨碍施工，且距离施工地点近为原则）；

2）运输路线；

3）灌溉设备；

4）施工工人生活等设施。

（4）建立大树移植档案：移植大树时，对每一株大树要分别记载：

1）大树挖掘地点、环境情况（包括地势、土壤等）、树高、胸径、树冠幅度、移植前发育情况；

2）挖掘时间、天气状况、采用何种移植方法、根系情况、栽植地点及环境情况；

3）栽植坑的大小、深度、换土、施肥情况；

4）栽植后养护措施、发芽生长等各个阶段的发育情况。

将上述所有情况汇总，建立大树移植档案，从而也可摸索和总结出一套科学的大树移植方法。

## 7.6 草坪建植工程

### 7.6.1 概述

(1) 草坪是城市绿化的重要组成部分，也是城市道路绿化工程之一，草坪植物在绿化材料中占有独特的位置。

(2) 在一些地块零星之处的绿地、庭园、街头巷尾空隙地或有地下设施或土层薄而不能栽植树木的地方均能种草。

(3) 为了创造宜人的环境、提供给人们一个良好的户外活动场地以及一些特殊功能如飞机场草坪、足球场、高尔夫球场、网球场等运动场地的需要，使草坪得到越来越广泛的应用。

(4) 草坪的建立工作简称"建坪"，是利用人工的方法建立起草坪地被的综合技术。

(5) 建坪是在新的起点上建立一个新的草坪地被，因此，开始工作的好坏对今后草坪的品质、功能、管理等方面均将带来深远的影响。

(6) 往往因建坪之初的失误，而给将来的草坪带来杂草严重的入侵、病害的蔓延、排水不良、草皮剥落及耐践踏力差的种种弊病。

(7) 也会带来草种不适宜、定植速度变缓慢、生产功能低下等问题。因此，建坪对良好草坪的产生起着极其重要的作用。

(8) 草坪的建立主要包括场地的准备，草坪草种的选择，栽植施工和种植后的养护管理等四个主要环节。

### 7.6.2 坪床的准备

7.6.2.1 坪床的清理

(1) 坪床的清理是指建坪场地内有计划地清除和减少障碍物、成功建立草坪的作业。如在长满树木的场所，应完全或选择性地伐去树木或灌木；清除不利于操作和草坪草生长的石头、瓦砾；消除和杀灭杂草；进行必要的挖方和填方等。

(2) 树木清理：树木包括乔木和灌木以及倒木、树桩和树根等。对于树木的地上部分，清除前应准备适当的收获及运输机械。树桩及树根则应用推土机或其他的方法挖除，以避免残体腐烂后形成洼地，破坏草坪的一致性，也可防止菌类的发生。

(3) 岩石和巨砾的清理：除去岩石露头是清理坪床的主要工作，通常应在坪床面以下不少于60cm处将岩石除去并用土填平，否则将形成水分供给能力不均匀现象。

(4) 建植前杂草的防治：在建坪的场地，某些蔓延性多年生草类，特别是禾草和莎草，能引起新草坪的严重杂草污染。即使在翻耕后用耙或草皮铲进行表面去杂处理的地方，残留的营养繁殖体也将再度萌生形成新的杂草浸染。杂草防除工作应在坪床准备时进行，有物理方法与化学方法两种。具体防除方法因建坪场地，作业规模和存在的杂草种类不同而异。

1) 物理防除：是指用化学以外的手段杀灭杂草的方法。常以手工或土壤翻耕机具，如拖拉机牵引的圆盘耙、手耙、锄头等，在翻挖土壤的同时清除杂草。像匍茎冰草这类具有地下蔓生根茎的杂草，单纯用拣拾，很难一次把其清除，通常可采用土壤休闲法防除；

此法宜在秋播建坪时施行，休闲是指夏季在坪床不种植任何植物，且定期地进行耙、锄作业，以杀死杂草可能生长出来的杂草营养繁殖器官。种繁草坪地休闲期应尽量长，这样有利于杂草的彻底防除。如用草皮铺植草坪，休闲期可相应缩短，因为厚实的草皮覆盖，可抑制一年生和两年生杂草的再生；

2）化学防除：是指使用化学药剂杀灭杂草的方法：

① 化学防除杂草最有效的方法是使用熏杀剂和非选择性的内吸除莠剂。常用有效的除莠剂有茅草枯、磷酸甘氨酸、草甘膦（0.2～0.4mL/$m^2$）等。除莠剂应在杂草长到10cm高，并在坪床开始翻耕前的7～30天施用，以便杂草除莠剂吸收并转移到地下器官；

② 熏蒸法是进行土壤消毒的有效方法。该法是将高挥发性的农药施入土壤，以杀伤和抑制杂草种子、营养繁殖体、致病有机体、线虫和其他可能引起麻烦的机体的正常生活过程。床土熏蒸前应深耕，以利熏杀剂的化学蒸汽向防治目标的侵入。土壤应保持一定的温度，以利熏杀剂在土中的运动。土温不应低于32℃，以保持熏杀剂的活性；

③ 用于草坪的熏杀剂有溴甲烷、氯化苦、棉隆和威百亩等。溴甲烷是在聚乙烯薄膜覆盖下处理床土的高毒性、无味的气体，使用时应加入少量氯化苦作警示。具体的操作是用具自动铺膜装置的土壤熏蒸专用设备或人工在离地面30cm处支起薄膜，用土密封薄膜边缘，用塑料将桶中的熏杀剂引入薄膜中的蒸发皿中，并把它注入覆盖地段，24～48h后方可播种；

④ 对于棉隆和威百亩可采用喷雾的方式施入，使用后立即与土壤混合灌水，施药第三周后才能开始播种。

7.6.2.2 草坪的翻耕

（1）草坪的耕地包括为建坪、种植而准备土壤的一系列操作。在大面积的坪床上它包括犁地、圆盘耙耕作和耙地等连续操作。

（2）耕地的目的在于改善土壤的通透性，提高持水能力，减少根系刺入土壤的阻力，增强抗侵蚀和践踏的表面稳定性。沙土除外，土壤对于耕作的反应在适宜的土壤湿度下进行，即用手可把土捏成团，抛到地下则可散开来时进行。

（3）犁地是采用犁将土壤翻转一次，由于它具有不均一的表面，因而有可能将植物残体向土壤深部转移的作用。

（4）在犁过的或疏松的地段应进行耙地，以破碎土块、草垡及表壳，以改善土壤的颗粒和表土的一致性。耙地一般可以在犁地后立即进行，为了有利于有机物质分解于土壤中，也可以过一段时间后再进行耙地。

（5）为了防止杂草而进行夏季休闲的地段，通常进行圆盘耙耕作。耙地是使表土形成颗粒和平滑床面为种植作准备的作业。耙地作业的质量高低，将影响草坪的质量与管理。

（6）旋耕是一种粗放型的耕地方式。它主要用于小面积的草坪床，如高尔夫球的发球台及住宅区庭院草坪的坪床准备。旋耕操作可达到的清除表土杂物和把肥料及土壤改良剂混入土壤的作用。

（7）翻耕作业最好是在秋季和冬季较干燥时进行，因为这样可使翻转的土壤在较长的冷冻作用下碎裂，也有利于有机质的分解。耕作时必须小心破除紧实的土层，在小面积坪床上可进行多次翻耕松土，大面积则可使用特殊的松土机松土。

7.6.2.3 草坪的平整

任何在修建草坪初期，均应按草坪对地形要求进行整理，如为自然式草坪则应有适当的自然起伏，为规则式草坪则要求平整。平整是平滑地表，提供理想苗床的作业。平整有的地方要挖方，有的地方要填方，因此在作业前应对平整的地块进行必要的测量和筹划，确保熟土布于床面。坪床的平整通常可分为粗平整和细平整两类。

(1) 粗平整：这是床面的等高处理，通常是挖掉突起和填平低洼部分。作业时应把标桩钉在固定的坡度水平之间；整个坪床应设一个理想的水平面，填方应考虑填土的沉陷问题，细质土通常下沉15%，填方较深的地方除加大填量外，尚需镇压，以加速沉降。

1) 表面排水适宜的坡度约为2%，在建筑物附近，坡度应是离开房屋的方向。运动场则应是隆起的，以便从场地中心向四周排水；

2) 高尔夫球场草坪、发球台和球道则应在一个或多个方向上向障碍区倾斜；

3) 对坡度较大而无法改变的地段，应在适当的部位建造挡水墙，以限制草坪的倾斜角度。

(2) 细平整：其目的是用于平滑地表，为种植而准备的一种操作。在小面积上人工平整是理想的方法。用一条绳拉一个钢垫也是细平整的方法之一，大面积平整则需要借助专用设备，包括土壤犁刀、耙、重钢垫、板条大耙和钉齿耙等。细平整应推迟到播种前进行，以防止表土的板结，同时应注意土壤的湿度。

7.6.2.4 土壤改良

(1) 一般条件下，理想的草坪土壤应是土层深厚，排水性良好，pH值在5.5～6.5，结构适中的土壤。然而，建坪的土壤并非完全具有这些特性，因此，对土壤必须进行改良。

(2) 土壤改良的程度将随建造草坪场床的基础条件不同而异，但是，总目标是使土壤形成良好结构，并在长期恶劣环境中仍然保持其良好性能。

(3) 土壤改良主要是在土壤中加入改良剂，以调节土壤的通透性及保水、保肥的能力。土壤改良剂一般不宜采用像沙那样的“单质”，在生产中通常使用的是大量合成的改良剂，如泥炭，其施量约为覆盖草坪床面5cm。

(4) 泥炭在细质土壤中可降低土壤的黏性，并能分散土粒。在粗质土壤中，可提高土壤保水、保肥的能力，在已定植的草坪上则能改良土壤的回弹力。

(5) 其他一些有机改良剂，如锯屑等也能起到泥炭的作用，但各有特殊之点，应视具体情况而使用。

(6) 在人工建造和某些特殊用途的草坪，为了提供足够耐强烈践踏的能力，在许多情况下是将原有的土被铲除，重新铺上认真配制好的介质，这是真正的土壤，而不是改良剂。

7.6.2.5 排灌系统

(1) 土壤排水的优点：

1) 当新的场地基础平整好后，就可以配置排灌系统；

2) 灌溉设施主要是供给不足的水分，排水系统则是排走多余的水分。只有两者相互配合，才能给草坪提供一个良好的气、水环境；

3）排水对大部分土壤均有良好作用。其主要表现在：排干过多的水分；改善土壤通气性；充分供给草坪草养料；有益于草坪草根系向深层扩展；在夏季深层根系能获得更多的水分；可以扩大运动场草坪的使用范围；早春使土壤升温快；

（2）排水类型：排水可分为两类，地表排水和非地表排水。两者区别在于：非地表排水的目的是排除土壤深层过多的水分；而地表排水则是从草坪草根部附近迅速排除多余水分。

1）地表排水主要是使土壤具有良好的结构性，因此，由沙、粉沙和黏土组成的土壤是理想的。在像足球场那样践踏极强的草坪地，可设置沙槽地面排水系统；

2）沙槽排水不仅可促进水的下渗，还能减轻土壤的紧实度，改良土壤结构，延长草坪寿命。沙槽的设置方法是：挖宽 6cm，深 25～37.5cm 的沟，沟间距 60cm，并与地下排水沟垂直。将细沙或中沙填满沟后，用拖拉机轮或碾磙压实；

3）地下排水系统是在地表下挖一些底沟，以排掉过多的水分。排水管式排水系统是最常采用的方式，排水管一般应铺设在草皮表面以下 40～90cm 处，间距 5～20m。在半干旱地带，因地下水可能造成表土盐渍地，排水管可深达 2m。

（3）排水管也可人字形或网格状铺设或简单地放置于地表水的汇集处。常用的排水管有陶管和水泥管，穿孔的塑料管也被广泛应用。在排水管的周围应放置一定厚度砾石，以防止细土粒堵塞管道。在特殊的地点，砾石可一直堆到地表，以利排低地的地表径流。

（4）鼠道式排水系统是一种经济的排水系统。该系统设置时是将排水塑孔犁平行于地表犁过土壤时，能把道边土压实，使地下形成一个圆柱形管道，而形成一个向上大约 45°的裂缝。鼠道排水管间距约 3m，深 0.5～0.7m，使用年限可达 9～10 年。设置鼠道式排水系统时应注意以下事项：

1）欲施工处要尽快排除多余水分，排水沟必须平整以防淤塞的产生；

2）水道必须足够深，以获得良好的黏性和避免耕作损坏；

3）排水塑孔犁最好在土壤轻度潮湿时工作，鼠道排水系统应用瓦管连接；

4）永久性排水系统应足够大，以便能排掉来自各鼠道的水；

5）作业时宜使用链轨式拖拉机，以防止破坏土壤结构：

6）管道直径不小于 7.5cm，埋深不少于 30cm，要经常保持管道口的清洁，以防止淤塞；

7）如果鼠道排水沟引入明渠，在道口处应放 2m 长的瓦管，以防止大雨后排水沟倒塌。排水沟口应适当高出渠道，以免水量过多时污水倒流入排水沟而引起沟道倒塌。所以，要经常保持管道口的清洁，以防止淤塞。

（5）鼠道排水沟的作用主要是提高瓦管排水系统效率，并可减少土壤流失。其缺点是不宜在有较大沙穴、淤泥坑或墓穴和坡度极不规则的地段使用。

7.6.2.6 施肥或施石灰

（1）施基肥：草坪草从土壤中获得最主要的三种营养物是以硝酸盐存在的氮，磷酸盐存在的磷和钾盐存在的钾。这些元素是草坪草茁壮生成的基本物质保证，其中任何一种元素缺乏，草坪草的正常生长就会受阻。通过土壤的营养诊断，就可确定它们的余缺。因此，及时对土壤施肥很重要。

（2）在肥料中，磷肥有助于草坪草根系的生长发育，钾肥有助于草坪草越冬；土壤中若富含氮素，将产生多汁、色绿、叶茂的草坪草。

(3) 这三种元素可做成混合肥或复合肥，高磷、高钾、低氮的复合肥可做基肥使用。如每平方米草坪，在建坪前可施含 5～10g 硫酸铵，30g 过磷酸钙，15g 硫酸钾的，混合肥做基肥。若草坪是在春季建植时，氮素施量可适当增大。

(4) 施石灰：在对一定深度的坪床土壤进行改良中，最好是根据土壤测定结果，预先在耕作层上施足石灰粉、氮、磷、钾复合肥及有机肥。对于很松散的沙土，应渗入适当黏土。然后用旋耕机充分拌合，直到均匀为止。氮肥一般在最后一次平整前使用，通常不宜施得过深，以利新生根的充分利用和防止流失。

### 7.6.3 草坪草种的选择

#### 7.6.3.1 概述

(1) 选择适宜当地气候土壤条件的草坪草种，是建坪成败的关键。它将关系未来草坪的持久性、品质及对杂草、病虫害抗性好坏的重大问题。

(2) 植物种类繁多，特性各异，作为一种特殊经济类群的草坪草，从草坪的角度出发，首先要求它必须具有很好的坪用特性。如颜色、质地、均一性、对环境的适应性——抗旱、抗寒、耐热、耐荫、耐瘠、抗病虫、抗盐碱的能力；对外力的抵抗性——耐践踏性、耐磨性、耐修剪；再生性、持久性、栽植难易程度等。各地自然气候环境不同，建坪目的要求不同，各单位的经济条件也不一样，很难制定一个统一标准。

(3) 常用草坪植物特性见表 7.6-1 所列。

**常用草坪植物特性一览表** **表 7.6-1**

| 类型 | 种名 | 草坪植物特性 | | | | | | | | |
|---|---|---|---|---|---|---|---|---|---|---|
| | | 喜阳 | 耐荫 | 抗热 | 抗寒 | 耐旱 | 耐潮湿 | 耐瘠薄 | 耐踩 | 恢复力 |
| 暖季型 | 野牛草 | ◎ | × | ◎ | ○ | ◎ | △ | ◎ | ○ | △ |
| | 结缕草 | ◎ | △ | ◎ | ○ | ○ | ◎ | △ | ◎ | ◎ |
| | 爬根草 | ◎ | × | ◎ | △ | ◎ | ○ | ○ | ◎ | ◎ |
| | 地毯草 | ◎ | × | ◎ | × | × | ◎ | × | ○ | ○ |
| | 假俭草 | ◎ | × | ◎ | × | × | ◎ | △ | ◎ | ○ |
| | 匍茎翦股颖 | ◎ | △ | ◎ | × | △ | △ | ◎ | × | △ |
| 寒季型 | 早熟禾 | ◎ | △ | △ | ◎ | △ | ○ | × | △ | ○ |
| | 紫羊茅 | ◎ | ◎ | △ | ◎ | ○ | ○ | ○ | ○ | △ |
| | 细羊茅 | ◎ | ◎ | △ | ◎ | ○ | △ | △ | ○ | △ |
| | 剪股颖 | ◎ | ○ | ○ | ◎ | × | ○ | × | △ | ○ |
| | 黑麦草 | ◎ | ○ | × | ○ | × | ○ | △ | △ | × |
| | 苔草 | ○ | ◎ | ○ | ◎ | △ | ○ | △ | × | △ |
| | 独尾草 | ◎ | ○ | △ | ◎ | ○ | ◎ | △ | ○ | ◎ |
| | 小糠草 | ◎ | ◎ | ○ | ◎ | ○ | ◎ | △ | ◎ | ○ |
| | 沙生独尾草 | ◎ | △ | ○ | ○ | ◎ | △ | ◎ | ◎ | △ |

表中：◎最强；○强；△中；×差。

7.6.3.2 草坪草选择要点

根据建坪要求，草坪草种类、品种的选择，可参考下述条件及标准：

(1) 应适应当地气候、土壤条件（水分、pH值、土性等），种子或种苗获取的难易。

(2) 灌溉设备的有无及水平，建坪成本及管理费用高低。

(3) 要求的草坪的品质、美观及实际利用的品质，草坪草的品质。

(4) 抗逆性（抗旱性、抗寒性、耐热性），抗病虫的能力。

(5) 对外力的抵抗性（耐修剪性、耐践踏与耐磨性、对剪切的抗性）和持续性。

7.6.3.3 草坪草选择标准

(1) 草坪草的质地、密度与覆盖性：

1）质地：主要指草坪草的触感性、光滑度和硬度等。它与草坪的观赏价值、耐践踏能力有关。光滑柔软的草坪草不仅美观，而且耐践踏能力也强。质地较硬的草类，枝叶易折断，不耐践踏，因此不宜作运动草坪。从人们的爱好的角度看，一般多选择质地柔软、光滑的细质草坪草来铺设草坪。

2）枝条密度：指单位面积内植物地上部分茎叶的数量。高尔夫球场草坪出于运动需要，通常要求草坪有较高的密度。草坪的密度随草坪草的品种不同而异，如匍茎剪股颖和杂种狗牙根的密度比其他草坪都高。草坪密度与栽培方法、环境条件和季节也有关系，如初始播量大，水肥充足，生长季节适宜，草坪的密度就高；播量小，水肥条件差，草坪密度就低；

3）覆盖性：指草坪茎叶覆盖地面的能力，它与草坪的观赏价值有关。一般与草坪的种类和管理技术也密切相关。具有根茎、匍匐茎的草类覆盖性好，密丛与疏丛型草类则较差。

(2) 草坪草的颜色及绿色期：草坪草的颜色和绿色期的长短是选择草坪草的基本指标。颜色美、绿色期持续时间长，是观赏草坪的必备条件。颜色及绿色期依草坪草种不同而异，同一种草坪草在不同地区和在不同的环境和养护条件下也不一致，其中主要决定于草的品种。草坪草以何种颜色为好，与人们的兴趣爱好也有关。

(3) 对环境的适应性：主要指草坪草对不良环境——寒冷、干旱、盐碱、土壤的瘠薄、遮阴等条件的忍耐性。耐寒和抗旱性是我国北方寒冷少雨地区选择草坪草极重要的指标。

1）冷地型和暖地型草坪草一般分布于我国北方和南方各自适宜的气候带中，但各个种忍耐极端低温和水分条件的能力仍有很大差异。如同为冷地型草坪草的匍茎剪股颖与多年生黑麦草，在同一地区的相同条件下，前者比后者表现出极大的抗寒性；

2）而紫羊茅则又较匍茎剪股颖和多年生黑麦草都抗旱。遮阴是引起草坪退化的原因之一，草坪草耐阴性因草种而异；

3）紫羊茅和早熟禾能在树木和建筑物遮阴下良好生长，而狗牙根则不耐荫。在用草地早熟禾与细叶羊茅混播建植的草坪中，在阳光充足的条件下，草地早熟禾的比重将逐渐降低，代之而起的是以细叶羊茅为建群种的草坪；

4）对土壤盐碱的含量、pH值、肥力的高低的忍耐性，不同草坪草也差异较大，如匍茎翦股颖和苇状羊茅是十分耐盐碱的冷地型草坪草，狗牙根、结缕草、钝叶草则是耐盐碱的暖地型草坪草；羊茅和翦股颖比早熟禾和黑麦草更耐酸；地毯草和假俭草则是适应酸性土壤生长的暖地型草坪草；为获得令人满意的生长密度，匍茎翦股颖和狗牙根都必须供给充足的养料，而细叶羊茅和斑点雀稗则完全适应低肥力的土壤；

5）在河漫滩和接近水体坡地建立草坪时，因这些地方常会积水，应选择耐淹性强的草种，如匍茎翦股颖、苇状羊茅、狗牙根、斑点雀稗等作为建坪材料。

（4）对外力的抵抗性：对外力的抵抗性主要指草坪草对低修剪、耐磨和耐践踏的能力。

1）不同草坪草忍受低修剪与磨压的能力不同，苇状羊茅当留茬 5cm 以上时将形成一个完美的草坪，但修剪高度低于 2cm 时，将使草坪退化；

2）匍茎剪股颖能忍受 0.5cm 的低修剪，但留茬高度大于 2.5cm 时则变得蓬松而不美观；

3）运动草坪要求耐磨和耐践踏的草坪草组成，并具强的再生能力，如草地早熟禾、多年生黑麦草就具有这些功能，因此人们常用它作运动草坪。

（5）感病性：感病性的强弱也是选择草坪草时应注意的问题。易感病的草坪草必须经常用杀菌剂进行处理，以预防疾病的发生，否则，轻者使草坪出现枯黄和病斑，影响草坪均一性和外观；重者，将导致建坪的失败。

（6）芜枝层产生的能力：芜枝层的产生，将使草坪积累过多的有机物质，成为导致草坪退化的重要原因，如匍茎翦股颖和狗牙根等草坪草，必须降低留茬高度，梳耙、清除过多的有机物质。

（7）建植速度：建植速度主要决定于草坪草的生长发育速度，它又是由草坪草的生物学特性决定的，通常与草坪草的寿命有关。

1）一般寿命越长的植物苗期生长发育越慢，寿命短，苗期短的植物，苗期生长发育则快。冷地型草坪草中的草地早熟禾和多年生黑麦草正常的萌发速度分别是 18 天和 7 天；

2）多年生黑麦草常作为早熟禾的保护覆盖草，其作用是促进草坪的迅速覆盖，而允许草地早熟禾最后在草坪中占优势。草坪的迅速建成对减少种植后管理工作具有重要作用。

7.6.3.4 草种的混合和草坪的混播

（1）混合是指相同草坪草种内不同品种的组合，混播是指包括两种以上草坪草种的播种。

（2）几种草坪混合播种，可以适应差异较大的环境条件，更快地形成草坪，并可使草坪的寿命延长，其缺点是不易获得颜色单一的草坪。

（3）不同草种的配合依土壤及环境条件不同而异，在混播时，混合草种包含主要草种和保护草种。保护草种一般是发芽迅速的草种，作用是为生长缓慢和柔弱的主要草种遮阴及抑制杂草，并且在早期可以显示播种地的边沿，以便修剪。混播一般用于匍匐茎或根茎不发达的草种。

（4）草坪草的混播已数十年的历史了。在温带庭园草坪传统的混播组合是草地早熟禾＋紫羊茅＋多年生黑麦草。这种混播在光照充足的场地是草地早熟禾占优势，而在遮阴条件下则紫羊茅更为适应。在混播组成中，多年生黑麦草主要是起迅速覆盖的保护作用，草坪形成几年后即减少或完全消失，形成孤立的斑块。

（5）在南方温暖地区混播时，宜以狗牙根、地毯草或结缕草为主要草种，可混入多年生黑麦草种子10%为保护草种。在酸性大的土壤上，不宜混入早熟禾类及三叶草类。而以翦股颖类或紫羊茅为主要草种最适宜，并以小糠草或多年生黑麦草为保护草种。在碱性及中性土壤上，草地早熟禾常用于混播，也用于单播，如混播时则仍以小糠草和黑麦草为保护草种。

7.6.3.5 草种混播组合实例

(1) 观赏用草坪不一定要选用像滚木球场那样好叶质的草坪草以降低成本，通常可选用羊茅、多年生黑麦草和普通早熟禾建坪。常采用的组合有：

1) 细羊茅 (45%)+紫羊茅 (35%)+早熟禾 (10%)+小糠草 (10%)；

2) 羊茅 (40%)+紫羊茅 (30%)+细羊茅 (20%)+小糠草 (10%)；

3) 多年生黑麦草 (30%)+紫羊茅 (30%)+细羊茅 (25%)+小糠草 (15%)。

(2) 运动场草坪必须具有强的生命力和高的生长速度、耐践踏、有发达的根系，耐修剪的特点，各类运动场草坪组合也不尽一致。板球场应叶质良好，耐频繁修剪，对球的反弹力无影响，适用的混合比例有：

1) 细羊茅 (75%)+小糠草 (10%)+沙生狗尾草 (15%)；

2) 细羊茅 (45%)+多年生黑麦草 (40%)+小糠草 (15%)；

3) 细羊茅 (60%)+小糠草 (20%)+沙生狗尾草 (20%)。

(3) 冬季运动场要求草坪草能在潮湿寒冷的季节生长，耐践踏、根系发达、草皮稠密、再生力强。该类草坪的混合比例有：

1) 多年生黑麦草 (50%)+紫羊茅 (25%)+细羊茅 (15%)+猫尾草 (10%)；

2) 多年生黑麦草 (30%)+紫羊茅 (30%)+细羊茅 (20%)+小糠草 (10%)+沙生狗尾草 (5%)+早熟禾 (5%)。

(4) 草地早熟禾 (占80%) 与匍茎翦股颖 (20%) 混播。前者为主要草种，单播时生长慢，易为杂草所侵占；后者为保护草种，生长快，在混播草坪中可逐渐被前者挤出，但在早期可防止杂草发生。草地早熟禾亦可在秋季单播，此时杂草较少。

(5) 草地早熟50% (喜肥沃及排水良好土壤)+紫羊茅30% (耐干燥瘠薄，高修剪时生长繁茂)+普通早熟禾5% (喜湿润，在遮阴处能忍耐低修剪)+细弱翦股颖5% (宜低修剪，需常灌溉)+匍茎翦股颖10% (宜湿润土壤，耐酸性土及瘠薄地)。

(6) 滚木球草坪是高质量草坪，它要求叶质好，耐修剪，而且在修剪后能保持均一的颜色和理想的坪面。建植这种高质量草坪，需要两种或两种以上的草坪草，较合适的比例有：

1) 细羊茅 (70%)+小糠草 (30%)；

2) 细羊茅 (50%)+紫羊茅 (20%)+小糠草 (30%)；

3) 在保水力强，潮湿的土壤上，可适当减少小糠草和增加细羊茅的量。这样可使草坪更均一，也可防止小糠草占优势，配方为细羊茅 (80%)+小糠草 (20%)。

(7) 上述混播组合只是某一局部地区的组合列举，在使用时要根据当地条件等因素来调整。同时也要注意到新草坪草品种不断涌现，亦应根据各品种特性而加以选用及组合。

(8) 当前已明显地表现出减少混播中草种数量的趋势，以避免多元混播而造成草坪杂色的外观，更多采用的是单播。

7.6.3.6 草坪草种的选择原则

(1) 选择在特定区域已表现出能抗最主要病害的品种。

(2) 确保所选择的品种在外观的竞争力方面基本相似。

(3) 至少选择出1个品种，该品种在当地条件下，在任何特殊的条件（适度遮阴，碱性土）下，均能正常生长发育。

(4) 至少选择3个品种，进行混合播种。

### 7.6.4 草坪的种植施工

7.6.4.1 概述

(1) 草坪的增殖通常有种子繁殖和营养繁殖两种方法。具体选用何种建坪则要根据成本、时间要求、种植材料在遗传上的纯度及草坪草的生长特性而定。

(2) 通常种子繁殖成本最低，劳动力耗费最少，但是建成草坪所需的时间较长。营养繁殖包括铺草皮块、塞植、蔓植和匍匐枝植，其中铺草皮块成本最高，但建坪最快。

(3) 有些草种如匍匐茎剪股颖用上述两种方法均可获得优良草坪，而一些草坪草常因不易获得种子或缺乏足够的扩展能力而不能进行种子繁殖或宽行繁殖。

7.6.4.2 种子繁殖方法

大多数冷地型草坪草种可用种子繁殖（草地早熟禾和匍茎翦股颖的个别种除外）。暖地型草坪草中的假俭草、雀稗、地毯草和普通的狗牙根也是播种的。当前也有用结缕草播种成功的实例。

(1) 播种时间：

1) 从播种的理论上来说，草坪草在一年的任何时候均可播种，甚至在冬天土壤结冻时亦可进行。在实践中，在不利于种子迅速发芽和幼苗旺盛生长的条件下播种往往是失败的，因而确切地说，冷地型禾草最适宜的播种时间是夏末，暖地型草坪草则在春末和初夏，这是根据播种时的温度和播后2～3个月的可能温度而定的；

2) 夏天土壤温度高，极利于种子的发芽，此时，冷地型草坪草发芽迅速，继之只要水、肥和光照不受限制，幼苗就能旺盛生长。此后较低的秋季温度和冰冻条件也可能限制部分杂草种类（夏季一年生植物）的生长和成活。如夏初播种冷地型草坪草，这样就增加幼苗在炎热、干旱压力下死亡的可能性和有利于夏季型一年生杂草的生长。反之，如播种推迟到秋天，可能因温度低而不利于草坪的发芽和生长及越冬，冬季的冻拔和严重脱水将引起部分植株的死亡。因而理想播种时间，必须给新生草坪草幼苗在冬季来临之前提供充分的生长发育时间；

3) 早春到中春播种冷地型草坪草，能在仲夏到来之前产生一良好的草坪，但因地温低，新草坪的早期发育通常慢于夏末播种的草坪，而其杂草危害尤严重。但在林下建坪春播可能是可取的，因为落叶树此时稠密树冠尚未形成，可为新生草坪幼苗提供较好的光照条件；

4) 暖地型草坪草最适生长温度，大大高于冷地型草坪草，因此春末夏初播种较为适宜，这样可为初生的幼苗提供一个温度足够的时期生长发育。夏季型一年生杂草在新坪上可能萌发生长，但暖地型草坪草竞争力高得多；

当坪床在秋末才完成的草坪，在温带冷地型草坪草可采用休眠播种（冬季），使种子在坪床中度过冬季低温的休眠期，来春温度、湿度适宜时再萌发生长。在这种情况下，种子可能因风和水的作用而产生流失现象，因而需要敷设适当的覆盖物来稳定种子。

（2）播种量：

1）草坪草种子的播种量取决于种子质量、混合组成及土壤状况。种量过小会降低成坪速度和增大管理难度；下种量过大又下种过厚，会促使真菌病的发生，也会因种子耗费过多而增加建坪成本和造成浪费；

2）从理论上讲，每平方厘米有一株成活苗就行了；在混合播种中，较大粒种子的混播量可达 $40g/m^2$，在土壤条件良好，种子质量高时，播种量 $20\sim30g/m^2$ 适当。播种量确定的最终标准，是以足够数量的活种子确保单位面积上幼苗的额定株数，即 1 万～2 万株/$m^2$。以草地早熟禾为例，其每克 4405 粒种子，当活种子占 72.7%（纯度为 90%，发芽率为 80%），理论播量为 $3.13\sim6.26g/m^2$，然而幼苗的死亡率可达 50%以上，因此其实际播量应为 $10g/m^2$ 以上；

3）影响播量的因素还有播种幼苗的活力和生长习性、希望定植的植株量、种子的成本、预期杂草的竞争力及病虫害的可能性、定植草坪的培育强度等；

4）草坪草的单播种量见有关种子说明，草坪的实际播量远远高出理论量，见表 7.6-2。在混播中，每一草种的含量应控制在有利于混播中主要草种发育的程度，如在建筑物及不同程度的遮阴条件下，草地早熟禾：紫羊茅＝1：1，该混播中草地早熟禾是主要的建坪种，播量应以其为根据（$5.0\sim10g/m^2$）。如在播种中加覆盖保护作用的多年生黑麦草，其量通常不应超过 15%～20%。

**几种重要草坪草种单播种量** **表 7.6-2**

| 序号 | 草种名称 | 单播种量($g/m^2$) | | 序号 | 草种名称 | 单播种量($g/m^2$) | |
|---|---|---|---|---|---|---|---|
| | | 正常 | 密度加大* | | | 正常 | 密度加大* |
| 1 | 羊茅 | 14～17 | 20 | 11 | 小糠草 | 4～6 | 8 |
| 2 | 高羊茅 | 25～35 | 40 | 12 | 匍茎翦股颖 | 3～5 | 7 |
| 3 | 多年生黑小麦草 | 25～35 | 40 | 13 | 匍茎翦股颖 | 3～5 | 7 |
| 4 | 一年生黑小麦草 | 25～35 | 40 | 14 | 欧翦股颖 | 3～5 | 7 |
| 5 | 猫尾草 | 6～8 | 10 | 15 | 草地早熟禾 | 6～8 | 10 |
| 6 | 冰草 | 15～17 | 25 | 16 | 林地早熟禾 | 6～8 | 10 |
| 7 | 野牛草 | 25～25 | 30 | 17 | 加拿大早熟禾 | 6～8 | 10 |
| 8 | 狗牙根 | 5～7 | 9 | 18 | 普通早熟禾 | 6～8 | 10 |
| 9 | 结缕草 | 8～12 | 12 | 19 | 紫羊茅 | 14～17 | 20 |
| 10 | 假俭草 | 16～18 | 12 | 20 | 地毯草 | 6～10 | 12 |

* 指特殊目的、应急需要（如飞机场、运动场、军事工程、突击绿化等）的情况下，为加大草坪密度所用的播种量。

（3）播种：

1）草坪播种要求种子均匀地覆盖在坪床上，其次是使种子掺合到 1～1.5cm 的土层中去。覆土过厚，常常会因种子储藏养分的枯竭而死亡，覆土过浅或不覆土也会有种子流失的问题。播种时应控制适宜的深度，因此需要一个疏松易于掺合种子的土壤表面；

2）下种后，对苗床应进行一次表面压平，以保证种子与土壤有良好的接触。播种大体可按下列步骤进行：把欲建坪地划分为若干等面积的块或长条（一般情况是每2～3m为一条）；把种子按划分的块数分开，把种子播在对应的地块；轻轻耙平，使种子与表土均匀混合，有时可加盖覆盖物；

3）在土壤条件良好的情况下，播下草籽大约7～14天发芽。发芽的快慢主要决定于草种、土壤温度和水分含量。种子发芽按一定的次序进行，主要过程是：吸收水分，膨胀种皮，酶的活化，从所储藏的营养物质中释放能量，种皮开裂，幼根的出现和伸长，幼苗的出现和伸长，幼苗开始进行光合作用；

4）播种可用人工，也可用专用机械进行，有时也可进行水播（喷播）。水播是将种子撒到流水中，借水的力量将种子播到坪床上的一种方法；

5）水播机是一大容量的具单喷嘴的输送喷雾系统的喷雾器。水播的优点是可将播种、施肥和其他物质一次施入土壤，并可以较远距离播种。水播也是在坡地实行强制绿化惟一有效的播种方法。

7.6.4.3 草皮的营养繁殖方法

采用营养器官繁殖草坪的方法包括铺植草皮块、塞植、蔓植和匍匐枝植等。其中除铺植草皮块外，其余的几种方法只适用于具强烈匍匐茎和根茎生长的草坪草种。能迅速产生草坪是营养繁殖法的优点，然而要使草皮旺盛生长则需要充足的水分和养分，还要有一个通气良好的土壤环境。

（1）铺植：铺设草皮的方法很多，我国流行的方法有以下几种：

1）密铺法：系用草皮将地面完全覆盖。首先切取宽25～30cm，厚4～5cm的长草皮条，切取时先放一定宽度的木板在草皮上，然后沿木板边缘用草铲切取。该工作需二人合作进行，一人切取并将草皮自下面铲起，另一人将草皮卷起。草皮长不宜超过2m；否则过重不易用手握持，因此，有时切成方块状，以便于工作。

当草皮铺于地面时，应使草皮接缝处留有1～2cm的间距，然后后用0.5～1.0t重的滚筒或木夯压紧或压平。压紧后应使草面与四周面平，使草皮与土壤紧接、无空隙，这样可免遭干旱，草皮易成活、生长。在铺草皮以前或以后应充分浇水。如坪面有较低处，可覆以松土使之平整，日后草可穿出土上。凡匍匐枝发达的草种，如狗牙根、细叶结缕草等，在铺装时先可将草皮拉松成网状，然后覆土紧压，亦可在短期内形成草坪。

2）间铺法：为节约草皮材料可用间铺法，该法有两种形式，且均用长方形草皮块。一为铺块式，各块间距3～6m，铺设面积为总面积的1/3；另为梅花式，各块相间排列，所呈图案亦颇美观，铺设面积占总面积的1/2。用此法铺设草坪时，应按草皮厚度将铺草皮之处挖低一些，以使草皮与四周面相平。草皮铺设后，应予碾压和灌水。春季铺设者应在雨季后，匍匐枝向四周蔓延可互相密接。

3）条铺法：把草皮切宽6～12cm的长条，以20～30cm的距离平行铺植，经半年后可以全面密接，其他同间铺法。

（2）塞植：塞植包括种植从心土耕作取得的小柱状草皮柱和利用杯形环刀或相似器械取出的大塞。通常塞柱的直径为5cm，高5cm的柱及5$cm^3$的立方塞块。

1）将它们以30～40cm的间距插入坪床，顶部与土表平行，该法最适用于结缕草，但它们同样可用于匍匐茎和根茎性较强的草坪草种。塞植法除可用来建立新草坪外，还可用来将新种引入已形成的草坪之中。

2）塞植法是采用由草皮条上切下的部分，切割可用人工，也可用机械进行。机械塞植机采用具有从草皮块切塞的正方形小刀的旋转滚筒。草皮块条喂入圆柱滚筒的斜槽里，切下的塞放到用一个垂直小刀挖开的土表沟里，通过位于两个相邻沟间的V形钢部件的作用填满沟槽。最后通过位于机械后面的填压器，把移植床整平和压实。直径10～20cm的大塞，主要用于修补受危害的草坪，它们必须用杯形刀人工挖取，深度3～4cm。

3）塞植法是用心土耕作时挖出的草皮柱（狗牙根、匍茎翦股颖）进行。将柱状草皮撒播于坪床上，进行碾压达表面平滑的水平，其后应注意保持湿润，直到充分生根为止。该法通常用来建与运动场草坪相似的保护草坪。

(3）蔓植：蔓植的小枝基本上是不带土的，因而在高温干燥的条件下极易脱水。蔓植主要用于繁殖匍匐茎的暖地型草坪草，也适于匍茎翦股颖。小枝通常种在间距为15～30cm的沟内，深度为5～8cm。根据行内幼枝间的空隙，每平方米需要0.04～0.8L幼枝。每一幼枝应具2～4节，并且应该单个种植，以便沟植满后，部分的幼枝露出地表。种植后应尽可能立即填压坪床和灌溉，蔓植也可用前述的塞植机来进行，只是把幼枝喂入机器的斜槽中即可。

(4）匍匐枝植：匍匐枝植基本上是撒播式蔓植。植物材料均一地撒播在湿润（但不潮湿的）的土表。每平方米通常需要0.2～0.4L。然后在坪床上表施土壤，部分地覆盖匍匐枝，或轻耙使部分插入土壤，此后尽快地进行碾压和灌溉。为了减少种植材料的脱水，匍匐枝以90～120cm的条枝种植，种植后应立即表施土壤和轻度灌溉。

7.6.4.4 草皮的覆盖

覆盖是用外部的材料覆盖坪床的作业，用以减少侵蚀和为幼苗萌发和发育提供一个更适宜的小环境。尤其是在坡地或水分条件差，仅依靠天然降水的场地覆盖是必要的。有效的覆盖作用主要表现在以下几个方面：

(1）稳定土壤和种子，抗风和地表径流的侵蚀；调节地表温度的波动，保护已萌发的种子和幼苗免遭温度波动所引起的危害；减少土壤水分的蒸发，提供一个较湿润的小环境；减缓来自降雨和喷灌水滴的冲击能量，减少地面板结的形成，使土壤保持较高的渗透速度。

(2）覆盖材料的选择应根据具体场地的需要，材料的成本和材料的局部有效性。

1）覆盖材料：一般情况下，覆盖材料是由专门的部门生产并用于苗床，而另外一部分是由商业加工过的产品。生产中被广泛使用的是秸秆，用量为0.4～0.5kg/m²。秸秆最好是不含杂草，以减少坪床中杂草的竞争。当覆盖不重时（覆盖表土面积不超过50%），幼苗出土后，秸秆可不必撤去。基主要材料的作用如下：

① 禾草的干草与秸秆有相似的作用，因为它含有杂草种子，所以早期刈割的干草更可取；

② 疏松的木质覆盖物包括木质纤维丝、木片、木刨花、锯木屑和切碎的树皮。但锯木屑能从土壤吸取氮，木片要充分地小，才能有效地起作用，但它们毕竟不存在杂草污染的问题；

③ 用大田作物某些有机物的残渣作覆盖材料，在草坪实践中已获得一定程度的成功。如菜豆秧、压碎的玉米棒芯、蔗渣、甜菜渣、花生壳等，但它们只在减少侵蚀上起作用；

④ 合成的覆盖物有玻璃纤维，干净的聚乙烯覆盖物和弹性多聚乳胶。玻璃纤维丝是用压缩空气枪施用，能形成持久的覆盖，但它不利于以后的修剪操作。在气温较低的天气，用聚乙烯覆盖物可加速种子的萌发，具温室效应。弹性多聚乳胶是可喷雾的物质，仅能提供和稳定坪床的抗侵蚀性；

⑤ 黄麻网覆盖物可放在陡坡和排水沟等特殊场地以稳定苗床，用粗布条覆盖更为有效，但在种子萌发后应拿掉，以免遮阴。

2）使用方法：在小面积场地秸秆和干草均可人工铺盖，在多风场地应用桩和绳十字交叉固定。在大面积上则采用吹风机来完成。该机是先铡碎覆盖材料，然后喷到坪床上。有时也可把沥青胶粘剂喷到覆盖物上，以稳定坪床，尤其是采用疏松木质覆时更应这样。

对于木质纤维和弹性多聚乳胶应首先放于水中，使之在喷雾器中形成淤浆后，再与种子和肥料拌合后一起使用。其覆盖物的用量为 0.4～0.5kg/$m^2$，弹性乳胶用 9：1 的水稀释，用喷雾器均匀喷雾。

### 7.6.5 草坪新坪的养护

当草坪建植完成后，应立即灌溉以完全湿润土壤。如用除铺草皮以外营养方法播种的草坪，在灌水前最好表施土壤，以防止播种材料脱水，此外还应经常灌溉。在草坪尚未形成结实的株丛前，草坪不宜践踏。新建的草坪，当幼苗开始发育生长时，就应开始对草坪的养护管理。内容主要包括修剪（轧草）、施肥、灌溉、表施土壤和病虫害防治。

7.6.5.1 草坪的修剪

（1）新建草坪应及时进行修剪管理，草坪的修剪通常依草坪草的种类和培育的强度不同而异。通常新枝条高达 5cm 时就可以开始修剪。新建未完全成熟的草坪应遵循“1/3 规则”，直至完全覆盖为止，新建的公共草坪修剪高度为 3～4cm。

（2）草坪的修剪通常应在土壤较硬时进行，修剪草机具的刀刃应锋利，调整应适当，否则易将幼苗连根拔起和扯伤纤细的植物组织。

（3）为了避免修剪对幼苗的过度伤害，应该在草坪草上无露水时，最好是在叶子不发生膨胀的下午进行修剪。新建草坪，应尽量避免使用过重的修剪机械。

7.6.5.2 草坪的施肥

（1）新建的草坪在种植前如已适量施肥，就不存在新坪施肥的问题，因为在这样的情况下，即使不追施肥料，已有的肥料也能满足草坪几个月内对肥料的需要。如果肥力明显不足，则必须以一种行之有效的方式施以追肥。当幼苗呈淡绿色，接着老叶呈褐色，这是缺肥的征兆。此时可施含氮（50%）的缓效化肥。施量约为 5～7g/$m^2$。为了防止颗粒附于叶面上引起灼伤，肥料的撒施应在叶子完全干燥时进行。如条件允许，肥料应事先溶于水中，然后使用轻型喷灌机进行喷施。这种方法可连续施肥，直到地面 2.5～5cm 土壤湿透为止。

（2）新建的草坪，因根系的营养体尚很弱小，因而少量多次的施肥是必要的。此时施肥主要是氮及其他养分，施量也不宜多，否则过高的养分浓度将直接危害植株和抑制根和侧芽的生长。由草皮铺装的草坪施肥量较高。草坪在第一次修剪完毕后，应立即进行施肥。

（3）此后草坪的施肥，其频率依土壤质地和草坪草的生长状况而定。通常粗质土壤可溶性氮易流失，因而施肥次数应较多，应以长效载体氮肥类为主。

（4）草坪施肥应以基肥为主，除沙质土壤外，应以包括微量元素在内的养分追肥为辅。

7.6.5.3 草坪的灌溉

新草坪建植之中，不及时灌溉是失败的主要原因之一。干旱对种子的萌发是相当有害的。严重的板结可以阻止新芽钻出地面而使幼苗窒息死亡。营养繁殖枝和草皮块对干旱不如幼苗那样敏感，但是它们也将因干旱而受到危害。新建的草坪，在有条件的情况下，每当天然降雨满足不了草坪生长需要时，就应该进行人工灌溉。新坪灌水应做到：

（1）适合使用喷灌强度较小的喷灌系统，以雾状喷灌为好。

（2）灌水时灌水速度不应超过土壤有效的吸水速度，灌水应持续到土壤 2.5～5cm 深完全浸润为止；避免土壤过涝，特别是在床面产生积水小坑时，要缓慢地排除积水。

（3）随着新草坪草的发育，灌水的次数逐渐减少，但每次的灌水量则增大。伴随灌溉的次数减少，土壤水分不断蒸发和排出，不断地吸入空气，因此减少灌溉次数可以改善土壤的通气性。

7.6.5.4 草坪的地表覆土

（1）草坪的地表覆土是由匍匐茎型草坪草组成的新建草坪维持在低修剪条件下时的一种特殊养护措施。表施的土壤可促进匍匐枝节间的生长和地上枝条发育，这对产生平滑、不平草坪表面是很重要的，因此它常能造就出运动性适宜的高尔夫球场草坪来。

（2）表施的土壤应与被施的草坪土壤质地相一致，否则将可能影响根际中的通透性。又由于土壤不均匀沉陷，有时在草坪地上会产生不利于操作的表面。

（3）连续而有效的地表覆土，还能填平洼地，形成平整的草坪地面，但是也要避免过厚的覆盖，以防止光照不足而产生的不良后果。

7.6.5.5 草坪的保护

（1）新建草坪的保护其主要内容是指杂草、病虫害的防治。

（2）杂草通常是新建草坪危害的最大的敌人，因此在诸如播前的操作中，如种子纯度的选择，植物性覆盖材料的选用，以及秋季严霜的处理措施，甚至将种植土和表施土壤的熏蒸处理，夏季休闲等，均与防止杂草侵入新草坪有关。然而，尽管这样，杂草终归或多或少地要浸染草坪。所以，清除杂草较有效的方法是使用除莠剂。

（3）当杂草萌生后，可使用非选择内吸性除莠剂，能够有效地抑制杂草的竞争力。在冷地型草坪草播种后，一般情况下，是立即使用萌前除莠剂环草隆，能有效地防治大部分夏季一年生禾草和某些阔叶性杂草。当草坪定植后，使用萌后除莠剂，可有效地抑制杂草对幼小草坪草的竞争力。

（4）大多数除莠剂对幼小的草坪草均有较强的毒害作用，因此，除莠剂的使用通常都推迟到新草坪植被发育到足够健壮的时候进行。在第一次修剪前，通常不使用萌后除莠剂或者减至正常施量的一半使用。为消灭夏季一年生禾草，可采用有机砷制剂，施用时间应推迟到第二次修剪后，用量也要减少一半。从邻接草皮块缝中长出的杂草，可用萌前除莠剂，时间应推迟到播种后 3～4 周。

（5）在新建的草坪上，一般昆虫的危害不显著，但是蝼蛄常通过打洞活动，连根拔起幼苗和干燥土壤，并造成严重危害，此时可利用毒死蜱进行防治。

## 7.7 城市坡面、台地的绿化工程

### 7.7.1 概述

由于城市坡面绿化所处的特殊的地形条件，因此应该认真考虑坡面对植物生长的影响。植物群落在不稳定的生长发育基础条件下形成的，特别是在陡急的坡面上，客土或长期形成的表土层，极有可能发生崩塌，还有如城市高架桥墩、立交桥墩等必须通过铺设金属丝网，或者设置坡面框架等绿化基础工程来确保植物生长坡面的稳定性。在硬质、软质硬岩，强酸性或强碱性的原状生长发育土壤环境引种植物材料，必然导致植物生长发育不良甚至不能生存，因此必须把坡面改为适宜植物生长的基础条件。

7.7.1.1 坡面绿化前的调查

城市坡面绿化前应该调查坡面的各项情况，为以后采用何种绿化工程提供依据。调查的项目主要有如下几方面：

（1）周围环境的观察：坡面绿化的目标需要在坡面现场调查，并作出调查结论。一般来说，当坡面周围环境为树林时，要把坡面恢复为类似森林形态为目标；在草原出现的边坡，以种草为目的最好；距离街道较近的边坡与休憩地附近的边坡应充分地利用，种植草花、花木、草坪以及其他的观赏植物，形成景观边坡。

（2）植被类型观察：在需要绿化的对象边坡附近，分别对高树、低树、草本、藤本加以调查分析，确认要以什么植物为主。对周围植物的植被分布情况的调查结果可以作为绿化种类选择以及群落选择的依据，同时可以类推适合该地的其他同科属的植物，也可以为坡面绿化植物初选提供材料。

（3）地形、地质观察：对所处边坡形状、规模、坡度、坡质、走向、层理节理的形态、风化程度、涌水等进行观察，据此拟订粗略的边坡绿化方案。在挖方的边坡还必须实际调查边坡的上方的地形、流水方向和流量、渗透水状况，作为边坡的稳定与否的依据。

（4）植物生长环境的调查：对坡面进行调查，画出边坡形状的草图，记录边坡的形状、宽度、高度、坡度、护坡道、地质状况、涌水处、渗水处、坡肩附近的植被状况。同时还采用土壤硬度计调查土壤硬度，按照边坡出现的地质类别，或者一定的面积，在表面及 35cm 处各取 3 个样点进行测定，记录其平均值。另外还要记录以往植物的根的侵入深度。测定土中氧气的含量，对未扰动的黏性土取样调查固相土壤颗粒占液相、气相的分布状况。

7.7.1.2 坡面绿化的初期整治工作

边坡绿化需要有植物生长的基盘，植物才能正常生长，因此要对坡面采取一定的措施保证植物在坡面上能够正常生长。根据不同的边坡地质结构，在种植前要对边坡进行不同程度的加固，植物根系的影响深度是有限的，因此，对有活性断裂或地质结构较破碎的边坡，要修建钢筋混凝土抗滑墙，增强边坡的稳定性。边坡的前缘靠近公路或居民区时，为了起到保护作用，一般都要修建挡土墙。固坡植物在减少降雨出溅土壤作用同时必然造成地表径流的加大，当降雨量很大时，可能会对边坡产生较大的破坏作用，可以通过修建截水沟、排水沟来解决这个问题。为尽量减少对土体结构的破坏，截水沟可以修建在水平平台的边缘，和排水沟共同组成一个网状的地表排水系统，必要时还可开挖排水盲沟等进行地下排水。

另外，要对边坡表面进行适当的修整。崎岖不平的地方，应沿着坡面适当整平，便于排水与播种；如果土质不适合某种固坡植物的生长，可以平铺一层适合其生长的土壤。

### 7.7.2　城市坡面、台地绿化的植物配置

由于城市坡面应用的植物材料众多，坡面的落差有所不同，因而在配置植物时，道路两旁的坡地绿化应选择吸尘降噪，抗污染，不影响行人和车辆的交通安全，姿态优美的植物。另外还要注意色彩与高度的搭配要适当，花期要错开，使坡面上的植物有丰富的季相变化，形成丰富的坡面景观。常见的植物配置有如下几种形式。

(1) 坡面植草式：该种坡面绿化方式是采用草坪来进行绿化种植，主要用于高速公路边坡和城市快速路的绿化，好处是不会影响行车的视线。

(2) 悬垂枝覆盖式：当选用匍匐灌木植物和藤本植物，如迎春花、蟛蜞菊、金樱子等的苗木，在坡上部与天沟间的地方砌种植槽或挖种植穴，加土和施基肥后，按株距 30cm 植苗。这种方式，下垂枝叶每年向下覆盖可达 2m，适宜在岩石边坡和护坡构筑物上部采用。对高大岩石边坡或护坡构筑物，可同时在上部采用悬垂枝覆盖式，下部采用藤本植物进行攀援覆被式种植，并能提高陡坡面覆盖速度，以起到美化环境、保持坡面水土的作用。

(3) 灌草混栽护坡绿化：这是指各种本地生长的地被植物或者是低矮的花灌木自然生长在路旁山丘等坡地的一种比较原始的绿化形式，能够获得仿照自然而胜于自然的绿化效果。选用灌木山毛豆和草本钝叶草或吉祥草，按 1 行灌木 4 行草本配置，横向开成水平沟种植。这种配置方式可克服单一灌木初期拦蓄坡面径流、减少侵蚀差的缺点，避免单一植草护坡能力差的弊端，这种配置方式适用下边坡和膨胀土上边坡。

(4) 攀援植物覆盖式绿化：对城市内一些坡度较大的坡面上，植物生长的环境较差，可以选用攀援藤木植物如爬墙虎、地瓜榕为植栽材料，在护坡构筑物下挖种植坑或砌种植槽，坑槽内放上肥力高的沙壤土和基肥。按株距 30cm 植苗，种植后半月内淋水保湿。这种植栽方式，当年攀援的藤蔓延伸的长度可达到 2～3m，比较适合在岩石边坡、护坡构筑物下部及各种城市旱地桥墩采用。

(5) 图案式坡面绿化：在有些坡面上，上边坡与车辆行驶方向相对的部位，土质良好且朝向阳坡，可以在这些边坡表面用低矮草被作底色，用色彩鲜艳的低矮灌木或者草花配植成优美、流畅、向上的图案或祝福语。在一些重要地段砌体边坡上还可以做一些壁画，以改善行车的单调感；也可以利用一些适合在坡面种植的地被植物和一些草本植物做成坡面花坛。

### 7.7.3　城市坡面、台地绿化的施工方法

#### 7.7.3.1　概述

城市坡面、台面绿化施工主要技术措施：

(1) 建立绿化材料种苗供应基地，因地制宜、自繁自用，确保种苗适应性和规格、质量；

(2) 城市道路边坡绿化施工应防止盲目接受业主提出的不合理施工期要求，应有序安排施工进度。坡面、台地绿化的施工程序包括：

1）接受工程任务，获取路段工程设计图：按照图纸勾画边坡位置、范围，匡算施工面积和种苗材料需要量；

2）路况调查：在边坡基本完成土石方工程后进行路况调查，实地测量各路段边坡面积、坡度、坡面立地条件；

3）设计施工配置图，编制施工计划和预算：采用讨论式设计配置图，施工者与业主达成共识，成为施工的蓝图和验收的依据。设计图应标明配置方式的播植量、苗木规格、成活率。施工计划不仅包括施工组织、进度，还要包括苗木供应、肥料购买、工具准备等内容。编制预算应按双方同意的单价和项目计划，浮动幅度不宜大；

4）确定施工期：要根据施工的具体季节、天气和施工人员力量，在完成土石方工程后，选择适宜时间开工。避免高温天气、暴雨天和寒冷季节施工，切勿与土石方工程同时进行。

图 7.7-1 所示为城市坡面绿化施工方法示意图。其具体的内容如下：

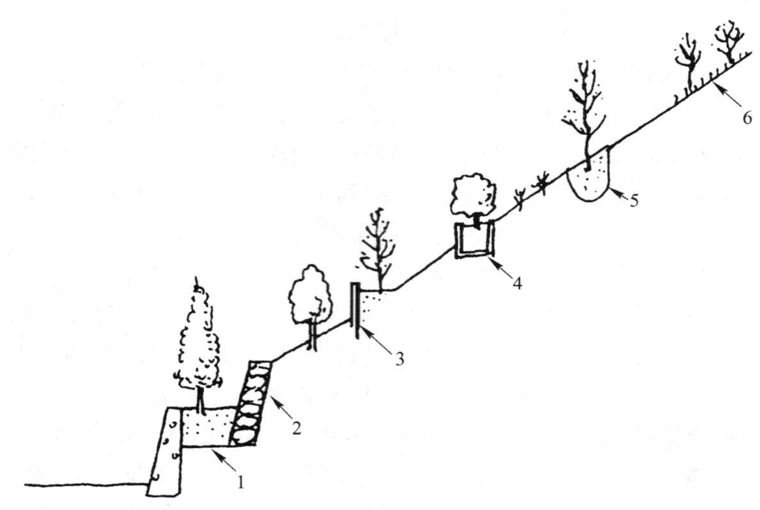


图 7.7-1　坡面绿化施工方法示意图

1—借土工程；2—砌石工程；3—栅栏工程；4—盆栽；5—移栽；6—借土种子喷播

7.7.3.2　种子撒播方法

（1）采用人工播种方式或使用固定在卡车上的种子洒布机，将种子、肥料、木质纤维、防止侵蚀剂等，加水搅拌后，以泵向边坡洒布形成 1cm 厚的种子混合物的施工方法，适用于土壤肥沃湿润的侵蚀轻微的坡面，植被的基材以木质纤维为主。

（2）开穴工程就是在边坡上用钻具挖掘直径为 5～8cm，深度在 10～15cm 的洞穴，每平方米约有 8～12 个，放入固体肥料等，用土、沙等将洞埋住后，进行种子撒播工程或客土种子喷播工程施工的方法。也可向洞内放借土时放置种子纸，再用乳化沥青液等防止侵蚀剂进行养护。

（3）挖沟工程是在边坡上大致按水平间隔 50cm 左右，挖掘深 10～15cm 的沟，放入肥料覆土后，用种子撒播工程或客土种子喷播工程进行施工的方法。这两种方法常用于公路两侧的绿化用地立地条件较差的情况，如硬质土或花岗岩风化砂土的挖方边坡。

7.7.3.3 客土种子喷播方法

(1) 客土喷播是精心配制适合于特殊地质条件下的植物生长基质（客土）和种子，然后用挂网喷附的方式覆盖在坡面，从而实现对岩石边坡的防护和绿化。

(2) 施工工艺顺序为：清理坡面，钻孔打锚杆，挂网，喷射客土。首先根据地质和气候情况确定边坡的植物生长基质配方，同时确定喷播厚度（一般为1～3cm），然后根据坡面稳定性确定锚杆的长度和金属网的尺寸。施工方法，用喷枪等将种子、肥料、土、水等混合，以压缩空气向边坡喷射1～3cm的厚度后，洒沥青乳液等防止侵蚀剂进行养护。为防止雨水、冻胀、冻结等的影响，一般多与金属网张拉工程组合施工。

(3) 客土包含土壤、纤维、肥料、保水剂、胶粘剂、稳定剂。配制后的客土能满足植物生长所需要的基本厚度、酸碱度、空隙率、营养成分、水分以及耐久性。这些指标不仅与具体的边坡地质条件有关，而且还受当地的气候条件影响。

(4) 客土喷播种子的植物由多种草本、灌木组成，而且尽量采用当地天然植被类似的种类。混合多个种类的目的在于使植被实现从草坪到树林的演替。锚杆挂网对边坡局部不稳定者来说，可通过这种方法加强边坡稳定性。

(5) 客土基质可以借助金属网的支撑附着在坡面，对坡面很陡的可以加密网或设置双层网。由于客土可以由机械拌合，挂网容易实施，机械化程度高，速度快，植被防护的效果好，喷播后基本不需要养护即可维持植物的正常生长。

7.7.3.4 喷混植草

(1) 喷混植草技术，是类似于客土喷播的一项坡面绿化技术，可以在岩质坡面上形成一个既能让植物生长发育的种植基质又不被雨水冲刷的多孔稳定结构。

(2) 喷混植草利用特制喷混机械将土壤、肥料、有机质、保水材料、植物种子、水泥等混合干料加水后喷射到岩面上，通过水泥的粘结作用，使上述混合物在岩石表面形成一层具有连续空隙的硬化体，从而可以保证种植基质免遭冲蚀。空隙既是种植基质的填充空间，也是植物根系的生长空间。

(3) 坡面绿化施工时，对边坡稳定性不足者，可以在坡面上打设锚杆并挂镀锌编织铁丝网，起到稳定坡面的作用，然后将由黏土、谷壳、锯末、水泥、复合肥以及草木种籽等通过一定配方拌合的混合物喷射在边坡上，喷射厚度一般为6～10cm，具体视坡度和坡面的破碎程度而定，对比较稳定的边坡可以直接在裸露坡面上喷射混合物。

(4) 喷混植草技术中，混合物配方好坏是成功的关键。良好的配方能够保证在陡于53°的边坡上，既能较好地保护坡面和抵抗雨水冲刷能力，又有足够的空隙率和肥力以保证植物的生长。同客土喷播相比，此项技术的缺点是保水、保肥效果较差，隔热性能较低。

(5) 喷混绿化技术不仅适用于所有开挖后的岩体坡面的保护绿化，而且对于岩堆、软岩、碎裂岩、散体岩、极酸性土以及挡土墙、护面墙混凝土结构边坡等通常不宜绿化的都能绿化，是环境保护和国土绿化工程技术的一大突破。

7.7.3.5 三维植被网植草

(1) 应用三维植被网植草技术是一种固土防冲刷的植草技术，它将一种带有突出网包的多层聚合物网固定在边坡上，在网包中敷土植草。三维植被网是以热塑性树蜡为原料，采用科学配方，经挤压、拉伸等工序精制而成的。它无腐蚀性，化学性质稳定，对大气、土壤、微生物呈惰性。

(2) 在绿化时将网固定于坡面，撒上拌基肥的肥土，每网眼播种 2～3 粒，覆土后淋水保湿。三维网植草以其独特的地表加筋锚固性能，和植被一起综合作用于边坡，控制水土流失，适用于沙土或膨胀土上边坡采用。

(3) 三维植被网植草技术对于设计稳定的上、下边坡，特别是土质贫瘠的上边坡和土石混填的下边坡起到固土防冲刷，并改善植草的质量以获得良好绿化效果，如图 7.7-2 所示为三维植被网植草施工示意图。

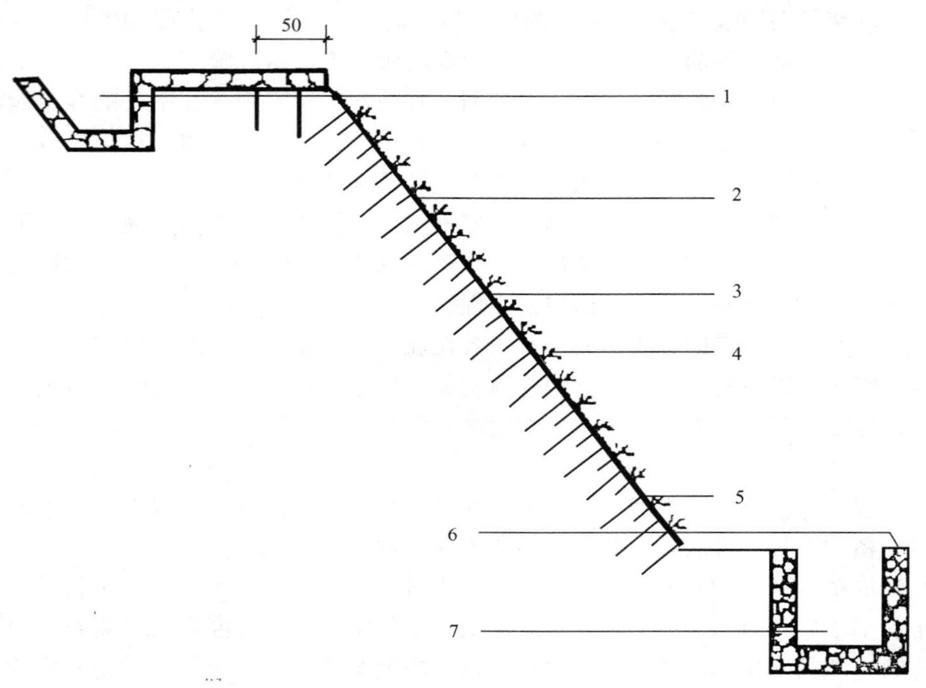


图 7.7-2 三维植被网施工示意图

1—截水沟；2—53°边坡；3—三维植被网；4—植草；5—U 形锚钉；6—土路肩；7—截泥沟

7.7.3.6 植生袋法

(1) 利用植生袋进行坡面的绿化，在短时间内就可以覆盖边坡，达到抑制径流、防止冲刷、稳定坡面、减少维护费用的要求。该方法主要是选用降解薄膜做成直径 10cm、有网痕的植生袋，袋底放置腐熟的有机基肥，种子拌入沙质营养土中，每袋 15～17 粒。

(2) 装袋后按 30cm×30cm 株距埋植生袋，袋一半露出坡面，一半埋入土中，然后用木桩钉固定。这种方式适用于上边坡的坡上部几何骨架内和岩石露头多的坡面。

(3) 在施工过程中，必须先整平坡面，将植生带平铺于坡面上，然后用木（铁）钉钉牢，浇水保湿，草籽即可发芽、生长。从铺设到形成草坪一般只需 40d 左右，是高速公路边坡快速植物防护的好方法。

(4) 植生袋的主要特点是：

1) 长效性。使用土壤改良剂及有机质、纤维质组成的基质材料有良好的保水、保肥性及透气性，有利于植物的长期生长；

2) 植生袋的方法适应性强，对不同坡度，不同岩性的边坡可根据具体情况，调整基质配方，以适应当地气候和地质条件；

3）施工过程中，可以通过加设钢筋网及锚杆即可抑制山体风化，防止边坡局部塌陷。又可以保证植物生长的最大土壤厚度；

4）根据生态的结构需要，可以乔、灌、草有机结合，形成分布合理、生态功能强的植被；

5）全天候施工，机械化作业程度高，无需养护，经济美观。

7.7.3.7　草皮铺设法

(1) 采用草皮铺设绿化的方法主要是将预先生长好的草皮挖取，采用适当的施工方法，铺设在要防护的坡面上。适用于坡面比较高陡、土质比较贫瘠或坡面易受冲刷的地段使用。

(2) 将草皮切割成一定大小，一般为30cm×30cm左右，在边坡全面铺成格子状，然后用竹（或铁）钎固定。要注意必须使草皮与土充分粘附，接头部分密接。

(3) 草皮铺设法广泛适用于希望迅速绿化的小面积园林绿地。辅助材料为钎子、播种土、过筛腐殖质、沙黏土。

7.7.3.8　预制框格坡面防护法

(1) 预制框格工程就是在工厂预制好的混凝土或钢铁、塑料、金属网格在边坡上装配成不同的形状，用锚或桩固定后，在框格内堆填借土或土袋，然后进行植被建造工程。常与借土喷播工程或种子洒布工程及铺草皮等方法联合使用。

(2) 网格形式有正方形、菱形、拱形、主肋加斜向横肋或波浪形横肋以及多种几何图形组合等。这种方法广泛用于高等级公路的路基边坡及隧道进、出口边坡防护工程中。

(3) 在施工过程中，要注意由于客土、土袋下沉及下沉部分冲刷引起的崩塌，因此在不稳定的坡面上要避免使用。

7.7.3.9　连续框格工程法

(1) 连续框格工程类似于预制框格工程，但通常都是在边坡上设置模板，安设钢筋，浇筑混凝土，或挖沟安设钢筋喷入砂浆等。

(2) 框格交叉点是连续的，常与岩体绿化工程或土袋植被工程联合使用，适用于有边坡崩塌危险，但进行边坡修正又不大可能，却有必要引进。

(3) 连续框格工程方法适用于边坡土质较软，厚度在25mm以下的砂性土，23mm以下的黏性土，以及坡度缓于45°的情况，可使边坡迅速全面绿化。

7.7.3.10　台地绿化方法

(1) 对于城市台地的绿化施工比较简单，主要是在城市坡面上开辟出一段段的水平区域，并在其上种植植物等材料。在台地的围堰为石头垒成或者用其他的材料砌成，在台地的平地区域可以通过客土等方法改良原先的土壤，形成较好的土壤水分条件。

(2) 为了保护台地的稳定，需要在围堰上进行绿化工作，使用藤本植物来覆盖，或用草皮在边坡上成台阶状水平铺设，这是台地绿化的一种施工方法，适用于边坡坡长短、坡度缓的土、砂质边坡的绿化。

(3) 要特别注意自然降水侵蚀和其他自然力的作用下，台地会逐渐变化，必须采取良好的排水措施，做好排水道的设计工作。

7.7.3.11　岩壁的绿化方法

(1) 对高度在10m以下的岩体断面，多数藤本植物均可较快覆盖到，可采用单层配置法，即在岩坡的底部种植攀援植物；

（2）对高度在10～20m之间的岩体断面，可采用双层配置法，在断面的基部和顶部同时种植相同或不同的种类，上攀下垂，以尽快达到绿化断面之效果；

（3）对于高度在20m以上的断面，多数植物通常难以攀援至此高度，可以采用双层或三层配置法，后者是特指在高等级公路等路侧，坡度不太陡，但断面经人工用岩石全面封固的情况下，除在基部和顶部种植外，还可以在封固施工前在中部预置一行种植槽或种植穴，以供绿化之用。

（4）用于岩壁绿化的植物均为大中型藤本，所以种植槽及种植穴的大小、深度应该大于50cm，种植基质宜选疏松、肥沃、中性或微酸的壤土，若在陡峭岩面上覆盖一些观赏价值高但攀援能力较差的植物，在岩壁上可设置一些辅助攀援设施，如固定一些金属或木质桩柱，以利植物攀附。有条件的话可在岩壁上设置金属网架或尼龙绳网格供植物攀爬。

## 7.8 城市桥体绿化工程

### 7.8.1 城市桥体绿化方式

#### 7.8.1.1 概述

随着城市化的加剧，城市人口和车辆越来越多，人、车和路的矛盾，日渐突出。为解决这个矛盾交通逐渐向空中发展，各个大城市涌现出了许多高架路、立交桥和过街天桥等，城市形成立体交通新格局。这些高架路和立交桥同高层建筑一样引人注目。这些形体庞大的建筑物如不经绿化，不仅自身丧失了生机，而且显得比较突兀，与周围的环境不相协调。因此桥体绿化已经纳入了城市桥梁建设的重要内容。城市中的过街天桥是为行人过街提供安全的保证，但在盛夏酷暑，人们在跨越这一类暴露式的高大桥梁饱受日晒之苦。加以绿化城市桥梁建筑，除了内在的质量美和外观上的造型美外，还须和周围环境相映成趣。桥梁的美化离不开绿化，其两侧和引道也须有较大的绿化覆盖率，让桥体融入城市绿色之中。如果城市中所有的过街天桥、立交桥、高架路全部披上绿装，城市高架路和立交桥将形成城市中独特的风景线。

#### 7.8.1.2 高架路桥体的绿化

（1）我国各大、中城市的高架桥越来越多，高架路增加了路网的容量，承担了更大的交通流量，改善了城市的行车条件，疏通了城市中心区的交通，为缓解城市交通压力具有重要的意义。

（2）高架路的建设在提供了便捷的交通的同时，也带来了令人关注的绿化问题，这就是如何对大量的高架路进行绿化，已经摆在城市绿化工作者面前的现实情况。

（3）高架路需绿化的部位有立柱绿化、桥面绿化、中央隔离带的绿化和护栏的绿化。立柱是构成高架道路的承重部分，对于如此庞大的绿化载体，应该充分加以运用。护栏是桥梁中防护和分隔的部分，是整体不可分割的一部分，属于整个桥型又从属于桥梁整体。

（4）高架路的中央隔离带和隔离栅绿化工作，应以隔离保护、丰富路域景观为主要目的。可以选择当地适应性强的藤本植物来绿化。

#### 7.8.1.3 立交桥体的绿化

（1）城市立交桥正在逐步成为城市景观中重要的组成部分。从远处的高层建筑物等高视点向下观看时，立交桥展示给观赏者的是一条条上下穿行、然后又四处散开的车道，这些车道的形象主要靠车道边缘的栏杆来表现，如果在栏杆的位置进行桥体绿化，则在视野中立交桥成了一个立体的绿带。

（2）立交桥的绿化设计要求真正能体现一个城市道路绿化上的特色，应结合立交桥的造型和周围环境，进行多元化的绿化设计。

（3）立交桥面的绿化主要采用与墙面绿化类似的方法进行绿化。栏杆是桥身最具装饰性的部分，也是观赏者在各种位置上都能看得到的桥体部分，其景观意义很大。对立交桥栏杆进行恰当绿化布置是增强立交桥景观艺术效果的有效手段。

（4）立交桥柱也是人们较多关注的构件，无论是沿桥侧辅路行进，还是在桥下穿行，桥柱是跟人最为接近的构件，它是立交桥底部景观的主要载体。在整个桥的立面中，桥板所占的面积比例最大，又是实体构造，往往十分引人注目。以上这些部分在立交桥体绿化中都是比较重要的。

（5）另外桥体的绿化要考虑到夜间行车的需要，绝大多数的桥体都设置了灯柱，多个高功率的光源组成的玉兰花灯集中照明，其一起导视作用，其二有艺术效果。对以上的灯柱也可以进行绿化布置，悬挂一些吊盆或用一些藤本植物来攀附其上。

7.8.1.4 其他形式的桥体绿化

（1）过街天桥和城市河道上的桥梁也都属于城市桥体绿化的一部分，这类桥梁都不在自然的土壤之上，桥面通常是通透的，边缘不像立交桥体和高架路是实心的，一般没有预先留出种植植物的地方。因此在绿化的时候采取各种措施增设种植池或者种植槽。

（2）高架路的边坡绿化也是一个非常重要的方面。桥体的护坡，各地选用的方法千差万别，但最主要的只有5种：栽草、栽灌木、栽乔木、藤本植物覆盖及工程护坡。

（3）在绿化设计上应根据当地的实际情况进行设计，最好选择乔、灌、草相结合的方法来对这类护坡进行绿化。护坡的绿化也可以参照本手册前述的坡面绿化的方法。

### 7.8.2 城市桥体绿化植物的选择

（1）在城市中立交桥、过街天桥为城市居民出行提供了方便，但是要对这些桥体的进行绿化难度却比较大，主要是立交桥、高架路和立柱绿化立地条件很差，尤其是受光照条件不足，汽车废气、粉尘污染严重，土壤质地差，水分供应困难以及人为践踏等因素影响。高架路下的立柱主要是光照不足的，绿化时选择植物应当充分考虑这些因素。

（2）在植物选择上，依据立交桥、高架路特殊的生态条件，应选择具有较强抗逆性的植物。首先应以乡土树种、草种为主，主要树种应有较强抗污染能力，以适应高速公路绿地特点。还应选用那些适应性强并且耐荫植物的种类。例如，针对土层薄的特点，植物要选耐瘠薄，耐干旱植物；针对立柱光线条件比较差的特点，在柱体绿化时，植物首先要求耐荫。

（3）城市高架路基本是双立柱型，立柱所处的位置大多交通繁忙，汽车废气、粉尘污染严重的地域，其土壤条件也差，少数地段为3～4柱或独柱型。立柱下光照条件与道路走向、二侧建筑状况及桥体高低有关。据测定，双立柱光照多在1200～2000lx，平均光照1652lx，光照率只有4.6%，而宽体桥面的中间立柱平均光照为502lx，有的不到300lx，只有部分高位桥柱和边柱光照较好。

（4）从植物所需光照度来看，有相当多的立柱的光照低于阴生植物5%～20%的光照率范围。多数阴生植物的光补偿点在700～1500lx，不少立柱处于或低于这一光照度范围。因此，高架路立柱的光照条件有相当一部分阴生植物难以正常生长，特别是建有匝道的宽体桥面，植物更难生长。部分地段绿化的景观效果很好。

（5）在立柱绿化中，可以选择五叶地锦、常春藤、常春油麻藤、腺萼南蛇藤、鸡血藤、爬行卫矛等藤本植物，这些植物都具有较强的耐荫能力。另外，五叶地锦抗逆性和速生性也非常好，如养护管理较好，年最大生长量可以达到6～7m，当年可以爬上柱顶。五叶地锦具有吸盘和卷须双重固定功能，但吸盘没有爬山虎发达，墙面固着力较差。

（6）在城市桥体绿化过程中，还可以采用一些地被植物和盆花。桥面绿化的植物选择与墙面绿化的选择基本一致，应该选择抗性强的藤本植物，具体可以参照墙面绿化选择适当植物。

### 7.8.3 城市桥体绿化方法

7.8.3.1 城市桥体种植

（1）城市各类桥面的绿化类似于墙面的绿化。桥体绿化植物的种植位置主要是在桥体的下面或者是桥体上。在桥梁和道路建设中，高架路或者立交桥体的边缘预留狭窄的种植槽，填上种植土，藤本植物可在其中生长，其枝蔓从桥体上垂下，由于枝条自然下垂，基本不需要各种固定方法。

（2）另外的种植部位是在沿桥面或者高架路下面种植藤本植物，在桥体的表面上设置一些辅助设施，钉上钉子或者利用绳子牵引，让植物从下往上攀援生长，这样也可以覆盖整个桥面，这类绿化常用一些吸附性的藤本植物，例如爬山虎等。对于那些没有预留种植池的高架桥体或者立交桥体，可以在道路的边缘或者隔离带的边缘设置种植槽，如图7.8-1～图7.8-7所示。

图7.8-1 桥下种植——攀爬式（一）

图 7.8-2 桥下种植——攀爬式（二）

图 7.8-3 桥下种植——攀爬式（三）

图 7.8-4 桥下种植——攀爬式（四）

图 7.8-5 桥下种植——攀爬式（五）

图 7.8-6 桥下种植——攀爬式（六）

图 7.8-7 桥下种植——攀爬式（七）

（3）城市桥体绿化的布局，还可以在桥梁的两侧栏杆基部设置花槽，种上木本或草本攀援植物，如蔷薇、牵牛花或者金银花等，使植物的藤蔓沿栅栏缠绕生长。由于铁栏杆要定期维护，这种绿化方式对铁栏杆不适用，而适用于钢筋混凝土、石桥及其他用水泥建造的桥栅栏，如图 7.8-8～图 7.8-18 所示。

（4）如若在桥面两侧栏杆的顶部设计长条形小型花槽，一般情况下花槽的尺寸为：长 1m、深 30cm、宽 30cm 左右。主要栽种草本花卉和矮生型的木本花卉，如扶朗花或者矮生型的小花月季，这种绿化方式特别适用于钢筋混凝土的桥体，如图 7.8-19～图 7.8-35 所示。

图 7.8-8 桥下种植式（一）

图 7.8-9 桥下种植式（二）

图 7.8-10 桥下种植式（三）

图 7.8-11 桥下种植式（四）

图 7.8-12 桥下种植式（五）

图 7.8-13 桥下种植式（六）

图 7.8-14 桥下种植式（七）

图 7.8-15 桥下种植式（八）

图 7.8-16 桥下种植式（九）

图 7.8-17 桥下种植式（十）

图 7.8-18 桥下种植式（十一）

图 7.8-19 桥上种植栽植式（一）

图 7.8-20 桥上种植栽植式（二）

图 7.8-21 桥上种植栽植式（三）

图 7.8-22 桥上种植栽植式（四）

图 7.8-23 桥上种植栽植式（五）

图 7.8-24 桥上种植栽植式（六）

图 7.8-25 桥上种植栽植式（七）

图 7.8-26 桥上种植栽植式（八）

图 7.8-27 桥上种植栽植式（九）

图 7.8-28 桥上种植栽植式（十）

图 7.8-29 桥上种植——下垂式（一）

图 7.8-30 桥上种植——下垂式（二）

图 7.8-31 桥上种植——下垂式（三）

图 7.8-32 桥上种植——下垂式（四）

图 7.8-33 桥上种植——下垂式（五）

图 7.8-34 桥上种植——下垂式（六）

图 7.8-35 桥上种植——下垂式（七）

(5) 挑台式绿化，是在栏杆或者扶梯两侧挑出部分设计成长条形花槽，而每段花槽的长度为 1.5～2m，宽度和深度主要取决于选栽的植物，一般来说，草本植物的花槽深度不小于 30cm，木本花卉植物的花槽宽 25～35cm，深 50～60cm。栽种植物以垂挂的灌木和藤蔓为宜，例如可以种植云南黄馨、迎春等，栽植后要注意及时修剪，这种方式适用于立交桥的绿化。如图 7.8-36～图 7.8-45 所示。

图 7.8-36 桥体绿化——挑台式（一）

图 7.8-37 桥体绿化——挑台式（二）

图 7.8-38 桥体绿化——挑台式（三）

图 7.8-39 桥体绿化——挑台式（四）

图 7.8-40 桥体绿化——挑台式（五）

图 7.8-41 桥体绿化——挑台式（六）

图 7.8-42 桥体绿化——挑台式（七）

图 7.8-43 桥体绿化——挑台式（八）

图 7.8-44 桥体绿化——挑台式（九）

图 7.8-45 桥体绿化——挑台式（十）

7.8.3.2 城市桥面悬挂

（1）对于一些过街天桥和立交桥，由于桥体的下方是和桥体交叉的硬化道路，所以没有植物生存的土壤，桥下又不能设置种植池，对这类桥梁的绿化可以采取悬挂和摆放的形式。在桥梁的护栏上设置活动种植槽，并把它固定在栏杆上，也可以在护栏的基部设置种植池或者种植槽，在种植池内种植地被植物，在种植槽内种植一些垂枝的植物，让植物的枝条自然下垂。植物材料的选择要考虑种植环境的恶劣，采用植物的抗性要强。

（2）在一般情况下，也可以采取摆放的方式进行绿化，在天桥的桥面边缘设置固定的槽或者平台，在上面摆设一些盆花。

（3）若在桥面配置开花植物，要注意避免花色与交通标志的颜色混淆，应以浅色为好，既不刺激驾驶员的眼睛，也可以减轻司机的视觉疲劳。

7.8.3.3 城市立柱绿化

（1）高架路众多立柱为桥体垂直绿化提供了许多可以利用的载体。高架路上有各种立柱，如电线杆、路灯灯柱、高架路支撑立柱，另外立交桥的立柱也在不断增加，它们的绿化已经成为垂直绿化的重要内容之一。

（2）绿化效果最好的是边柱、高位桥柱以及车辆较少的地段。从一般意义上讲，吸附类的攀援植物最适于立柱造景，不少缠绕类植物也可应用。

（3）上海的高架路立柱主要选用五叶地锦、常青油麻藤、常春藤、五叶地锦等。另外，还可选用木通、南蛇藤、络石、金银花、爬山虎、蝙蝠葛、小叶扶芳藤等耐荫植物。

（4）一般的电线杆及灯柱的绿化可选用观赏价值高的如凌霄、络石、素方花、西番莲等；对于水泥电线杆而言，由于阳光照射后温度迅速升高，容易烫伤植物的幼枝叶，可以在电线杆不同高度固定几个铁杆，在电线杆外侧 2～5cm，外附以钢丝网，此后，每年应适当修剪，防止攀爬到电线上。

（5）柱体绿化时，对那些攀援能力强的树种可以任其自由攀援，而对吸附能力不强的藤本植物，可以在立柱上用塑料网和铁质线围起来，让植物沿网自行攀爬。对处于阴暗立柱的绿化，可以采取贴植方式，如用 3.5～4m 以上的女贞或罗汉松。

（6）考虑到塑料网的老化问题，为了达到稳定依附目的，可以在立柱顶部和中部各加一道用铁质线编结的宽 30cm 的网带。铁质线是外包塑料的钢丝，具有较长的使用时间，如图 7.8-46～图 7.8-52 所示为城市立交桥柱绿化景观实例。

图 7.8-46　立交桥立柱绿化（一）

图 7.8-47　立交桥立柱绿化（二）

图 7.8-48　立交桥立柱绿化（三）

图 7.8-49 立交桥立柱绿化（四）

图 7.8-50 立交桥立柱绿化（五）

图 7.8-51 立交桥立柱绿化（六）

图 7.8-52 立交桥立柱绿化（七）

7.8.3.4 中央隔离带的绿化

（1）在大型桥梁上通常建造有长条形的花坛或花槽，可以在上面栽种园林植物，如黄杨球，还可以间种美人蕉、藤本月季等作为点缀。

（2）也有在中央隔离带上设置栏杆的，可以种植藤本植物任其攀援，既可以防止绿化布局呆板，又可以起到隔离带的作用。

（3）中央隔离带的主要功能是防止夜间灯光眩目，起到诱导视线以及美化公路环境，提高车辆行驶的安全性和舒适性，缓和道路交通对周围环境的影响以及保护自然环境和沿线居民的生活环境。

（4）中央隔离带的土层一般比较薄，所以绿化时应该采取一些浅根性的植物，同时植物必须具有较强的抗旱、耐瘠薄能力。

（5）图 7.8-53～图 7.8-81 所示为部分中国古代与现代名桥绿化实景。

图 7.8-53 中国的世界名桥绿化实景（赵州桥：610 年建）（一）

图 7.8-54 中国的世界名桥绿化实景（玉带桥：1740 年建）（二）

图 7.8-55 中国的世界名桥绿化实景（五亭桥：1757 年建）（三）

图 7.8-56 中国的世界名桥绿化实景（十字桥：1102 年建）（四）

图 7.8-57 中国的世界名桥绿化实景（平安桥：1138 年建）（五）

图 7.8-58 中国的世界名桥绿化实景（风雨桥：1916 建）（六）

图 7.8-59 中国的世界名桥绿化实景（卢沟桥：1192 年建）（七）

图 7.8-60 中国的世界名桥绿化实景（广济桥：1530 年建）（八）

图 7.8-61 中国的世界名桥绿化实景（苏通长江大桥：2008 年建）（九）

图 7.8-62 中国的世界名桥绿化实景（江阴长江大桥：1999 年建）（十）

图 7.8-63 中国的世界名桥绿化实景（万州长江大桥：1997 年建）（十一）

图 7.8-64 中国的世界名桥绿化实景（南京长江大桥：1968 年建）（十二）

图 7.8-65 中国的世界名桥绿化实景（丹河石拱大桥：1999 年建）（十三）

图 7.8-66 中国的世界名桥绿化实景（西江特大铁路桥：2012 年建）（十四）

图 7.8-67 中国的世界名桥绿化实景（上海卢浦大桥：2003 年建）（十五）

图 7.8-68 中国的世界名桥绿化实景（润扬长江大桥：2005 年建）（十六）

图 7.8-69 中国的世界名桥绿化实景（香港青马大桥：1998 年建）（十七）

图 7.8-70 中国的世界名桥绿化实景（西堆门大桥：2007 年建）（十八）

图 7.8-71 中国的世界名桥绿化实景（南京三桥：2002 年建）（十九）

图 7.8-72 中国的世界名桥绿化实景（武汉长江大桥：1958 年建）（二十）

图 7.8-73 中国的世界名桥绿化实景（北京四环立交桥）（二十一）

图 7.8-74 中国的世界名桥绿化实景（上海延安东立交桥）（二十二）

图 7.8-75 中国的世界名桥绿化实景（北京西直门立交桥）（二十三）

图 7.8-76 中国的世界名桥绿化实景（郑州亚洲第一立交桥）（二十四）

图 7.8-77 中国的世界名桥绿化实景（广州区庄立交桥）（二十五）

图 7.8-78 中国的世界名桥绿化实景（济南立交桥）（二十六）

图 7.8-79 中国的世界名桥绿化实景（广州中山一路立交桥）（二十七）

图 7.8-80 中国的世界名桥绿化实景（南京双桥门立交桥）（二十八）

图 7.8-81 中国的世界名桥绿化实景（天津八里台立交桥）（二十九）

# 7.9 城市篱笆与栏杆绿化工程

## 7.9.1 概述

（1）在我国许多中、小城市中，有各种简易或者复杂的围栏，这些围栏有家庭式栏杆和单位庭院式栏杆。公共空间中为保护景观、保护植物不被破坏，常设置一些简易的栏杆作为空间的界定与隔离。

（2）也有许多城市为防护而修建的栏杆，例如交通隔离带、游戏场和教育设施的栏杆。所以，这些栏杆应该有一个较高的攀越的高度和较难穿越的空隙，一般人难以翻越，以满足安全防护的要求。

（3）篱笆，是用竹木等材料编成的围墙或者屏障。古诗云："苔野蔓上篱笆"，说明在道路旁边的篱笆边缘可以栽植各种攀援植物或者其他花卉，主要以藤本植物为主。同时满足了城市道路的绿化工程。

（4）栏杆绿化是植物借助栏杆的各种构件而进行生长，并划割空间区域的一种绿化方式。在城市庭院绿化中，它除了具有绿篱划割道路和庭院的功能外，其开放性和通透性的造型能给人以轻松的美感。而在公路隔离带栏杆上的绿化，还能可以起到缓和视线和防止眩目的作用。

（5）篱笆绿化和栅栏绿化两者之间有许多共同之处，都是植物借助于各种构件生长，用以划隔空间区域。篱笆与栅栏在园林绿化中的作用主要是划隔道路与庭园，创造幽静环境，或保护建筑物和花木不受破坏，起到一定防护作用。

（6）城市中最初的栏杆和篱笆是基于防护的作用，人们出于安全的需要，把种植在道路旁边、宅前屋后的筋竹、毛竹、慈竹等做成"活篱色"。后来，又觉得"活篱笆"影响采光和通风，又缺少装饰性，便将这些竹木编织成各种造型的篱笆设置在房前屋后，并缠绕上开花或结果的藤蔓植物，或在其内侧及外沿栽种花灌木，使之形成绿色屏障。

（7）在公园中，可以利用富有乡村特色的竹竿等材料，编制各式篱架或围栏，并配植红花菜豆、菜豆、豌豆、香豌豆、丝瓜等瓜豆类，江南地区还可应用蝴蝶豆等，则可以形成一派朴素的乡村自然风光，别有一番田园的情趣。

### 7.9.2 城市篱笆与栏杆的种类

7.9.2.1 篱笆与栏杆的结构形式

在城市采用篱笆和栏杆绿化载体，其栏杆和篱色有各种类型和不同的结构。根据其使用材料的不同，一般可分为以下几种形式。

（1）竹木结构：

1）采用竹片和木料制作的竹篱笆、木栅栏。其材料来源丰富，加工方便，但也极易腐烂。目前，只在少数旧西洋式建筑或传统建筑的外围才可见其踪迹；

2）竹篱笆与木栅栏的制作方法很简单，只要在竹片与竹片、木条与木条的连接处用绳索绑扎，或者用竹片削成的榫头把它们嵌合固定起来，同时注意地下的固定，以防人为或自然的破坏而变形及倒覆；

3）对于竹篱笆与木栅栏的造型，可做成方格状、长方格状、条形状，还可依据特殊爱好做成各种动物和几何图案。在造型设计时，首先要考虑是否与绿地及建筑物的风格相吻合。

（2）金属结构：采用钢筋、钢管制成的铁栅栏和用铁丝网搭制的篱笆。金属结构加工工艺简单，造型具有时代感，装饰性强且通透性好，但造价昂贵，经风吹雨淋后还会发生氧化反应变成斑斑锈蚀。因此，在铁栅栏、铁丝网篱色表面必须刷上与周围环境相协调的彩色油漆。当然，用塑料包裹钢筋、钢管，同样也能起到一定防锈蚀的作用。

（3）钢筋混凝土结构：由塑性的钢筋混凝土制作而成，常见的水泥栅栏就是一例，它给人的印象是粗犷、浑厚、朴素。为了丰富其造型达到装饰效果，园林部门还常用摹拟手法，把自然界中的动植物以及几何图案浇制在钢筋混凝土结构的栅栏上，布置在街头与庭园。在现代园林中，栅栏的形式、色彩、质感不是一成不变的，它要受建筑物特色的制约，因而造价较昂贵，也易于被人为破坏。

（4）混合结构：由以上几种栏杆材料混合构成的篱笆或栅栏。

7.9.2.2 篱色与栏杆的结构

（1）简易的围栏

1）在城市公共场所（如道路、广场）的草地进行短时期封闭性维护中，主要是为避免行人抄近路或在步行小道外另开辟通道，常常采用临时性的围栏，用钢筋弯成半圆形，埋入地下，编成矮栅栏，其特点是可以移动，与园林草坪及其周围环境容易协调；

2）公园中为了控制大量人流行进方向，还可以设置较高的多层栏杆的围栏，用支柱与横杆或铁杆简单组成，有各种做法，如图 7.9-1 所示。

（2）复杂的围栏、篱笆结构

1）在一些防护性的围栏中，常使用链索围栏来防止外人进入。链索围栏中，常常由支柱和钢链所组成的网格，可以对每个钢丝连接处进行焊接，支柱一般为钢筋混凝土和钢结构，也有木质支架。另外还有结构钢杆形式的围栏或隔离栏，如图 7.9-2～图 7.9-7 所示。

图 7.9-1　简易围栏

图 7.9-2　钢杆围栏示意图（一）

图 7.9-3　钢杆围栏示意图（二）

图 7.9-4 钢杆围栏示意图（三）

图 7.9-5 钢杆围栏示意图（四）

图 7.9-6 钢杆围栏示意图（五）

图 7.9-7 钢杆围栏示意图（六）

2）城市的一些住宅小区、公共建筑庭院及家庭庭园的围栏，由横栏和支架组成。常见的有斜交叉篱包和封板围栏，栅板用一块压着一块的木板或竹板组成，这种类似于普通篱包的做法，遮挡视线的作用比较明显，如图 7.9-8～图 7.9-11 所示。

图 7.9-8 封板围栏示意图（一）

### 7.9.3 篱笆与栏杆绿化的植物配置

7.9.3.1 篱包与栏杆的绿化形式

（1）自然式：自然式就是将缠绕或攀附在栅栏与篱包上的植物，不加修剪而任其生长开花，以显示自然姿态及天然风趣的一种栅栏与篱色绿化形式。这种绿化形式对植物的造型要求不严格，只要求能区别道路与庭园、遮蔽不雅观的部分和保护苗圃和花园。

（2）规则式：该方式就是将缠绕或攀附在栅栏和篱笆上的植物，按照一定的规律（或

图 7.9-9 封板围栏示意图（二）

图 7.9-10 封板围栏示意图（三）

构图）密植、修剪成具有一定艺术性的图案。它要求植物造型生动活泼，富于立体绿化效果和防护作用，常见于公园和街头绿地。这种形式管理比较严格，要求进行定期修剪。

7.9.3.2 篱笆与栏杆绿化的配置

（1）栏杆、篱笆园林用途与绿化配置：如果栅栏是作为透景之用，应是透空的，能够内外相望，种植攀援植物时选择枝叶细小、观赏价值高的种类，如牵牛、茑萝、络石、铁线莲等，种植宜稀疏，切忌因过密而封闭。如果栅栏起分隔空间或遮挡视线之用，则应选择枝叶茂密的木本种类，包括花朵繁密、艳丽的种类，如胶东卫矛、凌霄、蔷薇、常春藤等，将栅栏完全遮蔽，形成绿墙或花墙。就栅栏的结构、色彩而言，格架较细小的钢栏杆配植金银花、牵牛花、花叶蔓长春花则比较合适。

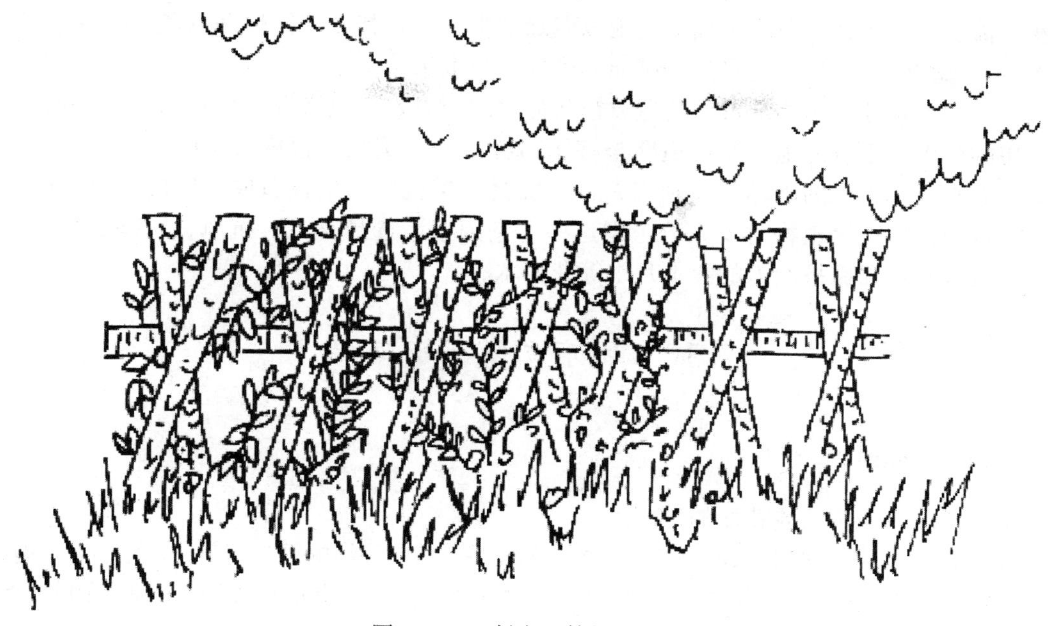

图 7.9-11 斜交叉篱笆示意图

（2）栏杆构件材料与配置：篱笆与栅栏由于构筑材料不同，其结构也各不相同，配置绿化植物也相应有所不同。例如钢筋混凝土栅栏大多比较粗糙，色彩暗淡，应当选择生长迅速、枝叶茂密并且色彩斑斓的种类，一般种植藤本月季、南蛇藤、称猴桃、五叶地锦、金银花、藤三七、木香等；而铁栅栏、网眼铁篱笆由于所用的材料都比较细，表面光滑，以配置藤蔓纤细的牵牛花、茑萝、丝瓜等缠绕性藤本植物为宜。对于一些纯粹观赏性的金属小栅栏无须再配置植物，如图 7.9-12 所示。

图 7.9-12 金属板架围栏示意图

（3）构件色彩与植物配置：篱笆或栅栏一般都是用竹子、木料以及金属材料构成的，其表面又刷上了各种颜色的油漆，以防止锈蚀。面对色彩各异的栅栏与篱笆，配置什么样的植物，要根据与环境协调的原则，采用对比中求调和的手法，在白色铁栅栏上缠绕开小红花的蔷薇，或者在灰色的木栅栏上配以翠绿的常春藤，都能获得较好的色彩效果。栅栏或篱笆与植物的色彩对比越强烈，越能起到美化的效果。

（4）立地条件与植物配置：建造篱笆与栅栏的地方，一般来说光线及通风条件都是比较理想的，但由于有的地方靠近道路与庭园边缘，其土壤肥沃程度较田园差，污染较多，加上行人有意或无意的破坏等不利因素，无疑会对攀援植物生长造成一定的影响。因此，在为篱笆与栅栏配置植物时要充分考虑这些不利因素，选择喜光、抗风、耐寒、耐瘠薄、抗污染强且有较强保护能力的藤本月季等花灌木。

## 7.10 城市立体花坛工程

### 7.10.1 概述

7.10.1.1 城市立体花坛的概念

（1）随着我国经济的增长和城市建设事业的发展，城市环境的绿化与美化，已引起了有关部门的高度重视。所以，城市的园林绿化水平，成为衡量一个城市发展水平的一项重要的指标。

（2）另一方面，随着人们生活水平的提高，对花卉的欣赏水平也在不断提高，花卉的利用方式也层出不穷，植物布置方式更加丰富多彩。花坛作为花卉最常见的一种应用形式，随着时代的变化，也得到了很大的发展。

（3）立体花坛是花坛艺术的发展形势之一。自从人类有了房屋及庭院，在庭院中用矮篱或砖石围起一定形状的床地，其间丛植一种花卉或群植多种花卉形成花台。随着人类审美意识的提高，人们不仅欣赏单株植物的色彩、芳香和形态外，还需要一定数量花卉和植物组成群体，以构成更高层次的艺术造型，由此逐步演变成花坛。

（4）另外城市的发展，园林绿化用地的减少，人们除了在平面上摆放花卉外，逐渐设计各种立体造型来观赏花卉。在城市园林绿化中，立体花坛已成为园林艺术的重要组成部分。

（5）花坛是指在有一定形体的地段上，集中栽植低矮的草木花卉用以美化环境并发挥其他多种功能的植床，并在不同几何形轮廓的植床内种植各种不同色彩的观赏植物，构成具有纹样、鲜艳色彩的图案画。

（6）花坛不仅有平面布置形式，还可以利用各种植物材料来创造立体花坛。立体花坛是指用露地花卉栽植或者搭建而成的艺术造型，通常是立体的造型。立体花坛是花坛的一种形式，与一般的花坛相比，立体花坛具有占地少、可移动性等特点。

（7）随着花卉事业的发展，形式多样、风格各异的立体花坛不仅在街头绿地应用，在广场、大型宾馆、庭园也应用较多，而且还出现在各种花卉展览中。

（8）城市立体花坛的规模越来越大，形式越来越多样化，组合也越来越灵活，除一般的装饰美化外，也用于各种宣传、广告等，尤其是在重大节日，立体花坛布置已经成为不可或缺的部分。

（9）用于立体花坛的植物除露地花卉外，各种低矮树木、盆栽及温室草本都可以应用，其中温室植物主要用于有空调装置的室内立体花坛，作为室内绿化布置。

7.10.1.2 城市立体花坛的作用

（1）装饰城市、美化环境的作用：

1）立体花坛是花坛应用中的一种类型，有着自身的特点。立体花坛作为一种艺术造型，可以用来点缀街头绿地、公园及游乐场所，美化城市环境。

2）在盛大节日和喜庆场面，各种各样的立体花坛是装饰城市所不可缺少的，其色彩缤纷、千姿百态的造型，灵活机动的布置形式，拉近了人与自然的距离，特别是在广场、绿地等人流较大的地方，可以起到烘托气氛、美化周边环境的作用。例如，在我国的北京，每年的“五一劳动节”和“十一国庆节”期间都在天安门广场布置大型的立体花坛，烘托出浓浓的节日气氛，成为一个节日新的景点，吸引了许多的游客流连忘返。

3）立体花坛独有的绿化、装饰美化作用更是其他城市建设项目不可比拟的（图 7.10-1～图 7.10-10）。

图 7.10-1 城市立体花坛的装饰与美化作用（一）

图 7.10-2 城市立体花坛的装饰与美化作用（二）

图 7.10-3 城市立体花坛的装饰与美化作用（三）

图 7.10-4 城市立体花坛的装饰与美化作用（四）

图 7.10-5 城市立体花坛的装饰与美化作用（五）

图 7.10-6　城市立体花坛的装饰与美化作用（六）

图 7.10-7　城市立体花坛的装饰与美化作用（七）

图 7.10-8　城市立体花坛的装饰与美化作用（八）

图 7.10-9 城市立体花坛的装饰与美化作用（九）

图 7.10-10 城市立体花坛的装饰与美化作用（十）

（2）起到广告宣传作用：立体花坛在绿化美化城市的同时，通过园林设计师的精心设计布置，采用不同色彩的植物，形成不同的图案纹样，可以寓教于乐，集科教宣传与环境美化于一体，增强了人们绿化环境的意识。另外，由于立体花坛美丽、醒目，常常是人们视线的集中点，用它作宣传，其效果是不言而喻的。许多的立体花坛可做成各种产品模型，或者制成标语，通过其立体形象扩大影响，如图 7.10-11～图 7.10-29 所示。

（3）在城市交通环岛里起到分隔空间的作用：城市的立体花坛还可以应用在城市多条道路的交汇处及宽敞的马路中线，采用立体花坛来分隔道路，常见交通环岛里的立体花坛，具有比较醒目的分隔作用，如图 7.10-30～图 7.10-49 所示。在公园里用花坛或立体花坛来分隔小径，遮挡视线，使之曲折延伸，在分隔空间的同时又起到了美化环境的作用。

图 7.10-11 城市立体花坛的广告宣传作用（一）

图 7.10-12 城市立体花坛的广告宣传作用（二）

图 7.10-13 城市立体花坛的广告宣传作用（三）

图 7.10-14 城市立体花坛的广告宣传作用（四）

图 7.10-15 城市立体花坛的广告宣传作用（五）

图 7.10-16 城市立体花坛的广告宣传作用（六）

图 7.10-17 城市立体花坛的广告宣传作用（七）

图 7.10-18 城市立体花坛的广告宣传作用（八）

图 7.10-19 城市立体花坛的广告宣传作用（九）

图 7.10-20　城市立体花坛的广告宣传作用（十）

图 7.10-21　城市立体花坛的广告宣传作用（十一）

图 7.10-22　城市立体花坛的广告宣传作用（十二）

图 7.10-23 城市立体花坛的广告宣传作用（十三）

图 7.10-24 城市立体花坛的广告宣传作用（十四）

图 7.10-25 城市立体花坛的广告宣传作用（十五）

图 7.10-26 城市立体花坛的广告宣传（十六）

图 7.10-27 城市立体花坛的广告宣传作用（十七）

图 7.10-28 城市立体花坛的广告宣传作用（十八）

图 7.10-29 城市立体花坛的广告宣传作用（十九）

图 7.10-30 城市交通环岛里的立体花坛（一）

图 7.10-31 城市交通环岛里的立体花坛（二）

图 7.10-32 城市交通环岛里的立体花坛（三）

图 7.10-33 城市交通环岛里的立体花坛（四）

图 7.10-34 城市交通环岛里的立体花坛（五）

图 7.10-35 城市交通环岛里的立体花坛（六）

图 7.10-36 城市交通环岛里的立体花坛（七）

图 7.10-37 城市交通环岛里的立体花坛（八）

图 7.10-38 城市交通环岛里的立体花坛（九）

图 7.10-39 城市交通环岛里的立体花坛（十）

图 7.10-40 城市交通环岛里的立体花坛（十一）

图 7.10-41 城市交通环岛里的立体花坛（十二）

图 7.10-42 城市交通环岛里的立体花坛（十三）

图 7.10-43 城市交通环岛里的立体花坛（十四）

图 7.10-44 城市交通环岛里的立体花坛（十五）

图 7.10-45 城市交通环岛里的立体花坛（十六）

图 7.10-46 城市交通环岛里的立体花坛（十七）

图 7.10-47 城市交通环岛里的立体花坛（十八）

图 7.10-48 城市交通环岛里的立体花坛（十九）

图 7.10-49 城市交通环岛里的立体花坛（二十）

7.10.1.3 城市立体花坛的形式

(1) 按组景的材料分

1) 植物造景式：这种立体花坛以植物造景为主体，花坛立面上较少构件或几乎看不出建筑构件的痕迹，根据实际应用情况可以设置基座。由五色草和菊花等植物做成的各种造型，可以看成是艺术与花卉的完美结合；

2) 建筑造景式：这种花坛主要以建筑造景为主体，花坛立面上能够看出建筑构件。建造时可以用混凝土做成各种形状的花坛，再采用各种连接方法有机地组合成立体花坛。同时，也可把花坛与雕塑、假山石等组合而成立体的造型，或直接用各种可装配的金属等预制体拼成活动立体花坛的框架。总之，使立体花坛更加体现出锦上添花的作用。

(2) 按内部支撑的结构分

1) 立体式：这种方式是采用金属或塑料等各种材料组成各种形状或者不同的立体造型，并在其间栽种各种花草。这种花坛类型应用较多，经常用于临时性的花坛。常见的一些柱形立体花坛以及其他植物造型花坛为这种类型。

2) 格架式：一般采用是钢材或钢筋混凝土预制件，在施工现场组装成可放置各种盆花的架子。具有占地面积小，空间利用灵活，观赏效果好的特点。在门口的狭小场地上以棚架、盆花及各种图案不规则的格板为材料，装配成一个错落有序、虚实对比、富于变化的格架式立体花坛。格架式立体花坛，造型新颖简洁、轻巧明快，不同季节可放置各种盆花。这种花坛类型应用较少。

3) 梯架式：利用钢筋混凝土、金属材料加工，再用金属三角料铁搭制而成的梯架上，分层放置一串红、天竺葵、秋海棠、垂盆草等盆花，鲜花绿叶簇拥在一起，繁花似锦、相互映衬，装饰效果十分显著，也可以将两个高低大小不同的花坛组合成层次丰富、高低错落、造型多样的立体花坛。这种花坛类型可以做为广告宣传的手段。例如，"元旦"、"春节"、"五一劳动节"、"十一国庆节"等期间，例如在天安门广场上摆设的各种具有标语的花坛，就是这类立体花坛的典型。

(3) 按组装的形式分

1) 组合式：一般又可分为建筑组合式和植物群体组合式两种。建筑组合式由大小或几何形状不同的多个花坛组合而成，组成一个比较大的景点，建筑构件之间相互连接，所以这类组合花坛应考虑受力平衡和混凝土的配筋。而植物群体组合式由不同的植物材料组成不同的造型，表达一个主题。通常具有视觉宽阔、景观丰富多彩的艺术效果，可以由植物造景式和建筑造景式一种或者两种组成；

2) 独立式：这种花坛的布置以单个立体花坛为主，在绿地空间内的平面上呈点状布置。这种立体花坛一般造型精制独特、色彩醒目，单个花坛就能达到较好的装饰效果，有一定艺术水平，在空间环境中有一花独放的效果，是立体花坛中的精品，具有点景的作用。可独有植物造景式或者建筑造景式。

### 7.10.2 城市立体花坛的造型

7.10.2.1 立体花坛造型的原则

城市立体花坛虽然可做各种造型，但不是随便堆积而成的，必须根据一定的原则进行造型设计。首先必须权衡其造型、比例、主题等是否与周围环境相协调，同时要考虑其结构与施工条件的可行性，在不影响造型审美效果的前提下，力求结构简单合理，施工方便易行，在设计时主要考虑以下的原则：

（1）花坛设计造型时要与环境相协调：在园林绿化中，还要注意各种植物的配置保持一种和谐的比例关系时。超人的尺度会产生雄伟、威严、神圣的主题；普通的尺度会产生亲切、自然、平和的主题；装饰的尺度则可产生象征性和理想性的主题等。

（2）立体花坛布置在不同的位置意义不同，立体花坛的设计要根据花坛所处的地点进行色调的选择，如设置在安静休息区内的花坛适宜采用质感轻柔，略带冷调的花卉，如鸢尾、桔梗、宿根花亚麻；而节日广场布置，就需要选用热烈、不同质感的花卉来布置图案。另外，立体花坛是否设立基座，应根据造型及环境的需要来决定。

（3）要有鲜明的时代特征和创造个性：立体花坛的设计都要有一定的主题，主题应该有鲜明的时代性，根据绿化主题的需要来安排植物之间的比例关系以及其他方面。花坛的设计应充分考虑花坛的宣传作用，但又不局限于主题的时代性，以充分发挥设计人员的聪明才智，创造出具有新意的艺术造型。

（4）要注重和强调形式美的表现：美的表现有一定的规律可循，掌握了创造形式美的法则和方法，就可以在立体花坛的设计中结合各种植物自身的特点，营造出优美的图案和造型。例如，对称式的图案，给人的感觉是稳定，有秩序，庄严肃穆，呈现出一种安静和平的美，对称式的造型在视觉上都是均衡的，但均衡的造型在结构上则不一定是对称的。

（5）均衡式图案可以弥补对称式图案过于单调、缺少变化的不足，均衡式图案是在庄严中显得活泼而自由。对比是人们认识事物的主要方法，没有对比就没有变化，没有变化就产生不了美感。我们的园林绿化设计的技术人员，在设计时可以利用对比选择不同的花色的植物来进行立体花坛的设计，打破刻板与单调，营造重点与高潮，但是，所有的对比变化都应服从于整体环境和谐的统一。

7.10.2.2 城市立体花坛造型设计

（1）一般要求

1）立体花坛的设计可以先绘制草图，经过反复推敲，再确定体量，定出主要尺寸，并根据需要以一定比例绘出平面图、立面图，必要时附以俯视图或断面图，再用雕塑泥或木料按照比例做成立体模型，染上色彩，然后再绘制详细的结构施工图，如图 7.10-50 所示。

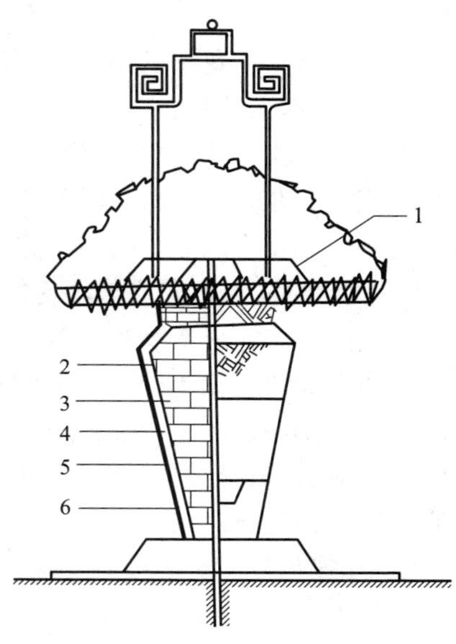

图 7.10-50 立体花坛结构示意图

1—角钢花盘架；2—中心花柱；3—砖胎；4—麦秆和泥；5—蒲席片；6—镀锌铁丝

2）立体花坛设计要把握花坛关系，要求色彩、表现形式、主题思想等因素能与环境相协调。首先花坛与建筑物关系、花坛与道路关系、花坛与周围植物关系。

3）立体花坛作为主景建造时，必须与主要建筑物的形式和风格取得一致。中国庭园式的建筑上，如配上以线条构成的现代西方流行的几何图形和立体造型就会失去协调，不能取得满意的效果，所以城市立体花坛应有中国的特色。

4）除此之外还可以在大小上必须与主建筑构成比例，不能喧宾夺主，同时花坛的轴线与建筑物的轴线要协同，不能各行其道。按照建筑物的需要立体花坛的设置可采用对称形和自然形的布局。

5）立体花坛的设计还要考虑花色的搭配。从色彩的分析上可将色彩分为暖色、冷色、对比色、中间色。从色彩的配合上有各种色彩的比例、深浅色彩的运用，对比色的应用，中间色的利用，冷暖色彩的利用，花坛色彩与环境的色彩。立体花坛要醒目、突出，给人以耳目一新的感觉，为此可突出色彩，也可在造型上加以表现。色彩切忌与背景颜色混淆，趋于同一色调，如花坛设在一片绿色树林的前面，此时不妨以鲜艳的红、黄、橙或中性色彩装饰，如图 7.10-51 所示。

图 7.10-51 城市立体花坛的造型设计之一

（2）城市立体花坛的造型设计

1）立体造型花坛：

① 立体造型花坛的形象要依照环境以及花坛的主题来进行设计，可以是花盆、花篮、花瓶、花柱、花球、花钟、图徽等，也可将植物的轮廓修饰成抽象的几何形或具体的鸟兽、动物形，还可以结合山石、建筑、水体等进行图案设计；

② 设计时注意色彩要与环境的格调、气氛相吻合，比例也要与环境协调。一般运用毛毡花坛的手法完成造型物，常用的植物材料五色草类与小菊等，为施工布置方便，可以在造型物下安装有轮子的可移动的基座；

③ 在立体花坛中，可在各种泥制的立体造型物表面种植五彩花草进行装饰。应根据不同的立地条件、建筑的性质、功能和造景要求，注意选择花卉的体型、色彩与建筑物的性质及体量相适应，构成不同的形式，城市立体花坛造型如图 7.10-52、图 7.10-53 所示。

2）标牌花坛：对于标牌花坛，以东、西两向观赏效果好，南向光照过强，影响视觉，北向逆光，纹样暗淡，装饰效果差。在植物的配置上，注意选择不同花期，以使花开不断，同时还应考虑花木生态习性。由于可供选择的植物品种比较丰富，而各地的习惯不同，植物配置方式多样，应该带有地方风格。这种花坛的设计有两种方法：

① 箱式种植花坛，基本上是利用五色苋等观叶植物作为表现字体以及纹样的材料，

图 7.10-52 城市立体造型设计（一）

图 7.10-53 城市立体造型设计（二）

栽植在 15cm×40cm×70cm 的扁平塑料箱内，完成整体图样的设计以后，每箱依照设计图案中所涉及的部分扦插植物材料，各箱拼合在一起就构成总体图样，然后把塑料箱依照图案固定在架子上，形成设计要求的立体花坛。

② 阶梯式花坛，主要是以盛花花坛的材料为主，多为盆栽或直接种植在架子内，架子的种类有圆台、棱台、阶梯形和单面阶梯形，可以一面观，也可以四面观。这种花坛主要是设计架子的形状与型号，造型设计时要考虑阶梯间的宽度及梯间的高差，阶梯高差小形成的立体花坛表面上是比较细密。

3）斜面组合式五色草立体花坛：

① 斜面组合式五色草立体花坛是由活动箱、盆花、钢架组成，此花坛平面性强，图案清晰，便于正面观赏，常用于文字式及浮雕式平面图案；

② 设计方法：将五色草按设计图案分别插在各活动箱内，并按图案依次摆放在钢架斜面上，然后四周用盆花装饰即可；

③ 造型设计立体花坛时要注意高度与环境要一致，相互协调。阶梯式不易过高，除了个别场合需要利用立体花坛做屏障以外，一般应在人的视觉观赏范围之内。

④ 同时，花坛的高度要与花坛面积成比例，以四面观花坛为例，一般高度为花坛直径的 1/6～1/4 为好。造型设计时应该特别注意，其各种形式的立体花坛不要露出架子及种植箱或者花盆；以充分的显示植物材料的色彩或者组成的图案。

4）以藤本植物为主的花坛：这种花坛是利用常青藤、五叶地锦等具有缠绕茎、附着根的藤本植物，沿着牵引线和预制的框架向上密集生长，最后将牵引线和框架包裹起来，形成立体造型的单元。利用不同季相的藤本植物组成花、叶、果等各种观赏效果。这种立体花坛可大可小，制作较为简便，造型的设计主要取决于牵引线和框架的不同组合。

### 7.10.3 城市立体花坛的施工

7.10.3.1 标牌花坛的施工

（1）对于标牌式的立体花坛多采用五色草类植物制成。施工时要把塑料箱装内装上消毒后的培养土约 10cm 厚，塑料箱用的是点播盒或自制木箱，尺寸一般长约 50～80cm，宽 30～60cm，厚 15cm。依次放置在平面上，形成一个整体植床，在上面按设计纹样放线，标出纹样上植物种类。

（2）然后按纹样要求分箱栽入五色草苗，一般每箱都有统一的编号，以记录其在立体花坛中的位置，栽植数量以 400～600 株/$m^2$ 为宜，多为直接扦插于培养土上，再养护 10～15 天，经过轻度修剪即可应用。

（3）采用钢棍、钢管搭成竖立的骨架，一般用 50mm×50mm×5mm 角钢做四个立柱后，再采用 40mm×40mm×4mm 角钢做斜面角度为 35°～60°等，一般斜面横梁的处理，可用上面为 20mm 的钢筋两行；下面为 40mm×40mm×4mm 角钢一行，斜面横梁上角间隔 1m，用 20 号钢筋加固，钢架四周采用 16mm 钢筋做钢圈，把所有连接处焊接好，一般钢架平面以 2m×4m 为宜，便于移动。

（4）根据现场情况，可在钢架上固定木板或直接绑扎塑料箱，把编号的塑料箱依次序安装在立架上，显现整体纹样。固定方法多样，一般是从架子下部开始，用细铁丝从塑料箱表面拉过，固定于箱下的钢管上或木板的钉子上。

（5）活动箱按图案顺序依次上架，四周用天门冬等垂吊花卉盆花修饰，底部用美人蕉等高棵花卉盆花修饰，即完成制作。

（6）阶梯式花坛多用盛花材料制成，用花盆育苗。砖及木板搭成架子，或使用现成的阶梯架，把盆花按设计纹样摆放在架子上，注意调整植株高矮，使纹样清晰。也可扣盆后把花苗栽于阶梯式种植槽中。

7.10.3.2 五色草立体花坛的施工

（1）立体花坛施工较一般的平面花坛施工复杂，必须按照一定的程序进行。简单的立体花坛可以简化施工程序，直接应用建筑构件摆放花卉。而造型工艺复杂的可以先做模型，需要注意的是在立体花坛的实际施工过程中，一定要计算好花坛的总重量以及地面的载荷。

(2) 在施工时，首先要根据设计图纸，将设计的立体形象制作成模型，推敲修整后定型。模型可用泥塑，也可用石膏类材料制作。

(3) 然后根据设计图纸按照一定的比例放样。按照设计图纸和模型，按比例竖立骨架。墙架可用木结构或钢结构制成。大型花坛的骨架过于高大、过重，可以分片、分部烧焊，然后现场拼装。

(4) 立体花坛施工前，应事先要在现场浇筑混凝土基础，基础上设有预埋铁件，也可以根据需要随时拆装。为保证骨架稳定，主要立柱应埋入土中一定的深度，以便地上部分与地下部分的连接固定。

(5) 在钢筋骨架上的外围钉上板条，要使钉子在木板表面均匀分布。造型的曲面可固定小木板，钉子要密些，如果造型物高大，施工不便，可在周围搭设脚手架施工。

(6) 当初步形成形象轮廓后，就可绑扎麻袋或蒲包，将混有碎稻草的稠泥敷在其上，泥的厚度要求在 5～10cm。体形较大时，应采用镀锌铁丝网片加固，操作是自下而上，层层包扎，固定在板条和骨架上。

(7) 最后可根据造型设计的要求进行画线，再用竹片打孔，栽种五色草等植物材料，修剪成型。栽植五色草苗时先种花纹的边缘线，轮廓勾出后再填种内部花苗。在具体施工中注意勿把花纹踩压，可用周转箱倒扣在栽种过的图案部分，供施工人员在施工过程中的踩踏。

(8) 五色草花坛先制模型后栽种。栽苗于阴天或傍晚进行较为理想。露地育苗提前两天将花圃地浸湿，以便起苗时少伤根。盆栽育苗一般提前浇水，运到现场后再扣出，按图案纹样，先里后外、先上后下栽种。矮棵的浅栽，高棵的深栽，以准确地表达图案纹样。一般先种出图案轮廓线；然后栽内部的材料。

(9) 栽种后要及时进行修剪。修剪的目的一方面是促进植物分枝，另一方面修剪的轻重和方法也是体现图案花纹最重要的技巧。栽后第一次不宜重剪，第二次修剪可重些，在两种草的交界之处，各向草体中心斜向修剪，使交界处成凹状，这样容易产生立体感。

(10) 除常选用五色草做植物造型外，也可以采用花期较长，开花繁密的其他材料，如用小菊。小菊的布置手法、施工程序基本同五色草，只是把小菊扣盆，用蒲席绑扎后直接固定在钢筋骨架上。

7.10.3.3 活动式钢筋混凝土底座五色草立体花坛的施工

(1) 钢筋混凝土底座五色草立体花坛就是在原有的五色草立体骨架底部焊接上一个钢筋混凝土底座。

(2) 要求骨架不能太高，一般以 2.5m 以内为宜，其特点是，在花圃即可完成五色草立体花坛制作，然后运到所摆位置。

(3) 此种花坛的骨架制作与原五色草花坛制作基本相同，只是立脚点需焊接在底座上，要求立脚点要稳。材料选择一般用钢管或钢筋做立柱，便于缠绕草绳、装土，如果图案设计较复杂、钢筋较多可选择较细钢筋，以减轻重量。

(4) 底座长、宽为 1.5～2m，底座用钢筋网间隔 15cm 左右为宜，并每隔两网焊钢筋做为立柱，便于与五色草骨架立脚点焊接。并在钢筋网四周用铁丝做出高 13cm 台，一般采用水泥混凝土在钢筋网上打成 5cm 的厚底座，四周高出 15cm，厚 3cm 台，待混凝土养护好后与五色草骨架焊接。

# 8　城市道路绿化养护工程

## 8.1　城市行道树的养护管理

### 8.1.1　行道树的灌溉与排水

行道树在整个生命过程中都不能离开水，同时各种树木对水分的需求又各不相同，有的喜欢湿（如生长在海湾底湿地的红树）；有的喜欢湿润，耐水浸，怕干旱，如柳树、枫杨、桧柏等；有的稍耐干旱，如槐、臭椿、洋槐等；有的耐干旱，如侧柏等。此外，即使耐干旱的树种也都必须在一定的水分供应状态下生长。要使树木生长健壮，充分发挥行道树的绿化、美化效果，首先就要满足它们对水分的不同需求。树木在整个生命过程中，不能缺水，缺水造成过旱会影响其生命活动；同时，水分又不能过多，否则会使树木遭受水涝危害。因此，根据实际情况对行道树进行合理的灌水与排水，是城市行道树养护管理的一项重要工作。

8.1.1.1　行道树的灌溉

生活在土壤上的树木，当土壤含水量适合树木吸收需要时，生长得最好。相反，当土壤含水量很少，不足以满足树木吸收之需要，树木生长就差。树木短期水分亏缺，会造成“临时性萎蔫”，此时树叶表现为发蔫，一旦补充了水分，树叶又会恢复过来。树木长期缺水，超过所能忍耐的限度后，就会造成“永久性萎蔫”，即缺水死亡。树木生长所需要的水分，主要由根部从土壤中吸取，当土壤含水量不能满足树根的吸收量时，或在地上部分的水量消耗过大的情况下，都应设法人工供水，这种人工补充水分供应的措施，称为灌溉。

（1）灌水的顺序和时期：抗旱灌水往往受设备及人力的限制，因此，必须分轻重缓急来进行。新栽的树木、小苗、灌木等因树根较浅、抗旱能力较差，需优先灌水；阔叶树树体蒸发量大，其需水量也大，也需优先灌水。灌水时期由树木在一生中各个物候期对水分的要求、气候特点和土壤水分的变化规律等决定，除移栽定植时要浇大量的定根水外，灌水时期大体上可分为休眠期灌水和生长期灌水两种。

1）休眠期的浇灌水。休眠期灌水一般在秋冬和早春进行：

① 在我国东北、西北、华北等地区，其年降雨量较少，冬春又严寒干旱，在休眠期灌水非常必要；

② 秋末或冬初的灌水（北京为 11 月上中旬）一般称为灌冻水或封冻水；

③ 冬季结冰，放出潜热有利于提高树木越冬能力，并可防止早春干旱，故在北方地区，此次灌水不可缺少。对于边缘树种、越冬困难的树种以及幼年树木等，浇冻水更为必要；

④ 早春灌水，不仅有利于新梢和叶片的生长，还有利于树木开花与坐果，保证树木健壮生长、花果繁茂。

2）生长期灌水。生长期灌水分为花前灌水、花后灌水和花芽分化期灌水等几个灌水时期：

① 花前灌水：在北方一些容易出现早春干旱和风多雨少的地区，在花前及时灌水补充土壤水分的不足，是解决树木萌芽、开花、新梢生长和提高坐果率的有效措施。花前灌水同时还可以防止春寒、晚霜的危害。盐碱地区早春灌水后进行中耕还可以起到压碱的作用。花前水可在萌芽后结合花前追肥进行，灌水的具体时间依据不同地区、不同树种而异；

② 花后灌水：多数树木花谢后的半个月左右是新梢迅速生长期，如果水分不足，则会抑制新梢生长。果树如果此时缺少水分则易引起大量落果。尤其北方各地春天风多，地面蒸发量大，适当灌水可以保持土壤适宜的湿度。前期可促进新梢和叶片生长，扩大同化面积，增强光合作用，提高坐果率和增大果实，同时，对后期的花芽分化有一定的良好作用；

③ 花芽分化期灌水：树木一般是在新梢生长缓慢或停止生长时，花芽开始形态分化。此时也是果实迅速生长期，树木需要较多的水分和养分，在此期若水分不足，会影响果实生长和花芽分化。因此，在新梢停止生长前及时、适量灌水，可促进春梢生长而抑制秋梢生长，有利于花芽分化和果实发育。

3）浇灌时的要点：

① 在我国南方，夏季高温季节，久旱无雨时，易引起树叶发黄或早落，应注意灌水。对叶质纤细的树木（如羽毛枫），缺水时可于日落后、日出前进行叶面喷水。华北、西北地区，冬季少雪，春旱多风，雨季前应多灌水。

② 夏季为树木生长旺季，树木需水量很大。但中午阳光直射，天气炎热时，最好不要浇灌温度太低的冷水，因为中午土温正高，一灌冷水，土温突然下降，会造成根部吸水困难，引起生理干旱，甚至会出现临时萎蔫。夏季中午，叶面喷水也不好。冬季最好在中午灌水，因为中午时期水温与土温最为接近，可以减少水温对树木的刺激，有利于树木的生长。

（2）行道树的灌水量：给城市行道树灌水时应掌握灌水量：

1）灌水量与树种、品种、土质、气候、植株大小和植株生长状况等因素有关。适宜的灌水量一般应达到土壤最大持水量的60%～80%为标准。

2）水量过少，多次过浅，会使根趋于地表分布，且表土易干燥，起不到抗旱作用；相反，灌水量太大，多次大水漫灌，会使土壤板结，通气不良，影响树根生长，同时土壤中的肥料会随水流失，甚至在有些地方会由于水分过多的渗入而使深层的可溶性盐碱因蒸发而带到土面上来，造成土壤反碱，这样会长期影响树木生长；特别是在北方地势低洼之处，更要注意这个问题；

3）因此，对城市行道树灌水的方式最好采用小水灌透的原则，使水分缓慢地渗入到土中，有条件的可采用喷灌和滴灌技术；

4）由于各种树木的习性不同，即使同一树种在不同年龄、不同季节的需水量也不一样，同时不同气候、土壤条件也会使树木的需水量不同。因此必须根据树木生长的需要，因树、因地、因时制宜地合理灌溉，保证树木随时都有足够的水分供应。

(3) 灌水方法和质量要求：正确的灌水方式可使水分均匀分布，节约用水，减少土壤冲刷，保持土壤的良好结构，并充分发挥水效。城市行道树浇灌水常用的水源有自来水、井水、河水、江水、池塘水以及生产、生活废水。井水、河水、江水、池塘水含有一定数量的有机质，是较好的灌溉用水。为了节约用水，也可利用经过化验确认不含有害、有毒物质的生产、生活废水作灌溉用。

1) 树木灌水的方法：树木灌水的方法很多，各地应根据实际情况来选用不同的方法。常用的灌水方法主要有人工浇水、地面灌水、地下灌水、空中灌水等。

① 人工浇水：人工浇水是指通过人工挑水的方式对树木进行灌水。人工挑水浇灌适用于离水源较远或其他浇水方法很难操作的地方的树木浇灌。浇水前要先松土，并做好15～30cm深的穴（堰），以便灌水；

② 地面灌水：地面灌水是效率较高的常用灌水方式，可灌溉较大面积范围内的行道树。地面灌水可充分利用井水、河水、江水、池塘水等水源，又可分为畦灌、沟灌、漫灌等。畦灌时先在树盘外做好畦埂，灌水应使水面与畦埂相齐。待水渗入后及时中耕松土。地面灌水的优点是不会破坏土壤的原有结构，并且方便进行机械化操作。但漫灌是大面积的表面灌水方式，用水很不经济，所以很少采用；

③ 地下灌水：地下灌水是利用埋设在地下的多孔管道输水。水从管道的孔眼中渗出，湿润管道周围的土壤。地下灌水的优点是节约用水，不易使土壤板结，便于耕作。但要求设备条件较高，在碱土中要注意避免“泛碱”；

④ 水车灌水：一般指采用装满水的水车对行道树进行灌水，特点是浇灌的速度快，对小城镇来说，每天有一辆水车就能满足灌水要求；对大、中等城市行道树灌水的水车就要多一些，其灌水的费用也相对高一些，但目前绝大多数大、中等城市都选用水车灌水；

⑤ 空中灌水：空中灌水又称喷灌，包括人工降雨及对树冠喷水等。人工降雨是灌溉机械化中比较先进的一种技术，但需要人工降雨机及输水管等全套设备；

⑥ 滴灌：滴灌是指用细水管引水到树根部，用自动定时装置控制水量和时间，保证水分定时逐滴地滴入树根。滴灌是最节水的灌水方法，但需要一定的设备投资。

2) 树木灌水的质量要求：为了保证灌水能够真正满足树木生长的需要，同时达到节约用水、合理用水的目的，对树木的灌水应有一定的质量要求，灌水堰应开在树冠投影的垂线以下，不要开得太深，以免伤及树根；堰壁培土要紧实，以免伤根及被水冲坏，堰底地面要平坦，保证吃水均匀。水量足、灌得均匀是最基本的质量要求，若发现漏水应及时用土填严，再进行补灌。水渗透后及时封堰中耕，通过中耕、封堰可以切断土壤的毛细管，否则水分会很快就蒸发掉，影响灌水效果。此外，通过中耕还可以把堰内的杂草除净。

8.1.1.2 行道树的排水

排水是防涝保树的主要措施。土壤水分过多，氧气不足，造成树木根系缺氧，会抑制树木根系的呼吸，减退树木的吸收机能，短期内会使树木生长不良，时间一长还会使树根窒息、腐烂死亡。同时，土壤内缺氧，会使土壤中的好气菌的活动受到抑制，影响有机质的分解而使根内积累酒精等有害物质，使蛋白质凝固。因此，对地势低洼处，在雨季期间要做好排水防涝工作，平时也要注意防止积水。常见的防涝排水方法有以下几种：

（1）明沟排水法：在行道树绿化地内及树旁纵横开浅沟，内外连通，并引至出口处（河、湖、下水道等），以排除积水。这是一般采用的排水方法，排水效果好坏的关键是做好每条道路的排水系统，使多余的水有一个总出口。明沟的宽窄主要是视水情而定，沟底坡度一般以2‰～5‰为宜。

（2）暗沟排水法：在地下埋设管道或用砖砌筑暗沟，将低洼处的积水引出。此法的优点是可保持地面原貌，又方便交通，节约用地。缺点是造价较高。

（3）地表径流法：在建设园林绿地时，将地面整成一定的坡度，以保证雨水能够从地面顺畅流到江、河、下水道而排走。这是园林绿地最常采用的排水方法。利用地面坡度排水，一般地面的坡度以2‰～5‰为宜，要求不留坑洼死角。

### 8.1.2 城市行道树的中耕施肥与除草

#### 8.1.2.1 城市行道树的施肥

（1）概述：

1）城市道路绿地土壤一般较为贫瘠，特别是在城市街道、广场等处更为贫瘠，为了保持绿地的整洁美观，往往把枯枝落叶等除尽，因此土壤普遍缺肥；

2）这样树木在生长过程中，只消耗养分，而无补充养分的来源。如果施肥，必然导致行道树生长衰弱，易遭病虫害，严重的会使树木死亡。

3）树木在生长发育过程中，需要的养分多种多样，主要有碳、氢、氧、氮、磷、钾、钙、镁、铁、铜、硫、硼等；

4）碳、氢、氧可以从空气中获得；镁、铁、铜、硫、硼等需要量极少，一般在土壤中可以满足。而氮、磷、钾三种养分需要量大，土壤中含量不高，这三种养分又是树木生长发育所需的主要元素。

5）氮是叶绿素、酶、生物碱等的组成部分，它的主要作用是促进植物营养器官的生长和生殖器官的形成。缺氮，树木生长发育表现为叶黄，花、果少，抗逆性差；氮素过多，会产生枝条徒长，组织幼嫩，延迟休眠，在秋末冬初易遭冻害。对观花、观果树木来说，氮素过多会造成落花、落果，并且果实不耐贮藏；

6）磷肥充足时能使花果繁茂。缺磷时，叶片上常有红紫斑。树木需磷肥最高的时期是开花结实期。钾能促使茎干坚强。缺钾时，叶片顶端和边缘常变为褐色而枯死，易遭真菌危害：

（2）园林树木施肥的特点：首先，园林树木是多年生植物，长期生长在同一地点，从肥料的种类来说应以有机肥为主，同时适当施用化学肥料。施肥方式以基肥为主，基肥与追肥兼施。其次，园林树木种类繁多，作用不一，观赏、防护及经济效用互不相同。因此，不同地方，不同的树木种类，其施肥的种类、用量和施肥方法等各有差异，应根据实际情况进行施用。

（3）肥料的种类与施肥方法：

1）行道树以可供较长时期吸收利用的有机肥为主。如粪肥、厩肥、堆肥、绿肥、饼肥、树枝、落叶等。有机肥料的使用，一般是将肥料发酵腐熟后，按一定比例与细土均匀混合后埋施于树的根部，使其逐步分解，供树木吸收之需要；

2）增施有机肥还可提高土壤空隙度，使土壤疏松，有利于土壤积雪保墒，防止冬春土壤干旱，并可以提高地温，减少根际冻害；

3）一般基肥的肥效较长，对多数园林树木来说，不必每年都施肥，可以根据需要，隔几年施一次。冬季寒冷地区，基肥以秋季施用为好，因此时被施肥所伤之根容易愈合并促发新根。结合施基肥，如能再施入部分速效性化肥，则可有利于提高树木贮藏营养物质的水平，提高树体细胞液浓度，增加树木的越冬性，并为来年生长发育打好基础；

4）若因劳力不足等因素的影响，在秋季无法施基肥时，也可于冻前施肥。冬季温暖地区，多习惯于冬春施肥；

5）树根有较强的趋肥性，为使树根向深与向广处发展，施基肥时应适当深一些，不得浅于40cm。施肥范围随树龄而定，幼青年至壮龄树，常施于树冠投影外缘部位，衰老树应施在树冠投影范围内为宜。

6）城市行道树施基肥常用的方法：

① 穴施法：在树冠垂直投影半径范围内，挖数个深约30cm，直径20～40cm的施肥穴（洞穴要分布均匀），挖好后将肥料倒入穴内，上面覆土适踩，使与地面平。穴的分布以靠近树干部分少些、外缘多些为原则。穴施法施肥效果好，方便省工；

② 环沟施法：沿树冠的正投影外缘划一圆圈，开挖深约30cm，宽25～40cm的环状沟，然后将肥料施入沟内，上面覆土适踩，使与地面平。此法施肥养分不易损失，肥效大，但肥料与根接触面不大；

③ 辐射状施法：以树干为中心，距树干不远处开始，由浅而深向外挖（按半径方向挖）4～6条分布均匀呈辐射状的沟，沟长稍超过树冠正投影的外缘，然后将肥料施入沟内，上面覆土适踩，使与地面平。此法于树根庞大而近地表不便作环沟施法时采用，可增加肥料与侧根的接触面。

7）在行道树的生长季节，根据需要加施速效肥料，促使树木生长的措施，称为追肥；园林树木施追肥，因城市环境卫生等原因，一般都用化肥或菌肥，不宜用粪肥等。若用粪肥等，则应于夜间开沟施埋。施追肥常用的方法如下：

① 面施法：将根部表土疏松后，把肥料施于地表，让其自然渗入地下。这种施肥方法简单，但肥分易挥发，产生恶臭。而且磷钾肥分易附于地表，不易被根系吸收，这种方法只适用于浅根性，或下枝极低不便耕锄的树种；

② 根施法：按适当的肥量，用穴施法将肥料埋于地表下10～20cm处，然后灌水，或结合灌水将肥料施于灌水堰内，随水渗入，供树根吸收利用；

③ 根外追肥：又称叶面喷肥，是指将化肥制成溶液或粉末，用喷雾器或喷粉器喷洒于叶面，或用针注射于树干内。用喷粉法施肥最好在雨后或露水未干时喷射，以使养分溶于水，易于被叶片利用；

④ 叶面喷肥简单易行，用肥量小，肥料发挥作用快，可及时满足树木的急需，并可避免某些肥料元素在土壤中的化学和生物固定作用。但叶面喷肥并不能代替土壤施肥，其肥效在转移上还有一定的局限性；

⑤ 叶面喷肥一般喷后15min～2h即可被树木叶片吸收利用，但吸收强度和速度则与叶龄、肥料成分、溶液浓度等有关。一般幼叶较老叶、叶背较叶面吸水快，吸收率也高，

所以在实际喷洒时一定要把叶背喷匀喷到，使之有利于树木的吸收。

(4) 施肥的次数：施肥的次数因树木需要与可能条件（如肥源、劳力等情况）而异。一般新栽树木1～3年内施肥1～3次，除基肥外，有必要追肥1～3次。江南多在5月中旬至8月下旬追施人粪尿。观花树木应在花期前、后各追肥一次。

(5) 施肥时的注意事项

1) 施肥时，有机肥料要充分发酵、腐熟；化肥必须完全粉碎成粉状；

2) 施肥后（尤其是追施化肥后），必须及时适量灌水，使肥料渗入，以防止土壤溶液浓度过大对树根生长不利；

3) 根外追肥，最好在傍晚喷施；

4) 城市园林绿地施肥不同于农业及林业施肥，在选择确定施肥方法、肥料种类及施肥量时，都要考虑市容卫生、环保等方面的问题。

8.1.2.2 城市行道树的中耕除草

(1) 行道树赖以生长的土壤常因浇水、降雨，人畜走动而板结，致使土壤中空气不足，透水不良，从而影响树木的根系发育与养分供应，因此需经常适时地中耕和松土；

(2) 一般大乔木可以2～3年中耕松土一次，可结合施肥进行浇水，小乔木及灌木宜隔年一次或一年一次。中耕的时间秋冬树木休眠期为好，因为此时损伤部分根系对树木生长影响不大，同时有利土壤风化消灭越冬病虫源。

(3) 冬季中耕深度，大乔木一般深度为20cm，中小乔木和灌木一般深度为10cm左右。中耕范围以树冠垂直投影面积为限。夏季中耕深度宜浅，主要结合除草，疏松行道树表土，减少蒸发，切忌损伤根系；

(4) 树基部附近如有杂草或树体上有蔓藤的缠绕，会影响到树体的正常生长发育，因此需要及时除草，以保证绿地整洁、树体健康，减少病虫源。在炎热的夏季，可将除下来的杂草覆盖在树干周围的土面上，即可降低辐射热，又可减少土壤水分蒸发。除草要掌握“除早、除小、除了”的原则。

(5) 在风景区林下及斜坡上所生的野草只要不十分妨碍风景美观，应留下不予清除，以保持原野风情，并减少土壤冲刷。除草的方法有人工锄除和使用化学除草剂除草。

### 8.1.3 城市行道树的病虫害防治

8.1.3.1 概述

(1) 在城市行道树的绿化中，大多数行道树木在其一生中都可能遭受病虫的危害。行道树病虫害一旦发生，不仅会影响树木的正常生长，而且会影响整个绿化的效果，降低道路绿化的观赏价值和经济效益。因此病虫害的防治是城市行道树养护管理中的一项重要内容。

(2) 由于城市热岛效应的影响，城市生态系统与城郊外生态系统的气候等因素变化有一定的差异。例如城市气温往往高出郊区3℃左右，由此不仅会影响昆虫的生长速度，也可能会改变昆虫的生活周期。

(3) 二氧化硫和氟化氢对蚜虫、介壳虫和粉虱等刺吸式口器害虫的繁殖有利，街道上的尘埃覆盖在行道树叶片上既影响光合作用，又阻碍寄生蜂在寄生植物体表的产卵活动。

(4) 对城市行道树病虫害的防治应以预防为主、综合治理为原则。经常注意预防工作，避免不应有的损失，同时还要掌握一定的治病虫害的方法。

8.1.3.2 行道树病虫害的预防

对城市行道树的病虫害防治，应从创造有利于树木生长发育的环境入手，通过养护管理，增强树体抗病虫害的能力和减少病虫害繁衍传播的条件。其主要措施有：

（1）适地适树，加强外来树苗的检疫：当地乡土树种一般适应性强，生长健壮，抗病虫能力强。对外来树苗，特别是采自严重病虫害区的苗木，必须严格检疫，病虫害严重的不能引进，较轻的可用氢氰酸及二硫化碳在密室熏蒸。进行树木配置时不要把共同病害的转生寄主栽在一起，例如，圆柏是梨锈病的寄主，所以，圆柏与梨树不能栽在一起。

（2）改善行道树集体卫生环境条件：行道树中的枯枝落叶，往往是病菌及虫害的潜伏场所，应及时进行清除烧毁。要经常注意将树冠内的过密枝、下垂枝、受伤枝、枯腐枝及生长衰弱无希望复原的枝条修剪除去，创造良好的生长发育条件，增加树体抗病虫能力，减少病虫滋生场所。

（3）中耕除草：进行中耕除草可为行道树木创造良好的生长条件，增加抵抗病虫害的能力，也可以消灭地下害虫。冬季中耕可以使潜伏在土中的害虫、病菌冻死。除草可以清除或破坏病菌害虫的潜伏场所。

（4）肥水管理：改善树木的营养条件，增施磷、钾肥，使树木生长健壮，能提高树木的抗病虫能力，减少病虫害的发生。合理的灌溉对地下害虫具有驱除和杀灭作用，排水对喜湿性根病具有显著防治效果。

（5）保护益鸟、益虫：首先在防治病虫害前，应运用生态平衡观念弄清哪些是益虫，哪些是害虫，这样才能有效地消灭害虫，保护益虫、益鸟。

8.1.3.3 行道树病虫害的治理

城市行道树的病虫害刚开始发生就必须进行治疗，治疗要与防治相结合。要想有效地防治行道树的病虫害，首先必须对病虫的生活史及生活习性有所了解，然后针对其弱点，有效地将其消灭。病虫害治理的方法很多，归纳起来主要有物理机械治理法、生物治理法及化学治理法等几大方法。

（1）物理机械治理法：

1）人工及机械方法。利用人工或简单的工具捕杀害虫和清除发病部分。如人工捕杀小地老虎幼虫，人工摘除行道树上的病叶、剪除病枝等；

2）诱杀害虫。很多夜间活动的昆虫具有趋光性，可以利用灯光诱杀。如黑光灯可以诱杀夜蛾类、螟蛾类、毒蛾类等700多种昆虫。有些昆虫对某些色彩有敏感性，可利用该昆虫喜欢的色彩胶带吊挂在树上进行诱杀。

（2）生物治理法：就是利用生物来控制病虫害的方法。生物治理效果持久、经济、安全，是园林树木病虫害防治的一种重要方法：

1）以菌治病。利用有益微生物和病原菌间的拮抗作用，或者利用某些微生物的代谢产物来达到抑制病原菌的生长发育甚至使病原菌死亡的方法。

2）以菌治虫。利用害虫的病原微生物使害虫感病致死的一种治理方法。害虫的病原微生物主要有真菌、细菌、病毒等。如青虫菌能有效防治柑橘凤蝶、刺蛾等，白僵菌可以寄生鳞翅目、鞘刺目等昆虫；

3）以虫治虫和以鸟治虫。利用捕食性或寄生性天敌昆虫和益鸟防治害虫的方法。例如利用草蛉捕食蚜虫，利用红点唇瓢虫捕食紫薇绒蚧、日本龟蜡蚧等。啄木鸟可食树干内害虫，黄鹂能食大量天蛾、枯叶蛾、天社蛾等害虫，雀科的各种山雀可以食各种发育期的昆虫，莺科的鸟类能食大量蚜虫；

4）生物工程。生物工程防治病虫害是防治领域一个新的研究方向，近年来已取得一定的进展。如将一种能使夜蛾致命的毒素基因导入到植物根系附近生长的一些细菌内，夜盗蛾吃根系的同时也会将带有该基因的细菌吃下，从而产生毒素致死。

（3）化学治理法：化学治理就是利用化学农药的毒性来防治病虫害的方法。

1）化学治理的优点是具有较高的防治效力，收效快、急效性强、适用范围广，不受地区和季节的限制，使用方便；

2）化学防治也有不少缺点，如使用不当会引起植物药害和人畜中毒，长期使用会对环境造成污染，易引起病虫害的抗药性，易伤害天敌等；

3）利用化学农药具体防治病虫害的方法可参考相关资料。一般情况下，对行道树喷洒化学农药时，是在晚上十二点后进行，因为此时的道路上行人较少，避免喷洒时环境污染而引起行人身体不适，并且特别提醒，不适应使用剧毒药品，以免市民中毒。

### 8.1.4 城市行道树的整形修剪

修剪的定义，有广义和狭义之分。狭义的修剪是指对树木的某些器官（如枝、叶、花、果等）加以疏删或短截，以达到调节生长、促进开花结果的目的。广义的修剪还包括整形。所谓整形，指利用剪、锯、捆扎等手段，使树木长成栽培者所期望的特定树体结构形状的措施。在园林施工养护管理当中，习惯将二者称为整形修剪。

8.1.4.1 行道树整形修剪的目的与作用

（1）促控生长、调整树势：园林树木在生长过程中，因环境不同而生长情况各异。生长在片林中的树木，由于接受上方光照，因此容易向高处生长，使主干高大，侧枝短小，树冠瘦长；相反，孤植树木，同一种树木、相同树龄，则树冠庞大，主干相对低矮。为了避免以上情况，可通过人工修剪来控制。同时，利用修剪可以剪掉地上部分不需要的枝条，使之养分、水分供应更集中，有利于留下枝条及芽的生长；

（2）通过修剪可以促进树木局部生长。由于枝条位置各异，枝条生长有强有弱，往往造成偏冠，极易倒伏，因此要及早修剪改变强枝先端方向，开张角度，使强枝处于平缓状态，以减弱生长或去强留弱。但修剪量不能过大，防止削弱树势；

（3）对潜芽、寿命长的衰老树或古树，适当重剪，结合施肥浇水，能促使潜芽萌发，使树木更新复壮。

（4）培养、美化树形：一般来说，自然树形是美的，但从园林景点需要来说，单纯自然树形有时是不能满足要求的，必须通过人工修剪整形，使树木在自然美的基础上创造出人为干预后的自然与艺术融为一体的美。从树冠结构来说，经过人工修剪整形的树木，枝序、分布和排列会更科学、更合理。树形会更美观。

（5）减少伤害：通过修剪可以减去生长位置不恰当的密生枝、徒长枝及带有病虫的枝条，以保证树冠内部通风透光，也可避免相互摩擦而造成的损伤。夏季多风雨，尤其沿海有台风侵袭的地区，为减少迎风面积，可以对树冠进行疏剪或短截，以免树木被风吹倒。

(6) 调节矛盾：在城市中，由于市政、建筑、电力及其他设施复杂，常与树木发生矛盾。尤其是行道树，上有架空线，下有管道、电缆等，地面有人流车辆等，要使树枝上不挂电线，下不妨碍交通人流，主要靠修剪来解决。

(7) 促进开花、结果：正确修剪可使树体养分集中；使新梢生长充实，促进大部分短枝和辅养枝成为花果枝，形成较多的花芽，从而达到花多、果丰的目的。

8.1.4.2 行道树整形修剪的基本方法

(1) 中国的俗语“三分种，七分管”道出了种植与养护的关系。种植是短期的工作，突击一下就可以完成，而养护却是日久天长，常年性的工作，需要在一年四季内进行。城市行道树的绿化养护管理工作极为重要。

(2) 道路的养护包括“管人”和“管树”两方面。对行道树绿地的养护，除了对绿地、植物的正常养护外，与其他绿地不同的是看护工作特别重要。这是由行道树所处的特殊地域环境决定的。“管人”是针对人、畜、车等对绿地及其植物的破坏进行管理，建立专门的承包责任制是行道树绿化管护中的最好方法。

(3)“管树”包括对行道树进行的浇水、排涝、中耕、除草、施肥、整形修剪、防寒、防风、防病虫害等。

(4) 街道绿化中，行道树的整形修剪是关系到树木的造型和美观问题，非常重要，本节将作详细介绍；而其他管理措施，是保证植物的生长势，具有共性的问题将简单介绍。

(5) 行道树的修剪在街道绿化管理中有着非常重要的作用，整形修剪后的行道树对环境具有更为明显的装饰作用，它不仅可以提高行道树的成活率，促使其生长旺盛，更能提高其观赏价值，装点街景。

(6) 短截：即把行道树枝条的上部去掉一部分，分重剪和轻剪。重剪是将枝条的大部分截除，留下小部分，轻剪正相反。其目的是控制树枝直向生长，促使其分枝生长。所以剪口下的第一个芽或小枝的方向特别重要，这也是确定剪口位置的关键。如果短截较大的枝条时，要保留一个枝下向外生长的小枝，其余枝条应去掉，以保证枝条的平衡发展。

(7) 疏枝：就是把无用的、生长不好的枝条剪掉（或锯掉）。疏枝时要刀口紧贴母枝，不留橛；疏枝要从大到小，疏去那些病虫枝、干枯枝、内膛枝、下垂枝、弱枝、平行枝中的一条、徒长枝、萌蘖枝、交叉枝，使树型丰满而通透，整齐而美观。

8.1.4.3 行道树整形修剪的基本原则

(1) 要考虑树木本身的生长特点：对于耐整形修剪的行道树，除圆柏、黄杨等植物除外，一般树木应根据其自然树形可分为如下三大类：

1) 对于中央领导干强的树种，如杨树类、水杉等，其主干以绝对优势而强于其他枝条；

2) 对于中央领导干不强的树种，如垂柳、刺槐等；

3) 对于中央领导干不明显而形成了圆头形或伞形的树种，如馒头柳、槐树、龙爪槐等。总之在修剪时必须遵循树木自身的分枝特点和规律，才能使树形优美自然。

(2) 整形修剪要与环境适应：在修剪的施工过程中，对树的上方有架空线的街道不应选择中央领导干强的树，而应选中央领导干弱或不明显的树，定植时即去除中央领导枝，使其冠形扁平或抱着电线生长。

(3) 整形修剪要考虑装饰性需要：对于有些行道树木，例如黄杨、圆柏耐修剪，可修剪成多种造型，使其具有很强的艺术装饰感。

(4) 整形修剪要根据树木的生物学特性需要：树木的分枝方式不同，所形成的树体骨架不同，其树冠也就不同。对不同生长习性、不同类别的树木，应采取不同的整形修剪方法。很多呈尖塔形、圆锥形树冠的乔木，顶芽的生长势特别强，形成明显的主干与主侧枝的从属关系，对这一类习性的树种就应采取保留中央干的整形方式；成丛状树冠的桂花、栀子花、榆叶梅、海桐、黄杨等可以整成圆球形等形状；喜光的观果树种如梅、橙、李、金橘等，为使其多结实，可采用自然多心形的整形方式；具有屈垂而开展习性的树种如龙爪槐、垂枝梅等，应采用盘扎主枝为水平圆盘状的方式，使树冠成开展的伞形。萌芽力强的树种可多次修剪，萌芽力弱的则应少修剪或轻度修剪。

(5) 根据树木的年龄进行整形修剪：幼年期树木不宜强度修剪；成年期树木应配合其他管理措施来综合运用各种整形修剪方法，以达到调节均衡，保持树木的繁茂；衰老期树木为恢复其生长，可适当强剪，利用徒长枝以达到更新复壮的目的。

8.1.4.4 行道树修剪的时期与修剪形式

(1) 行道树修剪的最佳时期：对园林树木的修剪工作，随时都可以进行，一般分为休眠期修剪和生长期修剪。休眠期修剪一般于树木停止生长后、树液流动之前进行。对有伤流的树木的修剪应避开伤流期；抗寒力差的树木，宜早春修剪；易流胶的树种（如桃树、槭树等），不宜在生长季修剪。生长期修剪还包括抹芽、摘心、除蘖、去残花、摘果等。

(2) 整形修剪的形式：园林树木在园林绿地中担负着不同的功能任务，所以整形修剪的形式有所不同，概括起来可分为以下两种形式：

1) 自然式整形修剪：在城市道路绿地中，各种树木都有其一定的树形，一般来说，自然树形能体现园林的自然美。按照树木分枝习性，依树木自然生长形成的树冠为基础进行的整形修剪，称为自然式整形修剪：

① 自然式整形修剪最为普遍，亦最省工，而且最易获得良好的观赏效果；

② 自然式整形修剪的基本方法是利用各种修剪技术，按照树种本身的自然生长习性，对树冠的形状做辅助性的调整和促进，使之早日形成自然树形，对由于各种因素而产生的扰乱生长平衡、破坏树形的徒长枝、内膛枝、并生枝以及枯枝、病虫枝等，均应加以抑制或剪除，注意维护树冠的匀称完整；

③ 自然式整形修剪是符合树种本身的生长发育习性的，因此常有促进树木生长良好、发育健壮的效果，并能充分发挥该树种的树形特点，提高观赏价值。

2) 人工造型整形修剪：在园林绿化中，有时为了达到特殊的需要，可将树木修剪成各种规则的几何形体或是非规则的各种形体（如各种动物形体），称为人工造型整形修剪或人工形体式修剪。造型修剪因不符合树木生长习性，需经常花费人工来维持，费时费工，非特殊需要，应尽量不用。我国最常见的人工造型整形修剪是绿篱的几何形体修剪。

3) 自然与人工混合式整形修剪：即根据园林绿化上的需要，对自然树形加以一定的人工改造而形成的树形。这种方法主要适用于干性弱或无主枝的一些树种。

8.1.4.5 行道树整形修剪的施工技术

对城市行道树修剪的施工技术有很多方法，但总的归纳起来可分为截枝、疏枝、伤枝、枝变形等，具体应根据修剪的目的等要求来灵活应用。

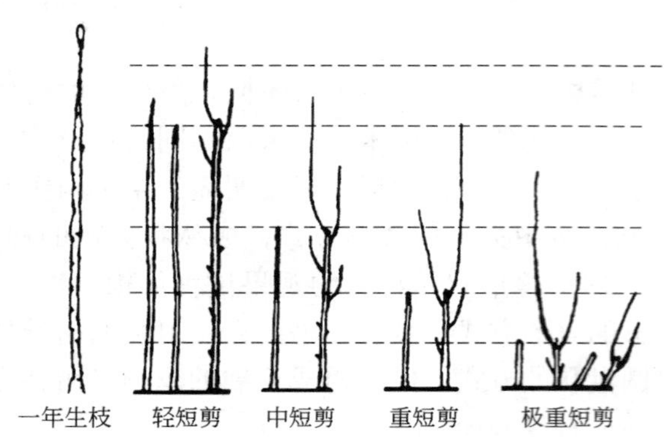


图 8.1-1 不同程度短剪新枝及其生长

(1) 截枝：截枝又称短截或短剪，即把一年生枝条的部分剪去，促进剪口下面的腋芽萌芽，注意剪口下面的腋芽应朝上，避免产生内向枝。抽发新梢，增加枝条数量，使行道树更加丰满。短截程度影响到枝条的生长，短截程度越高，对单枝的生长量刺激越大。根据短剪的程度可将其分为以下几种，如图 8.1-1 所示：

1) 轻短剪：轻剪枝条的顶梢，一般剪去枝条全长的 1/4～1/5，主要用于花果类树木强壮枝的修剪。轻短剪的目的是通过去掉顶梢后刺激其下部多数饱满芽的萌发，分散枝条养分，促进产生多量中短枝，多形成花芽；

2) 中短剪：剪到枝条中部或中上部饱满芽处（剪去枝条的 1/3～1/2）。由于剪口芽强健壮实，养分相对集中，能刺激多发强旺的营养枝。中短剪主要用于某些弱枝复壮以及骨干枝和延长枝的培养；

3) 重短剪：该方法就是剪到枝条下部半饱满芽处。由于剪掉枝条大部分，剪去枝条全长的 2/3～3/4，刺激作用大，一般能够萌发出强旺的营养枝。这种修剪方法主要用于弱树、老树、老弱枝的更新复壮；

4) 极重短剪：在春梢基部留 1～2 个瘪芽，其余剪去。由于剪口芽在基部，质量较差，一般萌发中短营养枝，个别也能萌发旺枝，主要用于更新复壮的场合；

5) 回缩修剪：又简称为“缩剪”，指将多年生枝条剪去一部分。回缩修剪可降低顶端优势的位置，改善光照条件，使多年生枝基部更新复壮。

① 在回缩修剪时往往因伤口影响下枝生长，需根据具体情况暂时留适当的保护桩，待母枝长粗后，再把桩疏掉。

② 回缩修剪造成的伤口对母枝的削弱不明显的，可不留保护桩；延长枝回缩修剪时，伤口直径比剪口下第一枝粗时，必须留一段保护桩；疏除多年生的非骨干枝时，如果母枝长势不旺，并且伤口比剪口枝大，也应该留保护桩。

③ 回缩修剪中央领导枝时，要选好剪口下的立枝方向，立枝方向与干一致时，新领导枝姿态自然，立枝方向与干不一致时，新领导枝的姿态就不自然。

④ 回缩修剪切口方向应与切口下枝条伸展方向一致，具体方法可见图 8.1-2 所示。

(2) 疏技：又称疏剪或疏删，指将枝条自分生处（枝条基部）剪去。疏剪使分枝数减少，可调节枝条均匀分布，加大空间，改善通风透光条件，减少病虫害，有利于树冠内部枝条生长发育，有利于花芽分化、开花、结果。疏剪的对象主要是病虫害枝、伤残枝、内膛密生枝、枯老枝、并生竞争枝、徒长枝、过密的交叉枝、衰弱的下垂枝、根蘖条等，具体方法可见图 8.1-3 所示。

1) 根据对行道树的疏剪强度可将疏剪又可分为轻疏（疏枝占全部枝条的 10%）、中疏（10%～20%）、重疏（20%以上）；

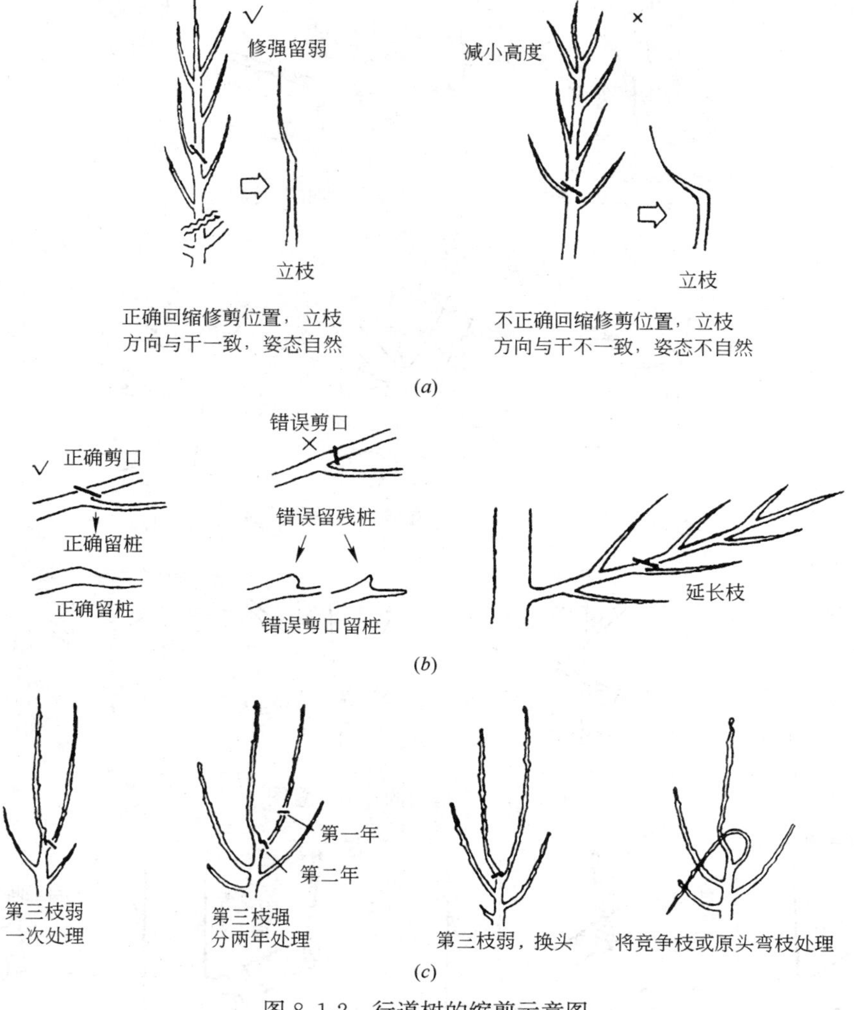


图 8.1-2 行道树的缩剪示意图

2）疏剪强度应根据树种、树木长势、树龄等来定。萌芽力强、成枝力弱的或萌芽力、成枝力都弱的树种，应少疏枝；马尾松、雪松等枝条轮生，每年发枝数有限，尽量不疏枝；萌芽力、成枝力都强的树种，可多疏（如法桐）；幼树宜轻疏，以保证树冠能迅速扩大；

3）成年树生长与开花进入盛期，枝条多，为调节生长与生殖关系，促进年年有花或结果，可适当中疏。衰老期树木，发枝力弱，为保持有足够的枝条组成树冠，疏剪时要小心，只能疏去必须要疏除的枝条；

4）大枝疏剪后，会削弱伤口以上枝条的长势，增强伤口下枝条长势，在操作当中可采取多疏枝的办法，达到削弱树势或缓和上强下弱树型的枝条长势；

5）直径在 10cm 以内的大枝，可离主干 10～15cm 处锯掉，再将留下的锯口由上而下稍倾斜削正。锯直径 10cm 以上的大树时，应首先从下方离主干 10cm 处自下而上锯一浅伤口，再离此伤口 5cm 处自上而下锯一小切口，然后再靠近树干处从上而下锯掉残桩，这样可避免锯到半途时因树枝的自重而撕裂造成伤口过大，不易愈合。为了避免雨水及细菌侵入伤口而糜烂，锯后还应用利刃将锯口修剪平整光滑，涂上消毒液或油性涂料，见图 8.1-4 所示。

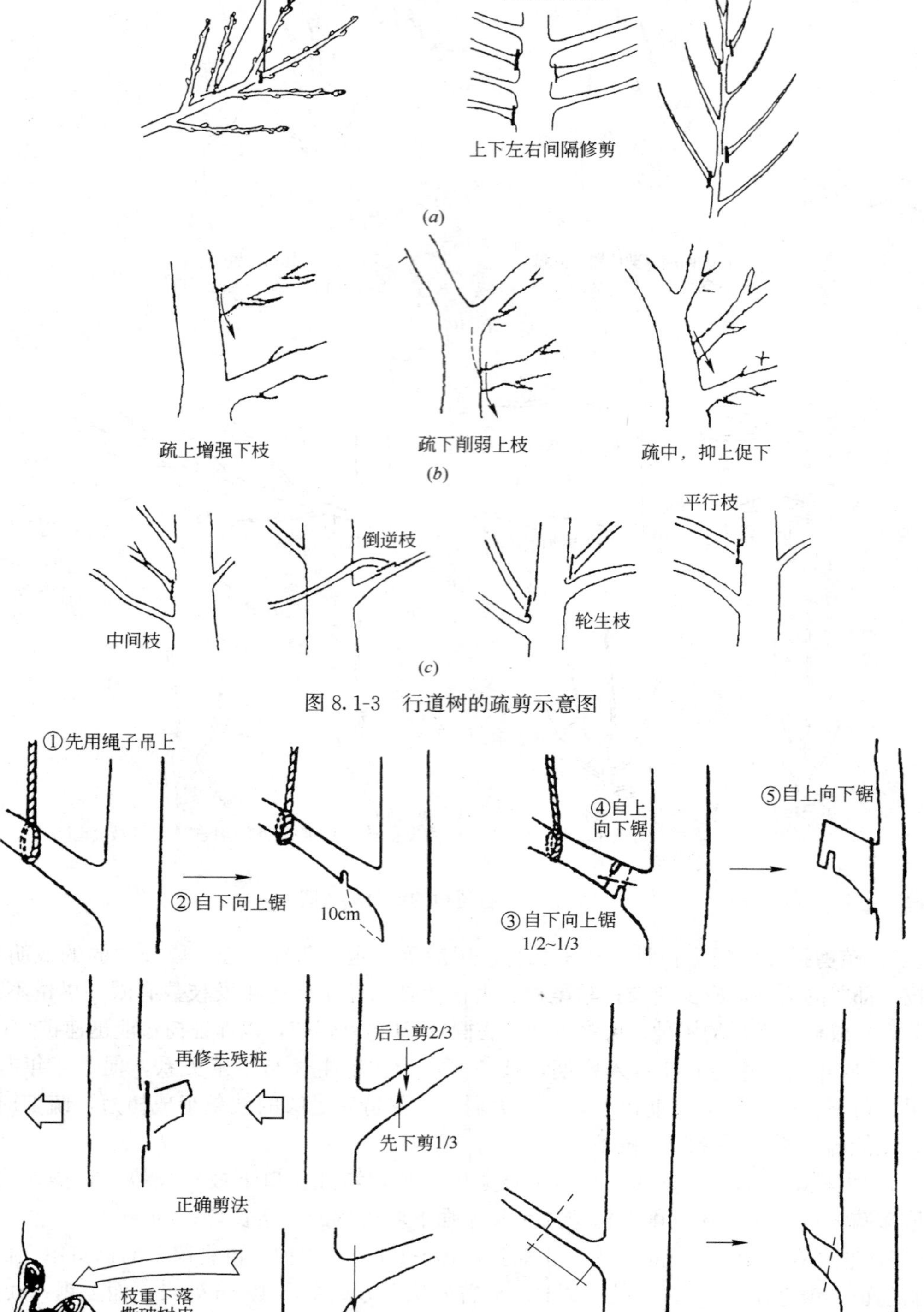


图 8.1-3 行道树的疏剪示意图



图 8.1-4 行道树的大枝疏剪示意图

(3) 伤横技：用各种方法破伤枝条，以达到缓和树势，削弱受伤枝条生长势的目的。如环状剥皮、刻伤、扭梢等。

1) 环状剥皮：在发育盛期对不太开花结果的枝条，用刀在枝干或枝条基部适当部位剥去一定宽度的环状树皮，在一段时期内可阻止枝梢碳水化合物向下输送，有利于环状剥皮上方枝条营养物质的积累和花芽的形成。但根系因营养物质减少，生长会受一定影响。环状剥皮深达木质部，剥皮宽度以一月内剥皮伤口能愈合为限（一般为枝粗的 1/10 左右）。弱枝不宜剥皮；

2) 刻伤：用刀在芽的上方横切，深达木质部的做法称为刻伤。春季树木发芽前，在芽的上方刻伤，可暂时阻止部分根系贮存的养料向枝顶回流，使位于刻伤口下方的芽获得较为充足的养分，有利于芽的萌发和抽发新枝，刻伤越宽，效果越明显。如果生长盛期在芽的下方刻伤，可阻止碳水化合物向下输送，滞留在伤口芽的附近，同样能起到环状剥皮的效果。

3) 扭梢和折梢。在生长季节内，将生长过旺的枝条，特别是着生在枝背上的旺枝，在中上部将其扭曲下垂的方法称为扭梢。将新梢折伤而不折断则称为折梢。扭梢和折梢是伤骨不伤皮，目的是阻止水分、养分向生长点输送，削弱枝条长势，利于短花枝的形成。

(4) 枝变形：改变枝条生长方向，缓和枝条生长势的方法称为变。如曲枝、拉枝、抬枝等。枝变形的目的是改变枝条的生长方向和角度，使顶端优势转位、加强或削弱。将直立生长的背上枝向下曲成拱形时，顶端优势减弱，枝条生长转缓。下垂枝因向地生长，顶端优势弱，枝条生长不良，为了使枝势转旺，可抬高枝条，使枝顶向上。

(5) 其他：

1) 摘心：在生长季节，随新梢伸长，随时剪去其嫩梢顶尖的技术措施称为摘心。具体摘心的时间依据树种及摘心的目的要求而异，通常在梢长至适当长度时摘去先端 4～8cm。摘心可有效地抑制新梢生长，使养分转移至芽、果或枝部，有利于花芽分化、果实的肥大或枝条的充实。通过摘心，可使摘心处 1～2 个腋芽受到刺激发生二次枝，根据需要二次枝还可以再进行摘心；

2) 剪梢：在生长季节，由于某些树木新梢未及时摘心，使枝条生长过旺、伸展过长，且又木质化。为调节观赏树木主侧枝的平衡关系以及调整观花、观果树木营养生长和生殖生长的关系，采取剪掉一段已木质化的新梢先端的措施，称为剪梢；

3) 除芽：为培养通直的主干，或防止主枝顶端竞争枝的发生，在修剪时将无用或有碍于骨干枝生长的芽除去的措施，称为除芽；

4) 除萌蘖。有些树种树木主干基部及大伤口附近经常会长出嫩枝，有碍树形，影响生长，应将其剪除。剪除最好在木质化前进行，也可用手直接将其掰掉；

5) 疏花、疏果：当道路绿地中的花蕾或幼果过多，会影响开花的质量和坐果率，如月季、牡丹等。为促使花朵硕大，常需摘除过多的花蕾。易落花的花灌木，一株上不宜保留较多的花朵，应及时疏花。

8.1.4.6 行道树整形修剪的程序

对城市行道树修剪的程序，概括起来可以归纳为“一知、二看、三剪、四拿、五处理”。

（1）一知：即指修剪人员必须知道操作规程、技术规范及修剪的特殊要求。

（2）二看：即指修剪前先绕树仔细观察，对实施的修剪方法应心中有数。

（3）三剪：一知二看以后，必须根据因地制宜、因树修剪的原则对行道树进行合理的修剪。由基到梢、由内及外、由粗剪到细剪的顺序来剪。先看好树冠的整体应修剪成何种形式，然后由主枝的基部自内向外地逐步向上修剪，这样能避免差错和漏剪，既能保证修剪质量又能提高修剪速度。

（4）四拿：修剪下的枝条应及时拿掉，集中运走，保证环境的整洁、干净。

（5）五处理：对于剪下的各种枝条，特别是病虫害枝条应及时进行处理，以免影响市容和防止病虫害的蔓延。

8.1.4.7　行道树整形修剪的注意事项

（1）做好剪口及剪口芽的处理：为保证剪口的平滑，修剪树木所使用的工具应当锋利。剪口斜面上端与芽端相齐，下端与芽之腰部相齐。修剪时留哪个方向的芽应从树冠整形的要求来具体决定。一般来说，对呈垂直生长的主干或主枝，每年修剪其延长枝时，所选留的剪口芽的位置方向应与上年的剪口芽方向相反。这样可以保留主枝延长生长不会偏离。

1）平剪口：剪口在侧芽的上方呈水平状态，在侧芽的对面作缓倾斜面，其上端略高于芽 5～10mm 位于侧芽顶尖上方，优点是剪口小，易愈合，是观赏树木小枝修剪中较合理的方法，如图 8.1-5 所示。

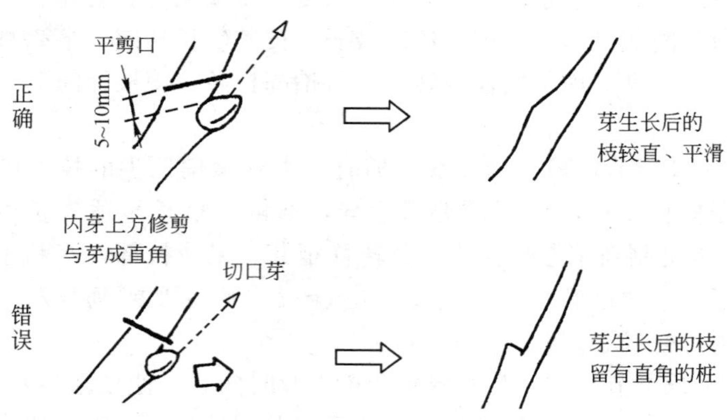


图 8.1-5　剪口处芽的处理示意图

2）留桩平剪口：剪口在侧芽上方呈近似水平状态，剪口至侧芽有一段残桩。其主要优点是不影响剪口侧芽的萌发和伸展，缺点是剪口很难愈合。一般是在第二年冬剪时，应剪去残桩，如图 8.1-6 所示。

3）大斜剪口：剪口倾斜过急，伤口过大，水分蒸发多，剪口芽的养分供应受阻，故能抑制剪口芽的生长，促进下面一个芽的生长，如图 8.1-6 所示。

4）大侧枝剪口：其切口采取平面反而容易凹进树干，影响愈合，故使切口稍凸成馒头状，较有利于切口的愈合。剪口太靠近芽的修剪易造成芽的枯死，剪口太远离芽的修剪易造成枯桩，如图 8.1-7 所示。留芽的位置不同，未来新枝生长方向也各有不同，留上、下两枚芽时会产生向下向上生长的新枝；留内外芽时，会产生向内向外生长的新枝，如图 8.1-8 所示。

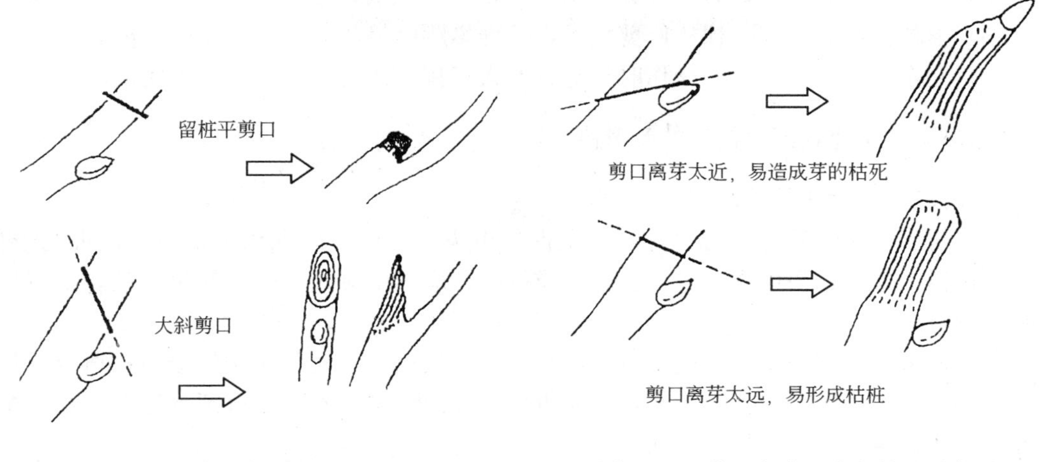


图 8.1-6 剪口方向示意图

图 8.1-7 剪口与芽距离的关系示意图

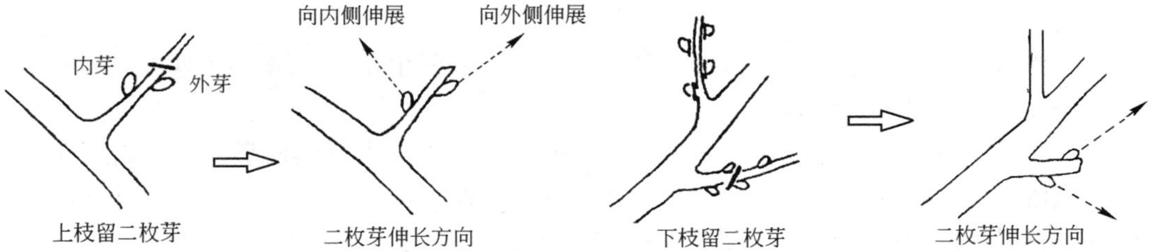

图 8.1-8 上下枝留芽的生长方向

(2) 主枝或大骨干枝的分枝角度的大小，应在修剪时除分枝角度过小的枝，而选留分枝角度较大的作为下一级的骨干枝，对初形成树冠而分枝角度较小的大枝可用绳索将其拉开，或用二枝间夹木板等方法加以矫正，如图 8.1-9 所示。

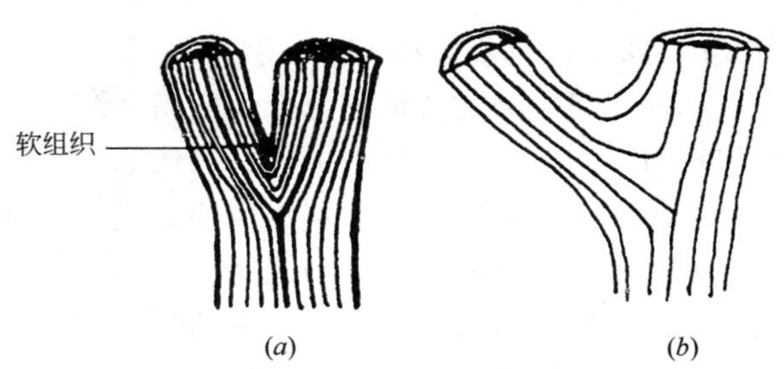


图 8.1-9 主枝或大枝分枝角度大小的影响
(a) 分枝角小易产生死组织，因而结合不牢固；
(b) 分枝角大，二枝间结合牢固

8.1.4.8 修剪的安全措施

(1) 作业时要思想集中，严禁嬉笑打闹，以免错剪。刮五级以上大风时，不宜上树修剪。

(2) 上树机械或折梯在使用前应检查各个部件是否灵活、牢固，有无松动，防止在使用过程中发生事故。

(3) 上树操作时必须系好安全带、安全绳，穿胶底鞋，手锯一定要拴绳套在手腕上，以保安全。

(4) 在行道树上进行修剪作业时，必须安排专人维护现场，树上树下要相互配合，以免剪下的枝条砸伤过往行人和车辆。

(5) 在高压线附近作业时，应该特别小心，避免触电，必要时应请供电部门配合。

(6) 上树修剪时，当一棵树修剪完后，不准攀跳到另一棵树上，而应下树后重上。

(7) 几个人在同一棵树上操作时，应有专人指挥，注意协作配合，避免误伤同伴。

### 8.1.5 各类道路绿化树木的整形修剪

8.1.5.1 成片树林的修剪

(1) 对于有主干领导枝的树种要尽量保护中央领导干，出现双干现象（出现竞争枝）的，只选留一个；如果中央领导枝已枯死或折断，应于中央选一强的侧生嫩枝，扶直培养成新的领导枝。

(2) 要适时修剪主干下部侧生枝，逐步提高分枝点，使枝条能均匀分布在适合分枝点上。对于一些主干短，但树已长大，不能再培养成独干的树木，也可把分生的主枝当主干培养，逐年提高分枝点，呈多干式。

(3) 对于松柏类树木的整形修剪，一般应采取自然式的整形。在大面积人工林中，常进行人工打枝，将树冠上生长衰弱的侧枝剪除。打枝多少，必须根据栽培目的及对树木生长的影响而定。

(4) 修剪过程中，应尽量保留林下的树木、地被和野生花草，增加野趣和幽深感。

8.1.5.2 庭荫树的整形修剪

(1) 一般来说，庭荫树对树冠不加以专门的整形而多采用自然树形。但有的由于特殊要求和风俗习惯等需要，也有采用人工形体式的。庭荫树的主干高度应与周围环境的要求相适应，一般无固定的规定，主要视树种的生长习性而定。

(2) 对街道绿化的树木生长环境复杂，常受到车辆、街道宽窄、建筑物高低、架空线、地下电缆、管道等的影响。

(3) 为了便于车辆、人员通行，行道树的分枝点一定要在 2.5～3.5m 处，最低不能低于 2m。要保证行道树的主枝呈斜上生长，下垂枝离地一定要保证在 2.5m 以上，防止刮车。同一街道两旁的行道树分枝点应当一致。

(4) 对于斜侧树冠，遇大风易有倒伏危险，应尽早重剪侧斜方向的枝条，对另一方应轻剪，使树冠能得以纠正。为解决与架空线的矛盾，街边树多采用杯状形整形修剪，即在分枝点上选留三个方向合适、与主干呈 45°的主枝，再在各主枝上选留二个二级枝，分数年完成，该种整形方式多适合于无主轴的树种。

(5) 庭荫树和街边树的树冠与树高的比例大小，视树种及绿化要求而定。庭荫树等独栽树木的树冠以尽可能大些为宜，这样不仅能充分发挥其观赏效果，而且对于一些树干皮层较薄的种类，如七叶树、白皮松等，可以有防止日灼伤害干皮的作用。树冠以占树高的 1/2～2/3 为宜。街边树的树冠高度以占树高的 1/2～1/3 为宜。

(6) 在没有架空线的道路上，街边树常选择有中央领导干的树种。该种树除要求有一定分枝高度外，一般采用自然式树形。每年或隔年将病、枯枝及扰乱树形的枝条剪除。

8.1.5.3 灌木类树木的整形修剪

(1) 先开花后发叶的灌木树种。可在春季开花后修剪老枝，使之保持理想的树形。对毛樱桃、榆叶梅等枝条稠密的树种，可适当疏剪弱枝、病枯枝，用重剪进行枝条的更新，用轻剪维持树形。对连翘、迎春等具有拱形枝的种类，可将老枝重剪，促进发生强壮的枝条，以充分发挥其树姿特点。

(2) 花开于当年新梢的灌木树种。可在冬季或早春整形修剪。如八仙花、山梅花等可进行重剪使新梢强健。月季、珍珠梅等可在生长季节中多次开花不绝的，除早春重剪老枝外，应在花后将新梢修剪，以便再次发枝开花。

(3) 观叶及观枝条的灌木树种。应在冬季或早春施行重剪，使其能萌发更多的枝和叶。如红瑞木等耐寒的观枝植物，可在早春修剪，以便冬枝充分发挥观赏作用。

(4) 萌芽力极强的种类或冬季易干梢的灌木树种。对这些种类树种，可在冬季自地面割去，使其在来春重新萌发新枝。蔷薇、迎春、丁香、榆叶梅等灌木，在移栽定植后的头几年内任其自然生长，待株丛过密时再将丛内的主枝从基部疏掉 1/2，否则会因为通风透光不良而影响正常生长。

(5) 此外，对一些萌芽力弱的灌木，如蜡梅、扶桑、红背桂、月季、米兰、含笑等，可以利用其丛生枝集中着生在根茎部位的特性，将其修剪成小乔木状，以提高观赏价值。方法是在春季首先保留株丛中央的一根主枝，将周围的其他枝条从基部剪掉，等主枝先端的腋芽和根茎上的不定芽又长出许多侧枝后，仅保留主枝先端的四根侧枝，将下部的侧枝全部剪掉。随后在这四根侧枝上又会长出二级侧枝，与此同时，在主枝及主枝的基部还会萌发一些侧枝来，应当及时把它们剪除。这样一来，就可把一棵灌木树修剪成小乔木状，让花枝从侧枝上抽生而出。

8.1.5.4 绿篱的整形修剪

(1) 绿篱修剪的时期：

1) 绿篱移栽定植后，最好任其自然生长一年，以免因修剪过早而影响地下根系的自然正常生长。从第二年开始，再按照所确定的高度开始截顶。对超过规定高度的枝条，无论是老枝还是新梢，都应将其整齐剪除。若剪除过晚，不仅浪费树体营养物质，而且会因先端枝条的生长过快造成篱体下部空虚，无法形成稠密而丰厚的树丛；

2) 绿篱在一年中的最合适修剪时期，主要根据树种来定。对常绿针叶树，因为新梢萌发较早，应在春末夏初完成第一次修剪，到盛夏时，多数常绿针叶树的生长已基本停止，转入组织充实阶段，这时的绿篱树形可以保持很长一段时间，可以不修剪；

3) 当立秋以后的期间，如果肥水充足，会抽秋梢并开始旺盛生长，此时应进行第二次全面修剪，使株丛在秋冬季能保持规整的形态，同时使修剪伤口能在严冬到来前完全愈合，防止产生冻害；

4) 大多数阔叶树种，在生长期中新梢都在进行加长生长，只在盛夏季节生长较为缓慢，因此，对此类绿篱树木，春、夏、秋三季都可根据需要进行修剪，而不规定具体修剪的时间。用花灌木栽植的绿篱（花篱）多为自然式或半自然式，因为观花的需要，一般不进行严格的规整式修剪，其修剪工作最好在花谢以后进行；

5) 这样既可防止大量结实和新梢徒长而消耗养分，又可促进花芽分化，为来年或下期开花做好准备；

6) 对规整式绿篱的修剪，除按照栽培要求及树种特性来选好修剪时期外，为了始终保持其理想树形，应随时根据它们的长势，把突出于树丛之外的枝条剪除，不能任其自然生长，以满足绿篱造型的要求。

(2) 绿篱的整形方式：

1）无论是何种整形方式，修剪时除要按照设计和观赏要求去进行外，还要保证通过修剪，能使阳光照射到树木基部，使树木基部分枝茂密。因为任何类型的绿篱一旦下枝枯落，就失去其使用功能及观赏价值。

2）自然式绿篱：这种类型的绿篱一般不进行专门的整形，在栽培养护的过程中只进行一般的修剪，剪除老枝、枯枝、病虫枝等枝条。自然式绿篱多用着高篱或绿墙。一般小乔木在密植的情况下，如果不进行规则式的修剪，常可长成自然式绿篱。自然式绿篱因为栽植密度大，植株侧枝相互拥挤，不会过分杂乱无章，但应选择生长较慢、萌芽力弱的树种。

3）半自然式绿篱：这种类型的绿篱虽不进行特殊整形，但在一般修剪中，除要剪除老枝、枯枝、病虫枝等外，还要使植篱保持一定的高度，基部分枝茂密，使绿篱呈半自然生长状态。

4）整形式绿篱：整形式的绿篱是通过人工修剪整枝，将篱体修剪成各种几何形体或装饰形体。整形式绿篱最普通的样式是标准水平式，即将绿篱的顶面剪成水平式样。此外还有半圆球形、波浪式等。

5）修剪的方法是在绿篱定植后，按规定的形状、高度与宽度及时剪除上下左右枝，修剪时最好不要使篱体上大下小，否则不但会给人头重脚轻的感觉，而且容易造成下部枝叶的枯死和脱落。在修剪中，经验丰富的可随手剪去既能达到整齐美观的要求，不熟练的人员操作或造型复杂的，应先拉线绳定型，然后再以线为界进行修剪。对于粗大的主尖去掉的部分应低于外围侧枝，这样可促进侧枝生长，将粗大的剪口掩盖住。

（3）整形式绿篱的配置形式及断面形状：以整形式绿篱为例，按其配置形式及断面形状主要分为条带式、拱门式、伞形树冠式和雕塑式：

1）条带式绿篱：该种绿篱在栽植方式上多采用直线形，也有因为需要而栽植成各种曲线或几何图形的。根据绿篱的断面形状，条带式绿篱有以下几种形式（见图 8.1-10）：

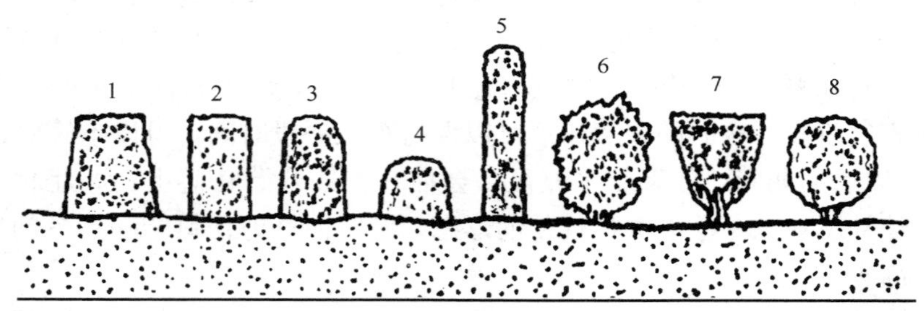


图 8.1-10　条带式绿篱篱体断面形状

1—梯形；2—方形；3、4—圆顶形；5—柱形；6—自然式；7—杯形；8—球形

① 柱形——该种绿篱需选用基部侧枝萌发力强的树种，要求中央主干能通直向上生长，不扭曲。多用作背景屏障或防护围墙；

② 方形——该种篱体造型相对较为呆板，在有降雪的地区，顶端容易积雪受压、变形，若管理不善，下部枝条容易因部分枯死而稀疏；

③ 球形——该种绿篱造型适用于枝叶稠密，生长速度比较缓慢的常绿阔叶灌木，多呈单行栽植，株间应拉开一定距离，以一株为单位构成球形；

④ 梯形——该种篱体上窄下宽，有利于基部侧枝的生长和发育，不会因为得不到阳

光而枯死稀疏。篱体下部一般比上部宽 15～20cm，而且东西向的绿篱北侧基应更宽一些，以弥补光照的不足；

⑤ 杯形——该种绿篱造型虽然显得美观别致，但是由于上大下小，下部侧枝常因得不到充足的阳光而枯死，造成基部裸露，更不能抵抗雪压；

⑥ 圆顶形——该种绿篱适合在降雪量大的地区使用，便于积雪向地面滑落，防止篱体被积雪压弯而变形。

2）拱门式绿篱：

① 在城市的园林绿地中，有时为了便于方便游人进入由绿篱所围绕的花坛或草坪中，可在适当的位置将绿篱断开，同时做成绿色的拱门，作为进入绿篱圈内的通道。该种绿篱既可使整个绿篱连成一片而不中断，又有较强的装饰作用；

② 拱门式绿篱最简单的施工方法是在绿篱开口两侧各种植一株枝条柔软的乔木，两树之间保持 1.5～2.0m 的间距供人通过，然后将树梢相对弯曲并绑扎在一起，从而形成一个拱形门洞。制作门洞应在早春新梢抽生前进行；

③ 为了防止拱洞上的枝条偏斜，可先用木料或竹预制一个框架，再将枝条均匀地绑扎在框架上，用支架承托树冠，使其始终保持在一定的范围内。有支架的绿色拱门还可以用藤本植物制作；

④ 无论是何种树种做成的绿色拱门，都应当经常进行修剪，从而防止新枝横生下垂而影响游人通行，同时还应始终保持其较薄的厚度。以防止因为内膛枝得不到充足的阳光而逐渐稀疏，从而露出支架，影响美观。

3）伞形树冠式绿篱：

① 伞形树冠式绿篱一般是在庭院四周栅栏式围墙的内侧，其树形和常见的绿篱有很大不同，它要保留一段高于栅栏的光秃主干，让主枝从主干顶端横生而出，从而构成伞形或杯形树冠，如图 8.1-11 所示；

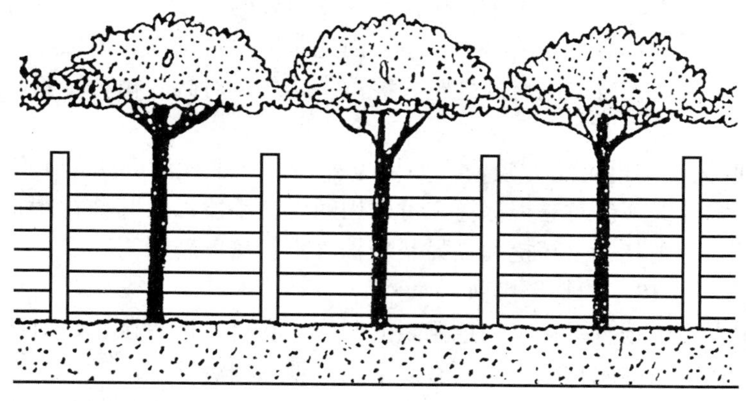

图 8.1-11 伞形树冠式绿篱示意图

② 伞形树冠式绿篱是在定植时要注意每株之间的株距和栅栏立柱的间距相等，同时要栽在两根立柱之间；

③ 伞形树冠式绿篱在养护过程中应经常修剪树冠顶端的突出小枝，使半圆形树顶始终保持高矮一致和圆浑整齐。同时还要对树干萌条进行经常性的修整，以防止滋生根蘖条

和旁枝，扰乱树形。

4）雕塑式绿篱：选择侧枝茂密、枝条柔软、叶片细小且极耐修剪的树种，通过扭曲和镀锌铁丝蟠扎等手段，按照一定的物体造型，用它们的主枝和侧枝构成骨架，然后将细小的侧枝通过线绳牵引等方法，使它们紧密抱合，或者直接按照仿造的物体进行细致修剪，从而剪成各种雕塑式形状，如图 8.1-12 所示。

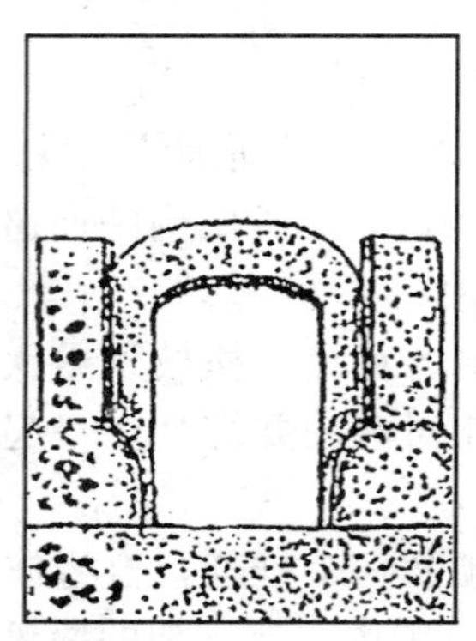
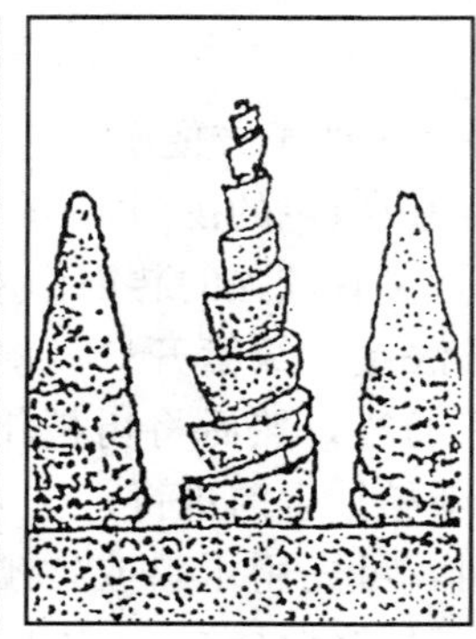

图 8.1-12 雕塑式绿篱示意图

适合作雕塑式绿篱的树种主要有榕树、枸骨、罗汉松、大叶黄杨、小叶黄杨、迎春、圆柏、侧柏、榆树、冬青、珊瑚树、女贞等。制作时可用几棵同树种、不同年龄的苗木拼凑。养护时要随时剪除突出的新枝，才能始终保持整体的完美而不变形。

（4）老绿篱的更新复壮：

1）篱的栽植密度都很大，不论怎样的精心修剪和养护，随着树龄的不断增长，最终无法将树木控制在应有的高度和宽度之内，从而失去规整的篱体状态；

2）用作绿篱的阔叶树种的萌发和再生能力都很强，当它们年老变形后，可以采用台刈或平茬的办法进行更新，不留主干或仅保留一段很矮的主干，将地上部分全部锯掉。台刈或平茬后的植株，因具有强大的地下根系，因此萌发力特别强，可以在一年内长成绿篱的雏形，两年左右就能恢复成原有的规整式绿篱。此外，对阔叶树种绿篱，也可通过老干疏伐，逐年更新；

3）常绿针叶树种的再生能力较弱，如果也采用以上平茬的办法，不仅起不到更新的作用，反而会将绿篱毁掉。对这类绿篱，可采用间伐的手段加大其株行距；使它们自然长成非规整式绿篱，否则就应全部挖除，另栽新株，重新培养新绿篱。

8.1.5.5 藤本类树木的整形修剪

藤本类树木多用于垂直绿化或绿色棚架的制作。在自然风景区中，对藤本类树木很少加以整形修剪，在一般的园林绿地中则有以下几种整形修剪方式。

（1）棚架式：卷须类及缠绕类藤本植物多采用此方式。整形修剪时，先在近地面处重剪，促使植株发生数条强壮主蔓，然后垂直诱引主蔓于棚架之顶，均匀分布侧蔓，即可很快地成为荫棚。在华北、东北地区，对不耐寒的树种（如葡萄），需每年下架，将病弱衰老枝剪除，均匀地选留结果母枝，经盘卷扎缚后埋于土中，来年再去土上架。对耐寒的树种则不必下架埋土防寒，除隔数年将病老或过密枝疏剪外，一般不必年年修剪。

（2）附壁式：多用吸附类藤本植物（如爬山虎、凌霄、扶芳藤、常春藤等）为材料，一般将植物的藤蔓引于墙面，藤蔓依靠吸盘或吸附根逐渐布满墙面。附壁式植物整形修剪时应注意使壁面基不被全面覆盖，蔓枝在壁面分布均匀，不互相重叠和交错。如分布得均匀，藤蔓一般可不剪。

(3) 凉廊式：常用卷须类、缠绕类藤本植物，也有用吸附类植物的，因凉廊有侧方格架，所以主蔓不宜过早诱引至廊顶，否则容易形成侧面空虚。

(4) 篱垣式：常用卷须类、缠绕类藤本植物。操作方法是将侧蔓进行水平诱引，每年对侧枝进行短剪，形成整齐的篱垣形式。篱垣式又分为垂直（或倾斜）篱垣式或水平篱垣式，如图 8.1-13 所示，前者适用形成距离较短且较高的篱垣，后者适合于形成长且较低矮的篱垣。水平篱垣式依其水平分层次的多少又可分为二段式、三段式等。

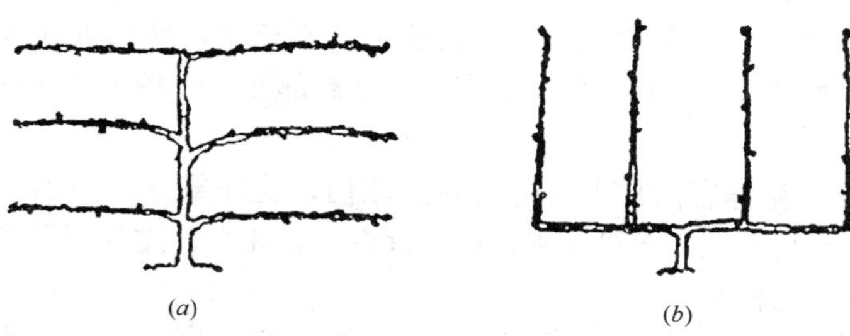


图 8.1-13 篱垣式藤本植物的修整形式

(a) 水平三段篱垣式；(b) 垂直篱垣式

(5) 直立式：对于一些茎蔓粗壮的种类（如紫藤等），可以剪整成直立灌木式或小乔木树形。此式如用于公园道路旁或草坪上，可以收到良好的效果。

### 8.1.6 防治自然灾害

8.1.6.1 防治风灾

夏秋季一般多强风，尤其是沿海地区，常受台风侵袭，树木树枝常遭风折。有时潮汛、暴雨、台风等同时危害树木，大风过后风雨交加，雨水多，土壤潮湿松软，很容易造成树木被吹倒的现象。轻者影响树木生长，重者造成树木死亡，甚至还会造成人身伤亡和其他破坏事故。因此在夏季多风季节到来之前，应采取一些防风措施，如修剪树冠、根部培土、支撑加固等。

(1) 修剪树冠：对浅根性乔木或因土层浅薄，地下水位高而造成浅根的高大树木，以及迎风处树冠过于浓密的树木，应及时适当加以疏剪删枝。以利透风，减少负荷。对高处过长枝条和受蛀干害虫危害过的枝条，也应截除。

(2) 对其树木根部培土：对一些栽植较浅的树木，应于根部培土，以加厚土层，增加树木抗倒伏能力。

(3) 支撑加固：在易受风害的地方，特别是在台风和强热带风暴来临前，必要时，可在树木的下风方向立木棍、竹竿、钢管或水泥柱等支撑物，在支撑物与树皮之间要垫一些柔软的垫层，以防擦伤树皮。

(4) 选择抗风树种：易遭风害的地方应选择深根性、耐水湿、抗风力强的树种，如悬铃木、枫杨、无患子、香樟和枫香等。

8.1.6.2 防止冻害

冻害是指树木受0℃以下温度的伤害而使细胞和组织受伤，甚至死亡的现象。

(1) 冻害的表现及原因：

1) 芽：花芽是抗寒力较弱的器官，花芽冻害多发生在春季天气回暖时期，腋花芽较顶花芽的抗寒力强。花芽受冻后，内部变褐色，初期从表面上只看到芽鳞松散，不易鉴别，到后期则芽不萌发，干缩枯死。

2) 枝条：枝条的冻害与其成熟度有关，主要表现在以下几点：

① 成熟的枝条，在休眠期以形成层最抗寒，皮层次之，而木质部、髓部最不抗寒，因此枝条随受冻程度加重，髓部、木质部先后变色，严重冻害时韧皮部才受伤，如果形成层变色则枝条就失去了恢复能力。枝条在生长期内则以形成层抗寒力最差。

② 幼树在秋季因雨水过多贪青徒长，枝条生长不充实，易加重冻害，特别是成熟不良的枝条先端对严寒更敏感，常先发生冻害，轻则髓部变色，较重者枝条脱水干缩，严重时枝条可能冻死。

③ 多年生枝条发生冻害，常表现树皮局部冻伤，受冻部分最初稍变色下陷，不易发现，如果用刀挑开，可发现皮部已变褐，以后逐渐干枯死亡、皮部裂开和脱落，但如果形成层未受冻，则可逐渐恢复。

3) 枝杈和基角：枝杈和主枝基角部分进入休眠较晚，位置比较隐蔽，疏导组织发育不好，通过抗寒锻炼较迟，因此遇到低温或昼夜温差变化较大时，易引起冻害。枝杈冻害有各种表现，有的受冻后皮层和形成层变褐色，而干枝凹陷，有的树皮成块状冻坏，有的顺主干垂直冻裂形成劈枝。主枝与树干的基越小，枝杈基角冻害也越严重。这些表现依冻害的程度和树种、品种的不同而不同。

4) 主干：主干受冻以后有的形成纵裂，一般称为“冻裂”现象，树皮成块状脱离木质部，或沿裂缝向外卷折。一般生长过旺的幼树主干易受冻害，冻害的伤口极易招致腐烂病。形成冻裂的原因是由于气温急剧降到0℃以下，树皮迅速冷却收缩，致使主干组织内外张力不均，因而自外向内开裂，或树皮脱离木质部。树干冻裂常发生在夜间，随着气温的变暖，冻裂处又可逐渐愈合。

5) 根颈和根系。在一年中根颈停止生长最迟，进入休眠期最晚，而开始活动和解除休眠又较早，因此在温度突然下降的情况下，根颈未能很好地通过抗寒锻炼，同时近地表处温度变化又剧烈，因而容易引起根颈的冻害。根颈受冻后树皮先变色，以后干枯，可发生在局部，也可能成环状，根颈冻害对树木危害很大。

根系无休眠期，所以根系较地上部分耐寒能力差。但根系在越冬时活动力明显减弱，故耐寒力较生长期略强。根系受冻后变褐，皮部易与木质部分离。一般粗根较细根耐寒力强，近地面的粗根由于地温低，较下层根系易受冻，新栽的树或幼树因根系小而浅，易受冻害，而大树则相对抗寒。

(2) 防止冻害常用的措施：在园林养护管理中，防止树木遭受冻害主要有以下技术措施：

1) 适地适树。因地制宜地选种抗寒力较强的树种、品种，这是减少低温冻害的根本措施。乡土树种和经过栽培驯化的外来树种或品种，已经适应了当地的气候条件，具有较强的抗寒能力，应是园林绿化中主要的树种。在一般情况下，对低温敏感的树种，应栽植在通气、排水性能良好的土壤上，以促进根系生长，提高树木耐低温的能力。同时注意栽植防护林和设置风障，改善小气候条件，预防和减轻冻害；

2）加强栽培管理：加强栽培管理（尤其是生长后期管理）有助于树体内营养物质的储备。经验证明，春季加强肥水管理，合理运用灌溉和施肥技术，可以促进新梢生长和叶片增大，提高光合效能，增加营养物质的积累，保证树体健壮；后期控制灌水，及早排涝，适量施用磷、钾肥，可促进枝条及早结束生长，有利于组织充实，延长营养物质积累的时间，提高木质化程度，增加抗寒性。正确地松土施肥，不但可以增加根量，而且可以促进根系深扎，有利于减少根系低温伤害；

3）灌冻水与春灌：在冬季土壤易冻结地区，于土地封冻前，给进入休眠期的树木灌足一次水，称为灌冻水。通过灌冻水使土壤中有较多水分，到了封冻以后，树根周围就会形成冻土层，以保证根部土温波动较小，冬季土温不至下降过低，早春不至很快升高。同时，通过灌冻水，提高了土壤湿度，可以防止树木灼条（抽条）。灌冻水的时间不宜过早，否则会影响抗寒力，北京地区一般掌握在霜降以后、小雪以前；在早春土壤解冻前及时灌水（灌春水），能降低土温，推迟根系的活动期，延迟花叶萌动和开花，使树木免受冻害。同时，对防止春风吹袭使树木干旱、灼条等也有很大作用；

4）根颈培土保护：冻水灌完后结合封堰，在树木根颈部培起直 80～100cm，高 40～50cm 的土堆，防止冻伤根颈和树根，同时也能减少土壤水分的蒸发；

5）保护树干：在入冬前用稻草或草绳将不耐寒的树木主干包起来，包扎高度为 1.5m 左右或包至分枝处；用涂白剂对树木主干涂白，可以反射阳光，减少树干对太阳辐射热的吸收，降低树体昼夜温差，避免树干冻裂，还可以杀死在树皮内越冬的害虫。涂白要均匀，高度要一致，不可漏涂。涂白剂的配制成分各地不一，一般常用的配方是：水 10 份、生石灰 3 份、石硫合剂原液 0.5 份、食盐 0.5 份及油脂（动植物油均可）少许。配制时先化开石灰，把油脂倒入后充分搅拌，再加水拌成石灰乳，最后放入石硫合剂及盐水，也可以加胶粘剂，延长涂白的期限；

6）搭风障：为减低寒冷、干燥的大风吹袭造成树木枝条的伤害，对新栽树木、引进树木或矮小的花灌木，可以在上风向架设风障。架风障的材料常用秫秸、荆芭、芦席等。风障高度要超过树高，用木棍、竹竿等支牢，以防大风吹倒，漏风处可用稻草等填缝，有时也可以抹泥填缝；

7）打雪和扫雪。北方冬季多雪，在降雪以后，应及时组织人力打落树冠上的积雪，特别是冠大枝密的常绿树和针叶树，要防止发生雪压、雪折、雪倒。如果枝冠上有雪堆积，雪化时吸收热量，使树体降温，会使树冠顶层和外缘的叶子受冻枯焦。降雪后将雪堆在树根周围处，可防止根部受冻害。春季雪化后，可增加土壤水分，降低土壤温度，推迟根系活动与萌芽的时期，避免遭受晚霜或春害危害。

8.1.6.3 防高温与干旱

城市园林绿化中的树木在异常高温和干旱的环境中，生长会明显下降并会受到伤害。高温和干旱危害实际上是在太阳强烈照射下发生的一种热害，其对树木的直接伤害是日灼，以仲夏和初秋最为常见。在园林养护管理中，防止高温对树木的危害可采取以下措施：

（1）选择抗性强的树种：在南方高温炎热的地方，尽量选择耐高温、抗性强的树种或品种栽植。

（2）栽植前的抗性锻炼：在树木移栽前加强抗性锻炼，如逐步疏开树冠和庇荫树，以使树木逐渐适应新的环境。

（3）树干涂白：树干涂白可以反射阳光，缓和树皮温度的剧变，对减轻日灼和冻害有明显作用，涂白多在秋末冬初进行。此外，树干缚草、涂泥及培土等也可以防止日灼。

（4）加强树冠的科学管理：在整形修剪中，可适当降低主干高度，多留辅养枝，避免枝、干的光凸和裸露。在需要去头和重剪的情况下，应分2～3次进行，避免一次透光太多，否则应采取相应的防护措施。在需要提高主干高度时，应有计划地保留一些弱小枝条自我遮阴，以后再分批修除。必要时还可给树冠喷水或喷抗蒸腾剂。

（5）防干旱：在气候干燥炎热的夏季，必须重视防旱工作，可采取适时灌溉、松土、庇荫等措施。

8.1.6.4　防止抽条

幼龄树木因越冬性不强而发生枝条脱水、皱缩、干枯等现象，称为抽条，又称烧条、灼条、干梢等。抽条实际上是冻及脱水造成的，严重时全部枝条枯死，轻则虽能再发枝，但易造成树体紊乱，不能更好地扩大树冠。

（1）抽条的原因：抽条与枝条的成熟度有关，枝条生长充实的抗性强，反之则易抽条。造成抽条的原因有多种说法，但各地实践证明，幼树越冬后干梢是“冻旱”造成的。即冬季气温低，尤以土温降低持续时间长，直到早春，因土温低致使根系吸水困难，而地上部则因温度较高且干燥多风，蒸腾作用大，水分供应失调，因而枝条逐渐失水，表皮皱缩，严重时最后干枯，所以，抽条实际上是冬季的生理干旱，是冻害的结果。

（2）防止抽条的主要措施：

1）通过合理的肥水管理，促进枝条前期生长，防止后期徒长，充实枝条组织，增强其抗性。经验表明，北方地区，七月中旬以后少施或不施氮肥，适量增施磷、钾肥；8月中旬以后，控制灌水，均可有效地防止抽条。

2）对秋季新移栽的不耐寒的树木，为了防止抽条，一般多采用埋土防寒，即把苗木地上部向北卧倒培土防寒，既可保温，减少蒸腾，又可防止干梢。但植大则不易卧倒，可在树干北侧培起60cm高的半月形土梗，有利于根部吸水，及时补充枝条失去的水分。

3）秋季对幼树枝干缠纸、塑料薄膜等物，或胶膜、喷白等，对防止抽条有一定的作用。

4）加强病虫害防治。病虫害的发生，往往对树木的生长产生一定的不利影响，严重的会造成树势衰弱，尤其对枝条顶梢部位影响更为明显。因此，在日常管理过程中，要加强对病虫害的防治。

### 8.1.7　城市郊外公路绿化的养护管理

城市郊外公路绿化所用树苗，多是胸径小于5cm。植树后如管理跟不上去，加上人为损害，影响成活和保存。由于植树路线长，养护措施不如市区内道路绿化管理细致。介绍公路绿化的基本养护内容有以下几方面：

（1）树木检查：其主要的内容如下：

1）检查的时间，一般以每年秋末为宜。检查的重点是成活率和保存率，在绿化路线不长，任务不大的情况下，可逐棵清点计算；若路线较长，任务大时，可采用标准路段计算，即在全路线上选择一定长度并具有代表性的路段，分别进行实地检查，算出加权平均数，成为全路线的成活率；

2）选择路段愈多，则准确性愈高，其计算公式为：成活率（%）=[去年秋冬及今春新植到今年秋末成活株数/去年秋冬及今春栽植总数]×100；

3）保存率（%）=[（今年秋末行道树实有株数−去年秋冬及今春所栽植到今秋末成活数/去年秋末行道树实有株数]×100；

4）保存率不计算当年新植树木，只计算去年以前的所有树木。每年一度的秋季检查应认真记录检查结果，主要记载项目见表8.1-1所列。

**树木成活检查登记表** **表8.1-1**

| 序号 | 路线名称 | 调查里程（km） | 栽植种类（风景式防护林、公路绿化） | 树种 | 栽植株数（株） | 死亡株数（株） | 成活率（%） | 死亡率（%） | 树木死亡分布情况（分散或） |
|---|---|---|---|---|---|---|---|---|---|
| 1 | | | | | | | | | |
| 2 | | | | | | | | | |
| 3 | | | | | | | | | |
| 4 | | | | | | | | | |
| 5 | | | | | | | | | |

（2）养护管理：其主要的内容如下：

1）踏实培土：在我国北方因冬季土壤结冻，冻土体积膨大，高出原来位置，树苗发生冻拔或冻害现象；待化冻后，土壤自然下落，而树苗不能回到原来位置，不能与土壤密切结合，易倒伏。如管理不及时，会造成严重损失。特别是冬季较长的严寒地带更应注意，踏实培土是养护的重要环节；

2）松土与锄草：对树木的松土、锄草是保留土壤水分的有效方法。土壤经过疏松，将毛细管切断，可防止水分继续蒸发，并可消除杂草，增强土壤肥力。除草在盐碱地区更为重要，可以防止盐分上升；

3）去蘖、抹芽：对行道树的幼树根部、干部萌发的芽条要及时除掉，以免水分损耗。萌芽力强的丛生灌木可每年进行割条，在秋季落叶后进行。割条时应贴近地面，愈矮愈好，但不要伤根，连续割条3～4次。因墩老萌芽力衰退，可趁地冻时用锋利大镐将墩刨去，上面盖层土以防冻伤根系；

4）修剪：其主要内容如下：

① 对乔、灌木的干形和冠形进行修枝，修枝的对象为乔木类。对靠路肩的一行、分枝点不够4.5m的枝条，要剪除达到定干要求灌木类，主要是对病枝、枯杈、衰老枝、畸形、交叠、过密枝条以及影响美观、有碍行车的突出侧枝均应修剪；

② 常绿树生长缓慢，修剪不宜过多，一般可在5～6年以后开始修剪。对枝条轮生的针叶树，修枝时应注意在年轮上隔枝修剪，以免造成环状剥皮，上下养分水分输送困难，影响生长。阔叶树对树冠的修剪宜在4年以上开始修剪；

③ 修剪时注意要使树冠和树高的比例适度，较矮小的树木，树冠就保留大一些，树冠可为树高为2/3：较高大的树木，树冠也不宜小于树高的1/2；

④ 常绿球类和绿篱修剪的要求是应保持原设计高度和造型；

5）树干涂白：秋季、早春树干要涂白，以防日灼危害，还可防虫和增加路容美观，树干涂白高度在树木胸径部位以下。对虫害要及时观察，发现苗头即采取行之有效的措施，积极防止；

6）补植：每公里不超过5%时，可在第二年植树期间选同规格苗木补植；

7）养护的年限和每年进行的次数与具体时间，应因地制宜。一般是栽植后的3、4年特别重要，每年都要连续松土、除草、定期浇水。栽植较大的速生苗木的养护年限为3～4年，待树木郁闭、能覆盖地面时可逐渐减少；

8）一般情况下，采用逐年减少养护的次数：第一年3～4次、第二年2～3次、第三年2次、第四年1次。养护时间以5～8月为重点，松土除草深度要逐年加深，第一年约5～6cm；第2、3、4年约6～8cm。

## 8.2　草坪的养护管理

### 8.2.1　草坪养护管理的原则

城市道路绿化中的草坪养护管理工作所包括很多方面，但不管是哪种技术，都应遵循一些共同的原则，最终的目的是能促进草坪的生长，维护草坪优良的观赏性。

（1）草坪的养护管理应该能提高草坪的观赏性：草坪与草地的区别在于草坪在生长的全过程中，经常要进行人工修剪、补植、更新等养护过程。通过这些养护措施来保持草坪整体的均一性，从而保持草坪的美观性，给人以开阔大气之感，满足人的美学要求。

（2）通过草坪的养护管理，延长草坪的生长寿命：主要是指通过适当的修剪、科学的施肥、适时的病虫害防治和有效的更新措施等来达到延长草坪寿命的目的，也是草坪养护管理应遵循的一项重要原则。

（3）加强草坪的养护管理，延长草坪的绿叶期：草坪的绿叶期是鉴别草坪质量的一个重要指标，通过科学施肥、适时灌溉、合理修剪等措施，要最终能达到延长草坪绿叶期的目的。

（4）不同的草种应遵循不同的养护原则：冷季型草种（如早熟禾、高羊茅等）与暖季型草种（如狗牙根、地毯草等），由于生长的气候条件不同，草种自身的生物学特性不同，其养护管理的原则也不同。

### 8.2.2　草坪养护管理的技术措施

8.2.2.1　草坪的灌溉、排涝

（1）概述

1）草坪植物一生都不能缺水，水是草坪植物吸收矿质营养的溶剂，在干旱地区，经常人工灌溉是草坪管理的必要措施；

2）草坪灌溉可以满足草坪植物细胞正常膨压的需要，有了充足的水分，细胞才有充足的水分，细胞才有足够的水压，才能保持植株茎叶的挺拔，保证草坪的优美；

3）当草坪植物缺水到萎蔫以下时，可能导致植株的枯死，因此，人工灌溉可以防止缺水而导致的植株死亡；

4）另外，早春灌水可以促使草坪提前返青，秋季科学灌溉可以延长草坪的绿叶期，从而提高草坪的观赏价值。

（2）草坪灌溉的原则：草坪灌溉应根据草坪植物的品种、养护质量要求、季节变化、土壤质地等因素来适当掌握灌溉频率、灌溉强度及灌溉量等。

1）不同草种应遵循不同的灌溉原则：一般早熟禾、剪股颖、黑麦草、狗牙根等草种需水量大，应保证水分的供给；结缕草、野牛草、高羊茅、地毯草等比较耐旱，可以适当少灌水；紫羊茅、草地早熟禾等不耐水涝的草种，应掌握小水施灌的原则；

2）根据不同的养护质量要求进行科学合理的灌溉：要求高质量管理的草坪，如高尔夫球场及足球场等，掌握小水勤灌的原则，每次灌溉后草坪内不能积水，干旱季节几乎每1～2天就要灌水一次，早春及秋末要积极加强水分管理；而对一般管理较粗放的草坪，只在较干旱的季节，采取低频率、高强度的灌溉方法，即灌溉次数少，每次的灌溉量相对较大；

3）不同季节采取不同的灌水策略：一般在高温干旱的季节，应在白天的上午进行小水勤灌，一方面满足植株对水分的需要，降低地温，同时也能避免病害的大发生；早春及秋末适当减少灌溉次数，但每次灌水应达到土壤水分饱和状态，并掌握见干见湿的原则；

4）土壤质地不同，灌溉措施不同：一般沙性土壤应勤灌水，而黏性重的土壤则应少灌水；

5）灌溉还应与其他管理措施密切配合：如草坪修剪次数频繁则灌溉次数也应增加。

（3）草坪灌溉的方式方法：

1）草坪漫灌：草坪漫灌也称地面灌溉，一般是指用农田水、井水或城市自来水沿地表流淌的灌溉方式，是最简单、应用最广的灌溉方法。该方法的优点是操作简单、投资少，缺点是浪费水资源，灌水速度慢，且由于草坪地因坡度的存在，容易造成部分草地被水淹、部分缺水等灌水不均的现象；

2）草坪喷灌：草坪喷灌是指给水流一定压力，使其雾化成小水珠，然后像下雨一样将水淋洒到草坪上。目前国内草坪喷灌的方法主要有高压水车喷灌技术、自来水水压可移动喷头喷灌技术、埋设水网摇臂式喷头喷灌技术和埋设水网地埋式喷头喷灌技术等。喷灌的优点是能适应起伏不平的复杂地势，对土壤的侵蚀少，灌水量容易控制，便于自动化，对水的利用率高，能节约用水。缺点是设备成本高，要消耗一定的动力。

（4）草坪灌溉的时间、灌溉频率及灌溉量：

1）在一年中，除了春灌和冬灌可以促进草坪的返青和安全过冬外，高温干旱的季节应加强水分管理，梅雨季节则一般很少灌水。特殊用途的草坪（如高尔夫球场、足球场、奥林匹克体育中心），则应根据使用需要随时灌水。

2）灌溉可以在一天中的大多数时间内进行，但在夏季，灌溉最好避免在中午进行，此时灌溉容易导致草坪烫伤，且此时蒸发强烈，会降低灌溉水的利用率。从水分利用效果和与其他草坪养护措施的协调来看，傍晚和夜间是灌溉的最佳时间。草坪的灌溉频率及灌溉量依草坪的品种、降雨量、降雨频率及草坪的用途和管理水平而定。

各类草坪的灌溉频率及灌溉量见表8.2-1所列。

各类草坪的灌溉频率及灌溉量 表 8.2-1

| 序号 | 草坪类型 | 生长期内每月灌溉的次数 | 灌溉时间 | 湿润深度(mm) | 冬灌深度(mm) |
|---|---|---|---|---|---|
| 1 | 观赏草坪 | 1～2 | 早晨、下午 | 6～10 | 20 |
| 2 | 休息草坪 | 1～3 | 早晨、下午 | 5～8 | 20 |
| 3 | 球场草坪 | 2～3 | 傍晚或夜间 | 6～10 | 20 |
| 4 | 活动草坪 | 2～3 | 傍晚 | 6～10 | 20 |
| 5 | 护坡草坪 | 不定期 | 下午 | 10 以上 | 20 |

8.2.2.2 草坪的施肥

(1) 在草坪的生长使用过程中，为保证草坪草能良好生长，保持草坪叶色嫩绿、生长繁密，要根据草坪的肥力状况和草坪草的生长状况增施一定的追肥，施肥是维持草坪持久性和保持其良好景观效果的有效措施。

(2) 给草坪草加施追肥，一般以含氮量高的有机肥为主，也可选用含氮量高、并含有适量磷、钾的复合肥或草坪专用肥。

(3) 复合肥的追肥量为 10～20g/m$^2$。一般情况下一年追 2～3 次肥。对于新建的草坪，因根系弱小，所以应进行少量多次的办法进行追肥。施肥期间，冷季型草坪每年施两次肥，施肥时间在早春和早秋。

(4) 春季施肥可以加速草坪草在春季的返青速度，有利于草坪草在夏季一年生杂草萌芽之前，恢复草坪损伤处和加厚草皮，增加抗性。

(5) 在早秋施加追肥，能延长绿期，并能促进第二年生长新的分蘖枝和根茎。暖季型草坪的施肥时间应在早春和仲夏进行，北方以春施为主，南方以秋施为主。

(6) 为了防止化肥颗粒附着在叶面上而灼伤叶片，施肥应在叶面干燥没有露水时进行，施肥后立即灌水或将肥料溶于水中进行喷施。

(7) 对刚修剪过的草坪，不能立即施化肥，否则会使剪口枯黄，一般在剪后一个星期后才可施用。

8.2.2.3 草坪土壤的改善

(1) 草坪草生长的适宜 pH 值一般为 5.5～7.5，如果土壤的 pH 值过高或过低，都不适宜草坪的生长。在草坪的养护管理阶段，很多草坪土壤会逐渐酸化，因此这里所说的土壤改善主要是指对酸性土壤的改善。

(2) 造成草坪土壤酸化的主要原因有：

1) 由于在干旱季节，常采用降雨和人工灌溉造成土壤中钙和镁的淋失；

2) 在草坪草的生长过程中，草要吸收大量的钙和镁，使石灰物质被耗尽；

3) 酸性肥料的施用，所有以氨态形式或在土壤中分解释放出氨态氮肥在土壤中均要留下酸性物质，因此，这类肥料施得越多，酸性土壤形成的可能性就越大；

4) 有时，由于施入大量的有机物质（如木屑、叶片和泥炭等），它们本身具有强酸性，因此必然导致土壤呈酸性。除非这种物质分解，否则它们对酸性土壤的形成一直起作用。

(3) 为了维护草坪正常健康生长，必须对酸性过强的土壤进行改良，尤其是在潮湿多雨地区。常用的酸性土壤的改良方法是向草坪地中施入“细石灰石”（即农业石灰石），确定施入石灰石的量主要依据草坪面积的大小和草坪土壤的酸碱度（表 8.2-2）而定。

**草坪改善酸性土壤所需石灰石** **表 8.2-2**

| 序号 | 草坪土壤反应 | | 每 92.9m² 的草坪所需石灰石的 kg 数 | | | |
|---|---|---|---|---|---|---|
| | pH | 土壤条件 | 轻沙土 | 中沙壤土 | 土壤和粉土壤 | 粉壤土和黏土 |
| 1 | 4.0 | 极度酸 | 40 | 55 | 75 | 90 |
| 2 | 4.5 | 轻极度酸 | 36 | 48 | 68 | 80 |
| 3 | 5.0 | 强　酸 | 32 | 40 | 55 | 68 |
| 4 | 5.5 | 中　酸 | 20 | 27 | 40 | 55 |
| 5 | 6.0 | 轻　酸 | 11 | 14 | 20 | 27 |
| 6 | 6.5 | 轻　酸 | 无 | 无 | 无 | 无 |
| 7 | 7.0 | 中　性 | 无 | 无 | 无 | 无 |
| 8 | 7.5 | 轻　酸 | 无 | 无 | 无 | 无 |
| 9 | 8.0 | 中度酸 | 无 | 无 | 无 | 无 |

(4) 土壤的酸度要进行实际测试，一般情况下，草坪建植时间越长，则土壤呈酸性的可能性越大。在壤土和黏壤土中比在沙壤土中需要更多的石灰石来改良土壤，因为土壤质地越重，其酸性也可能越重。

(5) 给酸性土壤重施石灰石，有时会阻碍植物对营养物质的吸收，使草坪失绿，需要相当一段时间使草坪完全恢复生长。

8.2.2.4 草坪的修剪

修剪是草坪养护的重点，而且是费工最多的工作。修剪能控制草坪的高度，促进分蘖，增加叶片密度，抑制杂草生长，使草坪平整美观。

(1) 草坪修剪的原则：

1) 正确掌握草坪的修剪时间：草坪生长娇嫩、细弱时应少修剪；冷季型草坪在夏季休眠时应少修剪；

2) 根据需要，制定科学的修剪高度和修剪频率，每次修剪量不应超过植株高度的 1/3。

(2) 草坪修剪的方法：

1) 草坪的修剪主要是依靠剪草机来完成的，从世界上第一台滚刀式剪草机问世到现在已有 160 多年的历史；

2) 选择剪草机时应考虑以下因素：草坪面积的大小、建筑物和其他障碍物的位置和数量、草坪管理水平、草坪类型、草坪使用的频率和强度、对草坪剪草机的维护能力、财力投资及技术复杂程度等；

3) 一般滚刀式剪草机修剪的草坪质量好，但其灵活性差，维护费用及技术要求高，主要应用于高尔夫球场、体育场、公园、草皮农场等草坪的管理上；

4) 旋刀式剪草机费用低、操作灵活方便、维护简便，是最常见的一种剪草机，主要服务于微地型、庭园草坪和其他设施草坪的修剪；

5) 扫雷式剪草机有两种类型：一种的刀片可以折叠起来，主要服务于不需经常修剪的设施草坪，另一种是用尼龙绳高速旋转剪断草坪的割灌割草机，适宜修剪其他剪草机难以接近的地方或树丛之中、公路的分车岛绿化区等。

（3）草坪修剪的频率及时间：修剪频率是指一定时期内草坪修剪的次数。与之相反，修剪周期则是指连续两次修剪之间的间隔时间。不同的草坪要求的修剪频率不同，一般的草坪每年修剪 4～5 次，国外高尔夫球场内精细管理的草坪一年中要经过上百次的修剪。不同草坪修剪频率见表 8.2-3。

**不同草坪剪草的频率** **表 8.2-3**

| 序号 | 草坪类型 | 草　　种 | 剪草的频率(次/月) | | | |
|---|---|---|---|---|---|---|
| | | | 4～6(次/月) | 7～8(次/月) | 9～10(次/月) | 全年/(次/年) |
| 1 | 庭园 | 细叶结缕草 | 0.3～1 | 2～3 | 0.3～1 | 5～10 |
| | | 剪　股　颖 | 2～3 | 2～4 | 2～3 | 16～20 |
| 2 | 公园 | 细叶结缕草 | 1 | 2～3 | 1 | 10～15 |
| | | 剪　股　颖 | 2～4 | 1～2 | 2～4 | 15～30 |
| 3 | 竞技场、校园 | 细叶结缕草 | 1～3 | 2～3 | 1～3 | 10～15 |
| | | 狗　牙　跟 | 2～4 | 4～5 | 2～4 | 20～35 |
| 4 | 高尔夫发球台 | 细叶结缕草 | 1 | 8～9 | 4～5 | 30～35 |
| 5 | 高尔夫球盘 | 细叶结缕草 | 12～13 | 16～20 | 12～13 | 70～90 |
| | | 剪　股　颖 | 16～20 | 12～13 | 16～20 | 100～150 |

草坪修剪的次数与剪留高度是两个相关的因素。剪留高度要求越低，修剪次数就越多，草坪的叶片密度与覆盖度也随修剪次数的增加而增加。应该注意根据草的剪留高度进行有规律的修剪，当草达到规定高度的 1.5 倍时就要修剪。各种草种的最适剪留高度见表 8.2-4。

**各种草种的最适剪留高度** **表 8.2-4**

| 序号 | 相对修剪程度 | 剪留高度 | 草　的　品　种 |
|---|---|---|---|
| 1 | 极　　低 | 0.3～1.3 | 匍匐剪股颖、绒毛剪股颖 |
| 2 | 低 | 1.3～2.5 | 狗牙根、细叶结缕草、细弱剪股颖 |
| 3 | 中　　低 | 2.5～5.1 | 野牛草、紫羊茅、草地早晨熟禾黑麦草、结缕草、假俭草 |
| 4 | 高 | 3.5～7.5 | 苇状羊茅、普通早熟禾 |
| 5 | 较　　高 | 7.5～10.2 | 加拿大早熟禾 |

8.2.2.5　防除草坪的杂草

草坪杂草不但危害草坪草的生长，同时还会使草坪的品质、艺术价值或功能显著退化，一旦杂草不能得到有效的控制，很可能导致整个草坪彻底毁灭，因此，清除杂草是草坪养护管理工作中的一项重要工作。

8.2.2.6　病虫害防治

草坪草具有较强的抗病虫害能力，所以草坪草病虫害一般不多，但在高温、高湿或营养缺乏时也常发生病虫害。草坪中常见的虫害和病害见表 8.2-5 和表 8.2-6 所列。

草坪常见的虫害及防治　　表 8.2-5

| 序号 | 害虫名称 | 主要危害 | 防治方法 |
|---|---|---|---|
| 1 | 蝗　　虫 | 咀嚼禾苗叶片和嫩茎，多在5～9月发生 | 采用1‰的敌百虫液或1‰的敌敌畏液喷洒，也可在草晨露水未干时捕杀幼虫或成虫 |
| 2 | 小地老虎 | 专食嫩茎嫩叶，严重时能造成草坪中的“秃斑” | 在小地老虎夜间出来觅食时，用1‰的敌百虫液喷杀，也可在凌晨进行化学诱杀 |
| 3 | 蝼　　蛄 | 夜间出来觅食，嚼断近地面的根茎，使草坪草枯黄 | 一般采用1‰的敌百虫液喷杀，也可在凌晨进行化学诱杀 |
| 4 | 蛴　　螬 | 嚼食禾草根部，严重时能造成草坪中的“秃斑” | 一般采用1‰的敌百虫液喷杀，也可在凌晨进行化学诱杀 |
| 5 | 草 地 螟 | 蛀食草根及茎部，使供水中断，导致茎叶发发黄、枯死 | 采用1‰的敌百虫液喷杀，也可在凌晨进行化学诱杀，或用黑光灯诱杀 |
| 6 | 麦 长 蝽 | 常常以口器吸取草坪草汁液，使茎叶松软、卷屈、死亡 | 每平方米用2.4mL西维因乳剂或2g50%可湿性粉剂，也可用2.4mL氯丹4E乳剂、地亚农1.2～2.4mL25%乳剂 |
| 7 | 蚂　　蚁 | 拱掘土壤，影响草坪生长和游人卧息 | 在蚁穴处喷洒地亚农或氯蜱硫磷毒杀 |
| 8 | 金 龟 子 | 会将草根齐地切断，使草坪成块死亡 | 用毒饵或灯光诱杀 |

草坪常见的病害及防治　　表 8.2-6

| 名　称 | 基本表现 | 主要危害 | 防治方法 |
|---|---|---|---|
| 锈　病 | 茎、叶会产生红褐色疮斑或条纹斑，后变为深褐色 | 严重时使植株枯萎，及至大片草坪死亡 | 在发病地段，预先在禾草返青期用150倍的波尔多液或400～500倍的多菌灵液施行预防喷射，发病时可用敌锈钠石硫合剂、代森锌、萎莠灵等农药防治 |
| 赤霉病 | 感病时先产生粉红色霉，以后长出紫色小粒 | 严重时全株死亡 | 可用1%石灰水浸种预防。发病时可用28度石硫合剂加120～170倍水进行喷射防治 |
| 叶斑病 | 使叶子产生叶斑 | 危害叶片，也浸染根茎 | 定期使用草坪杀菌剂 |
| 褐斑病 | 在叶片上产生大小变异的圆斑和列斑 | 危害叶片，影响草坪外观 | 使用波尔多液或杀菌剂 |
| 白粉病 | 表面出现小的白菌丝链的斑块，使病原体株呈灰白色，如撒上白粉 | 使叶片颜色变浅淡而死亡 | 使用多种杀菌剂杀灭 |

8.2.2.7 草坪的更新复壮

一般情况下，如草坪品质选择适宜，通过修剪、施肥与灌溉等措施就可以获得观赏价值较高的优良草坪。然而，随着草坪年限的延长，草坪中会形成过厚的枯草层，草坪土壤板结，草坪内出现秃斑等现象，这些都需要特殊的更新复壮措施来加以校正。主要有如下几种：

（1）垂直修剪：

1）一般的草坪修剪是横向剪平草坪，而垂直修剪是采用安装在横轴上的一系列纵向排列的刀片（草坪垂直修剪机）来修葺草坪；

2）由于刀片可以调整，能接触到不同深度的对象。如果刀片设置到刚刚划着草坪，地上匍匐茎和匍匐的叶片可以被剪掉，这样可以减少草领上的纹理；

3）浅的垂直修剪，可以用来破碎打孔后留下的土条，使土壤重新混合。设置刀片较深时，大多数积累的枯草层被移走。设置刀片深度达到枯草层以下时，则会改善表层土壤的通气性；

4）垂直修剪应在土壤和枯草层干燥时进行，这可使草坪受到的破坏最小，也便于垂直修剪后的管理。浅层垂直修剪常随草坪更新一起进行。进行几次垂直修剪后，为覆播创造了良好的种床。

（2）打孔通气：即在草坪上扎孔打洞，其目的是改善根系通气状况，调节土壤水分含量，有利于提高施肥效果。打孔一般要求 50 穴/m$^2$，穴间距 15cm×5cm，穴径 1.5～2.0cm，穴深 8cm 左右，打孔可用中空铁钎人工进行，也可用专用的草坪打孔机来进行。

（3）划条和刺孔：划条和刺孔是通气管理中强度较小的一种措施。

1）划条是指用安装固定在犁盘上的 V 形刀片划土，深度可达 7～10cm。划条不像打孔，操作中没有土条带出，因而对草坪破坏很小；

2）刺孔与之相似，扎土深度限于 2～3cm。划条和刺孔可达到与打孔相似的效果，而又不会像打孔那样破坏草坪。因为这类措施对草坪的破坏较小，可以在生长季节一周内进行一次，以缓和践踏引起的土壤板结。

（4）表层覆土：表层覆土是把一薄层土壤施用到已建植或正在建植的草坪上。在已建植的草坪上覆土有多种目的，包括可以控制枯草层、将运动草坪表面平整，促进受伤或生病草坪的恢复、改变草坪生长介质等作用。

（5）草坪更新：草坪更新是草坪延长年限，保证草坪整齐、平坦、美观的重要技术措施。其主要方法有：

1）添播草籽复壮法：每隔 3～4 年对草坪进行一次打洞、松土，在洞内撒播草籽，同时加沙、加土和肥料，浇足水分；

2）条状更新法：每隔数年在平整致密的草坪上，每隔 70cm 距离挖取 30cm 更新带，然后松土施肥，具有匍匐能力的草茎将很快蔓延到更新带内，布满新株，隔 1～2 年以后再在更新带的另一侧，按同样距离，挖取新的更新带，如此循环反复，经过 3～4 年后可全面更新；

3）断根更新法：定期在建成的草坪上，用钉筒（钉齿的长度约 10cm 左右）采回滚压草坪，将地面扎成小洞，切断坪草老根，再向洞内施入肥料，促使新根生长。也可用滚刀每隔 20cm 将草坪切成一道缝，划断坪草老根，然后在草坪上施肥、覆土。

8.2.2.8　草坪养护管理新技术

随着科学技术的不断发展，经过广大科技人员的不懈努力，在草坪养护管理领域，近年来出现了很多新的技术，如保水剂、湿润剂的应用、草坪的生长调节以及草坪染色技术等。这些新技术的广泛应用，提高了草坪的养护管理水平。

（1）保水剂：

1）保水剂是一种不溶于水的高分子聚合物，能吸收自身质量 200 倍左右的水分；

2）由于分子结构胶联，分子网络中所吸收的水不能被简单物理方法挤出，故具有很强的保水性。如果与农药、化肥和植物生长调节剂等成分结合使用，它们可以缓慢释放，起到缓释剂的作用，从而提高农药和肥料等的利用率；

3）保水剂在草坪的使用主要是拌土法和拌种法，以M和L型保水剂为主。保水剂的使用有利于草坪后期的养护管理。拌土法使用保水剂可节水50%～70%，节肥30%；

4）M和L型保水剂还可以提高土壤的通透性，能较好地改良土壤结构和抗板结，并有一定的保温效果，返青期提前5～7天，绿叶期延长10天左右。采用保水剂的最大直观效果是植株粗壮，色泽浓绿。

（2）湿润剂：湿润剂是一种表面活性剂，可增加水在疏水土壤或其他生长介质上的湿润能力。在草坪的养护管理中，适量湿润剂的使用是有益的。因为湿润剂对土壤中微生物退化有影响，一个生长季节施用一两次即可保持足够的浓度。除了改善可湿性以外，应用湿润剂也有其他的好处，如可以增加水和养分的有效性，促进草坪的生长，减少水分蒸发损失。

（3）草坪生长调节剂：施用草坪生长调节剂，可以控制草坪草的生长，减少修剪费用。

1）常用的草坪生长调节剂：

① 嘧啶醇：嘧啶醇是一种生长延缓剂，其作用主要是抑制节间生长，使草坪草的叶片变深绿色。嘧啶醇不能抑制顶端分生组织，不抑制草坪草根系的生长。用赤霉素可以消除其矮化作用。通过叶面喷施或土壤施用，嘧啶醇可被草坪草的叶片和根系吸收和传输。嘧啶醇的使用浓度要求比较严格，在0.03%或更高浓度，草坪草茎的生长将减少50%～75%，浓度高于0.01%时可完全抑制狗牙根地上部分的生长，其根茎生长也受到抑制；

② 矮壮素（CCC）：矮壮素是一种生长延缓剂，其主要作用有：适宜浓度下抑制亚顶端细胞的分裂，即抑制茎的伸长，促进草坪草的分蘖，促进草坪草的生殖生长，使草坪草粗壮、矮绿、叶片增厚，增强草坪草的抗寒、耐旱和耐盐碱能力；

③ 矮化磷（CBBP）：矮化磷进行土壤处理有效。在草坪上的主要作用为：抑制茎叶及根的生长，使叶片变绿。矮化磷在狗牙根上的作用效果要比冷季型草坪更为明显；

④ 抑长灵：抑长灵是生长抑制剂和除草剂，抑制杂草、木本植物的生长和种子生长。可以抑制草坪草顶端分生组织细胞分裂和伸长生长；

⑤ 乙烯利：乙烯利是一种常用的激素类生长调节剂，对早熟禾、狗牙根生长的抑制效果较好，能缩短叶片长度，并使叶片呈深绿色；促进草坪草的分蘖；抑制草坪草根茎的发育，促进节间的伸长生长。

2）草坪生长调节剂的施用方法：草坪生长调节剂的施工方法主要有以下两种：

① 喷施法是调节草坪高度最常用的方法。该方法容易掌握，简便而且作用快速；

② 适合采用喷施法的生长调节剂有：嘧啶醇、矮壮素、抑长灵、乙烯利、丁酰肼等。

由于植物生长调节剂的用量少，易被土壤固定或被土壤微生物分解，因此，大多数植物生长调节剂不采用土施法。但有些植物生长调节剂如果叶面喷施，会某种程度地使叶片变形或抑制顶端分生功能。

### 8.2.3 常用草坪养护管理机械

随着现代城市园林绿地中草坪所占比例的增加，草坪养护管理的任务越来越繁重，单一的人工养护管理已不能满足人们对高质量草坪的需要。同草坪的建植一样，高质量的草坪养护必须靠机械来完成。草坪养护管理机械主要用于草坪的养护管理。

8.2.3.1　草坪剪草机

（1）手动剪草机：手动剪草机又称卷筒型剪草机。它的构造是在旋转轴两端各有一个轮子，可将一连串的横向S形刀身固定住，圆柱附着于长的U形或T形把手，圆柱体则跟着一或两个具有稳定速度的滚轮旋转。当操作员推动剪草机时，旋转的刀将草抵向床刀，以剪刀的作用将草剪断。

（2）动力剪草机：最常见的动力剪草机，刀具连接在垂直轴上，垂直轴旋转时刀具即水平旋转，像镰刀一样将草割下。刀身在装置有四个轮子及一个把手的金属盒子（甲板）下旋转，发动机位于甲板上，因此它的动力轴可以转动旋转刀身的轮轴。电动剪草机有速度控制钮，以适应粗细疏密不同的草坪。旋刀式剪草机具有工作效率高、马力大的特点。

8.2.3.2　草坪打孔机

（1）草坪打孔机分手动与机动两种形式。手动打孔机是在一个金属框架上，上端装有两个手柄，下端装有4～5个打孔锥。作业时用脚踏压金属框，使打孔锥刺人草皮，然后将打孔锥拉出。此种打孔机适用于小面积草坪或像足球场球门区那样的局部草坪处理。

（2）大面积草坪适宜使用自走式草坪打孔机。该机具有一圆筒形支架，机架上紧紧固定着装有打孔锥的棚条，棚条能够旋转，并具有弹性，因此锥体能垂直插入和拔出土壤。草坪打孔机的打孔锥，是该机的直接部件，通常具有两种形式。

1）空心锥：该锥中空，土可以从锥中心排出，适用于草皮整修和填沙、补播；

2）实心圆柱形锥：该锥实心，插入草皮，将孔周围的土壤挤实，仅能起到帮助排出草坪表面水的作用。

8.2.3.3　草坪整理机械

（1）草坪梳草机：草坪梳草机是指用于清除草坪枯草层的机械，其主要内容如下：

1）草坪梳草机能梳草、梳根，有的还带有切根的功能，其工作装置的主件有梳状弹性钢丝耙齿、甩刀、S形刀等。

2）弹性钢丝耙常是草坪拖拉机或园林拖拉机的附属机具，在拖拉机的牵引下进行工作，能把枯死的及多余的草和草根梳除，以保证草株生长有足够的空间，并防治草垫层的形成。

3）梳状弹性钢丝耙的支架安装在两个支撑行走轮上，机架上方设置配重托。CS01A-46B型草坪梳草机是步行操纵自走式的，它由功率为3.7kW四行程汽油机为动力，通过皮带传动驱动刀轴高速旋转，刀轴上装有甩刀，在离心力作用下，刀片切入土壤，在旋转中拉去枯草；

4）刀片切入深度可通过调节行走轮和刀轴的相对距离来实现，其最大切入深度为33mm，一般能把草株向上发育的浅根切断。刀片切入时，土壤对刀片的阻力可推动机器自动向前行走，因此这种草坪梳草机不需要发动机驱动行走轮便可行走；

5）该草坪梳草机还配有深根切根刀，更换后可进行切缝式切根通气作业。

（2）草坪切边机：草坪修边机是用于修整草坪边界的机械，其主要内容如下：

1）通过修整以切断蔓延到草坪界限以外的根茎，使草坪边缘线形整齐、美观；

2）草坪修边机具有一组垂直刀片，该刀片装在马达轴或小型三角皮带驱动的轴上；

刀片突出于草地边缘，且高速旋转，锐利的刃口，可像旋转式割草机一样将草皮垂直切开；

3）草坪修边机切割的深度由机体前面的滚筒或支撑轮控制，提高滚筒则切割深度增加。使用修边机时应注意刀片不能与石头相碰，否则会使机器猛然起跳而发生意外事故。

（3）草坪滚压机：草坪滚压机是利用碾压滚对草坪进行滚压的机械，其主要内容如下：

1）滚压机可以滚压坪床，也可以滚压草坪，滚压坪床的目的是平整床面，抑制杂草生长；滚压草坪能促进草株的分蘖生长，并且可使草坪形成花纹，提高观赏价值；

2）草坪滚压机的工作装置是碾压滚，一般为钢板卷成的中空滚筒，也可用聚合物制成，为增加和调节碾压滚的质量，可根据需要向滚子内部注水或加砂，也可在滚子上方设置配重平台，配重可采用铁块、砂袋等；

3）一般在建坪时滚压坪床可选用重型滚子，运动场草坪的整理可选用轻型滚子；

4）草坪滚压机多为拖拉机牵引式，中小规模的草坪可选用园林拖拉机牵引的小型滚子，其宽度可达 2m，但是一般不能选用太宽的碾压滚，当要求碾压宽幅很宽时，可采用两个或多个滚子，使其在转弯时，各个滚子能以不同速度旋转，以减少滚子对草坪的破坏。

8.2.3.4 草坪施肥机

草坪追施化肥是经常进行的作业，肥料撒播机能高效、均一地将化肥施入草坪。肥料撒播机在机架上装置一锥形筒，筒底部有控制肥料量的拨轮筛孔机构，其下为一与行走轮连动的水平安装撒肥盘，当机械在草坪上行走时，高速转动撒播盘将筒料输出的肥料借离心力将肥料撒播于草坪。施肥量的多少通过更换不同宽度拨轮筛孔而实现。肥料撒播机有以发动机驱动的自走式，也有手推式，常用的主要为手推式。

## 8.3 城市立体绿化的养护管理

### 8.3.1 立体花坛的养护与管理

立体花坛施工完毕，要注意进行栽后管理，管理好了就能充分发挥立体花坛的作用，达到设计要求表现出的效果。栽植后的管理对五色草花坛尤为重要，并根据实际情况采取相应管理措施。

（1）水分管理：在花坛施工完毕，应该浇 1 次透水，以后要保持适量浇水，立体花坛可以每天少量多次喷洒水的方法，每天 35 次，水的温度要适宜，夏季要高于 15℃，其他季节高于 10℃，这样可以清洗叶面的尘土，降低植物表面温度，提高空气的相对湿度，有利于花坛植物的生长。

（2）补植缺株：栽种后往往会有少数花苗萎蔫死亡，所以要及时更换同龄花苗，立体花坛应用的植物材料如果出现萎蔫、死亡，造成缺苗现象，应该及时补植，补植的规格、品种与颜色要与原来的设计保持一致，否则会影响花坛的整体效果。

（3）勤施肥料：花坛的施肥要薄肥勤追施，化肥和微量元素肥料的浓度不超过 0.3% 和 0.05%，有机肥浓度不超过 5%，每 10～15d 追肥 1 次，或者叶面喷施，追肥时间以晴天的傍晚肥最好。立体花坛中多采用一些营养钵，所以要在培养土中保证含有足够的养分，观赏期较长的花坛用花可追施尿素。

(4) 除草：由于花坛内水肥条件充足，易滋生杂草与花坛植物竞争水肥，杂草不仅影响花坛植物的生长，而且影响观赏效果，必须及时铲除。一般采用人工拔除的方法。

(5) 及时修剪：为保持花坛植物的整齐一致，促进根茎叶生长，使花坛的纹样清楚，整洁美观，提高立体花坛的观赏效果，要适时修剪。最先用大平剪进行平面整体修剪，让花坛片面平整，刚施工完的花坛，可以轻剪；在生长养护期，为控制花坛植物的生长，可以适当重剪，使花卉整齐一致；然后用手剪进行细致修剪，目的是使花坛的图案线条明显，图案清晰；最后通过仔细修剪，将文字或图案凸起来，线条周围重剪些，其里面轻剪，形成立体感。修剪的时间一般 10～15d 修剪 1 次，这样可以保持花坛整齐美观。

(6) 病虫害的防治：花坛病虫害防治以预防为主，花坛中的病虫苗株及时拔除，以免影响其他的花卉。使用脱毒苗，种植前培养土要进行消毒，可以降低花坛花卉的发病率。

### 8.3.2 城市坡面与台地绿化养护管理

(1) 城市坡面上绿化可以防止边坡表面侵蚀，保持水土，美化边坡，改善环境。为了达到这些目的，必须尽快地完成植物的全面覆盖，绿化刚实施时，会缺乏效果，但是随着植物的生长，其效果逐渐发挥，由包括侵入种在内的植物群落的完成而达到其目的。

(2) 作为边坡保护工程的坡面绿化，应该不需要进行保护和管理就能建成目的植物群落，但是不同的边坡要求不同，条件差的边坡，仅仅依靠实施绿化播种后就能达到其绿化目的是比较困难的，必须通过保护和管理。许多的边坡必须采取一定的管理措施，才能逐渐达到设计的要求，发挥绿化所带来的生态方面的作用。以下是常用的三种管理方式：

1) 对坡面与台地加强喷水保湿：由于坡面所处的环境条件比较恶劣，坡面的保水性能比较差，需配备专用水车，播植后 1 月内晴天每天均需喷淋 1 次，保持地面湿润，1 个月后每 3～5d 喷水 1 次保湿；

2) 施用肥料、激素：在补植后对地被物喷施 2 次 400 倍广增素、802 等生长调节剂促进生长和抗旱力。栽植时要每月喷施 1 次 200 倍复合肥液。栽植后每年在 4～5 月生长季进行 1 次追肥，追肥应该连续增加，只有这样，植物才能常年繁茂，逐渐蓄积腐殖质。追肥和从土壤以及雨水中获取的养分相结合，植物才能长期在坡面上正常生长；

3) 管护措施：从植物发芽到幼苗生长发育期间，人为的践踏会造成生长发育停滞，甚至死亡。栽植后坡面绿化应该不断完善专人、分段承包管护，做到每路段有专人巡逻看守，防止人畜践踏。种植验收后有 3～5 个月补植护理期。此间通过补植和加强水肥管理，使播植地被物达到合同要求的标准，形成良好覆被固坡效果。

### 8.3.3 城市桥体绿化后养护与管理

(1) 城市的桥体绿化后，其养护与管理的得当与否，不仅关系到在交通功能能否全面发挥，而且也关系到桥体绿化在美学功能全方位的体现。由于桥体绿化大多位于比较特殊的环境条件，应尽管采用一些抗性较强的藤本植物，也应该比较适合桥体的环境，但仍给绿化后的养护与管理带来了一定难度。立交桥的桥面绿化与墙面绿化类似，管理也基本相同，但是值得注意的是由于植物生长的环境较差，同时又关系到交通安全问题，所以要加强桥体绿化后的养护与管理。

（2）水分管理：要对城市桥体实施绿化，由于受环境条件的限制以及一些人为因素的影响，生长环境比较差，水分来源是影响植物生长的主要限制因素之一。灌水也因此显得更为重要。高架路、立交桥具有特殊的小气候环境，主要体现在夏季路面高温和高速行车中所形成的强大风力对植物的影响，使得高架路绿化的植物蒸发量更为增大，自然降水量根本无法满足绿化植物生长的需要，只能依靠人工灌水补足。灌水量因树种、土质、季节以及树木的定植年份和生长状况等的不同而有所不同。一般当土壤的含水量小于田间最大持水量的70％以下时需要灌水。

（3）施肥：植物在生长发育的过程中，需要从土壤中吸取大量的养分，以维持正常生长和发育。在桥体绿化中，植物生长的土壤都比较薄，土壤养分有限，当营养缺乏时，会影响植物的正常生长；另外中央分隔带的树种是多年生长在同一地点的，经过长期的生长后肯定会造成土壤营养元素的缺乏。所以要使桥体绿化的植物维持正常的生长，必须定期定量施肥，否则植物会因环境比较恶劣，缺乏养分而不能正常生长，甚至死亡。植物栽植中，只要施足基肥，正确运用栽植技术、浇足定根水，就可确保较高成活率和幼树正常生长。

（4）修剪：修剪与整形是桥体绿化植物养护与管理中一项不可缺少的技术措施，也是一项技术性很强的管理措施。高架路、立交桥藤本植物的攀附式的绿化，由于植物的生长迅速，藤本植物枝条不免会有些下垂，遮挡影响司机、行人视线，不利于交通安全，所以要约束植物生长的范围，不断地进行枝蔓修剪。对于中央隔离带的植物，通过修剪整形，不仅可以起到美化树形、协调树体比例的作用，而且可以改善树体间的通风透光条件，从而增强树木抗性，充分发挥绿化植物的防眩、诱导视线以及美化公路环境的功能。因此，中央分隔带树木也必须进行细致地修剪，以达到整齐、美观的效果。

（5）病虫害防治：在桥体绿化中，虽然选择的大多数藤本植物或坡面绿化植物的抗性比较强，但在植物生长过程中，也随时会遭到各种病虫害的侵袭，引起树木的枝叶出现畸形、生长受阻甚至干枯死亡的现象，从而影响整个绿化效果。为了使植物能够正常地生长发育，必须对绿化植物的病虫害进行及时的防治。植物的病虫害防治自始至终应贯彻“预防为主，综合防治”的原则，只有这样才能成本低、见效快。

（6）定期检查：桥体绿化的效果要经常检查植物的生长状况，病虫害是否发生，还要经常检查绿化植物固定是否安全牢固，是否遮挡司机的视线。以保证交通安全和行人安全，同时维护绿化的整体效果。

# 9 城市道路绿化工程的管理

## 9.1 道路绿化建设程序

### 9.1.1 概述

城市道路绿地建设工程作为建设项目中的一个类别，它必须要遵循一定的工程程序，即建设项目必须从构思设想、合理选择、评估决策、勘察设计、施工安装到竣工验收、投入使用，发挥生态效益、社会效益、经济效益的整个过程。其各项工作程序必须遵循以下的法定顺序，如图 9.1-1 所示。

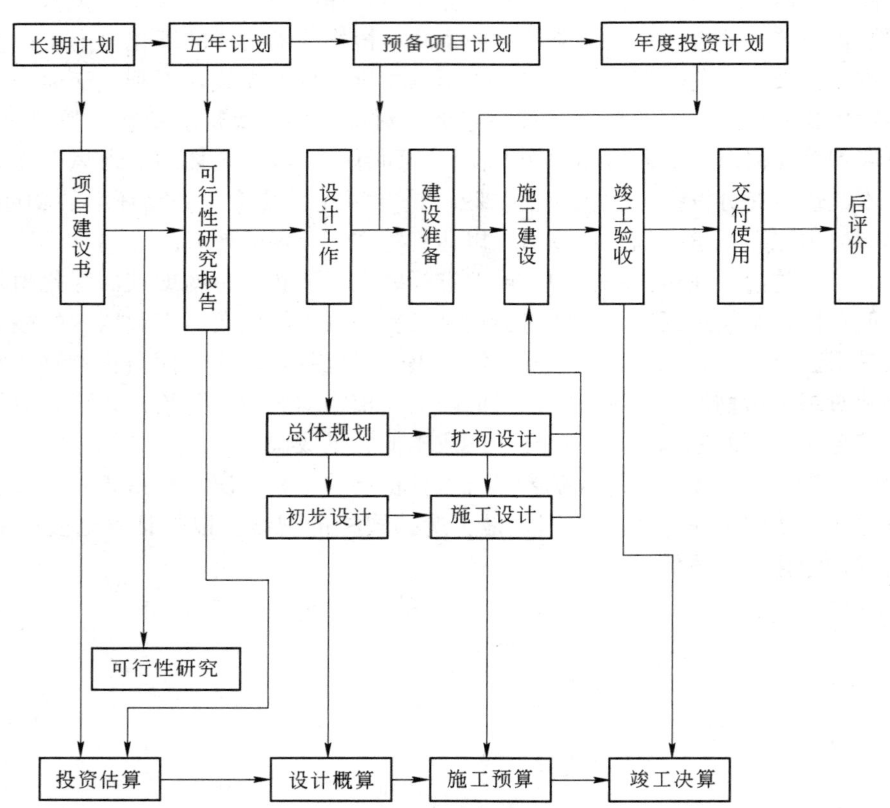

图 9.1-1 城市道路绿地规划程序示意图

（1）根据本城市规划发展需要，提出道路绿化项目建设书。

(2) 在道路踏勘、现场调研的基础上，提出道路绿化的可行性研究报告。

(3) 有关部门进行项目立项，主要包括道路绿化项目提出的必要性和依据、拟建规模和建设的初步设想、投资估算、项目进度安排、经济效益和社会效益的估计。

(4) 根据可行性研究报告编制设计文件，进行现场勘察和初步设计。

(5) 初步设计批准后，进行工程招投标、做好施工前的准备工作。

(6) 组织工程施工，工程监理，竣工后经验收合格后，可交付使用。

(7) 经过一段时间的运行，一般是1～2年，应进行项目后评价。

### 9.1.2 道路绿化项目建议书阶段

项目建议书是根据当地的国民经济发展和社会发展的总体规划或行业规划等要求，经过调查、预测分析后所提出的。它是投资建设决策前对拟建设项目的轮廓设想，主要是说明该项目立项的必要性、条件的可行性、可获取效益的可能性，以供上一级机构进行决策之用。

在城市道路绿地建设项目中的内容一般有：

(1) 建设项目的必要性和依据。

(2) 拟建设项目的规划、地点以及自然资源、人文资源情况。

(3) 投资估算以及资金筹措来源。

(4) 社会效益、经济效益的估算。

按现行规定，凡属大中型或限额以上的项目建议书，首先要报送行业归口主管部门，同时抄送国家发改委。行业归口部门初审后再由国家发改委审批。而小型和限额以下项目的项目建议书应按项目隶属关系由部门或地方发改委审批。

### 9.1.3 道路绿化项目可行性研究报告阶段

当项目建议书一经批准，即可着手进行可行性研究，可行性研究的目的是对建设项目在技术、工艺、经济上是否合理和可行，进行全面分析、论证，做出方案比较，提出评价意见，为编制和审批设计任务书提供可靠依据。可行性研究一般包括如下内容：

(1) 项目建设的目的、性质、提出的背景和依据，建设项目的规模、市场预测的依据。

(2) 项目建设的地点位置、当地的自然资源与人文资源的状况，即现状分析。

(3) 项目内容，包括面积、总投资、工程质量标准、单项造价等。

(4) 项目建设的进度和工期估算，投资估算和资金筹措方式，如国家投资、外资合营、自筹资金等。

(5) 道路绿化工程项目的经济效益、社会效益和生态效益分析。

### 9.1.4 道路绿化设计工作阶段

设计工作阶段是对拟建道路绿化工程实施在技术上和经济上所进行的全面而详尽的安排，是城市道路绿地建设的具体化。设计过程一般分为3个阶段，即初步设计、技术设计和施工图设计。但对城市道路绿地工程一般只需要进行初步设计和施工图设计即可。

### 9.1.5 道路绿化施工准备和实施阶段

(1) 城市道路绿化项目在开工建设前要切实作好准备工作，其主要内容为：

1) 征地、拆迁、平整场地；

2) 完成施工所用的供电、水、道路设施工程；

3) 组织设备及材料的订货等准备工作；

4) 组织施工招、投标工作，精心选定施工单位。

(2) 城市道路绿化项目建设实施阶段

1) 工程施工的方式：工程施工的方式有两种，一种是由实施单位自行施工，另一种是委托承包单位负责完成。目前常用的是通过公开招标来决定承包单位。其中主要的是订立承包合同（在特殊的情况下，可采取订立意向合同等方式）。承包合同主要内容包括：

① 所承担施工任务的内容及工程完成的时间；

② 双方在保证完成任务的前提下所承担的义务和权利；

③ 甲方付工程款项的数量、方式以及期限等；

④ 双方未尽事宜应本着友好协商的原则处理，力求完成相关工程项目。

2) 施工管理：开工之后，工程管理人员应与技术人员密切合作，共同搞好施工中的管理工作，即工程管理、质量管理、安全管理、成本管理及劳务管理。

① 工程管理：就是城市道路绿化工程开工后，工程现场行使自主的施工管理。工程管理的重要指标是工程速度，因而应在满足经济施工和质量要求下，求得切实可行的最佳工期。为保证如期完成工程项目，应编制出符合上述要求的施工计划，包括合理的施工顺序、作业时间、作业技术和作业成本等；

② 质量管理：确定施工现场作业标准量，测定和分析这些数据，把相应的数据填入图表中并加以运用，即进行质量管理。有关管理人员及技术人员要正确掌握质量标准，根据质量管理图进行质量检查及生产管理，确保质量稳定；

③ 安全管理：在施工现场成立相关的安全管理组织，制定安全管理计划以便有效地实施安全管理，严格按照各工程的操作规范进行操作，并应经常对工人进行安全教育；

④ 成本管理：城市园林绿地建设工程是公共事业，必须提高成本意识。成本管理不是追逐利润的手段，利润应是成本管理的结果；

⑤ 劳务管理：劳务管理主要包括招聘合同手续、劳动伤害保险、支付工资能力、劳务人员的生活管理等。

### 9.1.6 道路绿化项目的竣工验收阶段

竣工验收阶段是建设工程的最后一环。其包括以下四项工作内容：

(1) 竣工验收的范围：根据国家现行规定，所有建设项目按照上级批准的设计文件所规定的内容和施工图纸的要求全部建成。

(2) 竣工验收的准备工作：主要有整理技术资料、绘制竣工图纸（应符合归档要求）、编制竣工决算。

(3) 组织项目验收：工程项目全部完工后，经过单项验收，符合设计要求，并具备竣工图表、竣工决算、工程总结等必要的文件资料，由项目主管单位向负责验收的单位提出竣工验收申请报告，由验收单位组织相关人员进行审查、验收，做出评价，对不合格的工程则不予验收，对工程的遗留问题则应提出具体意见，限期完成。

（4）确定对外开放日期：道路绿化工程项目验收合格后，应及时移交使用部门并确定对外开放时间，以尽快发挥项目的经济效益与社会效益。

### 9.1.7 道路绿化项目的评价阶段

建设项目的后评价是工程项目竣工并使用一段时间后，再对立项决策、设计施工、竣工使用等全工程进行系统评价的一项技术经济活动。目前我国开展建设项目的后评价一般按三个层次组织实施，即项目单位的自我评价、行业评价、主要投资方或各级计划部门的评价。

## 9.2 道路绿化工程项目招标与投标

工程建设项目招标投标是国际上通用的比较成熟而且科学合理的工程承发包方式。这是以建设单位作为建设工程的发包者，用招标方式择优选定设计、施工单位；而设计、施工单位为承包者，用投标方式承接设计、施工任务。在城市道路工程项目建设中推行招标投标制，其目的是控制工期，确保工程质量，降低工程造价，提高经济效益，健全市场竞争机制。

### 9.2.1 道路绿化工程招标

城市道路绿化工程招标，是指招标人将其拟发包的内容、要求等对外公布，招引和邀请多家承包单位参与承包工程建设任务的竞争，以便择优选择承包单位。

9.2.1.1 工程招标应具备的条件

城市道路绿化工程项目必须具备以下条件方能进行招标：

（1）项目概算已得到批准；

（2）建设项目已正式列入国家、部门或地方的年度计划；

（3）施工现场的“三通一平”（水通、路通、电力通、平整场地）已经完成；

（4）所有设计资料已落实并经批准；

（5）建设资金和主要施工材料、设备已经落实；

（6）具有政府有关主管部门对工程项目招标的批文。

9.2.1.2 工程招标方式

国内工程施工招标多采用项目全部工程招标和特殊专业工程招标等方法。在城市道路绿化工程施工招标中，最为常用的是公开招标、邀请招标两种方式。

（1）公开招标：公开招标也称无限竞争性招标，由招标单位公开发布广告或登报向外招标，公开招请承包商参加投标竞争。凡符合规定条件的承包商均可自愿参加投标，投标报名单位数量不受限制，具体参加投标单位由建设单位进行资格预审及抽签决定。招标单位不得以任何理由拒绝投标单位参与投标报名。

（2）邀请招标：邀请招标亦称有限竞争性选择招标，由招标单位向符合本工程资质要求，具有良好信誉的施工单位发出参与投标的邀请，招标过程不公开。所邀请的投标单位一般5～10个，但不得少于3个。

9.2.1.3 工程招标程序

（1）城市道路绿化工程施工招标程序一般可分为三个阶段，即招标准备阶段、招标投标阶段与决标成交阶段。

（2）城市道路绿化工程的招标程序：招标单位绿化工程招标条件→宣布招标公告→投标单位资格预审→发给招标标书文件→投标单位熟悉招标文件、现场调查、计算标价、编制投标文件→投标单位报送标书→开标→评标→决标→招标单位与中标单位签订合同。

（3）招标准备阶段：其主要内容包括：

1）申请招标：建设单位应在工程项目立项文件审批后30d内向主管部门或其授权机构领取工程建设项目报建表进行报建。报建手续办完后务必成立招标工作班子，并及时向招投标机构提出招标申请。申请书主要的内容有：招标单位资质，招标工程具备的条件，拟采用的招标方式及对投标单位的要求等；

2）编制招标文件：招标文件是招标单位编制的工程招标的纲领性、实施性文件，是各投标单位进行投标的主要依据。招标文件一般由文字和设计图纸两部分组成，其内容有：

① 工程综合说明包括工程名称、地址、招标项目、占地范围、建设面积、技术要求、现场条件、质量标准、招标方式、开竣工时间、施工单位资质等级等。对于施工企业的资质水平，根据建设部《建筑业企业资质等级标准》的规定，城市园林绿化企业资质分为一级企业、二级企业和三级企业；古建筑工程施工企业资质等级分为一、二、三、四级；

② 设计图纸和技术说明书；

③ 工程量清单及单价表：这两部分内容是投标人计算标价和招标人评标的依据，也是签订承办合同的基础性资料，因而是标书重要组成部分；

④ 投标须知；

⑤ 合同主要条款和格式。

3）编制标底：标底是招标单位将报建的工程项目估算出的全部造价，它是招标工程的预期价格。标底确定后必须严格保密，不得泄露。标底的确定主要以施工图预算为基础，有时也可用设计概算定额方法编制。标底的编制要切合实际，力求准确、客观、公正，不得超出工程投资总额，也不能低于工程的总成本价，对无标底招标可不编制标底。

（4）招标投标阶段：建设单位的招标申请经批准后，即可开展该阶段的工作，工作内容主要包括：

1）通过各种媒体，如报刊、电台、电视、互联网等发布招标公告或直接向有承包条件的单位发投标邀请函；

2）对投标单位进行资格预审，预审一般采用评分法。筛选出投标单位；如通过预审单位较多，还应通过抽签确定参加投标单位；

3）组织投标人进行现场考察及招标工程交底；

4）招标单位召开招标预备会及答疑。

（5）决标成交阶段：这一阶段的内容主要是开标、评标、决标和签订施工承包合同：

1）开标：开标是指招标人依据文件规定的时间和地点，开启投标人提交的投标文件，公开宣读投标文件的主要内容。实质上开标就是把所有投标人递交的投标文件启封揭晓，所以又称揭标；

2）评标：评标是指开标后招标单位根据招标文件的要求，对投标单位提出的投标文件进行全面审查、分析和比较，从而择优评选出中标单位的过程。评标是审查中标人的必经程序，是保证招标成功的重要环节。因此，评标要做到客观公正、科学合理、规范合法；

3）决标：决标又称中标、定标，是指招标人经过开标、评标等过程，最后择优选定中标单位。决标的期限按照国际惯例，一般是 90～120d；我国规定大中型工程不得超过 30d，小型工程不得超过 10d。中标的方式最为常见的是采用最佳综合评价中标和合理最低投标价格中标两种。中标后，中标单位即与招标单位在规定的期限内正式签订工程承发包合同。

### 9.2.2 道路绿化工程投标

城市道路绿化工程投标是指投标人愿意按照招标人规定的条件承包工程，编制投标标书，提出工程造价、工期、施工方案和保证工程质量的措施，在规定的期限内向招标人投函，请求承包工程建设任务。

9.2.2.1 投标资格

参加投标的单位必须按招标通知向招标人递交以下有关资料：

（1）企业营业执照和资质证书；企业简介与资金情况。

（2）企业施工技术力量及机械设备状况。

（3）企业近三年承建的主要工程及其质量情况。

（4）企业在异地投标时取得的当地承包工程许可证。

（5）现有施工任务，含在建项目与尚未开工项目等。

9.2.2.2 投标程序

（1）城市道路绿化工程投标的程序：报告参加道路绿化工程的投标→办理资格预审→实行入围抽签→取得招标文件→研究招标文件→调查投标环境→确定投标策略→制定施工方案→编制投标书→投送标书。

（2）道路绿化工程投标必须按一定的程序进行，其主要内容如下：

1）根据招标公告，分析招标工程的条件，再依据自身的能力，选择投标工程；

2）在招标期限内提出投标申请，向招标人提交有关资料；

3）接受招标单位的资格审查；

4）从招标单位领取招标文件、图纸及必要的资料；

5）熟悉招标文件，参加现场勘察；

6）编制投标书，落实施工方案和标价；

7）在规定的时间内，向招标人报送标书；

8）开标、评标与决标；

9）中标人与招标人签订承包合同。

## 9.3 道路绿化工程施工合同的签订

道路绿化工程施工涉及多方面的内容，其中施工前签订工程承包合同就是一项重要工作。施工单位和建设单位不仅要有良好的信誉与协作关系，同时双方应确立明确的权利义务关系，以确保工程任务的顺利完成。

### 9.3.1 工程承包方式

（1）工程承包方式是指承包方和发包方之间经济关系的形式。受承包内容和具体环境的影响，承包方式也有所不同。目前，城市道路绿化工程中，最为常见的承包方式有以下几种：

1）按承包范围分：建设全过程承包（简称统包）、阶段承包、专项（业）承包、建造-经营-转让承包；

2）按合同类型和计价方法分：固定总价合同、单价合同、成本加酬金合同；

3）按承包者所处的地位分：总承包、分承包、独立承包、联合承包、直接承包；

4）按获得承包任务的途径分：计划分配、投标竞争、委托（协商）承包、指令承包。

（2）建设全过程承包：建设全过程承包也叫“统包”或“一揽子承包”，即通常所说的“交钥匙”。它是一种由承包方对工程全面负责的总承包，发包方一般仅需提出工程要求与工期，其他均由承包方负责。这种承包方式要求承发包双方密切配合，施工企业实力雄厚、技术先进、经验丰富。它最大的优点是能充分利用原有技术经验，节约投资，缩短工期，保证工程质量，资信度高。主要适用于各种大中型建设项目。

（3）阶段承包：阶段承包是指某一阶段工作的承包方式，例如可行性研究、勘察设计、工程施工等。在施工阶段，根据承包内容的不同，又可细分为包工包料、包工部分包料和包工不包料三种方式。包工包料是承包工程施工所用的全部人工和材料，是一种很普遍的施工承包方式，多由获得等级证书的施工企业采用。包工部分包料是承包方只负责提供施工的全部人工及部分材料，其余材料由建设单位负责的一种承包方式。包工不包料广泛应用于各类工程施工中，它指承包人仅提供劳务而不承担供应任何材料的义务，在道路绿化工程中尤其适用于临时民工承包。

（4）专项承包：专项承包是指某一建设阶段的某一专门项目。由于专业性强，技术要求高，如地质勘察、立体花坛、假山修筑、雕刻工艺、喷泉工程、音控光控设计等需由专业施工单位承包，故称专项承包。

（5）招标费用包干：工程通过招标投标竞争，优胜者得以和建设单位订立承包合同的一种先进承包方式。这是国际上通用的获得承包任务的主要方式。根据竞标内容的不同，又有多种包干方式，如招标费用包干、实际建设费用包干、施工图预算包干等。

（6）委托包干：委托包干也称协商承包，即不需经过投标竞争，而由业主与承包商协商，签订委托其承包某项工程的合同。多用于资信好的习惯性客户。绿化工程建设中此种承包方式也较为常用。

（7）分承包：分承包也称分包，它是指承包者不直接与建设单位发生关系，而是从总承包单位分包某一分项工程（如土方工程、混凝土工程等）或某项专业工程（如立体绿化工程、喷泉工程等)，并对总承包商负责的承包方式。由于道路绿化工程建设中也常遇到分项工程的专业化问题，所以有时也采用分包方式。

### 9.3.2 道路绿化工程施工承包合同

城市道路绿化工程施工承包合同是工程建设单位（发包方）和施工单位（承包方）根据国家基本建设的有关规定，为完成特定的工程项目而明确相互间权利和义务关系的协议。施工单位向建设单位承诺，按时、按质、按量为建设单位施工；建设单位则按规定提供技术文件，组织竣工验收并支付工程款。由此可见，施工合同是一种完成特定工程项目的合同，其特点是合同计划性强、涉及面广、内容复杂、履行期长。

施工合同一经签订，即具有法律约束力。施工合同明确了承发包人在工程中的权利和义务，这是双方履行合同的行为准则和法律依据，有利于规范双方的行为。如果不签订施工合同，也就无法确立各自在施工中所能享受的权利和应承担的义务。同时施工合同的签订，有利于对工程施工的管理，有利于整个工程建设的有序发展。尤其是在市场经济条件下，合同是维系市场运转的重要因素，因此应培养合同意识，推行建设监理制度，实行招标投标制等，使园林工程项目建设健康、有序地发展。

### 9.3.3 签订施工合同的原则和条件

9.3.3.1 订立施工合同的原则

订立施工合同的原则是指贯穿于订立施工合同的整个过程，对承发包方签订合同起指导和规范作用的、双方应遵循的准则主要有：

(1) 合法原则：订立施工合同要严格执行《建设工程施工合同（示范文本）》，通过《合同法》与《建筑法》等法律法规来规范双方的权利义务关系。唯有合法，施工合同才具有法律效力。

(2) 平等自愿、协商一致的原则：主体双方均依法享有自愿订立施工合同的权利。在自愿、平等的基础上，承发包方要就协议内容认真商讨，充分发表意见，为合同的全面履行打下基础。

(3) 公平、诚信的原则：施工合同双方均享有合同权利，也承担相应的义务，不得只注重享有的权利而对义务不负责任，这有失公平。在合同签订中，要诚实守信，当事人应实事求是向对方介绍自己订立合同的条件、要求和履约能力；在拟定合同条款时，要充分考虑对方的合法利益和实际困难，以善意的方式设定合同的权利和义务。

(4) 过错责任原则：合同中除规定的权利义务，必须明确违约责任，必要时，还要注明仲裁条款。

9.3.3.2 订立施工合同应具备的条件

(1) 道路绿化工程立项及设计概算已得到批准。

(2) 道路绿化工程项目已列入国家或地方的年度建设计划。城市专用绿地也已纳入单位年度建设计划。

(3) 施工需要的设计文件和有关技术资料已准备充分。

(4) 建设资料、建设材料、施工设备已经落实。

(5) 招标投标的工程，中标文件已经下达。

（6）施工现场条件，即“三通一平”已准备就绪。

（7）合同主体双方符合法律规定，并均有履行合同的能力。

### 9.3.4 工程承包合同的格式

合同文本格式是指合同的形式文件，主要有填空式文本、提纲式文本、合同条件式文本和合同条件加协议条款式文本。我国为了加强建设工程施工合同的管理，借鉴国际通用的 FIDIC《土木工程施工合同条件》，制定颁布了《建设工程施工合同（示范文本）》，该文本采用合同条件式文本。它是由协议书、通用条款、专用条款三部分组成，并附有三个附件：承包人承揽工程一览表、发包人供应材料设备一览表及工程质量保修书。实际工作中必须严格按照这个示范文本执行。根据合同协议格式，一份标准的施工合同由四部分组成：

（1）合同标题：写明合同的名称，如×××公园仿古建筑施工合同、××小区绿化工程施工承包合同。

（2）合同序文：包括承发包方名称、合同编号和签订本合同的主要法律依据。

（3）合同正文：合同的重点部分，由以下内容组成：

1）工程概况：主要包括工程名称、工程地点、建设目的、立项批文、工程项目一览表。

2）工程承包范围：承包人进行施工的工作范围，它实际上是界定施工合同的标的，是施工合同的必备条款。

3）建设工期：一般指承包人完成施工任务的期限，明确开、竣工日期。

4）工程质量：主要指工程的等级要求，是施工合同的核心内容。工程质量一般通过设计图纸、施工说明书及施工技术标准加以确定，是施工合同的必备条款。

5）工程造价：这是当事人根据工程质量要求与工程的概预算确定的工程费用。

6）各种技术资料交付时间：主要指设计文件、概预算和相关技术资料交付的时间。

7）材料、设备的供应方式，工程款支付方式与结算方法。

8）质量保修（养）范围，注明质量保修（养）期。

9）工程竣工验收：竣工验收条款常包括验收的范围和内容、验收的标准和依据、验收人员的组成、验收方式和日期等。

10）违约的责任，合同纠纷与仲裁条款等。

（4）合同结尾：注明合同份数，存留与生效方式；签订日期、地点、法人代表；合同公证单位；合同未尽事项或补充条款；合同应有的附件；工程项目一览表，材料、设备供应一览表，施工图纸及技术资料交付时间表。

## 9.4 道路绿化工程施工组织设计

### 9.4.1 施工组织设计的作用

施工组织设计是我国应用于工程施工中的科学管理手段之一，是长期工程建设中实践经验的总结，是组织现场施工的基本文件。因此，编制科学的、切合实际的、操作性强的施工组织设计，对指导现场施工、保证工程进度、降低成本等有着重要意义。其主要作用为：

（1）合理地施工组织设计，体现了园林工程的特点，对现场施工具有实践指导作用。

（2）能够按事先设计好的程序组织施工，能保证正常的施工秩序。

（3）能及时做好施工前准备工作，并能按施工进度搞好材料、机具、劳动力资源配置。

（4）使施工管理人员明确工作职责，充分发挥主观能动性。

（5）能很好协调各方面的关系，解决施工过程中出现的各种情况，使现场施工保持协调、均衡与文明。

### 9.4.2 施工组织设计的分类

根据其编制对象的不同，可编制出深度不一的施工组织设计。实际工作中常分为施工组织总设计、单位工程施工组织设计和分项工程作业设计三种。

9.4.2.1 施工组织总设计

施工组织总设计是以整个建设项目为编制对象，依照已审批的初步设计文件拟定总体施工规划，是工程施工的全局性、指导性文件。一般由施工单位组织编制，重点解决施工期限、施工顺序、施工方法、临时设施、材料设备以及施工现场总平面布置等关键内容。

9.4.2.2 单位工程施工组织设计

这是根据会审后的施工图一切以单位工程为编制对象，用于指导工程施工的技术文件。它是依照施工组织总设计的主要原则确定的单位工程施工组织与安排，因此不得和施工组织总设计相抵触。道路绿化工程施工组织设计的编制重点：工程概况和施工条件，施工方案与施工方法，施工进度计划，劳动力与其他资源配置，施工现场平面布置以及施工技术措施和主要技术经济指标、施工质量、安全及文明施工、劳动保护措施等。

9.4.2.3 分项工程作业设计

分项工程作业设计一般是就单位工程中某些特别重要部位或施工难度大、技术较复杂，需要采取特殊措施施工的分项工程编制的，具有较强针对性的技术文件。它所阐述的施工方法、施工进度与施工措施、技术要求等更详尽具体，例如道路立体绿化工程、喷水池防水工程、雕刻工程、特殊健身路铺装、大型立体绿化工程、土方回填造型工程等。

### 9.4.3 施工组织设计的原则和程序

9.4.3.1 施工组织设计的原则

施工组织设计要做到科学、实用，这就要求在编制思路上应吸收多年来工程施工中积累的成功经验，在编制技术上要遵循施工规律、理论和方法，在编制方法上应集思广益，逐步完善，与此同时，在编制施工组织设计时必须贯彻以下原则：

（1）依照国家政策、法规和工程承包合同施工：与工程项目相关的国家政策、法规对施工组织设计的编制有很大的指导意义。因此，在实际编制中要分析这些政策对工程有哪些积极影响，要遵守哪些法规，比如建筑法、合同法、环境保护法、森林法、自然保护法以及城市道路绿化管理条例等。建设工程施工承包合同是符合合同法的专业性合同，明确了双方的权利义务，在编制时要予以特别重视。

(2) 符合道路绿化工程的特点，体现园林综合艺术：道路绿化工程大多是综合性工程，并具有随着时间的推移其艺术特色才慢慢发挥和体现的特点。因此，施工组织设计的编制要紧密结合设计图纸，符合设计要求，不得随意变更设计内容。只有充分理解设计图纸，熟悉造园手法，采取针对性措施，所编制出的施工组织设计才能满足实际施工要求。

(3) 采用先进的施工技术和管理方法，选择合理的施工方案：

1) 在道路绿化工程施工中，应视工程的实际情况、现有的技术力量、经济条件等采纳先进的施工技术、科学的管理方法，以及选择合理的施工方案，做到施工组织在技术上是先进的、经济上是合理的、具体操作上是安全的、指标上是优化的；

2) 要积极学习先进的管理技术与方法，提高效率和效益，西方先进的管理经验要适当优选。在确定施工方案时要进行技术经济比较，要注意在不同的施工条件下拟定不同的施工方案，使所选择的施工方法和施工机械最优，施工进度和施工成本最优，劳动资源组合最优，施工现场调度和施工现场平面布置最优等。

(4) 合理安排施工计划，搞好综合平衡，做到均衡施工：

1) 施工计划是施工组织设计中极其重要的组成部分，施工计划安排得好，能加快施工进度，消除窝工、停工现象，有利于保证施工顺利进行；

2) 尽可能地进行周密合理的施工计划，并注意施工顺序的安排；

3) 要按施工规律配置工程时间和空间上的次序，做到相互促进、紧密搭接；

4) 施工方式上可视实际需要适当组织交叉作业或平行作业，以加快进度；

5) 编制方法上要注意应用流水作业及网络计划技术；同时要考虑施工的季节性，尤其是雨期或冬期的施工条件；

6) 计划中还要反映临时设施设置及各种物资材料、设备供应情况，要以节约为原则，充分利用固有设施；要加强成本意识，搞好经济核算；

7) 能做到以上内容，就能在施工期内全面协调各种施工力量和施工要素，确保工程连续、均衡地施工，避免经常出现抢工、突击现象。

(5) 采取切实可行措施，确保施工质量和施工安全：

1) 道路绿化工程质量是决定建设项目成败的关键指标，同时，也是施工企业参与市场竞争的根本。而施工质量直接影响工程质量，必须引起高度重视；

2) 施工组织设计中应针对道路绿化工程的实际情况制定出质量保证措施，推行全面质量管理，建立工程质量检查体系；

3) 道路绿化工程是环境艺术的工程，设计者呕心沥血的艺术创作，完全凭借施工手段来实现，因此必须严格按图施工，一丝不苟，最好进行二度创作，使作品更具艺术魅力；

4) “安全为了生产，生产必须安全”，保证施工安全和加强劳动保护是现代施工企业管理的基本原则，施工中必须贯彻“安全第一”的方针。要制定出施工安全操作规程和注意事项，搞好安全培训教育，加强施工安全检查，配备必要的安全设施，做到万无一失；

5) 工程的收尾工作是施工管理的重要环节，但有时往往未加注意，使收尾工作不能及时完成，这实际上导致资金积压、增加成本、造成浪费。因此，要重视后期收尾工程，尽快竣工验收交付使用。

9.4.3.2 施工组织设计的编制程序

图 9.4-1 所示为道路绿化工程施工组织设计编制程序，只有这样，才能保证其科学性和合理性。施工组织设计的编制程序的具体内容如下：

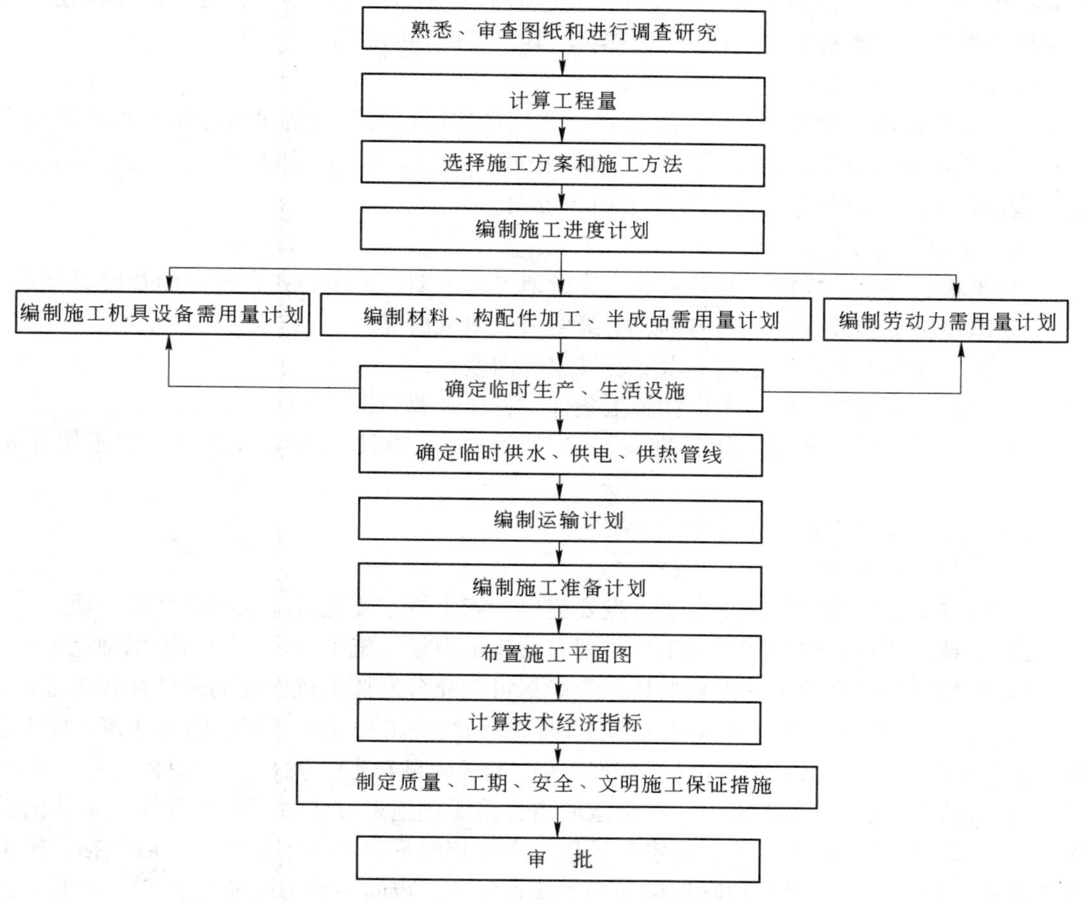

图 9.4-1 单位工程施工组织设计编制程序

(1) 熟悉工程施工图，领会设计意图，收集自然条件和技术经济条件资料，认真分析。

(2) 将工程合理分项并计算各自工程量，确定工期。

(3) 确定施工方案、施工方法，进行技术经济比较，选择最优方案。

(4) 利用横道图或网络计划技术编制施工进度计划。

(5) 制定施工必需的设备、材料、构件及劳动力计划。

(6) 布置临时设施、做好“三通一平”工作，并编制施工准备工作计划。

(7) 绘出施工平面布置图，计算技术经济指标，确定劳动定额。

(8) 拟定质量、工期、安全、文明施工等措施，必要时还要制定园林工程季节性施工和苗木养护期保活等措施。

(9) 成文审批。

### 9.4.4 施工组织设计的主要内容

城市道路绿化工程施工组织设计的内容一般是由工程项目的范围、性质、特点和施工条件、景观要求来确定的，由于在编制过程中有深度上的不同，无疑反映在内容上也有所差异。但不论哪种类型的施工组织设计都应包括工程概况、施工方案、施工进度和施工现场平面布置图，即常称的“一图一表一案”。其主要内容归纳如下：

9.4.4.1 工程概况

(1) 工程概况是对拟建路绿化工程的基本性描述，目的是通过对路绿化工程的简要说明了解工程的基本情况，明确任务量、难易程度、质量要求等，以便合理制定施工方法、施工措施、施工进度计划和施工现场平面布置图。

(2) 工程概况应说明：

1) 工程的性质、规模、服务对象、建设地点、工期、承包方式、投资额及投资方式；

2) 承建施工和设计单位的名称、上级要求、图纸情况；

3) 施工现场的地质、土壤、水文、气象等因素；

4) 特殊施工措施、施工力量和施工条件，材料来源与供应情况；

5) “三通一平”条件；机具准备、临时设施解决方法、劳动力组织及技术协作水平等。

9.4.4.2 确定道路绿化施工的方案

(1) 拟定道路绿化施工的方法

1) 首先要求所拟定的施工方法重点要突出，施工技术要先进，成本消耗要合理；

2) 要特别注意利用和结合施工单位现有的技术力量、施工习惯、劳动组织特点等；

3) 要根据道路绿化工程面长的特点，能尽可能充分发挥机械作业的多样性和先进性；

4) 要对关键工程的重要工序或分项工程，特殊结构工程（如道路旁的古建筑、现代雕塑）及专业性强的工程（如大型的立体花坛工程、自控喷泉安装）等制定详细具体的施工方法。

(2) 制订道路绿化施工措施：在确定城市道路绿化施工方法时，首先要提出具体的操作方法和施工的注意事项，然后提出其质量要求及相应采取的技术措施。一般包括：施工技术规范、操作规程；质量控制指标和相关检查标准；夜间与季节性施工措施；降低工程施工成本措施；施工安全与消防措施、现场文明施工及环境保护措施等。

(3) 施工方案技术经济比较

1) 一般情况下，由于城市道路绿化工程的复杂性和多样性，某项分部工程或施工阶段可能有好几种施工方法，构成多种施工方案；

2) 为了选择一个合理的施工方案，必须进行一次施工方案的技术经济比较；

3) 对于城市道路绿化施工方案的技术经济分析，主要有定性分析和定量分析两种。前者是结合经验进行一般的优缺点比较，例如是否符合工期要求，是否满足成本低、效益高的要求，方案是否切合实际，是否达到比较先进的技术水平，材料、设备是否满足要求，是否有利于保证工程质量和施工安全等；

4) 道路绿化定量分析是通过计算出劳动力、材料消耗、工期长短及成本费用等经济指标进行比较，从而得出优选方案。

#### 9.4.4.3 制定施工进度计划

（1）城市道路绿化的施工进度计划是在预定工期内以施工方案为基础编制的，要求以最低的施工成本合理安排施工顺序和工程进度。它的主要作用是全面控制施工进度，为编制基层作业计划及各种资源供应提供依据。施工进度计划编制的步骤是：

1）将道路绿化工程项目分类及确定工程量，计算劳动量和机械台班数；

2）确定道路绿化工程施工的工期，解决工程各工序间相互搭接问题；

3）编排道路绿化工程施工进度；

4）按照施工进度提出劳动力、材料和机具的需要计划。

（2）按照上述编制步骤，将计算出的各因素填入表 9.4-1 中，即成为最常见的施工进度计划，此种格式也称横道图或条形图。它由两部分组成：左边是工程量、人工、机械台班的计算数；右边是用线段表达工程进度的图样，可表明各项工程（或工序）的搭接关系。

**城市道路绿化工程施工进度计划表** **表 9.4-1**

| 序号 | 分部工程名称 | 工程量 | | 劳动量 | 机械 | | 每天工作人数 | 工作日 | 施工进度 | | | | | | | | |
|---|---|---|---|---|---|---|---|---|---|---|---|---|---|---|---|---|---|
| | | | | | | | | | 天 | | | | | | | | |
| | | 单位 | 数量 | | 名称 | 台班数 | | | 3 | 10 | 15 | 20 | 25 | 30 | 35 | 40 | 45 |
| 1 | | | | | | | | | | | | | | | | | |
| 2 | | | | | | | | | | | | | | | | | |
| 3 | | | | | | | | | | | | | | | | | |
| 4 | | | | | | | | | | | | | | | | | |
| 5 | | | | | | | | | | | | | | | | | |
| 6 | | | | | | | | | | | | | | | | | |
| 7 | | | | | | | | | | | | | | | | | |
| 8 | | | | | | | | | | | | | | | | | |
| 9 | | | | | | | | | | | | | | | | | |
| 10 | | | | | | | | | | | | | | | | | |

（3）在编制城市道路绿化施工进度计划必须确定如下因素：

1）工程项目分类：将分部工程按施工顺序列出。分部工程划分不宜过多，要和预算定额内容一致，重点在于关键工序，并注意彼此间的搭接。一般道路绿化工程的分部工程项目较少且较为简单，通常分为：土方工程、绿化工程、雕塑工程、水景工程、小品工程、给水排水工程、立体花坛工程、绿化造景及其管线工程等。

2）工程量计算：按施工图和工程量计算方法逐项计算。注意工程量计算单位的一致。

3）劳动量和机械台班数确定：某项工程劳动量＝该工程的工程量/该工程的产量定额

或　　劳动量＝该项工程工程量×时间定额

或　　机械台班数＝工程量×机械时间定额。

4）工期确定：所需工期＝工程的劳动量（工日）/工程每天工作的人数。

合理工期应满足三个条件，即最小劳动组合、最小工作面和最适宜的工作人数。最小劳动组合是指某个工序正常安全施工时的组合人数。最小工作面是指每个工作人员或班组进行施工时必须有足够的工作面，例如土方工程中人工挖土最佳作业面积是每人 4～6$m^2$。

最适宜的工作人数即最可能安排的人数，可据需要而定。例如在一定工作面范围内依靠增加施工人员来缩短工期是有限的，但可采用轮班作业以达到缩短工期的目的。

5）进度计划编制：施工进度计划的编制要满足总工期。但必须先确定消耗劳动力和工时最多的工序，如大型广场上的喷水池池底、池壁施工，道路两旁的移树栽树施工与立体花坛施工等。待关键工序确定后，其他工序适当配合、穿插或平行作业，做到施工的连续性、均衡性、衔接性。

6）编排好进度计划初稿后要认真检查调整，检查是否满足总工期，各工序是否合理搭接，劳动力、机械、材料供应能否满足要求。如计划需要调整时，可通过改变工期或各工序开始和结束时间等方法调整。施工进度计划的编制方法最为常用的是条形图法和网络图法两种。

7）劳动力、材料、机具需要量准备：施工进度计划编制后就要进行劳动资源的配置，组织劳动力，调配各种材料和机具，确定进场时间，填入表 9.4-2～表 9.4-4 内。

**城市道路绿化劳动力需要量计划** **表 9.4-2**

| 序号 | 工程名称 | 参加人数 | 月份 | | | | | | | | | | | | 备注 |
|---|---|---|---|---|---|---|---|---|---|---|---|---|---|---|---|
| | | | 1 | 2 | 3 | 4 | 5 | 6 | 7 | 8 | 9 | 10 | 11 | 12 | |
| 1 | | | | | | | | | | | | | | | |
| 2 | | | | | | | | | | | | | | | |
| 3 | | | | | | | | | | | | | | | |
| 4 | | | | | | | | | | | | | | | |
| 5 | | | | | | | | | | | | | | | |
| 6 | | | | | | | | | | | | | | | |
| 7 | | | | | | | | | | | | | | | |
| 8 | | | | | | | | | | | | | | | |
| 9 | | | | | | | | | | | | | | | |
| 10 | | | | | | | | | | | | | | | |

**各种绿化材料配件与设备需要计划表** **表 9.4-3**

| 序号 | 各种绿化材料配件设备名称 | 单位 | 数量 | 规格 | 月份 | | | | | | | | | | | | 备注 |
|---|---|---|---|---|---|---|---|---|---|---|---|---|---|---|---|---|---|
| | | | | | 1 | 2 | 3 | 4 | 5 | 6 | 7 | 8 | 9 | 10 | 11 | 12 | |
| 1 | | | | | | | | | | | | | | | | | |
| 2 | | | | | | | | | | | | | | | | | |
| 3 | | | | | | | | | | | | | | | | | |
| 4 | | | | | | | | | | | | | | | | | |
| 5 | | | | | | | | | | | | | | | | | |
| 6 | | | | | | | | | | | | | | | | | |
| 7 | | | | | | | | | | | | | | | | | |
| 8 | | | | | | | | | | | | | | | | | |
| 9 | | | | | | | | | | | | | | | | | |
| 10 | | | | | | | | | | | | | | | | | |

道路绿化工程机械需要计划表　　表 9.4-4

| 序号 | 机械名称 | 型号 | 数量 | 使用时间 | 进场时间 | 退场时间 | 供应单位 | 1 | 2 | 3 | 4 | 5 | 6 | 7 | 8 | 9 | 10 | 11 | 12 | 备　注 |
|---|---|---|---|---|---|---|---|---|---|---|---|---|---|---|---|---|---|---|---|---|
| 1 | | | | | | | | | | | | | | | | | | | | |
| 2 | | | | | | | | | | | | | | | | | | | | |
| 3 | | | | | | | | | | | | | | | | | | | | |
| 4 | | | | | | | | | | | | | | | | | | | | |
| 5 | | | | | | | | | | | | | | | | | | | | |
| 6 | | | | | | | | | | | | | | | | | | | | |
| 7 | | | | | | | | | | | | | | | | | | | | |
| 8 | | | | | | | | | | | | | | | | | | | | |
| 9 | | | | | | | | | | | | | | | | | | | | |
| 10 | | | | | | | | | | | | | | | | | | | | |

9.4.4.4　施工现场平面布置图

（1）道路绿化工程施工现场平面布置图是指导工程现场施工的平面布置简图，它主要是解决施工现场的合理工作面问题。其设计依据是工程施工图、施工方案和施工进度计划。所用图纸比例一般 1∶200。

（2）施工现场平面布置图的主要内容：工程施工范围；建造临时性建筑的位置与范围；已有的建筑物和地下管道；施工道路、进出口位置；测量基线、控制点位置；材料、设备和机具堆放点，机械安装地点；供水供电线路、泵房及临时排水设施；消防设施位置。

（3）施工现场平面布置图设计的原则

1）在满足现场施工的前提下，尽量减少占用施工用地，平面空间合理有序；

2）要尽可能减少临时设施和临时管线。最好利用工地周边原有建筑做临时用房，必要时临时用房最好沿周边布置；临时道路宜简，且要合理布置进出口；供水供电线路应最短；

3）要最大限度减少现场运输，尤其要避免场内多次搬运。为此，道路要做成环形设计，工序安排要合理，材料堆放点要利于施工，并做到按施工进度组织生产材料；

4）要符合劳动保护、施工安全和消防的要求。场内各种设施不得有碍于现场施工，各种易燃易爆和危险品存放要满足消防安全要求。对某些特殊地段，如易塌方的陡坡要做好标记并提出防范措施。

（4）施工现场平面布置图设计的方法。一个合理的施工现场布置图有利于顺序均衡地施工。设计时可参考以下方法：

1）熟悉施工图，了解施工进度计划和施工方法。对施工现场进行实地踏勘；

2）确定道路出入口，临时用路做环形布置，同时注意承载能力；

3）选择大型机械安装点、材料堆放处。如景石吊装时，起重机械应选择适宜的停靠点；混凝土材料，如碎石、砂、水泥等要紧挨搅拌站；植物材料可直接按计划送到种植点，需假植的，应就近假植，减少二次搬运；

4）选定管理和生活临时用房地点。施工业务管理房应靠近施工现场或设在现场内，并考虑全天候管理的需要。生活用房要和施工现场明显分开，最好能利用原有建筑，以减少占地；

5）供水供电网布置。

① 施工现场的给水排水是进行施工的重要保障，给水要满足正常施工、生活、消防需要，管网宜沿路埋设等；

② 道路绿化施工现场最好采用原地形排水，也可修筑明沟排水，驳岸、护坡施工时

还要考虑湖水排空问题；

③ 供电系统一般由当地电网接入，要配置临时配电箱，采用三相四线制供电。供电线路必须架设牢固、安全，不得影响交通运输和正常施工；

④ 在实际工作中，可根据需要设计出几个现场布置方案，经过分析比较，选择布置合理、技术可行、施工方便、经济安全的方案。

9.4.4.5 道路绿化工程流水施工概述

在组织工程施工时，常采用顺序施工、平行施工和流水施工三种组织方式。表 9.4-5 是某道路绿化工程的基础工程施工作业，根据实际情况可安排不同的施工方式。

**某道路绿化基础工程施工过程和作业时间** **表 9.4-5**

| 序 号 | 施 工 过 程 | 作 业 天 数 | 序 号 | 施 工 过 程 | 作 业 天 数 |
|---|---|---|---|---|---|
| 1 | 开挖基槽 | 3 | 5 | 整修边坡 | 6 |
| 2 | 混凝土垫层 | 2 | 6 | 砌筑道路分隔带 | 7 |
| 3 | 砌筑排水沟 | 3 | 7 | 砌筑排水检查井 | 6 |
| 4 | 回填土 | 2 | 8 | 砌筑通信线路检查井 | 5 |

(1) 顺序施工：这是按照施工过程中各分部（分项）工程的先后顺序，前一个施工过程完工后才开始下一施工过程的一种组织生产方式，如图 9.4-2 所示。这是一种最简单、最基本的组织方式。其特点是同时投入的劳动资源较少，组织简单，材料供应单一；但劳动生产率低，工期较长，不能适应大型工程的需要。

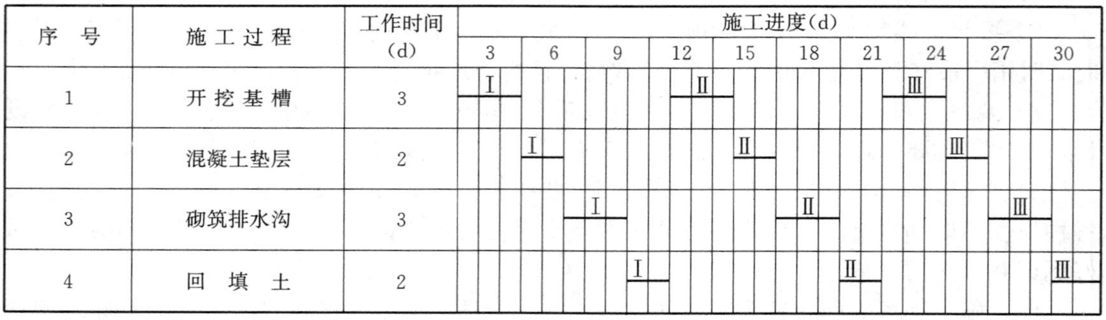

| 序 号 | 施 工 过 程 | 工作时间(d) | 施工进度(d) | | | | | | | | | |
|---|---|---|---|---|---|---|---|---|---|---|---|---|
| | | | 3 | 6 | 9 | 12 | 15 | 18 | 21 | 24 | 27 | 30 |
| 1 | 开 挖 基 槽 | 3 | Ⅰ | | | Ⅱ | | | | Ⅲ | | |
| 2 | 混凝土垫层 | 2 | | Ⅰ | | | Ⅱ | | | Ⅲ | | |
| 3 | 砌筑排水沟 | 3 | | | Ⅰ | | | Ⅱ | | | Ⅲ | |
| 4 | 回 填 土 | 2 | | | Ⅰ | | | | Ⅱ | | | Ⅲ |

注：Ⅰ、Ⅱ、Ⅲ为建筑种类。

顺序施工进度（一）

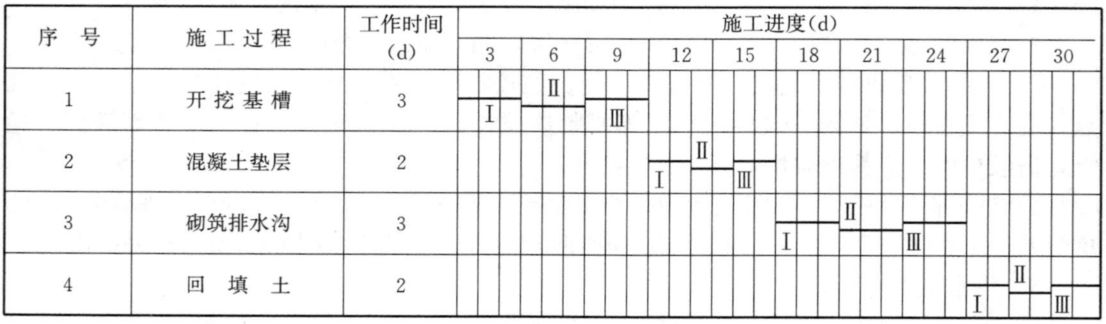

| 序 号 | 施 工 过 程 | 工作时间(d) | 施工进度(d) | | | | | | | | | |
|---|---|---|---|---|---|---|---|---|---|---|---|---|
| | | | 3 | 6 | 9 | 12 | 15 | 18 | 21 | 24 | 27 | 30 |
| 1 | 开 挖 基 槽 | 3 | Ⅰ | Ⅱ | Ⅲ | | | | | | | |
| 2 | 混凝土垫层 | 2 | | | | Ⅰ Ⅱ | Ⅲ | | | | | |
| 3 | 砌筑排水沟 | 3 | | | | | | Ⅰ | Ⅱ | Ⅲ | | |
| 4 | 回 填 土 | 2 | | | | | | | | | Ⅰ Ⅱ | Ⅲ |

注：Ⅰ、Ⅱ、Ⅲ为建筑种类。

顺序施工进度（二）

图 9.4-2 顺序施工进度示意图

(2) 平行施工：平行施工是将一个工作范围内的相同施工过程同时组织施工，完成以后再同时进行下一个施工过程的施工方式。如图 9.4-3 所示为某城市大型广场喷水池基础工程，首先是土方工程施工，然后是垫层同时施工，再后是砌基础施工等。平行施工的特点是最大限度地利用了工作面，工期最短；但同一时间内需提供的相同劳动资源成倍增加，施工管理复杂。

| 序　号 | 施工过程 | 工作时间(d) | 施工进度(d) | | | | | | | | | |
|---|---|---|---|---|---|---|---|---|---|---|---|---|
| | | | 1 | 2 | 3 | 4 | 5 | 6 | 7 | 8 | 9 | 10 |
| 1 | 开挖基槽 | 3 | Ⅰ | Ⅱ | Ⅲ | | | | | | | |
| 2 | 混凝土垫层 | 2 | | | | Ⅰ Ⅱ | Ⅲ | | | | | |
| 3 | 砌筑排水沟 | 3 | | | | | | Ⅰ | Ⅱ | Ⅲ | | |
| 4 | 回　填　土 | 2 | | | | | | | | | Ⅰ | Ⅱ Ⅲ |

注：Ⅰ、Ⅱ、Ⅲ为建筑种类。

图 9.4-3　平行施工进度示意图

(3) 流水施工：流水施工是把若干个同类型的施工对象划分成多个施工段，组织若干个在施工工艺上有密切联系的专业班组相继进行施工，依次在各施工段上重复完成相同的施工内容。如图 9.4-4 所示，喷水池基础工程施工，每一个施工段组织一个专业班组，使各专业班组之间合理利用工作面进行平行搭接施工。其特点：

| 序　号 | 施工过程 | 工作时间(d) | 施工进度(d) | | | | | | | | | | | | | | | | | |
|---|---|---|---|---|---|---|---|---|---|---|---|---|---|---|---|---|---|---|---|---|
| | | | 1 | 2 | 3 | 4 | 5 | 6 | 7 | 8 | 9 | 10 | 11 | 12 | 13 | 14 | 15 | 16 | 17 | 18 |
| 1 | 开挖基槽 | 3 | | Ⅰ | | | Ⅱ | | | Ⅲ | | | | | | | | | | |
| 2 | 混凝土垫层 | 2 | | | | | | Ⅰ | | Ⅱ | | Ⅲ | | | | | | | | |
| 3 | 砌筑排水沟 | 3 | | | | | | | | | Ⅰ | | | Ⅱ | | | Ⅲ | | | |
| 4 | 回　填　土 | 2 | | | | | | | | | | | | | | Ⅰ | Ⅱ | | Ⅲ | |

注：Ⅰ、Ⅱ、Ⅲ为建筑种类。

图 9.4-4　流水施工进度示意图

1) 是在同一施工段上各施工过程保持顺序施工的特点，不同施工过程在不同的施工段上又最大限度地保持了平行施工的特点；

2) 专业施工班组能连续施工，充分利用了时间，施工不停歇，因而工期较短；

3) 生产工人和生产设备从一个施工段转移到另一个施工段，保持了连续施工的特点，使施工具有持续性、均衡性和节奏性。

9.4.4.6　横道图和网络图计划技术

(1) 施工组织设计要求合理安排施工顺序和施工进度计划。目前工程施工表示工程进度计划的方法最常见的是横道图（条形图）法和网络图法两种。例如编制一个钢筋混凝土结构的喷水池施工进度计划，可采用如图 9.4-5（*a*）的横道图进度计划或图 9.4-5（*b*）的双代号网络图进度计划，两种计划均采用流水施工方式组织施工。

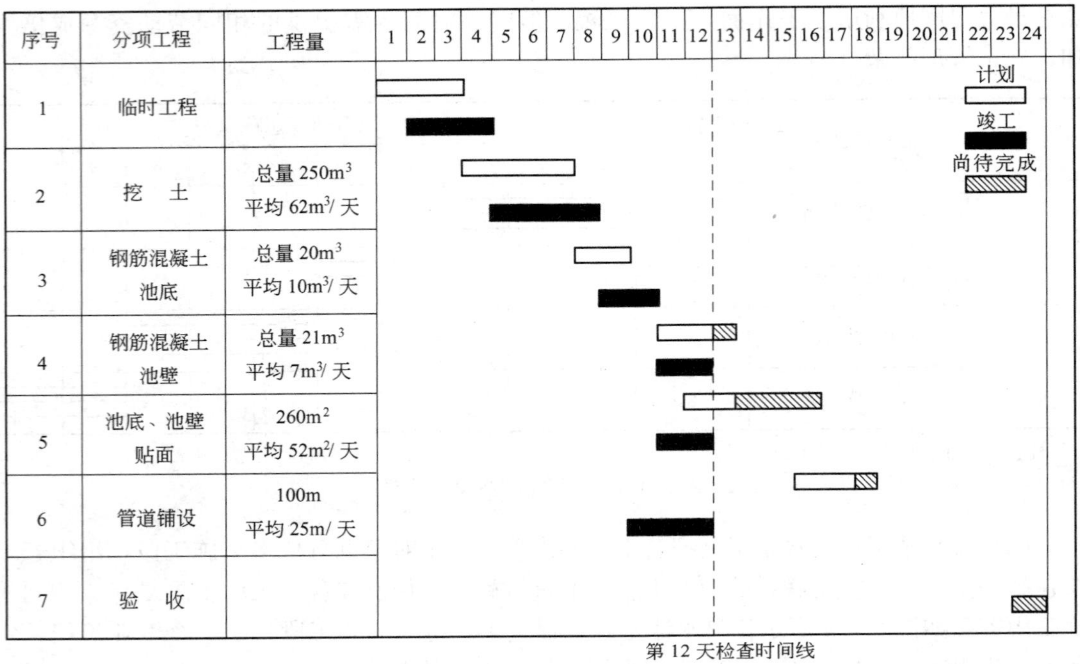
序号
分项工程
工程量
1 2 3 4 5 6 7 8 9 10 11 12 13 14 15 16 17 18 19 20 21 22 23 24
1 临时工程
2 挖 土 总量 250m³ 平均 62m³/ 天
3 钢筋混凝土池底 总量 20m³ 平均 10m³/ 天
4 钢筋混凝土池壁 总量 21m³ 平均 7m³/ 天
5 池底、池壁贴面 260m² 平均 52m²/ 天
6 管道铺设 100m 平均 25m/ 天
7 验 收
计划
竣工
尚待完成
第 12 天检查时间线

(*a*)

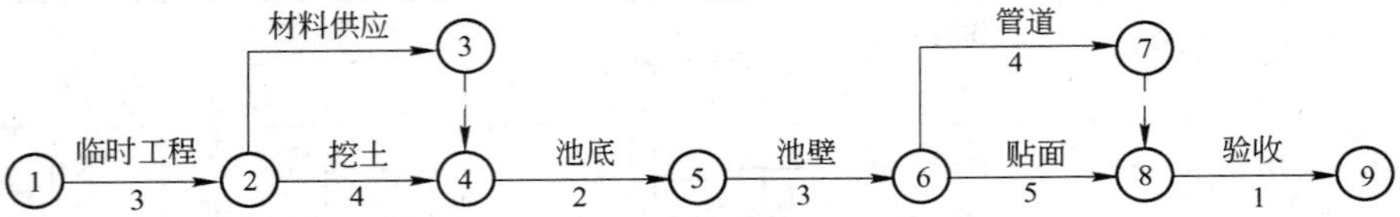
材料供应
临时工程
3
挖土
4
池底
2
池壁
3
管道
4
贴面
5
验收
1
1
2
3
4
5
6
7
8
9

(*b*)

图 9.4-5　喷水池的横道图和网络图施工进度

（*a*）横道图；（*b*）网络图

（2）从图 9.4-5（*a*）中可以看出，横道图是以时间参数为依据的，图右边的横向线段代表各工序的起止时间与先后顺序，表明彼此之间的搭接关系。其特点是编制方法简单、直观易懂，至今在绿化工程施工中应用较多。

（3）这种方法也有明显的不足之处，主要不能全面反映各工序间的相互联系及彼此间的影响；也不能建立数理逻辑关系。因而无法进行系统的时间分析，不能确定重点工序，不利于发挥施工潜力，更不能通过先进的计算机技术进行优化。因而，往往导致所编制的进度计划过于保守或与实际脱节，也难以准确预测、妥善处理和监控计划执行中出现的各种情况。

（4）图 9.4-5（*b*）所示的网络计划技术是将施工进度看作一个系统模型，系统中可以清楚看出各工序之间的逻辑制约关系。哪些是重点工序或影响工期的主要因素，均一目了然。同时由于它是有方向的有序模型，便于利用计算机进行技术优化。因此，它较横道图更科学、更严密，更利于调动一切积极因素，是工程施工中进行现代化建设管理的主要手段。

（5）横道图计划技术：横道图也称条形图，是简单应用的施工进度计划方法，在绿地项目施工中广泛适用。目前最为常见的有作业顺序表和详细进度表两种。

1）作业顺序表：图 9.4-6 所示为某绿地铺草工程的作业顺序示意图，图右边表示作业量比率，左边是按施工顺序标明的工序。从表中可以看出，各工序的实际情况和作业量完成率一目了然。但工种间的关系不清，影响工期的重点工序也不明确，不适合较复杂的施工管理。

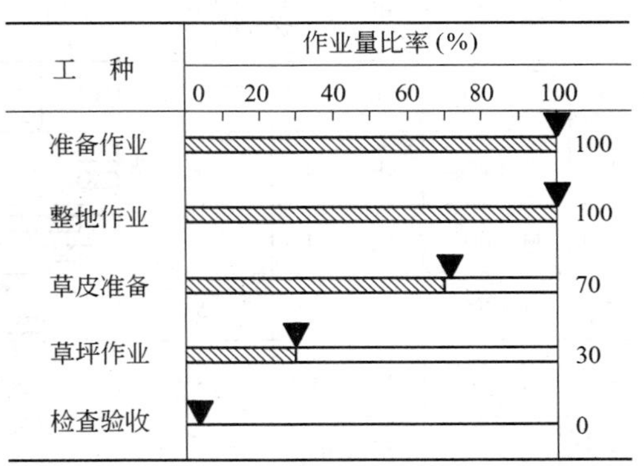


图 9.4-6　铺草作业顺序示意图

2）详细进度表这是应用最为普遍的横道图计划。详细的道路绿化铺草施工进度计划表（表 9.4-6）由两部分组成。左边以工序（或工种、分项工程）为纵坐标，包括工程量、各工种工期、定额及劳动量等指标；右边以工期为横坐标，以线框或线条表示工程进度。

**道路绿化铺草施工详细进度表**　　**表 9.4-6**

| 工　种 | 单　位 | 数　量 | 开工日 | 完工日 | 4月（5 10 15 20 25 30） |
|---|---|---|---|---|---|
| 准备作业 | 组 | 1 | 4月1日 | 4月5日 | |
| 定　点 | 组 | 1 | 4月6日 | 4月9日 | |
| 堆山工程 | $m^3$ | 5000 | 4月10日 | 4月15日 | |
| 栽植工程 | 株 | 450 | 4月15日 | 4月24日 | |
| 草坪工程 | $m^2$ | 900 | 4月24日 | 4月28日 | |
| 收　尾 | 队 | 1 | 4月28日 | 4月30日 | |

3）详细进度计划的编制方法为：

① 确定工种（或工序、工程项目）。按照施工顺序和作业，客观搭接次序编排，必要时可组织平行施工，最好不安排交叉作业。所列项目不要疏漏也不应重复。

② 确定工期。根据工程量、相关定额和劳动力状况来确定，可略增机动时间，但不得突破总工期。

③ 绘制框图。用线框在相应栏目内按时间起止期限绘成图示，要求清晰准确。

④ 检查调整。绘制完毕后，要认真检查，看是否满足总工期要求，能否清楚看出时间进度和要完成的任务指标等。

⑤ 利用横道图表示施工详细进度计划的目的是对施工进度合理控制，并根据计划随时检查施工过程，达到保证顺利施工，降低施工成本，满足总工期的需要。

⑥ 图 9.4-7 所示为某城市道路护坡工程的横道图施工进度计划。原计划工期 20d，由于各工种相互衔接，施工组织严密，因而各工种均提前完成，节约工期 2d。在第 10 天清

点时，原定开工的铺石工序实际上已完成了工程量的 1/3。

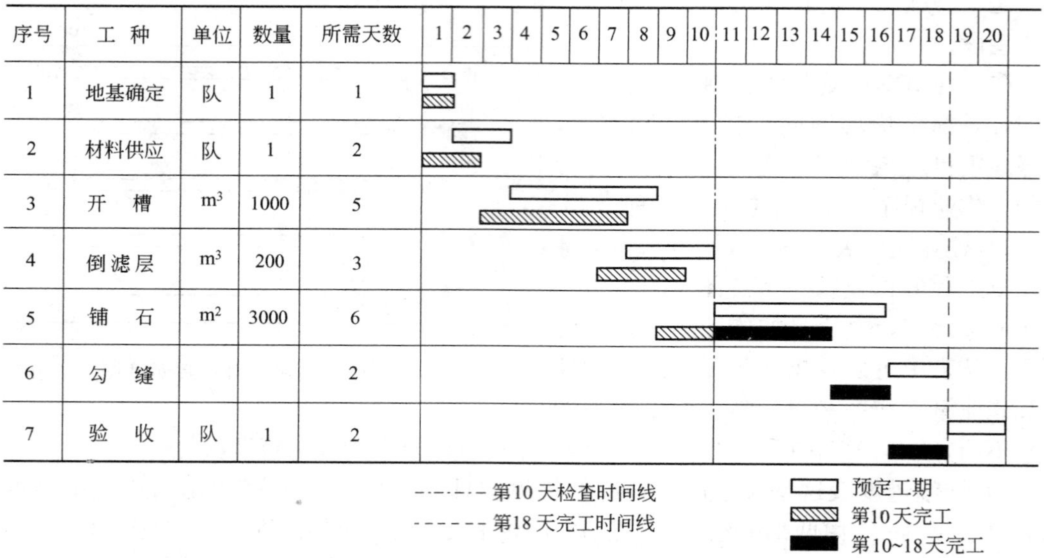

| 序号 | 工 种 | 单位 | 数量 | 所需天数 | 1 | 2 | 3 | 4 | 5 | 6 | 7 | 8 | 9 | 10 | 11 | 12 | 13 | 14 | 15 | 16 | 17 | 18 | 19 | 20 |
|---|---|---|---|---|---|---|---|---|---|---|---|---|---|---|---|---|---|---|---|---|---|---|---|---|
| 1 | 地基确定 | 队 | 1 | 1 | | | | | | | | | | | | | | | | | | | | |
| 2 | 材料供应 | 队 | 1 | 2 | | | | | | | | | | | | | | | | | | | | |
| 3 | 开 槽 | $m^3$ | 1000 | 5 | | | | | | | | | | | | | | | | | | | | |
| 4 | 倒滤层 | $m^3$ | 200 | 3 | | | | | | | | | | | | | | | | | | | | |
| 5 | 铺 石 | $m^2$ | 3000 | 6 | | | | | | | | | | | | | | | | | | | | |
| 6 | 勾 缝 | | | 2 | | | | | | | | | | | | | | | | | | | | |
| 7 | 验 收 | 队 | 1 | 2 | | | | | | | | | | | | | | | | | | | | |

-·-·-·- 第10天检查时间线
------ 第18天完工时间线
预定工期
第10天完工
第10~18天完工

图 9.4-7 某城市道路护坡工程的横道图施工进度计划示意图

由以上可清楚地表明，横道图控制施工进度简明实用，广泛地用应于各种类型的城市道路绿化工程。

### 9.4.5 道路绿化工程施工组织设计实例

9.4.5.1 工程概况

沪杭高速公路（上海段）整体绿化工程起点桩号为 K0-079，位于浙江省嘉善县与上海市金山区交界处，终点在松江区城镇北缘与松江立交相接，全长 27.58km。绿化范围包括中央隔离带绿化、两侧护坡绿化、收费站广场绿化、立交桥绿化等总面积超过 $1\times10^6m^2$。每公里绿化面积大约 $4000m^2$，工程线路长、面积大、绿化形式多样、植物品种丰富，同时要符合高速公路安全、通畅、舒适的要求。工程于 1998 年 12 月竣工。

9.4.5.2 施工准备工作

（1）地形标高：上海地下水位偏高，而原施工场地地势低洼，积水严重。必须抬高地形，才能进行绿化种植，大规格乔木对地形要求偏高，要根据现场的地形标高和地下水位的高低做好地形处理和排水系统。

（2）土质状况：植物生长离不开土壤，土质的好坏影响植物的生存和生长。大多数树种要求土壤 pH 值在 8 以下，电导值 1.5 以下，含盐量 0.1%以下。在种植前要对施工范围内的种植土进行详细的踏勘和多点采样测试。高速公路在施工中采取了多层压实措施，并使用了石灰土，土壤碱性偏重，松散性差，必须采取土壤改良措施。

（3）环境条件：植物对环境的敏感度很高，对大气中的各种污染源有些不能生存，有些却能够吸收并净化大气质量。要了解高速公路沿线（两侧各 5km）范围内有无污染源，特别是大型工厂或垃圾堆放处理场。

（4）设计构思：

1）绿化设计是设计师将绿化概念通过语言、文字、图纸将建设单位的意图表现出来；

2）设计师和建设单位在主观性、客观性、实用性、经济性和艺术性等方面的契合程度，也体现出设计师的水平；

3）作为高速公路的配套工程，绿化设计要从安全、舒适上充分为主体工程服务；

4）高速公路设计时速为120km/h，车辆行驶速度很快，驾驶员的思想高度集中，视野不能受外界过多的影响。所以在高速公路两侧种植高大的乔木防护林带，隔开公路以外的事物对驾驶员的影响；

5）在中央隔离带为防止迎面对向高速行驶的车辆对视线的影响，尤其是夜间对向车辆眩目灯光对眼睛的极大刺激，影响夜间行车速度和安全；

6）主线上的绿化形式要简洁大方、整齐清洁，在中央隔离带选用四季常青，高度在驾驶员的视点以上的龙柏绿篱；

7）为了景观的色彩效果和两侧行车时的视觉区别，在绿篱以外种植红（红叶小蘗）、黄（金叶女贞）两条色带植物；

8）在四座立交桥下充分利用原有的地形地貌，填筑土方，塑造高低错落、排水通畅的地形。绿化种植以大面积的缓坡草坪为底景，姿态挺拔优美的雪松群作为植物造景的主体；

9）前排以流畅的曲线形分层布置夹竹桃、黄馨等花灌木和美人蕉、麦冬、鸢尾等开花或常绿地被植物。湖边以成片的圆形树冠的常绿乔木香樟、女贞和高耸的塔形树冠的落叶乔木水杉丰富植物群落的林冠线和湖中倒影，突出了季相变化；

10）中心部位用植物造型的办法，形成视觉焦点。尤其在上海和浙江接壤的枫泾立交绿化效果中，以绿色的瓜子球和红色的红叶小蘗两个直径15m的“S”和“H”形标记，分别代表沪杭高速公路的两端上海和杭州，既表示沪杭高速公路两个端点城市的友谊常在，又形成了高速公路绿化景观的一道风景线。具体如图9.4-8、图9.4-9、图9.4-10所示。

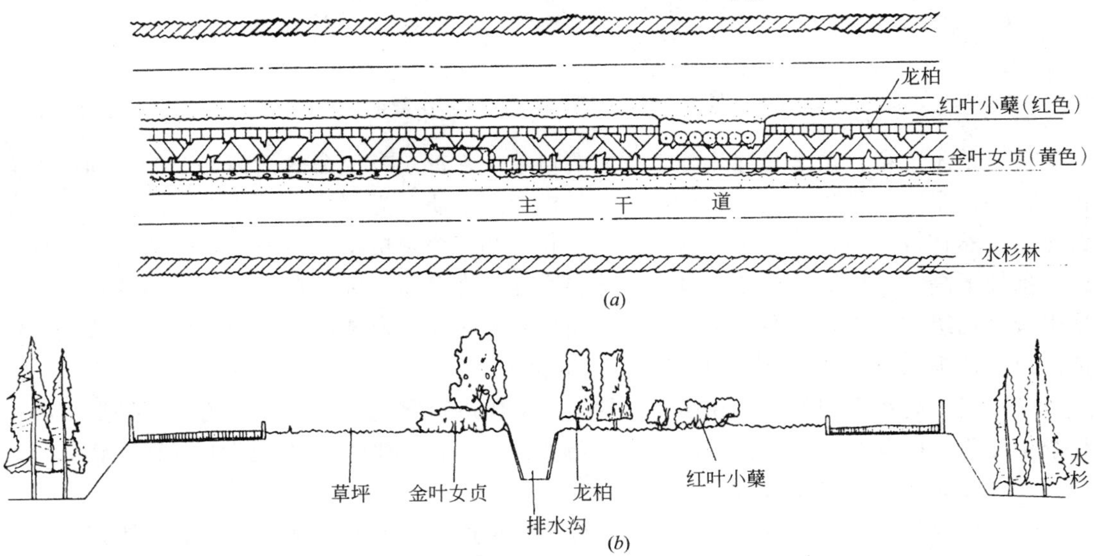


图9.4-8　沪杭速公路主线绿化示意图

（a）平面图；（b）剖面图

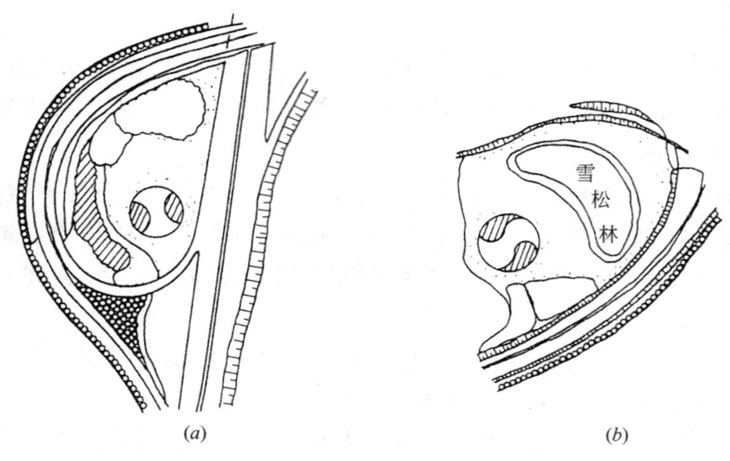


图 9.4-9　枫泾立交花毯示意

(a)"H"形；(b)"S"形

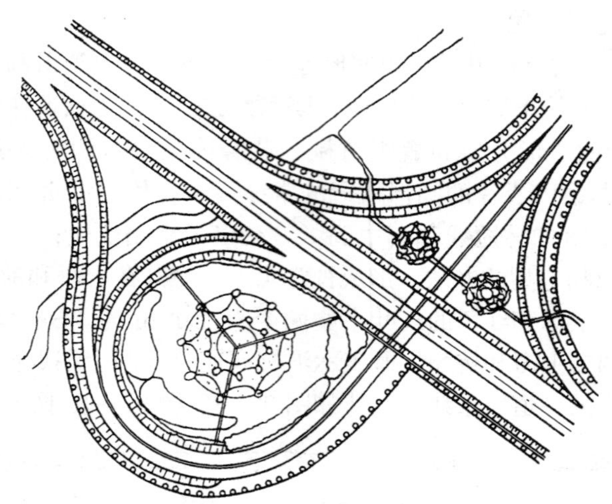

图 9.4-10　大港立交桥绿化示意图

(5) 苗木准备：苗木是绿化施工的主要对象，它都是有生命的活体，个体之间的差异很大，即使是同一品种、同一规格的植物，也会因土质、光照等生长条件不同而变得千姿百态。虽然在设计施工图上标有树高、胸径和冠幅三个规格指标，但是一株树的形态特征还包括枝下高、分枝级数、枝叶量、绿叶层厚度等许多项指标，在同一规格的苗木中会出现甲级、乙级和丙级苗。在准备苗木时，项目经理必须亲自选苗，在同规格苗中选定甲级苗。对大树根据季节情况采取切根或转坨的办法。

(6) 组织高水平的项目部和强有力的施工队伍进行绿化施工，利用树木的外形、叶色和季相变化，以及乔木、花灌木、草坪的巧妙组合，有规律的重复，组成一个艺术品。

9.4.5.3　施工总进度计划

沪杭高速公路（上海段）整体绿化工程工期长达一年，根据施工现场的具体情况，为了配合市政施工的进度，考虑到植物的适宜种植季节在春秋两季，将整个绿化主体工程分为两个阶段：1997 年冬季进场后，考虑到立交范围内的地形地貌较复杂，缺少大量土方，先完成几座立交的清场和土方工程，后进行绿化范围内的水体开挖及机械造地形，于1998年春季进行立交范围内的绿化种植；1998年夏季主要进行立交绿化的养护工作，同时进行主线绿化的准备工作；1998年秋季全面展开高速公路主线绿化的施工，年底全部完成沪杭高速公路（上海段）整体绿化工程。具体内容见表9.4-7所列。

**沪杭高速公路（上海段）整体绿化工程施工总进度计划表　　表9.4-7**

| 序号 | 工程项目名称 | 沪杭高速公路(上海段)整体绿化工程 | | | | | | | | | | | |
|---|---|---|---|---|---|---|---|---|---|---|---|---|---|
| | | 1997年12月 | 1998年1月 | 2月 | 3月 | 4月 | 5月 | 6月 | 7月 | 8月 | 9月 | 10月 | 11月 |
| 1 | 清　场 | | | | | | | | | | | | |
| 2 | 进种植土 | | | | | | | | | | | | |
| 3 | 地形营造 | | | | | | | | | | | | |
| 4 | 土壤改良 | | | | | | | | | | | | |
| 5 | 人工平整 | | | | | | | | | | | | |
| 6 | 乔木种植 | | | | | | | | | | | | |
| 7 | 灌木种植 | | | | | | | | | | | | |
| 8 | 地被、草坪种植 | | | | | | | | | | | | |
| 9 | 乔木固定、绑扎 | | | | | | | | | | | | |
| 10 | 场地整理 | | | | | | | | | | | | |
| 11 | 养　护 | | | | | | | | | | | | |

9.4.5.4　施工技术概述

（1）高速公路的绿化工程可按相应的工程内容分为三大部分：即土方地形工程、绿化种植工程、养护管理。

（2）对相应的施工技术方案，从横向看上述内容，既各自独立又互相联系。从纵向看，包括施工流程、技术措施、工期进度、管理体系、质量管理、机具设备诸内容。

（3）对施工现场诸多不利条件提出解决办法，严格把好技术关，从清场→进土→整地→土壤处理→选苗→种植→初期养护→检查调整→养护，不同的施工程序有不同的要求，根据现场情况不同，其施工技术也不同。

（4）对每个施工工序都必须合理安排，严格管理，每个工序结束后应由质量监督小组审核后，方可进入下一工序。在同一施工工序中，针对不同设计要求合理安排施工力量，以免浪费人力、物力。

（5）为了保证苗木一次成型并有较高的成活率，对一些主要观赏树种，如雪松、广玉兰、香樟等大乔木和数量较大的龙柏，早期要求在苗圃进行切根移植处理，促使其须根萌发，具有更强的生存和生长能力，经过一段时间养护后，再挑选生长良好的苗木送到工地栽植。通过技术处理，使苗木进入工地后马上进入再生长阶段，绿化效果明显。

（6）沪杭高速公路（上海段）绿化工程施工总流程，具体内容如下：场地清理→土方地形施工→绿化种植施工→绿化养护管理。

9.4.5.5　土方地形施工技术措施

图9.4-11所示为沪杭高速公路绿化工程土方地形施工工艺流程图，具体内容如下：

（1）场地清理：进场后按计划进度做好清场工作，翻除石块垃圾及各种废弃物料，

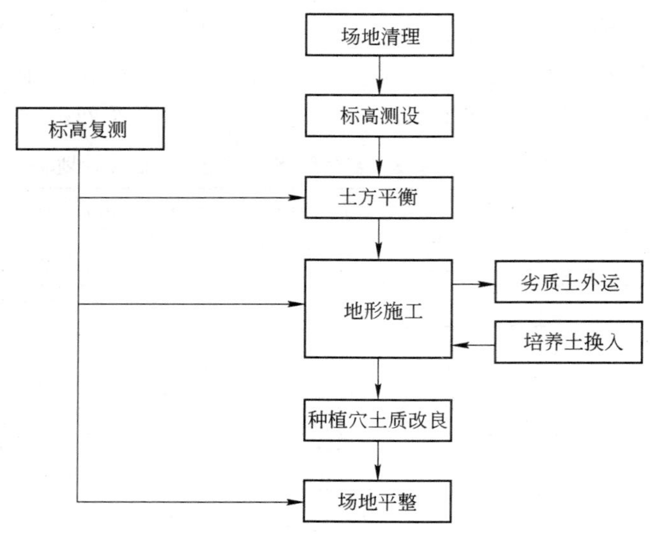


图 9.4-11 土方地形施工工艺流程图

应注意清理土下暗埋废混凝土地坪及废弃石灰坑。工作区内如有坑洼积水，应查明原因，预先予以排除。将清除废物集中堆置，分期运至指定弃料场地。

（2）标高测设：

1）采用测量仪器测量现状地形的高程，并对比设计地形高程，计算绿地平衡结果及绘制土方调配图，同时，用仪器在现场布设设计高程；

2）施工高程桩点采用沿等高线走向布设，即每圈等高线以一种颜色彩旗竹竿（以适当密度分布）做标记，等高线走向曲率大时可密些。在控制精度的同时，还要求方便施工；

3）不同高程等高线可采用不同颜色的旗子，操作上更具直观性。同时，对坡顶、脊线、谷线等反映地形特征的点、线，也同样以施工高程桩加标志物进行控制；

4）随着作业进展，对临时施工高程桩进行动态布设和对地形进行跟踪复测，及时调整。

（3）土方平衡：

1）根据土方调配图，在施工点附近落实取土点，在指挥部指定地点弃土；

2）土方施工的装车点和卸车点均安排挖掘机，由 15t 自卸汽车装运；

3）地形施工时，首先以 0.7m$^3$ 挖机按施工高程进行土方平衡和地形粗造型，不得反复碾压已堆砌土方以免破坏土壤团粒结构；

4）随后用小型挖掘机或锹耙作标高精细调整和进一步造型，要求做到坡面曲线自然流畅，符合设计要求，地形饱满排水顺畅；

5）施工过程中，应适当抬高 10～20cm 预留沉降量。为保证施工安全和场地整洁，雨天禁止土方施工，雨后及时排水后再施工，以免出现“弹簧土”情况；

6）土方造型完成后，对土壤表层均匀适量灌水，促使沉降和土质软化，待表层土约 7～8 成干后，用带旋耕犁的拖拉机进行表土翻耕，以切碎土壤颗粒，平整地形。大型乔灌木种植后，小灌木、地被植物种植前，人工进一步切碎土块和细平整。

（4）土壤的改良：

1）沪杭高速公路全线绿化范围内的种植土大都呈碱性，其 pH 值平均在 8.5 左右。立交桥范围内的种植土由于机械施工造成土壤被反复碾压，土壤板结，必须采取一定的改良措施后才能进行绿化种植；

2）根据立交桥和主线绿化设计的区别，主线绿化不种植大乔木，只有小乔木和花灌木、地被、草坪，种植深度浅，对土壤有一定的适应性；

3）在翻耕平整后均匀薄撒酸性营养土，在土层表面中和土壤酸碱性与疏松土壤。在立交桥范围内，种植大规格乔木群时，除了在低矮植物处均撒酸性营养土中和土壤酸碱性和疏松土壤外，在乔木种植穴内分别在底部、泥球周围和表面施散营养土壤，改善树木根部的生存小环境，促使须根早日萌发和生长。

9.4.5.6 绿化种植施工技术措施

（1）绿化种植施工工艺流程：

1）选苗：初选苗→定苗；

2）加工：疏枝修剪→切根转坨→移前养护；

3）移植：放样定位→树穴开挖→穴土改良→疏枝修剪→包干束冠→苗木起挖→土球包扎（小苗包装）→苗木装车→苗木运输→苗木卸车→苗木栽种→支撑绑扎→浇水养护。

（2）苗木选择：针对本工程各苗木原产地生长环境及生物学和生活习性，利用苗木信息网络系统和供应渠道及大量市内外自有苗源基地，在各树种最具规模和优良品质的繁育产地进行踏勘多方比较，确定各苗种既符合设计和招标文件要求的规格尺寸形状，又是青壮年期长势健旺、无病虫害、外形姿态丰满美观，且采取一定培育手段，适于移植的最佳施工用苗。而且应能够保证：

1）各规格树种施工用苗均为同一供应点及繁育批次，确保本工程用苗每种规格树种尺寸形状的统一，在数量上应有充裕的备货，以便特殊情况增添置换需求；

2）在品种上；需结合本工程场地环境条件和设计意图，选择综合性状优越的品种；

3）所用苗木的规格尺寸需比设计规格有所宽余，（特别是冠径、高度、枝/丛等规格量），这样才能在移植修剪后仍能保证建设单位要求并达到“绿化效果一次成形”。另外，所选大规格乔木应主干挺直，树冠匀称，球类植物应蓬冠圆满、枝叶紧密，基部不脱脚，花灌木应枝繁叶茂，叶挺芽壮；

4）大规格乔木与大灌木均是造景骨架树种，是反映本工程设计意图的重要特征，选用苗木，体量虽大，但应注意选用苗龄为青壮年期的，（苗龄与体量规格是两回事），保证生命力旺盛，栽植后“发棵”快，整体植物景观生命周期长，严忌移植老化树苗。

（3）苗木挖掘：在苗木挖掘时，必须综合考虑季节、气候、工期因素及各苗木生物学特性选择合适的栽植时期及顺序。并通过疏枝修叶包杆束冠、灌水及泥球包扎、小苗包装、装卸运输的避风遮阴措施，使起挖苗木避免机械外伤及水分失衡。并根据苗木种类规格各自生活习性特点及场地气候土质情况，确定最佳的栽植和支撑绑扎方式，使得移植苗木一次成形、生长健旺、整体成景。具体的施工方法如下：

1）苗木开挖前，对工具、设备、人力、运输作充分安排准备，特别是大树移植。应先对苗木出圃路线通道，环境仔细踏勘，并跟踪气象变化情况，要求做到工序紧凑合理，苗木随挖随运随种。苗木起挖与栽植应保持同步，避免已起挖的苗种植滞缓，要求挖运种的整个移植过程不得超过 24h；

2）在挖掘前3～5天应进行修剪，以保证移植过程及生长势恢复阶段的体内水分平衡，但应注意不能过度修剪，以免影响姿态。根据不同树种确定修剪量，主要的大规格乔木与大灌木的修剪应慎重对待。雪松基本不予修剪，只去除徒长枝、枯残枝；花灌木剪除花果残叶和抽除蓬冠内档枝条为主。由于苗木种植一次成形的要求，修剪量必须控制，可在叶面喷洒蒸腾抑制剂，辅助株体水分平衡；

3）在苗木起挖前的1～2天可对其根部进行灌水，灌水时间与水量需视天气及土壤干湿状况而定，主要是能使株体在挖、运、种的整个移植过程前吸足水分，同时可加强根系与土壤的粘结力，并且能方便地挖掘，泥球不易碎裂；

4）苗木包装：对于月季、金丝桃、红花继木、栀子等矮小灌木，采用统一规格与装量的纸板箱包装，纸板箱上开小孔以利通气。对于麦冬、鸢尾等球块根类地被，采用麻袋包装。这样便于装卸运输清点，更重要的是保证小型泥球不松散失土，运输过程避免堆压及吹风，可大大提高外来苗的品质，为“一次成型”打下先天性基础。另外，对于草坪须保证丰厚草毡层，严忌为偏重繁殖而超薄铲挖，同时须捆扎良好；

5）苗木装运：苗木在装运时，最关键是不损伤树冠树身泥球，尽可能不吹风减少其蒸发。大规格乔木起苗卸苗须借用起重机，注意起重机的吨位应有所宽余。另外，吊绳系扎时在泥球和树干包扎草绳间垫以厚麻袋片或软木，以增加摩擦力防止系绳移位并保护树身。

（4）绿化种植：

1）对苗木种植时间的确定：综合考虑工期及工程量特点及苗木移植合适季节两方面因素，以春、秋两季种植为主。移植树种顺序原则上是先为大乔木、大灌木，后为小灌木及地被、草坪。总体上控制分段工期，在具体过程中视气象情况，灵活有度。既保证工期工作量，又保证质量成活率；

2）放样定位：在树穴开挖前施行种植放样定位，大规格乔灌木可用插杆法标志定点，群植小灌木及地被可用白粉划线标志确定种植面积林缘线；

3）树穴开挖：树穴开挖尺寸应比泥球略大，乔木一般比泥球边放宽20～50cm，深度比泥球高度尺寸增加15～25cm，灌木一般比泥球边放宽15～35cm，深度比泥球高度尺寸增加10～15cm。树穴的尺寸还需依各树种不同的生活习性区别对待，树穴形状为圆柱体时要求壁直底平，挖掘时将表土、心土分开放置；

4）穴土置换，改良土壤理化性状：大规格乔灌木，绝大部分花灌木及喜酸性树种，均应以富含肥力有机基肥和酸性介质（如醋渣）的复合营养土在种植时置换挖出之心土，以使根穴土壤疏松，通气透水保肥，中和碱性，（保证绿地表层平均pH值降至7.8以下，喜酸性乔灌木根部土壤pH值为7.5以下），提高理化性状品质，以利根部移植后复壮。

5）白花三叶草采用人工播籽为主的方法：

① 将拌种后的草籽按合适的播种密度调节好后进行播种，播种密度控制在$8g/m^2$。

② 人工撒播区域播籽完毕后，必须采用轻型的压棍进行滚压，使种子压入泥土中，避免在浇水时种子被水冲走，造成“天窗”。并需要仔细检查每块播完的小区域，发现漏播或者播种不均匀，应立即进行补播。

③ 种植的关键是采取各种技术进行全苗、保苗，尽快建立群落优势。白花三叶草一

且建立了群落优势，将具有较强的生命力、竞争力和具有抗病虫害的能力，对今后良好生长具有决定作用。

④ 确保水分供应：从播种到初步形成白花三叶草群落的60d内是白花三叶草栽培能否成功的关键时期，这个阶段对水分要求特别敏感，必须确保水分的供应。采取移动喷淋装置，定时进行灌溉，使土层始终保持一定湿度。

⑤ 要增肥促长：由于地下部分根瘤还不多，靠白花三叶草本身制造氮肥满足枝叶生长是不够的，因此，要适量施氮肥才能保证植株正常生长发育并快速形成群落优势以抑制其他杂草生长。

9.4.5.7 绿化种植管理结构网络图

沪杭高速公路（上海段）绿化管理结构网络如图9.4-12所示。

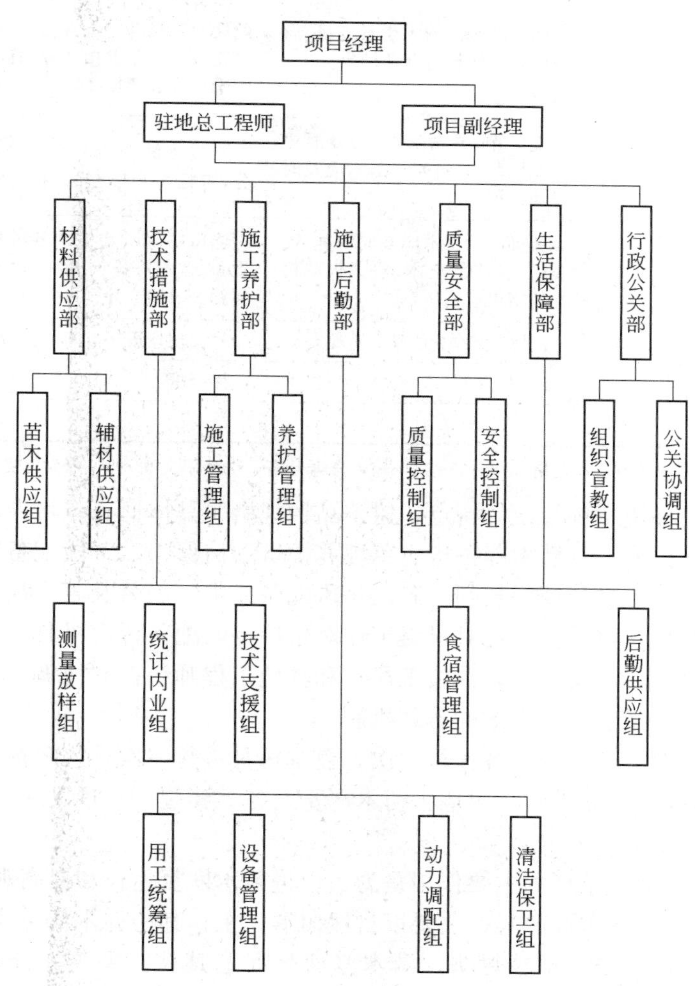


图9.4-12 道路绿化管理结构网络示意图

9.4.5.8 绿化种植养护措施

沪杭高速公路（上海段）施工养护期间绿化养护必须进行检查考核，见表9.4-8所列。

**施工养护期间绿化养护必须进行检查考核表** **表 9.4-8**

| 序号 | 考核项目 | 分数 | 对项目的具体规定 | 扣 分 标 准 | 扣分数量 |
|---|---|---|---|---|---|
| 1 | 松土、除草 | 10 | 道路的绿化地内的土质松软，无杂草，草皮内无其他杂质 | 如若发现有杂草丛生者扣 1 分，土壤每板结一处扣 1 分 | |
| 2 | 地形饱满，无积水、无石块 | 10 | 绿化地内的地形饱满，无低洼高地，无积水，无石块，草坪加工平整 | 如若发现有低洼积处扣 1 分，石块较多处扣 1 分 | |
| 3 | 修剪、刈草 | 15 | 移栽的各种乔灌木、草坪、球类应及时修剪、整枝、养护 | 如若发现道路绿化中有枯枝烂叶处扣 1 分，发现球类、绿篱不修剪扣 1 分 | |
| 4 | 病虫害 | 10 | 种植树木、草皮无病虫害现象 | 每发现一种病虫害就扣 1 分 | |
| 5 | 施肥、浇水 | 15 | 所有移栽的树木生长旺盛，所栽的花卉应按时开花结果 | 所栽种的树木长势差，有明显的缺少肥料的现象者扣 2 分，应时花卉不开花者扣 2 分，有明显的干旱现象者扣 2 分 | |
| 6 | 补缺苗木 | 20 | 无缺苗、空苗情况，应及时更换花坛草花，对死亡苗木应及时清除补种 | 每发现缺、空苗木，一处扣 1 分，应时草花未更换者扣 4 分 | |
| 7 | 绑扎、扶正、培土 | 10 | 该绑扎的乔木应及时绑扎，无歪斜、倾倒的苗木，对浅根的树木的培土应到位 | 当每发现所栽植的各种树木歪斜、倾斜一次时扣 1 分，培土不到位时扣 1 分 | |
| 8 | 环境面貌 | 10 | 保持道路绿化的整洁美观大方 | 每发现垃圾一处时扣 1 分 | |
| 9 | 小 计 | 100 | 净得分： | 得分率： | |
| 检查考核意见 | | | | | 检查人签字： |

注：得分率在 80～89 分为基本合格；得分率在 90～94 分为合格；得分率在 95～98 分为优良。

（1）根据具体环境，种植设计特点，树木品种规格等具体情况，将专职养护队分为四大班组，即大树养护班、花灌木养护班、草坪养护班和植保组。工段配备绿化专业工程师一名，绿地养护技师一名，植保技师一名。每班配备技术员一名及若干高等级技工。保证工作组织化、专业化、科学化。针对班组工作对象特点，配备特定机具设备和操作人员数量，有分工、有侧重，各司其职，并由工段长和驻地工程师统抓和协调。并建立计划、执行、查检、考核等一整套行之有效的管理机制。

（2）松土、锄草。春秋季节各进行一次，夏季每月进行一次，入冬前浅翻地一次（深度 5～20cm），开冻后全面平整。对危害树木严重的各类藤蔓，一旦发现，立即根除。

（3）修剪、整形：

1）新种苗木修剪、整形的主要作用是为了促进苗木恢复生长和提高观赏性；

2）对于乔木、花灌木修剪时，主要以自然树形为主，其中乔木修剪主要修除徒长枝、病虫枝、交叉枝、下垂枝及枯枝烂头，灌木修剪是促进其枝叶繁茂、分布匀称及花芽形成，绿篱、球类植物主要是整形修剪；

3）修剪在秋季苗木进入休眠期进行，整形在春季苗木萌发前进行。对草坪进行定期修剪（春夏季每月一次，秋冬季两个月一次）。要注意经常性挑草，出现低洼积水，填土重铺，草高控制在 5～6cm，超过高度用割草机轧平，草坪边缘每月一次切边保持线条清晰。

（4）施肥、浇水：

1）灌溉时间视天气的变化而定，梅雨前（最高气温30℃以下）每天早、晚喷雾4h，从上午10时半至下午3时这段时间内停止喷水。如久旱无雨，土壤干燥（土壤反白开裂），需浇水灌溉，浇水灌溉在早晨或傍晚进行，采用汽油浇水泵喷灌；

2）排水主要依靠地形、排水沟，自然排水，紧急情况还可通过挖深井用泵排水。梅雨季节或连续雨天，临时突击加开排水沟，加速排水，确保新栽苗木周围不积水；

3）栽植后两周内需每天浇一次水，从第三周开始隔天浇水，两个月后每隔3～5d浇一次水。在夏秋蒸发量大的季节，隔天浇水的期限延长一个月；

4）每次浇水必须浇透，使水分真正到达植物的根系，对植株整体也需要喷淋；

5）施肥须等植物根系损伤恢复并开始生长后即苗木种植约半年后（草坪为三个月后）才能进行。施用肥料为硫酸铵，以1∶1000浓度进行叶面喷洒和根部浇灌，施肥间隔时间必须大于三个月。

（5）病虫害防治：在防治病虫害时，要特别注意将重点对象列为乔木，因乔木经过移植，根系、树枝等都受到严重伤害，树木恢复期较长，抗病虫害功能随之下降，因此必须密切注意对乔木观察，一旦出现病虫害症状，立即对症下药，严防病虫害蔓延。

（6）苗木补缺：对死亡苗木进行清除，并在原有位置补栽新的植株；对缺空处进行补种，使高速公路绿化面貌饱满整齐。

（7）绑扎、扶正、培土：如若台风、梅雨季节来临前，以防为主，对排水沟、集水井、固定绑扎等进行一次全面的检修加固，遇到连续下雨或暴风雪等灾害性天气，加强巡检。当排水不畅而造成的积水要及时进行疏通，如发生道路绿化的树木倒伏影响交通或景观时，要进行突击抢救，并在暴风雨过后全面进行检查，树木歪斜的扶正培土，重新支撑，伤残枝剪除。在施工养护期间，如发现歪斜、倾倒苗木，立即进行重新扶正、加固，并对植株根部进行重点培土。

（8）地形的整平：对土壤沉降、不平整部分进行整平、加土，并及时撒入细土进行地形修复、除杂。人工除去绿化区内的石子、杂草、垃圾等杂物。

（9）1998年我国遭遇了百年未遇的高温天气，当年的6～8月份出现了35℃以上的高温天气就有27d，对新种植物来讲，高温尤其是连续高温就意味着道路绿化树木、花草将会生长不良或死亡。春季种植的植物经受不了这样的打击，一些乔木、球类叶面枯萎甚至死亡，大面积的草坪出现病虫害，成片泛黄的草坪面积达数万平方米，依靠及时的补救措施，加强养护，松土施肥，救死扶伤，消灭虫害，在最短的时间里抢救、恢复了大部分植物的生长势。

（10）植物生长离不开水。因为高速公路路线长，来往车辆速度快、数量多，路面清洁要求高，对养护浇水技术和安全要求很高。在注意安全的前提下，浇水采用水泵和洒水车相结合。对附近有水源的地段，采用水泵浇水，既便捷又迅速；对附近无水源地段、主要交通出入口、高度清洁地区，使用洒水车。

9.4.5.9　质量目标及质量保证措施

（1）质量目标：沪杭高速公路作为国家“九五”重点工程，虽然面临工期短、地质条件差、施工单位投资少等原因，而且施工期间遭遇了反常的冬寒现象，严重影响了施工进度和施工质量。但是，沪杭高速公路的整体质量目标必须达到优良级，作为高速公路的景观主体的绿化，也必须达到优良级。优良工程的验收标准见表 9.4-9～表 9.4-11 所列。

**高速公路植物优良工程项目表** **表 9.4-9**

| 序号 | 主要项目 | | 工程质量要求 |
|---|---|---|---|
| 1 | 树木 | 姿态和生长势 | 树干挺直，树冠完整，不脱脚；生长健壮，根系茂盛 |
| | | 病虫害 | 无病虫害，树木不破相 |
| | | 土球和裸根树根系 | 土球完整，包扎牢固，无裸出土球的根系；裸根树木主根无劈裂，根系完整，无损伤，切口平整 |
| 2 | 草块和草根茎 | | 草块的尺寸基本一致，每边长应为 33cm，边缘平直，厚度不小于 2cm，杂草不超过 5%；草根茎中的杂草不得超过 2%；过长草应修剪；无病虫害；生长势良好 |
| 3 | 花苗、草木地被 | | 花苗生长茁壮，发育均齐，根系发达，无损伤和病虫害 |

注：1. 植物材料的品种必须符合设计要求；严禁带有重要病、虫、草害。检查方法根据观察检查和对照图纸、合同、预算中的植物材料的品种、检查进泸植物材料的“植物检疫证”及苗木的圃单。

2. 乔灌木按数量抽查 10%，但乔木不少于 10 株或全数，灌木不少于 20 株或全数，每株为一个点；草皮、草木地被按面积抽查 3%，$3m^2$ 为一点，但不少与 5 点；花苗按数量抽查 5%，10 株为一点，但不少于 5 点。检查方法根据观察和尺量检查。

3. 植物材料的允许偏差和检验方法应符合《上海市园林绿化工程质量检验评定标准（试行）》中的规定。

**高速公路树木栽植优良工程项目表** **表 9.4-10**

| 序号 | 主要项目 | 工程质量要求 |
|---|---|---|
| 1 | 放样定位 | 符合设计要求，放样偏差不得超过 5% |
| 2 | 树坑 | 坑径大于土球或裸根系 40cm，深度同土球或裸根系的直径；翻松底土；树坑上下垂直 |
| 3 | 定向及排列 | 树木朝向的主要视线应丰满完整、生长好、姿态美；孤植树木冠幅应完整；树木排列的林缘线、林冠线符合设计要求 |
| 4 | 栽植深度 | 栽植深度符合生长要求，通常根颈与土壤沉降后地表面等高或略高 |
| 5 | 土球包装物、培土、浇水 | 符合规程要求 |
| 6 | 垂直度、支撑和绕杆 | 树干或树干重心与地面垂直；支撑应因树设桩或拉绳，不伤树木，稳定牢固，支撑应符合《规程》规定；树木绕杆或扎缚稳定牢固；树木支撑不应用草绳扎缚；规则式种植的支撑，支撑材料、高度、方向及位置应整齐划一，绕杆或扎缚整齐 |
| 7 | 修剪 | 修除损伤折断的树枝、枯枝烂头、严重病虫枝等；规则式种植、绿篱、球类的修剪应整齐、线条挺拔；造型树的造型正确；修剪切口平整，留枝留梢正确，树形匀称；园艺效果好 |
| 8 | 数量 | 乔木、大灌木的数量符合设计要求，小灌木的数量比设计值不得少于 5% |

注：每 $3000m^2$ 抽查一点，样点为一个种植单元或一个树坛或分段分块绿地，$300～500m^2$ 为一点，但不少于 3 点。检查方法根据观察和尺量检查，栽植树木数量按抽样点清点的数量与设计要求核对。

高速公路草坪、花坛、草本地被栽植优良工程项目表　　表 9.4-11

| 序号 | 主要项目 | | 工程质量要求 |
|---|---|---|---|
| 1 | 栽植放样 | | 符合高速公路绿化设计要求 |
| 2 | 土地平整与施肥 | | 栽植土面平整，表土土块应小于 2cm；其排水坡度合适，花坛无积水；无石砾、瓦砾等杂物，无杂草根、茎；花坛应施腐熟基肥 |
| 3 | 草坪 | 籽播或植生带 | 应覆盖 0.5～1cm 细土，浇足水，压实；出苗均匀，疏密恰当，无空秃 |
| | | 草块移植 | 满铺、间铺、点铺草坪留缝间隙均匀平整，整齐划一；草块与土壤密接；草坪平整 |
| | | 散铺 | 草茎疏密恰当；应覆 1～2cm 良质疏松土；草茎与土壤密接；草坪平整 |
| 4 | 切草边 | | 草坪与树坛、花坛、地被边缘的草边，线条清晰，平顺自然 |
| 5 | 花坛、草本地被 | | 密度符合设计要求；株行距均匀，高低搭配恰当，花坛、草本地被丰满；种植深度恰当，根部捣实；花苗和草本地被不得玷污土壤；浇足水 |

注：草坪、草本地被每 1500$m^2$ 抽查一点，100～200$m^2$ 为一点，但不少于 3 点；花坛每 100$m^2$ 抽查一点，10～20$m^2$ 为一点，但不少于 3 点。检查方法根据观察和尺量检查。

（2）质量保证措施：

1）工程质量总控制须建立对 4M1E 质量因素（即施工的人员、材料、机械、方法、环境）全面控制的机制和方法，最大限度提高工程质量，杜绝质量事故。纵横二线质量管理须建立各自质量目标，自检、监督、查检的完整体系，把好每道质量关；

2）质量管理体系：①驻地工程监理师；②横向：专职工程质量监督员；③纵向：专职工序质检员；

3）工地质量检查与内部考核相结合，建立落实质量考核奖惩制度；加强工地质量宣传教育，强化员工质量意识；及时向工地监理作好工序进度申报工作，严格执行每一个工地指令；

4）地形标高：为了使高速公路绿化更具立体感、层次感，利用地形排水必须严格按设计图纸规定的标高进行回填，保证地形饱满，轮廓线自然流畅，而且不积水；一般采用经纬仪进行标高的放样，检测和复测，同时应考虑到下雨和浇水后地形沉降的因素，标高均应超出设计 5cm，待沉降后达到设计标高；

5）土壤改良：对于种植乔木或酸性植物的土壤应进行人工换土，采用酸性营养土进行改良。定期进行过磷酸钙施肥。其中磷酸根可以中和土壤 pH 值；设置碎石隔水层，一方面可保证植物根部不积水，另一方面可防止盐碱物质随地下毛细管上升；

6）栽植的定位放样。施工前对照图纸对施工绿地进行现场实测。按照图纸和现场的建筑物先把乔木种植点放样定位，然后根据乔木点确定灌木的外围线，放样定位应保证正确无误；

7）苗木质量保证措施：

① 选苗栽苗时，即把握规格质量。选择切过根或转过坨的苗源。同时，选择抗逆力强观赏性好的优良品种，为施工用苗及绿化景观成形成景打下“先天性”基础；

② 在移植搬运时，对大乔木施以二腰二网来加强泥球包扎度，并喷水保持泥球湿润，

运输时遮以篷布，对群质植小灌木，用特制纸板箱包装绝对保证品质；

③ 对图纸有特定要求的苗木，采用现场挑选挂牌、同步切根和整形修剪等技术措施；

④ 苗木运输必须用雨篷遮阴。运距远或外地苗木，一律夜间运输。苗木运输车在途中不作长时间滞留，当天起挖苗木连夜运输至工地，次日当天全部种植完毕。

8）种植保证措施：

① 苗木定植后应加强支撑绑扎固定措施。对雪松、广玉兰等大树，以钢丝绳三脚斜拉桩配以树棍十字扁担桩“双重保险”，以免风吹摇晃树冠牵动泥球损裂影响根系。大乔木，大灌木主杆保护草绳，冬可保暖，夏可遮挡日灼。另外，在7～8月季风节来临前适量修剪枝叶减少近风面积和蒸发量，严加注意防风措施。

② 在苗木栽植时，对穴土要进行改良，以复合营养土置换穴土，调节pH值，增补肥力，加强通气透水的能力，以利根系的正常生长。

9）工程管理措施：

① 由于大规格乔木与灌木占很大的比例，要求栽植后一次成型，为保证工期质量有必要建立一支专门的大树移植施工队，配足具有丰富大树移植经验的工程技术人员，精心组织，精心施工；

② 由于大乔木体量大，份量重且数量多，必须确保起挖与种植地的吊机与卡车供应，保证运输。组建车辆设备维修调度等后勤保障班组；

③ 建立专职的养护工段，配备富有养护经验的工程技术人员与足量操作人员编制详细养护计划，严格按规程操作，做到“三分种，七分养”，使苗木生长成活，发势良好、生长旺盛、景观优美；

④ 按纵向工序和横向施工队组建立各自质量目标，自检报验和专职监督查检相结合的质量管理体系。

（3）验收管理：

1）建立自检、自查，申报、监理复检的质量监督报表制度，及时上报工程质量进度表。主动邀请建设单位及市园林质监站进行中间形象进度的检查；

2）项目经理负责落实到各个岗位，组建现场质保体系网络。提高全体职工的质量意识，把项目质量目标列入制度考核的重要内容；

3）每道工序施工前作好技术交底工作，工序交接时须对前道工序进行检查验收，合格方可进行下道工序的施工。

9.4.5.10　安全文明施工措施

（1）加强文明教育宣传和组织纪律管理，要求做到科学施工，安全生产，文明作业。

（2）加强施工现场管理，做到材料堆放合理有序，道路整洁通畅，设备工具有序管理。对机械设备由专职人员定时维修检查。

（3）施工人员统一着装，外来劳力预先申报，管理人员佩牌工作。

（4）建立专职清卫班组，在土方及绿化施工时，及时做好每天现场及进出车辆清洁工作，避免二次污染。

（5）移植大树的起吊装运作业，应特别注意人员的安全管理，由专职安全人员负责现场安全预防及作业环境秩序，杜绝各类事故隐患。

（6）对于特殊的工种，如：起重机、挖掘机、车辆驾驶员、肥料药剂施工人员等应定岗定员，持证上岗，统一调度。

（7）加强对生活后勤的管理工作，特别注意饮食卫生，加强施工人员食宿管理，做到清洁卫生文明。

### 9.4.6 典型高架桥、立交桥及高速公路绿化实例

典型高速度公路立交桥绿化实例：

（1）典型城市的立交桥绿化实例见图 9.4-13～9.4-31 所示。

（2）典型高速公路上的绿化实例见图 9.4-32～9.4-48 所示。

图 9.4-13 上海高架桥绿化实例（一）

图 9.4-14 上海高架桥绿化实例（二）

图 9.4-15 上海高架桥绿化实例（三）

图 9.4-16 上海高架桥绿化实例（四）

图 9.4-17 上海高架桥绿化实例（五）

图 9.4-18 北京立交绿化景观实例（一）

图 9.4-19 北京立交绿化景观实例（二）

图 9.4-20 北京立交绿化景观实例（三）

图 9.4-21 北京立交绿化景观实例（四）

图 9.4-22 北京立交绿化景观实例（五）

图 9.4-23 北京立交绿化景观实例（六）

图 9.4-24 北京立交绿化景观实例（七）

图 9.4-25 北京立交绿化景观实例（八）

图 9.4-26 广州立交绿化景观实例（一）

图 9.4-27　广州立交绿化景观实例（二）

图 9.4-28　广州立交绿化景观实例（三）

图 9.4-29　广州立交绿化景观实例（四）

图 9.4-30 广州立交绿化景观实例（五）

图 9.4-31 广州立交绿化景观实例（六）

图 9.4-32 京广高速公路绿化景观（河南段）实例

图 9.4-33 京广高速公路绿化景观（湖北段）实例

图 9.4-34 京广高速公路与连霍高速公路交叉段绿化景观图实例

图 9.4-35 沪昆高速公路（湖南邵阳段）绿化景观图实例

图 9.4-36　沪昆高速公路（湖南湘潭段）绿化景观实例

图 9.4-37　沪杭高速公路绿化景观实例（一）

图 9.4-38　沪杭高速公路绿化景观实例（二）

图 9.4-39　沪杭高速公路绿化景观实例（三）

图 9.4-40　沪渝高速公路绿化景观实例（一）

图 9.4-41　沪渝高速公路绿化景观实例（二）

图 9.4-42　沪渝高速公路绿化景观实例（三）

图 9.4-43　沪渝高速公路绿化景观实例（四）

图 9.4-44　沪陕高速公路绿化景观实例（一）

图 9.4-45 沪陕高速公路绿化景观实例（二）

图 9.4-46 沈海高速公路绿化景观实例（一）

图 9.4-47 沈海高速公路绿化景观实例（二）

图 9.4-48 沈海高速公路绿化景观实例（三）

# 9.5 城市道路绿化工程建设监理

## 9.5.1 道路绿化工程建设监理概述

9.5.1.1 道路绿化工程建设监理特点

道路绿化工程建设监理，是指具有相应资质的监理单位受工程项目业主的委托，依据国家有关法律、法规，经建设主管部门批准的工程项目建设文件、建设工程委托监理合同及其他建设工程合同，对工程建设实施的专业化监督管理。

实行建设工程监理制度是我国工程建设与国际惯例接轨的一项重要工作，也是我国建设领域中管理体制改革的重大举措。我国于 1988 年开始推行建设工程监理制度。经过近二十年的摸索总结，我国《建筑法》第 31～35 条以法律的形式正式确立了该项制度，《建设工程质量管理条例》还规定了工程监理单位的质量责任和义务。

城市道路绿化工程施工监理既具有一般工程建设监理的共性，而且具有自己独有的特点。

(1) 针对工程项目建设所实施的监督管理活动：工程建设监理活动是围绕工程项目来进行的，其对象为新建、改建和扩建的各种城市道路绿化工程项目。这里所说的工程项目实际上是指建设项目。工程建设监理是直接为建设项目提供管理服务的行业。

(2) 具有城市道路绿化工程监理资质的监理单位：道路绿化工程建设监理的行为主体是明确的，即监理单位。监理单位是指具有独立性、社会化、专业化特点的专门从事工程建设监理和其他技术服务活动的组织。只有监理单位才能按照独立、自主的原则，以“公正的第三方”的身份开展工程建设监理活动。非监理单位所进行的监督管理活动一律不能称为工程建设监理。

(3) 需要业主的委托和授权：道路绿化工程建设监理的产生源于市场经济条件下社会的需求，始于业主的委托和授权。这种方式决定了在实施工程建设监理的项目中，业主与监理单位的关系是委托与被委托关系；决定了他们之间是合同关系，是一种委托与服务的关系。

(4) 有明确依据的工程建设行为：道路绿化工程建设监理是严格按照有关法律、法规和其他有关准则实施监理行为。

工程建设监理的依据是国家批准的工程项目建设文件、有关工程建设的法律和法规、工程建设监理合同和其他工程建设合同。

(5) 现阶段道路绿化工程建设监理主要发生在项目建设的实施阶段：道路绿化工程建设监理这种监督管理服务活动主要出现在道路绿化工程项目建设的“设计阶段、招标阶段、施工阶段、竣工验收和保修阶段”实施阶段的全过程中。

(6) 工程建设监理是微观性质的监督管理活动：工程建设监理活动是针对一个具体的工程项目展开的。项目业主委托监理的目的就是期望监理的单位能够协助其实现项目投资目的。它是紧紧围绕着工程项目建设的各项投资活动和生产活动所进行的监督管理。对于道路绿化工程建设监理，它的各项投资活动与生产活动不仅包括工程建设内容，同时还包含了植物栽种、造景艺术及栽培养护、管理等内容，因此形成了自己的独特的微观监理管理活动。

9.5.1.2 道路绿化工程建设监理的性质

(1) 服务性：道路绿化工程建设监理企业是在接受业主委托的基础上对道路绿化工程建设活动实施监理的，其工作的实质是为业主提供技术、经济、法律等方面的服务。也就是利用本企业对道路绿化工程建设方面的知识、技能和经验为业主提供高智能的监督管理服务，以满足项目业主对项目管理的需求。

(2) 独立性：《建筑法》明确指出，工程建设监理企业应当根据建设单位的委托，客观、公正地执行监理任务。《建设工程监理规定》和《建设工程监理规范》要求工程监理企业按照“公正、独立、自主”的原则开展监理工作。

从事城市道路绿化工程建设监理的监理单位是直接参与工程项目建设的“三方当事人”之一。监理单位与业主、承建商之间的关系是平等的，在道路绿化工程建设项目中监理单位是独立的一方，不受任何一方的控制。所以，监理企业是建设活动中独立于业主和承建单位之外的第三方中介组织。

(3) 公正性：监理企业虽然是接受业主的委托，对工程建设活动进行监督管理的，但不能只站在业主的立场上发表意见、处理问题，而是要站在公正的立场上，以第三者的身份参与管理。

在提供道路绿化工程建设监理服务的过程中，监理单位和监理工程师应当排除各方面的干扰，应当尽量客观、公正的态度对待业主方和被监理方。当然，建设工程监理的公正性并不排斥它的服务性，监理企业要努力实现业主的意愿，但必须在法律、规范、合同允许的范围内进行。

(4) 科学性：

在工程建设管理的发展过程中，建设工程监理逐步成为一种专门业务，这是因为它具有高技术、高智能的性质，有严密的科学性和相对的独立性，是其他工作所不能替代的。从技术角度上讲，建设工程监理涉及设计、施工、材料、设备等多方面的技术，只有按照相应的科学规律办事，才能实现监理的目的；从业务范围上讲，建设工程监理不仅涉及技术问题，还涉及经济、法律等多方面的问题，要求监理人员具备相应的知识和能力；从服务性质方面讲，监理企业只有提供高技术、高智能的服务，才能吸引业主委托授权。所以，城市道路绿化工程建设监理企业应该是知识密集型、技术密集型的组织监理人员要具备相当的学历，丰富的工程建设实践经验，综合的技术、经济、法律方面的知识和能力，并经权威机构考核认证、注册登记。

#### 9.5.1.3 道路绿化工程建设监理的内容

城市道路绿化工程建设监理工作的主要内容如下：

(1) 道路绿化工程项目准备阶段的监理内容：

1) 接受投资决策者（项目业主）咨询；

2) 道路绿化工程建设项目的可行性研究和编制项目建议书；

3) 对道路绿化工程建设项目评估。

(2) 道路绿化工程项目实施准备阶段：

1) 组织审查或者评选设计方案；

2) 协助建设单位（项目业主）选择好勘察、设计的单位，签订勘察、设计合同，并监督合同的实施；审查道路绿化工程建设项目设计的概（预）算；

3) 在施工准备阶段，协助建设单位（项目业主）编制招标文件，评审投标书，提出定标意见，并协助建设单位与中标单位签订合同承包合同；核查道路绿化工程项目所有施工图。

(3) 道路绿化工程项目施工阶段：

1) 协助建设单位（项目业主）与承建单位编写开工报告；

2) 确认承建单位选择分包单位；

3) 审查承建单位提出的施工组织设计、施工方案；

4) 审查承建单位提出的材料、设备清单及所列的规格与质量；

5) 督促、检查承建单位严格执行工程承包合同和工程技术标准、规范；

6) 调节建设单位与承建单位之间的争议；

7) 检查已确定的施工技术措施和安全防护措施是否实施；

8) 主持协商道路绿化工程设计的变更（超过合同委托权限的变更需报建设单位决定）；

9) 检查道路绿化工程的施工进度和质量，验收分项、分部工程、签署工程付款凭证。

(4) 道路绿化工程建设项目的竣工验收阶段：

1) 督促整理道路绿化工程建设合同文件和技术档案资料；

2) 组织工程竣工预验收，提出竣工验收报告；

3) 检查工程决算。

(5) 道路绿化工程建设项目保修维护阶段：监理单位负责检查道路绿化工程质量状况，鉴定质量责任，督促和监督道路绿化工程的保修工作。

#### 9.5.1.4 道路绿化工程建设监理的体制

(1) 建设工程监理体制的概念

1) 道路绿化工程建设监理体制同其他的工程建设监理一样，是指在建设工程的微观监督管理中，监理单位、项目业主、承建单位之间的相互关系，职责、权力的划分，以及监理法规制度的总和；

2) 工程建设监理体制是建设工程管理体制的组成部分。但是，工程建设监理不同于政府的监督管理，也不同于业主自行的监督管理，它有一套相对独立的、完善的体制。这套体制要解决的是：在实行业主委托第三方对建设工程实施监督管理这样一种制度下，如

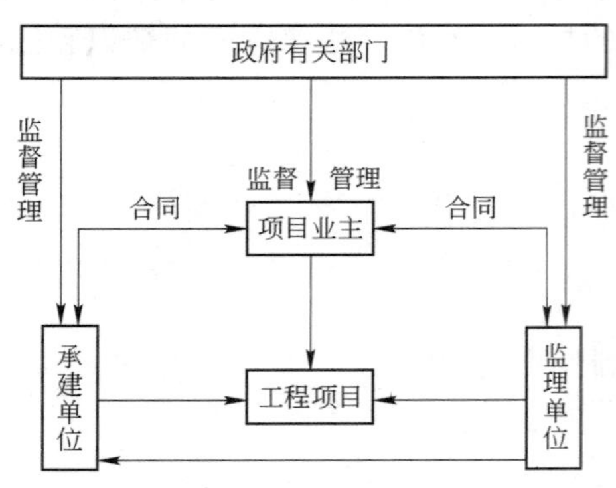


图 9.5-1 道路绿化工程管理体制的构成图

何处理项目业主、承建单位、监理单位之间的相互关系，如何明确各方的权利和义务，采取什么形式、什么手段实现建设工程监理制等问题。

(2) 建设工程监理体制的构成

1) 图 9.5-1 所示为道路绿化工程管理体制的构成图，也是建设工程监理体制的构成图。图中整体体现了建设工程管理体制的体系，上半部分表明建设工程监督管理的宏观层次——政府监督管理，下半部分表明建设工程监督管理的微观层次——建设工程监理体制。

2) 工程项目是项目业主、承建单位、监理单位的共同对象，正是有了工程项目，这三个方面才可能走到一起，联系在一起，围绕工程项目的建设共同工作。

3) 显然，与工程建设监理体制有关的三方行为主体，都是在政府有关部门的监督管理下运行的。在三方行为主体中，业主是建设工程的组织者，是工程项目的主体。业主与承建单位订立建设工程合同，将工程建设任务委托给承建单位完成，并支付相应的承包费，他们之间构成商品的买卖关系。由于工程建设不同于一般的商品交易，不能当场交割，而且建设周期长，技术复杂，需要不断地监督管理，业主就将一部分权力委托给监理单位，由监理单位行使监督管理权力。业主和监理单位也要订立合同，但这种合同是一种授权委托性质的合同。

4) 监理单位属于中介机构，提供的是技术服务，监理单位和业主并不交换实物商品，而是交换技术服务，其目的是保证业主和承建单位订立的建设工程合同顺利履行，实现建筑商品的交易。

5) 承建单位是工程建设任务的直接承担者，也是建设工程监理体制中的被监理单位。承建单位和业主订立建设工程合同，接受业主和监理单位的监督管理。但承建单位与监理单位并不订立合同，因为监理单位是受业主的委托来行使监督管理权力的，它们之间不存在任何商品交易关系。

6) 监理单位是建设工程监督管理的执行者，它和业主订立建设工程监理合同，接受业主的委托，在业主授权的范围内对工程建设实施全面监督管理。不过，监理单位虽然是接受业主的委托来行使监督管理权力的，但它不能只站在业主的立场上办事，而必须站在公正的立场上处理问题。

7) 按照工程建设监理制度，监理单位是独立的法人单位，必须依法在业主授权范围内独立行使监督管理权力，不受其他单位的影响和干扰。监理单位不仅要对业主负责，还要对法律负责、对社会负责、对工程负责，同时监理单位本身也要接受政府有关部门的监督管理。

9.5.1.5 道路绿化工程建设监理单位的资质等级与监理原则

(1) 监理单位的资质等级：按照我国现行的工程建设监理单位资质可分为甲级、乙级、丙级三级，其中：

1) 甲级：可以跨地区、跨部门监理一、二、三等的城市道路绿化建设工程；

2）乙级：只能监理本地区、本部门二、三等的城市道路绿化建设工程；

3）丙级：只能监理本地区、本部门三等的城市道路绿化建设工程。

（2）监理单位经营活动的基本原则

1）守法：是任何一个具有民事行为能力的单位或个人最起码的行为准则，作为专设机构的道路绿化工程监理单位和执行者个人也是如此。对道路绿化工程建设监理单位——企业法人来说，守法就是要依法经营。

2）诚信：所谓诚信，简单地讲，就是忠诚老实、讲信用，为人处世要讲诚信。一个高水平的监理单位可以运用自己的高智能最大限度地把投资控制和质量控制搞好，也可以以低水准的要求，把工作做得勉强能交代过去，这后者就是不诚信。没有业主提供与其监理水平相适应的技术服务；或者本来没有较高的监理能力，却在竞争承揽监理业务时，有意夸大自己的能力；或者借故不认真执行监理合同规定的义务和职责等等，都是不讲诚信的行为。

3）公正：所谓“公正”，就是指监理单位在处理业主与承建商之间的矛和纠纷时，要做到“一碗水端平”是谁的责任，就由谁承担；该维护谁的利益，就得维护谁的利益。绝不能因为监理单位受业主的委托，就偏袒业主。

4）科学：所谓“科学”，是指监理单位的监理活动要依据科学的方案，要运用科学的手段，要采取科学的方法。道路绿化工程项目监理结束后，还要进行科学的总结。

9.5.1.6 道路绿化工程监理单位与工程建设各方的关系

道路绿化工程监理单位受业主的委托，替代业主管理绿化工程建设的同时，还要公正地监督业主与承建商签订工程建设合同的履行，有着政府工程质量监督部门无法替代的作用。

（1）监理单位与政府工程质量监督站的区别：

1）性质上不同：工程质量监督站（质监站）是代表政府进行工程质量监督，是强制性的，其具有工程质量的认证权。而监理单位是按照业主的委托与授权，对工程项目建设进行全面的组织协调与监督，是服务性的，其不具备工程质量的认证权；

2）工作的区域范围不同：工程质量监理站（质监站）只能在所辖行政区域内进行质监工作，而监理单位可以按照主管机构的规定，越出所在行政区域到国际上承揽业主委托的建设监理业务；

3）工作的广度和深度不同：工程质量监督站进行工程质量的抽查和等级的认定，只把质量关，工作是阶段性的。而后者的工作是全程而又深入具体的、不间断的跟踪检查、控制；

4）工作依据和控制手段不同：工程质量监督站主要使用行政手段，工程质量不合格，则令其返工、警告、通报、罚款、降级等，而监理单位主要使用合同约束的经济手段，工程质量不合格亦可令其返工、停工，否则拒绝签字认可质量或不支付工程款。

（2）与业主的关系不同：按照法律规定，业主与监理单位之间是平等的，是一种协作关系，是授权与被授权的关系同时也是一种经济合同关系，是可以选择的。而质量监测单位与业主关系是一种行政管理关系，具有管理与被管理的关系，是不能选择的。

（3）与承建商的关系不同：监理单位与承建商之间是平等的、监理与被监理的关系，但不属管理关系。而质量监测站与承建商的关系是政府管理部门与施工企业之间的管理与被管理的关系。

9.5.1.7 监理工程师的素质

实施道路绿化建设工程监理制，监理工程师将起到非常重要的作用。监理工程师不仅要控制工程的质量、进度和投资，还要协调业主、设计单位、施工单位、质量检查单位、银行以及政府有关部门的关系；不仅要求懂得技术，还要求懂得经济、法律；不仅自己要出色地完成工作，还要指挥他人完成工作。所以，道路绿化监理工程师应具备以下基本素质：

(1) 有良好的思想品德和职业道德：监理工程师是监理活动的行为主体，要求具有良好的思想品德和职业道德，严格遵循建设工程监理的基本准则。在思想品德方面的基本要求是：热爱祖国、遵纪守法、廉洁奉公、办事公道、为人正直。

(2) 有较高的理论知识和较广的专业知识：在现代化城市的道路绿化建设工程，不仅投资多、规模大，而且技术复杂、功能繁多，一个工程项目要应用多门类的科学技术，组织众多的人协作工作才能完成，因此，要求建设工程的组织者具有较深厚的现代科技理论知识、经济管理理论知识和一定的法律知识。况且，监理工程师从事的是监督管理工作，要对设计人员、施工人员的工作提出意见，并要说服他们，这就要求监理工程师具有比设计人员、施工人员更深的理论知识和更广的专业知识。

(3) 有丰富的工程实践经验：在道路绿化工程建设过程中，监理工程师每天要处理许多工程设计、工程施工和经济、法律方面的具体问题。这些问题单凭理论知识是难以解决的，必须依靠丰富的实践经验。工程建设中的许多事故，往往不完全是设计人员、施工人员、监理人员缺乏理论知识造成的，而是因为缺乏实践经验，无法及时发现工程设计和施工中的问题所造成的。经验要在实践中积累，所以，监理人员必须要有一定的工程实践年限才能经考试、注册成为一名监理工程师。

(4) 有较强的组织协调能力：道路绿化建设工程监理的一项重要任务，就是要协调各个单位之间的关系，使其有机地结合在一起，因此，监理工程师必须具有很强的组织协调能力才能完成这一重要任务。再者，监理工程师在建设工程中的地位很特殊，他受业主的委托对建设工程进行监理，和承建单位以及其他单位并没有合同关系，但又要对这些单位实施监督管理，处理这样复杂的关系，没有一定的组织协调能力是不可能胜任的。所以，要求监理工程师充分利用组织协调手段，合理协调各个承建单位的行动，实现工程项目建设的总体目标。

(5) 有健康的体魄和充沛的精力：监理工程师的工作地点在道路绿化建设工程现场。建设工程现场的工作条件较艰苦，高空、露天作业多，流动性大，夜间作业、连续作业频繁，使得监理工程师的工作艰辛、危险而繁重，这必然要求监理工程师要有健康的体魄和充沛的精力。建设工程监理的有关法规，对监理工程师注册提出了身体条件要求，也是为了保证上岗的监理工程师有健康的体魄。

### 9.5.2 道路绿化工程建设监理业务的委托

9.5.2.1 道路绿化工程建设监理业务委托形式

(1) 直接委托与招标优选：道路绿化工程项目实施建设监理，建设单位可直接委托某一个具有道路绿化工程建设项目监理资格的社会建设监理单位来承担；也可以采用招标的办法优选社会建设监理单位。

(2) 全程监理与阶段监理：建设单位可以委托一个社会建设监理单位承担道路绿化工程项目建设全过程的监理任务；也可以委托多个监理单位分别承担不同阶段的监理（如设计阶段监理、施工阶段监理、竣工验收阶段监理及保修期的监理）。

9.5.2.2 道路绿化工程建设监理业务委托程序

（1）道路绿化工程建设单位在选择工程监理单位前，首先要向建设单位所在地区的上级主管部门申请，其次再确定监理业务委托的形式。

（2）当建设监理单位在接受道路绿化工程的监理委托后，应在开始实施监理业务前向受监工程所在地区县级以上人民政府建设行政主管部门备案，接受其监督管理。同时，建设单位要与社会建设监理单位签订监理委托合同。合同的主要内容包括监理工程对象、双方权利和义务，监理费用，争议问题的解决方式等。

（3）依法成立的委托合同，是为道路绿化建设单位和工程监理单位共同利益服务的，对双方都有法律约束力，双方当事人都必须全面履行合同规定的义务，且不得擅自解除和变更合同，当双方发生争议时，当以合同条款为依据进行仲裁。在此合同签订之前，道路绿化建设单位要将与社会工程建设监理单位商定的监理权限，在与承建单位签订的承包合同中予以明确，以保证建设监理业务的顺利实施。

（4）为了适应建设监理事业的发展，建设部已在全国范围内推行“工程建设监理委托合同示范文本”。该文本中有“工程建设监理委托合同”及附合同的“工程建设监理委托合同标准条件及专用条件”。

### 9.5.3　道路绿化工程建设监理目标管理

9.5.3.1　道路绿化工程建设控制的程序

（1）道路绿化工程建设的控制是在事先制定的计划基础上进行的，计划要有明确的目标。工程开始实施，要按计划要求将所需的人力、材料、设备、机具、方法等资源和信息进行投入，于是计划开始运行，工程得以进展，并不断输出实际的投资、进度、质量目标。

（2）由于外部环境和内部系统的各种因素变化的影响，实际输出的投资、进度、质量目标有可能偏离计划目标。为了最终实现计划目标，控制人员要收集工程实际情况和其他有关的工程信息，将各种投资、进度、质量数据和其他的有关工程信息进行整理、分类和综合，提出工程状态报告。

（3）控制部门根据工程状态报告将项目实际完成的投资、进度、质量目标与相应的计划目标进行比较，以确定是否偏离了计划。如果计划运行正常，那么就按原计划继续运行；反之，如果实际输出的投资、进度、质量目标已经偏离计划目标，或者预计将要偏离，就需要采取纠正措施，或改变投入，或修改计划，或采取其他纠正措施，使计划呈现一种新状态，使工程能够在新的计划状态下进行。

（4）道路绿化工程建设项目目标控制的全过程就是由这样的一个个循环过程所组成的，循环控制要持续到项目建成使用，控制贯穿项目的整个建设过程。

9.5.3.2　道路绿化工程建设控制过程的环节

每一个工程项目控制的过程都要经过投入、转换、反馈、对比、纠正等基本步骤，因此，做好投入、转换、反馈、对比、纠正各项工作就成了控制过程的基本环节性工作。

（1）投入——按计划要求投入：控制过程首先从投入开始。一项计划能否顺利地实现，基本条件是能否按计划所要求的人力、财力、物力进行投入。计划确定的资源数量、质量和投入的时间是保证计划实施的基本条件，也是实现计划目标的基本保障。因此，要使计划能够正常实施并达到预计目标，应当保证能够将质量、数量符合计划要求的资源按规定时间和地点投入到工作建设中去。监理工程师如果能够把握住对“投入”的控制，也就把握住了控制的起点要素。

（2）转换——做好转换过程的控制工作：所谓转换，主要是指工程项目的实现总是要经由投入到产出的转换过程。在转换过程中，计划的运行往往会受到来自外部环境和内部环境系统多因素干扰，造成实际工程偏离计划轨道。而这类干扰往往是潜在的，未被人们所预料或人们无法预料的。监理工程师应当做好转换过程的控制工作：跟踪了解工程进展情况，掌握工程转换的第一手资料，为今后分析偏差原因，确定纠正措施提供可靠依据。同时，对于那些可以及时解决的问题，采取“即时控制”措施，发现偏离，及时纠偏，避免“积重难返”。做好转换过程中的控制工作是实现有效控制的重要工作。

（3）反馈——控制的基础工作：对于一项即使认为制定得相当完善的计划，控制人员也难以对它运行的结果有百分之百的把握。因为计划实施过程中，实际情况的变化是绝对的，不变是相对的。每个变化都会对预定目标的实现带来一定的影响。所以，控制人员、控制部门对每项计划的实际结果是否达到要求都十分关注。例如，外界环境是否与所预料的一致？执行人员是否能切实按计划要求实施？执行过程会不会发生错误？等等，而这正是控制功能的必要性之所在。因此，必须在计划与执行之间建立密切的联系，及时捕捉工程信息并反馈给控制部门。

（4）对比——以确定是否偏离：控制系统从输出得到反馈并把它与计划所期望的相比较，是控制过程的重要特征。控制的核心是找出差距并采取纠正措施，使工程得以在计划的轨道上进行。对比是将实际目标成果与计划目标比较，以确定是否偏离。因此，对比工作的第一步收集道路绿化工程的实际成果并加以分类、归纳，形成与计划目标相对应的目标值，以便进行比较。对比的第二步是对比较结果的判断。什么是偏离？偏离就是指那些需要采取纠正措施的情况。凡是判断为偏离的，就是那些已经超过了“度”的情况。因此，对比之前必须确定目标偏离的标准。

（5）纠正——取得控制效果：对于偏离计划的情况要采取措施加以纠正。如果已经确认原定计划目标不能实现，那就要重新确定目标，然后根据新目标制定新计划，使工程在新的计划状态下进行。当然，最好的纠偏措施是把管理的各项职能结合起来，采取系统的办法实施纠偏。这就不仅要在计划上做文章，还要在组织、人员配备、领导等方面做文章。

9.5.3.3 主动控制与被动控制

由于控制的方式和方法的不同，控制可分为多种类型。例如，按事物发展过程，控制可分成事前控制、事中控制、事后控制；按照是否形成闭合回路，控制可分成开环控制和闭环控制；按照纠正措施或控制信息的来源，控制可分成前馈控制的反馈控制。归纳起来，控制可分为两大类即主动控制和被动控制。

（1）主动控制：所谓主动控制就是预选分析道路绿化工程项目目标偏离的可能性，并拟订和采取各项预防性措施，以使道路绿化计划目标得以实现。

主动控制是一种前馈式控制。当它根据已掌握的可靠信息分析预测得出系统将要输出偏离计划的目标时，马上制定出纠正的措施并向系统输入，以使系统因此而不发生目标的偏离。主动控制是一种事前控制，它必须在事情发生之前采取控制措施。如何分析和预测目标偏离的可能？采取哪些预防措施来防止目标偏离？

（2）被动控制：被动控制是指当系统按计划进行时，管理人员对计划的实施进行跟踪，把它输出的工程信息进行加工、整理，再传递给控制部门，使控制人员从中发现问题找出偏差，寻求并确定解决问题和纠正偏差的方案，然后再回送给计划实施系统付诸实施，使得计划目标一旦出现偏离就能得以纠正。这种从计划的实际输出中发现偏差，及时纠偏的控制方式称为被动控制。

（3）主动控制与被动控制的关系：主动控制与被动控制，对监理工程师而言缺一不可，它们都是实现道路绿化工程项目目标所必须采用的控制方式。有效的控制是将主动控制与被动控制紧密地结合起来，加大主动控制在控制过程中的比例，同时进行定期、连续的被动控制。只有如此，方能完成道路绿化项目目标控制的根本任务。

9.5.3.4　道路绿化工程项目目标控制的综合性措施

（1）为了取得道路绿化工程项目目标控制的理想成果，应当从多方面采取措施实施控制。通常可以将这些措施归纳为若干方面，如组织方面措施、技术方面措施、经济方面措施、合同方面措施等。

（2）组织措施是道路绿化工程项目目标控制的必要措施。如果不落实投资控制、进度控制、质量控制的部门人员，不确定他们目标控制的任务和管理职能，不制定各项目标控制的工作流程，那么目标控制就没办法进行。

（3）技术措施是道路绿化工程项目目标控制的必要措施。控制在很大程度上要通过技术来解决问题。

（4）经济措施是道路绿化工程项目目标控制的必要措施。一项道路绿化工程的建成动用，归根到底是一项投资的实现。从项目的提出到项目的实现，始终贯穿着资金的筹集和使用工作。无论对投资实施控制，还是对进度、质量实施控制，都离不开经济措施。

（5）合同措施也是道路绿化工程项目目标控制的必要措施。工程建设监理就是根据工程建设合同以及工程建设监理合同来实施的监督管理活动。监理工程师实施目标控制也是紧紧领先工程建设合同来进行的。领先合同进行目标控制是监理目标控制的重要手段。

### 9.5.4　道路绿化工程项目实施准备阶段的监理

（1）城市道路绿化工程建设项目实施准备阶段的各项工作是非常重要的，它将直接关系到道路绿化建设的工程项目是否能达到安全、优质、高速、低耗建成。有的道路绿化建设工程项目工期延长、投资超支、质量欠佳，很大一部分原因是准备阶段的工作没有做好。

（2）在实施准备阶段中，由于一些建设单位是新组建起来的，组织机构不健全、人员配备不足、业务不熟悉，加上急于要把道路绿化建设工程推入实施阶段，因此，往往使实施准备阶段的工作做不充分而造成先天不足。

（3）建设项目建设实施准备阶段包括组织准备、技术准备、现场准备、法律与商务准备，需要统筹考虑、综合安排，均应实施监理。

（4）虽然道路绿化建设项目实施准备阶段的监理非常重要，但是目前我国的城市道路绿化工程建设监理活动主要发生在道路绿化建设工程的施工阶段，主要内容简述如下：

1）建议：为建设单位对城市道路绿化工程建设项目实施的决策提供专业方面的建议。主要内容有：协助道路绿化建设单位取得建设批准手续；协助建设单位了解有关规则要求及法律限制；协助建设单位对拟建项目预见与环境之间的影响；提供与建设项目有关的市场行情信息；协助与指导建设单位做好施工方面的准备工作；协助建设单位与制约项目建设的外部机构的联络；

2）勘察监理：城市道路绿化工程勘察监理的主要任务是确定勘察任务，选择勘察队伍，督促勘察单位按期、按质、按量完成勘察任务，提供满足工程建设要求的勘察成果。其工作内容主要是：编审勘察任务书；确定委托勘察的工作和委托方式；选择勘察单位、商签合同；为勘察单位提供基础资料；监督管理勘察过程中的质量、进度及费用；审定勘察成果报告，验收勘察成果；

3）设计监理：道路绿化建设工程设计监理是工程建设监理中很重要的一部分，其主要工作内容是：制定设计监理工作计划，当接受建设单位委托设计监理后，就要首先了解建设单位的投资意图，然后按了解的意图开展设计监理工作；编制设计大纲；与建设单位商讨确定对设计单位的委托方式；选择设计单位；参与设计单位对设计方案的优选；检查、督促设计进行中有关设计合同的实施，对设计进度、设计质量、设计的造价进行控制；设计费用的支付签署；设计方案与政府有关规定的协调统一；设计文件的验收；

4）对设备、材料等采购的监理：审查材料、设备等采购清单；对质量、价格等进行比选，确定生产与供应单位并与其谈判；对进场的材料，设备进行质量检验；对确定采购的材料、设备进行合同管理，若不符合合同规定要求的则提出合理索赔；

5）现场准备：主要是拟定详细的道路绿化监理计划，协调与外部有关联的各种关系，并及时督促实施，检查其效果；

6）施工委托：商定道路绿化工程建设施工任务委托的方式；草拟工程招标文件，组织招标工作；参与合同谈判与签订。

### 9.5.5 道路绿化建设工程施工阶段的监理

9.5.5.1 监理工程师对道路绿化工程施工图的监管

（1）督促道路绿化工程设计单位按照合同的规定，及时提供配套的施工图。并规定施工图交接中有关的手续，图纸的目录及数量均由双方签字。

（2）组织图纸的会审与技术交底工作。图纸会审是承建企业在施工前熟悉图纸过程中，对图纸中的一些问题和不完善之处，提出疑点或合理化建议，道路绿化工程设计者对所提的疑点及合理化建议进行解释或修改，以使承建企业施工时了解道路绿化工程设计的意图和减少图纸的差错，从而提高设计质量。

9.5.5.2 道路绿化工程监理工程师对施工组织设计的审查

（1）道路绿化工程施工组织设计是由承建施工单位负责编制的，是选择施工方案、指导和组织施工的技术经济文件。

（2）施工单位可以根据自己的特长和工程要求，编制既能发挥自己特长，又能保证建设工程顺利施工的施工组织设计。

（3）如若道路绿化工程施工组织设计的质量较差，就不能很好地达到指导施工的作用。

(4) 因此，监理工程师要对施工单位编制的道路绿化工程施工组织设计进行严格审查。

9.5.5.3 道路绿化工程施工质量监理

(1) 道路绿化工程施工质量控制方式：一个委托监理的道路绿化建设工程，如果属于全程监理，则监理工程师对质量的控制就要从项目可行性研究开始，贯穿项目规划、勘察、设计和施工的全过程。工程进入施工准备阶段，监理工程师要对施工图实行管理和对施工组织设计进行审查；对工程拟采购的材料、设备清单进行审查、认可；对施工的人员、设备及拟采用的施工技术方案进行监督检查和审定。当道路绿化工程进入施工阶段，监理工程师对施工的质量控制方式有以下两种：

1) 督促道路绿化工程的承建单位健全质量保证体系：施工企业应建立健全质量保证体系，才能使建设的工程项目每一工序、每一分项、分部工程，每一单位工程均处于控制之中。因此监理工程师应特别注意参加建设的各个承建单位的质量保证体系是否健全；

2) 严格依据有关标准和合同规定进行检查：监理工程师按照委托合同的要求对工程质量逆行检查，每一个分项工程乃至分项工程中某些重要工序，都要接受监理工程师的检查，只有经过监理工程师检查确认后，方能进行下一个分项工程或下一道工序的施工。未经监理工程师检查确认的，监理工程师可在承建单位提出的付款申请书上拒绝签证。监理工程师对工程质量检查的内容主要有：

① 是否按经过审定的道路绿化工程施工组织设计施工；

② 是否对一些隐蔽的工程进行预检，对进场的材料、设备把好质量关；

③ 对现场操作工人的操作质量进行巡视检查，对分项工程中的主要工序进行质量检查；

④ 对重要的、关键的分项工程、关键的设备安装进行微观的、严格的检查；

⑤ 收集道路绿化工程的技术档案资料，作为工程质量评定的一个依据；

⑥ 一旦道路绿化工程发生质量事故，要参与事故的调查与处理；

⑦ 检查道路绿化工程施工的原始记录是否真实、完善；

⑧ 参与竣工验收的检查和工程质量的评定工作，对每一个分项、分部以及单位工程的质量都要参与评定。

(2) 道路绿化工程施工质量监理的职责：监理人员对道路绿化工程施工质量的监理，除需在组织上健全，还必须建立相应的职责范围与工作制度，使监理人员明确在施工质量控制中的主要职责。一般规定的职责有：

1) 负责检查和控制工程项目的质量，组织单位工程的验收，参加施工阶段的中间验收；

2) 审查工程使用的材料、设备的质量合格证和复验报告，对合格的给予签证；

3) 审查和控制项目的有关文件；如承建单位的资质证件、开工报告、施工方案、图纸会审记录、设计变更，以及对采用的新材料、新技术、新工艺等的技术鉴定成果；

4) 审查月进度付款的工程数量和质量，参加对承建单位所制定的道路绿化工程施工计划、方法、措施的审查；

5) 组织对承建单位的各种申请进行审查，并提出处理意见；

6）审查质量监理人员的值班记录、日报。一方面作为分析汇总用，另一方面作为编写分项工程的周报使用，收集和保管道路绿化工程项目的各项记录、资料，并进行整理归档；

7）负责编写单项工程施工阶段的报告，以及季度、年度工作计划和总结；

8）签发道路绿化工程项目的通知，同时也签发违章通知和停工通知。停工通知是监理人员的一个权力及控制质量的一个重要手段，但在使用中应慎重。如出现下列情况之一者，可发出停工通知：

① 对隐蔽的工程未经监理人员检查验收即自行封闭掩盖；

② 不按道路绿化工程图纸或说明施工，私自变更道路绿化工程设计内容；

③ 使用质量不合格的材料，或无质量证明，或未经现场复验的材料；

④ 施工操作严重违反施工验收规范的规定；

⑤ 已发生质量事故，未经分析处理即继续施工；

⑥ 对分包单位的资质不明，道路绿化工程质量出现了明显的异常情况，但在原因不明又没有可靠措施情况下继续施工的。

（3）道路绿化工程监理工程师对质量问题的处理：任何道路绿化工程在施工中，都或多或少存在程度不同的质量问题。因此监理工程师一旦发现有质量问题时就要立即进行处理。

1）处理的程序：监理工程师在施工中若发现了质量问题，必须及时以质量单形式通知承建单位，要求承建单位停止对有质量问题的部位施工，或停止下道工序的施工。承建单位在接到质量通知单后，应向监理工程师提出“质量问题报告”，说明质量问题的性质及其严重程度，造成的原因，提出处理的具体方案。监理工程师在接到承建单位的报告后，即进行调查和研究，并向承建单位提出“不合格的道路绿化工程项目通知”，做出处理决定；

2）质量问题处理的方式：监理工程师对出现的质量问题，视情况分别作下述决定：

① 返工重做：凡是道路绿化工程质量未达到合同条款规定的标准，质量问题亦较严重或无法通过修补使工程质量达到合同规定的标准。在这种情况下，监理工程师应该及时做出返工重做的处理决定；

② 修补处理：道路绿化工程质量某些部分未达到合同条款规定的标准，但质量问题并不严重，通过修补后可以达到规定的标准，监理工程师可以做出修补处理的决定。

3）处理质量问题方法：监理工程师对质量问题处理的决定是一项较复杂的工作，因为它不仅涉及工程质量问题，而且还涉及工期和工程费用的问题，因此，监理工程师应持慎重的态度对质量问题的处理做出决定。因此，在做出决定之前，一般采取以下方法处理：

① 实验验证。即对存在质量问题的项目，通过合同规定的常规试验以外的试验方法做进一步的验证，以确定质量问题的严重程度，并依据实验结果，进行分析后做出处理决定；

② 定期观察：有些质量问题并不是短期内就可以通过观测得出结论的，而是需要较长时期的观测。在这种情况下，可征得建设单位与承建单位的同意，修改合同延长质量责任期；

③ 专家论证：有些道路绿化工程的质量问题涉及技术领域较广或是采用了新材料、新技术、新工艺等，有时往往根据合同规定的规范也难以决策。在这种情况下可邀请有关专家进行论证。监理工程师通过专家论证的意见和合同条件，做出最后的处理决定。

4）工程监理工程师对道路绿化工程质量监理的手段：

① 旁站监理：即监理人员在承建单位施工期间，全部或大部分时间是在现场，对道路绿化工程承建单位的各项工程活动进行跟踪监理。在监理过程中一旦发现质量问题，便可及时指令承建单位予以纠正；

② 测量：测量贯穿了工程监理的全过程。开工前与施工过程中以及已完成的工程均需要采用测量手段进行施工的控制。因此在监理人员中应配有测量人员，随时随地地通过测量控制工程的质量。并对承建单位送上的测量放线报验单进行查验并予结论；

③ 试验：对一些工程项目的质量评价往往以试验的数据为依据。采用经验的方法、目测或观感的方法来对工程质量进行评价是不允许的；

④ 严格执行监理的程序：在工程质量监理过程中，必须严格执行监理程序。也就是通过严格执行监理程序，以强化承建单位的质量管理意识，提高质量水平；

⑤ 指令性文件：按国际惯例，承建单位应严格履行监理工程师对任何事项发出的指示。监理工程师的指示一般采用书面形式，因此也称为“指令性文件”。在对工程质量监理中，监理工程师应充分利用指令性文件对承建单位施工的工程进行质量控制；

⑥ 拒绝支付：监理工程师对工程质量的控制不是像质量监督员采用行政手段，而是采用经济手段。监理工程师对工程质量控制的最主要手段，就是以计量支付确认为保承建单位任何工程款项的支付是要经监理工程师确认并开具证明。

9.5.5.4 道路绿化工程施工进度监理

（1）对一个道路绿化工程建设项目的施工进度进行控制，使其能顺利地在合同规定的期限内完成，也是监理工程师的主要任务之一。

（2）道路绿化建设工程项目是对城市环境有较大影响的建设项目，如果能在预定期限内完成，可使投资效益更快更充分地发挥，作为一个监理工程师在工程监理中，对工程质量、工程投资和工程进度都要控制，这三个方面是对立统一的关系。

（3）在一般情况，如进度加快就需要增加投资，也可能影响工程质量。但如由于质量的严格控制，不发生质量事故及不出现返工，又会加快工程进度。因此，监理工程师为使这三个目标均能控制得恰到好处，就要全面考虑，系统安排。

（4）控制工程项目进度不仅是施工进度，还应该包括工程项目前期的进度，但由于目前我国实行的建设监理多是工程实施阶段中的监理，因此主要内容是如何控制工程施工进度。

（5）道路绿化工程项目进度控制是一个系统工程，它是要按照进度计划目标和组织系统，对系统各个方面的行为进行检查，以保证目标的实现。

（6）影响园林工程施工进度的因素：通常影响园林建设工程项目施工进度的因素有以下几个方面：

1）相关单位进度的影响：影响道路绿化工程施工进度计划实施的不仅是承建单位，而往往涉及多个单位，如设计单位、材料设备供应单位以及与工程建设单位的有关运输部门、通讯部门、供电部门等；

2）设计变更因素的影响：一个道路绿化建设工程在施工过程中，会经常遇到设计变更；设计变更往往是实施进度计划的最大干扰因素之一；

3）材料设备供应进度的影响：施工中经常会发生一些需要使用的材料不能按期运抵施工现场，或者所运到现场后发现其质量不符合合同规定的技术标准，从而造成现场停工待料，影响施工进度；

4）资金的影响：道路绿化工程施工准备期间，往往就需要动用大量资金用于材料的采购，设备的订购与加工，如资金不足，必然影响施工进度；

5）不利施工条件的影响：道路绿化工程实际施工中，往往遇到比设计和合同条件中所预计的施工条件更为困难的情况，这些情况一出现，将会大大影响工程进度计划；

6）技术原因的影响：技术原因往往也是造成道路绿化工程进度拖延的一个因素。特别是承建单位，对某些施工技术过低估其难度时，或对设计意图及技术规范未全领会而导致道路绿化工程质量出现问题，这些都会影响工程施工进度；

7）不可预见因素的影响：在道路绿化工程施工中出现恶劣的气候、自然灾害、工程事故等都将直接影响工程进度。

（7）园林工程监理工程师对施工进度控制的任务：

1）适时发布开工令，审核批准承建单位提交的道路绿化工程施工总进度计划及年、季、月的实施进度计划；

2）严格控制关键工序，关键分项、分部工程或单位工程的工期；

3）定期检查施工现场的实际进度与计划进度是否相符，如实际进度拖延时，应督促承建单位采取有效措施加快进度，并修改施工进度计划以保证工程能够按期完成；

4）协调好各承建单位之间的施工安排，尽量减少相互干扰。并通过协调、督促，协助做好材料设备按计划供应；

5）公正合理地处理好承建单位的工期索赔要求，尽量减少有重大影响的变更工程；

6）及时协助建设单位和承建单位做好道路绿化的单位工程和全部工程的验收工作，使已完成的工程能够投入使用。

（8）园林工程监理工程师对施工进度控制的职责：

1）控制工程总进度，审批承建单位提交的施工进度计划；

2）监督承建单位执行进度计划，根据各阶段的主要控制目标做好进度控制，并根据承建单位完成进度的实际情况，签署月进度支付凭证；

3）向承建单位及时提供施工图，规范标准以及有关技术资料；督促并协调承建单位做好材料、施工机具与设备等物资的供应工作；

4）定期向建设单位提交工程进度报告，组织召开工程进度协调会议，解决进度控制中的重大问题，签发会议纪要；

5）在执行合同中，做好道路绿化工程施工进度计划实施中的记录。并保管与整理各种报告、批示，指令及其他有关资料；

6）组织对道路绿化工程的阶段性验收与竣工验收。

9.5.5.5 道路绿化工程施工投资监理

（1）道路绿化工程投资控制的概念：道路绿化建设工程投资实施监理，其主要任务就是对项目投资进行有效的控制：

1）投资的定义：道路绿化建设项目投资，是指某城市道路绿化建设工程建成后所花费的全部费用；

2）投资控制的定义：道路绿化建设项目投资的有效控制是工程建设管理的一个重要内容。投资控制也就是在工程项目建设的全过程中，即从道路绿化项目决策阶段→设计阶段→项目招投标阶段→项目建设实施阶段→项目建设保修期阶段，把投资的发生控制在批准的投资限额以内，随时纠正发生的偏差，保证项目投资管理目标的实现；

3）投资控制的基本原理：投资控制的基本原理是把计划的投资额作为工程项目投资控制的目标值；再把工程项目建设进展过程中的实际支出额与工程项目投资目标进行对比，通过对比发现并找出实际支出额与控制目标额之间的差距；从而采用有效措施加以控制；

4）投资控制的目的：使投资得到更高的价值，即利用一定限额内的投资获得更好的经济效益；使可能动用的资金，能够在施工过程中合理地分配；使投资支出总额控制在限定范围之内，并保证概算、预算和投标标价基本相符。

（2）监理单位在对投资的控制方面的主要内容：

1）在建设前期阶段进行建设项目的可行性研究，对拟建设项目进行经济评价；

2）在设计阶段，提出设计要求，用技术经济方法组织评价设计方案，协助选择勘察、设计单位，商签勘察、设计合同并组织实施，审查设计、概算等；

3）在施工招标阶段，准备与发送招标文件，组织招标工作，协助评审投标书，协助建设单位与中标单位签订承包合同；

4）在施工阶段，审查承建单位提出的施工组织设计、施工技术方案和施工进度计划提出改进意见，督促、检查承建单位严格执行工程承包合同，调解建设单位与承建单位之间的争议，检查工程进度与施工质量，验收分项、分部工程，签署工程付款凭证，审查工程结算，提出竣工验收报告等。

（3）授予监理工程师相应的权限：

1）审定批准承建单位制定的工程进度计划，督促承建单位按批准的进度计划完成工程；

2）接收并检验承建单位报送的材料样品，必须根据检验结果批准或拒绝在该工程中使用这些材料；

3）对工程质量按技术规范和合同规定进行检查，对不符合质量标准的工程提出处理意见，对隐蔽工程下一道工序的施工，必须在监理工程师检查认可后，方可进行施工；

4）核对承建单位完成分项、分部工程的数量，或与承建单位共同测定这些数量，审定承建单位的进度付款申请表，签发付款证明；

5）审查承建单位追加工程付款的申请书，签发经济签证并交建设单位审批；

6）审查或转交给设计单位的补充施工详图，严格控制设计变更，并及时分析设计对控制投资的影响。做好工程施工记录，保存各种文件图纸，特别是注有实际施工变更情况的图纸，注意积累素材，为正确处理可能发生的索赔提供依据；

7）对工程施工过程中的投资支出做好分析与预测，经常或定期向建设单位提交项目投资控制及其存在主要问题的报告。国家提倡主动监理，尽量避免工程已经完工后再检验，而要把本来可以预料的问题告诉承建单位，协助承建单位进行成本管理，避免不必要的返工而造成的成本上升、工期限延长。

（4）监理工程师对完成工程的计量：

1）工程计量的程序：监理工程师通过计量来控制项目投资，是体现监理工程师公正地执行合同的重要环节，对于采用单价合同的项目，工程量的大小对项目投资控制起着很重要的影响。工程计量的一般程序是承建单位按协议条款约定的时间向监理工程师提交已完成工程的报告，监理工程师必须在接到报告 3 天内按设计图纸核实已完成工程数量，并在计量 24 小时前通知承建单位，承建单位必须为监理工程师进行计量提供便利条件并派人参加予以确认。如承建单位无正当理由不参加计量，由监理工程师自行进行的计量结果亦视为有效，并作为工程价款支付的依据。但监理工程师在接到施工企业报告后 3 天内未进行计量，从第四天起，施工企业报告中开列的工程量即视为已被认可，可作为工程价款支付的依据。因此，无特殊情况，监理工程师对工程计量不能有任何拖延，另外，监理工程师在计量时必须按约定的时间通知承建单位参加，否则计量结果按合同规定视为无效。

2）注意事项：

① 严格确定计量内容。监理工程师进行计量必须根据具体设计图纸以及材料与设备明细表中计算的各项工程数量进行，并按照合同中所规定的计量方法、计量单位进行，监理工程师对承建单位超出设计图纸要求增加的工程量和自身原因造成返工的工程量，不予计量。

② 加强隐蔽工程的计量。对隐蔽工程的计量，监理工程师应在工程隐蔽之前，预先进行测算，测算结果有时要经设计、监理与承建单位三方或两方的认可，并予签字为凭作为结算的依据，以控制项目的投资。

（5）工程变更的控制：

1）工程变更程序：工程变更可能来自多方面，为有效控制投资，不论任何一方提出的设计变更均应由监理工程师签发工程变更指令。而承建单位对监理工程师签发的工程变更指令中所要求的工程的项目、数量、质量等的变更，应照办，并按监理工程师的指令组织施工。很多园林建设工程项目，经常是预算超概算、决算超预算。造成这种状况多是由于项目投资估算时，对项目计划、设计的深度、详度不够，从而造成项目实施过程中大量的超出批准投资数额。由此监理工程师在施工过程中必须严格控制设计变更，对扩大建设规模、增加建设内容、提高建设标准更应严加控制。对一些必须变更的，应先对工程量和工程造价的增减进行分析，在经过建设单位同意、设计单位审查签证并发出相应图纸和说明书后，监理工程师方可发出变更通知，调整原合同所确定的工程投资。当投资超支部分在预算费用中调剂有困难时，且原投资估算或设计总概算是报请主管部门批准的，还必须报经原审批部门批准后方可更改和发出变更通知。

2）工程变更价款的确定：由监理工程师签发的工程变更令，如系设计变更或更改作为投资基础的其他合同文件，由此导致的经济支出和承建单位的损失，由建设单位承担，延误的工期相应顺延。因此监理工程师必须合理确定变更价款，控制投资支出。变更也有可能是由于承建单位的违约所致，此时引起的费用必须由承建单位承担。合同价款的变更价格，一般在双方的协商时间内，由承建单位提出变更价格，报监理工程师批准后方可调整合同价款及竣工日期。

## 9.6 道路绿化工程竣工验收

### 9.6.1 概述

9.6.1.1 道路绿化工程竣工验收的概念和作用

(1) 当道路绿化工程按设计要求完成全部施工任务并可供开放使用时，道路绿化工程的施工单位就要向建设单位办理移交手续，这种接交工作称为项目的竣工验收。

(2) 竣工验收既是项目进行移交的必须手续，又是通过竣工验收对建设项目成果的工程质量、经济效益等进行全面考核评估的过程。凡是一个完整的园林建设项目，或是一个单位的道路绿化工程建成后达到正常使用条件的，都要及时组织竣工验收。

(3) 道路绿化工程建设项目的竣工验收是道路绿化工程建设全过程的一个阶段，它是由投资成果转为使用、对公众开放、服务于社会、产生效益的一个标志，因此竣工验收对促进建设项目尽快投入使用、发挥投资效益、对建设与承建双方全面总结建设过程的经验或教训都具有十分重要的意义和作用。

9.6.1.2 道路绿化工程竣工验收的依据和标准

(1) 竣工验收的依据：

1) 上级主管部门审批的计划任务书、设计文件等；

2) 道路绿化工程招投标文件和工程合同，道路绿化施工图纸和说明、图纸会审记录、设计变更签证和技术核定单；

3) 国家或行业颁布的现行施工技术验收规范及工程质量检验评定标准；

4) 有关施工记录及工程所用的材料、构件、设备质量合格文件及验收报告单；

5) 承建施工单位提供的有关质量保证等文件，国家颁布的有关竣工验收文件。

(2) 竣工验收的标准：道路绿化工程建设项目涉及多种门类、多种专业，且要求的标准也各异，加之其艺术性较强，故很难形成国家统一标准，因此对工程项目或一个单位工程的竣工验收，可采用分解成若干部分，再选用相应或相近工种的标准进行，一般道路绿化工程可分解为土建工程和绿化工程两个部分。

1) 土建工程的验收标准：凡是工程、游憩、服务设施及娱乐设施等土建工程应按照设计图纸、技术说明书、验收规范及建筑工程质量检验评定标准验收，并应符合合同所规定的工程内容及合格的工程质量标准。不论是游憩性建筑还是娱乐、生活设施建筑，不仅建筑物室内工程要全部完工，而且室外工程的明沟、踏步斜道、散水以及建筑物周围场地也要完工，还要清除杂物，并达到水通、电通、道路通。

2) 绿化工程的验收标准：施工项目内容、技术质量要求及验收规范和质量应达到设计要求、验收标准的规定及各工序质量的合格要求，如树木的成活率、草坪铺设的质量、花坛的品种、纹样等。

### 9.6.2 道路绿化工程竣工验收的准备工作

道路绿化竣工验收前的准备工作，是竣工验收工作顺利进行的基础，道路绿化工程的承建施工单位、建设单位、设计单位和监理工程师均应尽早做好准备工作，其中以承建施工单位和监理工程师的准备工作最为重要。

9.6.2.1 承建施工单位的准备工作

（1）道路绿化工程档案资料的汇总整理：道路绿化工程档案永久性技术资料，是道路绿化工程项目竣工验收的主要依据。因此，档案资料的准备必须符合有关规定及规范的要求，必须做到准确、齐全，能够满足道路绿化建设工程进行维修、改造和扩建的需要。一般包括以下内容：

1）部门对该工程的有关技术决定文件；竣工工程项目一览表，主要包括道路绿化工程的名称、位置、面积、特点等；

2）地质勘察资料，道路绿化工程竣工图，工程设计变更记录，施工变更洽商记录，设计图纸会审记录；永久性水准点位置坐标记录、建筑物、构筑物沉降观察记录；

3）在道路绿化工程施工中所采用的新工艺、新材料、新技术、新设备的试验、验收和鉴定记录；工程质量事故发生情况和处理记录；

4）建筑物、构筑物、设备使用注意事项文件；竣工验收申请报告、工程竣工验收报告、道路绿化工程竣工验收证明书、工程养护与保修证书等。

（2）道路绿化工程承建施工单位的自验：施工自验是承建施工单位资料准备完成后，在项目经理组织领导下，由生产、技术、质量、预算、合同和有关的工长或施工员组成预验小组。根据国家或地区主管部门规定的竣工标准、施工图和设计要求、国家或地区规定的质量标准的要求，以及合同所规定的标准和要求，对道路绿化工程的竣工项目按分段、分层、分项地逐一进行全面检查，预验小组成员按照自己所主管的内容进行自检、并做好记录，对不符合要求的部位和项目，要制定修补处理措施和标准，并限期修补好。施工单位在自验的基础上，对已查出的问题全部修补处理完毕后，项目经理应报请上级再进行复检，为正式验收做好充分准备。道路绿化工程中的竣工验收检查主要有以下内容：

1）对道路绿化工程建设用地内进行全面检查，对施工范围的场区内外进行全面检查；

2）临时设施工程，整地工程，管理设施工程，服务设施工程；

3）大型广场的铺装，大型运动设施工程；大型游戏设施工程；

4）绿化工程，主要是检查高、中树栽植作业、灌木栽植、移植工程、地被植物栽植等，包括以下具体内容：①对照设计图纸，是否按设计要求施工，检查植株数有无出入；②支柱是否牢靠，外观是否美观；有无枯死的植株；栽植地周围的整地状况是否良好；草坪的栽植是否符合规定；草和其他植物或设施的接合是否美观。

（3）编制道路绿化工程竣工图：

1）竣工图编制的依据：道路绿化工程施工中未变更的原施工图，设计变更通知书，工程联系单，施工洽商记录，施工放样资料，隐蔽工程记录和工程质量检查记录等原始资料；

2）竣工图编制的内容要求：

① 施工中未发生设计变更，按图施工的施工项目，应由施工单位负责在原施工图纸上加盖“竣工图”标志，可做为竣工图使用。

② 施工过程中有一般性的设计变更，但没有较大结构性的或重要管线等方面的设计变更，而且可以在原施工图上进行修改和补充，可不再绘制新图纸，由施工单位在原施工

图纸上注明修改和补充后的实际情况，并附以设计变更通知书、设计变更记录和施工说明。然后加盖“竣工图”标志，亦可做为竣工图使用。

③ 施工过程中凡有重大变更或全部修改的，如结构形式改变、标高改变、平面布置改变等，不宜在原施工图上修改补充时，应重新绘制实测改变后的竣工图，施工单位负责人在新图上加盖“竣工图”标志，并附上记录和说明作为竣工图。

④ 竣工图必须做到与竣工的工程实际情况完全吻合，不论是原施工图还是新绘制的竣工图，都必须是新图纸，必须保证绘制质量，完全符合技术档案的要求，坚持竣工图的校对、审核制度，重新绘制的竣工图，一定要经过施工单位主要技术负责人的审核签字。

(4) 进行道路绿化工程与设备的试运转和试验的准备工作：该工作主要包括：安排各种设施、设备的试运转和考核计划；编制各运转系统的操作规程；对各种设备、电气、仪表和设施做全面的检查和校验；进行电气工程的全面负责试验，管网工程的试水、试压试验；喷泉工程试水等。

9.6.2.2 监理工程师的准备工作

道路绿化工程监理工程师首先应提交验收计划，计划内容主要分为竣工验收的准备、竣工验收、交接与收尾三个阶段的工作。每个阶段都应明确其时间、内容及标准的具体要求。该计划应事先征得道路绿化工程建设单位、施工单位及设计等单位的意见，并应达到一致。其主要内容如下：

(1) 整理与汇集各种经济、技术资料：道路绿化工程总监理工程师于项目正式验收前，指示其所属的各专业监理工程师，按照原有的分工，对各自负责管理监理的项目的技术资料进行一次认真的清理。大型的道路绿化工程项目的施工期往往是1～2年或更长的时间，因此必须借助以往收集的资料，为监理工程师在竣工验收中提供有益的数据和情况，其中有些资料将用于对承建施工单位所编的竣工技术资料的复核、确认和办理合同责任，工程结算和工程移交；

(2) 拟定竣工验收条件，验收依据和验收必备技术资料：这项工作是监理单位必须要做的又一重要准备工作。监理单位应将上述内容拟定好后发给道路绿化工程建设单位、施工单位、设计单位及现场的监理工程师。

1) 竣工验收条件：合同所规定的承包范围的各项工程内容均已完成；各分部、分项及单位工程均已由承接施工单位进行了自检自验，且都符合设计和国家施工及验收规范及工程质量验评标准、合同条款的规范等；电力、上下水、通信等管线等均与外线接通、联通试运行，并有相应的记录；竣工图已按有关规定如实地绘制，验收的资料已备齐，竣工技术档案按档案部门的要求进行整理。对于大型园林建设项目，为了尽快发挥园林建设成果的效益，也可分期、分批的组织验收，陆续交付使用；

2) 竣工验收的依据：列出竣工验收的依据，并进行对照检查；

3) 竣工验收必备的技术资料：大中型园林建设工程进行正式验收时，往往是由验收小组来验收。而验收小组的成员经常要先进行中间验收或隐蔽工程验收等，以全面了解工程的建设情况。为此，监理工程师与承接施工单位主动配合验收委员会（验收小组）的工作，验收委员会（验收小组）对一些问题提出的质疑，应给予解答。需要给验收小组提供的技术资料主要有：竣工图；分项、分部工程检验评定的技术资料。

4) 竣工验收的组织：一般道路绿化建设工程项目多由建设单位邀请设计单位、质量监督及上级主管部门组成验收小组进行验收，工程质量由当地工程质量监督站核定质量等级。

### 9.6.3 道路绿化竣工验收程序

9.6.3.1 竣工项目的预验收

(1) 概述：道路绿化工程竣工项目的预验收，是在施工单位完成自检自验并认为符合正式验收条件，在申报工程验收之后和正式验收之前的这段时间内进行的。委托监理的道路绿化建设工程项目，总监理工程师即应组织其所有各专业监理工程师来完成。竣工预验收要吸收建设单位、设计、质量监督人员参加，而施工单位也必须派人配合竣工验收工作。

(2) 由于竣工预验收的时间长，又多是各方面派出的专业技术人员，因此对验收中发现的问题多在此时解决，为正式验收创造条件。为做好竣工预验收工作，总监理工程师要提出一个预验收方案，这个方案含预验收需要达到的目的和要求；预验收的重点；预验收的组织分工；预验收的主要方法和主要检测工具等，并向参加预验收的人员进行必要的培训，使其明确以上内容。

(3) 竣工验收资料的审查：

1) 技术资料主要审查的内容：道路绿化工程项目的开工报告；工程项目的竣工报告；图纸会审及设计交底记录；设计变更通知单；技术变更核定单；工程质量事故调查和处理资料；水准点、定位测量记录；材料、设备、构件的质量合格证书；试验、检验报告；隐蔽工程记录；施工日志；竣工图；质量检验评定资料；工程竣工验收有关资料。

2) 技术资料审查方法：

① 审阅。边看边查，把有不当的及遗漏或错误的地方记录下来，然后再对重点仔细审阅，作出正确判断，并与承接施工单位协商更正；

② 校对。监理工程师将自己日常监理过程中所收集积累的数据、资料，与施工单位提交的资料一一校对，凡是不一致的地方都记载下来，然后再与承建施工单位商讨，如果仍然不能确定的地方，再与当地质量监督站及设计单位来佐证资料的核定；

③ 验证。若出现几个方面资料不一致而难以确定时，可重新测量实物予以验证。

(4) 道路绿化工程竣工的预验收：在某种角度来说，道路绿化工程竣工的预验收比正式验收更为重要。因为正式验收时间短促不可能详细、全面地对工程项目一一查看，而主要依靠对工程项目的预验收来完成。因此所有参加预验收的人员均要以高度的责任感，并在可能的检查范围内，对工程数量、质量进行全面确认，特别对那些重要部位和易于遗忘的都应分别登记造册，作为预验收的成果资料，提供给正式验收中的验收委员会参考和承接施工单位进行整改。预验收的主要工作如下：

① 组织与准备：参加预验收的监理工程师和其他人员，应按专业或区段分组，并指定负责人。验收检查前，先组织预验收人员熟悉有关验收资料，制定检查方案，并将检查项目的各子目及重点检查部位以表或图列示出来。同时准备好工具、记录、表格，以供检查中使用。

② 组织预验收：检查中可分成若干专业小组进行，划定各自工作范围，以提高效率并可避免相互干扰。

上述检查之后，各专业组长应向总监理工程师报告检查验收结果。如果查出的问题较多较大，则应指令道路绿化的承建施工单位限期整改并再次进行复验，如果存在的问题仅属一般性的，除通知承建施工单位抓紧整修外，总监理工程师即应编写预验报告一式三份，一份交承建施工单位供整改用；一份备正式验收时转交验收委员会；一份由监理单位自存。这份报告除文字论述外，还应附上全部预验检查的数据。与此同时，总监理工程师应填写竣工验收申请报告送道路绿化项目建设单位。

9.6.3.2 竣工项目的正式竣工验收

(1) 准备工作：向各验收委员会单位发出请柬，并书面通知设计、施工及质量监督等有关单位；拟定竣工验收的工作议程，报验收委员会主任审定；选定会议地点；准备好一套完整的竣工和验收的报告及有关技术资料。

(2) 正式竣工验收程序：

1) 由各验收委员会主任（验收小组长）主持验收委员会会议。会议首先宣布验收委员会名单，介绍验收工作议程及时间安排，简要介绍道路绿化工程概况，说明此次竣工验收工作的目的、要求及其做法；

2) 由设计单位汇报设计情况及对设计的自检情况，由施工单位汇报施工情况以及自检自验的结果情况，由监理工程师汇报工程监理的工作情况和预验收结果；

3) 在实施验收中，验收人员应先后对竣工验收技术资料及工程实物进行验收检查；也可分别对竣工验收的技术资料及工程实物进行验收检查。在检查中可吸收监理单位、设计单位、质量监督人员参加。在广泛听取意见、认真讨论的基础上，统一提出竣工验收的结论意见，如无异议，则予以办理竣工验收证书和工程验收鉴定书；

4) 验收委员会主任宣布验收委员会的验收意见，举行道路绿化工程竣工验收证书和鉴定书的签字仪式；

5) 建设单位代表发言；会议结束。

9.6.3.3 道路绿化工程质量验收方法

(1) 隐蔽工程验收：隐蔽工程是指那些在施工过程中上一工序的工作结束，被下一工序所掩盖，而无法进行复查的部位。因此，对这些工程在下一工序施工以前，现场监理人员应按照设计要求、施工规范，采取必要的检查工具，对其进行检查验收。如果符合设计要求及施工规范规定，应及时签署隐蔽工程记录交承接施工单位归入技术资料；如不符合有关规定，应以书面形式告诉施工单位，令其处理，处理符合要求后再进行隐蔽工程验收与签证。

道路绿化的隐蔽工程验收通常是结合质量控制中技术复核、质量检查工作来进行，重要部位改变时可摄影以备查考。隐蔽工程验收项目及内容包括：苗木的土球规格、根系状况、种植穴规格、施基肥的数量、种植土的处理等。

(2) 分项工程验收：对于重要道路绿化工程的分项工程，监理工程师应按照合同的质量要求，根据该分项工程施工的实际情况，参照质量评定标准进行验收。在分项工程验收中，必须按有关验收规范选择检查点数，然后计算出基本项目和允许偏差项目的合格或优良的百分比，最后确定出该分项工程的质量等级，从而确定能否验收。

(3) 分部工程验收：根据分项工程质量验收结论，参照分部工程质量标准，可得出该工程的质量等级，以便决定能否验收。

(4) 单位工程竣工验收：通过对分项、分部工程质量等级的统计推断，再结合对质保资料的核查和单位工程质量观感评分，便可系统地对整个单位工程作出全面的综合评定，从而决定是否达到合同所要求的质量等级，进而决定能否验收。

### 9.6.4 道路绿化工程项目的交接

9.6.4.1 道路绿化的工程移交

(1) 一个道路绿化工程项目虽然通过了竣工验收，并且有的工程还获得验收委员会的高度评价，但实际中往往是或多或少地还可能存在一些漏项以及工程质量方面的问题。

(2) 道路绿化工程的监理工程师要与承建施工单位协商一个有关工程收尾的工作计划，以便确定正式办理移交的所有手续。

(3) 由于道路绿化工程移交不能占用很长的时间，因而要求承建施工单位在办理移交工作中力求使建设单位的接管工作简便。当移交清点工作结束后，监理工程师签发工程竣工交接证书，签发的工程交接书一式三份，建设单位、承建施工单位、监理单位各一份。工程交接结束后，承建施工单位即应按照合同规定的时间抓紧完成对临建设施的拆除和施工人员及机械的撤离工作，并做到工完场地清。

9.6.4.2 道路绿化工程技术资料移交

(1) 道路绿化建设工程的主要“技术资料”是工程档案的重要部分。因此在正式验收时就应提供完整的工程技术档案，由于工程技术档案有严格的要求，内容又很多，往往又不仅是承接施工单位一家的工作，所以常常只要求承接施工单位提供工程技术档案的核心部分，而整个工程档案的归整、装订则留在竣工验收结束后，由建设单位、承接施工单位和监理工程师共同来完成。

(2) 在整理道路绿化工程技术档案时，通常是建设单位与监理工程师将保存的资料交给承接施工单位来完成，最后交给监理工程师校对审阅，确认符合要求后，再由承接施工单位档案部门按要求装订成册；统一验收保存。

(3) 道路绿化工程移交“技术资料”的内容：

1) 项目准备与施工准备：申请报告，批准文件；有关建设项目的决议、批示及会议记录；可行性研究、方案论证资料；征用土地、拆迁、补偿等文件；工程地质（含水文、气象）勘察报告；道路绿化工程的概预算；承包合同、协议书、招投标文件；企业执照及规划、消防、环保、劳动等部门审核文件；

2) 道路绿化项目施工：开工报告；工程测量定位记录；图纸会审、技术交底；施工组织设计等；基础处理、基础工程施工文件；隐蔽工程验收记录；施工成本管理的有关资料；工程变更通知单，技术核定单及材料代用单；建筑材料、构件、设备质量保证单及进场试验单；栽植的植物材料名单、栽植地点及数量清单；各类植物材料已采取的养护措施及方法；古树名木的栽植地点、数量、已采取的保护措施；水、电、暖、气等管线及设备安装施工记录和检查记录；工程质量事故的调查报告及所采取措施的记录；分项、单项工程质量评定记录；项目工程质量检验评定及当地工程质量监督站核定的记录等；竣工验收申请报告；

3) 竣工验收：道路绿化工程竣工项目的验收报告；道路绿化工程竣工决算及审核文件；竣工验收的会议文件；竣工验收质量评价；工程建设的总结报告；工程建设中的照

片、录像以及领导、名人的题词等；竣工图，主要是指土建、设备、水管、电缆、暖气管、煤气管、绿化种植、草坪种植等。

## 9.7 城市道路各种标志

### 9.7.1 警告标志

7:30 - 10:00

辅1 时间范围

7:30 - 9:30
16:00 - 18:30

辅2 时间范围

除公共
汽车外

辅3 除公共汽车外

辅4 小型汽车

辅5 货车

货 车
拖拉机

辅6 货车、拖拉机

200m

辅7 向前200m

辅8 向左100m

50m 50m

辅9 向左、向右各50m

100m

辅10 向右100m

二环路
区域内

辅11 某区域内

学校

辅12 学校

海关

辅13 海关

事故

辅14 事故

坍方

辅15 坍方

100m
7:30 - 18:30

辅16 组合

## 9.7.2 禁令标志

禁止通行

禁止驶车

禁止
机动车通行

禁止
载货汽车通行

禁止
三轮车通行

禁止
大型客车通行

禁止
小型客车通行

禁止汽车
拖、挂车通行

禁止
拖拉机通行

禁止
农用运输车通行

禁止
两轮摩托车通行

禁止
某两种车通行

禁止
非机动车通行

禁止
畜力车通行

禁止人力
货运三轮车通行

禁止人力
客运三轮车通行

禁止
人力车通行

禁止
骑自行车下坡

禁止
骑自行车上坡

禁止
行人通行

禁止
向左转弯

禁止
向右转弯

禁止直行

禁止
向左向右转弯

禁止直行
和向左转弯

禁止
直行和向右转弯

禁止掉头

禁止超车

解除
禁止超车

禁止车辆
临时或长时停放

禁止车辆
长时间停放

禁止鸣喇叭

限制宽度

限制高度

限制重量

限制轴重

限制速度

解除限制速度

停车检查

停车让行

减速让行

会车让行

## 9.7.3 指示标志

直行

向左转弯

向右转弯

直行和向左转弯

直行和向右转弯

向左和向右转弯

靠右侧道路行驶

靠左侧道路行驶

立交直行和
左转弯行驶

立交直行和
右转弯行驶

环岛行驶

单行路
(向左或向右)

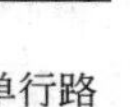
单行路
(直行)

步行

鸣喇叭

最低限速

干路先行

会车先行

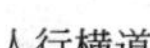
人行横道

右转车道

直行车道

直行和右转
合用车道

分向行驶车道

公交线路专用
车道

机动车车道

机动车行驶

非机动车行驶

非机动车车道

允许掉头

### 9.7.4 指路标志

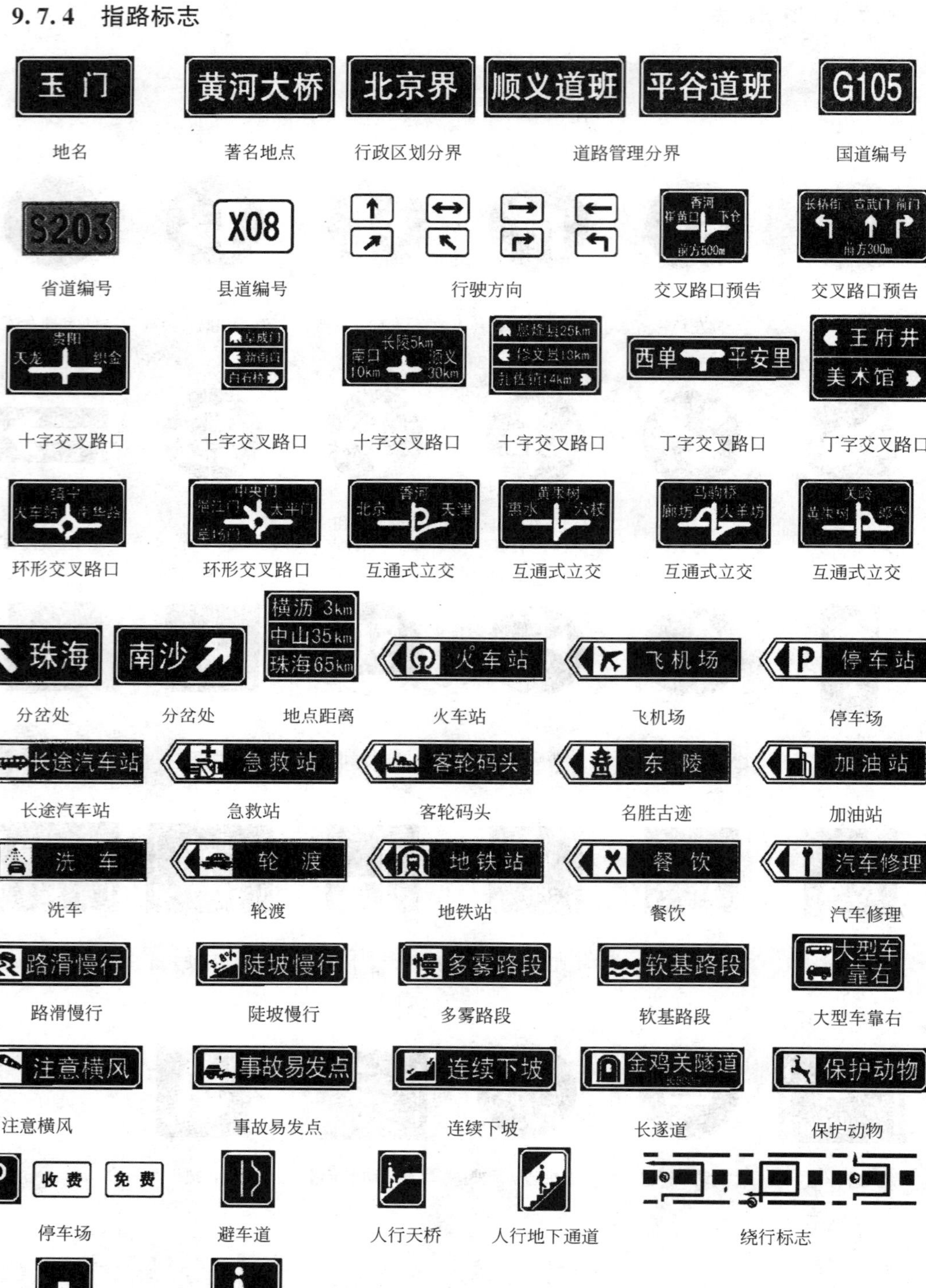


此路不通

残疾人
专用道

起点

入口预告

入口预告

入口预告

入口预告

入口预告

入口预告

入口

终点预告

终点提示

终点

下一出口

下一出口

出口编号预告

出口预告

出口预告

出口预告<br>(两个出口)

出口预告<br>(两个出口)


出口预告<br>(两个出口)

出口

出口

出口

地点方向

地点方向

地点方向

地点方向

地点方向

地点方向

地点方向

地点距离

收费站预告

地点距离

收费站预告

收费站

紧急电话

电话位置指示

加油站

紧急停车带

服务区预告

服务区预告

服务区预告

服务区预告

停产区预告

停产区预告

停产区预告

停车场预告

停车场预告

停车场预告

停车场

爬坡车道

爬坡车道

爬坡车道

爬坡车道

车距确认

车距确认

车距确认

道路交通信息

道路交通信息

道路交通信息

里程碑

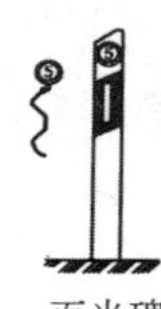
百米碑

分流

分流

分流

分流

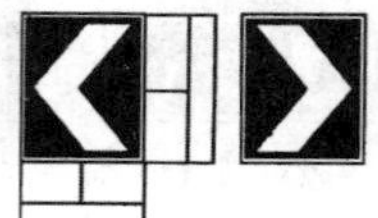
基本单元

组合使用

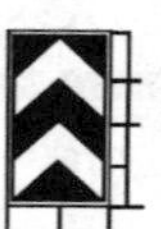
两侧通行

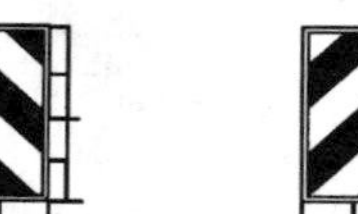
右侧通行

左侧通行

### 9.7.5 旅游区标志

旅游区方向

旅游区距离

问询处

徒步

索道

野营地

营火

游戏场

骑马

钓鱼

高尔夫球

潜水

游泳

划船

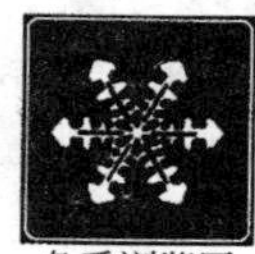
冬季浏览区

滑雪

滑冰

## 9.7.6　道路施工安全标志

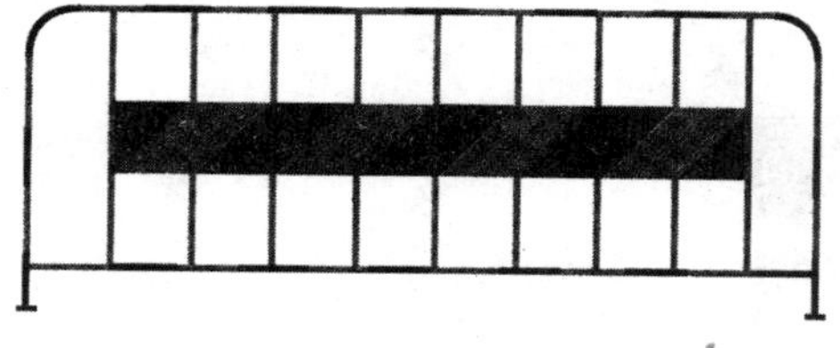

施1　路栏

施2　路栏

施3　锥形交通标

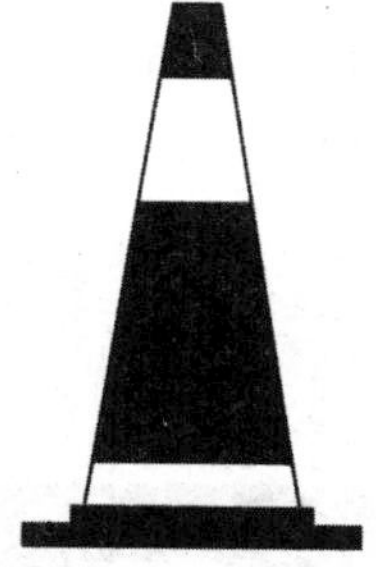

施4　锥形交通标

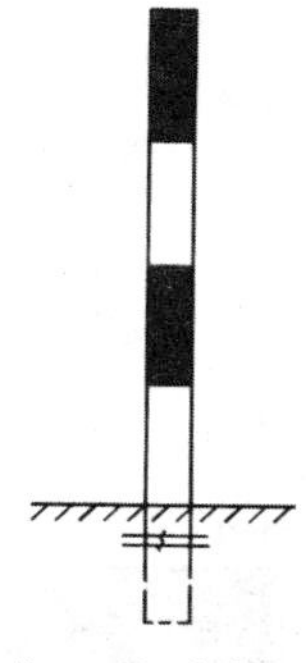

施5　道口标柱

前方施工 1km

施6　前方施工

前方施工 300m

施7　前方施工

道路施工

施8　道路施工

道路封闭 1km

施9　道路封闭

道路封闭 300m

施10　道路封闭

道路封闭

施11　道路封闭

右道封闭 1km

施12　右道封闭

右道封闭 300m

施13　右道封闭

右道封闭

施14　右道封闭

左道封闭 1km

施15　左道封闭

左道封闭 300m

施16　左道封闭

左道封闭

施17　左道封闭

中间封闭 1km

施18　中间封闭

中间封闭 300m

施19　中间封闭

中间封闭

施20　中间封闭

施21 车辆慢行

施22 向左行驶

施23 向右行驶

施24 向左改道

施25 向右改道

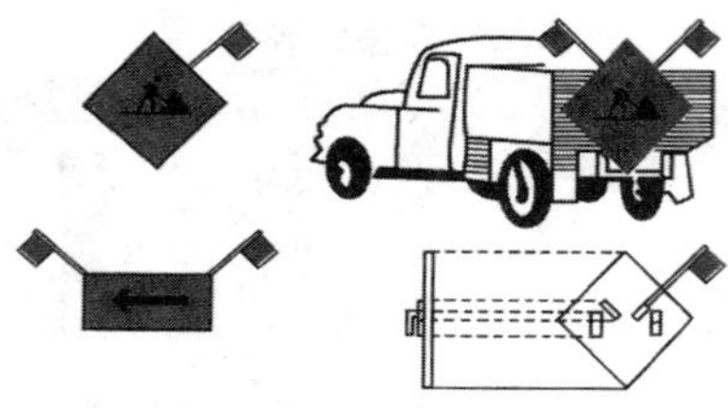
施26 移动性施工标志例

### 9.7.7 交通标线

双向两车道路面中心线

人行横道斜交

人行横道正交

人行横道预告标示

车距确认线

平行式入口标线

直接式出口标线

平行式出口标线

港湾式停靠站

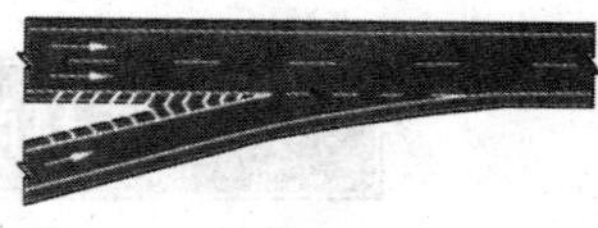
直接式入口标线

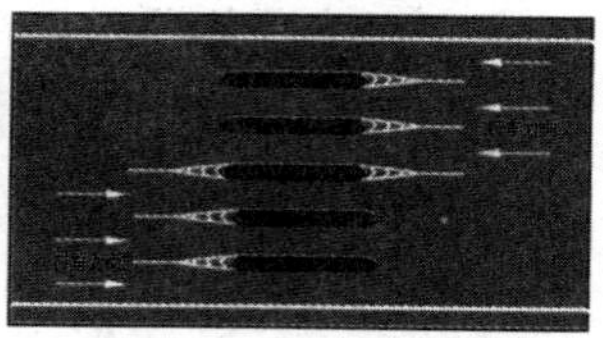
收费岛地面标线

中心黄色双实线

中心黄色虚实线
禁止标线

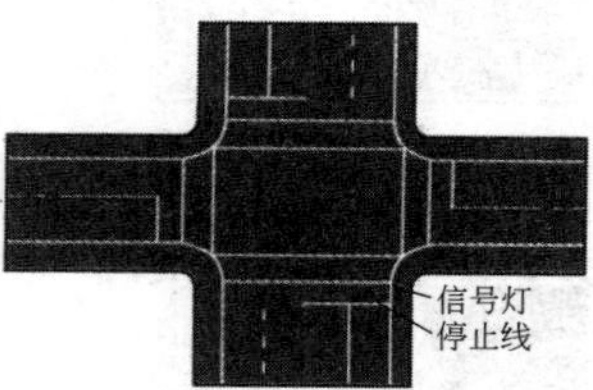

非机动车禁驶区标线

# 10 道路绿化工程的概预算

## 10.1 概预算基础

### 10.1.1 概述

10.1.1.1 城市道路绿化工程概预算的意义与作用

(1) 定义：城市道路绿化工程概预算是指在城市道路绿化工程建设过程中，根据不同的设计文件的具体内容和有关定额、指标及取费标准，预先计算和确定该建设项目的全部工程费用的技术经济文件。

(2) 道路绿化工程概预算的意义：道路绿化工程不同于一般的工业、民用建筑等工程，它具有很强的技巧性、艺术性，由于每项工程都各具特色，风格各异，工艺要求不尽相同，且项目零星，地点分散，工程量大小不一，施工的操作面大，花样繁多，形式各异，且受气候条件的影响较大。因此，不可能用简单、统一的价格对道路绿化产品进行精确的核算，必须根据设计文件的要求、绿化产品的特点，对道路绿化工程事先从经济上加以计算，以便获得合理的工程造价，保证工程质量。

(3) 道路绿化工程概预算的作用：

1) 确定道路绿化建设工程造价的依据；

2) 建设单位与承建施工单位进行工程招投标的依据，也是双方签订施工合同、办理本工程竣工结算的依据；

3) 建设银行拨付工程款或贷款的依据；

4) 承建的施工企业组织生产、编制计划、统计工作量和实物量指标的最重要依据；

5) 施工企业考核本工程施工中所消耗成本的重要依据；也是工程设计单位对所设计的方案进行技术、经济分析与比较的重要依据。

10.1.1.2 城市道路绿化工程概预算的类型

城市道路绿化工程概预算按不同的设计阶段和所起的作用及编制依据的不同，一般可分为设计概算、施工图预算、施工预算和竣工决算等四种类型。

(1) 道路绿化工程设计概算：工程设计概算是初步设计文件的重要组成部分。它是由设计单位在初步设计阶段，根据初步设计的图纸，按照有关工程概算定额（或概算指标）、各项费用定额等有关资料，预先计算和确定道路绿化工程费用的文件。其主要作用如下：

1) 编制建设工程计划和工程建设投资的重要依据；

2) 鉴别设计方案经济合理性、考核园林产品成本的依据；

3) 控制工程建设拨款的依据和进行工程建设投资包干的重要依据。

（2）道路绿化工程施工图预算：施工图预算是指在施工图设计阶段，当工程设计完成后，在工程开工之前，由承建施工单位根据已批准的施工图纸，在既定的施工方案前提下，按照国家颁布的各类工程预算定额、单位估价表及各项费用的取费标准等有关资料，预先计算和确定工程造价的文件。其主要作用如下：

1）确定道路绿化工程造价的依据，同时也是办理工程竣工结算及工程招投标的依据；

2）建设单位与施工承建单位签订施工合同的主要依据，也是建设银行拨付工程款或者贷款的依据；

3）承建施工企业考核工程成本的依据，是设计单位对设计方案进行技术经济分析比较的依据；是施工企业组织生产、编制计划、统计工作量和实物量指标的依据。

（3）道路绿化工程施工预算：施工预算是施工单位内部编制的一种预算。是指施工阶段在施工图预算的控制下，施工企业根据施工图计算的工程量、施工定额、单位工程施工组织设计等资料，通过工料分析，预先计算和确定工程所需的人工、材料、机械台班消耗量及其相应费用的文件。施工预算数字，不应突破施工图预算数字。其主要作用如下：

1）道路绿化工程施工企业编制施工作业计划的依据，也是施工企业签发施工任务单、限额领料的依据；

2）施工企业开展定额经济包干、实行按劳分配的依据，也是施工劳动力、施工材料和施工机具调度管理的重要依据；

3）施工企业开展经济活动分析和进行施工预算与施工图预算对比的依据；

4）施工企业控制成本的有力依据。

（4）道路绿化工程竣工决算：工程竣工决算分为施工承建单位的竣工决算和建设单位的竣工决算两种：

1）施工企业内部的单位工程竣工决算，它是以单位工程为对象，以单位工程竣工结算为依据，核算一个单位工程的预算成本，实际成本和成本降低额，所以又称为单位工程竣工成本决算。它是由施工企业的财会部门进行编制的。通过决算，施工企业内部可以进行实际成本分析，反映经营效果，总结经验教训，以利提高施工企业经营管理能力；

2）建设单位竣工决算，是在新建、改建和扩建工程建设项目竣工验收移交后，由建设单位组织有关部门，以竣工结算等资料为基础编制的，一般是建设单位财务支出情况，是整个建设项目从筹建到全部竣工的建设费用的文件，它包括建筑工程费用，安装工程费用，设备、工器具购置费用和其他费用等。

（5）道路绿化工程竣工决算的主要作用是：用以核定新增固定资产价值，办理交付使用；考核建设成本，分析投资效果；总结经验，积累资料，促进深化改革，提高投资效果。设计概算、施工图预算和竣工决算简称“三算”。

（6）道路绿化工程设计概算是在初步设计阶段由设计单位主编的。单位工程开工前，由施工单位编制施工图预算。建设项目或单项工程竣工后，由建设单位（施工单位内部也编制）编制竣工决算。它们之间的关系是：概算价值不得超过计划任务书的投资额，施工图预算和竣工决算不得超过概算价值。三者都有独立的功能，在工程建设的不同阶段发挥各自的作用。

### 10.1.2 道路绿化工程概预算编制的依据和程序

10.1.2.1 道路绿化工程概预算的编制依据

为了提高道路绿化工程概预算的准确性，保证概预算的质量，在编制概预算时，主要依据以下技术资料及有关法规：

（1）施工图纸：施工图纸是指经过会审的施工图，包括所附的设计说明书、选用的通用图集和标准图集或施工手册、设计变更文件等，它是编制预算的基本资料。

（2）施工组织设计：施工组织设计也称施工方案，是确定单位工程进度计划、施工方法、主要技术措施、施工现场平面布局和其他有关准备工作的技术文件。在编制工程预算时，某些分部工程应该套用哪些工程细目的定额，以及相应的工程量是多少，要以施工方案为依据。

（3）工程概预算定额：预算定额是确定工程造价的主要依据，它是由国家或被授权单位统一组织编制和颁发的一种法令性指标，具有极大的权威性。我国目前由建设部统编和颁发相关定额。由于我国幅员辽阔，各地价格差异很大，因此各省、直辖市均将统一定额经过换算后颁发执行。

（4）道路绿化材料概预算价格，人工工资标准，施工机械台班费用定额。

（5）道路绿化建设工程管理费及其他费用取费定额：工程管理费和其他费用，因地区和施工企业不同，其取费标准也不同，都有各自的取费定额。

（6）建设单位和承建的施工单位签订的合同或协议：合同或协议中双方约定的标准也可成为编制工程预算的依据。

（7）国家及地区颁发的有关文件：国家或地区各有关主管部门，制订颁发的有关编制工程概预算的各种文件和规定，如某些材料调价、新增某种取费项目的文件等，都是编制道路绿化工程预算时必须遵照执行的依据。

（8）有关道路绿化方面的工具书及其他有关手册等。

10.1.2.2 道路绿化工程概预算的编制程序

编制道路绿化工程概预算的一般步骤和顺序，具体编制程序如下：

（1）搜集各种编制依据资料：编制预算之前，要搜集齐以下有关资料：施工图设计图纸、施工组织设计、预算定额、施工管理费和各项取费定额、材料预算价格表、地方预决算材料、预算调价文件和地方有关技术经济资料等。

（2）熟悉施工图纸和施工说明书，参加技术交底，解决疑难问题：设计图纸和施工说明书是编制工程概预算的重要基础资料。它为选择套用定额子目，取定尺寸和计算各项工程量提供重要的依据，因此，在编制预算之前，必须对设计图纸和施工说明书进行全面细致的熟悉和审查，并要参加技术交底，共同解决施工图中的疑难问题，从而掌握及了解设计意图和工程全貌，以免在选用定额子目和工程量计算上发生错误。

（3）熟悉施工组织设计和了解现场情况：施工组织设计是由施工单位根据工程特点、施工现场的实际情况等各种有关条件编制的，它是编制预算的依据。所以，必须完全熟悉施工组织设计的全部内容，并深入现场了解现场实际情况是否与设计一致才能准确编制预算。

（4）学习并掌握好工程概预算定额及其有关规定：为了提高工程概预算的编制水平，

正确地运用概预算定额及其有关规定，必须熟悉现行预算定额的全部内容，了解和掌握定额子目的工程内容，施工方法，材料规格，质量要求，计量单位，工程量计算规则等，以便能熟练地查找和正确地应用。

（5）确定工程项目、计算工程量：工程项目的划分及工程量计算，必须根据设计图纸和施工说明书提供的工程构造、设计尺寸和做法要求，结合施工现场的施工条件，按照预算定额的项目划分，工程量的计算规则和计量单位的规定，对每个分项工程的工程量进行具体计算。它是工程预算编制工作中最繁重、细致的重要环节，工程量计算的正确与否将直接影响预算的编制质量和速度：

1）确定工程项目：在熟悉施工图纸及施工组织设计的基础上要严格按定额的项目确定工程项目，为了防止丢项、漏项的现象发生，在编排项目时应首先将工程分为若干分部工程。如：基础工程；主体工程；门窗工程；园林建筑小品工程；水景工程；绿化工程等；

2）计算工程量：正确地计算工程量，对基本建设计划，统计施工作业计划工作，合理安排施工进度，组织劳动力和物资的供应都是不可缺少的，同时也是进行基本建设财务管理与会计核算的重要依据，所以工程量计算不单纯是技术计算工作，它对工程建设效益分析具有重要作用。在计算工程量时应注意以下几点：

① 在根据施工图纸和预算定额确定工程项目的基础上，必须严格按照定额规定和工程量计算规则，以施工图所注位置与尺寸为依据进行计算，不能人为地加大或缩小构件尺寸；

② 计算单位必须与定额中的计算单位相一致，才能准确地套用预算定额中的预算单价；

③ 取定的建筑尺寸和苗木规格要准确，而且要便于核对；

④ 计算底稿要整齐，数字清楚，数值要准确，切忌草率零乱，辨认不清。对数字精确度的要求，工程量算至小数点后两位，钢材、木材及使用贵重材料的项目可算至小数点后三位，余数四舍五入；要按照一定的计算顺序计算，为了便于计算和审核工程量，防止遗漏或重复计算，计算工程量时除了按照定额项目的顺序进行计算外，还可以采用先外后内或先横后竖等不同的计算顺序；

⑤ 利用基数，连续计算。有些“线”和“面”是计算许多分项工程的基数，在整个工程量计算中要反复多次地进行运算，在运算中找出共性因素，再根据预算定额分项工程量的有关规定，找出计算过程中各分项工程量的内在联系，就可以把繁琐工程进行简化，从而迅速准确地完成大量的工程量计算工作。

（6）编制工程预算书：

1）确定单位预算价值：填写预算单价时要严格按照预算定额中的子目及有关规定进行，使用单价要正确，每一分项工程的定额编号，工程项目名称、规格、计量单位、单价均应与定额要求相符，要防止错套，以免影响预算的质量；

2）计算工程直接费：单位工程直接费是各个分部分项工程直接费的总和，分项工程直接费则是用分项工程量乘以预算定额工程预算单价而求得的；

3）计算其他各项费用：单位工程直接费计算完毕，即可计算其他直接费、间接费、计划利润、税金等费用；

4）计算工程预算总造价：汇总工程直接费、其他直接费、间接费、计划利润、税金等费用，最后即可求得工程预算总造价；

5）校核：工程预算编制完毕后，应由有关人员对预算的各项内容进行逐项全面核对，消除差错，保证工程预算的准确性；

6）编写“工程预算书的编制说明”，填写工程预算书的封面，装订成册。

(7) 工料分析：工料分析是在编写预算时，根据分部、分项工程项目的数量和相应定额中的项目所列的用工及用料的数量，算出各工程项目所需的人工及用料数量，然后进行统计汇总，计算出整个工程的工料所需数量。

(8) 复核、签章及审批：工程预算编制出来后，由本企业的有关人员对所编制预算的主要内容及计算情况进行一次全面检查核对，以便及时发现可能出现的差错并及时纠正，提高工程预算准确性，审核无误后并按规定上报，经上级机关批准后再送交建设单位和建设银行审批。

## 10.2 道路绿化工程概预算定额

### 10.2.1 概述

10.2.1.1 工程定额的定义

“定额”的“定”字就是规定；而“额”字就是额度或限额。从广义理解，定额就是规定的额度，即道路绿化工程施工中的标准或尺度。具体来讲，定额是指在正常的道路绿化施工条件下，完成某一合格单位产品或完成一定量的工作所需消耗的人力、材料、机械台班和财力的数量标准（即额度）。

10.2.1.2 工程定额的性质

不同的社会制度，其工程定额的性质也不同，在我国现行性质条件下，主要表现了如下几个方面的因素：

(1) 法令性：全国所有的各类定额，都是由授权部门根据所在地域内的当时生产力水平而制定并颁发的，供所属单位使用。在执行和使用过程中，任何单位都必须严格遵守和执行，不得随意改变定额的内容和水平。如需要进行调整、修改和补充，必须经授权部门批准。因此，定额具有经济法规的性质。

(2) 科学性与群众性：各类定额的制定基础是所在地域的当时实际生产力水平，是在大量测定、综合、分析研究实际生产中的成千上万个数据与资料的基础上，经科学的方法制定出来的。因此，它不仅具有严密的科学性，而且具有广泛的群众基础。同时，当定额一旦颁发执行，就成为广大群众共同奋斗的目标。总之，定额的制定和执行都离不开群众，也只有得到群众的充分协助，定额才能定得合理，并能为群众所接受。

(3) 可变性：定额中所规定的各种活劳动与物化劳动消耗量的多少，是由一定时期的社会生产力水平所确定的。当生产条件发生变化，技术水平有较大的提高，原有定额不能适应生产需要时，授权部门才根据新的情况制定出新的定额或补充定额。

(4) 相对稳定性：每一次制定的定额必须是相对稳定的，决不可朝令夕改，否则会伤害群众的积极性。但也不可一成不变，长期使用，以防定额脱离实际而失去意义。

(5) 针对性：在生产领域中，由于所生产的产品形形色色，成千上万，并且每种产品的质量标准、安全要求、操作方法及完成该产品的工作内容各不相同，因此，针对每种不同产品为对象的资源消耗量的标准，一般来说是不能互相袭用的。在道路绿化工程中这一点尤为突出。

(6) 地域性：我国幅员辽阔，地域复杂，各地的自然资源条件和社会经济条件差异悬殊，因此，在道路绿化工程的定额中，必须根据不同地区而采用不同的定额。

10.2.1.3 工程定额的分类

(1) 按生产要素分类：进行物质资料生产所必须具备的三要素是：劳动者、劳动对象和劳动手段。劳动者是指生产工人，劳动对象是指材料和各种半成品等，劳动手段是指生产机具和设备。为了适应建设工程施工活动的需要，定额可按这三个要素编制，即劳动定额、材料消耗定额、机械台班使用定额。

(2) 按编制程序和用途分类：按编制程序和用途分类，可分为五种：即装饰工程定额、施工定额、预算定额、概算定额和概算指标。

(3) 按编制单位和执行范围分类：按编制单位和执行范围分类时，可分为全国统一定额和地区统一定额、一次性定额、企业定额。

(4) 按专业不同分类：按专业不同划分，可分为土建工程定额、建筑安装工程定额、仿古建筑及园林绿化工程定额、公路定额等。

### 10.2.2 概算定额与概算指标

10.2.2.1 概算定额

(1) 概算定额的概述：

1) 确定完成合格的单位扩大分项工程或单位扩大结构构件所需消耗的人工、材料和机械台班的数量限额，叫概算定额。概算定额又称作“综合预算定额”；

2) 概算定额是设计单位在初步设计阶段或扩大初步设计阶段确定工程造价，编制设计概算的主要依据；

3) 概算定额是预算定额的合并与扩大，它将预算定额中有联系的若干个分项工程项目综合为一个概算定额项目。如砖基础概算定额项目，就是以砖基础为主，综合了平整场地、挖地槽（坑）、铺设垫层、砌砖基础、铺设防潮层、回填土及运土等预算定额中分项工程项目。又如砖墙定额，就是以砖墙为主，综合了砌砖，钢筋混凝土过梁制作、运输、安装，勒脚，内外墙面抹灰，内墙面刷白等预算定额的分项工程项目。

(2) 概算定额的作用：是编制设计概算的主要依据；对设计项目进行技术经济分析与比较的依据；是建设工程主要材料计划编制的依据；是编制概算指标的依据；是控制施工图预算的依据；是工程结束后，进行竣工决算的依据。

(3) 概算定额的编制依据：有关现行文件、设计规范和施工文献；具有代表性的标准设计图纸和其他设计资料；现行人工工资标准，材料预算价格，机械台班预算价格及概算定额。

(4) 概算定额的编制步骤：

1) 准备阶段：本阶段主要是确定编制机构和人员组成，进行调查研究，了解现行概算定额执行情况和存在的问题，明确编制的目的，制定概算定额的编制方案和确定要编制概算定额的项目；

2）编制初稿阶段：本阶段是根据已确定的编制方案和概算定额项目，收集和整理各种编制依据，对各种资料进行深入细致的测算和分析，确定人工、材料和机械台班的消耗量指标，最后编制出概算定额初稿；

3）审查定稿阶段：本阶段的主要工作是测算概算定额水平，即测算新编概算定额与原概算定额及现行预算定额之间的水平。测算的方法既要分项进行测算，又要通过编制单位工程概算以单位工程为对象进行综合测算。概算定额水平与预算定额水平之间应有一定的幅度差，幅度差一般在5%以内。概算定额经测算比较后，可报送国家授权机关审批。

（5）概算定额手册的内容：

1）文字说明部分：该部分有总说明和分章说明，在总说明中，主要阐述概算定额的编制依据、原则、适用范围、目的、编辑形式、应注意的事项等。分章说明主要阐述本章包括的综合工作内容及工程量计算规则等；

2）定额项目表：是概算定额手册的主要内容，由若干分节定额组成。各节定额由工程内容、定额表及附注说明组成。定额表中列有定额编号、计量单位、概算价格、人工、材料、机械台班消耗量指标，综合了预算定额的若干项目与数量。

10.2.2.2　概算指标

（1）概算指标的概述：现以每100$m^2$建筑物面积或每1000$m^3$建筑物体积为对象，确定其所需消耗的活劳动与物化劳动的数量限额，叫概算指标。从而可以看出，概算定额与概算指标的主要区别如下：

1）确定各种消耗量指标的对象不同：概算定额是以单位扩大分项工程或单位扩大结构构件为对象，而概算指标则是以整个建筑物（如100$m^2$或1000$m^3$建筑物）和构筑物为对象。所以，概算指标比概算定额更加综合与扩大；

2）确定各种消耗量指标的依据不同：概算定额是以现行预算定额为基础，通过计算之后才综合确定出各种消耗量指标，而概算指标中各种消耗量指标的确定，则主要来自各种预算或结算资料。

（2）概算指标表现形式：概算指标表现形式可分为综合概算指标和单项概算指标两种。

1）综合概算指标：综合概算指标是指按工业或民用建筑及其结构类型而制定的概算指标。综合概算指标的概括性较大，其准确性、针对性不如单项指标；

2）单项概算指标：单项概算指标是指为某种建筑物或构筑物而编制的概算指标。单项概算指标的针对性较强，故指标中对工程结构形式要作介绍。只要工程项目的结构形式及工程内容与单项指标中的工程概况相吻合，编制出的设计概算就比较准确。

### 10.2.3　道路绿化工程预算定额

10.2.3.1　道路绿化工程预算定额的概述

（1）预算定额的概念：

1）在正常的道路绿化工程施工条件下，完成一定计量单位合格的分项工程或结构构件所需消耗的活劳动与物化劳动（即人工、材料和机械台班）的数量标准，叫预算定额；

2）预算定额是由国家主管机关或被授权单位组织编制并颁发的一种法令性指标，是一项重要的经济法规。定额中的各项指标，反映了国家对完成单位产品基本构造要素所规定的人工、材料、机械台班等消耗的数量限额；

3）编制预算定额的目的在于确定工程中每一单位分项工程的预算基价，力求用最少的人力、物力和财力，生产出符合质量标准的合格道路绿化建设产品，取得最好的经济效益。预算定额中活劳动与物化劳动的消耗指标，应该是体现社会平均水平的指标。为了提高道路绿化工程承建施工企业的管理水平和生产力水平，定额中的活劳动与物化劳动消耗指标，应是平均先进的水平指标；

4）预算定额是一种综合性定额，它不仅考虑了施工定额中未包含的多种因素，（例如材料在现场内的超运距、人工幅度差的用工等），而且还应包括了为完成该分项工程或结构构件的全部工序内容。

（2）预算定额的作用：预算定额是道路绿化工程建设中的一项重要的技术法规，它规定了承建施工企业和建设单位在完成施工任务时，所允许消耗的人工、材料和机械台班的数量限额，它确定了国家、建设单位和施工企业之间的一种技术经济关系，它在我国建设工程中占有十分重要的地位和作用。可归纳以下几点：

1）是编制地区单位估价表的依据；也是能很好地编制道路绿化工程施工图预算，合理确定工程造价的重要依据；

2）是道路绿化工程施工企业编制人工、材料、机械台班需要量计划，统计完成工程量，考核工程成本，实行经济核算的依据；

3）是道路绿化建设工程招标、投标中确定标底和标价的主要依据；

4）是建设单位和建设银行拨付工程价款、建设资金贷款和竣工结算的依据；

5）是编制概算定额和概算指标的基础资料；更是道路绿化施工企业贯彻经济核算，进行经济活动分析的依据；也是设计部门对设计方案进行技术经济分析的工具。

10.2.3.2　预算定额的内容与编排形式

（1）预算定额的内容：要准确地使用预算定额，首先必须了解定额手册的基本结构。预算定额手册主要由文字说明、定额项目表和附录三部分内容所组成，如图 10.2-1 所示。

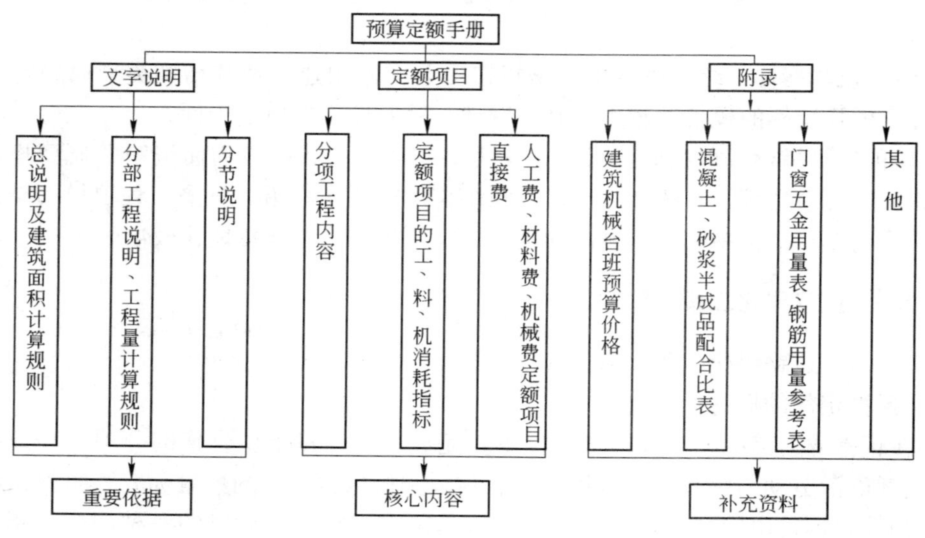


图 10.2-1　预算定额手册方框组成示意图

(2) 预算定额项目的编排形式

1) 预算定额手册根据道路绿化工程结构及施工程序等按照章、节、项目、子目等顺序排列。

2) 分部工程为章，它是将单位工程中某些性质相近，材料大致相同的施工对象归纳在一起。如全国 1989 年仿古建筑及园林工程预算定额（第一册通用项目）共分六章；

3) 节以下，再按工程性质、规格、材料类别等分成若干项目；

4) 在项目中还可以按其规格、材料等再细分许多子项目；

5) 为了查阅使用定额方便，定额的章、节、子目都应有统一的编号。

10.2.3.3 道路绿化绿化工程预算定额的编制

(1) 道路绿化工程预算定额的编制原则

1) 按社会平均必要劳动量确定定额水平：在市场经济条件下，确定预算定额的消耗量指标，应遵循价值规律的要求，按照产品生产中所消耗的社会平均必要劳动时间确定其水平。即在正常施工条件下，以平均的劳动强度、平均的劳动熟练程度、平均的技术装备来确定完成每一单位分项工程或结构构件所需的消耗，作为确定预算定额水平的原则；

2) 简明适用，严谨准确：

① 预算定额的内容和形式，既要满足各方面使用的需要（如编制预算，办理结算，编制各种计划和进行成本核算等），具有多方面的适应性，同时又要简明扼要，层次清楚，结构严谨，使用方便；

② 预算定额的项目应尽量齐全完整，要把已成熟和推广的新技术、新结构、新材料、新机具和新工艺项目编入定额。对缺漏项目，要积累资料，尽快补齐。简明适用的核心是定额项目划分要粗细恰当，步距合理。这里的步距是指同类性质的一组定额在合并时所保留的间距。例如植树过程中的移树施工：清理障碍物、整理地形、定点放线、起苗、苗木运输、人工挖穴、机械挖穴、栽树、立支撑柱、浇水养护、扶正封堰等内容合并为一个项目，因为这些工作可以同时由同一工人小组来完成。又如道路两旁雕塑的制作、运输和安装，就要分别立项，不能合并在一起；

③ 预算定额中的各种说明要简明扼要，通俗易懂。贯彻简明适用的原则，还应注意定额项目计量单位的选择和简化工程量的计算。如砌墙定额中用 $m^3$ 就比用块作为定额计量单位方便些；

④ 为了稳定定额水平，统一考核尺度，除在设计和施工中变化较多、影响造价较大的因素外，应尽量少留缺口或活口，以便减少定额换算工作量，同时又有利于维护定额的严肃性。

3) 集中领导，分级管理：集中领导就是由中央主管部门（如建设部）归口管理，依照国家的方针政策和经济发展的要求，统一制定编制定额的方案、原则和办法，颁发统一的条例和规章制度。这样，建筑产品才有统一的计价依据。国家掌握这个统一的尺度，对不同地区设计和施工的经济效果进行有效的考核和监督，避免地区或部门之间缺乏可比性的弊端。分级管理是在集中领导下，各部门和各省、市、自治区主管部门在其管辖范围内，根据各自的特点，按照国家的编制原则和条例细则，编制本地区或本部门的预算定额，颁发补充性的条例规定，以及对预算定额实行经常性的管理。

（2）预算定额的编制依据

1）现行的全国统一劳动定额，各省、自治区直辖市的劳动定额，施工机械台班使用定额及施工材料消耗定额；

2）现行的我国设计规范，施工验收规范，质量评定标准和安全操作规程；

3）通用设计标准图集，定型设计图纸和有代表性的设计图纸或图集；

4）有关科学实验，技术测定和可靠的统计资料；已推广的道路绿化工程施工中的新技术、新材料、新结构、新工艺的资料；

5）现行的预算定额基础资料，人工工资标准，材料预算价格和机械台班预算价格。

（3）道路绿化工程预算定额的编制步骤：

1）准备阶段：该阶段的主要任务是成立编制机构、拟定编制方案、确定定额项目、全面收集各项依据资料。预算定额的编制工作不但工作量大，而且政策性强，组织工作复杂，因此在编制准备阶段要明确和做好如下工作：即确定编制预算定额的基本要求；确定预算定额的适用范围、用途和水平；确定编制机构的人员组成，安排编制工作的进度；确定定额的编排形式、项目内容、计量单位及应保留的小数位数；确定活劳动与物化劳动消耗量的计算资料。

2）编制初稿阶段：在定额编制的各种资料收集齐全之后，就可进行定额的测算和分析工作，并编制初稿。初稿要按编制方案中确定的定额项目和典型工程图纸，计算工程量，再分别测算人工、材料和机械台班消耗量指标，在此基础上编制定额项目表，并拟定出相应的文字说明。其主要内容指：熟悉基础资料；根据确定的项目和图纸计算工程量；计算劳动力、材料和机械台班的消耗量；编制定额表；拟定文字说明。

3）审查定稿阶段：定额初稿完成后，应与原定额进行比较，测算定额水平，分析定额水平提高或降低的原因，然后对定额初稿进行修正。定额水平的测算主要有如下方法：

① 单项定额测算：即对主要定额项目，用新旧定额进行逐渐比较，测算新定额水平提高或降低的程度；

② 预算造价水平测算：即对同一工程用新旧预算定额分别计算出预算造价后进行比较，从而达到测算新定额的目的；

③ 同实际施工水平比较：即按新定额中的工料消耗数量同施工现场的实际消耗水平进行比较，分析定额水平达到何种程度；

④ 定额水平的测算、分析和比较，其内容还应包括规范变更的影响，施工方法改变的影响，材料损耗率调整的影响，劳动定额水平变化的影响，机械台班定额单价及人工日工资标准，材料价差的影响，定额项目内容变更对工程量计算的影响等。通过测算并修正定稿之后，呈报主管部门审批，颁发执行。

（4）确定分项工程定额指标：

1）定额计量单位与计算精度的确定：定额的计量单位应与定额项目的内容相适应，要能确切地反映各分项工程产品的形态特征与实物数量，并便于使用和计算。

① 计量单位一般根据分项工程或结构构件的特征及变化规律来确定。当物体的断面形状一定而长度不定时，宜采用延长米为计量单位，如木装饰、落水管等；当物体有一定的厚度而长和宽变化不定时，宜采用 $m^2$ 为计量单位，如墙面抹灰、屋面、种植草皮等；当物体的长、宽、高均变化不定时，宜采用 $m^3$ 为计量单位，如土方、砖石、混凝土及钢

筋混凝土工程等；有的分项工程虽然长、宽和高都变化不大，但重量和价格差异却很大，这时宜采用 t 或 kg 为计量单位，如金属构件的制作、运输及安装等；当道路绿化方面的不同植物的栽种，宜采用冠幅、成片灌木绿篱、土球规格、草本花卉、胸径规格，用 m、cm 为计量单位。在预算定额项目表中，一般都采用扩大的计量单位，如 100m、$10m^2$、$100m^2$、$100m^3$ 等，以便于定额的编制和使用。

② 定额项目中各种消耗量指标的数值单位及小数位数的取定如下：人工：以“工日”为单位，取两位小数；机械：以“台班”为单位，取两位小数；主要材料及半成品：木材：以“$m^3$”为单位，取三位小数；钢材及钢筋：以“t”为单位，取三位小数；标准砖：以“千匹”为单位，取两位小数；砂浆、混凝土等半成品以“$m^3$”为单位，取两位小数；草皮以 $10m^2$ 为单位等。

2）道路绿化工程量计算：预算定额是一种综合定额，它包括了完成某一分项工程的全部工作内容。如栽植绿篱定额中，其综合的内容有：开沟、排苗、回土、筑水围、浇水、复土、整形、清理等。因此，在确定定额项目中各种消耗量指标时，首先应根据编制方案中所选定的若干份典型工程图纸，计算出单位工程中综合内容所占的比重，然后利用这些数据，结合定额资料，综合确定人工和材料消耗净用量。工程量计算一般以列表的形式进行计算。

3）人工消耗量指标的确定：预算定额中的人工消耗量指标，包括完成该分项工程所必需的各种用工数量。其指标量是根据多个典型工程中综合取定的工程量数据和“地方建筑工程劳动定额”计算求得。

① 人工消耗指标的内容：基本用工、材料及半成品超运距用工、辅助用工、人工幅度差：

国家规定，预算定额的人工幅度差系数为 10%。人工幅度差的计算公式为：

$$人工幅度差=(基本用工+超运距用工+辅助用工)\times 10\%$$

② 人工消耗量指标的计算：根据选定的若干份典型工程图纸，经工程量计算后，再计算各项人工消耗量。

4）材料消耗量指标的确定：预算定额的材料消耗量指标是由材料的净用量和损耗量构成。其中损耗量由施工操作损耗、场内运输（从现场内材料堆放点或加工点到施工操作地点）损耗、加工制作损耗和场内管理损耗（操作地点的堆放及材料堆放地点的管理）组成。

① 主材净用量的确定：主材净用量的确定，应结合分项工程的构造作法，综合取定的工程量及有关资料进行计算。

② 主材损耗量的确定：因为损耗率为损耗量与总消耗量之比值，在总消耗量未知的情况下，损耗量是无法求得的。在已知净用量和损耗率的条件下，要求出损耗量，就得找出它们之间的关系系数，这个系数就称作损耗率系数。损耗率系数的计算式为：

$$损耗率系数=(损耗量/净用量)=(损耗率/净用率)=损耗率/(1-损耗率)$$

根据损耗率系数公式可知：损耗量=净用量×损耗率系数

③ 次要材料消耗量的确定：预算定额中对于用量很少、价值又不大的次要材料，估算其用量后，合并成“其他材料费”，以“元”为单位列入预算定额。

④ 周转性材料摊销量的确定：周转性材料是按多次使用、分次摊销的方式计入预算定额。

5）机械台班消耗量指标的确定：预算定额中的机械台班消耗量指标，一般是按全国统一劳动定额中的机械台班产量，并考虑一定的机械幅度差进行计算的，也可以按各省或地域的劳动定额进行。机械幅度差是指在合理的施工组织条件下机械的停歇时间，其主要内容包括：

① 机械转移工作面及配套机械相互影响所损失的时间；

② 在正常施工情况下，机械施工中不可避免的工序间歇；

③ 检查工程质量影响机械操作的时间；

④ 因临时水电线路在施工过程中移动而发生的不可避免的机械操作间歇时间；

⑤ 同厂牌机械的工效差、临时维修、小修、停水停电等引起的机械间歇时间。

在计算机械台班消耗量指标时，机械幅度差以系数表示。大型机械的幅度差系数规定如下：土石方机械 1.25；吊装运输机械 1.3；打桩工程 1.33；其他专用机械如打夯、钢筋加工、木作、水磨石等，幅度差系数为 1.1。

### 10.2.4 道路绿化工程预算定额内容

10.2.4.1 土方、基础垫层工程

（1）人工挖地槽、地沟、地坑、土方：当挖地槽底宽在 3m 以上、地坑底面积在 $20m^2$ 以上、平整场地厚度在 0.3m 以上者，均按挖土方计算。

1）工作内容：挖土并抛土于槽边 1m 以外，修整槽坑壁底，排除槽坑内积水；

2）分项内容：按土壤类别、挖土深度分别列项。

（2）平整场地、回填土

1）工作内容：主要包括平整场地（即土壤厚度在±30cm 以内的挖、填、找平）、回填土（即取土、铺平、回填、夯实）、原土打夯（即碎土、平土、找平、泼水、夯实）；

2）分项内容：主要包括平整场地（以 $10m^2$ 计算）、回填土（按地面、槽坑、松填和实填分别列项，以 $m^3$ 计算）、原土打夯（按地面、槽坑分别列项，以 $10m^2$ 计算）。

（3）人工挑抬，人力车运土

1）工作内容：主要包括装土、卸土、运土及堆放；

2）分项内容：主要包括人工挑抬（基本运距为 20m，每增加 20m，则相应增加费用，按土、淤泥、石分别列项，以 $m^3$ 计算）、人力车运土（基本运距为 50m，每增加 50m，则相应增加费用，按土、淤泥、石分别列项，以 $m^3$ 算）。

（4）基础垫层

1）工作内容：主要包括筛土、闷灰、浇水、拌合、铺设、找平、夯实、混凝土搅拌、振捣、养护等；

2）分项内容：主要包括①垫层因材料不同，按灰土、石灰渣、煤渣、碎石或碎砖、三合土、毛石、碎石和砂、毛石混凝土、砂、抛乱石分别列项，以 $m^3$ 计算；②毛石混凝土按毛石占 15%计算。

10.2.4.2 砌筑工程

（1）砖基础、砖墙

1）工作内容：主要包括调、运、铺砂浆，运砖、砌砖；安放砌体内钢筋、预制过梁板，垫块；砖过梁：砖平拱模板制作安装、拆除；砌窗台虎头砖、腰线、门窗套；

2）分项内容：主要包括砖基础、砖砌内墙（按墙身厚度1/4砖、1/2砖、3/4砖、1砖、1砖以上分别列项）、砖砌外墙（按墙身厚度1/2砖、3/4砖、1砖、1.5砖、2砖及2砖以上分别列项）、砖柱（按矩形、圆形分别列项）等。

（2）砖砌空斗墙、空花墙、填充墙

1）工作内容同前：主要包括调、运、铺砂浆，运砖、砌砖；安放砌体内钢筋、预制过梁板，垫块；砖过梁：砖平拱模板制作安装、拆除；砌窗台虎头砖、腰线、门窗套；

2）分项内容：主要包括：空斗墙（按做法不同分别列项）、填充墙（按不同材料分别列项）等。

（3）其他砖砌体

1）工作内容：主要包括调、运砂浆，运砖、砌砖；砌砖拱还包括木模制作安装、运输及拆除；

2）分项内容：主要包括小型砌体（包括花台、花池及毛石墙的门窗口立边、窗台虎头砖等）、砖拱（圆拱、半圆拱）、砖地沟等。

（4）毛石基础、毛石砌体

1）工作内容：主要包括选石、修石、运石；调、运、铺砂浆，砌石；墙角、门窗洞口的石料加工等；

2）分项内容：主要包括墙基（独立柱基）、墙身（按窗台下石墙、石墙到顶、挡土墙分别列项）、独立柱、护坡（按干砌、浆砌分别列项）等。

（5）砌景石墙、蘑菇石墙

1）工作内容：主要包括景石墙（调、运、铺砂浆，选石、运石、石料加工、砌石，立边，棱角修饰，修补缝口，清洗墙面）、蘑菇石墙（调、运、铺砂浆，选石、修石、运石，墙身、门窗口立边修正）等；

2）分项内容：主要包括景石墙、蘑菇石墙分别列项。

所有砌筑工程量均按砌体体积以$m^3$计算，蘑菇石按成品石来计算。

10.2.4.3 现浇钢筋混凝土工程

（1）基础

1）工作内容：主要包括模板制作、安装、拆卸、刷润滑剂、运输堆放；钢筋制作、绑扎、安装；混凝土搅拌、浇捣、养护等；

2）分项内容：主要包括带型基础（按毛石混凝土、无筋混凝土、钢筋混凝土分别列项）、基础梁、独立基础（按毛石混凝土、无筋混凝土、钢筋混凝土分别列项）、杯型基础等。

（2）柱

1）工作内容：主要包括模板制作、安装、拆卸、刷润滑剂、运输堆放；钢筋制作、绑扎、安装；混凝土搅拌、浇捣、养护等；

2）分项内容：主要包括：矩形柱（按断面周长档位分别列项）、圆形柱（按直径档位分别列项）等。

（3）梁

1）工作内容：主要包括模板制作、安装、拆卸、刷润滑剂、运输堆放；钢筋制作、绑扎、安装；混凝土搅拌、浇捣、养护等；

2）分项内容：主要包括矩形梁（按梁高档位分别列项）、圆形梁（按直径档位分别列项）（圈梁、过梁、老嫩戗分别列项）等。

（4）桁、枋、机

1）工作内容：主要包括模板制作、安装、拆卸、刷润滑剂、运输堆放；钢筋制作、绑扎、安装；混凝土搅拌、浇捣、养护等；

2）分项内容：主要包括矩形桁条、梓桁（按断面高度档位分别列项）、圆形桁条、梓桁（按直径档位分别列项）、枋子、连机（分别列项）等。

（5）板

1）工作内容：主要包括模板制作、安装、拆卸、刷润滑剂、运输堆放；钢筋制作、绑扎、安装；混凝土搅拌、浇捣、养护等；

2）分项内容：主要包括有梁板（按板厚档位分别列项）、平板（按板厚档位分别列项）、椽望板、戗翼板（按板厚档位分别列项）、亭屋面板（按板厚档位分别列项）等。

（6）钢丝网屋面、封沿板

1）工作内容：主要包括制作、安装、拆除临时性支撑及骨架；钢筋、钢丝网制作及安装；调、运砂浆；抹灰；养护等；

2）分项内容：主要包括钢丝网屋面（以二网一筋 20mm 厚为基准，增加时另计。按体积以 $m^3$ 计算）、钢丝网封沿板（按 10 延长米为单位计算）等。

（7）其他项目：

1）工作内容：主要包括木模制作、安装、拆除；钢筋制作、绑扎、安装；混凝土搅拌、浇捣、养护等；

2）分项内容：主要包括整体楼梯、雨篷、阳台分别列项，工程量按水平投影面积以 $10m^2$ 计算；古式栏板、栏杆分别列项，工程量以 10 延长米计算；吴王靠按筒式、繁式分别列项，工程量以 10 延长米计算；压顶按有筋、无筋分别列项，工程量以 $m^3$ 计算。

10.2.4.4 预制钢筋混凝土

（1）柱

1）工作内容：钢模板安装、拆除、清理、刷润滑剂、集中堆放；木模板制作、安装、拆除、堆放；模板场外运输；钢筋制作，对点焊及绑扎安装；混凝土搅拌、浇捣、养护；砌筑清理地胎模；成品堆放等；

2）分项内容：矩形柱按断面周长档位分别列项；圆形柱按直径档位分别列项；多边形柱按相应圆形柱定额计算；

（2）梁

1）工作内容：钢模板安装、拆除、清理、刷润滑剂、集中堆放；木模板制作、安装、拆除、堆放；模板场外运输；钢筋制作，对点焊及绑扎安装；混凝土搅拌、浇捣、养护；砌筑清理地胎模；成品堆放等；

2）分项内容：矩形梁按断面高度档位分别列项；圆形梁按直径档位分别列项，圆弧形梁按圆形梁定额计算，增大系数；异形梁、基础梁、过梁、老嫩戗分别列项等。

（3）桁、枋、机

1）工作内容：钢模板安装、拆除、清理、刷润滑剂、集中堆放；木模板制作、安装、拆除、堆放；模板场外运输；钢筋制作，对点焊及绑扎安装；混凝土搅拌、浇捣、养护；砌筑清理地胎模；成品堆放等；

2）分项内容：矩形桁条、梓桁（按断面高度档位分别列项）、圆形桁条、梓桁（控直径档位分别列项）、枋子、连机（分别列项）等。

（4）板

1）工作内容：钢模板安装、拆除、清理、刷润滑剂、集中堆放；木模板制作、安装、拆除、堆放；模板场外运输；钢筋制作，对点焊及绑扎安装；混凝土搅拌、浇捣、养护；砌筑清理地胎模；成品堆放等；

2）分项内容：空心板（按板长档位分别列项）、平板、槽形板、椽望板、戗翼板（分别列项）等。

（5）椽子

1）工作内容：钢模板安装、拆除、清理、刷润滑剂、集中堆放；木模板制作、安装、拆除、堆放；模板场外运输；钢筋制作，对点焊及绑扎安装；混凝土搅拌、浇捣、养护；砌筑清理地胎模；成品堆放等；

2）分项内容：方直椽（按断面高度档位列项）、圆直椽（按直径档位列项）、弯形椽等。

10.2.4.5 绿化工程

（1）整理绿化地

1）工作内容：主要包括清理场地（不包括建筑垃圾及障碍物的清除）；厚度 30cm 以内的挖、填、找平；绿地整理等；

2）工程量以 $10m^2$ 计算。

（2）起挖乔木（带土球）

1）工作内容：主要包括起挖、包扎出坑、搬运集中、回土填坑等；

2）细目划分：按土球直径档位分别列项，特大或名贵树木另行计算。

（3）起挖乔木（裸根）

1）工作内容：主要包括起挖、出坑、修剪、打浆、搬运集中、回土填坑等；

2）细目划分：按胸径档位列项，特大或名贵树木另行计算。

（4）栽植乔木（带土球）

1）工作内容：主要包括挖坑、栽植（落坑、扶正、回土、捣实、筑水围）、浇水、覆土、保墒、整形、清理等；

2）细目划分：按土球直径档位列项，特大或名贵树木另行计算。

（5）栽植乔木（裸根）

1）工作内容：主要包括挖坑、栽植（落坑、扶正、回土、捣实、筑水围）、浇水、覆土、保墒、整形、清理等；

2）细目划分：按胸径档位分别列项，特大或名贵树木另行计算。

（6）起挖灌木（带土球）

1）工作内容：主要包括起挖、包扎、出坑、搬运集中、回土填坑等；

2）细目划分：按土球直径分别列项，特大或名贵树木另行计算等。

(7) 起挖灌木(裸根)

1) 工作内容：主要包括起挖、出坑、修剪、打浆、搬运集中、回土填坑等；

2) 细目划分：按冠丛高度档位列项等。

(8) 栽植灌木(带土球)

1) 工作内容：主要包括挖坑、栽植(落坑、扶正、捣实、回土、筑水围)、浇水、覆土、保墒、整形、清理等；

2) 细目划分：按土球直径档位分别列项，特大或名贵树木另行计算等。

(9) 栽植灌木(裸根)

1) 工作内容：主要包括挖坑、栽植(落坑、扶正、捣实、回土、筑水围)、浇水、覆土、保墒、整形、清理等；

2) 细目划分：按冠丛高度档位分别列项等。

(10) 起挖竹类(散生竹)

1) 工作内容：主要包括起挖、包扎、出坑、修剪、搬运集中、回土填坑等；

2) 细目划分：按胸径档位分别列项等。

(11) 起挖竹类(丛生竹)

1) 工作内容：主要包括起挖、包扎、出坑、修剪、搬运集中、回土填坑等；

2) 细目划分：按根盘丛径档位分别列项等。

(12) 栽植竹类(散生竹)

1) 工作内容：主要包括挖坑、栽植(落坑、扶正、捣实、回土、筑水圈)、浇水、覆土保墒、整形、清理等；

2) 细目划分：按胸径挡位分别列项等。

(13) 栽植竹类(丛生竹)

1) 工作内容：主要包括挖坑、栽植(落坑、扶正、捣实、回土、筑水圈)、浇水、覆土保墒、整形、清理等；

2) 细目划分：按根盘丛径挡位分别列项等。

(14) 栽植绿篱

1) 工作内容：主要包括开沟、排苗、回土、筑水围、浇水、覆土、整形、清理等；

2) 细目划分：按单、双排和高度档位分别列项，工程量以 10 延长米计算等。

(15) 露地花卉栽植

1) 工作内容：主要包括翻土整地、清除杂物、施基肥、放样、栽植、浇水、清理等；

2) 细目划分：按草本花、木本花、球块根类、一般图案花坛、彩纹图案花坛分别列填。

(16) 草皮铺种

1) 工作内容：主要包括翻土整地、清除杂物、搬运草皮、浇水、清理等；

2) 细目划分：按散铺、满铺、直生带、播种分别列项；但种苗费未包括在定额内，必须另行计算。

(17) 树木支撑

1) 工作内容：主要包括制桩、运桩、打桩、绑扎等；

2) 细目划分：树棍桩(按四脚桩、三脚桩、一字桩、长单桩、短单桩、镀锌铁丝吊桩分别列项）、毛竹桩（桉四脚柱、三脚桩、一字桩、长单桩、短单桩、预制混凝土长单桩分别列项）。

（18）草绳绕树干

1）工作内容：主要包括搬运草绳、绕干、余料清理等；

2）细目划分：按树干胸径档位分别列项，工程量以延长米计算等。

（19）栽植攀缘植物

1）工作内容：主要包括挖坑、栽植、回土、捣实、浇水、覆土、施肥、整理等；

2）细目划分：按3年生、4年生、5年生、6～8年生分别列项。工程量以100株为单位计算。

（20）人工换土

1）工作内容：主要包括装、运土到坑边等；

2）细目划分：带土球乔灌木，按土球直径档位分别列项；裸根乔木，按胸径档位分别列项；裸根灌木，按冠丛高度档位分别列项。工程量均以"株"为单位计算。

10.2.4.6 城市堆砌假山及塑假石山工程

（1）堆砌假山

1）工作内容：主要包括放样、选石、运石、调运砂浆（混凝土）；堆砌、搭、拆简单脚手架；塞垫嵌缝、清理、养护等；

2）分项内容：主要包括湖石假山、黄石假山、整块湖石峰、人造湖石峰、人造黄石峰、石笋安装、土山点石均按高度档位分别列项；布置景石按重量（t）档位分别列项；自然式护岸：是按湖石计算的，如采用黄石砌筑，则湖石换算成黄石，数量不变。

（2）塑假石山

1）工作内容：主要包括放样划线、挖土方、浇混凝土垫层；砌骨架或焊钢骨架、挂钢网、堆砌成型等；

2）分项内容：主要包括砖骨架塑假山（按高度档位分别列项。如设计要求做部分钢筋混凝土骨架时，应进行换算）、钢骨架塑假山（基础、脚手架、主骨架的工料费没包括在内，应另行计算）。

10.2.4.7 小品工程

（1）塑松（杉）树皮、竹节竹片、壁画

1）工作内容：主要包括调运砂浆、找平、压光、塑面层、清理、养护等；

2）细目划分：工程量按展开面积以10m$^2$计算。

（2）塑松树棍（柱）、竹棍

1）工作内容：主要包括钢筋制作、绑扎、调制砂浆、底层抹灰、现场安装等；

2）细目划分：预制塑松棍（按直径档位分别列项）；塑松皮柱（按直径档位分别列项）；塑黄竹、塑金丝竹（按直径档位分别列项）。

（3）水磨石小品

1）工作内容：主要包括模板制作、安装及拆除、钢筋制作及绑扎、混凝土浇捣、砂浆抹平、构件养护、磨光打蜡、现场安装等；

2）分项内容及工程量计算：主要包括景窗按断面积档位、现场与预制分别列项，工程量以10延长米计算；平板凳按现浇与预制分别列项，工程量以10延长米计算；花槽、角花、博古架均按断面积档位分别列项，工程量以 10 延长米计算；木纹板按面积以 $m^2$ 计算；飞来椅以 10 延长米计算。

（4）小摆设及混凝土栏杆

1）工作内容：主要包括放样、挖、做基础、调运砂浆、抹灰、模板制安及拆除、钢筋制作绑扎、混凝土浇捣、养护及清理等；

2）分项内容及工程量计算：主要包括砖砌小摆设（按砌体体积以 $m^3$ 计算）、砌体抹灰（按展开面积以 $10m^2$ 计算）、预制混凝土栏杆（按断面尺寸、高度分别列项，工程量以 10 延长米计算）。

（5）金属栏杆

1）工作内容：主要包括下料、焊接、刷防锈漆一遍，刷面漆二遍，放线、挖坑、安装、灌浆覆土、养护等；

2）分项内容：按简易、普遍、复杂分别列项，工程量以 10 延长米计算。

## 10.3 道路绿化工程量的计算

### 10.3.1 概述

10.3.1.1 道路绿化工程项目的分类

由于一个道路绿化建设工程项目是多个基本的分项工程构成的，所以，为了便于对工程进行管理，使工程预算项目与预算定额中项目相一致，就必须对工程项目进行划分。一般可划分为：

（1）道路绿化建设工程总项目：工程总项目是指在一条道路绿化或数条道路绿化，按照一个总体设计进行施工的各个工程项目的总和。如一个城市广场、一个城市休闲园、一个大型喷水池、两条道路绿化等就是一个工程总项目。

（2）单项道路绿化工程：单项道路绿化工程是指在一个工程项目中，具有独立的设计文件，竣工后可以独立发挥生产能力或工程效益的工程。它是工程项目的组成部分，一个工程项目中可以有几个单项工程，也可以只有一个单项工程。如一条道路绿化工程等。

（3）单位工程：单位工程是指具有单列的设计文件，可以进行独立施工，但不能单独发挥作用的工程。它是单项工程的组成部分。如餐厅工程中的给水排水工程、照明工程等。

（4）分部工程：分部工程一般是指按单位工程的各个部位或是按照使用不同的工种、材料和施工机械而划分的工程项目。它是单位工程的组成部分。如一般土建工程可划分为：土石方、砖石、混凝土及钢筋混凝土、木结构及装修、屋面等分部工程。

（5）分项工程：分项工程是指分部工程中按照不同的施工方法，不同的材料、不同的规格等因素而进一步划分的最基本的工程项目。城市道路绿化工程可以划分为道路绿化工程、广场堆砌假山及塑山工程、路旁小品工程。

1）道路绿化工程中分有 21 个分项工程：整理绿化及起挖乔木（带土球）、栽植乔木（带土球）、起挖乔木（裸根）、栽植乔木（裸根）、起挖灌木（带土球）、栽植灌木（带土球）、起挖灌木（裸根）、栽植灌木（裸根）、起挖竹类（散生竹）、栽植竹类（散生竹）、起挖竹类（丛生竹）、栽植竹类（丛生竹）、栽植绿篱、露地花卉栽植、草皮铺种、栽植水生植物、树木支撑、草绳绕树干、栽种攀缘植物、假植、人工换土。

2）广场堆砌假山及塑山工程有2个分项工程：堆砌石山、塑假石山。

3）路旁小品工程分有2个分项工程：小型堆塑、小型设施。

（6）有关绿化方面的名词解释：

1）胸径：是指距地面1.3m处的树干的直径；

2）苗高：指从地面起到顶梢的高度；

3）冠径：指展开枝条幅度的水平直径；

4）条长：指攀缘植物，从地面起到顶梢的长度；

5）年生：指从繁殖起到掘苗时止的树龄。

（7）各种植物材料在运输、栽植过程中，合理损耗率为：

1）乔木、果树、花灌木、常绿树为1.5%；

2）绿化篱笆、攀缘植物为2%；

3）广场与道路草坪、木本花卉、地被植物为4%；

4）草花为10%。

（8）道路绿化工程，新栽树木浇水以三遍为准，浇齐三遍水即为工程结束。

（9）道路植树工程：

1）一般树木栽植：乔木胸径在3～10cm以内，常绿树苗高在1～4m以内；

2）大树栽植：乔木胸径在10cm以上，常绿大树高在4m以上者，按大树移植执行。

10.3.1.2 道路绿化规格标准的转换和计算

（1）整理道路绿化地的单位换算成$10m^2$，如绿化用地$1850m^2$，换算后为185（$10m^2$）。

（2）起挖或栽植带土球乔木，一般设计规格为胸径，需要换算成土球直径方可计算。如栽植胸径3cm红叶李，则土球直径应为30cm。

（3）起挖或栽植裸根乔木，一般设计规格为胸径，可直接套用计算。

（4）起挖或栽植带土球灌木，一般设计规格为冠径，需要换算成土球直径方可计算。如栽植冠径1m海桐球，则土球直径应为30cm。

（5）起挖或栽植散生竹类，一般设计规格为胸径，可直接套用计算。

（6）起挖或栽植丛生竹类，一般设计规格为高度，需要换算成根盘丛径方可计算。如栽植高度1m竹子，则根盘丛径应为30cm。

（7）栽植道路绿篱，一般设计规格为高度，可直接套用计算。

（8）露地花卉栽植单位需换算成$10m^2$；草皮铺种单位需换算成$10m^2$；栽种水生植物单位需换算成10株；栽种攀援植物单位需换算成100株。

10.3.1.3 道路绿化工程量计算的一般原则

（1）计算口径要一致，避免重复和遗漏：

在道路绿化工程计算其工程量时，根据施工图列出分项工程的口径（指分项工程包括的工作内容和范围），必须与预算定额中相应分项工程的口径一致。例如水磨石分项工程，预算定额中已包括了刷素水泥浆一道，则计算该项工程量时，不应另列刷素水泥浆项目，造成重复计算。相反，分项工程中设计有的工作内容，而相应预算定额中没有包括时，应另列项目计算。

(2) 工程量计算规则要一致，避免错算：工程量计算必须与预算定额中规定的工程量计算规则（或工程量计算方法）相一致，保证计算结果准确。例如，砌砖工程中，一砖半砖墙的厚度，无论施工图中标注的尺寸是"360"或"370"，都应以预算定额计算规则规定的"365"进行计算。

(3) 计量单位要一致：各分项工程量的计量单位，必须与预算定额中相应项目的计量单位一致。例如，预算定额中；栽植绿篱分项工程的计量是10延长米，而不是株数，则工程量单位也是10延长米。

(4) 按顺序进行计算：计算道路绿化工程量时要按着一定的顺序（自定）逐一进行计算，避免漏算和重算。

(5) 计算精度要统一：为了计算方便，工程量的计算结果统一要求为：除钢材（以t为单位）、木材（以立方米为单位）取三位小数外，其余项目一般取小数两位，以下四舍五入。

10.3.1.4　道路绿化工程计算

(1) 列出分项工程项目名称：根据施工图纸，并结合施工方案的有关内容，按照一定的计算顺序，逐一列出单位工程施工图预算的分项工程项目名称。所列的分项工程项目名称必须与预算定额中相应项目名称一致。

(2) 列出工程量计算式：分项工程项目名称列出后，根据施工图纸所示的部位、尺寸和数量，按照工程量计算规则（各类工程的工程量计算规则，见工程预算定额有关说明），分别列出工程量计算公式。工程量计算通常采用计算表格进行计算，形式如表10.3-1所示：

**道路绿化工程量计算表**　　　　**表10.3-1**

| 序号 | 分项工程名称 | 单　位 | 工程数量 | 计　算　式 |
| --- | --- | --- | --- | --- |
| 1 | | | | |
| 2 | | | | |
| 3 | | | | |
| … | | | | |

(3) 调整计量单位：通常计算的工程量都是以m、$m^2$、$m^3$等为计算单位，但预算定额中往往以10m、$10m^2$、$10m^3$、$100m^2$、$100m^3$等为计量单位，因此还需将计算的工程量单位按预算定额中相应项目规定的计量单位进行调整，使计量单位一致，便于以后的计算。

(4) 套用预算定额进行计算：各项工程量计算完毕经校核后，就可以编制单位工程施工图预算书。

### 10.3.2　城市道路绿化工程量计算方法

城市道路绿化工程主要包括绿化工程的准备工作、植树工程、花卉种植工程、草坪铺栽工程、大树移植工程、绿化养护管理工程。

10.3.2.1　绿化工程的准备工作

(1) 勘察现场：适用于绿化工程施工前的对现场调查，对架高物、地下管网、各种障碍物以及水源、地质、交通等状况做全面的了解，并做好施工安排或施工组织设计。

（2）清理绿化用地：

1）人工平整：是指地面凹凸高差在±30cm以内的就地挖填找平，凡高差超出±30cm的，每10cm增加人工费35%，不足10cm的按10cm计算；

2）机械平整场地，不论地面凹凸高差多少，一律执行机械平整。

（3）工程量计算规则：

1）勘察现场以植株计算：灌木类以每丛折合1株，绿篱每延长1米折合一株，乔木不分品种规格一律按株计；

2）拆除障碍物，视实际拆除体积以$m^3$计；

3）平整场地按设计供栽植的绿地范围以$m^2$计。

10.3.2.2 植树工程：

（1）刨树坑：该作业共分为三项，即刨树坑、刨绿篱沟、刨绿带沟；土壤一般可以划分为坚硬土、杂质土、普通土三种。刨树坑一般是从设计地面标高处往下掘，无设计标高的按一般地面水平。

（2）施肥：该作业共分七项，即乔木施肥、观赏乔木施肥、花灌木施肥、常绿乔木施肥、绿篱施肥、攀援植物施肥、草坪及地被施肥，这里的“施肥”主要指有机肥，其价格已包括场外运费。

（3）修剪：该作业共分三项，即修剪、强剪、绿篱平剪。修剪指栽植前的修根、修枝，强剪指“抹头”，绿篱平剪指栽植后的第一次顶部定高平剪及两侧面垂直或正梯形坡剪。

（4）防治病虫害：该作业共分三项，即刷药、涂白、人工喷药等：

1）刷药泛指以波美度为0.5石硫合剂为准，刷药的高度至分枝点均匀全面；

2）涂白其浆料为生石灰，又称氯化钙。刷涂料高度在1.3m以下，要上口平齐、高度一致；

3）人工喷药指栽植前需要人工肩背喷药防治病虫害，或必要的土壤有机肥人工拌农药灭菌消毒。

（5）树木栽植：该作业共分七项，即乔木、果树、观赏乔木、花灌木、常绿灌木、绿篱、攀缘植物：

1）乔木根据其形态特征及计量的标准分为：按苗高计量的有西府海棠、木槿等；按冠径计量的有丁香、金银木等；

2）常绿树根据其形态及操作时的难易程度分为两种：常绿乔木指桧柏、刺柏、黑松、雪松等；常绿灌木指松柏球、黄柏球、爬地柏等；

3）绿篱分为：落叶绿篱指小白榆、雪柳等；常绿绿篱指侧柏、小桧柏等；

4）攀缘植物分为两类：紫藤、葡萄、凌霄（属高档）；爬山虎类（属低档）两种类型。

（6）树木支撑：该作业共分五项：两架一拐、三架一拐、四脚钢筋架、竹竿支撑、绑扎幌绳。

（7）新树浇水：该作业分两项，即人工胶管浇水、汽车浇水；人工胶管浇水，距水源以100m以内为准，每超50m用工增加14%。

（8）清理废土分：人力车运土、装载机自卸车运土。

（9）铺设盲管：包括找泛水、接口、养护、清理并保证管内无滞塞物。

10.3.2.3 绿化工程量计算规则

(1) 刨树坑以个计算，刨绿篱沟以延长米计算，刨绿带沟以 $m^3$ 计算。

(2) 原土过筛：按筛后的土以 $m^3$ 计算；土坑换土以实挖土坑体积乘以系数 1.43 计算。

(3) 施肥、刷药、涂白、人工喷药、栽植支撑等项目的工程量均按植物的株数计算，其他均以 $m^3$ 计算。

(4) 植物修剪、新树浇水的工程量，除绿篱以延长米计算外，树木均按株数计算。

(5) 清理竣工现场，每株树木（不分规格）按 $5m^2$ 计算，绿篱每延长米按 $3m^3$ 计算。

(6) 盲管工程量按管道中心线全长以延长米计算。

10.3.2.4 花卉种植与草坪铺栽工程量计算规则

花卉种植与草坪铺栽工程工程量计算规则为：每平方米栽植数量按草花 25 株、木本花卉 5 株计算；植根花卉草本 9 株、木本 5 株、草坪播种 $20m^2$。

10.3.2.5 大树移植工程

(1) 包括大型乔木移植、大型常绿树移植两部分，每部分又分带土台、装木箱两种。

(2) 大树移植的规格，乔木以胸径 10cm 以上为起点，分 10～15cm、15～20cm、20～30cm、30cm 以上四个规格。

(3) 浇水系按自来水考虑，为三遍水的费用。

(4) 所用施工吊车、汽车按不同规格计算。工程量按移植株数计算。

10.3.2.6 绿化养护管理工程

(1) 本分部为需甲方要求或委托乙方继续管理时的执行定额。

(2) 本分部注射除虫药剂按百株的 1/3 计算：乔木透水 10 次，常绿树木 6 次，花灌木浇透水 13 次，花卉每周浇透水 1～2 次。

1) 中耕除草：乔木 3 遍，花灌木 6 遍，常绿树木 2 遍；草坪除草可按草种不同修剪 2～4 次，草坪清杂草应随时进行；

2) 喷药：乔木、花灌木、花卉 7～10 遍；

3) 打芽及定型修剪：落叶乔木 3 次，常绿树木 2 次，花灌木 1～2 次；

4) 喷水：移植大树浇水适当喷水，常绿类 6～7 月份共喷 124 次，植保用农药化肥随浇水执行。

(3) 绿化养护工程量计算规则：乔灌木以株计算；绿篱以延长米计算；花卉、草坪、地被类以 $m^2$ 计算。

### 10.3.3 道路绿化附属小品工程量计算方法

10.3.3.1 叠山工程

(1) 叠砌假山是我国一门古老艺术，是我国现代化建筑艺术中的重要组成部分，它通过造景、托景、陪景、借景等手段，使城市的广场、道路环境千变万化，气魄更加宏伟壮观，景色更加宜人，别具洞天。叠山工程不是简单的山石堆垒，而是模仿其真山风景，突出真山气势，具有林泉丘壑之美，是大自然景色在城市广场、道路绿化中的缩影。

(2) 一般规定：

1) 定额中综合了园内（直径 200m）山石倒运，必要的脚手架，加固铁件，塞垫嵌缝用的石料砂浆，以及5t汽车起重机吊装的人工、材料、机械费用；

2）假山基础按相应定额项目另行计算；

3）定额中的主体石料（如太湖石、斧劈石、吸水石及石笋等）的材料预算价格，因石料的产地不同，规格不同时，可按实调整差价。

（3）工程量计算的规则

1）假山工程量按实际堆砌的石料以“t”计算。计算公式为：堆砌假山工程量（t）＝进料验收的数量－进料剩余数；

2）假山石的基础和自然式驳岸下部的挡水墙，按相应项目定额执行；

3）塑假石山的工程量按其外围表面积以 $m^2$ 计算。

10.3.3.2　道路绿化中的小品工程

（1）一般规定

1）园林小品是指园林建设中的工艺点缀品，艺术性较强。它包括堆塑装饰和小型钢筋混凝土、金属构件等小型设施；

2）道路两旁小摆设系指各种仿匾额、花瓶、花盆、石鼓、坐凳、靠椅凳、小型雕塑及小型水盆、花坛池，花架的制作。

（2）工程量计算规则：

1）堆塑装饰工程分别按展开面积以 $m^2$ 计算；

2）小型设施工程量：预制或现浇水磨石景窗、平凳、花檐、角花、博古架等，按图示尺寸以延长米计算，木纹板工程量以 $m^2$ 计算。预制钢筋混凝土和金属花色栏杆工程量以延长米计算。

10.3.3.3　小型管道及涵洞工程

本分部只包括道路绿化中的小型排水管道工程。大型下水干管及涵道，执行市政工程的有关定额。

（1）排水管道的工程量，按管道中心线全长以延长米计算，但不扣除各类井所占长度。

（2）小型涵洞工程量是以实体积计算。

### 10.3.4　道路绿化基础工程量计算方法

10.3.4.1　土方工程

（1）一般规定

计算土方工程量时，应根据图纸标明的尺寸，勘探资料确定的土质类别，以及施工组织设计规定的施工方法，运土距离等资料，分别以 $m^3$ 或 $m^2$ 为单位计算。在计算分项工程之前，首先应确定以下有关资料：

1）土壤的分类：土壤的种类很多，各种土质的物理性质是各不相同，而土壤的物理性质直接影响着土石方工程的施工方法，不同的土质所消耗的人工、机械台班就有很大差别，综合反映的施工费用也不同，因此正确区分土方的类别，对于准确套用定额计算土方工程费用关系很大；

2）挖土方、挖基槽、挖基坑及平整场地等子目的划分；

3）土方放坡及工作面的确定：土方工程施工时，为了防止塌方，保证施工安全，当挖土深度超过一定限度时，均应在其边沿做成具有一定坡度的边坡，并应注意以下几点：

① 放坡起点：放坡起点系指对某种土壤类别，挖土深度在一定范围内，可以不放坡，如超过这个范围时，则上口开挖宽度必须加大，即所谓放坡。放坡起点应根据土质的具体情况来确定，见表 10.3-2 所列。

**挖土方、地槽、地坑放坡系数** **表 10.3-2**

| 序　号 | 土　壤　种　类 | 人　工　挖　土 | 放坡起点深度(m) |
|---|---|---|---|
| 1 | 一类土壤 | 1∶0.67 | 1.20 |
| 2 | 二类土壤 | 1∶0.55 | 1.35 |
| 3 | 三类土壤 | 1∶0.33 | 1.50 |
| 4 | 四类土壤 | 1∶0.25 | 2.00 |

② 放坡坡度：根据土质情况，在挖土深度超过放坡起点限度时，均在其边沿做成具有一定坡度的边坡。土方边坡的坡度以其高度 $H$ 与底 $B$ 之比表示，放坡系数用“$K$”表示。

$$K=B/H$$

③ 工作面的确定：工作面系指在槽坑内施工时，在基础宽度以外还需增加工作面，其宽度应根据施工组织设计来确定，若无规定时，可按表 10.3-3 增加挖土宽度。

**增加挖土宽度** **表 10.3-3**

| 序　号 | 基 础 工 程 施 工 项 目 | 每边增加工作面(cm) |
|---|---|---|
| 1 | 毛石砌筑每边增加工作面 | 15 |
| 2 | 混凝土基础或基础垫层需支模板数 | 30 |
| 3 | 使用卷材或防水砂浆做垂直防潮面 | 80 |
| 4 | 带挡土板的挖土 | 10 |

④ 土的各种虚实折算表（表 10.3-4）

**虚实折算表** **表 10.3-4**

| 序　号 | 虚　　土 | 天然密实土 | 夯　实　土 | 松　填　土 |
|---|---|---|---|---|
| 1 | 1.00 | 0.77 | 0.67 | 0.83 |
| 2 | 1.20 | 0.92 | 0.80 | 1.00 |
| 3 | 1.30 | 1.00 | 0.87 | 1.08 |
| 4 | 1.50 | 1.15 | 1.00 | 1.25 |

（2）主要分项工程工程量的计算方法

1）工程量除注明者外，均按图示尺寸以实体积计算；

2）挖土方：凡平整场地厚度在 30cm 以上，槽底宽度在 3m 以上和坑底面积在 $20m^2$ 以上的挖土，均按挖土方计算；

3）挖地槽：凡槽宽在 3m 以内，槽长为槽宽 3 倍以上的挖土，按挖地槽计算。外墙地槽长度按其中心线长度计算，内墙地槽长度以内墙地槽的净长计算，宽度按图示宽度计算，突出部分挖土量应予增加；

4）挖地坑：凡挖土底面积在 20m$^2$ 以内，槽宽在 3m 以内，槽长小于槽宽 3 倍者按挖地坑计算；

5）挖土方、地槽、地坑的高度，按室外自然地坪至槽底计算；

6）挖管沟槽，按规定尺寸计算，槽宽如无规定者可按表 10.3-5 计算，沟槽长度不扣除检查井，检查井突出管道部分的土方也不增加；

**管沟底宽度表** **表 10.3-5**

<table>
<tr><th>序　号</th><th>水管直径（mm）</th><th>铸铁管、钢管、石棉水泥管</th><th>混凝土管、钢筋混凝土管</th><th>缸瓦管</th><th>附　　注</th></tr>
<tr><td>1</td><td>50～75</td><td>0.6</td><td>0.8</td><td>0.7</td><td rowspan="5">(1)本表为埋深在 1.5m 以内沟槽底宽度，单位为 m；<br>(2)当深度在 2m 以内，有支撑时，表中数值应增加 0.1m；<br>(3)当深度在 3m 以内，有支撑时，表中数值应加 0.2m</td></tr>
<tr><td>2</td><td>100～200</td><td>0.7</td><td>0.9</td><td>0.8</td></tr>
<tr><td>3</td><td>250～350</td><td>0.8</td><td>1.0</td><td>0.9</td></tr>
<tr><td>4</td><td>400～450</td><td>1.0</td><td>1.3</td><td>1.1</td></tr>
<tr><td>5</td><td>500～600</td><td>1.3</td><td>1.5</td><td>1.4</td></tr>
</table>

7）平整场地系指厚度在±30cm 以内的就地挖、填、找平，其工程量按建筑物的首层建筑面积计算；

8）回填土、场地填土，分松填和夯填，以 m$^3$ 计算。挖地槽原土回填的工程量，可按地槽挖土工程量乘以系数 0.6 计算。

① 满堂红挖土方，其设计室外地平以下部分如采用原土者，此部分不计取黄土价值的其他直接费和各项间接费用；

② 大开槽四周的填土，按回填土定额执行；

③ 地槽、地坑回填土的工程量，可按地槽地坑的挖土工程量乘以系数 0.6 计算；

④ 管道回填土按挖土体积减去垫层和直径≥500mm 的管道体积计算，管道直径小于 500mm 的可不扣除其所占体积，管道在 500mm 以上的应减除的管道体积，可按表 10.3-6 计算；

**每米管道应减土方量表** **表 10.3-6**

| 管径<br>种类 | 减　去　量（m$^3$） | | | | | |
|---|---|---|---|---|---|---|
| | 500～600 | 700～800 | 900～1000 | 1100～1200 | 1300～1400 | 1500～1600 |
| 钢　管 | 0.24 | 0.44 | 0.71 | — | — | — |
| 铸铁管 | 0.27 | 0.49 | 0.77 | — | — | — |
| 钢筋混凝土管、缸瓦管 | 0.33 | 0.60 | 0.92 | 1.15 | 1.35 | 1.55 |

⑤ 用挖槽余土作填土时，应套用相应的填土定额，结算时应减除其利用部分的黄土价值，但其他直接费和各项间接费不予扣除。

10.3.4.2 砖石工程

（1）一般规定：

1）砌体砂浆强度等级为综合强度等级，编制预算时不得调整；

2）砌墙综合了墙的厚度，划分为外墙、内墙；

3）砌体内采用钢筋加固者，按设计规定的重量，套用“砖砌体加固钢筋”定额；

4）檐高是指由设计室外地坪至前后檐口滴水的高度。

（2）主要分项工程量计算规则：

1）标准砖墙体厚度。按表10.3-7计算；

**标准砖墙体计算厚度表**　　**表10.3-7**

| 墙　体 | 1/4 | 1/2 | 3/4 | 1 | 1.5 | 2 | 2.5 | 3 |
|---|---|---|---|---|---|---|---|---|
| 计算厚度(mm) | 53 | 115 | 180 | 240 | 365 | 490 | 615 | 740 |

2）基础与墙身的划分：砖基础与砖墙以设计室内地坪为界，设计室内地坪以下为基础，而地坪以上为墙身，如墙身与基础为两种不同材料时按材料为分界线，砖围墙以设计室外地坪为分界线；

3）外墙基础长度，按外墙中心线计算。内墙基础长度，按内墙净长计算，墙基大放脚重叠处因素已综合在定额内；突出墙外的墙垛的基础放脚宽出部分不增加，嵌入基础的钢筋、铁件、管件等所占的体积不予扣除；

4）砖基础工程量不扣除0.3$m^2$以内的孔洞，基础内混凝土的体积应扣除，但砖过梁应另列项目计算；基础抹隔潮层按实抹面积计算；

5）外墙长度按外墙中心线长度计算，内墙长度按内墙净长计算。女儿墙工程量并入外墙计算；墙身高度从首层设计室内地坪算至设计要求高度；

6）计算实砌砖墙身时，应扣除门窗洞口，过人洞空圈、嵌入墙身的钢筋砖柱、梁、过梁、圈梁的体积，但不扣除每个面积在0.3$m^2$以内的孔洞梁头、梁垫、檩头、垫木、木砖、砌墙内的加固钢筋、墙基抹隔潮层等及内墙板头压1/2墙者所占的体积。突出墙面窗台虎头砖，压顶线，门窗套，三皮砖以下的腰线，挑檐等体积也不增加。嵌入外墙的钢筋混凝土板头已在定额中考虑，计算工程量时，不再扣除；

7）砖垛，三皮砖以上的檐槽，砖砌腰线的体积，并入所附的墙身体积内计算；

8）附墙烟囱按其外形体积计算，并入所依附的墙体积内，不扣除每一孔洞横断面积在0.1$m^2$以内的体积，但孔洞内的抹灰工料也不增加。如每一孔洞横断面积超过0.1$m^2$时，应扣除孔洞所占体积，孔洞内的抹灰应另列项目计算。如砂浆强度等级不同时，可按相应墙体定额执行。附墙烟囱如带缸瓦管、除灰门以及垃圾道带有垃圾道门、垃圾斗、通风百叶窗、铁箅子以及钢筋混凝土预制盖等，均应另列项目计算；

9）框架结构间砌墙，分别内、外墙，以框架间的净空面积乘墙厚按相应的砖墙定额计算，框架外表面镶包砖部分也并入框架结构间砌墙的工程量内一并计算；

10）围墙以$m^3$计算，按相应外墙定额执行，砖垛和压顶等工程量应并入墙身内计算；

11）暖气沟及其他砖砌沟道不分墙身和墙基，其工程量合并计算。砖砌地下室内外墙身工程量与砌砖计算方法相同，但基础与墙身的工程量合并计算，按相应内外墙定额执行；

12）砖柱不分柱身和柱基，其工程量合并计算，按砖柱定额执行；空花墙按带有空花部分的局部外形体积以$m^3$计算，空花所占体积不扣除，实砌部分另按相应定额计算；

13）半圆旋按图示尺寸以 $m^3$ 计算，执行相应定额；零星砌体定额适用于厕所蹲台、小便槽、水池腿、煤箱、垃圾箱、台阶、台阶挡墙、花台、花池、房上烟囱、阳台隔断墙、小型池槽、楼梯基础等，以 $m^3$ 计算；

14）炉灶按外形体积以 $m^3$ 计算，不扣除各种空洞的体积，定额中只考虑了一般的铁件及炉灶台面抹灰，如炉灶面镶贴块料面层者应另列项目计算；

15）毛石砌体按施工图示尺寸，以 $m^3$ 计算。

10.3.4.3 混凝土及钢筋混凝土工程

（1）一般规定：

1）混凝土及钢筋混凝土工程预算定额系综合定额，包括了模板、钢筋和混凝土各工序的工料及施工机械的耗用量。模板、钢筋不需单独计算。如与施工图规定的用量另加损耗后的数量不同时，可按实调整；

2）定额中模板按木模板、工具式钢模板、定型钢模板等综合考虑的，实际采用模板不同时，不得换算；

3）钢筋按手工绑扎，部分焊接及点焊编制的，实际施工与定额不同时，不得换算；

4）混凝土设计强度等级与定额不同时，应以定额中选定的石子粒径，按相应的混凝土配合比换算，但混凝土搅拌用水不换算。

（2）工程量计算规则：

1）混凝土和钢筋混凝土以体积为计算单位的各种构件，均根据图示尺寸以构件的实体积计算，不扣除其中的钢筋、铁件、螺栓和预留螺栓孔洞所占的体积；

2）基础垫层与基础的划分：混凝土的厚度 12cm 以内者为垫层，执行基础定额；

3）基础工程：

① 带形基础：凡在墙下的基础或柱与柱之间与单独基础相连接的带形结构，统称为带形基础。与带形基础相连的杯形基础，执行杯形基础定额；

② 独立基础：主要包括各种形式的独立柱和柱墩，独立基础的高度按图示尺寸计算；

③ 满堂基础：底板定额适用于无梁式和有梁式满堂基础的底板。有梁式满堂基础中的梁、柱另按相应的基础梁或柱定额执行。梁只计算突出基础的部分，伸入基础底板部分，并入满堂基础底板工程量内；

4）柱：柱高按柱基上表面算至柱顶面的高度；依附于柱上的云头、梁垫的体积另列项目计算；多边形柱，按相应的圆柱定额执行，其规格按断面对角线长套用定额；依附于柱上的牛腿的体积，应并入柱身体积计算；

5）梁：

① 梁的长度：梁与柱交接时，梁长应按柱与柱之间的净距计算，次梁与主梁或柱交接时，次梁的长度算至柱侧面或主梁侧面的净距。梁与墙交接时，伸入墙内的梁头应包括在梁的长度内计算；

② 梁头处如有浇制垫块者，其体积并入梁内一起计算；凡加固墙身的梁均按圈梁计算；戗梁按设计图示尺寸，以 $m^3$ 计算；

6）板：

① 有梁板是指带有梁的板，按其形式可分为梁式楼板、井式楼板和密肋形楼板。梁

与板的体积合并计算，应扣除大于 0.3$m^2$ 的孔洞所占的体积；

② 平板系指无柱、无梁直接由墙承重的板；亭屋面板（曲形）系指古典建筑中亭面板，为曲形状。其工程量按设计图示尺寸，以实体积 $m^3$ 计算；

③ 凡不同类型的楼板在交接时，均以墙的中心线划为分界；伸入墙内的板头，其体积应并入板内进行计算；

④ 现浇混凝土挑檐，天沟与现浇屋面板连接时，按外墙皮为分界线，与圈梁连接时，按圈梁外皮为分界线；

⑤ 戗翼板系指古建中的翘角部位，并连有摔网椽的翼角板，椽望板系指古建中的飞沿部位，并连有飞椽和出沿椽重叠之板。其工程量按设计图示尺寸，以实体积计算；

⑥ 中式屋架系指古典建筑中立贴式屋架。其工程量主要包括立柱、童柱、大梁，按设计图示尺寸，以实体积 $m^3$ 计算；

7）其他：

① 整体楼梯，应分层按其水平投影面积计算。楼梯井宽度超过 50cm 时的面积应扣除。伸入墙内部分的体积已包括在定额内不另计算，但楼梯基础、栏杆、栏板、扶手应另列项目套相应定额计算。楼梯的水平投影面积包括踏步、斜梁、休息平台、平台梁以及楼梯及楼板连接的梁。楼梯与楼板的划分以楼梯梁的外侧面为分界；

② 阳台、雨篷均按伸出墙外的水平投影面积计算，伸出墙外的牛腿已包括在定额内不再计算。但嵌入墙内的梁应按相应定额另列项目计算。阳台上的栏板、栏杆及扶手均应另列项目计算，楼梯、阳台的栏杆、栏板、吴王靠、挂落均按延长米计算。楼梯斜长部分的栏板长度，可按其水平长度乘系数 1.15 计算；

③ 小型构件，系指单件体积小于 0.1$m^3$ 以内未列入项目的构件；

④ 古式零件系指梁垫、云头、插角、宝顶、莲花头子、花饰块等以及单件体积小于 0.05$m^3$ 未列入的古式小构件；池槽按实体积计算；

8）枋、桁：枋子、桁条、梁垫、梓桁、云头、斗拱、椽子等构件，均按设计图示尺寸，以实体积 $m^3$ 计算。枋与柱交接时，枋的长度应按柱与柱间的净距计算；

9）装配式构件制作、安装、运输：装配式构件一律按施工图示尺寸以实体积计算，空腹构件应扣除空腹体积。预制混凝土板或补现浇板缝时，按平板定额执行。预制混凝土花漏窗按其外围面积以 $m^2$ 计算，边框线抹灰另按抹灰工程规定计算。

10.3.4.4　金属结构工程

（1）一般规定：

1）构件制作是按焊接为主考虑的，对构件局部采用螺栓连接时，已考虑在定额内不再换算，但如果有铆接为主的构件时，应另行补充定额；

2）定额表中的“钢材”栏中数字，以“X”区分：“X”以前数字为钢材耗用量，“X”以后数字为每吨钢材的综合单价；

3）刷油定额中一般均综合考虑了金属面调合漆两遍，如设计要求与定额不同时，按装饰分部油漆定额换算；

4）定额中的钢材价格是按各种构件的常用材料规格和型号综合测算取定的，编制预算时不得调整，但如设计采用低合金钢时，允许换算定额中的钢材价格。

（2）工程量计算规则：

1）构件制作、安装、运输的工程量，均按设计图纸的钢材重量计算，所需的螺栓，电焊条等的重量已包括在定额内，不另增加；

2）钢材重量的计算，按设计图纸的主材几何尺寸以 t 计算重量，均不扣除孔眼，切肢，切边的重量，多边形按矩形计算；

3）计算钢柱工程量时，依附于柱上的牛腿及悬臂梁的主材重量，应并入柱身主材重量计算，套用钢柱定额。

10.3.4.5　脚手架工程

（1）一般规定

1）凡单层建筑，执行单层建筑综合脚手架；二层以上建筑执行多层建筑综合脚手架；

2）单层综合脚手架适用于檐高 20m 以内的单层建筑工程，多层综合脚手架适用于檐高 140m 以内的多层建筑物；

3）综合脚手架定额中包括内外墙砌筑脚手架、墙面粉饰脚手架，单层建筑的综合脚手架还包括顶棚装饰脚手架；

4）各项脚手架定额中均不包括脚手架的基础加固，如需加固时，加固费用按实计算。

（2）工程量计算规则

1）建筑物的檐高应以设计室外地坪到檐口滴水的高度为准，如有女儿墙者，其高度算到女儿墙顶面，带挑檐者，其高度算到挑檐下皮，多跨建筑物如高度不同时，应分别不同高度计算。同一建筑物有不同结构时，应以建筑面积比重较大者为准，前后檐高度不同时，以较高的檐高为准；

2）综合脚手架按建筑面积以 $m^2$ 计算；

3）围墙脚手架按里脚手架定额执行，其高度以自然地平到围墙顶面，长度按围墙中心线计算，不扣除大门面积，也不另行增加独立门柱的脚手架；

4）独立砖石柱的脚手架，按单排外脚手架定额执行，其工程量按柱截面的周长另加 3.6m，再乘柱高以 $m^2$ 计算。

5）凡不适宜使用综合脚手架定额的建筑物，可执行单项脚手架定额。并按以下规定计算：

① 砌墙脚手架，按墙面垂直投影面积计算。外墙脚手架长度按外墙外边线计算，内墙脚手架长度按内墙净长计算，高度按自然地平到墙顶的总高计算；

② 檐高 15m 以上的建筑物的外墙砌筑脚手架，一律按双排脚手架计算；

③ 檐高 15m 以内的建筑物，室内净高 4.5m 以内者，内外墙砌筑，均应按里脚手架计算。

## 10.4　道路绿化工程施工图预算的编制

### 10.4.1　道路绿化工程预算费用的构成

10.4.1.1　道路绿化工程施工的直接费

施工中直接用在道路绿化工程上的各项费用的总和称为直接费。这是根据施工图纸结合定额项目的划分，以每个工程项目的工作量乘以该工程项目的预算定额单价来计算的。直接费包括人工费、材料费、施工机械使用费和其他直接费。

（1）人工费：人工费是指列入预算定额的直接从事道路绿化工程施工的生产工人开支的各项费用，主要内容包括：

1）基本工资：是指发放生产工人的基本工资；

2）工资性补贴：是指按规定标准发放的冬煤补贴、住房补贴、流动施工津贴等；

3）生产工人辅助工资：是指生产工人有效施工天数以外非作业天数的工资，包括职工学习、培训期间的工资，调动工作、探亲、休假期间的工资，因气候影响的停工工资，女工哺乳期间的工资，病假在六个月以内的工资及婚、丧、产假期的工资；

4）职工福利费：是指按当地政府规定标准计提的职工福利费；

5）生产工人劳动保护费：是指按规定标准发放的劳动保护用品的购置费及修理费、徒工服装补贴、防暑降温费、在有碍身体健康环境中施工的保健费用等。

（2）材料费：材料费是指施工过程中耗用的构成工程实体的原材料、辅助材料、构配件、零件、半成品的费用和周转使用材料的摊销（或租赁）费用，其主要内容包括：材料原价；销售部门手续费；包装费；材料自来源地运至工地仓库或指定堆放地点的装卸费、运输费及途中损耗等；采购及保管费。

（3）施工机械使用费

1）施工机械使用费是指应列入定额的完成园林工程所需消耗的施工机械台班量，按相应机械台班费定额计算的施工机械所发生的费用；

2）机械使用费一般包括第一类费用：机械折旧费、大修理费、维修费、润滑材料费及擦拭材料费、安装、拆卸及辅助设施费、机械进出场费等；第二类费用：机上工人的人工费、动力和燃料费；以及公路养路费、牌照税及保险费等。

（4）其他直接费：其他直接费是指直接费以外施工过程中发生的其他费用。其主要内容包括：冬、雨期施工增加费；夜间施工增加费；二次搬运费；生产工具用具使用费：是指施工生产所需不属于固定资产的生产工具及检验、试验用具等的购置、摊销和维修费，以及支付给工人自备工具的补贴费；检验试验费：是指对建筑材料、构件和建筑安装物进行一般鉴定、检查所发生的费用，包括自设试验室进行试验所耗用的材料和化学药品等费用，以及技术革新和研究试制试验费；工程定位复测、场地清理等费用。

10.4.1.2 道路绿化工程施工的间接费

（1）施工管理费：是指施工企业为了组织与管理工程施工所需要的各项管理费用，以及为企业职工服务等所支出的人力、物力和资金的费用总和。施工管理费主要包括以下内容：

1）工作人员工资：指施工企业的政治、经济、试验、警卫、消防、炊事和勤杂人员以及行政管理部门人员等的基本工资、辅助工资和工资性质的津贴；

2）工作人员工资附加费：指承建道路绿化施工单位的工作人员按国家所规定计算的支付工作人员的职工福利基金和工会经费；

3）工作人员劳动保护费：工作人员劳动保护费是按国家有关部门规定标准发放的劳动保护用品的购置费、修理费及其保健费与防暑降温费等；

4）职工教育经费：指按财政部有关规定在工资总额百分之一点五的范围内掌握开支的在职职工教育经费；

5）办公费：指行政管理办公用的文具、纸张、账表、印刷、邮电、书报、会议、水电、烧水和集体取暖用燃料等费用；

6）差旅交通费：指承建施工企业职工因公出差、调动工作（包括家属）的差旅费、住勤补助费、市内交通费和误餐补助费，职工探亲路费、劳动力招募费，职工离退休、退职一次性路费，工伤人员就医路费、工地转移费以及行政管理部门使用的交通工具的油料、燃料、养路费及车船使用税等；

7）固定资产使用费：主要指行政管理和试验部门使用的属于固定资产的房屋、设备、仪器等的折旧基金、大修理基金，维修、租赁费以及房产税、土地使用税等。

8）行政工具用具使用费：指行政管理使用的、不属于固定资产的工具、器具、家具、交通工具和检验、试验、测绘、消防用具等的购置、摊销和维修费；

9）利息：指施工企业在按照规定支付银行的计划内流动资金贷款利息；

10）其他费用：主要指上述项目以外的其他必要的费用支出。包括：支付工程造价管理机构的预算定额等编制及管理经费、定额测定费、支付临时工管理费、民兵训练、经有关部门批准应由企业负担的企业性上级管理费、印花税等。

（2）其他间接费：其他间接费是指超过施工管理费所包括内容以外的其他费用，一般主要有以下内容：

1）临时设施费：主要指施工企业为进行园林工程施工所必需的生活和生产用的临时建筑物、构筑物和其他临时设施费用等。临时设施包括：临时宿舍、伙房文化福利及公用事业房屋与构筑物，仓库、办公室、加工厂以及规定范围内道路、水、电、管线等临时设施和小型临时设施。临时设施费用包括：临时设施的搭设、维修、拆除费或摊销费；

2）劳动保险基金：主要指国有施工企业由福利基金支出以外的、按劳保条例规定的离退休职工的费用和 6 个月以上的病假工资及按照上述职工工资总额提取的职工福利基金。

10.4.1.3 道路绿化工程施工的利润、税金及其他费用

（1）利润：它是指道路绿化工程施工企业按国家规定，在工程施工中向建设单位收取的利润，是施工企业职工为社会劳动所创造的那部分价值在建设工程造价中的体现。在社会主义市场经济体制下，道路绿化工程施工企业参与市场的竞争，在规定的差别利润率范围内，可自行确定利润水平。

（2）税金：这是指由道路绿化工程施工企业按国家规定计入建设工程造价内，由施工企业向税务部门缴纳的营业税、城市建设维护税及教育附加费。

（3）其他费用：其他费用是指在现行规定内容中没有包括，但随着国家和地方各种经济政策的推行而在施工中不可避免地发生的费用，如各种材料价格与预算定额的差价，构配件增值税等。一般来讲，材料差价是由地方政府主管部门颁布的，以材料费或直接费乘以材料差价系数计算。图 10.4-1 说明了道路绿化建设工程预算费用的构成以及相互之间的关系。

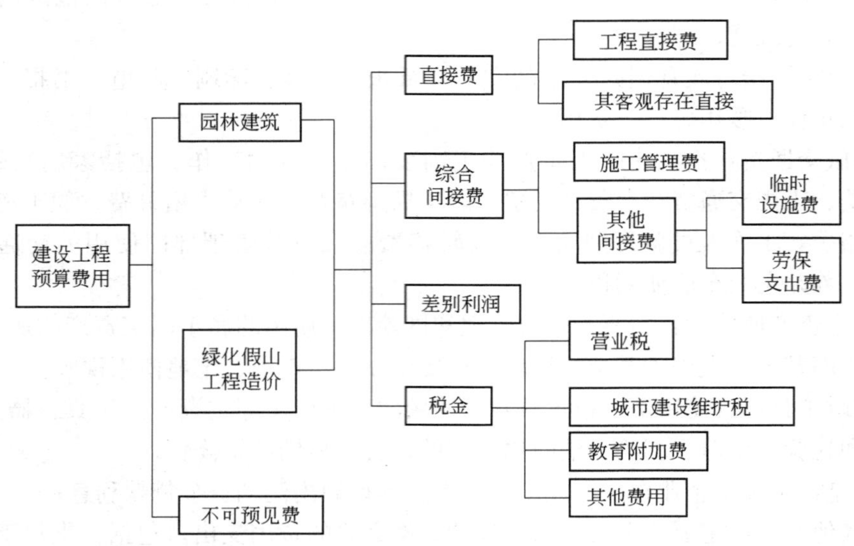


图 10.4-1 道路绿化建设工程预算费用的构成

### 10.4.2 道路绿化工程直接费的计算

10.4.2.1 人工费、材料费、施工机械使用费和其他直接费

(1) 人工费：人工费的计算可用下式表示：

$$人工费=\Sigma[预算定额基价人工费\times实物工程量]$$

(2) 材料费：材料费的计算可用下式表示：

$$材料费=\Sigma[预算定额基价材料费\times实物工程量]$$

(3)施工机械使用费:施工机械使用费的计算可用下式表示：

$$施工机械使用费=\Sigma[预算定额基价机械费\times实物工程量]+施工机械进出场费$$

(4) 其他直接费：这是指在施工过程中发生的具有直接费性质，但未包括在预算定额之内的费用。其计算公式如下：

$$其他直接费=(人工费+材料费+机械使用费)\times其他直接费费率$$

10.4.2.2 计算工程量与套用预算定额单价

(1) 道路绿化工程预算是由两个因素决定。一个是预算定额中每个分项工程的预算单价，另一个是该项工程的工程量。因此，工程量的计算是工程预算工作的基础和重要组成部分。工程量计算得正确与否，直接影响施工图预算的质量。预算人员应在熟悉图纸、预算定额和工程量计算规则的基础上，根据施工图上的尺寸、数量，准确地计算出各项工程的工作量，并填写工程量计算表格。

(2) 用预算定额单价：各项工程量计算完毕经校核后，就可以着手编制单位工程施工图预算书，预算书的表格形式如表 10.4-1 所示。

**道路绿化工程（预）算书** **表 10.4-1**

工程名称：　　　　　　　　年　　月　　日　　　　　　　　单位：元

| 序号 | 定额编号 | 分项工程名称 | 工程量 | | 造价 | | 其中 | | | | | | 备注 |
|---|---|---|---|---|---|---|---|---|---|---|---|---|---|
| | | | | | | | 人工费 | | 材料费 | | 机械费 | | |
| | | | 单位 | 数量 | 单价 | 合价 | 单价 | 合价 | 单价 | 合价 | 单价 | 合价 | |
| 1 | | | | | | | | | | | | | |
| 2 | | | | | | | | | | | | | |
| 3 | | | | | | | | | | | | | |
| 4 | | | | | | | | | | | | | |
| 5 | | | | | | | | | | | | | |
| 6 | | | | | | | | | | | | | |
| 7 | | | | | | | | | | | | | |
| 8 | | | | | | | | | | | | | |
| 9 | | | | | | | | | | | | | |
| 10 | | | | | | | | | | | | | |

1）抄写分项工程名称及工程量：按着预算定额的排列顺序，将分部工程项目名称和分项工程项目名称、工程量抄到预算书中相应栏内，同时将预算定额中相应分项工程的定额编号和计量单位一并抄到预算书中，以便套用预算单价；

2）抄写预算单价：抄写预算单价，就是将预算定额中相应分项工程的预算单价抄到预算书中。抄写预算单价时，必须注意区分定额中哪些分项工程的单价可以直接套用，哪些必须经过换算后才能套用；

3）由于某些工程预算的应取费用系以人工费为计算基础，有些地区在现行取费中，有增调人工费和机械费的规定。为此，应将预算定额中的人工费、材料费和机械费的单价逐一抄入预算书中相应栏内；

4）计算合价与小计：计算合价是指用预算书中各分项工程的数量乘以预算单价所得的积数。各项合价均应计算填列。将一个分部工程中所有分项工程的合价竖向相加，即可得到该分部工程的小计；

5）将各分部工程的小计竖向相加，即可得出该单位工程的定额直接费。定额直接费是计算各项应取费用的基础数据，必须认真计算，防止差错。

### 10.4.3　工程造价的计算程序

为了适应和促进社会主义市场经济发展的需要，贯彻落实国家有关规定精神，各地对现行的园林工程费用构成进行了不同程度的改革尝试，反映在工程造价的计算方法上存在着差异。为此，在编制工程预算时，必须执行本地区的有关规定，准确、客观地反映出工程造价。一般情况下，计算城市道路绿化工程预算造价的程序如下：

（1）计算工程直接费。

（2）计算间接费。

（3）计算差别利润。

（4）税金。

（5）工程预算造价。

工程预算造价＝直接费＋间接费＋差别利润＋税金

工程造价的具体计算程序目前无统一规定，应以各地主管部门制定的费用标准为准。表 10.4-2、表 10.4-3 为湖北省与广东省市政道路绿化工程预算造价计算表（现行）。

**市政道路绿化工程预算造价计算表之一** **表 10.4-2**

| 序号 | 项目名称 | 计算公式 | 合价 | 其中 | | | 备注 |
|---|---|---|---|---|---|---|---|
| | | | | 人工费 | 材料费 | 机械费 | |
| 1 | 项目直接费 | （人工＋材料＋机械）费之和 | $A$ | $a$ | $b$ | $c$ | $A=a+b+c$ |
| 2 | 人工费调增 | 定额总工日×20.31－$a$ | $A_1$ | | | | |
| 3 | 机械费调增 | $A_1$×1.50 | $C_1$ | | | | |
| 4 | 工程类别<br>人工调整 | 1～2 类＝$(A_1+a)$×(1.05－1)<br>其余＝$(A_1+a)$×(0.886－1) | $A_2$ | | | | |
| 5 | 直接费 | $A+A_1+A_2+C_1$ | $B_1$ | | | | |
| 6 | 其他直接费 | $B_1$×费率 | $B_2$ | | | | |
| 7 | 现场经费 | $B_1$×费率 | $B_3$ | | | | |
| 8 | 直接工程费 | $B_1+B_2+B_3$ | $B$ | | | | |
| 9 | 间 接 费 | $B$×费率 | $C_2$ | | | | |
| 10 | 贷款利息 | $B$×费率 | $C_3$ | | | | |
| 11 | 差别利息 | $(B+C_2+C_3)$×费率 | $D$ | | | | |
| 12 | 差价 | 1. 规定计算差价部分<br>2. 动态调价 $a$×(1.071－1) | $E$ | | | | |
| 13 | 不含税工程造价 | $B+C_2+C_3+D+E$ | $F$ | | | | |
| 14 | 四项保险费 | $F$×费率 | $G$ | | | | |
| 15 | 养老保险统筹费 | $F$×3.55% | $H$ | | | | |
| 16 | 安全、文明施工<br>定额补贴费 | $F$×1.6% | $I$ | | | | |
| 17 | 定额经费 | $F$×费率 | $J$ | | | | |
| 18 | 税金 | $(F+G+H+I+J)$×税率 | $K$ | | | | |
| 19 | 含税工程造价 | $F+G+H+I+J+K$ | $M$ | | | | |

注：表中动态调价为市政工程系数：

1. 绿化工程为 $a$×（1.096－1）；
2. 油漆彩画为 $a$×（1.0593－1）。

**市政道路绿化工程预算造价计算表之二** **表 10.4-3**

| 序号 | 项目名称 | 计算公式 | 合价 | 其中 | | | 备注 |
|---|---|---|---|---|---|---|---|
| | | | | 人工费 | 材料费 | 机械费 | |
| 1 | 项目直接费 | （人工＋材料＋机械）费之和 | $A$ | $a$ | $b$ | $c$ | $A=a+b+c$ |
| 2 | 人工费调增 | 定额总工日×20.31－$a$ | $A_1$ | | | | |
| 3 | 机械费调增 | $A_1$×1.50 | $C_1$ | | | | |

续表

| 序号 | 项目名称 | 计算公式 | 合价 | 其中 | | | 备注 |
|---|---|---|---|---|---|---|---|
| | | | | 人工费 | 材料费 | 机械费 | |
| 4 | 工程类别人工调整 | 1～2类=$(A_1+a)\times(1.05-1)$<br>其余=$(A_1+a)\times(0.886-1)$ | $A_2$ | | | | |
| 5 | 直接费 | $A+A_1+C_1+A_2$ | $B$ | | | | |
| 6 | 其他直接费 | $B\times$费率 | $E$ | | | | |
| 7 | 现场经费 | $B\times$费率 | $E_1$ | | | | |
| 8 | 直接工程费 | $B+E+E_1$ | $F$ | | | | |
| 9 | 间接费 | $F\times$费率 | $F_1$ | | | | |
| 10 | 贷款利息 | $F\times$费率 | $F_2$ | | | | |
| 11 | 差别利息 | $F\times$费率 | $F_3$ | | | | |
| 12 | 差价 | 1. 主材差价；<br>2. 动态调价以及可计算差价部分 | $F_4$ | | | | |
| 13 | 不含税工程造价 | $F+F_1+F_2+F_3+F_4$ | $G$ | | | | |
| 14 | 四项保险费 | $G\times$费率 | $G_1$ | | | | |
| 15 | 养老保险统筹费 | $G\times3.55\%$ | $G_2$ | | | | |
| 16 | 安全、文明施工定额补贴费 | $G\times1.6\%$ | $G_3$ | | | | |
| 17 | 定额经费 | $G\times$费率 | $G_4$ | | | | |
| 18 | 税金 | $(G+G_1+G_2+G_3+G_4)\times$税率 | $H$ | | | | |
| 19 | 含税工程造价 | $G+G_1+G_2+G_3+G_4+H$ | $I$ | | | | |

注：表中动态调价为 $(a+b+c)\times(1.031)$

## 10.5 道路绿化工程预算审查与竣工结算

### 10.5.1 道路绿化工程施工图预算的审查

在城市道路绿化工程的施工过程中，其道路绿化绿化工程施工图预算反映了道路绿化工程造价，它包括了各种类型的广场建筑和安装工程、挖树移植工程、露地花卉栽植、绿化保养等，在整个施工过程中所发生的全部费用的计算。必须进行严格的审查，施工图预算由建设单位负责审查。

10.5.1.1 道路绿化工程审查的意义和依据

(1) 道路绿化工程审查的意义：施工图预算是确定园林工程投资、编制工程计划、考核工程成本，进行工程竣工结算的依据，必须提高预算的准确性。在设计概算已经审定，工程项目已经确定的基础上，正确而及时地审查园林工程施工图预算，可以达到合理控制工程造价，节约投资，提高经济效益的目的。

（2）道路绿化工程审查的依据：

1）施工图纸和设计资料：完整的道路绿化工程施工图预算图纸说明，以及图纸上注明采用的全部标准图集是审查道路绿化工程预算的重要依据之一。建设单位、设计单位和施工单位对施工图会审签字后的会审记录也是审查施工图预算的依据。只有在设计资料完备的情况下才能准确地计算出道路绿化工程中各分部、分项工程的工程量。

2）单位估价表：道路绿化工程所在地区颁布的单位估价表是审查道路绿化工程施工图预算的重要依据。工程量升级后，要严格按照单位估价表的规定以分部分项单价，填入预算表，计算出该工程的直接费。如果单位估价表中缺项或当地没有现成的单位估价表，则应由建设单位、设计单位和施工单位在当地工程建设主管部门的主持下，根据国家规定的编制原则另行编制当地的单位估价表。

3）补充单位估价表：材料预算价格和成品、半成品的预算价格，是审查道路绿化工程施工图预算的又一重要依据，在当地没有单位工程估价表或单位估价表所及的项目不能满足工程项目的需要时，须另行编制补充单位估价表，补充的单位估价表必须有当地的材料、成品、半成品的预算价格。

4）道路绿化工程施工组织设计或施工方案：承建施工单位根据道路绿化工程施工图所做的施工组织设计或施工方案是审查施工图预算的最重要依据之一。况且施工组织设计或施工方案必须合理，而且必须经过上级或业务主管部门的批准。

5）施工管理费定额和其他取费标准：直接费计算完后，要根据工程建设主管部门颁布的施工管理费定额和其他取费标准，计算出预算总值。目前，各省、直辖市或地区的施工管理费是按照直接费中的人工费乘以不同的费率计算的，不同级别的施工企业应按工程类别收取施工管理费，计划利润和其他费用的收取也应遵照当地颁布的标准收取，这也是道路绿化工程施工图预算的重要依据之一。

6）道路绿化施工合同或协议书及现行的有关文件：道路绿化施工图预算要根据甲乙双方签订的施工合同或施工协议进行审查。例如，材料由谁负责采购，材料差价由谁负责等。同时，还应执行现行的有关国家政策、法规及有关文件等。

#### 10.5.1.2 道路绿化工程审查的方法

（1）全面审查法：该种方法又可称为重算法，它同编预算一样，将图纸内容按照预算书的顺序重新计算一遍，审查每一个预算项目的尺寸、计算和定额标准等是否有错误。这种方法全面细致，所审核过的工程预算准确性较高，但工作量大，不能快速进行。

（2）重点审查法：重点审查法是将预算中的重点项目进行审核的一种方法。这种方法可以在预算中对工程量小、价格低的项目从略审核，而将主要精力用于审核工程量大、造价高的项目。此方法如若能掌握得好，就能较准确、快速地进行审核工作，但不能到达全面审查的深度、细度和广度。

（3）分解对比审查法：分解对比审查法是将工程预算中的一些数据通过分析计算，求出一系列的经济技术数据，审查时首先以这些数据为基础，将要审查的预算与同类同期或类似的工程预算中的一些经济技术数据相比较以达到分析或寻找问题的一种方法。

在道路绿化工程预算审查的实际工作中，采用分解对比审查法比较好，初步发现问题，然后采用重点审查法对其进行认真仔细的核查，能较准确地快速进行审核工作，能达到较好的审查结果。

10.5.1.3 审核道路绿化工程预算的步骤

（1）做好准备工作：审核工程预算的准备工作，与编制工程预算基本上一样。即对施工图进行清点、整理、排列、装订；根据图纸说明准备有关图集和施工图册；熟悉并校对相关的图纸，参加技术交底、解决疑难问题等，有关内容在前已介绍，不再重述。

（2）了解预算所采用的定额：审核预算人员收到工程预算后，首先应根据预算编制说明，了解编制本预算所采用的定额是否符合施工合同规定的工程性质。如果该项工程预算没有填写编制说明，则应从预算内容中了解本预算所采用的预算定额，或者与施工单位联系进行了解。确认这方面没有问题后，才能进行审核工作。

（3）了解预算包括的范围：收到工程预算后，还应该根据预算编制说明或其内容，了解本预算所包括的范围。

1）某些配套工程、室外管线道路以及技术交底时三方谈好的设计变更等，是否包括在所编制的工程预算中。因为这部分工程的施工图，有时出自不同的设计单位，或者不是随同主体工程设计一起送交施工企业和建设单位，可能单独编制工程预算。

2）有的设计变更送到施工企业时，可能正好施工企业刚按原图编制出这部分工程预算，不愿再推倒重编，但在工程预算的编制说明中，又没有介绍清楚。

3）建设单位在接到这部分设计变更图纸后，往往和原来的施工图装订在一起，因而引起双方在计算口径上（计算范围）的不一致，造成不必要的误会。

所以，凡是有类似上述情况者，最好写进编制说明，或在交接预算时，互相通气，以便取得一致的计算依据。

（4）认真贯彻有关规定：所有审核预算人员，应认真贯彻国家和地区制订的有关预算定额，工程量计算规则，材料预算价格，以及各种应取费用项目和费用标准的规定，既注重审核重复列项或多算了工程量的部分，也应该审核漏项或少算了工程量的部分；还应注意到计量单位是否和预算定额相一致，小数点位置是否定得正确，按规定应乘系数的项目是否乘过了，应扣减或应增加的某些内容是否扣减或增加了等。总之，应该实事求是地提出应增加或应减少的意见，以提高工程预算的质量。

（5）根据情况进行审核：由于施工工程的规模大小，繁简程度不同，施工企业情况也不同，工程所在地的环境的不同所编制的工程预算的繁简和质量水平也就有所不同。因此，审核预算人员应采用多种多样的审核方法，例如全面审核法、重点审核法、经验审核法、快速审核法，以及分解对比审核法等，以便多、快、好、省地完成审核任务。

10.5.1.4 审查道路绿化工程预算的内容

审查施工图预算主要是审查工程量的计算、定额的套用和换算、补充定额、其他费用及执行定额中的有关问题等。

（1）工程量计算的审查：是对道路绿化工程量计算的审查，是在熟悉定额说明、工程内容、附注和工程量计算规则以及设计资料的基础上，再审查预算的分部、分项工程，看有无重复计算、错误和漏算。这里，仅对工程量计算中应该注意的地方说明如下：

1）过程的计算定额中的材料成品、半成品除注明者外，均已包括了从工地仓库、现场堆放点或现场加工点的水平和垂直运输及运输和操作损耗，除注明者外，不经调查不得再计算相关费用。

2）脚手架等周转性材料搭拆费用已包括在定额子目内，计算时，不再计算脚手架费用。

3）审查地面工程应注意的事项：

① 细石混凝土找平层定额中只规定一种厚度，并没有设增减厚度的子项，如设计厚度与定额厚度不相同时应按其厚度进行换算。

② 楼梯抹灰已包括了踢脚线，因此，不能再将踢脚线单独另计。楼梯不包括防滑条，其费用另计。但在水磨石楼梯面层已包括了防滑条工料，不能另计。

③ 装饰工程要注意审查内墙抹灰，其工程量按内墙面净高和净宽计算。计算外墙内抹灰和走廊墙面的抹灰时，应扣除与内墙结合处所占的面积，门窗护角和窗台已包括在定额内，不得另行计算。

④ 金属构件制作的工程量多数是以吨为单位。型钢的重量以图示先求出长度，再乘以每米重量，钢板的重量要先求出面积后再乘以每平方米的重量。

⑤ 应该注意的是钢板的面积的求法。多边形的钢板构件或连接板要按矩形计算，即以钢件的最长边与其垂直的最大宽度之积求出；如果是不规则多角形可用最长的对角线乘以最大的宽度计算，不扣孔眼、切肢、切角的重量，焊条和螺栓的重量不另计算。

（2）定额套用的审查：审查定额套用，必须熟悉定额的说明，各分部、分项工程的工作内容及适用范围，并根据工程特点，设计图纸上构件的性质，对照预算上所列的分部、分项工程与定额所列的分部、分项工程是否一致。套用定额的审查要注意以下几个方面：

1）板间壁（间壁墙）、顶棚面层、抹灰檐口、窗帘盒、贴脸板、木楼地板等的定额都包括了防腐油，但不包括油漆，应单独计算。

2）窗帘盒的定额中已包括了木棍或金属棍，不能单独算窗帘棍。

3）如若外墙抹灰中分墙面抹灰和外墙面、外墙群嵌缝起线时，另加的工料两个子目，要正确套用定额。

4）内墙抹灰和顶棚抹灰有普通抹灰、中级抹灰、高级抹灰三级。三级抹灰要按定额的规定进行划分，不能把普通抹灰套用中级抹灰，把中级抹灰套用高级抹灰。

（3）定额换算的审查：定额中规定，某些分部分项工程，因为材料的不同，做法或断面厚度不同，可以进行换算，审查定额的换算是要按规定进行，换算中采用的材料价格应按定额套用的预算价格计算，需换算的要全部换算。

（4）补充定额的审查：补充定额的审查，要实事求是地进行：

1）审查补充定额是一项非常重要的工作，补充定额往往出入较大，应该引起预算人员的高度重视。

2）当现行预算定额缺项时，应尽量采用原有定额中的定额子项，或参考现行定额中相近的其他定额子项，结合实际情况加以修改使用。

3）如果没有定额可参考时，可根据工程实测数据编补定额，但要注意测标数字的真实性和可靠性。要注意补充定额单位估价表是否按当地的材料预算价格确定的材料单价计算，如果材料预算价格中未计入，可据实进行计算。

4）凡是补充定额单价或换算单价编制预算时，都应附上补充定额和换算单价的分析资料，一次性的补充定额。应经当地主管部门同意后，方可作为该工程的预算依据。

(5) 材料的二次搬运费定额上已有同样规定的，应按定额规定执行。

(6) 审查时的注意事项：

1) 定额规定材料构件所需要的木材以一、二类木种为准，如使用三、四类木种时，应按系数调整人工费和机械费，但要注意木材单价也应作相应调整。

2) 装饰工程预算中有的人工工资都可作全部调整，定额所列镶贴块料面层的大理石或花岗石，是以天然石为准，如采用人工大理石，其大理石单价可按预算价格换算，其他工料不变（只换算大理石的单价）。

3) 一定要注意对材料差价的审查。

### 10.5.2 道路绿化工程竣工结算

10.5.2.1 道路绿化工程竣工结算的作用

(1) 以施工图预算或中标标价生效起，至工程交工办理竣工结算的整个过程为施工图预算或中标价的实施阶段。在这个阶段中，由于图纸的变更、修改以及施工现场发生的各种经济签证引起了原工程造价的变动，为了及时准确地反映工程造价变动的情况，应当及时编制单位工程的增减费用，作为施工图预算或中标价的补充文件，直至最后一次的增减预算，及竣工结算为止。

(2) 道路绿化的增减工程费用只是工程结算的过渡阶段，而竣工结算才是确定单位或单项工程造价的最后阶段。

(3) 单位工程或单项工程竣工交付使用后，均应立即办理竣工结算手续。竣工结算手续由施工企业提出结算书，经建设单位审查盖章，据此施工单位结清应取得的款项。

(4) 施工单位在道路绿化工程的施工阶段中，应根据单位工程的增减费用随时调整计划及统计进度，及时修正预算成本及其他各种有关的经济指标，以使企业的经济管理的各种数据报表和经营效果准确可靠。

(5) 当最后的竣工结算生效以后，施工单位据此调整最后的工程统计报表及数据，财务部门进行单位工程的成本核算，材料部门进行单位工程的材料核算，劳资部门进行单位工程的劳动力的成本核算等，国家据此调整工程的投资。

(6) 造价费用的调整不但涉及日常的企业管理工作，关系到企业经营效果的好坏，而且影响到国家的计划统计工作，不仅要及时，而且数字要准确可靠。

10.5.2.2 道路绿化工程竣工结算的计价形式

(1) 总价合同：所谓总价合同是指业主支付给承建施工单位的款项在合同中，是一个“规定金额”，即总价。它是以图纸和工程说明书为依据，由承包方与发包方经过商定作出的。总价合同按其是否可调整可分为以下两种不同形式。

1) 不可调整总价合同：这种合同的价格计算是以图纸以及法规、规范为基础，承、发包双方就承包项目协商一个固定的总价，由承包方一笔包死，不能变化。合同总价只有在设计和工程范围有所变更的情况下才能随之做相应的变更，除此以外，合同总价是不能变动的。

2) 可调整总价合同：该合同是以图纸以及法规、规范为计算基础，但它是以“时价”进行计算的。这是一种相应固定的价格。在合同执行过程中，由于市场变化而使所用的工料成本增加，可对合同总价进行相应的调整。

（2）单价合同：在道路绿化工程施工图纸不完整或当准备发包的工程项目内容、技术、经济指标一时尚不能准确、具体给予规定时，往往要采用单价合同形式。

1）估算工程量单价合同：该种合同形式承包商在报价时，按照招标文件中提供的估算工程量，报工程单价，结算时按实际完成工程量结算。

2）纯单价合同：采用这种合同形式时，发包方只向承包方发布承包工程的有关分部、分项工程以及工程范围，不需对工程量做任何规定。承包方在投标时，只需对这种给定范围的分部分项工程作出报价，而工程量则按实际完成的数量结算。

3）成本加酬金合同：该种合同形式主要适用于工程内容及其技术经济指标尚未全面确定，投标报价的依据尚不充分的情况下，发包方因工期要求紧迫，必须发包的工程；或者发包方与承包方之间具有高度的信任；承包方在某些方面具有独特的技术、特长和经验的工程。

10.5.2.3 道路绿化工程竣工结算的竣工资料

（1）道路绿化工程施工图预算或中标价及以往各次的工程增减费用。

（2）道路绿化工程施工全套图纸或协议书，其他有关道路绿化工程经济的资料。

（3）道路绿化工程设计变更、图纸修改、会审记录、技术交底记录等。

（4）现场所用材料供应部门的各种经济签证。

（5）各地区对概预算定额材料价格，费用标准的说明、修改、调整等文件。

10.5.2.4 道路绿化工程编制内容及方法

（1）直接费增减表计算：主要是计算直接费增加或减少的费用，其内容包括：

1）计算变更增减部分：

①变更增加：指图纸设计变更需要增加的项目和数量。工程量及价值前“＋”号；

②变更减少：指图纸设计变更需要减少的项目和数量。工程量及价值前“－”号；

③增减小计：上述①＋②之和，符号“＋”表示增加费用，符号“－”为减少费用；

2）现场签证增减部分。

3）增减合计：指上述1）、2）项增减之和，结果是增或是减以“＋”或“－”符号为准。

（2）直接费调整总表计算：主要计算经增减调整后的直接费合计数量。计算过程为：

1）原工程直接费（或上次调整直接费），第一次调整填原预算或中标标价直接费；第二次以后的调整填上次调整费用的直接费。

2）本次增减额：填上述（1）中1）～3）的结果数。

3）本次直接费合计：上述1）、2）项费用之和。

（3）费用总表计算：无论是工程费用或是竣工结算的编制，其各项费用及造价计算方法与编制施工图预算的方法相同。见预算费用总表的编制方法。

（4）增减费用的调整及竣工结算：增减费用的调整及竣工结算属于调整工程造价的两个不同阶段，前者是中间过渡阶段，后者是最后阶段。无论是哪一个阶段，都有若干项目的费用要进行增减计算，其中有与直接费用有直接关系的项目，也有与直接费间接发生关系的项目。其中有些项目必须立即处理，有些项目可以暂缓处理，这些应根据费用的性质、数额的大小、资料是否正确等情况分不同阶段来处理。现在介绍部分不同情况时对下列问题采取不同阶段的处理方法。

1）材料调价：明确分阶段调整的，或还有其他明文调整办法规定的差价，其调整项目应及时调整，并列入调整费用中。规定不明确的要暂后调整。

2）重大的现场经济签证应及时编制调整费用文件，一般零星签证可以在竣工结算时一次处理完。属于图纸变更，应定期及时编制费用调整文件。

3）原预算或标书中的甩项，如果图纸已经确定，应立即补充，尚未明确的继续甩项。

4）对预算或标书中暂估的工程量及单价，可以到竣工结算时再做调整。

5）实行预算结算的工程，在预算实施过程中如果发现预算有重大的差别，除个别重大问题应急需调整的应立即处理以外，其余一般可以到竣工结算时一并调整。其中包括工程量计算错误，单价差、套错定额子目等；对招标中标的工程，一般不能调整。

6）定额多次补充的费用调整文件所规定的费用调整项目，可以等到竣工结算时一次处理，但重大特殊的问题应及时处理。

### 10.5.3 道路绿化工程竣工决算

竣工决算又称竣工成本决算，分为施工企业内部单位工程竣工成本核算和基本建设项目竣工决算。前者是对施工企业内部进行成本分析，以工程竣工后的工程结算为依据，核算一个单位工程的预算成本、实际成本和成本降低额。后者是建设单位根据《关于基本建设项目验收暂行规定》的要求，所有新建、改建和扩建工程建设项目竣工以后都应编制竣工结算。所以道路绿化工程也必须进行编制竣工结算。它是反映整个建设项目从筹建到竣工验收投产的全部实际支出费用文件。

10.5.3.1 道路绿化工程竣工决算的作用

(1) 确定新增固定资产和流动资产价值，办理交付使用、考核和分析投资效果的依据。

(2) 及时办理竣工决算，不仅能够准确反映基本建设项目实际造价和投资效果，而且对投入生产或使用后的经营管理，也有重要作用。

(3) 办理竣工决算后，建设单位和施工企业可以正确地计算生产成本和企业利润，便于经济核算。

(4) 通过编制竣工决算与概、预算的对比分析，可以考核建设成本，总结经验教训，积累技术经济资料，促进提高投资效果。

10.5.3.2 道路绿化工程竣工决算的主要内容

工程竣工决算是在建设项目或单位工程完工后，由建设单位财务及有关部门，以竣工决算等资料为基础进行编制的。竣工决算全面反映了竣工项目从筹建到竣工全过程中各项资金的使用情况和设计概预算执行的结果。它是考核建设成本的重要依据，竣工决算主要包括文字说明及决算报表两部分：

(1) 文字说明：主要包括：工程概况、设计概算和基本建设投资计划的执行情况，各项技术经济指标完成情况，各项拨款的使用情况，建设工期、建设成本和投资效果分析，以及建设过程中的主要经验、问题和各项建议等内容。

(2) 决算报表：按工程规模一般将其分为大中型和小型项目两种：

1）大中型项目竣工决算包括：竣工工程概算表、竣工财务决算表、交付使用财产总表、交付使用财产明细表。

2）小型项目则包括反映小型建设项目的全部工程和财务情况。表格的详细内容及具体做法按地方基建主管部门规定填表。竣工工程概况表：综合反映占地面积、新增生产能力、建设时间、初步设计和概算批准机关和文号，完成道路绿化工程的主要工程量、主要材料消耗及主要经济指标、建设成本、收尾工程等情况。

# 参 考 文 献


1. 贾建中主编.城市绿地规划设计.北京：中国林业出版社，2011.
2. 邓卫东、杨航卓、宁琳等著.公路景观规划与营造.北京：人民交通出版社，2011.
3. 尹公主编.城市绿地建设工程.北京：中国林业出版社，2011.
4. 梁永基、王莲清主编.道路广场园林绿地设计.北京：中国林业出版社，2001.
5. 黄兴安主编.公路与道路设计手册.北京：中国建筑工业出版社，2005.
6. 陈科东主编.园林工程施工与管理.北京：高等教育出版社，2002.
7. 杨淑秋、李炳发主编.道路系统绿化美化.北京：中国林业出版社，2003.
8. 陈丙秋、张肖宁主编.道路铺装景观设计.北京：中国建筑工业出版社，2005.
9. 吴志华主编.园林工程施工与管理.北京：中国林业出版社，2001.
10. 刘仲秋、孙勇主编.绿色生态建筑评估与实例.北京：化学工业出版社，2013.
11. 徐峰主编.城市园林绿地设计与施工.北京：化学工业出版社，2002.
12. 唐来春主编.园林工程与施工.北京：中国建筑工业出版社，2009.
13. 高速公路丛书编写组.高速公路环境保护与绿化.北京：人民交通出版社，2011.
14. 过伟敏、史明编著.城市景观形象的视觉设计.南京，东南大学出版社，2005.
15. 张阳著.公路景观学.北京：中国建材工业出版社，2004.
16. 劳动和社会保障部教材编审办.园林绿地施工与养护.北京：中国劳动社会保障出版社，2008.
17. 李世华.园林景观创意设计施工图册.北京：中国建筑工业出版社，2012.
18. 浙江省建设厅城建处、杭州蓝天职业培训学校编：园林施工管理.北京：中国建筑工业出版社，2005.
19. 董三孝主编.园林工程概预算与施工组织管理.北京：中国林业出版社，2003.
20. 王浩等著.城市道路绿地景观规划.南京：东南大学出版，2005.
21. 陈相强主编.城市道路绿化景观设计与施工.北京：中国建筑工业出版社，2005.
22. 荣先林等主编.风景园林景观规划设计.北京：机械工业出版社，2003.
23. 李世华主编.《市政工程施工图集》·5 园林工程，北京：中国建筑工业出版社，2015.
24. 郑强、卢圣编著.城市园林绿地规划.北京：气象出版社，2001.
25. 姚时章、蒋中秋编著.城市绿化设计.重庆：重庆大学出版社，2001.
26. 孟兆祯、毛培琳、黄庆喜、梁伊任编著.园林工程.北京：中国林业出版社，2003.
27. 徐家钰主编.城市道路设计.北京：中国水利水电出版社，2005.
28. 吕正华、马青编著。街道环境景观设计，沈阳：辽宁科学技术出版社，2010.
29. 田永复编著.中国园林建筑工程预算.北京：中国建筑工业出版社，2003.
30. 王莲清编著.道路广场园林绿地设计.北京：中国林业出版社，2001.
31. 张健主编.景观设计员.北京：中国劳动社会保障出版社，2008.